Berger · Historische Bahnhofsbauten II

Meiner Frau zugeeignet

MANFRED BERGER

HISTORISCHE BAHNHOFSBAUTEN II

BRAUNSCHWEIG, HANNOVER, PREUSSEN, BREMEN, HAMBURG, OLDENBURG UND SCHLESWIG-HOLSTEIN

transpress

VEB Verlag für Verkehrswesen, Berlin 1987

Inhalt

Vorwort

Dieser Veröffentlichung liegen ähnliche Motive und die gleiche Konzeption zugrunde, die eingehend im Vorwort zum bereits 1980 erschienenen Band »Historische Bahnhofsbauten Sachsens, Preußens, Mecklenburgs und Thüringens« besprochen wurden, so daß sie wohl neuerlich nicht dargelegt werden müssen. Ursprünglich beabsichtigte der Verfasser nur das Gebiet der Deutschen Demokratischen Republik zu behandeln. Doch ermutigt durch den Hinweis Professor Dr.-Ing. Dr. phil. Hermann Heckmanns in der Zeitschrift »Der Architekt« (11/1981), nun fehle »... das Pendant in der Bundesrepublik offenbar noch ...«, und nach Anregungen vieler Leser nahm er sich vor, auch dieses große Gebiet zu bearbeiten, hoffend, daß es ihm gelinge, damit einen Gesamtüberblick über die Entwicklung der Bahnhofsbauten Deutschlands von den Anfängen bis zur Moderne zu geben.

Ohne Frage gestaltete sich diese Arbeit in mancher Hinsicht schwieriger als beim ersten Band. Demgegenüber machen ältere Standardwerke und die in großer Zahl in der Bundesrepublik Deutschland erschienenen neuen Quellen die hier besonders diffizile Geschichte der Eisenbahnen durchschaubarer. Als hervorragendes Beispiel ist A. v. Mayers grundlegendes, kürzlich vom Steiger-Verlag Moers als Reprint herausgegebenes Werk zu nennen, das durch Kobschätzkys »Streckenatlas der deutschen Eisenbahnen 1835 bis 1935« ausgezeichnet ergänzt wurde. Aber wie allgemein der Fall, waren exakte Angaben über Baujahr und Entwurfsverfasser der Bahnhofsgebäude oft schwer oder gar nicht zu erhalten. In Anbetracht der Vielzahl von Fakten, Namen und Daten konnten diese in Zweifelsfällen nicht immer an der geeigneten Stelle überprüft werden. Der Verfasser ist daher für kritische Hinweise oder ergänzende Angaben sehr dankbar.

Wegen des wesentlich größeren Gebietes schien es aus verschiedenen Gründen zweckmäßig, zwei Bände – für den Norden und Süden – der Bundesrepublik Deutschland herauszugeben. Die Teilung erfolgte nach historischen Gesichtspunkten entsprechend der ehemaligen Länderstruktur, wie sie in den Anfängen der Eisenbahn bestand und in deren Rahmen sich die Bahngesellschaften entwickelten.

Auch im vorliegenden Band wurden möglichst Reproduktionen originaler Architekturdarstellungen oder Pläne wiedergegeben, aus welchen mit Akribie gezeichnete oder in Kupfer gestochene Ansichten und Risse ästhetisch herausragen – von Baumeistern geschaffen, die noch der klassizistischen Ära angehörten. Fotos, Ansichtskarten etc. ergänzen anschaulich dieses kunsthistorisch wertvolle Material, das nicht nur Architekten begeistert, sondern allen an Baukunst und -geschichte interessierten Betrachtern zeigt, »mit welcher Noblesse die meisten dieser technischen Bauwerke gestaltet worden sind« (Heckmann). – Soweit möglich, wurden wiederum zeitgenössische Baubeschreibungen im Ursprungstext zitiert, die bei Übersetzung in unsere neuzeitliche Umgangssprache entweder ihre reizvolle Ursprünglichkeit eingebüßt oder ihre technikgeschichtliche Aussage teilweise verloren hätten. Mit bisweilen sehr ausführlich wiedergegebenen detaillierten Beschreibungen der Bauausführung, Handwerkstechnik etc. soll nicht zuletzt ein Stück Bau- und Kulturgeschichte bewahrt werden, das in unserer modernen Zeit schon fast vergessen ist.

Natürlich kann der vorliegende Band nur eine beschränkte Auswahl historisch bedeutender Bahnen in verschiedenen Bauperioden mit Beispielen der baukünstlerischen, bautechnischen sowie funktionellen Entwicklung der Bahnhofsbauten vermitteln, wobei auch diesmal das dem Verfasser zur Verfügung stehende Material Umfang und Inhalt wesentlich bestimmte.

Ohne Unterstützung durch Freunde und Institutionen vor allem bei der Beschaffung fehlenden Bildmaterials hätte dieses Buch nicht vollendet werden können. Dafür danke ich sehr herzlich Frau Heike und Herrn C. G. Schmidt-Freytag, Moers, den Herren Clauß, Leipzig, Ertel, Döbeln, Ilgner, Marienberg, Kempke, Dresden, Klinkhardt, Wurzen, Kundisch, Borsdorf und Schladitz, Leipzig, der Deutschen Fotothek, Dresden, den Bildstellen der Bundesbahndirektionen Essen, Hamburg, Hannover, Köln und Saarbrücken sowie nicht zuletzt dem Verkehrsmuseum Dresden, das bei weitem den größten Beitrag leistete.

In bewährter Qualität reproduzierte die Industrieabteilung des VEB Fotohaus Leipzig die Bildvorlagen. Ihrem Leiter, Herrn Naumann, und seinen Mitarbeiterinnen gilt besonderer Dank für das verständnisvolle Eingehen auf alle Wünsche.

Dem Verlag bin ich für die weiterführende Veröffentlichung des Themas »Historische Bahnhofsbauten« sehr dankbar.

Prof. em. Dr.-Ing. habil. Manfred Berger

Kössern 1986

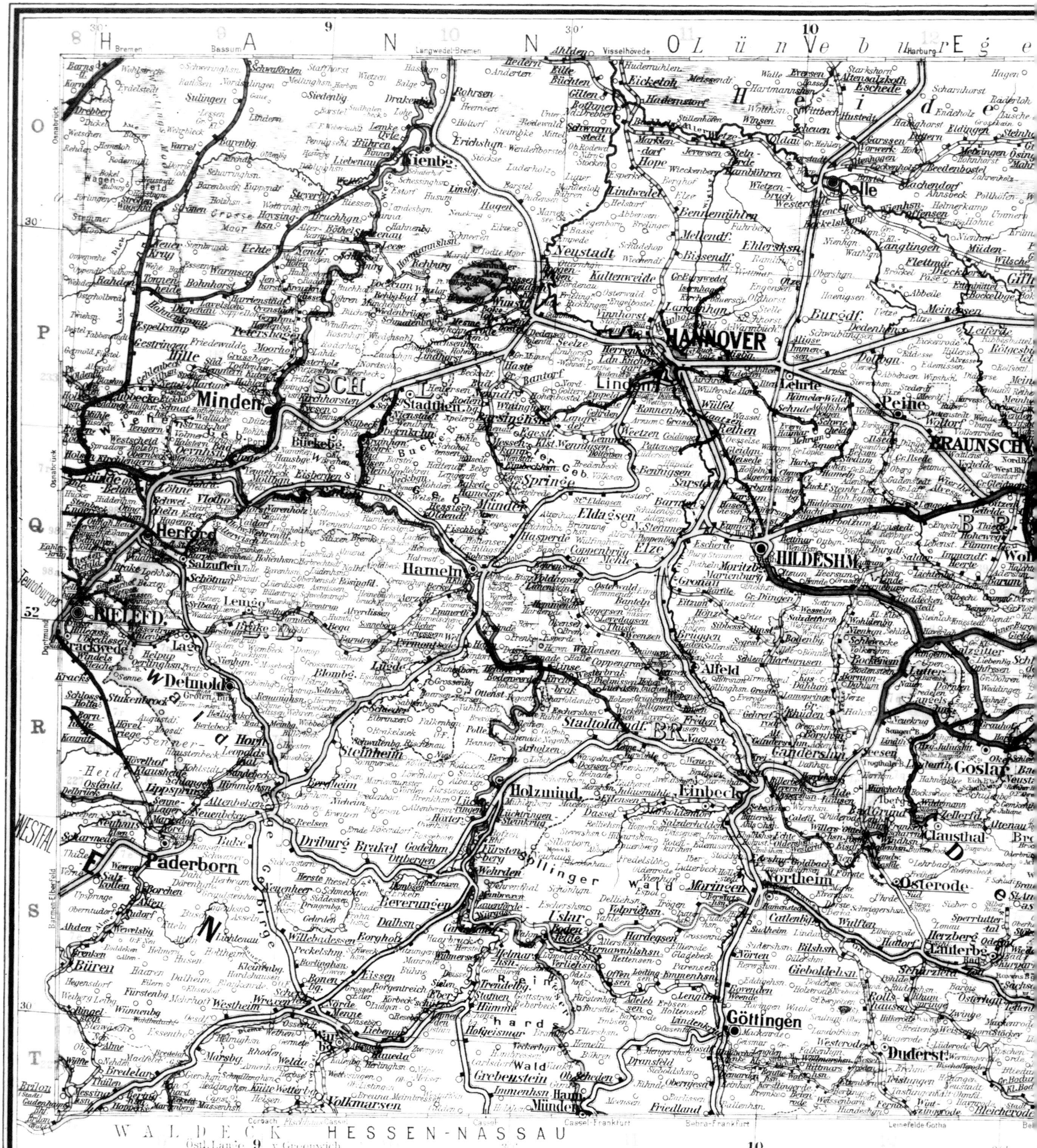

Bremen
Bassum
Langwedel-Bremen
Visselhövede
Harburg
HANNOVER
HILDESHM.
Minden
Herford
BIELEFD.
Detmold
Paderborn
Hameln
Göttingen
Celle
Peine
Goslar
Clausthal
Northeim
Einbeck
Holzmind.
Alfeld
Osterode
Lehrte
Neustadt
Nienbg.
Lemgo
Salzuflen
Büren
Driburg
Brakel
Höxter
Springe
Elze
Gandershm.
Uslar
Dransfeld
Friedland
Osnabrück
Dortmund
Barmen-Elberfeld
Teutoburger
WESTFAL
Corbach
Cassel
Cassel-Frankfurt
Bebra-Frankfurt
Leinefelde-Gotha
WALDECK
HESSEN-NASSAU
Östl. Länge 9 v. Greenwich

I. Braunschweigische Eisenbahnen

Staatsbahnen

7 Preußische Staatsbahnen
Direktions-Bezirke:
e Cassel n Hannover
m Halle q Magdeburg
r Münster

Privatbahnen

13 Allg. Deutsche Klb.-Ges.
39 Braunschw. Landes-E.
40 Braunschw.-Schöninger E.
41 Braunschweig-Wolfenbüttel
48 {Celle-Soltau u. -Munster / Celle-Wittingen}
61 Deutsche Eisenb.-Betr.-Ges.
e Voldagsen-Duingen-Delligsen
67 Ellrich-Zorge (Kleinb.)
80 Georgsmarienhütten-Eisenb.
b Wallückebahn
85 Gittelde-Grund (Kleinb.)
87 Groß-Ilsede-Lengeder Klb.
98 Herforder Kleinbahnen und
a Bielefelder Kreis-Kleinb.
101 Hildesheim-Peiner Kreis-E.
128 Lenz'sche Eisenbahnen
c Göttinger Klb. (Gartetalbahn)
142 Mindener Kreis-Kleinbahn
150 Nauendorf-Gerlebogker E.
166 Peine-Ilseder E.
201 Steinhuder Meer-Bahn (Klb.)
218 Vering & Waechter, Eisenb.-Bau- u. Betriebs-Ges.
i Teutoburger Waldeisenbahn
m Vorwohle-Emmertaler E.
255 Westdeutsche Eisenb.-Ges.
d Rinteln-Stadthagener E.
227 Westfälische Landeseisenbahn
228 Westfälische Kleinbahn-Ges.
232 A Wittingen-Öbisfelder Klb.
233 Wittlager Kreiskleinb.

Koch, W. und C. Opitz:
Eisenbahn- und Verkehrsatlas von Europa. Leipzig 1912
Blatt Nr. 12

Die Staatseisenbahn Braunschweig–Wolfenbüttel–Harzburg

August Philipp von Amsberg, ein hervorragender Pionier des deutschen Eisenbahnwesens, legte als Referent für das braunschweigische Straßenwesen schon 1824 – List's berühmte Denkschrift erschien erst 1833 – einen fundierten »Plan zur Anlegung einer Eisenbahn zwischen Hannover und Braunschweig und den freien Hansestädten« vor, dem er sein Projekt für ein nordwestdeutsches Bahnnetz zwischen Elbe und Weser beifügte. Damit war er seiner Zeit weit voraus, die solchen Plänen mit Skepsis begegnete. Erst in der Ständeversammlung am 11. Oktober 1832 fand die Eisenbahnfrage nach erneuter anonymer Publikation seiner Denkschrift und auf Antrag eines Wolfenbütteler Abgeordneten das Interesse der Öffentlichkeit und die Unterstützung der Regierung. Es folgten Verhandlungen über die Linienführung und Anschlüsse Braunschweigs, die ergebnislos blieben. So legte v. Amsberg 1835 einen neuen Plan für den Bau einer Eisenbahn von Braunschweig über Wolfenbüttel nach Harzburg vor, dem die braunschweigische Regierung endlich zustimmte. Die Vorarbeiten konnten beginnen, und durch Verordnung vom 4. Mai 1835 über die Anwendung des Enteignungsverfahrens beim Chausseebau auch für Eisenbahnen wurde das Unternehmen besonders gefördert. Gleichzeitig reiste der als Bauleiter bestimmte Kreisbaumeister Märtens nach Belgien, England und Frankreich sowie in einige deutsche Länder, um Kenntnisse im Eisenbahnbau und -betrieb zu erlangen. Am 22. April 1836 übermittelte v. Amsberg seinen Bericht über die Anlegung der Eisenbahn von Braunschweig über Wolfenbüttel nach Harzburg dem braunschweigischen Staatsministerium. Darin erläuterte er auch seinen veränderten Standpunkt, eine Staatsbahn privaten Gesellschaften vorzuziehen: »Nur, wenn dieselbe sich in den unbeschränkten Händen der Staats-Verwaltung befindet, wird es möglich, die Hauptzwecke der Bahn vollkommen entsprechend zu befördern, namentlich den Ertrag der Anlage durch Ermäßigung der Fracht und Personengelder theilweise zur Erleichterung und Beförderung des Handels und Verkehrs zu benutzen, also den betreffenden Landestheilen selbst zu Gute kommen zu lassen, insbesondere aber den herrschaftlichen Kassen durch möglichst billigen Transport der Pflaster- und Chausseesteine, sowie der Produkte der Forstwirtschaft und der Berg- und Hüttenprodukte des Harzes, die in der Anlage ins Licht gestellten Vortheile in dem angedeuteten Maaße vollständig zufließen zu lassen.«

In vieler Hinsicht enthielt der Bericht interessante, zum Teil damals wegweisende Ausführungen über den Bau der geplanten Bahn, z. B. bauökonomisch vorteilhafte Planierungsregeln. Für kreuzende Straßen wurden »Tunnel unter der Bahn durch oder Brücken über dieselbe oder schienengleiche Übergänge«, für den Betrieb der eingleisig entworfenen Bahn »Ausweichen« vorgeschlagen, Zäune und Hecken sollten an allen zugänglichen Stellen der Bahn Unfälle verhüten. Auf der in Abschnitte von etwa 1 ½ Meilen geteilten 6 Meilen langen Strecke waren zwischen Braunschweig und Harzburg Zwischenstationen in Wolfenbüttel, Heiningen, Wiedelah und Neustadt vorgesehen, als Bahnhofsbauten in Braunschweig, Wolfenbüttel und Neustadt Güter-Hauptmagazine, Schuppen und Stallungen für Wagen und Pferde, »Geschäftslocale und Passagierstuben« zur Abfertigung der Reisenden, verbunden mit Beamten- und Arbeiterwohnungen, ferner Zwischenmagazine in Heiningen und Wiedelah sowie 8 Aufseher- und Wärterhäuser an der Strecke.

Dieser und ein weiterer Bericht der Baudirektion wurde zusammen mit einem detaillierten Kostenanschlag am 30. Dezember 1836 der Ständeversammlung vorgelegt und 400 000 Taler für den Bau beantragt, die sie am 15. März 1837 bewilligte. Inzwischen hatte Märtens seinen technischen Bericht abgegeben, der ebenso wie bei v. Amsberg's Plänen auch die Traktion durch Pferde erwog. Aufgrund der Kostenvergleiche entschied man sich für die ökonomisch und betrieblich vorteilhafteren »Dampfwagen« als Fördermittel zwischen Braunschweig und

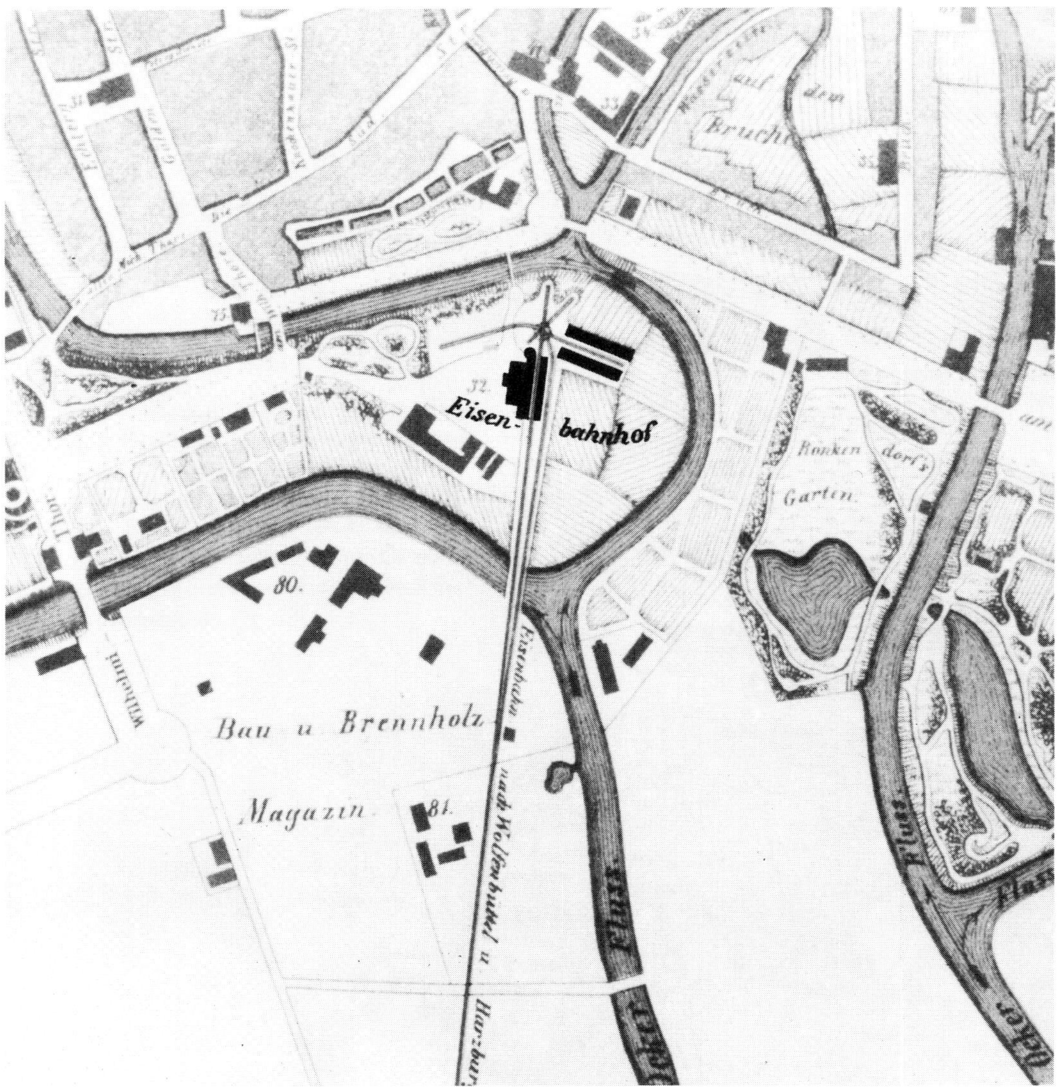

Vienenburg, während der Abschnitt Vienenburg–Harzburg mit Steigungen bis 1:45 durch Pferde betrieben wurde und hier die Züge in der Gegenrichtung bergab ohne Zugkraft »unter Anwendung zahlreicher Bremsen zur Beförderung kamen«. Auf diesem Abschnitt war der Oberbau daher nur aus hölzernen Langschwellen und 2×1 Zoll dicken Flachschienen hergestellt. Der Betrieb befriedigte aber nicht, so daß die Strecke umgebaut und seit November 1843 »durchgehender Locomotivbetrieb unter Anwendung besonders construirter Locomotiven eingeführt wurde«.

Die Bauausführung lag in den Händen einer am 1. Mai 1837 gebildeten Eisenbahnkommission, die v. Amsberg leitete. Während des am 22. August 1837 begonnenen Baues ergaben sich Schwierigkeiten dadurch, daß statt der ursprünglich für Pferdebetrieb vorgesehenen Flachschienen schwerere, dem Lokomotiveinsatz gewachsene Vignoles'sche Schienen verlegt werden mußten, die v. Amsberg ohne vorherige Genehmigung des Staatsministeriums kurzerhand in England bestellte und wofür er bedingt haftbar gemacht wurde. Dennoch ging der Bahnbau flott voran, und am 6. November 1838 erfolgten Probefahrten auf dem ersten, 11,9 km langen Abschnitt Braunschweig–Wolfenbüttel, den Herzog Wilhelm von Braunschweig bereits am 30. November feierlich einweihen konnte. Am 1. Dezember 1838 wurde die Strecke als erste deutsche Staatsbahn dem öffentlichen Verkehr übergeben. Es folgten die Streckenabschnitte

Vienenburg–Harzburg am 10. August 1840
Wolfenbüttel–Schladen am 22. August 1840
Vienenburg–Schladen am 31. Oktober 1841.

Bahnhof Braunschweig

Der Standort des ersten Bahnhofes der Stadt ergab sich zwangsläufig aus der Linienführung der ersten, nach Wolfenbüttel gebauten Eisenbahn. Recht bekümmert schildert ein naturliebender Zeitgenosse die Umweltveränderung der gewählten Örtlichkeit: »… während von Norden her, von den Seehäfen, noch jene mächtigen, schweren und mit Warenballen beladenen Fuhrwerke schellenläutend in die Thore einrollten, entwickelte sich an der Südseite der Stadt, am Bruchthore, nahe der grünen inselförmigen Okerwiesen, eine fremdarthige, ungewöhnliche Thätigkeit; Dampf- und Rauchwolken brausten von Zeit zu Zeit empor, und ein gellendes markerschütterndes metallisches Pfeiffen, dem man niemals eine Atemnot anmerken konnte, unterbrach die gewohnte Stille – auf Nimmerwiederkehr war das nach Jahrhunderten zählende harmlose Idyll zerstört, denn der erste Dampfwagen hatte seinen Einzug in Braunschweig genommen …«.

Natürlich förderte die Lage des Bahnhofs, unmittelbar am Südrand des mittelalterlichen Stadtkerns, den Personenverkehr mit der gesamten Innenstadt ungemein, die so allseitig günstige Bedingungen für ihre Entwicklung zur City erhielt. Dem standen freilich die betrieblichen Nachteile des Kopfbahnhofes und die zunehmende Unzulänglichkeit seiner von der städtischen Bebauung eingeengten Bahnanlagen gegenüber, die erst durch den 1960 im Südosten der Stadt eröffneten neuen Hauptbahnhof überwunden wurden.

Der am 30. November 1838 eingeweihte Bahnhof war verhältnismäßig klein (Bild 1). Sein vom braunschweigischen Hofbaurat Karl Theodor Ottmer entworfenes »nach dem damaligen tonangebenden Baugeschmack, in strengen englisch-gothischen Stil mit Spitzbogenfenster und einigen Thürmen in rothem Backstein« ausgeführtes Empfangsgebäude (Bild 2) umfaßte anfangs nur ein Gleis und einen »Perron«. Die Gleisanlagen wurden aber anschließend erweitert und mit der erforderlichen Drehscheibe versehen. Gleich nach Eröffnung des Personenverkehrs erreichte die Bahn ungeahnte Beförderungsziffern: in der ersten Woche 6 527, in den ersten fünf Betriebsmonaten 105 149 Reisende! 1845 war es schon eine halbe Million bei täglich 18 durch den Bahnhof abgefertigten Zügen.

Dieses unerwartet große Verkehrsaufkommen konnte der Bahnhof bald nicht mehr bewältigen, so daß bereits vier Jahre später eine neue Anlage geplant wurde. Ottmer, der schon das erste Empfangsgebäude, einen fast erschreckend anmutenden romantischen Bau (Kubinszky), entworfen hatte, schuf auch das zweite, nunmehr in Palladianischem Klassizismus (Müller). Die Urheberschaft so verschiedener, von einem Architekten kurz nacheinander geschaffenen Werke ist keine Ausnahme. Friedrich Wilhelm von Erdmannsdorff, der erste deutsche klassizistische Baumeister, baute sogar in umgekehrter Folge ein klassizistisches Schloß und dann das Gotische Haus in Wörlitz. Ottmer erlebte die Verwirklichung seiner Pläne nicht, die er als todkranker Mann zeichnete. Er starb bereits am 22. August 1843 in Berlin, und seine sterbliche Hülle traf »mit dem berlin-magdeburger Bahnzuge« auf dem Platz des von ihm entworfenen neuen Bahnhofsbaues ein, der am 10. August abgesteckt und am 12. August 1843 mit dem ersten Spatenstich begonnen wurde.

Über dieses sein letztes Werk erschien 1846 ein zeitgenössischer »Baukunst-Report«, der Entwurf und Ausführung bau-kunst-geschichtlich detailliert beschreibt. »Nachdem man …

Bild 1 Plan der Stadt Braunschweig 1841. Ausschnitt mit dem ersten Bahnhof (Verkehrsmuseum)
Bild 2 Erstes Empfangsgebäude des Bahnhofes Braunschweig. Entwurf Ottmer (Verkehrsmuseum)

am 2. September (1843) den ersten Pfahl eingerammt hatte, konnte schon am 20. November des folgenden Jahres die Firste mit dem Kranze geschmückt werden. Das war denn auch ein Fest für Braunschweig; denn von der Schönheit dieser Halle war Jedermann eben so lebhaft überzeugt, wie von der Wichtigkeit dieser Eisenbahn; und nachdem ... die Werkleute mit dem Kranze in feierlicher Prozession die Straßen durchzogen hatten, sprach einer der Altgesellen von der Plateform des Bahngebäudes herab zu der rings versammelten, unzählbaren Menschenschar den Festgruß.«

Den Grundriß des Empfangsgebäudes, das mit der von ihm umschlossenen Halle einen einheitlichen Baukörper bildete, zeigt Bild 3 zusammen mit der gesamten Bahnhofsanlage. Seine Nordfront, das »Restaurationsgebäude« (Bild 4), wurde am reichsten ausgestattet. »Das Mittelrisalit, zu welchem eine Freitreppe führt, deren Perron mit einem reichen Eisengeländer und vier gußeisernen Standleuchtern geschmückt ist, enthält vier gereifte, mit ionischen Sophacapitellen versehene, 34 F. hohe Pilaster, welche einen Fries mit vertieften Cassettonen tragen. Derselbe ladet im oberen Gesimse $2\frac{1}{2}$ F. aus und ist mit Zahnschnitten und Akroterien verziert. Über dem Friese erhebt sich in der ganzen Breite eine 6 F. hohe Attika, welche wiederum von einer zweiten, $24\frac{1}{2}$ F. breiten Attika, in der Höhe von $2\frac{1}{2}$ F. überragt wird, deren Bekrönung ein zierliches Eisengeländer bildet. Die mittelsten beiden Pilaster schließen ein 16 F. breites und, vom Fußboden bis unter den Schlußstein 31 F. hohes Portal ein, dessen Bogenzwickel zwei großartige Victoriengestalten ausfüllen. Diese sehr gelungenen Hautreliefs, leider nur in Gyps ausgeführt, sind das Werk des talentvollen braunschweiger Bildhauers Franz Körner, eines Schülers von Schwanthaler. Dem Hauptportale zur Seite befinden sich zwei kleinere Portale ... Über jedem ..., deren Bogenzwickel Festons ausfüllen, läuft ein reicher Fries hin. Über diesem wieder ist ein 5 F. im Durchmesser großes, als eine äußerst zierliche Rosette behandeltes Rundfenster angebracht, dessen Stern ein nach Körner's Modell angefertigter, sehr schöner Medusenkopf einnimmt; indeß die vier Seiten mit Palmetten verziert sind, wodurch diese Rundfenster das Ansehen eines Quadrates erhalten. Diese mit dem reichsten und reizendsten Sprossenwerk geschmückten Rosetten kommen als ein Meisterwerk des Eisengusses aus Ilsenburg. – ... Über einem geräumigen Souterrain erheben sich die Bogenfenster des Rez-de-Chaussée (Erdgeschoß), ... Unter ihren Archivolten sind Kämpfergesimse angebracht, indeß die Brüstungen reiche Ornamentfüllungen von gegossenem Eisen enthalten. Die Fenster der

Bild 3 Lageplan des Bahnhofes Braunschweig 1845
A, A, A Wallpromenade; B, B Ocker; D, D Straßen; E, E Straßenbrücken zur Verbindung der Stadt mit dem Bahnhof; F Fußgängerbrücke; G, G freier Platz für das Publikum; H älteres Wohngebäude, zum Abbruch bestimmt; J, J Hauptstationsgebäude, enthaltend: I. Ein Restaurationsgebäude, bestehend aus einem Souterrain mit Küche, Backofen, Weinkeller, Domestikenlokal, Brunnen etc., einem untern Stocke mit a, a zwei Speisesälen mit Büffets; b Vestibül; c Kaffeezimmer mit Fenstern zur Aussicht in die Halle; d, d zwei Durchgängen von der Halle in's Freie; einem zweiten Stocke, welcher in der Mitte einen Saal für das Publikum mit einem Balkon nach der innern Halle, einen freien Corridor auf der Seite des Vestibüls, im östlichen Theile die Wohnung des Restaurateurs, und im westlichen Theil die Bureau-Lokale der Eisenbahn-Commission enthält. II. Den westlichen Theil nebst Pavillon auf der Südseite, mit a, a, a drei Wartlokalen; b Portierzimmer; c Lokal für die Billetexpedition; d Zimmer für Oberconducteur und Wagenmeister; e, e zwei Zimmer für die Postexpedition; f, f, f 5 Piecen für die Expedition des abgehenden Reise-Gepäcks, verbunden mit der Steuerabfertigung; g Lokal der Gepäckträger; h Hauptkasse; i, i Säulenhalle; k Rotunde mit Kuppel. III. Den östlichen Theil mit einem auf der Südseite liegenden Pavillon; a Steuerexpedition des ankommenden Reisegepäcks; b, b Säulenhalle; c südlicher Pavillon, im untern Stockwerk Wohnung des Bahnhofaufsehers, im zweiten Stock Wohnung des Bahndirectors. IV. Halle, darin 3 Fahrgeleise; das östliche für die ankommenden, das westliche für die abgehenden Züge, das mittlere zur Reserve; á, á Perrons; b́ Schiebebühne für Locomotive und Tender. K Eisenbahnbrücke. A Maschinenhaus mit

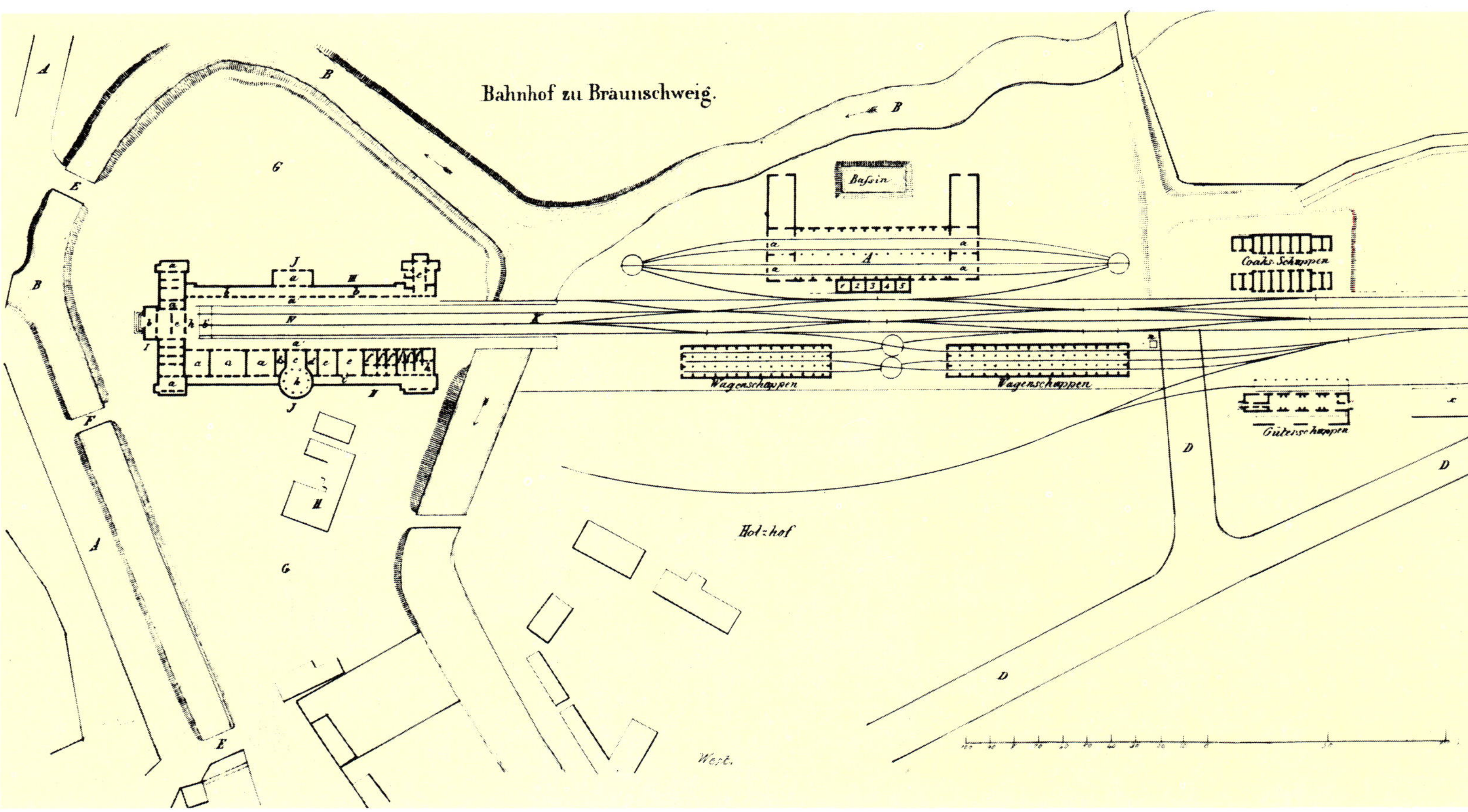

4 Geleisen über versenkten Gruben, aus welchen Ableitungskanäle abgehen; a, a, a, a Putz- und Heizräume; im westlichen Anbau befinden sich im Souterrain ein Keller, eine Niederlage für Oel etc., ein Kesselraum für die stehende Dampfmaschine, ein Raum für den Brunnen und zwei Wasserpumpen; im ersten Stock die Koaksausgabe 1 und 5, die Räume 2 und 4 für Locomotivführer und Heizer, 3 für die stehende Dampfmaschine von 6 Pferden; im zweiten Stock ein großer Wasserbehälter, der durch Circulationsrähren mit dem Dampfkessel verbunden ist; vor den Räumen 1 und 5 stehen Wasserkrahnen, so daß gleichzeitig Koaks und Wasser genommen werden kann; in den östlichen Flügeln liegen die Werkstätten, dazwischen ein Bassin, in welches durch Faschinen eindringendes und dadurch gereinigtes Flußwasser gelangt; n Weichenwärterhäuschen; x geplanter Güterschuppen (Sammlung Verfasser)

Bild 4 Empfangsgebäude des Bahnhofes Braunschweig 1845. Nordfront des Kopfbaues mit »Restauration«. Entwurf Ottmer (Sammlung Verfasser)

Bel-Etage, mit ionischer Einfassung geschmückt, ruhen auf einem Etagengurte in der Brusthöhe. Das oberste vierte Geschoß endlich ist als Mezzanion behandelt, mit kleinen Rundbogenfenstern, denen sich zu beiden Seiten Palmetten anschließen, so daß dieses Geschoß nur wie ein ornirter Fries erscheint. Von den Eckrisaliten möchte noch zu bemerken sein, daß sie von einer 3 F. hohen Attika bekrönt werden, ... und daß ferner in der Bel-Etage dieser Eckrisalite, – wie es auch an den je drei Fenstern der vier Giebelfronten der Fall ist, – der gerade Fenstersturz von einer Archivolte übespannt wird, welche ein reiches Relief umschließt; indeß am Fenster des Rez-de-Chaussée ein dossirter, mit Bronze-Vasen geschmückter Balkon vortritt. Sämmtliche Capitäle, sowol an den Portalen, wie auch an den Fenstern, sind in Zink gegossen, und zwar von Herrn Inspector Howaldt ... .

Wahrhaft überraschend ist die Entrée in das Rez-de-Chaussée, worin sich die Haupträume befinden. Über die schon oben erwähnte Freitreppe durch die prächtig ausgestatteten drei Portale gelangen wir zu dem 44 F. breiten und 22 F. tiefen Vestibüle, welches, in der Höhe von 51 F., von einer Kuppel überspannt wird, deren Lichtöffnung ein großer Stern von Rubinglase füllt. Gleich beim Eintritt überfliegt der Blick die mächtige Bahnhalle, indem die drei Eingangsportale sich in den beiden Wänden, welche die Halle vom Vestibüle trennen, wiederholen und hier mit Glas ausgefüllt sind. Zwischen diesen inneren Portalwänden liegt in beiden Etagen ein Saal, der obere mit doppeltem Balkone versehen, nach der Bahnhalle und nach dem Vestibüle hin. Zu beiden Seiten des Vestibüles und der Glassäle ist eine 10 F. breite Treppenflur, mit den Eingängen zum Souterrain, zur Bel-Etage, Bahnhalle und Restauration. Links gelangt man zu dem 55 F. langen, mit Einschluß des Büffets, 42 F. breiten Speisesaale, dessen Wände als Arkaden zwischen einer Pilasterstellung behandelt sind. Die Decke wird durch die sich durchkreuzenden Balkenlagen in Felder getheilt, welche geschmackvolle Malereien tragen, indeß die Grundfarbe der Wände ein zartes Rosa ist, dessen Reiz die vergoldeten Ornamente an den Pilastern noch er-

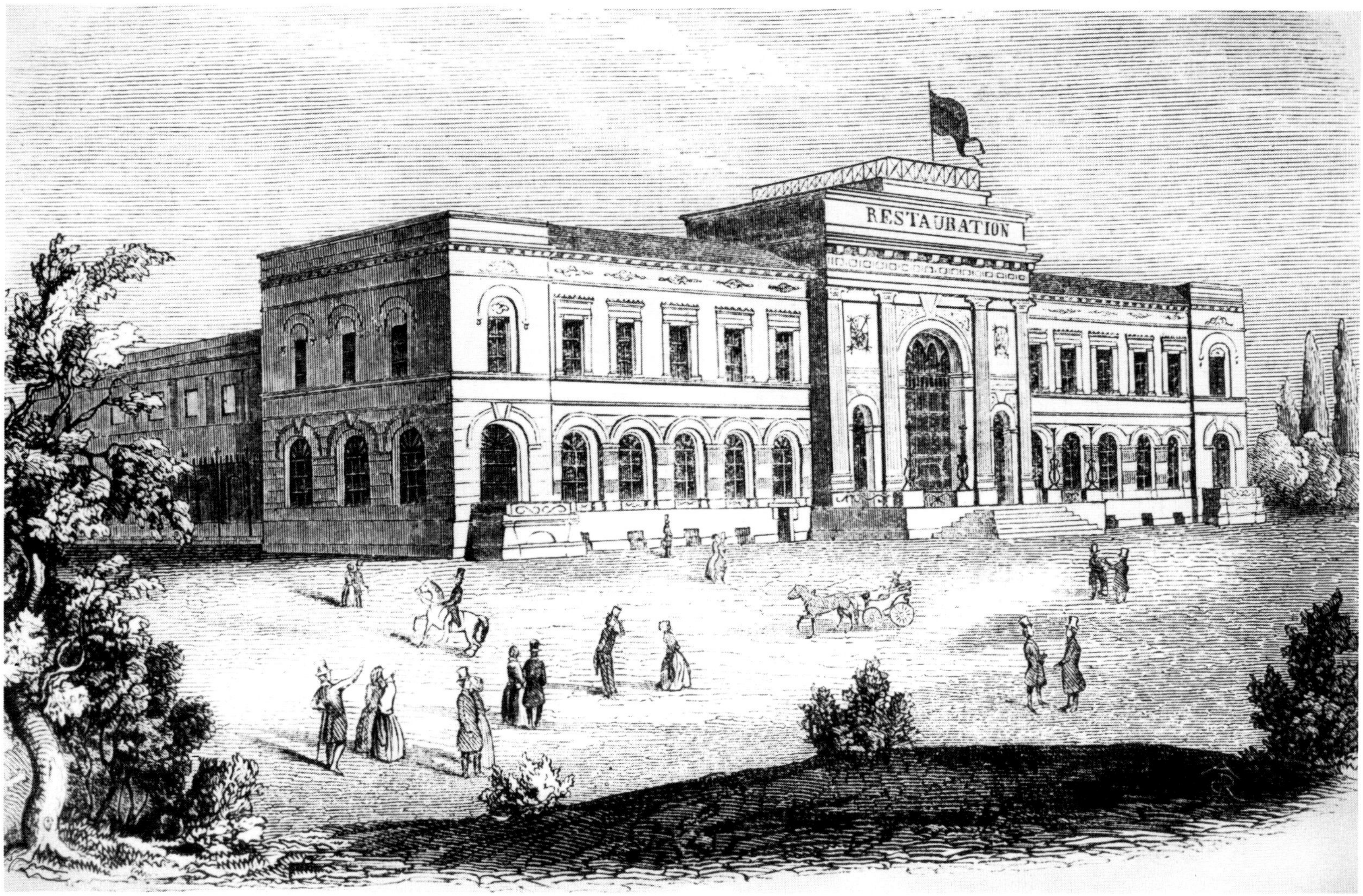

höhen. Dem Vestibüle zur Rechten befindet sich eine zweite Localität, dem Speisesaale an Umfang entsprechend, und nur deshalb größer erscheinend, weil hier kein Büffet den Raum beschränkt, und weil auch mit diesem Zimmer ein zweites in Verbindung steht, welches ein Büffet für die Wartezimmer letzter Classe enthält, von denen es begrenzt wird. Dieser herrliche Saal ist noch reicher decorirt, als das Speisezimmer. Seine Grundfarbe ist ein zartes Blau, indeß die Arkaden, durch Goldfugen gequadert, Landschaften einschließen, und die Decke von vier dorischen Säulen getragen. – Beherrscht einerseits der Blick vom nördlichen Balkonfenster die anmuthigen Avenüen des Bahnhofes und die belebte Wallpromenade mit der schönen eisernen Brücke, so führt nach Süden eine Glasthür auf den 322 F. langen Corridor, welcher außerhalb der Bahnhalle allen Wartezimmern entlang geht. ... Die Bel-Etage (des Restaurationsgebäudes) enthält im rechten Flügel die Wohnung des Wirthes, nebst einigen Wartezimmern für fürstliche Personen; im linken das Geschäftslocal der Eisenbahncommission. Der einzige, dem Publicum freigegebene und auch der interessanteste Raum des Gebäudes, ist hier nun der schon oben erwähnte Glassaal. Er mißt 44½ F. in der Breite, 20 F. in der Tiefe, bei einer Höhe von 16 F. 6 Z. .

Sein Licht empfängt er nach Norden und Süden durch die Glaswände, welche die großen beiden inneren Portale ausfüllen, zwischen welchen er liegt. Ein zierlicher Balkon, in der ganzen Breite des Vestibüles fortlaufend und die Verbindung zwischen den Flügeln unterhaltend, gewährt eine höchst liebliche Aussicht durch das großartige, von der Kuppel überwölbte Vestibüle nach der Promenade und der Stadt zu; während die entgegengesetzte Seite, vom geräumigen Balkon aus, die prachtvolle Bahnhalle überschauen läßt, deren Hintergrund vor dem mächtigen Einfahrtsportale die blauen Berge des Harzes bilden. Eine reichere Augenweide möchten wol überhaupt nur wenige Stationslocale der Eisenbahnen darbieten, als dieser Saal, der, weil darin das Rauchen nicht gestattet ist, zugleich ein von der Damenwelt vorzugsweise gesuchtes Asyl werden möchte. Wenn man die interessante Durchsicht durch die Bahnhalle abrechnet, so dürfte freilich die Rundsicht von der Plateform noch lohnender sein, weil hier der Blick ungehindert den größten Theil der Wallpromenade, wie auch der Stadt mit ihrem reichen Schmucke an ehrwürdigen Thürmen, dann die reizenden Umgebungen mit dem üppigsten Wiesengrunde, und endlich die sanften Höhen der Lichtenberge, der Asse, des Elmes und das meistentheils schneebe-

deckte Haupt des Brockengebirges überschaut. Für die Wallpromenade wiederum bietet das Bahngebäude selbst, von der eisernen Brücke aus gesehen (Bild 5), mit der Durchsicht zu seiner Linken über die, von vielen Villen begrenzten, fernen Wiesengründe und Neu-Richmond hinweg, nach dem Harzgebirge hin, ein höchst anmuthiges Landschaftsbild dar. ...

Wenden wir uns nun gegen Westen, so erblikken wir die im Ganzen 420 F. lange Facade, welche die Seitenansicht der Bahnhalle bildet. Sie wird an beiden Enden von den je 49 F. langen Giebelfronten der nördlichen Vorder- und der südlichen Rückseite begrenzt. Die Mitte der Rücklage nimmt ein ganz aus dem Hauptkörper des Gebäudes vortretender Monopteros (Bild 6, 7) von 12 Säulen ein, dessen Höhe, bis zur Lichtöffnung der Kuppel, 46 F. 6 Z. beträgt, wovon auf die 2 F. $7\frac{1}{5}$ Z. im Durchmesser starken korinthischen Säulen 26 F. kommen. Die Rücklage enthält 27 Fenster, deren Grösse 5 F. im Quadrat beträgt. Sie sind mit Einfassungen versehen, von Pilastern dorischer Ordnung umgeben, bestehen aus Gußeisen und führen der Halle ihr Licht zu. Unmittelbar an den Gurt, auf welchem die Pilaster ruhen, schließt sich ein mit Blei gedecktes Zeltdach an, welches im Ganzen 48 F. vorspringt, vorn auf zierlichen Säulen von Gußeisen ruht, welche durch das Dach vortreten und in Blumenkronen endigen. Durch dieses Zeltdach wird nun ein, zwischen den Eckrisaliten der Giebelfronten liegender, mitten durch die Rotonde durchführender Corridor von 322 F. Länge gebildet, dessen Breite indessen nur 12 F. beträgt, weil 26 F. von dem vorspringenden Zeltdache für die unmittelbar an die Halle gelehnten Geschäfts- und Wartezimmer abgehen. Statt der Fenster, haben diese eben genannten Localitäten Arkaden. Jeder Bogen wird von einer zierlichen, oben eine Palmette tragenden und auf kleinen Blätter-Consolen ruhenden Archivolte überspannt. – Dieser edle Monopteros, der mitten vor der Halle seine Kuppel aus dem Zeltdache emporhebt, von dessen zwölf Säulen jedoch nur sechs ganz aus dem Mauerwerke heraustreten, ist der erste Zielpunkt aller Abreisenden; denn er enthält das Büreau zur Lösung der Billets. Seine Kuppelöffnung ist mit farbigen Gläsern ausgefüllt, und eine in ihm angebrachte große Uhr, am Tage wie in der Nacht zu gleichem Dienste bestimmt, ist mit einem transparenten Zifferblatte versehen. In Rücksicht auf die Bequemlichkeit des Publicums möchte übrigens der Grundplan dieser westlichen Facade wenig zu wünschen übrig lassen, indem dieser herrliche Corridor, mit der Aussicht auf die anmuthigsten Parkanlagen, nicht allein eine geschützte Promenade im Freien bei unbeständiger Witterung gestattet, sondern auch den Zugang zum Cassen-, Post- und Steuerbüreau, wie auch zu der Re-

Bild 5 Empfangsgebäude des Bahnhofes Braunschweig. Illumination anläßlich des 50jährigen Regierungsjubiläums des Herzogs Wilhelm von Braunschweig 1851. Zeichnung von M. Schäfer (Sammlung Verfasser)
Bild 6 Bahnhof Braunschweig. Teilansicht des alten Güterbahnhofes mit dem Empfangsgebäude im Hintergrund um 1850 (Sammlung Verfasser)
Bild 7 Empfangsgebäude des Bahnhofes Braunschweig. Westseite mit dem Monopteros nach dem Umbau des Bahnhofs 1935 (Sammlung Verfasser)

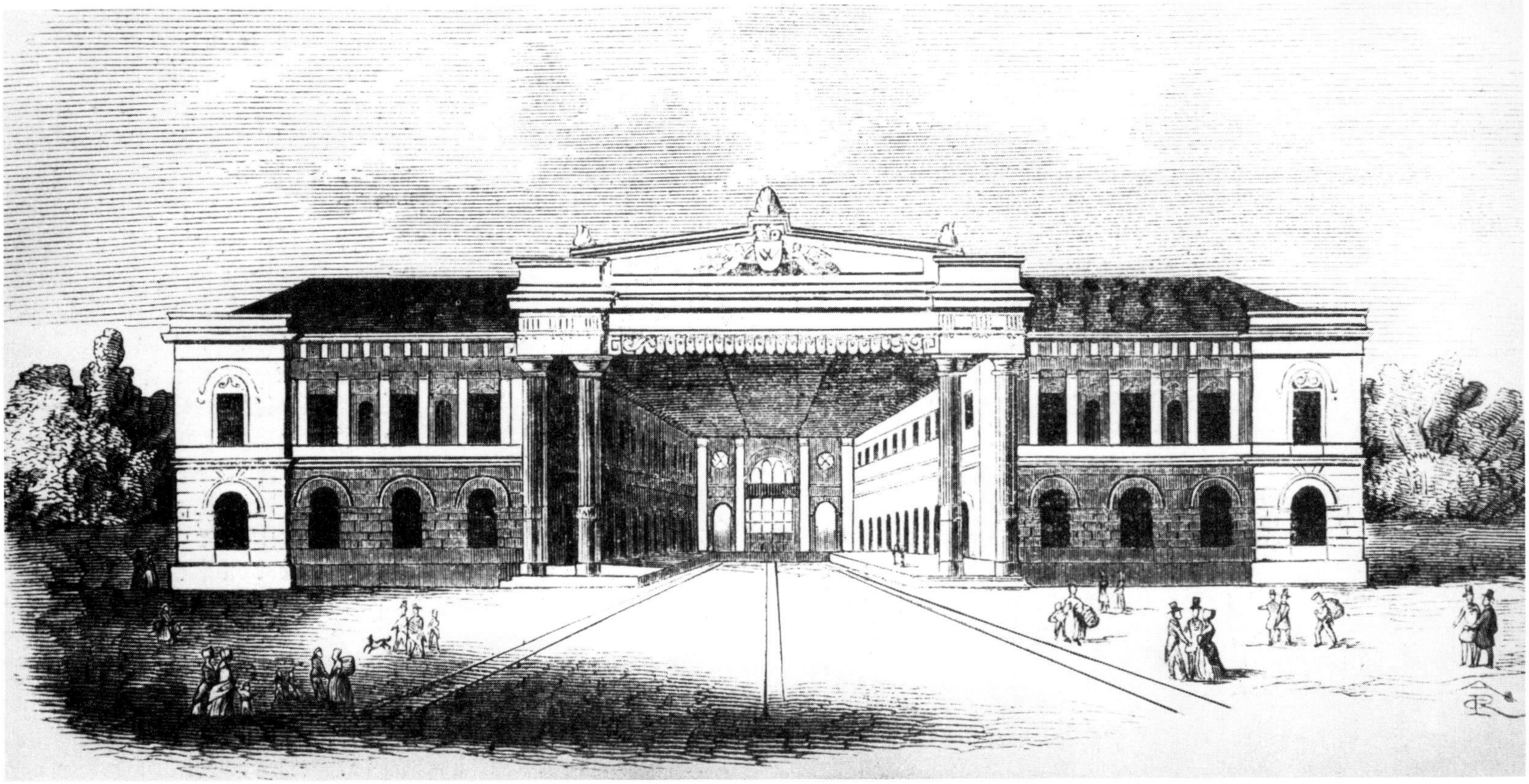

Bild 8 Empfangsgebäude des Bahnhofes Braunschweig 1845. Südansicht mit Halleneinfahrt. Entwurf Ottmer (Sammlung Verfasser)
Bild 9 Empfangsgebäude des Hauptbahnhofes Braunschweig. Südansicht mit Halleneinfahrt vor dem Umbau 1935 (Sammlung Verfasser)

stauration, zu den Wartezimmern aller Classen, und durch diese wiederum zur Halle selbst darbietet.

Der westlichen Facade entspricht die östliche, nur mit dem Unterschiede, daß in der Mitte, statt der Rotonde, ein 60 F. breites, in fünf Arkaden getheiltes, einstöckiges Risalit vorspringt, dessen Zeltdach, mit einem Frontispice, Akroterien schmücken. ... Da an dieser Ostseite die Wartezimmer und übrigen Geschäftslocale an der Rücklage wegfallen, so springt das Zeltdach nur 12 F. vor, und bildet, wie an der entgegengesetzten Seite für die Abfahrenden, so hier für die Ankommenden einen sehr willkommenen, gegen die Launen der Witterung schützenden Corridor, welcher nach dem Restaurationslocale ausmündet, und bei jedem eintreffenden Bahnzuge von einer großen Anzahl Droschken umstellt ist.

Nachdem wir nun die nördliche, westliche und östliche Facade gemustert, bleibt der Betrachtung nur noch die südliche mit dem großen Einfahrtsportale übrig. Sie ist vielleicht die imposanteste von allen, wie sie denn auch jedenfalls dem Architekten die meisten Schwierigkeiten darbot. Es handelt sich nämlich darum, ein die übrigen Verhältnisse des Gebäudes weit überschreitendes Portal mit geradlinigem Sturze herzustellen, ohne auch die Gesetze der Schönheit zu überschreiten. Ottmer fragte daher ohne Weiteres seinen Genius, und nicht das alte Herkommen um Rath. Er stellte vor die 72½ F. im Lichten breite Hallen vier dorische Säulen von 33 F. 3 Z. Höhe und 4½ F. Durchmesser, welche, je zwei von Mitte zu Mitte 8 F. 6 Z. auseinanderstehend, für die Einfahrt eine Weite von 53 F. 6 Z. im Lichten freiließen. Diese vier Säulen ... tragen zwei mächtige Consolen, welche nach dem Portale zu etwa 8 F. ausladen. Sie dienen, als Ergänzung des unterbrochenen Architravs, zur Unterstützung des dorischen Frieses, über welchem sich eine Attika mit einem Giebelfelde befindet, welches vom braunschweigischen Wappen ausgefüllt und überragt wird. ... Gewissermaßen zum Widerlager dieser mächtigen Portalöffnung (Bild 8, 9) lehnen sich zu beiden Seiten Flügel an, welche durch Risalite mit Attiken flankiert werden und überhaupt, bis auf den hier fehlenden Balkon im Rez-de-Chaussée, welches durchweg bossirt ist, den Eckrisaliten der nördlichen Facade entsprechen. Dagegen sind hier die Rücklager nur in drei Fenster eingetheilt, ... Die in der Bel-Etage liegen zwischen sechs dorischen Pilastern, an welche sich über die ganze Rücklage hindurch, in der Höhe der Fenster, ein Band anschließt, wodurch über den Fenstern fünf Felder gebildet werden, auf denen freischwebende Kränze angebracht sind. Ein reicher dorischer Fries mit Karnießen bekrönt die ganze Rücklage. Die leeren beiden Fensterwände zwischen den drei Fenstern sind als Nischen behandelt, welche einer Besetzung noch entgegensehen. Prometheus, der den göttlichen Funken zur Erde brachte, Vulkan, der Bezähmer des Feuers und Bildner in Erz, Merkur, der geflügelte Bote und Schirmer des Handels, und endlich Minerva, die jungfräuliche Pflegerin der Wissenschaften und Künste, würden gewiß am Einfahrtsportale einer Eisenbahn ganz am rechten Orte stehen. Möchten sich doch die Finanzen den Göttern günstig erweisen! – ...

So treten wir denn nun endlich in die Halle selbst ein. Der Eindruck ist ein äußerst gewaltiger und durchaus edler; denn wie groß und frei ist dieser Raum, wie zweckmäßig und wie schön ist er eingetheilt! Da allein der Hauptkörper der Halle 322 F. mißt, und durch die Vorlage an der Südseite noch um 49 F., verlängert ist, wozu endlich 7½ F, für den Vorsprung der Säulen vor der Einfahrt kommen: so beträgt die ganze Länge 378½ F., bei einer Breite von 72½ F. im Lichten, und bei einer Höhe, vom Podeste bis zum Hauptbalken gerechnet, von 34 F.; bis zur Firste aber von 47 F.

Dieser Raum wirkt um so imposanter, weil er durch keine Säulen unterbrochen wird. Jede der beiden Langseiten ist in 30 Arkaden getheilt, welche mit zierlichen Archivolten überspannt sind, und überhaupt in ihren edlen Verhältnissen den bereits an der Außenseite beschriebenen entsprechen. Über ihnen läuft ein Gurtgesimse fort, über welchem, mit den Arkaden correspondierend, sich 30 Stück 5 F. im Quadrat große Fenster von Gußeisen befinden. Sie bilden eingerahmte, sehr reiche Rosetten, deren Zwickel Palmetten einnehmen. Das Farbenspiel der bunten Gläser, mit denen die Mittelsterne ausgefüllt sind, übt auf den weißen Grund der Wandflächen eine wohlthuende Wirkung. Die Rückwand der Halle, an die Restauration angelehnt, enthält ein großes und vier kleinere Portale, von denen die drei mittleren den Portalen am äußeren nördlichen Mittelrisalite entsprechen. Sie sind sämmtlich mit Glaswänden ausgefüllt, so daß am Tage von der Halle aus sich ein Blick ins Freie durch das Restaurationsgebäude darbietet, während am Abend durch die rothen Vorhänge der über einander liegenden beiden Glassäle ein magisches Licht auf die Halle ausströmt. Das Hauptportal ist, wie schon gesagt, in der Höhe der zweiten Etage von einem rund vortretenden Balkon durchschnitten, der, mit zierlichem Bronzegeländer geschmückt, eine unbeschreiblich schöne Übersicht der Halle darbietet. Ein Glanzpunkt derselben ist endlich noch das kühne, bis unter die Verschalung sichtbare Dachsprengwerk. Die 72½ F. langen Hauptbalken werden durch mächtige, eiserne Consolen und außerdem durch zwei eiserne Hängesäulen getragen, deren Schrauben unter dem Hauptbalken als Tannenzapfen heraustreten. Den Kehlbalken, der an den Seiten auf Stuhlsäulen ruht, trägt in der Mitte noch eine hölzerne Hängesäule. Diese Hängesäulen sind in der ganzen Längenverbindung durch hölzerne Kreuze an einander gespannt. Das gesamte Dachgesparre ist im Charakter des Eichenholzes angestrichen: nur hat man zur Belebung des Ganzen die Verschalung in einem helleren Tone gehalten, indeß die Untersicht zwischen den Consolen eine zierliche Holzmosaik bildet.

Um auch über den Grundplan der Halle eine Übersicht zu gewinnen, sei noch bemerkt, daß die Locomotiven auf den drei in die Halle mündenden Schienenreihen am Ende der Halle durch sogenannte »Schlitten« von einem Geleise zum anderen geschoben werden. Indeß nun die offenen Arkaden an der Ostseite, von denen die fünf mittelsten die Eingänge zum Gepäckausgabe- und Steuerrevisionsbureau enthalten, die Ankommenden auf den äußeren Corridor führen, sind die Arkaden der Westseite durch Glasthüren geschlossen. ...

In Betreff des Technischen wäre noch zu bemerken, daß der Grundkörper des Gebäudes 20 F. tief gerammt worden ist. Diese Maßregel war um so erforderlicher, weil der Grund und Boden, wie die in dieser Tiefe noch aufgefundenen Waldüberreste und einzelne sogar noch wohlerhaltene Haselnüsse beweisen, ein Erlenmoor ist, welches man in älteren Zeiten durch aufgetragenen Schutt zu den Befestigungswerken der Stadt benutzt hatte. Jeder Pfeiler des Hauptkörpers ruhet nun auf vier Pfählen, welche mit einem Spitzbogen bis zur Höhe des Grundgeschosses überspannt worden sind. Unmittelbar auf diese Bogen ist das Rez-de-Chaussée gelegt. Die Wände der Seitenzimmer an der Westseite jedoch haben statt der hier unnöthigen Unterpfählung eine einfache Untermauerung von 7½ F. Tiefe. Das Fundament besteht aus dem porösen, aber sehr dauerhaften Duksteine vom Elme; alle übrigen Theile aus gebrannten Steinen; Sockel und Verzierung aber, bis auf die Gesimse – namentlich das leider aus Holz bestehende Gesimse des Mittelbaues – aus Sandstein von Velpke und Lutter am Barenberge. Außer der Kuppel der Rotonde und den Zeltdächern der beiden Corridore, welche mit Blei gedeckt sind, besteht die Bedachung aus röthlich-blauem Schiefer von Manchester. Von den Nebengebäuden, einem Wagen-, einem Güter-, zwei Coakschuppen und dem Maschinenhause, zeichnet sich besonders das letztgenannte Gebäude vortheilhaft aus. Dasselbe ist vom Hrn. Kreisbaumeister Blumenstengel pro-

jectirt, unter dessen höchst gewissenhafter Leitung auch die so rasche Ausführung des Ottmer'schen Entwurfes der Bahnhalle bewerkstelligt wurde. Während alle anderen Nebengebäude aus Fachwerk bestehen, bildet das Maschinenhaus einen Rohbau aus Barnsteinen. Seine Länge beträgt 313 F. und seine Tiefe 80 F., jedoch ohne die angehängten, rückspringenden Flügel. Das Stabwerk der großen Bogenfenster ist in Eisen gegossen. Die unteren Räume sind zu Werkstätten benutzt, das zweite Stockwerk zu Magazinen und einer Dienstwohnung für den Maschinisten.«

Die auch denkmalpflegerisch interessante Baubeschreibung illustriert den zu heute vergleichsweise hohen Einsatz baukünstlerischer Mittel bei diesem Bahnhofsbau aus der Frühzeit der Eisenbahn!

Der neue, zweite Bahnhof und seine Anlagen waren zur Inbetriebnahme am 18. November 1845 im wesentlichen fertiggestellt. Er wurde schon 1853 erweitert und später betrieblichen Erfordernissen entsprechend teilweise baulich verändert bzw. ergänzt. Das Ottmer'sche Empfangsgebäude diente dem Verkehr bis zu seiner Zerstörung durch anglo-amerikanische Luftangriffe im Jahre 1944, und nach behelfmäßigem Wiederaufbau bis 1960. Es erfuhr jedoch ebenfalls einige geringfügige Um- und Anbauten, die seine Grundsubstanz aber nur wenig veränderten. So wurden 1935 die Gleise aus der alten Bahnhofshalle entfernt und diese ganz als Empfangshalle mit Fahrkartenschaltern usw. umgebaut, da die darin befindlichen Gleisenden in Anbetracht der großen Zuglängen ohnehin bedeutungslos geworden waren. Nach dem Zweiten Weltkrieg brach man die Reste dieses Teiles des Empfangsgebäudes mit der ehemaligen Bahnhofshalle ab. Die Braunschweigische Staatsbank (heute: Norddeutsche Landesbank) erwarb den repräsentativen Kopfbau, das ursprüngliche Restaurationsgebäude, den sie außen hervorragend restaurieren, im Inneren jedoch als Direktionsgebäude völlig neu gestalten ließ. Es blieb der Name »Ottmer-Bau«.

Nach dem Krieg sind auch die 1938 durch Professor Frohne geplanten Umbauvorhaben der Braunschweiger Bahnanlagen, deren Hauptabschnitt damals mit dem Rangierbahnhof vor Kriegsende schon vollendet war, weitergeführt und vor allem der neue Personen-Hauptbahnhof als Durchgangsbahnhof auf den Flächen des früheren Rangierbahnhofes gebaut worden. Am 24. März 1959 erfolgte die Grundsteinlegung für das neue moderne Empfangsgebäude, dessen Richtfest bereits am 15. Oktober 1959 gefeiert werden konnte. Es wurde mit den Anlagen des Hauptbahnhofs am 1. Oktober 1960 in Betrieb genommen.

Bahnhof Wolfenbüttel

Die aus der Eröffnungszeit stammende Lithographie vom »Eisenbahn-Hof zu Wolfenbüttel« (Bild 10) zeigt ein romantisches Bauwerk mit gotisierenden Details, das dem ersten Empfangsgebäude des Bahnhofes Braunschweig (Bild 2) sehr nahe steht und daher wie dieses auf einen Entwurf Ottmers oder dessen Einfluß zurückgehen dürfte. Seine Fassadengestaltung erinnert eher an die Theaterdekoration für ein Märchenschlößchen als an einen Bahnhofsbau. Dem in Seitenlage errichteten eingeschossigen Empfangsgebäude war ein hölzerner »Perron« auf Pfeilern als Hauptbahnsteig vorgelagert, an

Bild 10 »Der Eisenbahn-Hof zu Wolfenbüttel« 1838 (Verkehrsmuseum)
Bild 11 Wolfenbüttel, »Türkisches Kaffeehaus«, erbaut 1838 bis 1839 (Verkehrsmuseum)

dem wie in Braunschweig zur Eröffnung am 1. Dezember 1838 – eine Fahrt mit geladenen Gästen fand von Braunschweig nach Wolfenbüttel bereits am 16. November 1838 statt – zuerst nur ein Gleis lag. Das Rangieren der Züge erfolgte auf den Nebengleisen des Bahnhofes.

Von den ursprünglich vorgesehenen Wagenschuppen ist in der Graphik nichts dargestellt; ebenso fehlen die anfangs geplanten Pferdeställe, weil der Betrieb mit Pferden schließlich nur zwischen Vienenburg und Harzburg erfolgte. Demgegenüber wird der Blick auf ein skurril anmutendes Gebäude gelenkt, das der Zeichner nicht zufällig mit ins Bild setzte. Rechts neben der Stadtsilhouette erhebt sich auf einem Hügel das sogenannte »Türkische Kaffeehaus«, das die Eisenbahnkommission unter v. Amsbergs Leitung als besondere Attraktion errichten ließ, um Schaulustige anzuziehen und den Verkehr zwischen Braunschweig und Wolfenbüttel zu beleben. Das in türkischem Stil gebaute, sehr geschmackvoll eingerichtete »Etablissement« (Bild 11) wurde gleich nach Eröffnung der Bahn beliebtes Ausflugsziel der Braunschweiger. Obwohl sich also die Idee v. Amsbergs unmittelbar bezahlt machte und auf die Beförderungszahlen auswirkte, mißbilligten Abgeordnete der Stände das Bauvorhaben, das mit 10 000 Talern Baukosten zu erheblicher Kostenüberschreitung der ursprünglich für die Strecke veranschlagten Mittel geringfügig beitrug. Es wurde mit zum Anlaß genom-

men, daß sich in der Ständeversammlung vom 28. Mai bis 1. Juni 1839 wegen des Antrages der Regierung auf Bewilligung weiterer 450 000 Taler für die Fortsetzung des Streckenbaues nach Harzburg in fünf geheimen Sitzungen heftige Diskussionen entfachten, die zur Einsetzung einer speziellen Prüfungskommission führten. Besonders den Gegnern der Eisenbahn war die Angelegenheit »ein gefundenes Fressen«, um die Eisenbahnkommission wegen ihrer eigenmächtig veranlaßten Baumaßnahmen scharf anzugreifen und damit allgemein die von der Kommission geplanten Eisenbahnvorhaben in Mißkredit zu bringen. Dennoch genehmigte die Ständeversammlung schließlich den Nachtrag unter strengen Bedingungen, untersagte aber der Eisenbahnkommission, Gebäude und Anlagen auszuführen, »die nicht unmittelbar mit der Eisenbahn in Zusammenhang standen«.

Bild 12 Bahnhof Bad Harzburg. Empfangsgebäude mit Vorplatz 1909. Rechts Teil der alten »Einsteighalle« (Sammlung Schladitz)

Bahnhof Harzburg

Für den am 10. August 1840 eröffneten Endbahnhof der Staatsbahn Braunschweig–Harzburg – die Gesamtstrecke konnte erst am 31. Oktober 1841 nach Vollendung des Abschnittes Vienenburg–Schladen in Betrieb genommen werden – wurde eine dreischiffige »Einsteighalle« in heimischer Holzfachwerkkonstruktion errichtet, denn der Baustoff Holz stand im Harz reichlich zur Verfügung. Diese Halle ist beim Neubau des Empfangsgebäudes nach Einführung der am 1. Oktober 1894 vollendeten Strecke Harzburg–Ilsenburg erhalten geblieben. Im Bild 12, das den Bahnhofsvorplatz mit vielen Pferdedroschken im Jahre 1909 zeigt, ist rechts die mit dem neuen Empfangsgebäude verbundene alte Halle zu erkennen.

Harzburg, später Bad Harzburg, entwickelte sich nach seinem Anschluß an das Eisenbahnnetz zum exklusivsten Badeort des Harzes, dessen Ansprüchen die alten Bahnhofsbauten natürlich bald nicht mehr genügten. Das neue, großzügig bemessene und gestaltete Empfangsgebäude entsprach dem eleganten Niveau des Platzes schon besser, und seine romantisch-eklektizistischen Fassaden mit deutschen Renaissance-Giebeln an der Stadtseite gefielen den Zeitgenossen (Bild 12). Bahnseitig ist der hohe Hallengiebel abgewalmt (Bild 13); so paßte er wohl eher zur Funktion des Gebäudes. Bemerkenswert schlicht wurde auch die Eingangs- und Schalterhalle mit ihrem bändergegliederten Tonnengewölbe gestaltet, allein geschmückt mit großen, farbig kunstvoll verglasten Bogenfenstern als Blickfang (Bild 14).

Bild 13 Bahnhof Bad Harzburg. Empfangsgebäude von der Bahnseite um 1910 (Verkehrsmuseum)
Bild 14 Bahnhof Bad Harzburg. Inneres der Empfangshalle um 1910 (Sammlung Schladitz)

II. Hannöversche Eisenbahnen

Hannöversche Staatseisenbahnen

Durch die Verbindung seiner Krone mit England – Georg IV. war 1820 bis 1830, Wilhelm IV. von 1830 bis 1837 König von Großbritannien und Irland und König von Hannover – hätten sich eigentlich im Königreich Hannover nach englischem Vorbild frühzeitig Eisenbahnen entwickeln müssen. Daß dies nicht geschah, lag an der Handelspolitik und den damit zusammenhängenden wirtschaftlichen Verhältnissen des Landes, die in den ersten Jahrzehnten des 19. Jh. hier die industrielle Revolution verzögerten, so daß sich größere Unternehmen und privates Kapital nur in beschränktem Umfang bilden konnte. Andererseits war das Land durch seine geographische Lage geradezu prädestiniert, Mittelpunkt eines norddeutschen Eisenbahnnetzes, mindestens aber Durchgangsland wichtiger Bahnverbindungen zu werden. Unter diesem Aspekt bewarb sich schon 1833 eine englische Gesellschaft bei der königlich hannöverschen Regierung um die Konzession für die Verbindung der Stadt Hannover mit Braunschweig, Bremen, Hamburg und Minden durch ein entsprechendes Streckennetz. Es wäre das erste bedeutende Eisenbahnnetz Deutschlands geworden, wurde jedoch nicht konzessioniert. Ebensowenig fanden die Eisenbahnpläne des Komitees der Stadt Hannover die Zustimmung der Regierung, die mehr dazu neigte, den Eisenbahnbau auf Staatskosten durchzuführen. In bemerkenswerter Weise ergriff sie nun selbst die Initiative und legte am 15. Juli 1836 einen Gesetzentwurf über »die Veräußerungsverpflichtung behufs Eisenbahnanlagen« vor. Dieses frühe Enteignungsgesetz konnte aber erst nach langjähriger Diskussion in der Ständeversammlung am 8. September 1840 verabschiedet werden. Es berücksichtigte Eisenbahnlinien von Hannover nach Lüneburg–Wismar, Hamburg linkselbisch, Minden, Braunschweig–Harzburg, Vienenburg–Goslar und Göttingen. Ausdrücklich wurde die Genehmigung von Eisenbahnanlagen der »Allerhöchsten Entschließung Sr. Majestät des Königs« vorbehalten. Das Gesetz ließ auch die Möglichkeit offen, Eisenbahnen durch private Gesellschaften zu bauen; ein genereller Staatsbau war also noch nicht beschlossen.

Nach der zögernden Haltung in der Eisenbahnfrage während der 30er Jahre trat die königliche Regierung – inzwischen folgte 1837 König Ernst August, dessen Reiterdenkmal von Albert Wolff seit 1860 vor dem Hauptbahnhof Hannover steht, seinem Bruder Wilhelm IV. auf dem Thron – engagierter für den Eisenbahnbau ein und ließ die im Gesetz von 1840 genannten Linien projektieren. Sie wurden im wesentlichen 1841 zur Ausführung beschlossen und 1842 von der Ständeversammlung bewilligt. Von diesen Strecken sollten die Ost-West-Linien als Teile der geplanten preußischen Verbindung von Berlin zum Rhein nach dem Willen des Königs Ernst August möglichst »viel hannoversches Land durchschneiden«. Preußen wünschte eine Linie von Hannover über Neustadt–Nienburg, um von hier Westfalen durch eine Zweigbahn günstig mit Bremen zu verbinden, konnte seine Forderung gegenüber Ernst August jedoch nicht durchsetzen und stimmte schließlich der Linie Braunschweig–Hannover–Wunstorf–Minden mit Anschluß an die Cöln-Mindener Eisenbahn zu.

Nach Beendigung der Vorarbeiten wurde am 18. Juli 1842 mit dem Bau der ersten Linie von Hannover bis zur Landesgrenze in Richtung Braunschweig begonnen und dieser auf hannoverschem Gebiet 42 km lange Teil der Ost-West-Hauptverbindung zwischen

Hannover–Lehrte	am 22. Oktober 1843
Lehrte–Peine	am 1. Dezember 1843
Peine–Braunschweig	am 19. Mai 1844

eröffnet. Den auf braunschweigischem Gebiet liegenden Streckenteil baute das Herzogtum Braunschweig auf seine Kosten. Im Verlauf der Bauvorhaben wurde bereits am 13. März 1843 eine königliche Eisenbahndirektion in Hannover gebildet.

Währenddessen begann im April und Mai 1844 auch der Bau von Lehrte nordwärts nach Harburg gegenüber Hamburg und südwärts nach Hildesheim. Umfangreiche Erdarbeiten und Brückenbauten erschwerten hier den Bauablauf, so daß sich die Inbetriebnahme verzögerte und zwischen

Lehrte–Celle	am 15. Oktober 1845
Celle–Lüneburg–Harburg	am 1. Mai 1847
Lehrte–Hildesheim	am 12. Juli 1846

erfolgte. Davon war die Strecke Lehrte–Harburg 154,2 km lang. Der Bau der Linien Hannover–Minden und Wunstorf–Bremen wurde im Frühjahr 1846 begonnen und so zügig vorangetrieben, daß der Betrieb zwischen

Hannover–Wunstorf–Minden	am 15. Oktober 1847
und Wunstorf–Bremen	am 12. Dezember 1847

eröffnet werden konnte.

Die Linie Hannover–Minden führte damals durch vier Staatsgebiete: Hannover, kurhessische Enklave Rinteln (Grafschaft Schaumburg), Fürstentum Schaumburg-Lippe und Preußen. Während Hannover die Abschnitte in den erstgenannten Gebieten ausführte, baute die Cöln-Mindener Eisenbahngesellschaft die Endstrecke auf preußischem Gebiet bis Minden. Hier erfolgte der Betrieb pachtweise durch die Hannöversche Staatsbahn. Hessen und Schaumburg-Lippe trugen die Kosten für ihre Streckenabschnitte. In die Kosten für Wunstorf–Bremen, von Hannover ausgeführt, teilten sich Hannover und Bremen, ebenso die Einnahmen und Ausgaben des von der Hannöverschen Staatsbahn durchgeführten Betriebes.

Damit waren alle 1842 beschlossenen Eisenbahnen in der bemerkenswerten kurzen Bauzeit von 5 Jahren dem Verkehr übergeben, von welchen die Linie Braunschweig–Hannover–Minden schon 1847 Berlin, Stettin (heute: Szczecin), Breslau (heute: Wrocław), Dresden, Leipzig, Magdeburg und Köln untereinander sowie mit Belgien und Frankreich verband. Die Linie nach Bremen vermittelte bis 1873 als einziger Schienenweg den Verkehr zwischen dieser bedeutenden Hafenstadt und Deutschland.

Durch die Revolution von 1848 stagnierte der Eisenbahnbau einige Jahre, kam aber dann wieder in Schwung und erreichte frühere Dimensionen. Zunächst wurde die Verbindung des durch braunschweigisches Gebiet getrennten südlichen Landesteils in der Linie Hannover–Nordstemmen–Göttingen(–Kassel) in Angriff genommen, mit deren Weiterführung bis Kassel 1856 die erste durchgehende westliche Schienenverbindung Nord- und Süddeutschlands entstand. Diese mit Zweigbahn nach Hildesheim 180 km lange Strecke baute Hannover auch auf fremden Staatsgebieten auf seine Kosten. Ihre Streckenabschnitte wurden zwischen

Hannover–Nordstemmen–Alfeld am 1. Mai 1853
Nordstemmen–Hildesheim am 15. September 1853
Alfeld–Göttingen am 1. August 1854
Göttingen–Münden am 8. Mai 1856
Münden–Kassel am 23. September 1856

eröffnet.

1859 baute die Hannöversche Staatsbahn ihre Linie Wunstorf–Bremen nordwärts gemeinsam mit dem Freistaat Bremen bis Geestemünde, die Fortsetzung bis Bremerhaven jedoch auf Kosten Bremens weiter. Die von Hannover betriebene, einschließlich der Zweigbahn nach Vegesack 67 km lange Strecke Bremen–Geestemünde–Bremerhaven wurde am 23. Januar 1862 dem Verkehr übergeben.

Wegen einer direkten Verbindung mit Lübeck erreichte Hannover endlich 1862 nach langwierigen Verhandlungen, daß es von Lüneburg eine Zweigbahn nach Hohnstorf auf dem linken Elbufer bauen und hier gemeinsam mit der Berlin-Hamburger und Lübeck-Büchener Eisenbahngesellschaft einen Trajekt nach Lauenburg einrichten konnte. Dieser und die 16 km lange Zweigbahn wurden am 15. März 1864 in Betrieb genommen. Damit bestand 8 Jahre früher auch eine Bahnverbindung nach Hamburg, die zwischen Harburg und Hamburg erst durch die am 1. Dezember 1872 dem Verkehr übergebenen großen Brücken der Cöln-Mindener Eisenbahn über die Süder- und Norderelbe geschaffen wurde.

Schließlich baute Hannover noch die 13 km lange, am 23. März 1866 eröffnete Strecke Goslar–Vienenburg, das erste Projekt seiner Eisenbahngeschichte, so daß sein Staatsbahnnetz bei der Einverleibung durch Preußen nach dem Friedensschluß von 1866 843,7 km Länge hatte. Die Hannöversche Staatsbahn wurde am 15. Dezember 1866 durch Preußen übernommen und zugleich die »Königlich Preußische Eisenbahndirection Hannover« errichtet.

Wenn auch die Ansichten über die Zweckmäßigkeit der Linienführung einiger Strecken auseinandergehen, so sprechen doch objektive Eisenbahnhistoriker von einem »rationell angelegten, wohlausgebauten Staatsbahnnetz«. Dieses Urteil trifft nicht zuletzt auf die hohe architektionische und funktionelle Qualität sowie auf den Umfang seiner Bahnhofsbauten und -anlagen zu. Fast alle Gebäude beeindrucken durch ihre klassizistische Noblesse und tragen trotz vielfältig differenzierter Baukörper und architektonischer Gestaltung in wohltuender Weise einheitlichen Charakter.

Bahnhof Hannover

Zeitgenossen schwärmen 1848 vom »großartigen Bahnhofe bei Hannover, welcher in Deutschland nur wenige seines Gleichen haben dürfte«, und wirklich, weitblickender als anderswo planten die Hannoveraner ihren ersten Bahnhof, der nicht nur bis heute am gleichen Platz blieb (Bild 15), sondern auch schon ein betrieblich recht zweckmäßig angelegter Durchgangsbahnhof war, der erste dieser Größe in Deutschland. Er sollte nach den Vorstellungen des hannöverschen Oberhofbaudirektors Laves, der an seiner Konzeption mitarbeitete, eigentlich aus zwei in barocker, symmetrischer Grundrißform zusammengefaßten Kopfbahnhöfen für die beiden ursprünglichen Richtungen Braunschweig und Wunstorf bestehen. Das 1847 eröffnete Empfangsgebäude entstand nach Entwurfsskizzen von August Stüler unter Leitung von Schwarz.

Von der gesamten Bahnhofsanlage zu Hannover, wie auch von den anderen hannöverschen Bahnhöfen dieser Zeit, besitzen wir prächtige Entwurfszeichnungen, die »A. Funk, K. H. Eisenbahn-Bauinspektor und L. Debo,

Bild 15 Bahnhof Hannover. Gesamtansicht 1848 vom Vorplatz aus (Sammlung Verfasser)

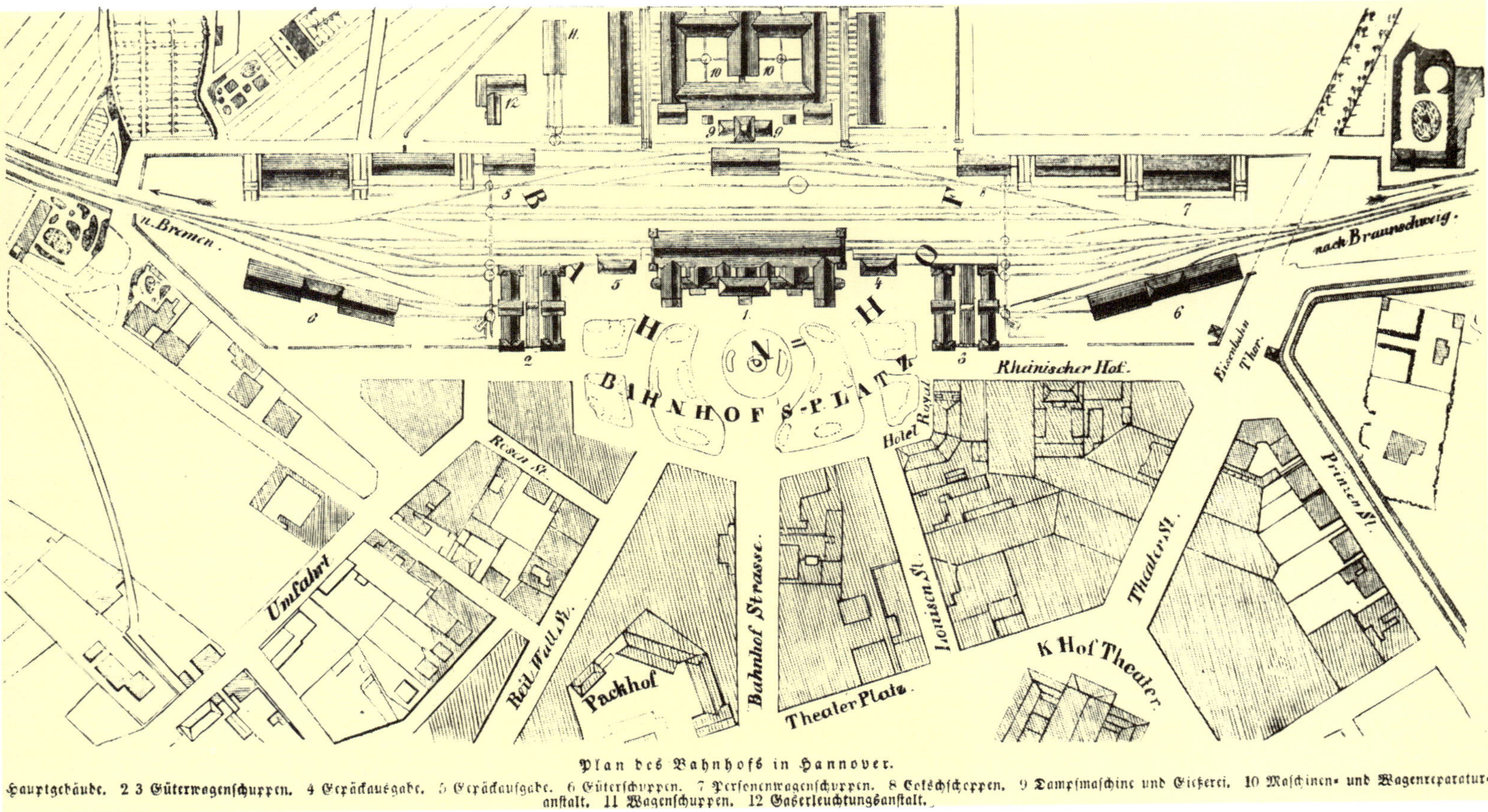

Bild 16 Bahnhof Hannover. Gesamtlageplan 1848 (Sammlung Verfasser)
Bild 17 Bahnhof Hannover. Vorplatz mit städtischer Bebauung 1866 (Sammlung Verfasser)

K. H. Eisenbahn-Bauconducteur« 1851 veröffentlichten. Die Gesamtanlage (Bild 16) war so großzügig dimensioniert, daß sie sich im Betrieb auch bei wachsendem Verkehr noch verhältnismäßig lange bewährte. Und deshalb konnte der Bahnhof, der mit den Bahnlinien 1847 die äußerste Weichbild- bzw. Bebauungsgrenze im Nordosten der Stadt bildete, seinen alten Platz bis heute behalten, obwohl er schon nach zwei Jahrzehnten von der städtischen Bebauung eingeschlossen war. (Bild 17) Die Bahnhofsgebäude wurden »nicht luxuriös, durchaus aber anständig, solide und dauerhaft« ausgeführt. »Interimistische« Anlagen und Bauten kamen nur in geringem Umfang zur Ausführung, da man in Hannover nach 1842 bereits viele Erfahrungen des Auslandes nutzen konnte. Gegen die vielerorts gebauten Provisorien sprachen die hohen »verlorenen« Kosten und ihre Unzulänglichkeit, denn »elende Bretterschoppen gewähren nicht denjenigen Schutz gegen Wind und Wetter, gegen Staub und Feuersgefahr, den man für kostbare Maschinen, Wagen und Güter verlangen muß ... den Beamten und Arbeitern ... nicht genügend Schutz gegen die Einwirkungen der Kälte, des Windes und der Nässe; ihre Gesundheit und somit auch der Dienst wird also dadurch beeinträchtigt, so wie Heizungsmaterial verschwendet. Den Reisenden gewähren solche Anlagen gleichfalls nicht die Bequemlichkeit und Annehmlichkeit, die sie auf anderen Bahnen des In- und Auslandes gewohnt geworden sind, und die sie bei Bezahlung gleicher Fahrpreise als Recht beanspruchen«. Die für den Neubau des Bahnhofs Hannover unbedingt notwendigen Provisorien kosteten nur etwa 10 000 Taler.

Neben anderen heute noch gültigen bauökonomischen, konstruktiven und gestalterischen Grundsätzen finden sich in der Baubeschreibung ungemein progressive Thesen. So wurden »bei Beginn des Bahnbaues auch sogleich die Hochbauten in Angriff« genommen. »Durch Anwendung des Rohbaues« sollte »einer mehr und mehr hervortretenden Forderung der Zeit:

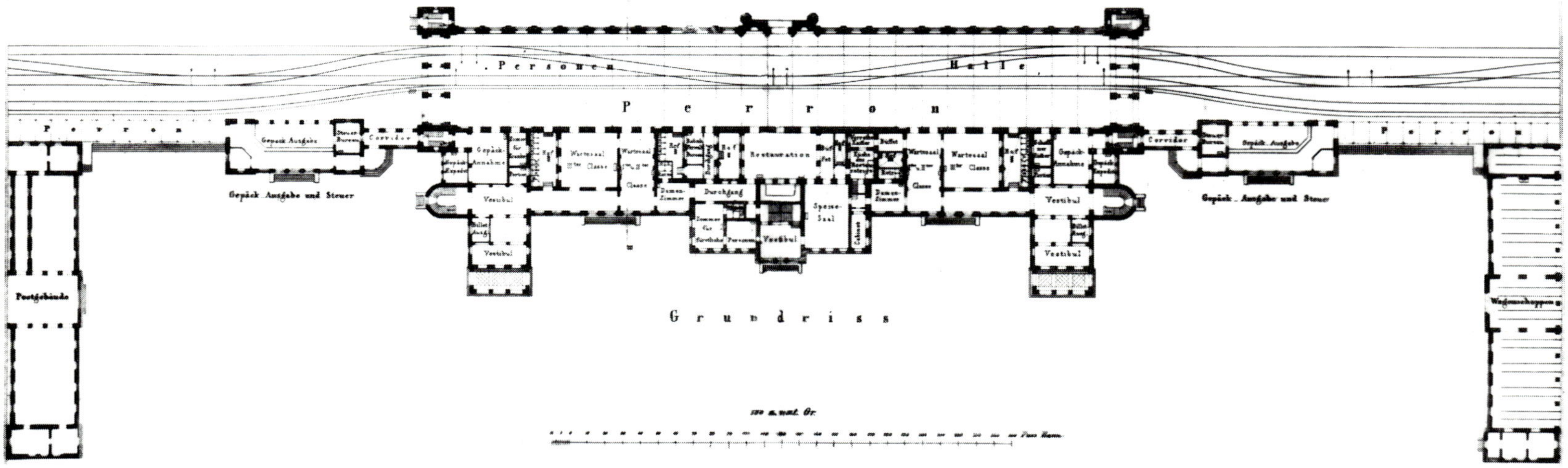

Bild 18 Bahnhof Hannover. Ansicht des Empfangsgebäudes von der Stadtseite 1847. Entwurf Stüler (Sammlung Verfasser)

Bild 19 Bahnhof Hannover. Grundriß des Empfangsgebäudes 1847. Entwurf Stüler (Sammlung Verfasser)

die Konstrukzion der Bauwerke in ihrer Reinheit zu zeigen«, Rechnung getragen werden. Welch ein Kontrast zwischen diesem Postulat von 1851 und der folgenden Baugeschichte!

Zu den Einzelobjekten des Bahnhofs Hannover machen die an der Ausarbeitung der Entwürfe beteiligten Verfasser detaillierte, teils auch kritische Angaben, die mit den zeichnerischen Darstellungen im Originaltext auszugsweise wiedergegeben werden:

»Das *Hauptgebäude* ist insofern abweichend von den Hauptgebäuden aller übrigen Zwischenbahnhöfe, als es wegen der größeren Frequenz zweckmäßig erscheinen mußte, für jede Richtung, und zwar östlich nach Braunschweig, Hildesheim und Harburg, so wie westlich nach Minden und Bremen, getrennte Eingangsgebäude zu errichten (Bild 18, 19). – Die Zweckmäßigkeit dieser Anlage hat sich durch die Erfahrung vollkommen bestätigt. Der Verkehr hat sich so groß gestaltet, daß die bei jener Anlage erforderliche doppelte Zahl von Billeteinnehmern, Gepäckexpedienten und Portiers sich genügend rechtfertigt, und eine Verminderung auch in einem vereinigten Eingangsgebäude nicht zulässig sein würde.

Die Aufeinanderfolge der Räume in jedem Eingangsgebäude ist so ... . Gleich vorn auf dem Vorplatze findet man das Billetbureau, gelangt darauf zur Gepäckannahme und dann durch einen hellen Korridor zu den Wartesälen. – Auf diesem Wege befinden sich am Korridor in einem Hofe die Retiraden. – Neben dem Wartesaal I. und II. Klasse findet sich ein Damenzimmer mit Kabinet. Vestibule und Korridor sind geräumig, was bei besonders großer Frequenz als sehr zweckmäßig sich herausstellt, da dieselben in solchen Fällen mit als Warteräume dienen. – Am Vestibule befindet sich auch die Loge des Portiers, so daß dieser den Eingang stets unter Augen haben kann.

Die Wartezimmer und die Gepäckannahme haben direkte Ausgänge in die Halle. – Ein direkter Durchgang von dem Vestibule nach der Halle ist nicht vorhanden; ein solcher hat sich jedoch als sehr wünschenswert herausgestellt und wird jetzt der Retiraden-Hof häufig als Durchgang benutzt, was nicht angemessen erscheint. –

Zwischen den beiden Eingangsgebäuden befindet sich das Mittelgebäude, welches unten die für die königliche Familie reservirten Zimmer und zwei Restaurazionssäle mit Zubehör für die Durchreisenden enthält, und ebenfalls mit dem Perron in Verbindung steht (Bild 20). – In der Mitte am Perron der Halle befindet sich auch das Bureau des Bahnhofsverwalters, welches ... jedoch eines von außen leicht zu findenden Zuganges entbehrt und zu klein ist. Da dasselbe auch von dem Assistenten des Bahnhofsverwalters, dem Wagenverwalter, benutzt werden muß, der Bahnhofsverwalter aber oft von verschiedenen Leuten nachgesucht wird, so würden zwei Zimmer für das Bahnhofsverwalterbureau jedenfalls erwünscht sein.

Ueber dem östlichen Portale der Halle (Bild 21) befindet sich zwei Treppen hoch das Bureau der Betriebsinspekzion Hannover. – In dem zweiten Geschosse des östlichen Eingangsgebäudes befindet sich in Verbindung mit dem Betriebsbureau die Wohnung des Vorstandes der Betriebs-Inspekzion Hannover, und im zweiten Geschosse des westlichen Eingangsgebäudes die Wohnung des Bahnhofs-Verwalters und des Pedellen der Direkzion. – In den Souterrains dieser Gebäude liegen die Wohnungen der Portiers. – Im zweiten und dritten Geschosse des Mittelgebäudes befinden sich die Sitzungszimmer und Bureaux der Eisenbahndirekzion und die Hauptkasse. – Letztere würde

Bild 20 Bahnhof Hannover. Schnitt durch den Mitteltrakt des Empfangsgebäudes beim Wartesaal I./II. Klasse. 1847. Entwurf Stüler (Sammlung Verfasser)
Bild 21 Bahnhof Hannover. Ostansicht des Empfangsgebäudes mit Portal der Bahnsteighalle 1847. Entwurf Stüler (Sammlung Verfasser)
Bild 22 Bahnhof Hannover. Schnitt durch einen Güterschuppen. 1851 (Sammlung Verfasser)

zweckmäßiger zu ebener Erde liegen, da dieselbe große Summen Geldes enthält und wegsenden muß und von einer großen Zahl von Geldempfängern aufgesucht wird.«

Besonders originell erscheinen uns heute Anmerkungen über damalige Toilettenanlagen, die überdies natürlich noch keine Wasserklosetts besaßen. »Der Zweck ... ist an dieselben mit der Bezeichnung »Für Herren« – »Für Damen« deutlich angeschrieben, da es eine verkehrte Schamhaftigkeit sein würde, wenn man diese oft sehr eilig gesuchten und gern ohne Fragen gefundenen Orte hinter Bosquets, Planken oder anderen Gebäuden verstecken wollte. ... Bei den Retiraden und Pissoirs ... ist besondere Rücksicht auf die Vermeidung des üblen Geruches zu nehmen. – Zu dem Ende sind in den Gruben mehrfach Fässer aufgestellt, in die der Unrath durch eiserne Trichter fällt, welche von den Sitzbrettern durch die gewölbten Decken der Gruben bis in die Fässer reichen (Bild 247). An den Thüren der Retiraden ist ... ein Seilzug angebracht, welcher durch ein Gewicht die Thüren schließt und gleichzeitig beim Oeffnen der Thür die etwa offen gebliebenen Deckel der Oeffnung zuwirft. – Die Rinnen der Pissoirs münden zweckmäßig nicht in die Latrinengru-

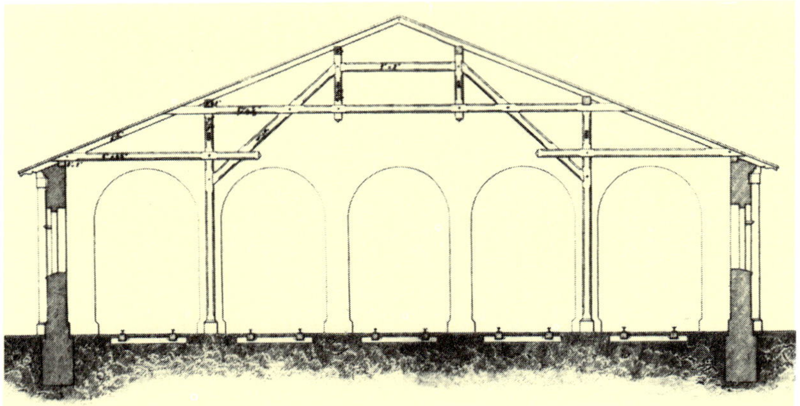

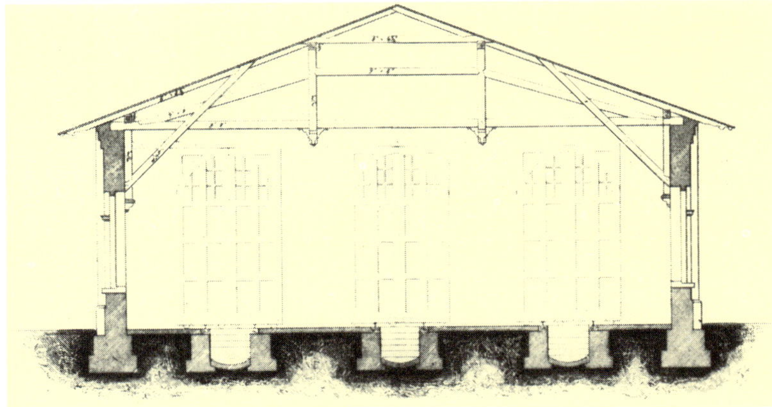

Bild 23 Bahnhof Hannover. Schnitt durch den Wagenschuppen. 1851 (Sammlung Verfasser)
Bild 24 Bahnhof Hannover. Schnitt durch den Lokomotivschuppen. 1851 (Sammlung Verfasser)

ben, sondern besser in Entwässerungskanäle, damit bei fleißigem Spülen derselben mit reinem Wasser der Geruch entfernt wird. – Die Rinnen der Pissoirs sind nicht zu hoch und zwar in einer Höhe von 2 Fuß 2 Zoll, so wie reichlich breit angelegt, damit das Spritzen vermieden und der Gebrauch bequem wird.« – Ferner »sind aus den Gruben schornsteinartige Luftzüge angebracht, um in den Gruben einen fortwährenden Luftwechsel hervorzubringen.«

»Bei dem lebhaften Güter- und Produktenverkehr ... mußte auf die Anlage und Einrichtung der *Güterschoppen* eine besondere Aufmerksamkeit verwandt werden. – Bei der Unsicherheit über die Größe des Verkehrs ... wurde man veranlaßt, die Schoppen anfangs nicht zu groß zu bauen, eine demnächstige Vergrößerung jedoch möglich zu erhalten.« Auf dem Bahnhof Hannover mußten die Güterschuppen bereits in den ersten Jahren erweitert werden. Es wurden für ankommende und abgehende Güter getrennte Lagerräume errichtet und dazwischen »die Bureaux der Güterexpedizion und Steuerverwaltung so wie Zimmer für die Güterarbeiter angelegt«. ...

»Sämmtliche Güterschoppen sind mit 13½ bis 14½ Fuß von der Mauerfläche überhängenden Dächern versehen, unter welchen auf der Stadtseite die Güterfuhrwerke und auf der Bahnhofsseite die Eisenbahnwagen vorfahren (Bild 22). – Die geringste Höhe dieser Dächer über dem Boden ist 16 Fuß, damit auf der Stadtseite hoch beladene Frachtwagen und auf der Bahnhofsseite auch die Lokomotiven, welche Güterwagen vor die Güterschoppen bringen oder von denselben abholen, passiren können. – Die Konstrukzion dieser überhängenden Dächer ist verschieden ausgeführt. ... Bei den in früherer Zeit ausgeführten Schoppen ist kein durchgehendes Gebälk angewandt worden, man hat vielmehr den Lagerraum bis unter das Dach reichen lassen. ... Die Fußböden der Güterschoppen liegen mit der Plattform der Wagen in gleicher Höhe und sind daher 3 Fuß 8 Zoll über Schienenoberkante, resp. über dem Pflaster hoch, wodurch das Beladen und Entladen sehr erleichtert wird. – In der Höhe des Fußbodens sind auf beiden Seiten des Schoppens 3 Fuß breite Perrons angebracht, welche zur Erleichterung des Einladens und zur Kommunikazion längs der Wagen dienen, da im Innern die Passage durch lagernde Güter oft unterbrochen ist ... . Die Entfernung der Perronkante von der Mitte des nächsten Gleises ist 5 Fuß. ... Der Fußboden der Güterschoppen ist mit Eichenbohlen von einer Stärke von 1¼ bis 2 Zoll belegt. Die erstere Stärke hat sich bei der Benutzung der Böden mit Rollwagen als zu schwach erwiesen und wird bei den neueren Güterschoppen nur ein Bodenbelag von 2 Zoll Stärke angewandt. ... Die Thore der Güterschoppen sind 9 Fuß weit und durchgängig mit Schiebethüren versehen, da Schlagthore den Raum zu sehr beengen würden. Die im Innern des Schoppens an der Wand sich bewegenden Schiebethore haben den Nachtheil, daß man an der Stelle, wohin die Thore sich schieben, Güter nicht dicht an die Wand lagern kann. Bei den neuen Schoppen schieben die Thore sich daher in einem Falze der Wand hinter Bohlenwände, gegen welche man dann die Güter lagern und doch die Thore öffnen kann.«

»Der *Wagenschoppen* auf dem Bahnhofe Hannover ist zu 5 Ständen nebeneinander und 7 Ständen hintereinander angelegt, so daß 35 Personenwagen Platz darin finden. Die Thore sind Schiebethore, welche sich hintereinander schieben ... . – Um in dem tiefen und langen Schoppen mehr Licht zu erhalten, sind in der Dachfläche eine Anzahl Dachfenster, aus Gußeisen konstruirt, angebracht«. Zur Unterstellung der Reisezugwagen wurde auch die »Personenhalle« benutzt, zumindest nachts. Die Länge für 1 Personenwagen betrug seinerzeit durchschnittlich 36 Fuß = 11,30 m. (Bild 23)

»*Reparatur-Werkstätten.* (Bild 25 bis 27) Die Lokomotiven der hannoverschen Betriebsverwaltung sind der Hauptsache nach auf die Stazionen Hannover, Minden, Bremen, Hildesheim, Uelzen und Harburg, sodann auf die Trennungsbahnhöfe Lehrte und Wunstorf vertheilt (Bild 24). Da nun die Endpunkte der Bahnarme Minden, Bremen, Hildesheim und Harburg von dem etwa in der Mitte liegenden Central-Bahnhofe Hannover = 8½, 16½, 5½ resp. 23 Meilen entfernt liegen, und die Trennungspunkte Lehrte und Wunstorf nur 2 resp. 3 Meilen von Hannover entfernt sind, so erschien es naturgemäß, auf dem Centralbahnhofe Hannover eine große Hauptreparaturwerkstatt anzulegen und die übrigen betreffenden Bahnhöfe mit entsprechenden kleineren Reparaturwerkstätten zu versehen. Demgemäß sind in Uelzen und Bremen, wo durchschnittlich 12 resp. 10 Maschinen stazionirt sind, Werkstätten mittlerer Art mit stehenden Dampfmaschinen von 6 Pferdekräften erbaut und können dort auch Reparaturen schwererer Art ausgeführt werden. – In Harburg, wo nur 4 Maschinen stazionirt sind, ist eine kleine Dampfmaschine von 2 Pferdekräften aufgestellt, und in Minden, Hildesheim, Lehrte und Wunstorf, wo resp. 4, 2, 6 und 4 Maschinen stehen, haben die Reparatur-Werkstätten wegen der großen Nähe bei Hannover eine so geringe Ausdehnung, daß Dampfmaschinen zum Betriebe der Werkstätten überhaupt nicht aufgestellt sind. Auf den letzteren Bahnhöfen, so wie auf den Bahnhöfen, wo nur eine Reservemaschine stazioniert ist, bestehen die Reparaturwerkstätten einfach aus einer kleinen Schmiede mit 1 oder 2 Feuern, aus einer kleinen Schlosserwerkstatt mit Feilbänken, kleinen durch Menschenkraft bewegten Drehbänken und den nöthigen kleineren Werkzeugen. –

Die Werkstättenanlage auf dem Centralbahnhofe Hannover, welche bald nach Beginn des Eisenbahnbaues im Königreiche Hannover hergestellt worden ist, dient zum Bau neuer Wagen, deren Zahl von Jahr zu Jahr vermehrt werden muß, so wie zur Reparatur der Maschinen und Wagen. – Nachdem im Sommer 1850 der

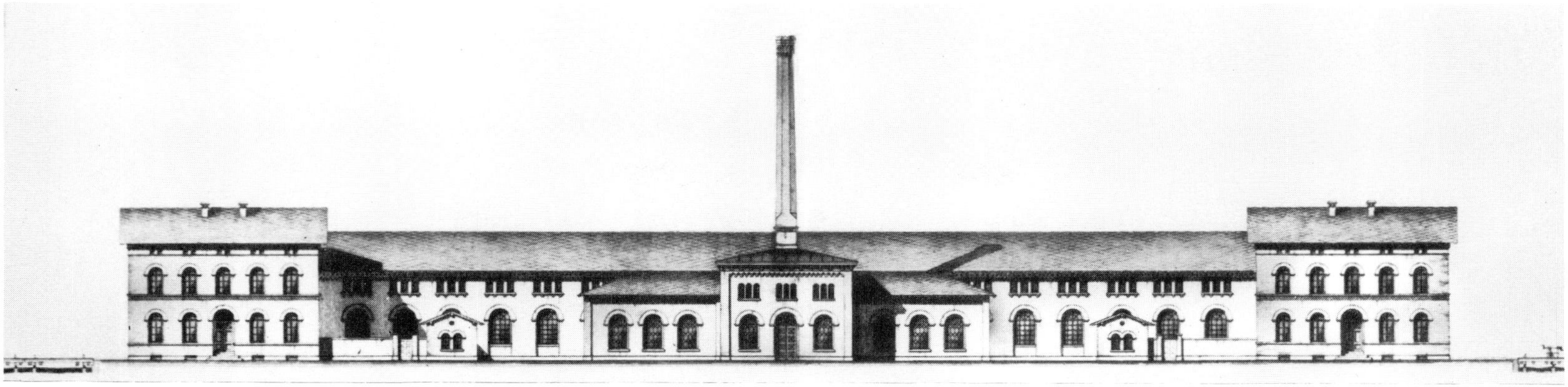

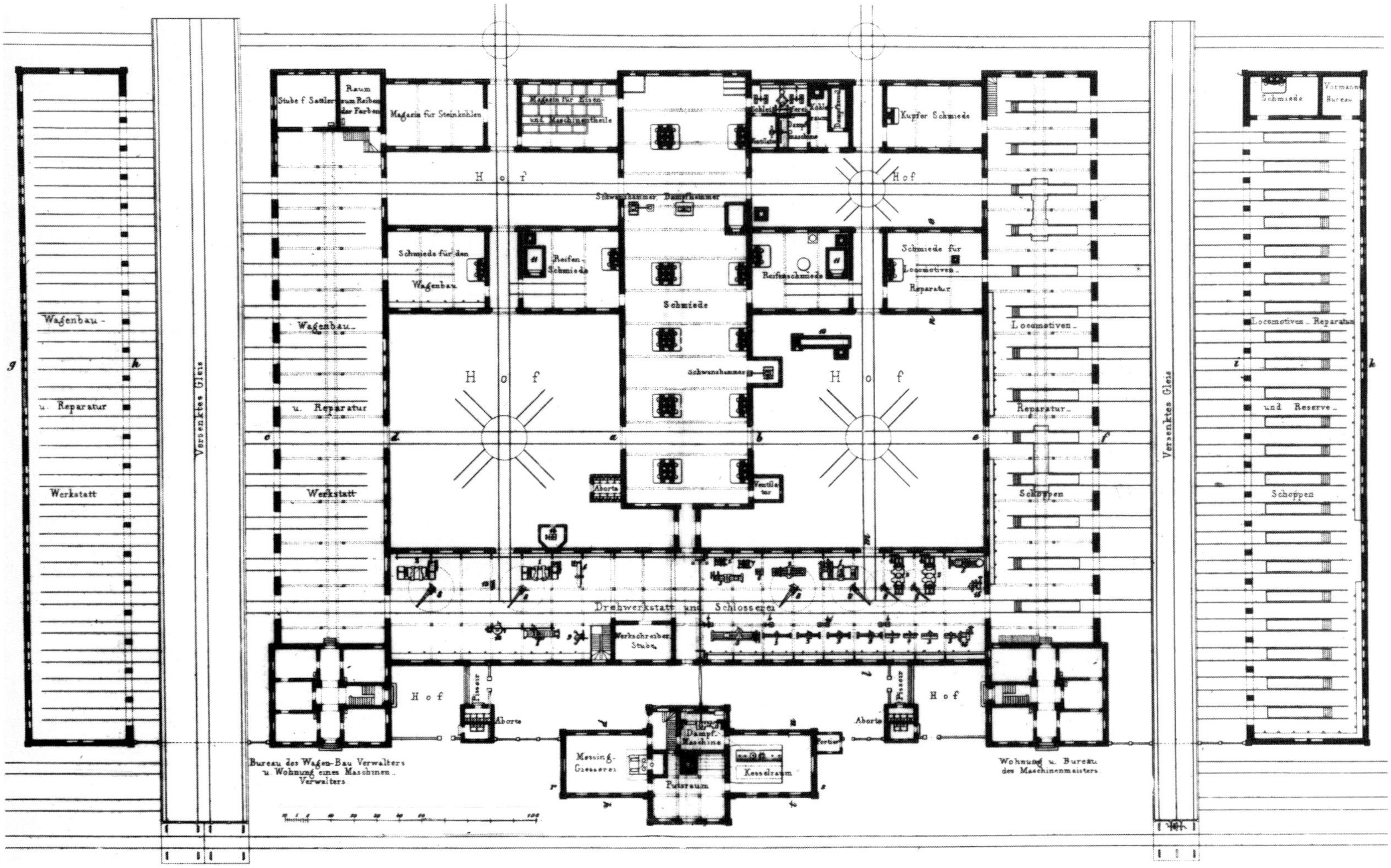

Bild 25 Bahnhof Hannover. Ansicht der »Wagenbau- und Locomotiven-Reparatur-Werkstätten« von der Bahnseite 1851 nach ihrer Erweiterung. Die beiden Flügel der Wagenbau- und Reparatur-Werkstatt (links) und des Lokomotiven-Reparatur- und Reserve-Schuppens (rechts) sind nicht mit dargestellt (Sammlung Verfasser)

Bild 26 Bahnhof Hannover. Grundriß der »Wagenbau- und Locomotiven-Reparatur-Werkstätten« nach ihrer Erweiterung 1851 (Sammlung Verfasser)

Bau der hannoverschen Südbahn von Hannover und Hildesheim nach Göttingen und Kassel beschlossen worden war, mußte man sofort an eine Vergrößerung der Werkstättenanlage denken, und ist dieselbe, wie aus der Zeichnung (Bild 25, 26) zu ersehen, durch eine Verlängerung der fünf Langbauten von dem Bahnhofe abwärts und durch die Anlage zweier Zwischenbauten, welche zwei neue kleinere Höfe bilden, im Sommer 1851 begonnen und schon zum größten Theile beendigt. – Die Zweckmäßigkeit der Anlage im Ganzen hat sich durch die Erfahrung bestätigt und dürfte nur über die Lage der Anstalt zu bemerken sein, daß dieselbe wahrscheinlich zweckmäßiger ganz abgesondert vom Bahnhofe liegen, und nur durch Gleise mit demselben oder mit einem Bahnarme in Verbindung stehen würde. – Solche große Fabrikanlagen stehen mit dem eigentlichen Bahnbetriebe nicht im Zusammenhange und müssen

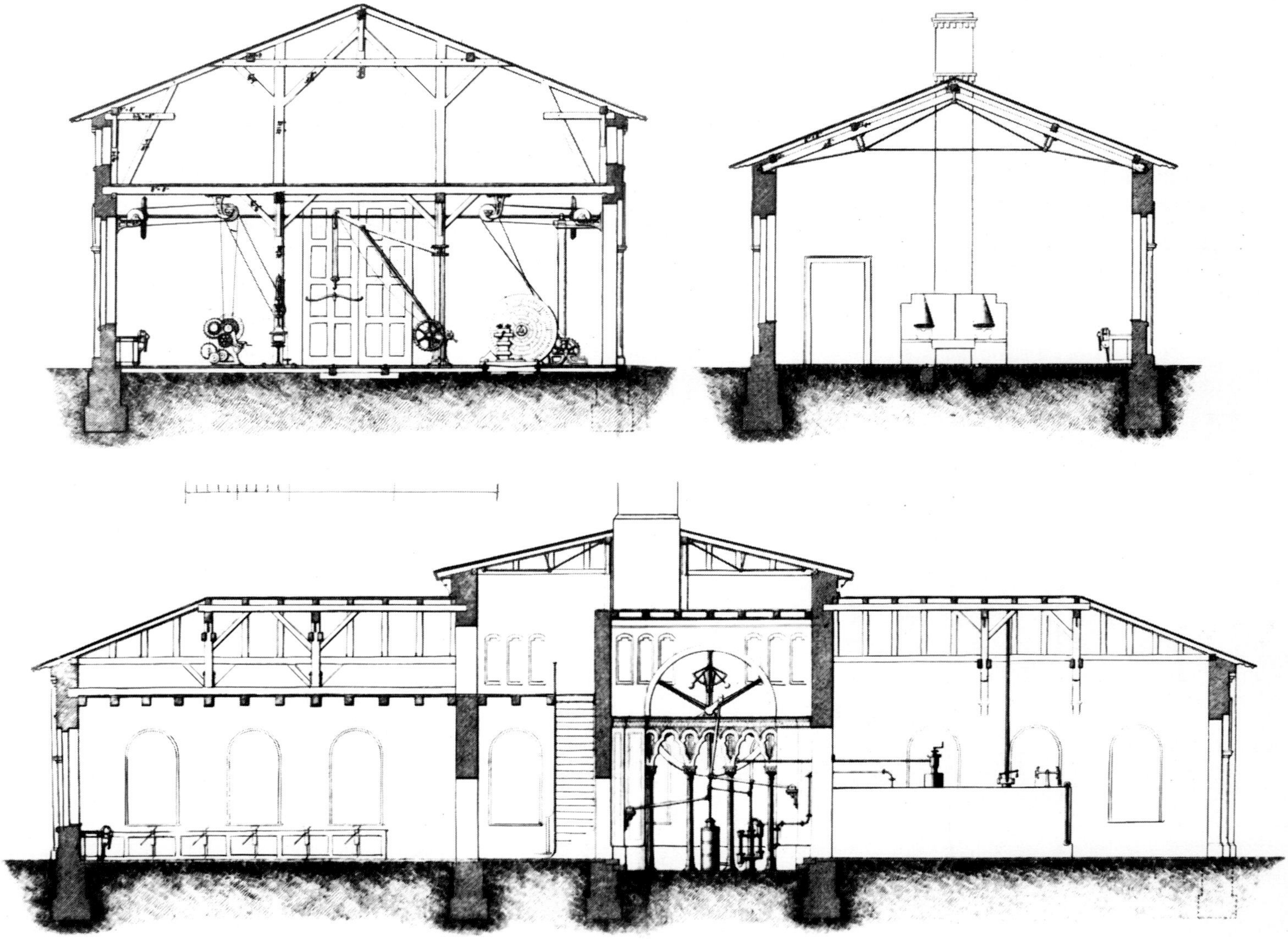

Bild 27 Bahnhof Hannover, »Wagenbau- und Locomotiv-Reparatur-Werkstätten«. Schnitte durch die Drehwerkstatt und die Kupferschmiede (oben) und das Dampfmaschinen-Gebäude (unten). 1851 (Sammlung Verfasser)

ihre besonderen Eingänge haben. Bei dieser Anlage ist dies nicht der Fall; die in der Stadt wohnenden Arbeiter (circa 450 Mann) müssen täglich viermal den sehr frequenten, mit Zügen und Wagen besetzten Bahnhof passiren, was für den Bahnbetrieb störend und für die Arbeiter zeitkostend oder gefährlich ist.

Wie aus der Zeichnung (Bild 26) ersichtlich, findet unter den verschiedenen Räumen eine sehr bequeme und zweckmäßige Verbindung der Gleise durch Weichen, versenkte Gleise und Drehscheiben statt, so daß Maschinen, Wagen und Räder leicht an die Orte zu schaffen sind, wo mit solchen die verschiedenen Arbeiten vorgenommen werden sollen. –

Die Dampfmaschine für die ursprüngliche Werkstättenanlage, welche die Hilfsmaschinen, den Ventilator für die Schmieden, die Schleiferei pp. treibt, hat 14 Pferdekräfte, und ist in einem besonderen *Dampfmaschinengebäude* vor dem Werkstättenbau aufgestellt. In einem niedrigeren rechtseitigen Anbau an diesem Gebäude liegt der Kessel, welchem in der neuesten Zeit ein zweiter Reservekessel hinzugefügt ist. – In dem entsprechenden linksseitigen Anbau des Dampfmaschinengebäudes (34) liegt die Messinggießerei. – In der zweiten Etage des Mittelbaues von diesem Gebäude (35) liegen die Wasser-Cisternen zum Speisen der Lokomotiven, von welchen 6 zöllige Rohrleitungen nach dem vor dem Dampfmaschinengebäude liegenden Lokomotivengebäude (Bild 24) zu 4 freistehenden, an den Enden des Gebäudes in demselben angebrachten Krahnen führen. – Die Dampfmaschine pumpt das Wasser in die Cisternen, und durch den abströmenden Dampf wird dasselbe in den Cisternen erwärmt.

Die Haupttreibwelle der Maschine (Bild 27) geht in einer Höhe von 15 Fuß über dem Boden von dem Dampfmaschinengebäude nach dem Werkstättengebäude über, ist an den Langwänden des Drehsales versetzt und geht so durch Winkelräder in die rechtwinklig abweichende Richtung des Drehsales über. Wenn gleich hierdurch an Kraft verloren geht, hat man diesen Umstand nicht für so erheblich gehalten, um die ganze Anordnung der Räumlichkeiten und die Absonderung des Dampfmaschinengebäudes dieserhalb aufzugeben, namentlich, da auch in der Verlängerung der Hauptwelle ohne Umsetzung der Ventilator, die Schleiferei pp. zu erreichen waren. – Die Dampfmaschine wurde bereits durch die Arbeit in der Werkstatt vor der Erweiterung vollständig ausgenutzt. Für die Erweiterung … mußte daher eine neue Dampfmaschine von 6 Pferdekräften angenommen werden, welche in dem Anbau gelegen einen neuen

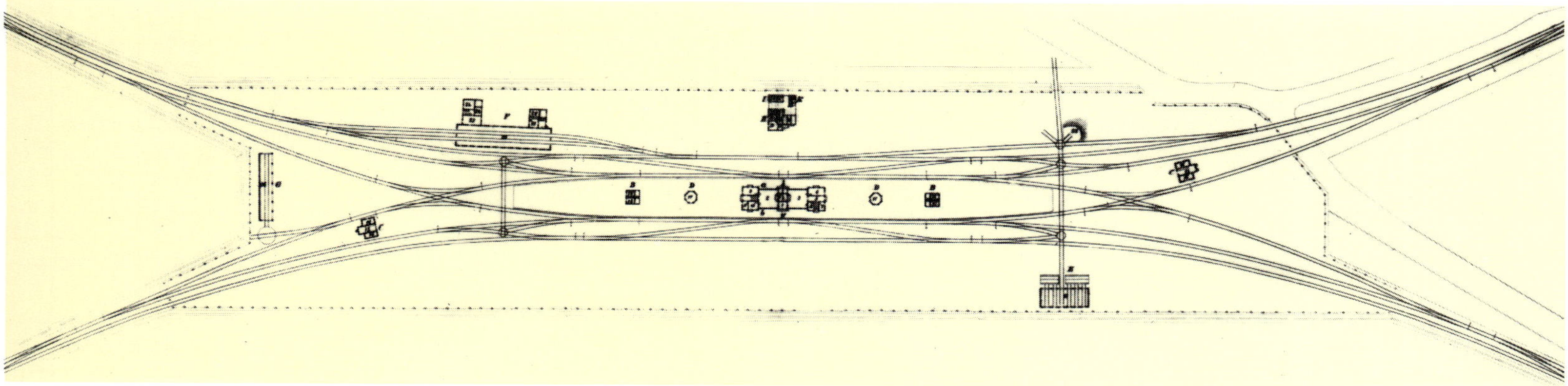

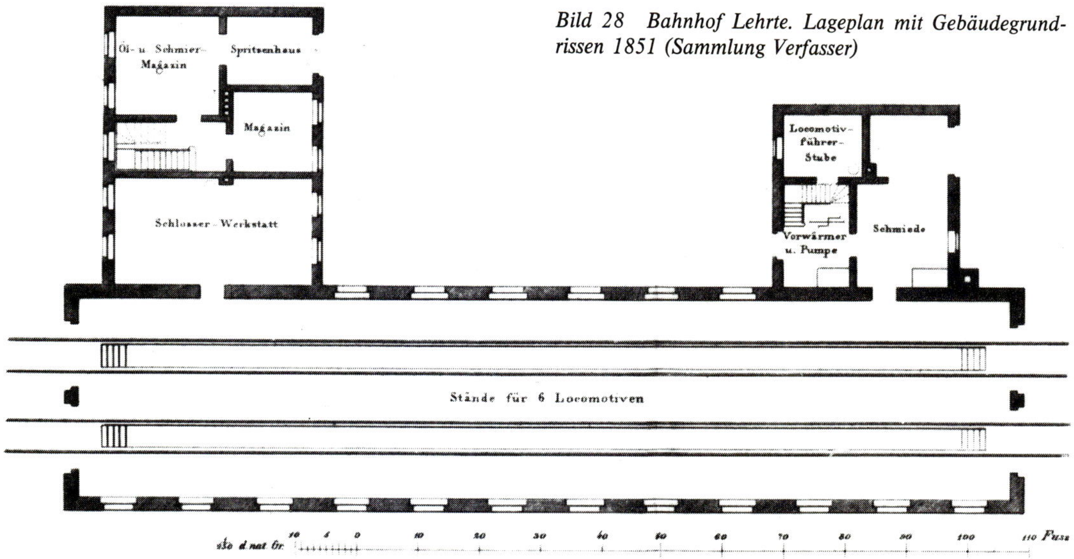

Bild 28 Bahnhof Lehrte. Lageplan mit Gebäudegrundrissen 1851 (Sammlung Verfasser)

Bild 29 Bahnhof Lehrte. Lokomotivschuppen mit Werkstätten. Grundriß 1851 (Sammlung Verfasser)

Ventilator für alle Schmiedefeuer und eine Schleiferei treiben soll, und deren Dampfkessel außer dem Dampfe für die Maschine den Dampf für den Dampfhammer und den Schwanzhammer liefern wird.

Die *Schmiede* war früher zu 24 Feuern eingerichtet, wird jetzt nach der Erweiterung aber noch 6 neue Feuer, einen Schweißofen, zwei Schwanzhämmer und einen Dampfhammer erhalten. – Die Einrichtung der *Drehwerkstatt* und der *Schlosserei* ist aus den Zeichnungen (Bild 27) zu ersehen, in welchen auch die einzelnen Haupthilfsmaschinen angegeben sind. – Dieser Raum ist mit einer oberen Etage versehen, in welcher die Tischlerwerkstatt für Modelle, die Modellsammlung etc. gelegen ist. –

In dem ersten Lokomotivenreparaturgebäude (e, f) ist ein Laufkrahn über dem Gebälk angelegt, mittelst dessen einzelne Maschinentheile und ganze Maschinen gehoben werden können. In demselben Gebäude befinden sich auch zwei tiefe Radgruben zum Losnehmen, Beseitigen und wiederunterbringen der Maschinenräder.«

1876 bis 1879 wurde an der Stelle des alten »Centralbahnhofes« der neue Hauptbahnhof Hannovers errichtet. Diesem Vorhaben mitten in der Stadt kam die seinerzeit kritisierte Lage der hannoverschen Hauptreparaturwerkstätten unmittelbar gegenüber dem Personenbahnhof zugute, die – nach Herrenhausen verlegt – nun zum Teil Platz für den Neubau hergab.

Bahnhof Lehrte

Im hannöverschen Eisenbahnnetz der Anfangszeit galten die Bahnhöfe Lehrte und Wunstorf als »Trennungsbahnhöfe«, obwohl der Lehrter eigentlich Kreuzungsbahnhof der Linien Harburg–Hildesheim und Hannover–Braunschweig war, dessen ursprüngliche Anlage in »X-Form mit dem zwischen den Gleisen liegenden großen Perron« (Bild 28) nach heutiger Definition eher einem Berührungsbahnhof ähnelte. Die symmetrisch gestaltete Anlage mag in den ersten Jahren noch den Forderungen des Bahnbetriebs entsprochen haben, wie 1851 berichtet wird: »Die Manipulazionen mit den von vier Seiten gleichzeitig ankommenden Zügen, der Austausch der Reisenden und des Gepäckes gehen so rasch und sicher von statten wie eine andere Grundform des Bahnhofes solches keinenfalls gestatten dürfte«.

Doch diese »Grundform« hatte den folgenschweren Nachteil, daß sich der Bahnhof vor allem in Längsrichtung nicht erweitern ließ. Im einzelnen wurden folgende Mängel der Bahnhofsanlage kritisiert: »1) Der mittlere Theil des Bahnhofes zwischen den nach den 4 Bahnarmen abgehenden Weichen ist für die Größe der Züge auf den hannover'schen Bahnen zu kurz; es würde dieser Theil und mit ihm der Perron für den bequemsten Betrieb etwa 30 Ruthen (ca. 110 m) länger sein müssen. 2) Das Maschinenhaus hat eine für den Betrieb nicht zweckmäßige Lage, da es unbequem, ja in manchen Fällen unmöglich ist, mit einer Maschine aus dem Maschinenhause auf die südwestliche Seite des Bahnhofes zu gelangen, wenn die Züge sämmtlich auf dem Bahnhofe und die Züge von Harburg oder Hannover von großer Länge sind. 3) Die große Drehscheibe liegt nicht bequem, da man vom Maschinenhause, von wo ab dieselbe häufig gebraucht wird, nicht leicht, häufig bei großen Zügen gar nicht zu ihr gelangen kann. 4) Der Wagenschoppen liegt zu nahe bei dem Hauptgebäude und die von den Wagenschoppen-Drehscheiben auslaufenden Weichen münden zu nahe nach der Mitte des Bahnhofes. – Hierdurch wird es veranlaßt, daß beim Herbeischaffen eines leeren Personenwagens aus dem Wagenschoppen zum Anhängen an den Zug dieser in der Regel (wenn er aus mehr als 3 Wagen besteht) getheilt, oder durch die Maschine von seiner richtigen Stelle um mehrere Wagenlängen vorgefahren werden muß. 5) Der Perron und mit demselben das Hauptgebäude ist etwas zu schmal. – Mehrere der Räume in dem Hauptgebäude sind dadurch zu beschränkt und unzureichend.«

Dagegen erfuhr die absolute Insellage des nur über die Gleise niveaugleich erreichbaren Empfangsgebäudes keinerlei Kritik, weil der Bahnhof hauptsächlich zum Umsteigen diente. Er umfaßte 1851 56 Weichen, 1 große und 5 kleine Drehscheiben, 1 Empfangsgebäude, 2 Freiaborte, 2 Gepäckschuppen, 1 Maschinenhaus für 6 Lokomotiven mit Schmiede (Bild 29), 1 Wagenschuppen mit Schiebebühne (Bild 30), 2 Wasserstationen, 1 Koksschuppen, 1 Bahnmeisterwohnhaus, 1 Waschhaus, 1 Stallgebäude und 1 Rampe, jedoch noch keinen Güterschuppen.

Das klassizistische Empfangsgebäude (Bild 31, 32) gehörte zu den schönsten alten Bahnhofsbauten Hannovers. Nach funktionel-

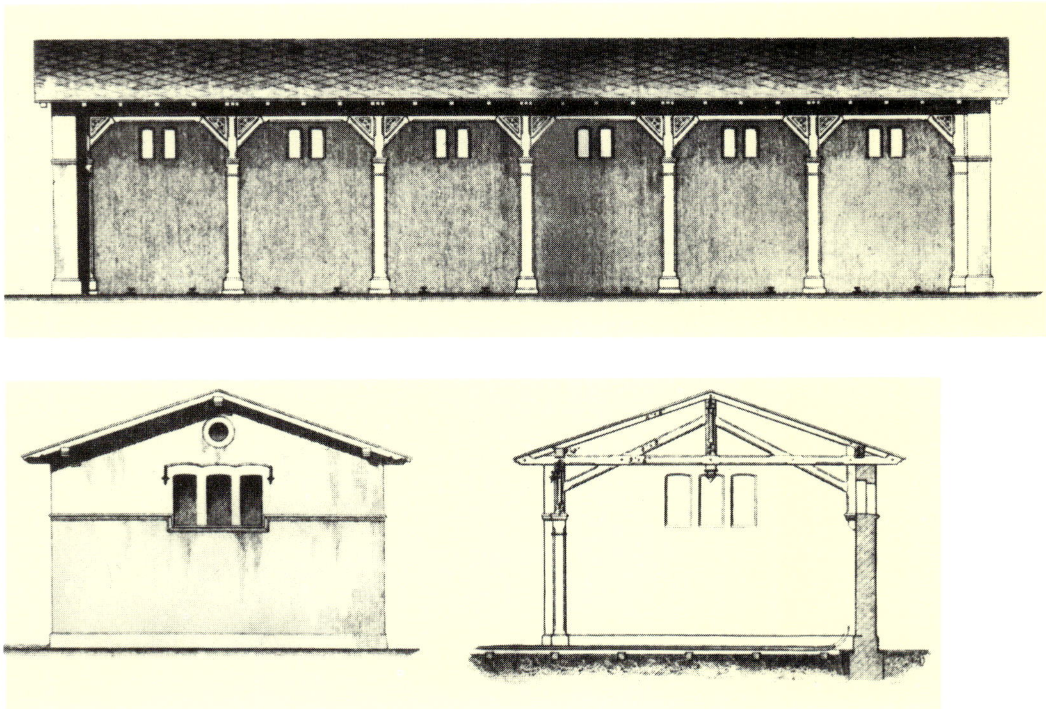

Bild 30 Bahnhof Lehrte. Wagenschuppen. Ansichten (oben) und (darunter) Schnitt 1851 (Sammlung Verfasser)
Bild 31 Bahnhof Lehrte. Längsansicht des Empfangsgebäudes 1851 (Sammlung Verfasser)
Bild 32 Bahnhof Lehrte. Seitenansicht des Empfangsgebäudes 1851 (Sammlung Verfasser)
Bild 33 Bahnhof Lehrte. Schnitt des Empfangsgebäudes mit Darstellung der Innenarchitektur des Wartesaales I./II. Klasse 1851 (Sammlung Verfasser)

len Gesichtspunkten konnte es völlig symmetrisch entworfen werden, beiderseits mit zweibogigen Vorhallen zu den Warteräumen und mit zweigeschossigen, querstehenden Flügelbauten, deren Giebel Akroterien schmückten. Exklusiv waren auch die Innenräume gestaltet (Bild 33). Leider entsprachen die Dimensionen des zwischen den Gleisen des zu schmalen Inselbahnsteigs eingezwängten Gebäudes schon anfangs nicht den Anforderungen, besonders die Wartesäle und Expeditionsräume. Außerdem wurden Bahnsteigbedachungen auf beiden Seiten gefordert, »da häufig eine große Zahl von Reisenden Schutz gegen Regen sucht und auch umzuladende Gepäck- und Eilgutstücke durch einen solchen bedeckten Perron gegen Regen bequem zu schützen sein würden«.

Die beiden Wasserstationen (Bild 34) an den Ausfahrten nach Hannover und Braunschweig ermöglichten mit je zwei Wasserkranen gleichzeitig zwei Lokomotiven, Wasser zu nehmen. Aufgrund günstiger Versuchsergebnisse mit windgetriebenen Wasserpumpen, wodurch »seit Herstellung der Windmühle auf dem Bahnhofe Wunstorf 2 Arbeiter abgeschafft werden konnten, welche mit 8 ggr. per Tag bezahlt, in jenen beiden Jahren (1849 und 1850) 480 Rthlr. verdient haben würden«, wurde eine neue östliche Wasserstation mit Windantrieb projektiert (Bild 78).

Der Wagenschuppen des alten Bahnhofes Lehrte (Bild 30) war der zuerst auf den hannöverschen Bahnen gebaute, bewährte sich aber mit seiner Einzelaufstellung und wegen fehlender Tore nicht.

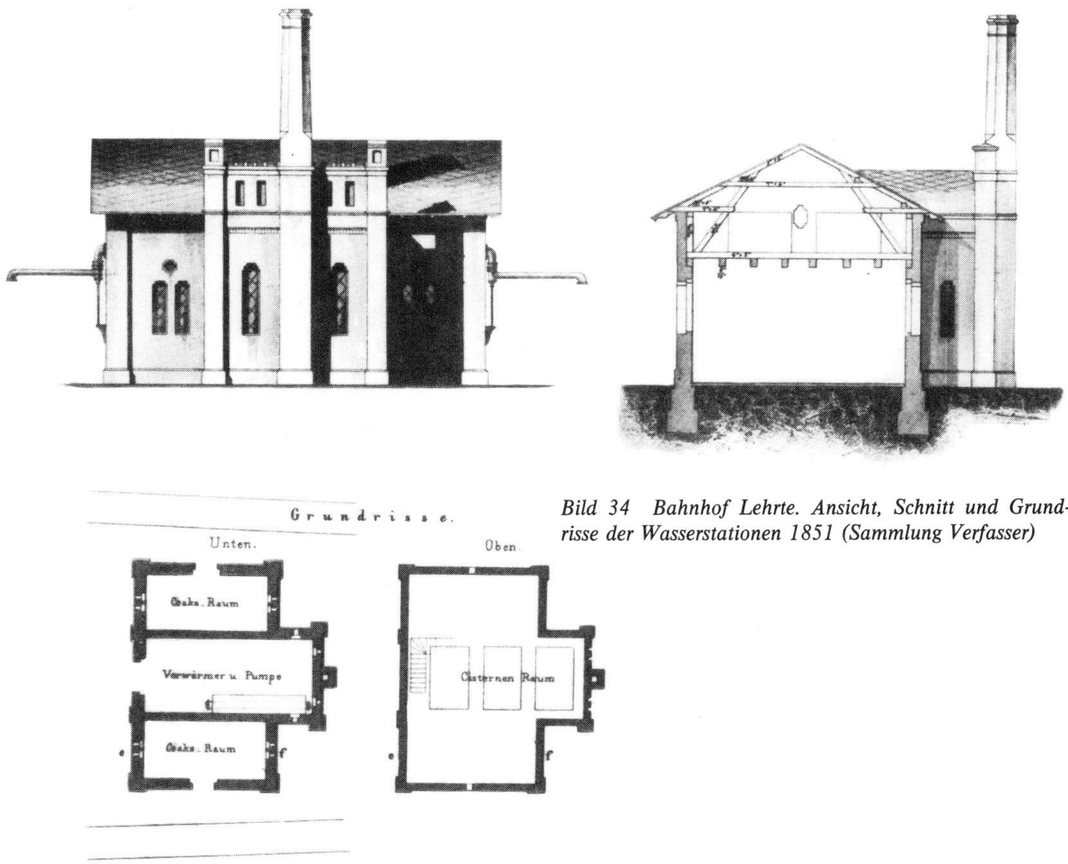

Bild 34 Bahnhof Lehrte. Ansicht, Schnitt und Grundrisse der Wasserstationen 1851 (Sammlung Verfasser)

Bahnhof Peine

Zur Eröffnung des Streckenabschnittes (Hannover–)Lehrte–Peine am 1. Dezember 1843 befand sich das Empfangsgebäude in Peine noch im Bau. Währenddessen diente ein bescheidenes Provisorium nordwestlich des neuangelegten Bahnhofes bei Teltge der Abfertigung des Personenverkehrs. Der Bahnhof Peine (Bild 35) erhielt zuerst die betriebswichtigen Anlagen, vor allem die Wasserstation (Bild 37). Dazu kam wenig später ein Güterschuppen. Ein Wagenschuppen mit »Schlittengleis« (Schiebebühne) wurde schon in den ersten Betriebsjahren entbehrlich und später als »Magazin« benutzt.

Das erste Empfangsgebäude war ein architektonisch ausgewogener, schöner klassizistischer Bau (Bild 36), aus Sparsamkeitsgründen als verputzter Ziegelbau mit angetragenem Quaderputz und plastischer Dekoration errichtet, wie dieser seit dem Barock Verbreitung fand. Nach der überlieferten Baubeschreibung sind die »Or-

Bild 35 Bahnhof Peine. Lageplan mit Grundrissen der Gebäude 1851. A Empfangsgebäude; B Nebengebäude mit Aborten und Stallungen; C Wasserstation mit Vorwärmer und Pumpe, Kokslager und Raum für Arbeiter; D Güterschuppen; E Wagenschuppen; F »Schlittengleis« (Sammlung Verfasser)

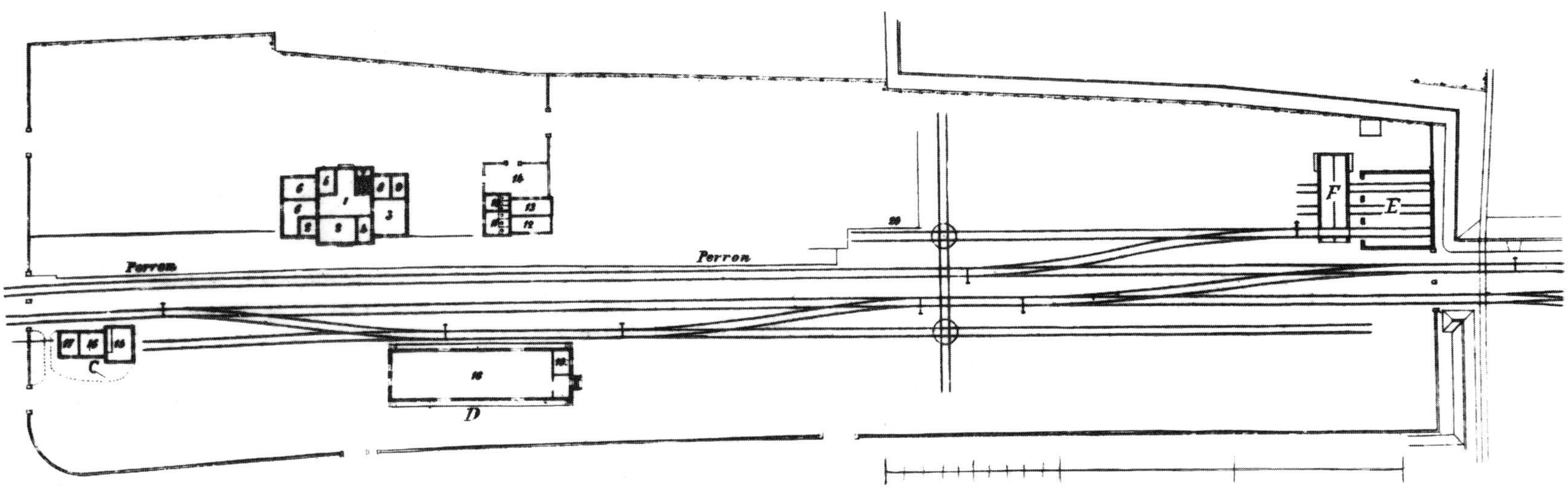

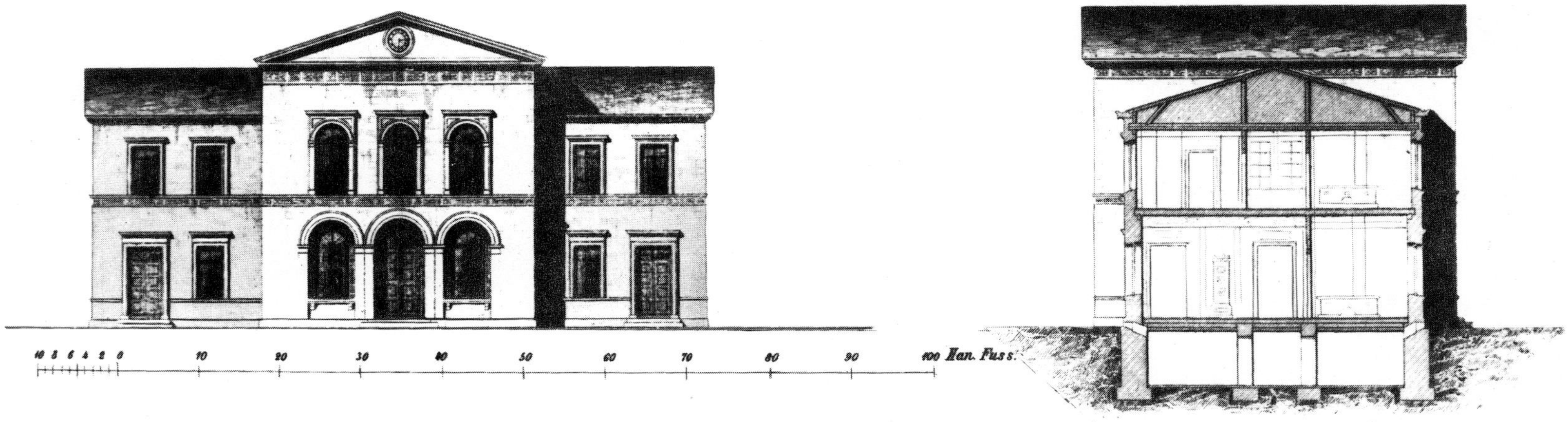

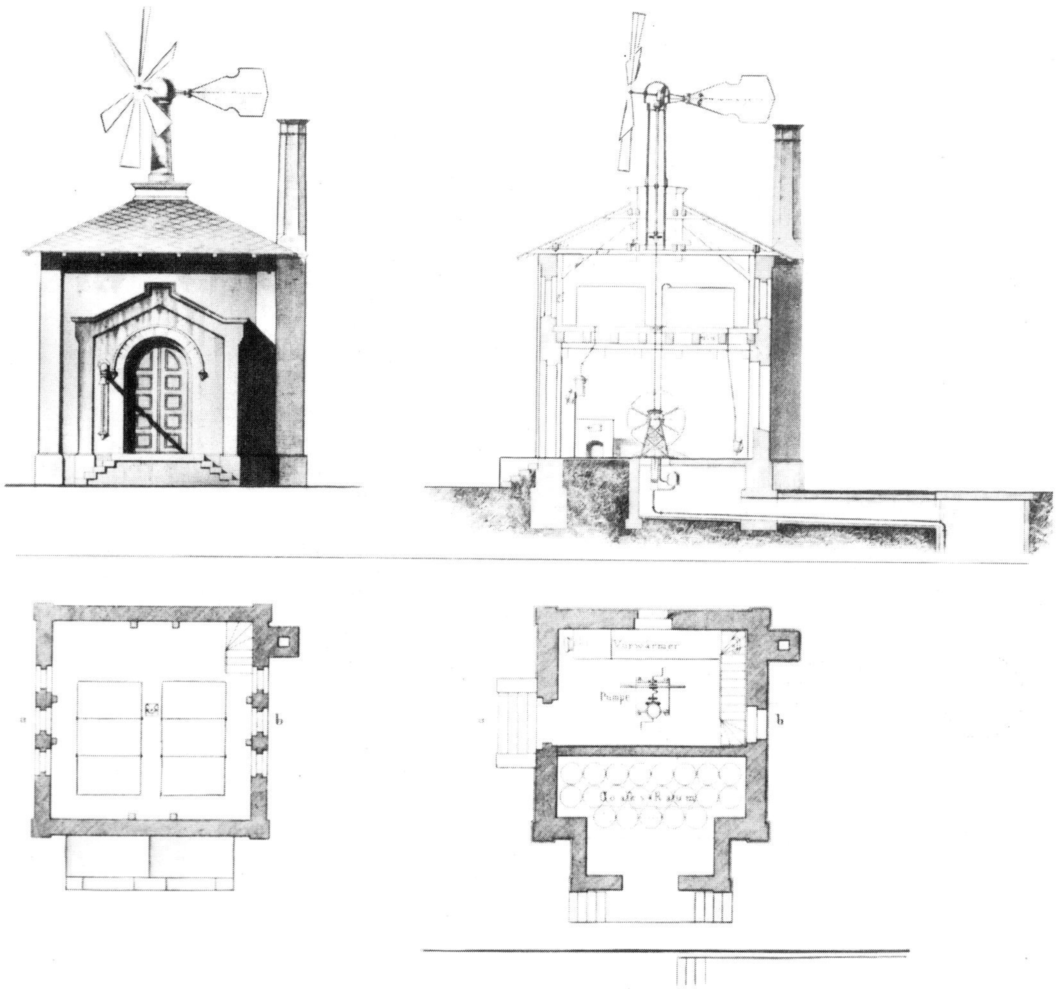

Bild 36 Bahnhof Peine. Ansicht des Empfangsgebäudes von der Bahnseite und Schnitt durch das Wartezimmer III. Klasse 1851 (Sammlung Verfasser)
Bild 37 Bahnhof Peine. Ansicht, Schnitt und Grundrisse einer projektierten Wasserstation 1851 (Sammlung Verfasser)

namente in den Giebelfeldern, Friesen u.s.w. von Gips hergestellt, dann 4–5 mal mit heißem Leinöl getränkt, mit Ölfarbe gestrichen und gesandelt« worden. Die Haltbarkeit derartiger Putzbauten war je nach Qualität der Ausführung und der verwendeten Baustoffe sehr verschieden und daher auch bei den Bauten der hannöverschen Staatsbahn umstritten, so daß man hier nach mancher negativen Erscheinung mehr für Fassaden aus Naturstein plädierte. Im Erdgeschoß des Bahnhofsgebäudes befanden sich Warteräume I. bis III. Klasse mit Restaurationsbetrieb, »Billetur«, Gepäckexpedition und die erforderlichen Diensträume mit Telegraphenstation (1851!). Östlich, wegen der unausbleiblichen Geruchsbelästigung, wurde in gebührendem Abstand das Nebengebäude mit Freiabortanlagen und Stallungen errichtet. (Bild 37)

Anfang der 70er Jahre hatte der Verkehr derart zugenommen, daß sich das alte Empfangsgebäude in der Erdgeschoßzone als zu klein erwies. Deshalb errichtete man 1873 bis 1874 östlich des alten einen neuen einstöckigen Bahnhofsbau, der mit größerer Grundfläche zwar die funktionellen Ansprüche erfüllte, aber architektonisch keine Dauerlösung darstellte. Im ersten Weltkrieg wurden die Verwaltungs- und Warteräume dieses Provisoriums vergrößert, und so diente das unansehnliche Gebäude noch über 70 Jahre dem Bahnhofsbetrieb. Im zweiten Weltkrieg stark beschädigt, mußte es nach 1945 abgerissen werden. Mit dem 1961 fertiggestellten neuzeitlichen Empfangsgebäude besitzt Peine endlich einen angemessenen, dem ersten architektonisch nicht nachstehenden Bahnhofsbau. Im ersten Bahnhofsgebäude wohnten bis zu seinem im Jahre 1909 erfolgten Abbruch Eisenbahnangehörige.

Bahnhof Hildesheim

Neben einzigartigen frühromanischen Bau- und Kunstwerken prägten vor allem über 400 Fachwerkhäuser aus der Spätgotik und Renaissance das wundervolle Stadtbild Hildesheims. Daher ist es nicht verwunderlich, daß die Bahnhofsgebäude des am 12. Juli 1846 eröffneten Endpunktes der Linie Hildesheim–Harburg in romantischer Manier als Fachwerkbauten errichtet

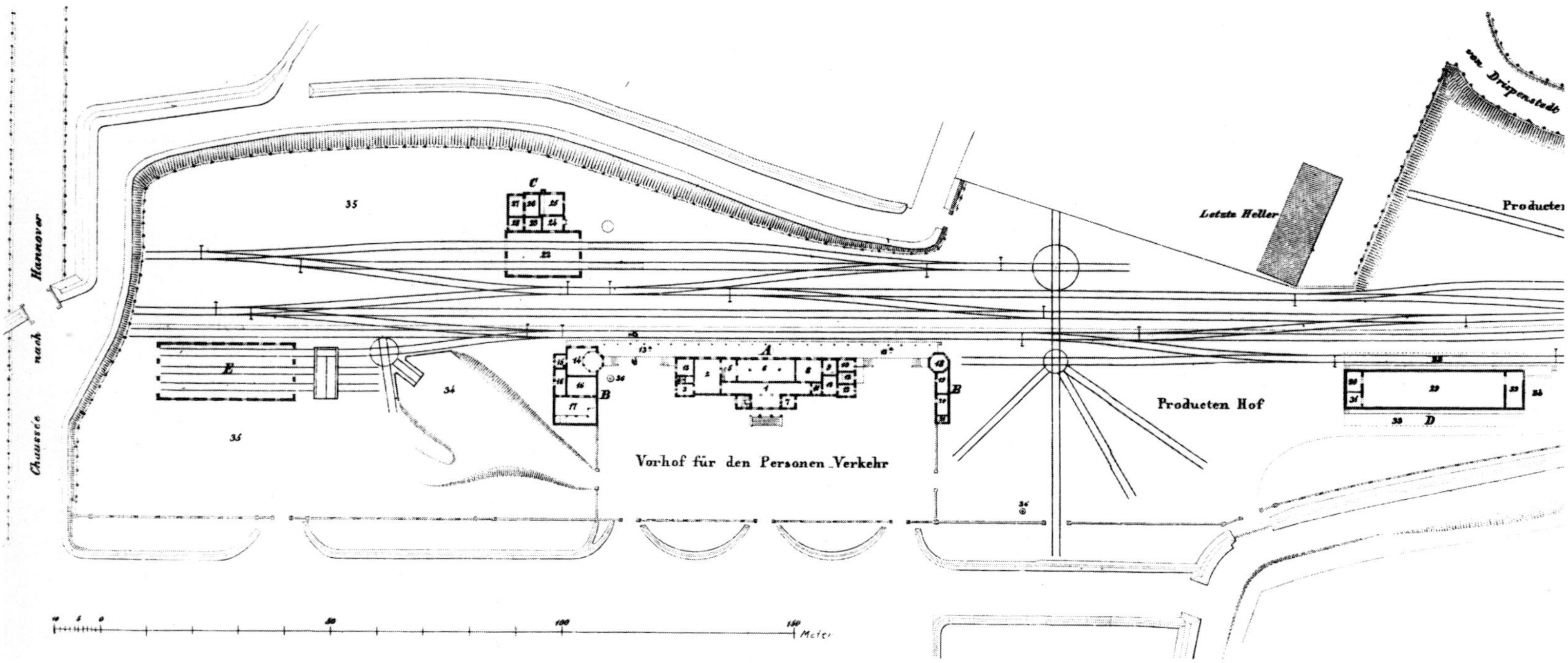

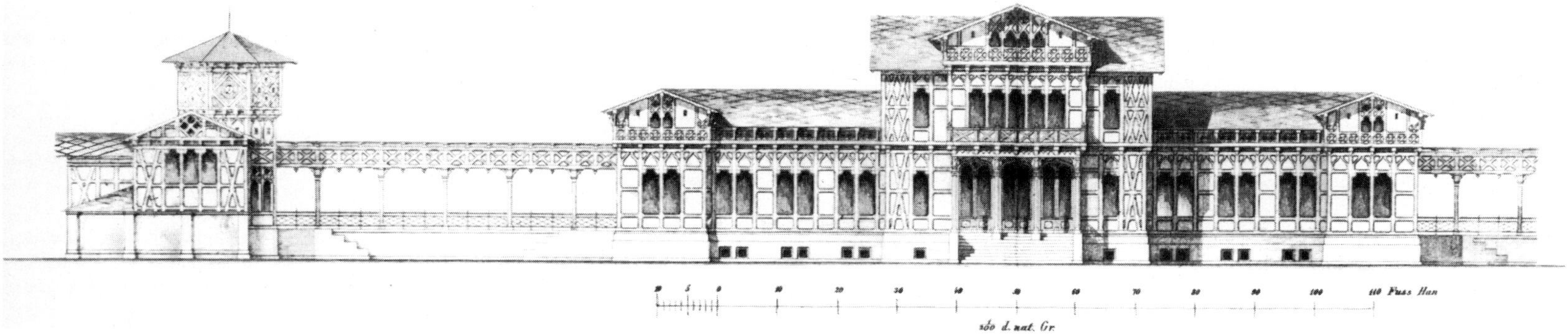

wurden (Bild 39, 40). Das geschah bei den hannöverschen Bahnhofsbauten sonst nur noch in Harburg und Celle, weil dort schwierige Baugrundverhältnisse vorlagen.

Der erste Bahnhof Hildesheims, ursprünglich als »Hauptbahnhof« projektiert, mußte im Hinblick auf die Verlängerung der »Südbahn« bis Kassel von Anfang an für den künftigen durchgehenden Verkehr als Zwischenbahnhof mit dem Empfangsgebäude in Seitenlage gebaut werden (Bild 38). Bereits in den ersten Jahren ihres Bestehens genügte die Anlage namentlich den Anforderungen des Güterverkehrs nicht; besonders die Güterschuppen und Ladeflächen der »Productenhöfe« erwiesen sich als zu klein.

Das Empfangsgebäude (Bild 39–41) wurde, abgesehen von seiner skurrilen Architektur, als zweckmäßig und bequem empfunden. Weniger erfreulich ist das Urteil über die vermutlich nicht werkgerecht ausgeführten Fachwerkumfassungen des Gebäudes, obwohl dafür durchweg Eichenholz Verwendung fand. Trotz 9 Zoll (= 23,6 cm) dicker Wände – dicker als gewöhnlich bei mittelalterlichen Fachwerkbauten – drang an den Wetterseiten bei Schlagregen Nässe durch. Mit Sicherheit führte die Ausfachung mit Mauerziegeln und unelastischem Mörtel zu erheblicher Rissebildung im Fachwerk aus schwindendem und »arbeitendem« Holz; der damals ganz moderne Baustoff »Cement« war für diese Bauweise völlig ungeeignet. Demgegenüber wurde das im Entwurf des Empfangsgebäudes von vornherein vorgesehene lange »Perrondach« des Hausbahnsteiges, wodurch auch die Nebengebäude mit Gepäckausgabe etc. und Aborten im Trockenen aufgesucht werden konnten, sehr gelobt, denn Bahnsteigdächer waren seinerzeit in Projekten von Zwischenbahnhöfen nur selten zu finden und beeinträchtigten – später angebracht – oft die Ansichten der Bahnseiten architektonisch schön gestalteter Empfangsgebäude.

Die erste Bahnhofsanlage (Bild 38) umfaßte um 1850: 1 Empfangsgebäude mit 2 Nebengebäuden, 1 Maschinenhaus mit Schmiede etc. für 2 Lokomotiven (Bild 42), 1 Güterschuppen (Bild 43) und 1 dreigleisigen Wagenschuppen mit Schiebebühne.

Bild 38 Bahnhof Hildesheim. Lageplan um 1851. A Empfangsgebäude; B Nebengebäude; C Maschinenhaus; D Güterschuppen; E Wagenschuppen mit Schiebebühne; 34 Rampe; 35 Gartenanlagen (Sammlung Verfasser)

Bild 39 Bahnhof Hildesheim. Ansicht des Empfangsgebäudes von der Stadtseite. Um 1851 (Sammlung Verfasser)

Bild 40 Bahnhof Hildesheim. Schnitt durch den »bedachten Perron« mit Seitenansicht des Nebengebäudes. Um 1851 (Sammlung Verfasser)

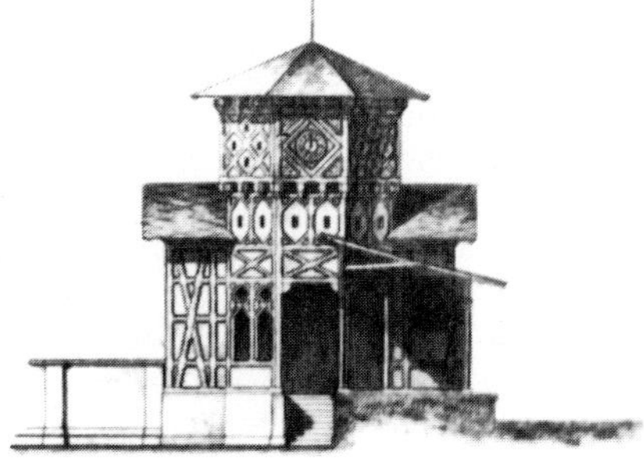

*Bild 41 Bahnhof Hildesheim. Grundriß des Empfangsgebäudes mit Nebengebäuden 1851. **A Hauptgebäude;** 1 Vorplatz; 2 Wartesaal I. und II. Klasse; 3 Damenzimmer; 4 Retirade; 5 Buffet; 6 Wartesaal III. Klasse; 7 Billet-Ausgabe; 8 Gepäckannahme; 9 Gepäck-Expedition; 10 Bahnhofsverwalter-Bureau; 11 Portier-Loge; 12 Portier-Wohnung; 13 Schaffner-Zimmer; 13 a Bedeckter Perron; **B Nebengebäude;** 14 Gepäckausgabe; 15 Steuer-Bureau; 16 Stallraum zu der Dienstwohnung; 17 Ökonomiehof dazu; 18 Coaksraum; 19 Abort u. Pissoir für Herrn; 20 Aborte für Damen; 21 Aborte für Arbeiter; (Sammlung Verfasser)*

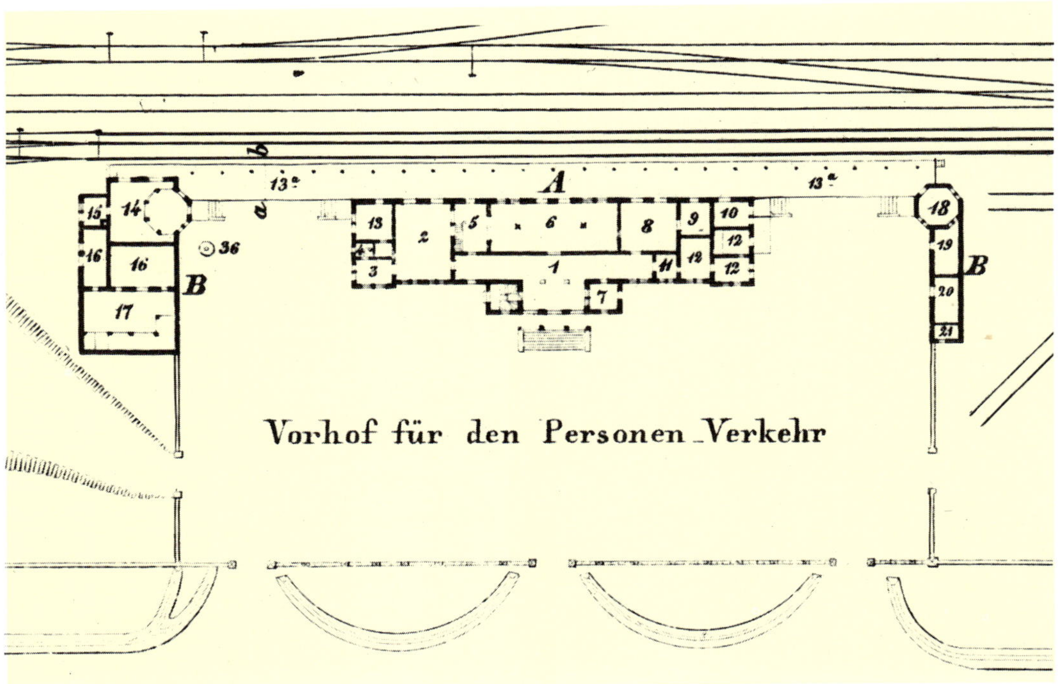

Über drei Jahrzehnte später wurde 1884 das zweite Empfangsgebäude des Bahnhofes Hildesheim vollendet, mit dem die preußische Staats-Eisenbahn-Verwaltung auf Anregung der Bauakademie erstmals einen neuen Bautyp einführte, bei dem die Wartesäle mit Zubehör in einem besonderen Baukörper in Bahnsteighöhe zwischen den Gleisen, die Eingangshalle mit Fahrkartenschaltern, Gepäckabfertigung, Diensträumen etc. aber in einem Vorgebäude in Straßenhöhe liegen, das mit den Bahnsteigen durch Tunnel für Personen- und Gepäckverkehr sowie Treppen bzw. Aufzüge verbunden ist.

Dem architektonischen Charakter der Stadt versuchte Hubert Stier mit einem neogotischen Bau Rechnung zu tragen (Bild 44), ein befremdlicher Rückschritt, verglichen mit seinem 1877 bis 1879 in Hannover errichteten Hauptbahnhofsgebäude (Bild 114). Die Architekten dieser Zeit, in allen Stilrichtungen ausgebildet, entwarfen jede gewünschte Fassade. Der Backsteinbau des neuen Hildesheimer Bahnhofes aus hellroten Ziegeln, dunklen Streifen und Werkstein-Gliederungen gab sogar den Zeitgenossen Anlaß zur Kritik: »Vielleicht würde die Architektur durch etwas einfachere Haltung – so z.B. durch Fortlassung der mittleren Vorsprünge an den Seitenflügeln des Vorgebäudes – noch an Wirkung gewonnen haben«. Auch funktionell hatte die Anlage noch Nachteile. Die Lage der Wartesäle zwischen den Gleisen schloß Gleisüberschreitungen der Reisenden zu verschiedenen Bahnsteigen nicht völlig aus, da verlorene Steigungen vermieden werden sollten. Trotz allem erfreute sich die neue, bequemere Bahnhofsanlage großer Beliebtheit beim reisenden Publikum (Bild 45).

Auch das zweite Empfangsgebäude Hildesheims ist nicht mehr erhalten. Es wurde nach dem letzten Weltkrieg durch einen modernen Neubau ersetzt. Noch am 22. März 1945, 16 Tage vor dem Einrücken amerikanischer Verbände, zerstörten zwischen 13.50 und 14.07 Uhr 280 anglo-amerikanische Bombenflugzeuge weite Gebiete der Stadt und den größten Teil der historisch wertvollen Bauten ihres Zentrums.

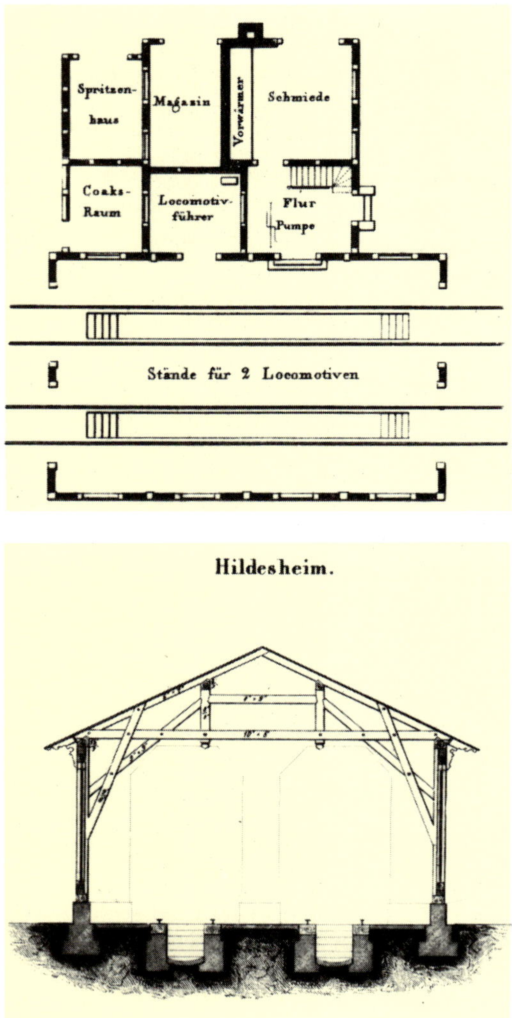

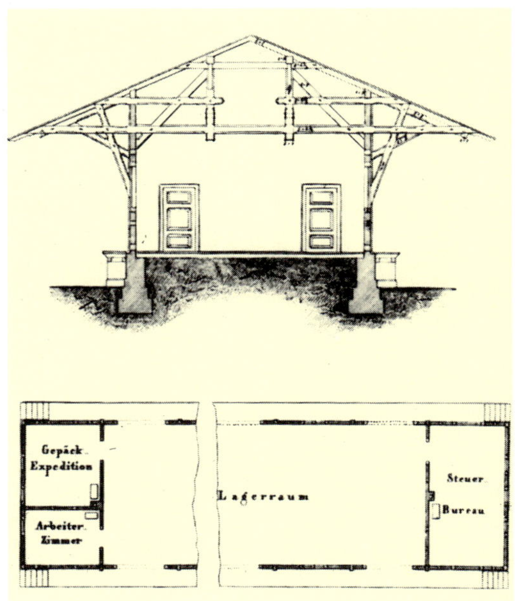

Bild 42 Bahnhof Hildesheim. Grundriß (oben) und Schnitt (darunter) des Maschinenhauses für 2 Lokomotiven 1851 (Sammlung Verfasser)
Bild 43 Bahnhof Hildesheim. Schnitt und Grundriß des Güterschuppens 1851 (Sammlung Verfasser)
Bild 44 Bahnhof Hildesheim. Vor-Empfangsgebäude von der Stadtseite aus gesehen, erbaut 1884. Entwurf Stier (Sammlung Verfasser)
Bild 45 Bahnhof Hildesheim. Grundriß des 1884 vollendeten Empfangsgebäudes, bestehend aus Vor- und Inselgebäude. 1 Empfangshalle; 2 Fahrkartenschalter; 3 Post; 4 Gepäckabfertigung; 5 Wartesäle; 6 Personentunnel; 7 Gepäcktunnel; 8 Posttunnel (Sammlung Verfasser)

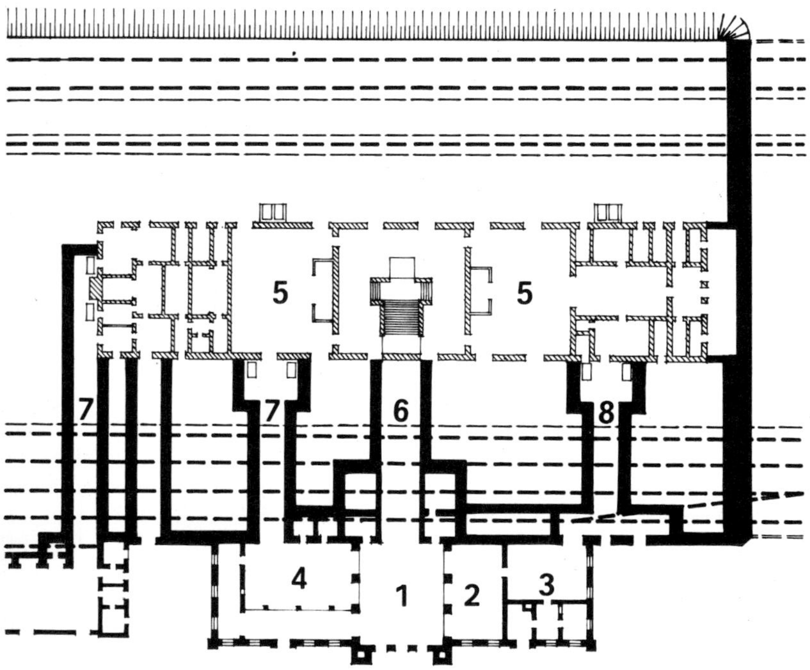

Bahnhof Algermissen

Die ursprünglichen Bauten der kleineren Stationen an der Hildesheim–Harburger Eisenbahn erscheinen wie aus einem Guß. Trotz vielfältiger Kombination und Detaillierung der Baukörper erreichten die Baumeister der hannöverschen Staatsbahn, insbesondere A. Funk und L. Debo, ein den Bahnhöfen der Strecke wohltuend uniformes Gepräge zu verleihen, ohne daß Einförmigkeit oder Langeweile entstanden wäre. Die Einheitlichkeit der Gebäude gelang vor allem durch gleichartige Gestaltung der Rundbogenfenster, Friese, Gesimse, Dachkonstruktion und Putzfassaden.

Dazu gehört auch der anfangs als Haltestelle vorgesehene, wegen der günstigen Verkehrsentwicklung aber schon vor 1851 zur Zwischenstation erhobene Bahnhof Algermissen (Bild 46), der am 12. Juli 1846 mit Eröffnung des Abschnittes Lehrte–Hildesheim in Betrieb genom-

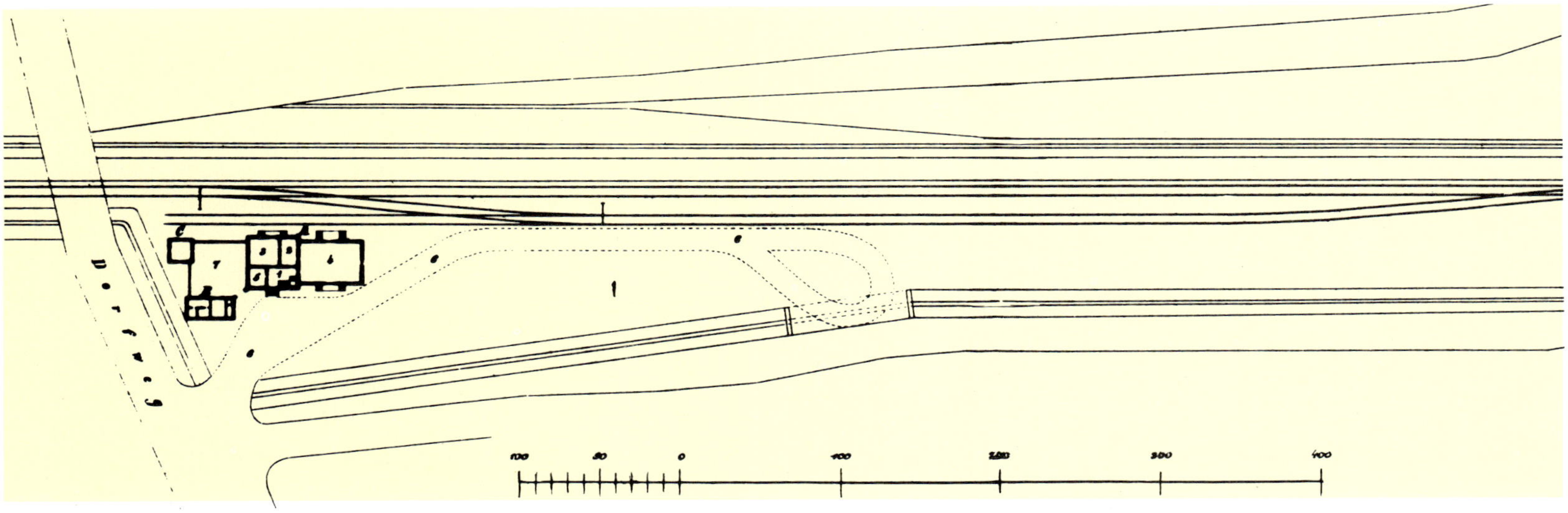

Bild 46 Bahnhof Algermissen. Lageplan mit Grundrissen der Gebäude um 1851. A Empfangsgebäude; 1 Flur; 2 Expedition; 3 Wartezimmer; 4 Güterboden; 5 Arbeiterstube; B Nebengebäude mit Aborten und Stallungen; C Wärterhaus; 7 Ökonomiehof (Sammlung Verfasser)

Bild 47 Bahnhof Algermissen. Ansichten der Bahnhofsgebäude 1851 (Sammlung Verfasser)

men wurde. Er bestand 1851 aus einem kleinen Empfangsgebäude mit angebautem Güterschuppen (Bild 47), einem Nebengebäude mit Aborten, Stallungen und Brennstofflager sowie zwei Wärterhäuschen an den Ausfahrten des Bahnhofes. Die Einrichtung des Empfangsgebäudes mit Expedition, Wartezimmer, Arbeiterstube und Wohnung des Bahnhofsexpedienten im Obergeschoß genügte den Anforderungen der kleinen Station vollkommen, und seine Verbindung mit dem Güterschuppen war für die in der Regel von nur einem Bahnbediensteten zu bewältigende Personen- und Gepäckabfertigung sehr vorteilhaft. Daß Algermissen überhaupt einen Güterschuppen erhielt, wird damit begründet, »weil von dort aus der kornreichen Gegend viel Getreide auf der Bahn verschickt wird« (1851).

Bahnhof Burgdorf

Für die kleine, im Jahre 1851 2 363 Einwohner zählende, gewerbereiche Kreisstadt Burgdorf wurde an der Hildesheim–Harburger Bahn eine »Zwischenstazion« angelegt (Bild 48), die sich seinerzeit von den Bahnhöfen kleinerer Orte lediglich durch mehr Gleise und Rangiermöglichkeiten sowie »gehobeneren Ansprüchen« adäquate Bauten unterschied. Der eingefriedete »Bahn-Hof« war außerdem durch die Lage der Güterabfertigung westlich der Gleise und zusätzliche Ladegleise mit Rampen östlich derselben für umfangreicheren bzw. zunehmenden Güterverkehr eingerichtet. Immerhin besaß der Bahnhof Burgdorf 1851 schon 9 Weichen und 2 kleine Drehscheiben. Damals kritisierte man dennoch recht kurzsichtig die unbequeme »Kommunikazion nach dem Güterschoppen ..., der zweckmäßiger an der Stadtseite der Gleise liegen« sollte. Doch eben hier war der »Perron« für den Personenverkehr durch die sich nördlich anschließende Rampenanlage mit Drehscheibe an sich schon viel zu kurz. Aber dieser Hausbahnsteig ließ sich im Bedarfsfall auf deren Kosten verlängern, während auf der Westseite genügend Erweiterungsmöglichkeiten für den Güterverkehr bestanden. Bereits 1851 wird zur Problematik des zu kurzen Bahnhofes bemerkt: »Zum Aufstellen von Wagen, welche den Zügen nach Harburg angehängt werden sollen, wird jetzt ein Stück des zweiten Bahngleises benützt. – Diese Einrichtung ist genügend, so lange das zweite Gleis nicht gebaut ist; wird dieses gebaut, so muß ein kurzes Nebengleis am Südende des Bahnhofes angelegt werden, für welches man gleich anfangs wenigstens das Terrain hätte mit erwerben können, da durch den Anbau eines neuen benachbarten Gasthauses die Erwerbung des Terrains demnächst schwierig sein wird«.

Das Empfangsgebäude wurde wie bei den kleineren Zwischenstationen ebenfalls als bahntypischer, jedoch architektonisch etwas reicher ausgestatteter Bau errichtet (Bild 49). Der Größe des Ortes und seines Eisenbahnverkehrs entsprach aber das reizvolle Ensemble sicher nicht. Vor allem die Wartesäle waren viel zu klein bemessen. Desungeachtet, wer ist nicht von der beschaulichen Gebäudegruppierung angetan, die stadtseitig noch mit »Garten-Anlagen« und am Hausbahnsteig durch Baumreihen »verschönert« wurde.

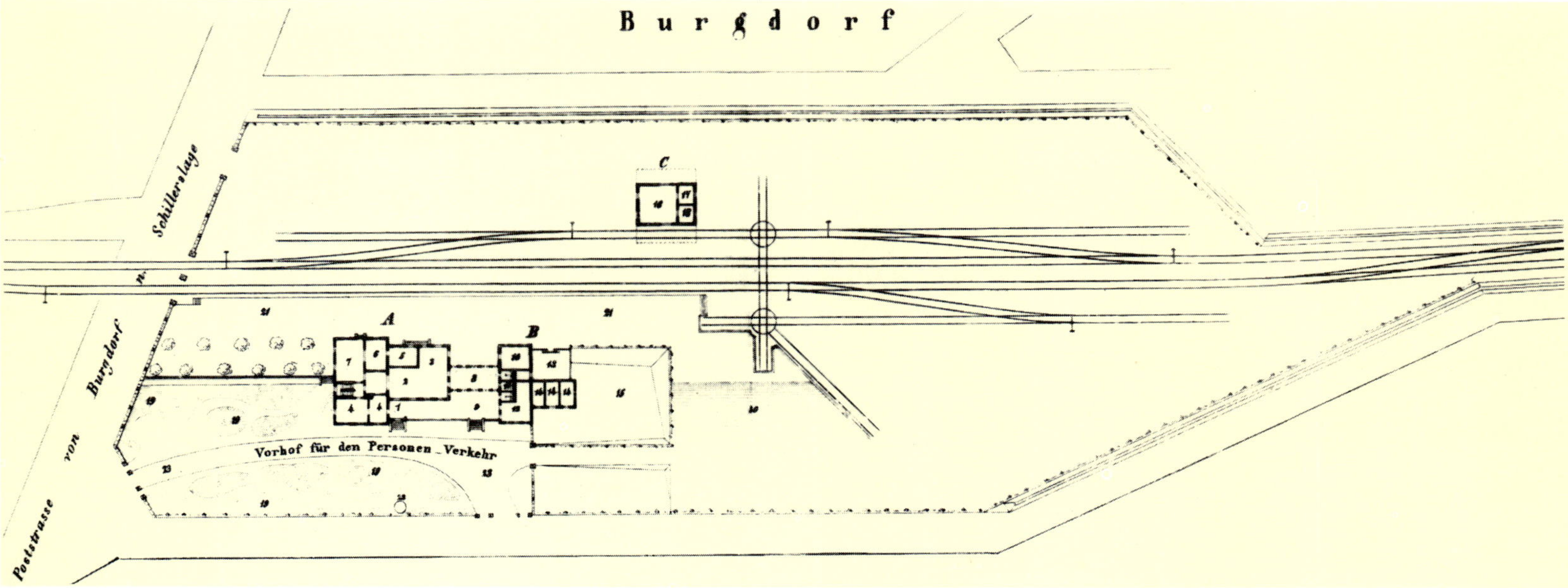

Bild 48 Bahnhof Burgdorf. Lageplan mit Gebäudegrundrissen. Um 1851. A Hauptgebäude; 1 Vorplatz; 2 Billett-Verkauf; 3 Gepäck-Expedition; 4 Wohnung des Portier; 5 Wartesaal I^{ter} u. II^{ter} Classe; 6 Büffett; 7 Wartesaal III^{ter} Classe; 8 Laube zur Gepäck-Ausgabe; 9 Terrasse; B Nebengebäude; 10 Utensilien-Raum; 11 Aborte; 12 Zum Feuerungs-Material; 13 Pissoir; 14 Stallungen; 15 Öconomie-Hof; C Güterschoppen; 16 Lagerraum; 17 Utensilien-Raum; 18 Weichenwärter-Stube; – 19 Garten-Anlagen; 20 Rampe; 21 Perron; 22 Brunnen; 23 Gepflasterter Weg (Sammlung Verfasser)
Bild 49 Bahnhof Burgdorf. Ansicht des Empfangsgebäudes von der Stadtseite um 1851 (Sammlung Verfasser)

Bahnhof Celle

Größere Zwischenstationen, wie Lüneburg und Celle, übertrafen die anderen nicht nur durch Umfang und Ausstattung der Bahnhofsanlagen, sondern vor allem auch durch hervorragende Gestaltung ihrer Empfangsgebäude als architektonische Höhepunkte der Strecke. Celle selbst, die alte Herzogsstadt mit ihrem bis heute weitgehend erhaltenen mittelalterlichen Stadtkern, mit vielen Fachwerkhäusern aus dem 16. und 17. Jahrhundert, war doch als Residenz- und »Juristenstadt« – zur Zeit des Bahnbaues Sitz des Oberappellationsgerichtes für das Königreich Hannover – ebenfalls ein städtebaulicher Glanzpunkt des Landes.

Der am 15. Oktober 1845 eröffnete Bahnhof Celle wurde an der Straße von Celle nach Celle-Neustadt zwischen Aller und der hernach einmündenden Fuhse auf einem von beiden Flüssen auf 320 m Länge begrenzten Planum angelegt (Bild 50). Diese von den Brücken eingeschränkte Lage erschwerte natürlich jede Erweiterung der Bahnhofsanlage, vor allem in Längsrichtung, falls man die Fuhse nicht mehrgleisig überbrücken oder verlegen wollte. Zweifellos ist die Standortwahl von der vorhandenen Bebauung beeinflußt worden, nicht zuletzt von der hier in der Nähe beginnenden Schiffahrt auf der Aller. Wie wenig anfangs bei der Planung dieser Bahnhofsanlage an die perspektivische Verkehrsentwicklung gedacht wurde, zeigt die Anordnung der stadtseitigen Rampenanlage mit Drehscheibe, die den Hausbahnsteig nördlich begrenzte. Obgleich Wagenschuppen, abgesehen von Reinigungsschuppen, später ihre Bedeutung einbüßten, was man aber 1851 noch nicht ahnen konnte, wird dazu in diesem Jahr nicht eben zukunftsgläubig bemerkt: »Der Wa-

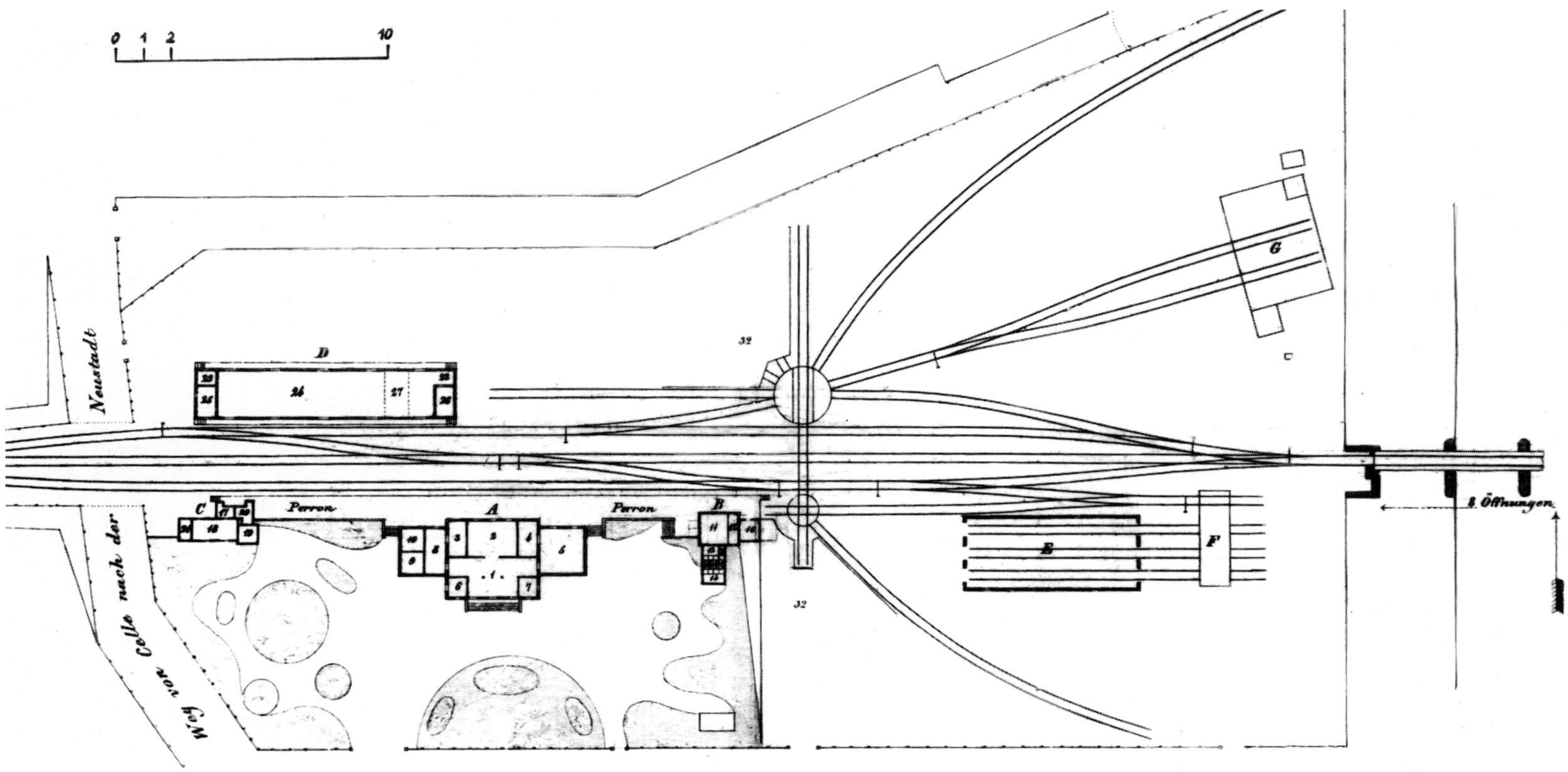

Bild 50 Bahnhof Celle. Lageplan mit Gebäudegrundrissen 1851. A Hauptgebäude; 1 Vorplatz; 2 Wartesaal I & II Cl.; 3 Damenzimmer; 4 Buffet; 5 Wartesaal III. Cl.; 6 Billetverkauf; 7 Treppenhaus; 8 Gepäck-Expedition; 9 Bureau dazu; 10 Bahnhofs-Verwalter-Bureau; B Nebengebäude; 11 Gepäck-Ausgabe; 12 Steuer-Bureau; 13 Abort für Damen; 14 Abort für Herren; C Wasserstation; 17 Coaksraum; 18 Vorwärmer; 19 Pumpenraum; 20 Arbeiterzimmer; 21 Weichenwärterzimmer No. 50; D Güterschoppen; 22 Vorplatz; 23 Arbeiterzimmer; 24 Lagerraum; 25 Güter-Expedition; 26 Steuer-Bureau; 27 Verschlag für unversteuerte Gegenstände; E Wagenschoppen zu 9 Wagen; F Versenktes Gleis; G Provisorisches Maschinenhaus; H Wärterhäuschen; I Wasserstation (rechts der Aller, nicht abgebildet) (Sammlung Verfasser)

Bild 51 Bahnhof Celle. Schnitt des Güterschuppens 1851 (Sammlung Verfasser)

genschoppen mit 9 Wagenständen ist für die Stazion Celle zu groß«.

Wegen des wenig tragfähigen Baugrundes mußten massive, insbesondere mehrstöckige Gebäude mit relativ aufwendigen bzw. tiefreichenden Fundamenten gegründet werden (Bild 54). Daher sind bei der ersten Anlage Güterschuppen (Bild 51), Nebengebäude und die südliche Wasserstation (Bild 52) als Fachwerkbauten mit Fundamenten auf Kiesauffüllung errichtet worden. Die zweite Wasserstation nördlich der Aller (Bild 56) wurde massiv aus Ziegelmauerwerk gebaut.

Architektonisch bestechend ist der Entwurf des ersten, schlicht gegliederten klassizistischen Empfangsgebäudes (Bild 53, 54), das in den Fassadenrissen fast monumental wirkt und manchen späteren Bahnhofsbau der Eklektik in den Schatten stellt. Erreicht wurde diese Wirkung durch vorzügliche Proportionen, Verwendung gleichförmiger Einzelelemente beim zweigeschossigen Hauptbaukörper und bei den eingeschossigen Seitenflügeln sowie durch gleiche Firstrichtung. Die enge Reihung der Portal- bzw. Fensteröffnungen im Erdgeschoß des Mittelbaues unterstreicht die Funktion des »Empfangs«-Gebäudes noch besonders. Daß von der Stadtseite kein direkter Durchgang zum Hausbahnsteig führte, lag an der damals verbreiteten Ansicht, daß die Reisenden tunlichst von den Wartesälen oder unmittelbar vom Vorplatz aus zu den Zügen gelangen sollten. Durch Weg-

Bild 52 Bahnhof Celle. Ansichten und Grundrisse der südlichen Wasserstation. 1851 (Sammlung Verfasser)

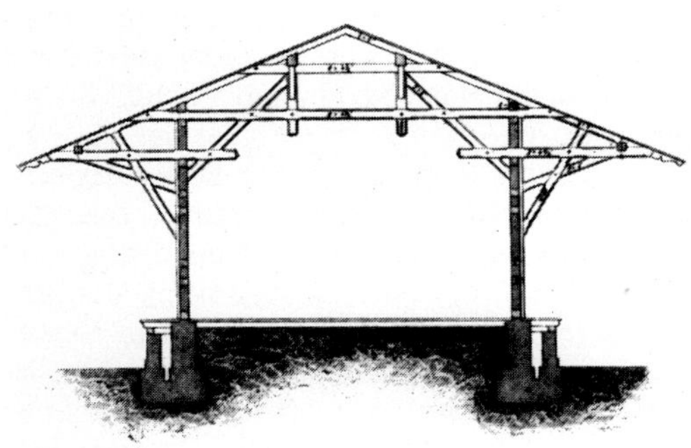

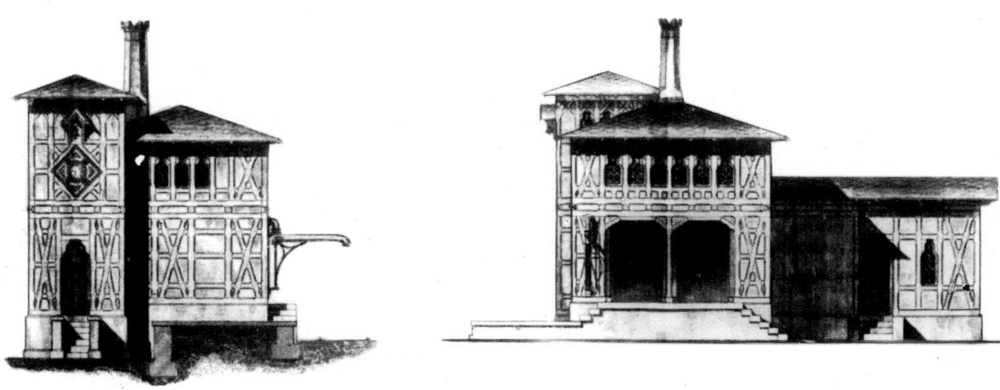

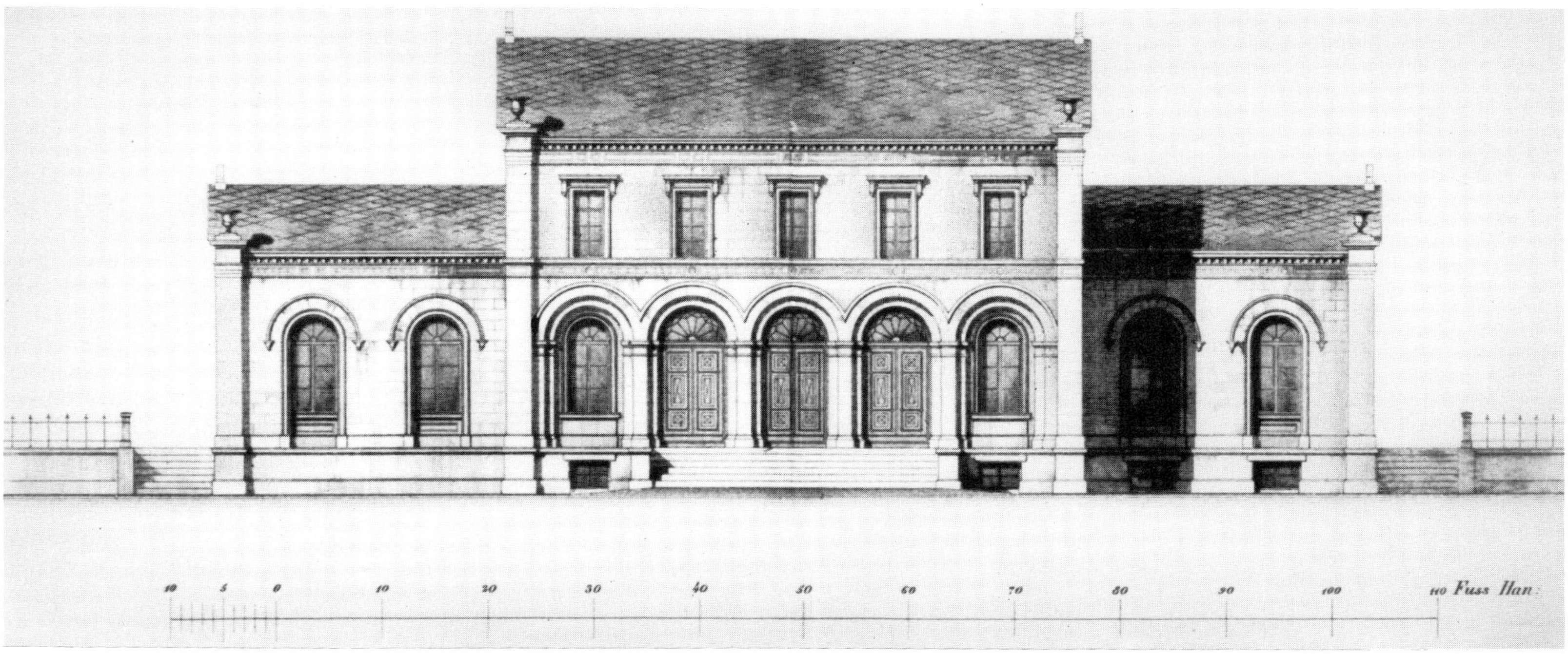

nahme des Wartesaales I. und II. Klasse konnte bei einer Erweiterung des Empfangsgebäudes (Bild 55) eine größere Halle und damit eine direkte Verbindung zwischen Vorplatz und Bahnsteigen geschaffen werden.

Interessant ist die um 1851 jenseits der Aller errichtete Wasserstation (Bild 56). Nach günstigen Versuchsergebnissen der hannöverschen Staatsbahnen mit windgetriebenen Pumpen der Wasserstation Wunstorf (Bild 78) in den Jahren 1849 und 1850 wurde auch für die zweite Wasserstation des Bahnhofs Celle ein Windrad projektiert. Es ist im »Durchschnitt a–b« (Bild 56) kaum erkennbar eingezeichnet. – Der angestellte Wärter erhielt natürlich seine Wohnung in der Station. Er hatte außerdem eine Weiche zu bedienen, und da er ständig dienstbereit sein mußte, bekam er zur Erleichterung seines Dienstes einen Sicht-Erker an der Wohnstube.

Bild 53 Bahnhof Celle. Ansicht des Empfangsgebäudes von der Stadtseite 1851 (Sammlung Verfasser)
Bild 54 Bahnhof Celle. Schnitt des Empfangsgebäudes 1851 (Sammlung Verfasser)
Bild 55 Bahnhof Celle. Empfangsgebäude mit seitlichen zweigeschossigen Anbauten. 1906 (Verkehrsmuseum)

Bild 56 Bahnhof Celle. Wasserstation nördlich der Aller. Ansichten, Schnitt und Grundrisse 1851 (Sammlung Verfasser)

Bahnhof Suderburg

Als »Anhaltestelle« wurde ursprünglich die am 1. Mai 1847 eröffnete Station Suderburg angelegt (Bild 57), die zusammen mit den Haltestellen Algermissen, Eschede, Unterlüß und Bienenbüttel später »wegen des sich auf denselben erfreulich entwickelnden Verkehres in der letzteren Zeit (um 1850) zu Stazionen erhoben ... und eigene Expeditionsbeamte erhalten« hatte. »Es mußten aus diesem Grunde kleine Expedizionslokale in den Hauptgebäuden angelegt werden, welche dieselben als frühere Anhaltestellen nicht« aufwiesen; außerdem »würde es sehr erwünscht sein, wenn kleine Räume zum Aufbewahren und Verschließen von Gepäckstücken, Gütern etc. vorhanden wären«. Bild 58 zeigt das kleine Empfangsgebäude ohne die genannten »Expedizions-« und Gepäckaufbewahrungsräume. Es enthielt nur »einen (gemeinsamen!) Warteraum für alle drei Klassen«. Amüsant ist dazu auch folgende Feststellung der Planverfasser von 1851: »Die Größe desselben (des Warteraumes) hängt natürlich nicht sowohl allein von der Bevölkerung der Umgegend, als von der Beweglichkeit derselben ab, wobei zu beachten ist, daß die Bevölkerung der kleineren Städte fast durchgängig eine größere Beweglichkeit zeigt als die Bewohner des Landes«. – Außer dem Warteraum beherbergte das Haltestellen-Gebäude nur noch die Wohnung des Bahnwärters, der den »Billetverkauf und die Expedizionsgeschäfte«, die Bedienung der Weichen und überhaupt alle Dienstverrichtungen auf der Station, wozu auch das Rangieren, Ab- und Ankuppeln von Güterwagen gehörte, durchführen mußte. Für den Güterverkehr stand lediglich eine Rampe zur Verfügung, die »unbequem zum Anfahren von Produktenwagen« und auch nicht »zum Endwärtsladen« (als Kopframpe) ausgebildet war.

Als die Anhaltestelle wenig später Aufgaben einer Zwischenstation zu erfüllen hatte, mußte eine Wasserstation errichtet werden (Bild 59), die jedoch nicht aus einem Brunnen gespeist werden konnte; da Suderburg unweit der Wasserscheide zwischen Elbe und Weser liegt, wäre ein sehr tiefer, kostspieliger Brunnen erforderlich gewesen. Stattdessen wurde in einem nahegelegenen Tal ein Maschinenhaus errichtet (Bild 59), in dem eine kleine Dampfmaschine mit Pumpe installiert war, die das Wasser aus dem vorüberfließenden Bach etwa 350 m weit in den 17,50 m höher gelegenen Behälter der Wasserstation förderte. Über die technischen Daten der Anlage wird 1851 folgendes ausgeführt:

»Die Maschine, welche 60 Umgänge in der Minute macht und eine Pumpe von 6 Zoll Cylinderdurchmesser und 4 Zoll (geringsten) Hub hat, schafft 480 Kubikfuß in 2 Stunden (= 15 Kubikmeter), und kostet das Heben des Wassers an Betriebskosten pro Kubikfuß ¼ Pfennig (= 8 Pfennige pro Kubikmeter), exklusive Zinsen des Anlagekapitales, welche natürlich nach dem verbrauchten Wasserquantum variiren, und in dieser Wasserstazion pro Kubikfuß 0,2 bis 0,35 Pfennige betragen. Diese Zahlen sind so hoch, weil in Suderburg verhältnismäßig nur wenig Wasser verbraucht wird (täglich 600 bis 800 Kubikfuß), und würden dieselben erheblich geringer sein, wenn das verbrauchte Wasserquantum größer wäre.«

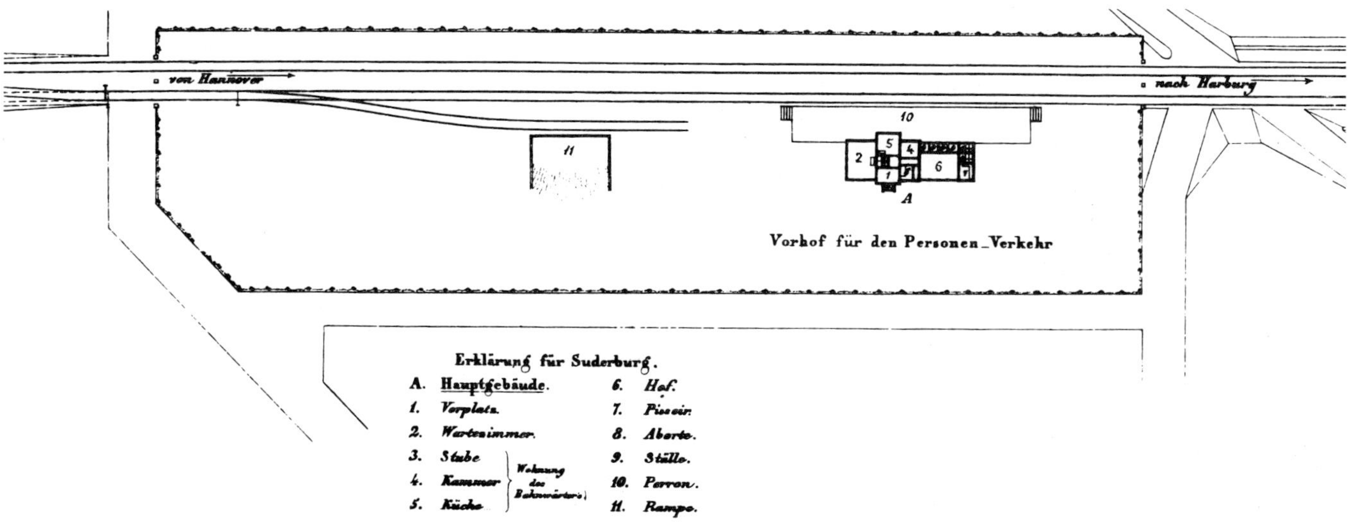

Bild 57 Bahnhof Suderburg. Lageplan mit Grundriß des Empfangsgebäudes 1851 (Sammlung Verfasser)
Bild 58 Bahnhof Suderburg. Ansicht und Längsschnitt des Empfangsgebäudes 1851 (Sammlung Verfasser)
Bild 59 Bahnhof Suderburg. Ansichten, Schnitte und Grundrisse der Wasserstation und des Dampfmaschinen-Hauses 1851 (Sammlung Verfasser)

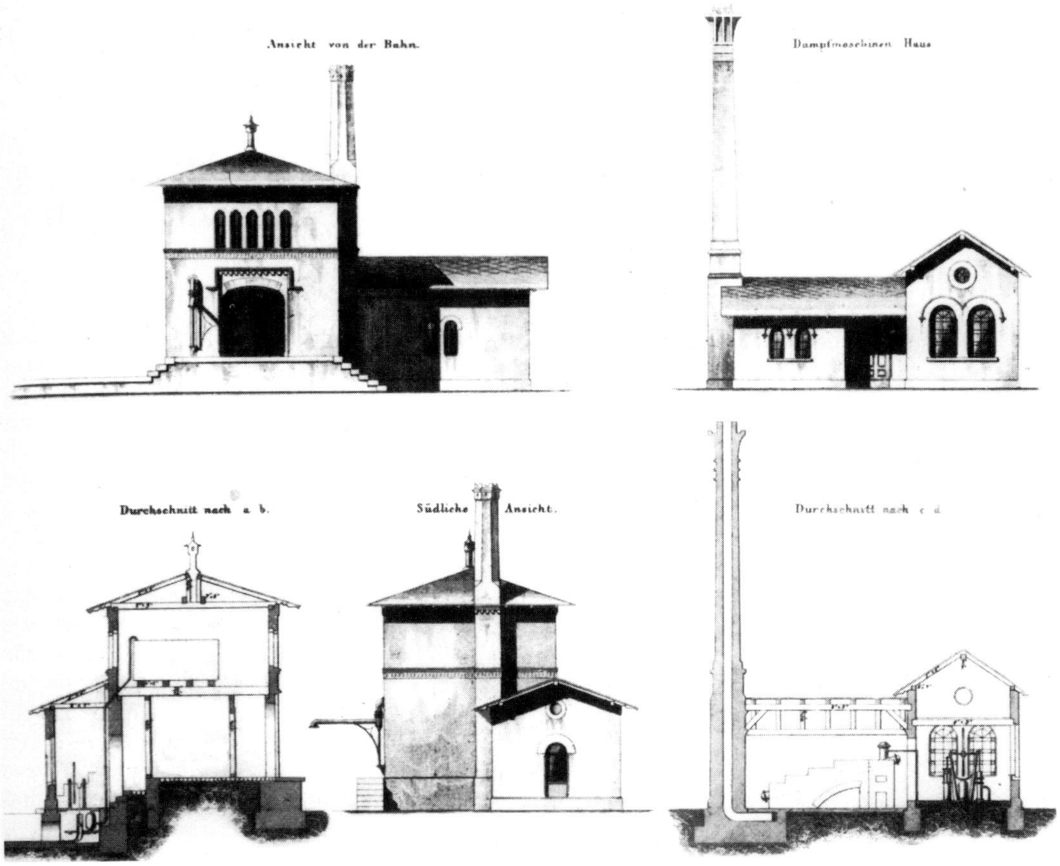

Bahnhof Lüneburg

Die am 1. Mai 1847 eröffnete »Zwischenstation« Lüneburg (Bild 60) wurde östlich der alten »Salzstadt« angelegt. Von ihrem mittelalterlichen Reichtum kündet noch heute ein großartiges Ensemble profaner und sakraler Backsteinbaukunst, die von den Hafenstädten der Hanse, mit denen Lüneburg durch den Salzhandel verbunden war, hierher gelangte. Dieser städtebaulichen Qualität entsprach auch die alte Bahnhofsanlage mit ihren hervorragend gestalteten Bauten, vor allem das schöne klassizistische Empfangsgebäude (Bild 61, 62), das neben den Bahnhofsbauten von Celle, Hannover, Lehrte, Peine und Wunstorf zu den stattlichsten und stilvollsten der hannöverschen Staatsbahn gehörte.

Im Gegensatz zum Empfangsgebäude des Bahnhofes Celle flankierten hier zweigeschossige, querstehende, durch ein gangartiges Vestibül verbundene Flügelbauten den eingeschossigen Mittelbau. Im gesamten Erdgeschoß befanden sich nur Warte-, Dienst- und sonstige dem Reiseverkehr vorbehaltene Räume (Bild 60). Dieser Bautyp kann als ein Vorläufer kleinstädtischer Empfangsgebäude angesehen werden, die allerdings später mit mittigem Durchgang zum Hausbahnsteig gebaut worden sind. Wie bei den meisten Bahnhofsbauten Hannovers üb-

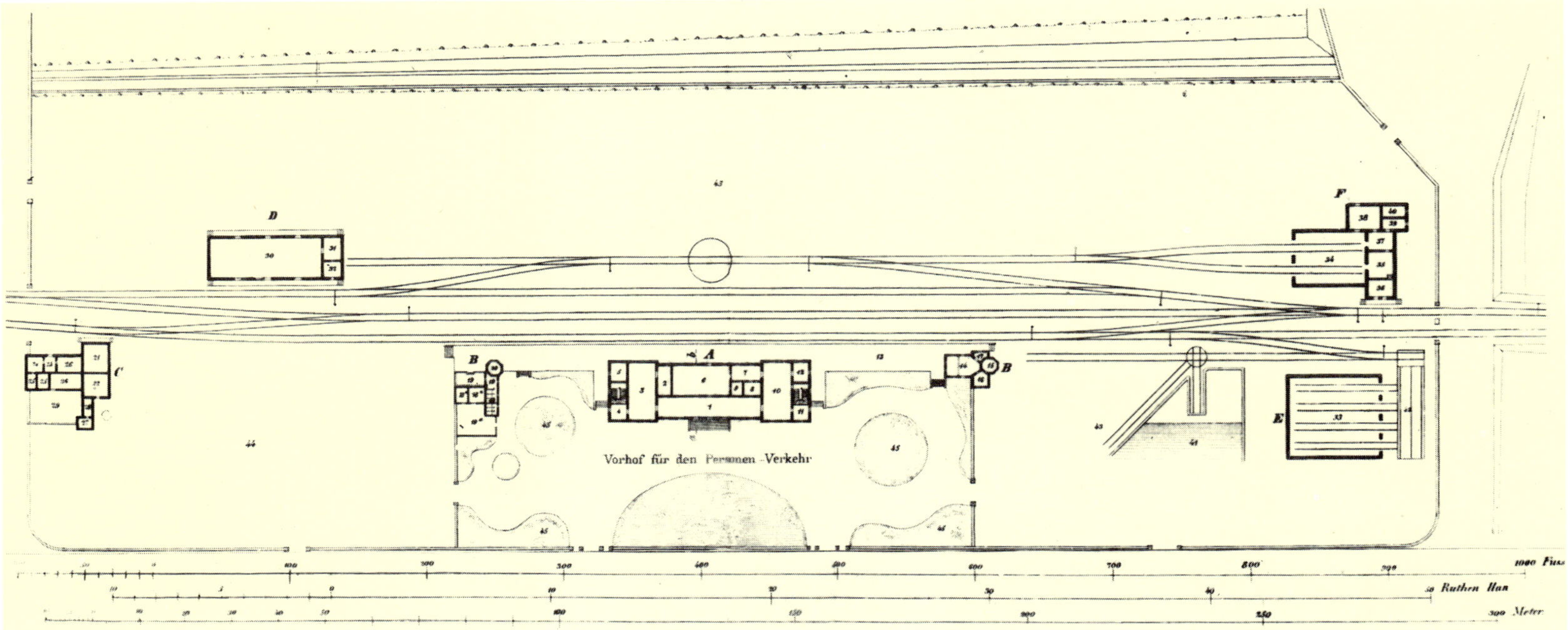

lich, wurden auch in Lüneburg die vollendet proportionierten Fassaden des Empfangsgebäudes aus Kostengründen geputzt und Quadermauerwerk durch eingerissene, gezogene Fugen vorgetäuscht, Gesimse, Sohlbänke, Tür- und Fensterverdachungen jedoch aus dem dauerhafteren Sandstein hergestellt. Akroterien schmückten die Giebel der Flügelbauten. In Nebengebäuden an den Enden des Hausbahnsteiges waren Gepäckabfertigung und Abortanlagen untergebracht. Stadtseitig lud ein »Vorhof für den Personenverkehr« mit »Garten-Anlagen« und zweitoriger Auffahrt zur Reise ein oder bot mit dem schönen Bahnhofsbau Ankommenden freundlichen Empfang. Befremdlich nur, daß kleinliche Zeitgenossen Aufwand und Größe des Empfangsgebäudes für übertrieben hielten.

Auch das Maschinenhaus für 2 Lokomotiven (Bild 63) und die große Drehscheibe in der Mitte der Bahnhofsanlage hätten »bei dem jetzigen Betriebe, wo eine Reservemaschine in Lüneburg nicht aufgestellt ist, entbehrt werden können«, meinten Fachleute 1851. Indirekt kritisierten sie sogar, daß bei der Bahnhofsanlage Güter- und Personenverkehr getrennt waren: »Es würde zweckmäßiger gewesen sein, den Güterschoppen (Bild 60) auf die Stadtseite der Gleise zu legen, und zu diesem Zwecke das Hauptgebäude mehr an das eine Ende des Bahnhofes zu rücken. Der Güterverkehr würde dadurch sowohl für das Landfuhrwerk wie namentlich für die Eisenbahnwagen sehr erleichtert sein«(?). Hätte man nach Meinung dieser Experten gebaut, wäre der Hausbahnsteig wie beim Bahnhof Celle (Bild 50) begrenzt und nach einigen Jahren zu kurz gewesen.

Der Bahnhof Lüneburg besaß zwei Wassersta-

Bild 60 *Bahnhof Lüneburg. Lageplan mit Grundrissen der Gebäude 1851. A Empfangsgebäude; 1 Vorplatz; 2 Billetverkauf; 3 Gepäck-Expedition; 4 Steuer-Bureau; 5 Bahnhofsverwalter; 6 Wartesaal III^ter Cl.; 7 Buffet; 8 Küche des Restaurateurs; 9 Portier; 10 Wartesaal I^ter und II^ter Cl.; 11 Damenzimmer; 12 Post; 13 Offener Perron; B Nebengebäude; 14 Gepäck-Ausgabe; 15 Steuer-Bureau; 16 desgl.; 17 Lagerraum; 18 Abort; 18a Stallung; 19 Pissoir; 19a Oekonomie-Hof; 20 Gerätheraum; C Wasserstation; 21 Coaks-Raum; 22 Vorwärmer und Pumpe; 23 Flur; 24 Wohnstube; 25 Kammer (24 u. 25 zur Wärter-Wohnung); 26 Magazin; 27 Abort; 28 Pissoir; 29 Hof; D Güterschoppen; 20 Lagerraum; 31 Expedition; 32 Steuer-Bureau; E Wagenschoppen; 33 Stände für 8 Wagen; F Maschinenhaus; 34 Stände für 2 Maschinen; 35 Pumpenraum; 36 Coaks-Raum; 37 Magazin; 38 Schmiede; 39 Lokomotivführer-Raum; 40 Geräte-Raum; – 41 Rampe; 42 Versenktes Gleis; 43 Producten-Hof; 44 Holzlager-Plätze; 45 Garten-Anlagen (Sammlung Verfasser)*

Bild 61 *Bahnhof Lüneburg. Ansicht des Empfangsgebäudes von der Stadtseite 1851 (Sammlung Verfasser)*

Bild 62 *Bahnhof Lüneburg. Schnitt des Empfangsgebäudes durch den Wartesaal III. Klasse 1851 (Sammlung Verfasser)*

Bild 63 *Bahnhof Lüneburg. Ansicht und Schnitt des Maschinenhauses 1851 (Sammlung Verfasser)*

Bild 64 *Bahnhof Lüneburg. Ansichten und Grundriß der Wasserstation 1851 (Sammlung Verfasser)*

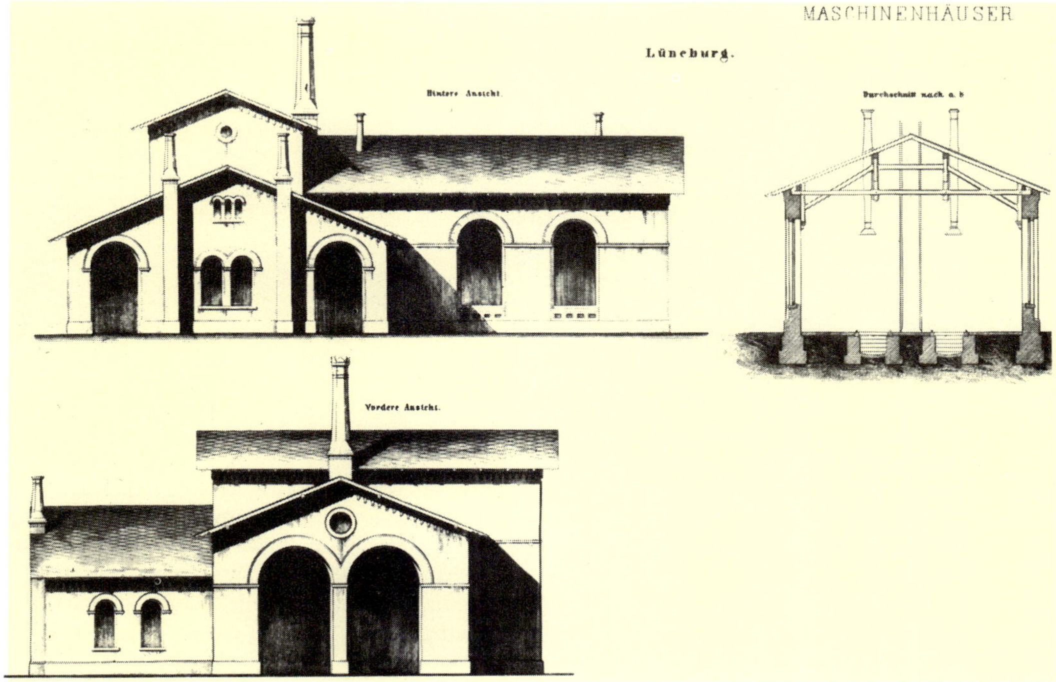

tionen, eine selbständige an der Einfahrt von Harburg (Bild 64) und eine im Maschinenhaus eingebaute, wo die Lokomotiven sowohl im Freien als auch im Innern des Gebäudes Wasser nehmen konnten. Details der Ausführung von Wasserstationen der hannöverschen Bahnen sind technikgeschichtlich recht interessant und werden daher im Wortlaut von 1851 wiedergegeben: »Da man sich mit Rücksicht auf die strengen Winter im nördlichen Deutschland gegen die langen Rohrleitungen und freistehenden Krahne entschieden hatte, mußten diese Gebäude an das Ende der Bahnhöfe unmittelbar an die Gleise gestellt und mit Krahnen, welche an der Mauer des Gebäudes befestigt und drehbar sind, versehen werden. – Diese Krahne leiten in einem sechszölligen Rohre das Wasser aus den Reservoirs unmittelbar in die Tender und reichen zu diesem Zwecke zum Theil über ein, zum Theil über zwei Gleise, je nach dem Bedürfnisse. – ... Die Ausgußröhren sind 10 bis 12 Fuß über den Schienen hoch, damit sie noch über den mit Koks aufgehäuft gefüllten Tender weggehen. – Die Rohre sind etwas nach vorn geneigt, so daß, wenn das Ventil an der Cisterne geschlossen wird, das Wasser aus dem Rohre vollständig abläuft und dieses daher nicht zufrieren kann. – Die Cisternen, 10 Fuß lang, 6 Fuß breit und 4 Fuß hoch, sind aus Gußeisenplatten zusammengesetzt und an den Ecken durch Winkeleisen und Nieten miteinander verbunden. Die Verbindung der Cisternen (2 bis 5 Stück je Wasserstation) ist durch Rohre herge-

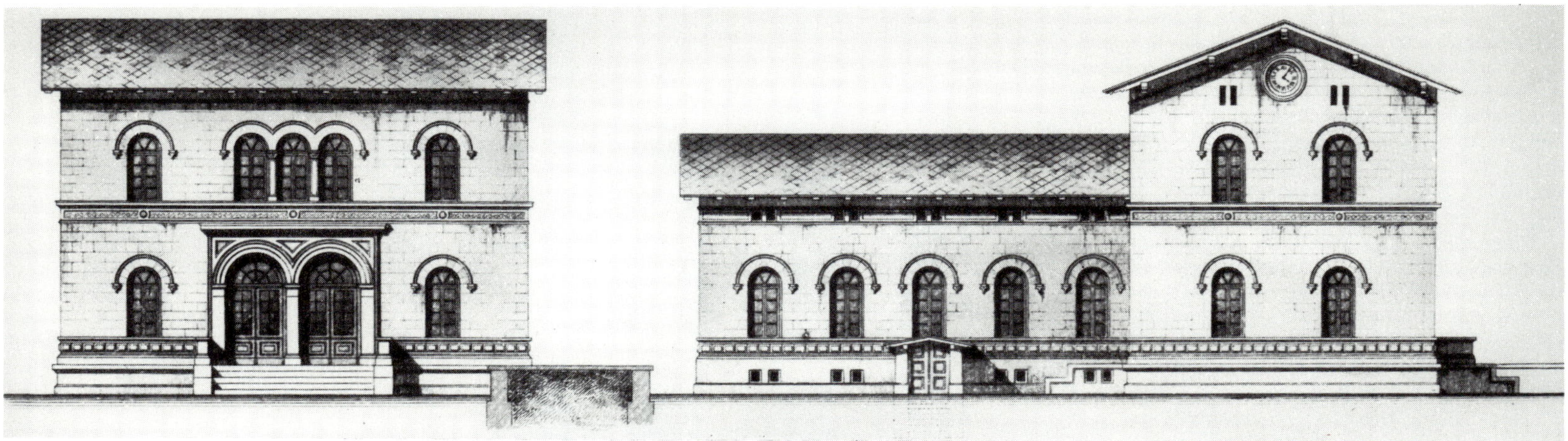

stellt, welche nahe an dem Boden der verschiedenen Cisternen münden.

Um das Wasser der Cisternen im Winter zu erwärmen, ist in dem unteren Raume der Wasserstazion ein Henschel'scher Röhrenkessel von 16 bis 18 Fuß Länge, von 13 bis 14 Zoll Durchmesser nach einer Neigung 1:3 bis 1:4 geneigt eingemauert, dessen oberes und unteres Ende mit den Cisternen durch ein $2\frac{1}{2}$ bis 3 zölliges kupfernes Rohr verbunden ist, so daß beim Heizen des Kessels eine Cirkulazion eintritt und dadurch das Wasser in den sämmtlichen Cisternen erwärmt wird. – Dabei mündet das Rohr von dem oberen Theil des Kessels in die Cisterne, von welcher das Krahnrohr ausgeht, so daß das am meisten erwärmte Wasser unmittelbar zum Füllen der Tender verwandt wird, und das Rohr vom unteren Theile des Kessels mündet in die vom Krahnrohre am entferntesten gelegene Cisterne. ...

Das Heben des Wassers in die Cisternen geschieht in den meisten Wasserstazionen mittelst Pumpen, welche durch Kurveln mit Schwungrad von 2 bis 3 Arbeitern bewegt werden. Der Cylinder der Pumpe ist aus Messing und hat einen Durchmesser von 4 Zoll; der Kolben hat 9 Zoll Hub und wird durch den Krummzapfen einer Welle bewegt, welche das Schwungrad von 5 Fuß Durchmesser, so wie die Kurveln trägt. – «

Als sich der Wasserverbrauch durch Einsatz größerer Lokomotiven und stärkeren Verkehr erhöhte, wurden bei größeren Stationen stehende Dampfmaschinen (Bild 27), bei einigen seit 1849 auch »Windmühlen-Antriebe« installiert, die im Betrieb leistungsfähiger und vor allem billiger waren, als menschliche Arbeitskräfte.

Die erste Bahnhofsanlage Lüneburgs bestand annähernd im geschilderten Umfang bis 1862/63, als anläßlich des Baues der Lüneburg-Lauenburger Eisenbahn eine Erweiterung des Bahnhofes erforderlich wurde.

Bahnhof Winsen

Ein ganz seltener Empfangsgebäude-Typ wurde für die »Zwischenstation« Winsen, der kleinen Kreisstadt an der Luhe, entworfen. Bei dem auf T-förmigen Grundriß errichteten Bauwerk lag der Haupteingang in dem zur Gleisanlage querstehenden, zweigeschossigen Flügel an der Nordseite des Empfangsgebäudes (Bild 65), also seitlich, wie sonst vorzugsweise bei Bahnhöfen in Insel- oder Keilform. Auch die mit Gurtgesimsen etc. ansprechend gestalteten Quaderputz-Fassaden, ausschließlich mit Rundbogenfenstern und -türen versehen, stellen eine Ausnahme dar. Die Eingangsfront wurde durch eine plastisch vortretende Umrahmung des zweibogigen Portals und ein darüberliegendes dreifach gekuppeltes Fenster gegenüber den Seitenfronten besonders betont.

Die am 1. Mai 1847 eröffnete Zwischensta-

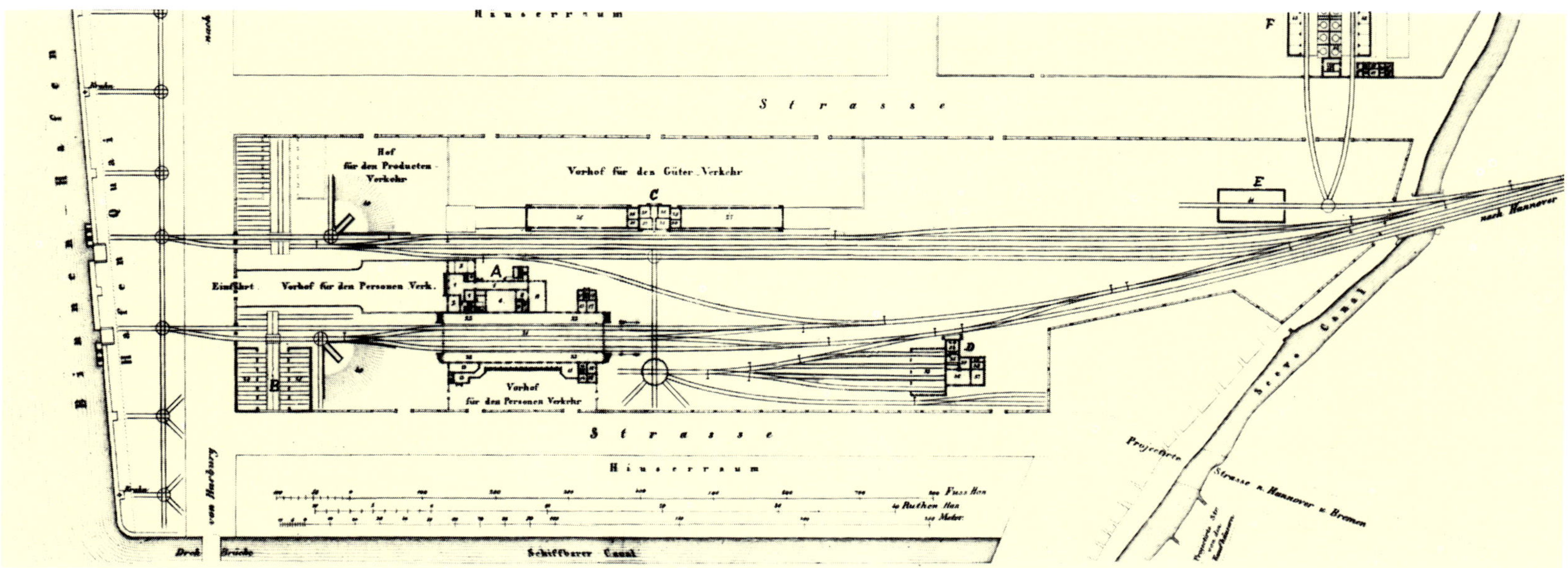

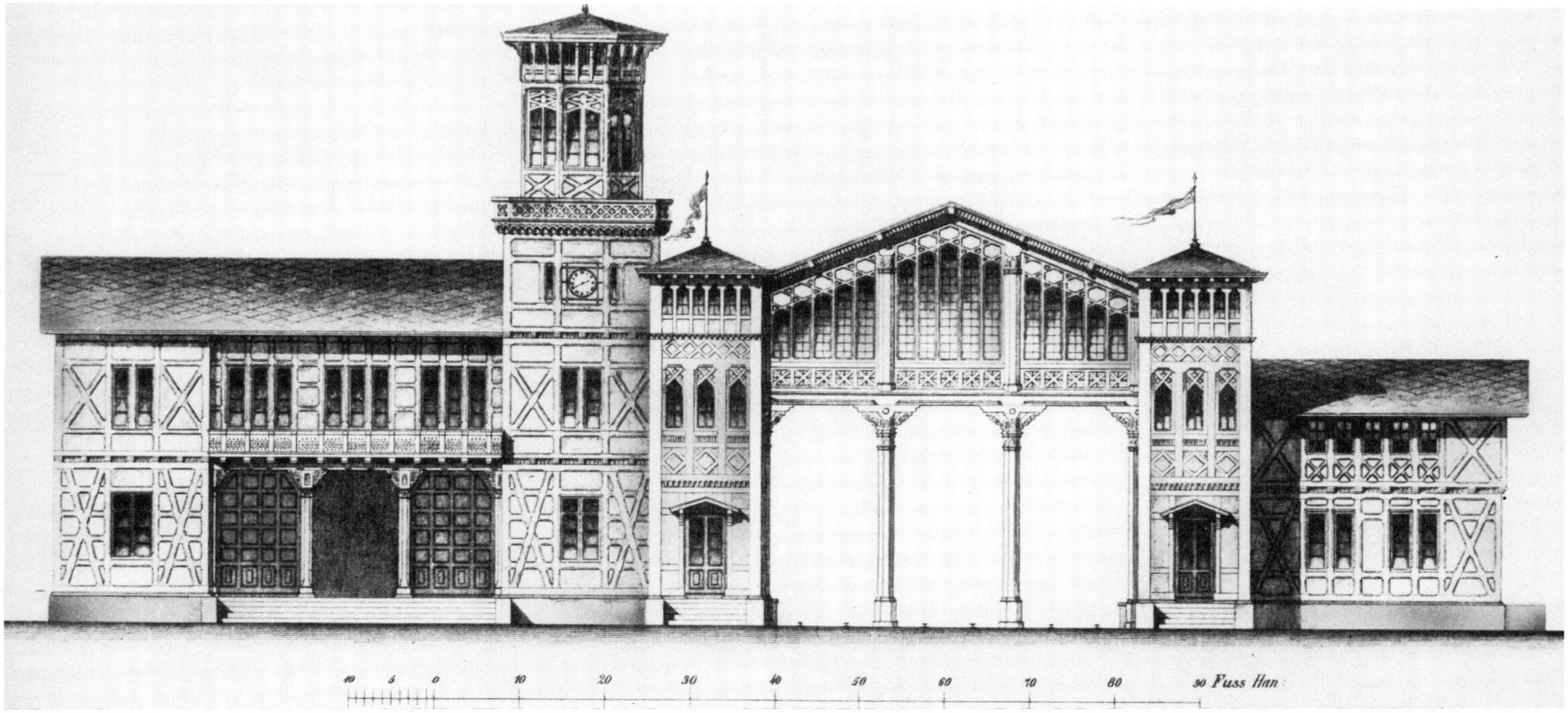

Bild 65 Bahnhof Winsen. Ansichten des Empfangsgebäudes 1851 (Sammlung Verfasser)
Bild 66 Bahnhof Harburg. Lageplan mit Grundrissen der Gebäude 1851; A Empfangsgebäude; B Wagenschuppen; C Güterschuppen; D Maschinenhaus; E Coaks-Schuppen; F Coaks-Brennerei (Sammlung Verfasser)
Bild 67 Bahnhof Harburg. Ansicht der Nordseite des Empfangsgebäudes mit Halleneinfahrt, die später mit Toren verschließbar war 1851 (Sammlung Verfasser)
Bild 68 Bahnhof Harburg. Schnitt der »Perronhalle« 1851 (Sammlung Verfasser)

tion Winsen umfaßte im Jahre 1851 7 Weichen, 1 kleine Drehscheibe, 1 Empfangsgebäude, 1 Nebengebäude, 1 Güterschuppen, 1 Wagenschuppen, 1 Wasserstation, 1 Rampe und 1 elektrische Telegraphenstation.

Bahnhof Harburg

Baulich und eisenbahntechnisch war der erste Bahnhof Harburgs, »Hauptstation« und Endpunkt der Linie von Lehrte, einer der interessantesten der hannöverschen Staatsbahn (Bild 66). Bis zur Fertigstellung der am 1. Dezember 1872 eröffneten großen Brücken über die Süder- und Norderelbe sowie Weiterführung der Strecke bis zum Venloer (oder Hannoverschen) Bahnhof in Hamburg (Seite 214) war Harburg »der einzige eigentliche Endbahnhof auf den hannover'schen Bahnen ohne Absicht einer Verlängerung der Bahn in gerader Linie«. Das ehemalige Königreich Hannover hatte in der Tat keineswegs Interesse an der Fortführung seiner Linie Hildesheim–Harburg bis Hamburg, sondern versuchte Harburg als eigenen Hauptumschlag- und Hafenplatz zwischen Hochseeschiffahrt und Eisenbahn auszubauen. Es nahm dabei in Kauf, daß der Personenverkehr mit den über Hamburg führenden Strekken durch Dampfschiffe oder -Fähren vermittelt werden mußte.

Gleichzeitig mit dem Bau des Bahnhofes entstanden an der für Seeschiffe fahrbaren Süderelbe, dem südlichen Arm der Elbe, die mit der Bahnhofsanlage in Verbindung stehenden Hafen- und Kaieinrichtungen, so daß (1851) »See-

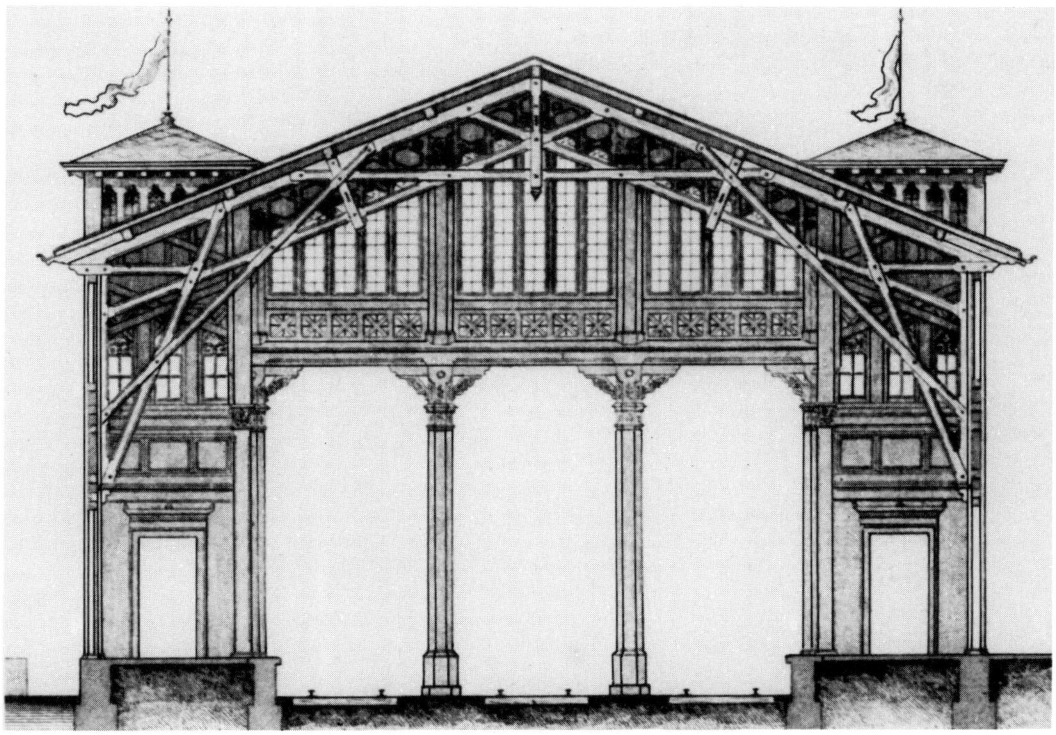

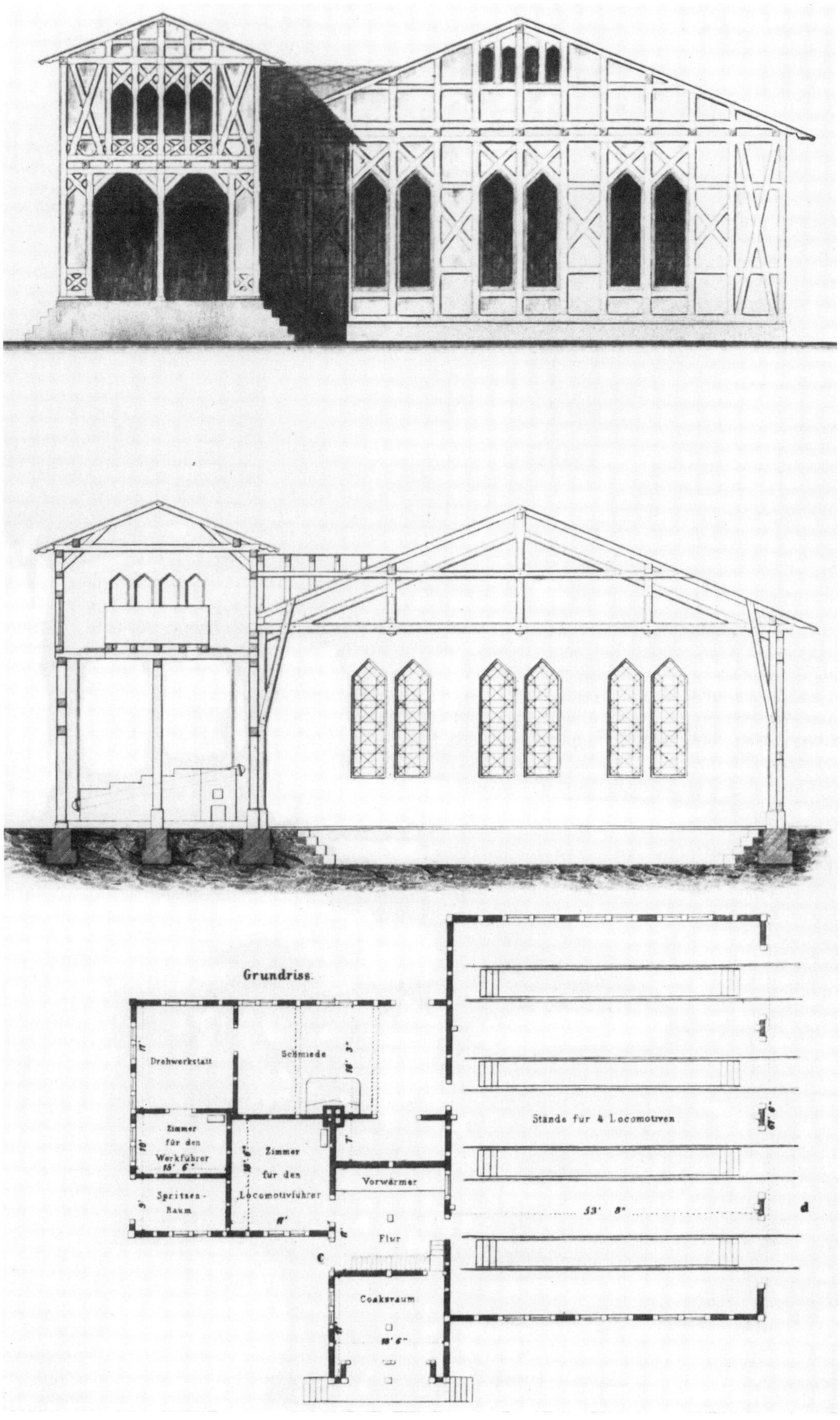

Bild 69 Bahnhof Harburg. Ansicht, Schnitt und Grundriß des Maschinenhauses mit Werkstätten und Wasserstation 1851 (Sammlung Verfasser)

schiffe bis zu 13 Fuß Tiefgang ... unmittelbar bis an die Quaimauer des Bahnhofes fahren« konnten. Doch die »größere Zahl der Reisenden werden der Bahn von Hamburg zugeführt, von wo ab täglich 9 bis 10 Mal eine Dampfschiffverbindung mit Harburg besteht«, da »der unmittelbare direkte Seeverkehr erst in der Entwicklung begriffen ist«. Auch die »meisten Güter werden daher noch in Hamburg gelöscht und kommen von dort in kleinen Schiffen nach Hamburg«, was natürlich zusätzlichen unökonomischen Umschlag erforderte.

Die ursprüngliche Bahnhofsanlage war für damalige Verhältnisse großzügig geplant, wenngleich nicht ohne Fehler; aber wieviel, oder richtiger, wie wenig Erfahrung besaßen die Projektanten um 1845 schon auf diesem Gebiet! – Vor allem wurde bereits eine strikte Trennung des Personen- und Güterverkehrs vorgesehen, die sich auch in den Gleisanlagen widerspiegelte (Bild 66). Sowohl aus dem Personen- als auch dem Güterbahnhof wurden jeweils zwei Gleise zu Drehscheiben auf einem parallel zum Kai liegenden Gleis geführt, von dem wiederum Stumpfgleise über insgesamt 7 Drehscheiben rechtwinklig zum Kai abzweigen. Selbstverständlich war eine derartige Gleisanlage im Betrieb sehr umständlich und mit großem Arbeitsaufwand verbunden. Aber seinerzeit wußte man sich bei der Süd-Nord-Lage des Bahnhofs wohl nicht anders zu helfen und hielt das gewählte System womöglich sogar für progressiv. Immerhin wird aber 1851 schon das Fehlen von Kai-Schuppen beklagt: »Der Güterschoppen wäre zweckmäßiger zum Theil unmittelbar an den Quai gebaut, um ein Entlöschen der Schiffe unmittelbar in den Schoppen möglich zu machen, und dadurch die Güter vor Regen zu schützen, so wie Arbeitskräfte zu ersparen. Diesem Übelstande wird bei weiterer Entwickelung des Verkehrs unzweifelhaft durch die Erbauung eines Güterschoppens am Quai abgeholfen werden müssen.« Die Nennung der Arbeitskräfte an zweiter Stelle läßt überdies erkennen, daß die Betriebs- und Arbeitswissenschaften damals bei der Planung noch eine untergeordnete Bedeutung hatten.

Auf dem wenig tragfähigen Marsch- und Uferboden mußten alle Hochbauten des Bahnhofes so leicht als möglich ausgeführt werden, so daß man dafür Holzfachwerk-Umfassungen wählte. Daß diese verhältnismäßig großen Bauten und die Personenhalle in den eklektizistischen Formen einer romantischen Zeit erstanden, die eben von der ersten industriellen Revolution erfaßt wurde, nimmt nicht Wunder (Bilder 67–71).

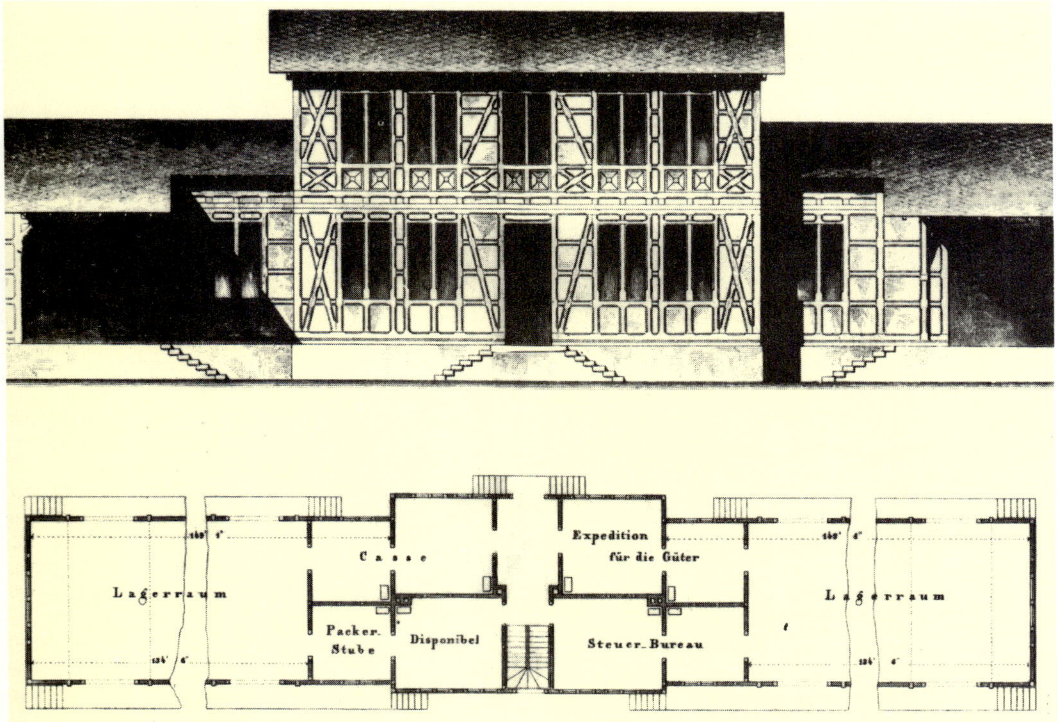

Bild 70 Bahnhof Harburg. Ansicht, Schnitt und Grundriß des Güterschuppens 1851 (Sammlung Verfasser)

Bild 71 Bahnhof Harburg. Schnitt und Grundriß des Wagenschuppens, älteres Projekt. 1851 (Sammlung Verfasser)

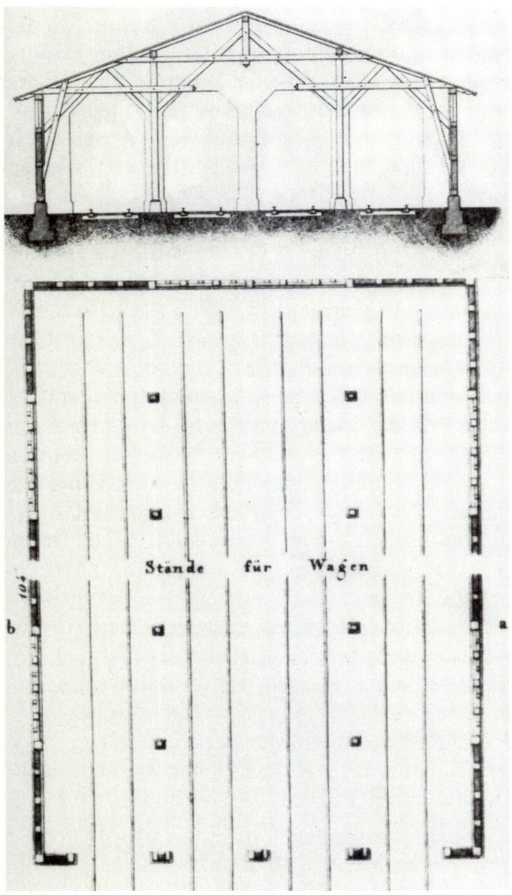

Das Empfangsgebäude entspricht im Prinzip den meisten Kopfbahnhöfen der Anfangszeit. »In der Personenhalle befinden sich zwei Perrons, der östliche für die abgehenden, der westliche für die ankommenden Züge (Das mit Englands Krone verbundene Hannover übernahm von dort den Linksverkehr!). – An der westlichen Seite für die ankommenden Züge liegt nur die Gepäckausgabe und ein Wartezimmer für angekommene Reisende; an dem östlichen Perron für die abgehenden Züge dagegen liegen die Wartesäle, der Billetverkauf und die Gepäckexpedizion mit dem Steuerbureau. –

Die Vorfahrt vor das Hauptgebäude geschieht von der Nordseite (Bild 66) und findet man auf dem Vestibule zuerst rechts das Billetbureau und links die Gepäckexpedizion. – Die letztere ist von der Halle abgewandt unter der Voraussetzung angelegt, daß der Eisenbahn-Gepäckwagen zum Theil schon am Quai beim Landungsplatz der Dampfschiffe geladen, dann vor der Gepäck-Ausgabe vollständig beladen und mit der Maschine durch eine zu diesem Zwecke angelegte Ausweichung vor den Zug geholt werden sollte. ...

Das Wartezimmer auf der Seite der ankommenden Züge wird als solches nicht benutzt, da die ankommenden Reisenden durchgängig sogleich in die Stadt oder zu den Dampfschiffen eilen. –

Die Personenhalle ist etwas zu kurz (ca. 65 m lang) und kommen bei ankommenden Güterzügen (gemischten Zügen) die Personenwagen nicht immer an den Perron, ... und reichlich hoch, so daß der an der Seeküste herrschende heftige Wind den Regen und Schnee oft fast durch die ganze Länge der Halle trieb. Aus diesem Grunde ist die Halle nachträglich an beiden Enden mit Thoren versehen«, gewiß eine Kuriosität bei Bahnhofshallen!

Bahnhof Wunstorf

Am Abzweig der Hannover-Bremer Eisenbahn entstand bei Wunstorf eine »Trennungsstation« (Bild 72) ähnlich der 1843 in Lehrte eröffneten Anlage. Die dort gesammelten Erfahrungen wurden bei der Projektierung der Wunstorfer Bahnhofsanlage berücksichtigt, die nicht nur architektonisch außergewöhnlich schön, sondern auch betrieblich verbessert war. (Bild 73–78) »Der seit $3\frac{1}{2}$ Jahren auf dem Bahnhofe Wunstorf nach verschiedenen Fahrplänen vermittelte Betrieb hat die Zweckmäßigkeit der Anlage (1851) bestätigt.« Weiter wird in diesem Jahre über den am 15. Oktober 1847 in Betrieb genommenen Bahnhof berichtet: »Der Bahnhofsvorstand in Wunstorf hat nur den einen Wunsch ... ausgesprochen, daß auf der Südseite des Perrons ein drittes Parallelgleis zum Ordnen und Aufstellen von Güterzügen angelegt werden möchte, was dadurch hervorgerufen ist, daß nach den neueren Fahrplänen der Güterzug von Hannover usw. nach Bremen auf dem Bahnhofe Wunstorf regelmäßig eine Nacht und einen Theil des Tages still liegen mußte, wodurch der Raum des Bahnhofes während dieser Zeit sehr beschränkt wurde. – Bei einem Fahrplane, wo diese Güterzüge nach Bremen von Wunstorf alsbald weiter gehen, wird dies dritte Gleis noch zu entbehren sein«.

Ebenso wie in Lehrte waren Größe und Einrichtung des Wunstorfer Empfangsgebäudes nicht von der Bevölkerungszahl des Einzugsgebietes, sondern von der Frequenz der hier umsteigenden Reisenden zu bestimmen. Es wurde gleichfalls »mit Benutzung der Erfahrungen bei dem Hauptgebäude des Bahnhofes Lehrte erbaut. Die Wartesäle und Expedizionsräume sind geräumig und der Perron an beiden Langseiten des Gebäudes ist mit einem auf eisernen Säulen ruhenden Zinkdache überdacht. – Die Wartesäle sind in ihrem mittleren Hauptheile höher als in den Seitenabtheilungen, erhalten dadurch Licht von oben und ist damit der verdunkelnde Einfluß der Perronbedachung aufgehoben. ... Die unmittelbar aus den Wartesälen zu beiden Seiten auf den Perron führenden Thüren sind allerdings bequem für die Passage, veranlassen aber in den Sälen einen unangenehmen Zugwind und werden daher in der Regel

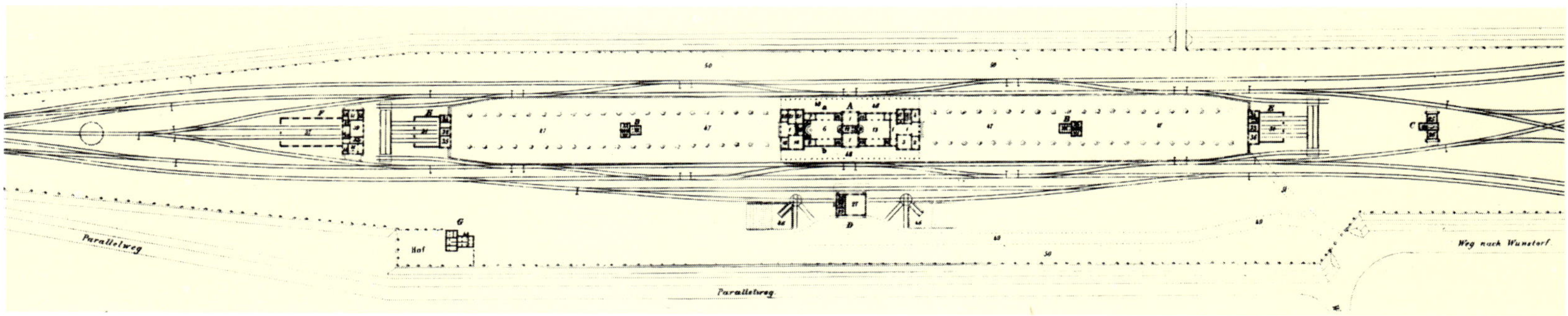

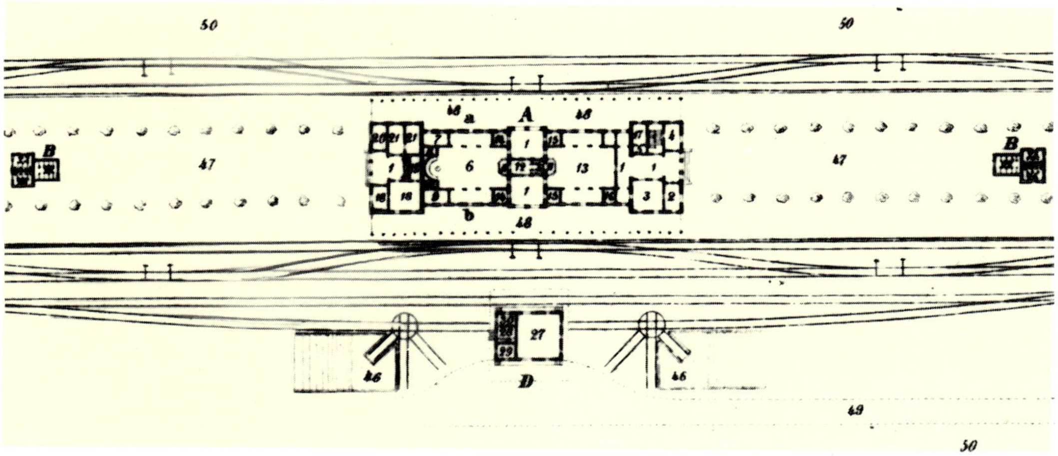

Bild 72 Bahnhof Wunstorf. Gesamtlageplan 1851 (Sammlung Verfasser)
Bild 73 Bahnhof Wunstorf. Grundriß des Empfangsgebäudes 1851; 1 Vorplatz; 2 Billet-Verkauf; 3 Gepäck-Expedition; 4 Steuer-Bureau; 5 Portier; 6 Wartesaal I^{ter} u. II^{ter} Cl.; 7 Damenzimmer; 8 Cabinet für Damen; 9 Zimmer der Direction; 10 Cabinet dazu; 11 Büffet; 12 Küche des Restaurateurs; 13 Wartesaal III^{ter} Cl.; 14 Utensilienraum; 15 Schaffner-Zimmer; 16 Kofferträger-Zimmer; 17 Wohnung für einen unverh. Beamten; 18 Post-Bureau; 19 Casse dazu; 20 Bureau des Bahnhofs-Verwalters; 21 Bureau und Wohnung des Maschinen-Verw.; – D Güterschuppen; 27 Lagerraum; 28 Vorplatz; 29 Utensilienraum; 30 Arbeiterstube; – 46 Rampen; 47 Offener Perron; 48 Bedeckter Perron; 49 Gepflasterter Weg; 50 Garten-Anlagen (Sammlung Verfasser)

geschlossen gehalten, so daß die Passage durch die mittlern Vorhallen gehen muß«.

Neben Bückeburg und Hildesheim besaß nur das Empfangsgebäude in Wunstorf von Anfang an in die Gesamtarchitektur einbezogene, mitprojektierte Bahnsteigdächer (Bild 74, 75), die sonst oft erst nach Jahren hinterher mehr oder weniger geschickt angefügt wurden. Auf der »Längen-Ansicht« (Bild 74) ist das »Perrondach« zur besseren Veranschaulichung der Fassadengestaltung nur teilweise (rechts) dargestellt. Dadurch wird die prächtige klassizistische Architektur dieses wohl schönsten Bahnhofsgebäudes aus der Anfangszeit der Eisenbahn im Königreich Hannover besonders klar sichtbar. Das Bauwerk wurde wie die meisten Hochbauten repräsentativer Bestimmung bei der hannöverschen Bahn als massiver Ziegelbau mit Quaderputz, angetragenem Fassadenschmuck sowie wetterbeständigen Fenster- und Türüberdachungen aus Sandstein hergestellt.

Technikgeschichtlich ist die baulich romantisch gestaltete Wasserstation mit windgetriebener Pumpe (Bild 78) bemerkenswert, mit der in Hannover erstmals zwei Jahre lang Versuche zur Hebung des »Wassers durch eine Windmühle« erfolgten. Die Versuchsergebnisse mit der im Dezember 1848 fertiggestellten Anlage waren so günstig, daß 1851 für die östlichen Wasserstationen der Bahnhöfe Lehrte und Peine sowie für den Bahnhof Neustadt ebenfalls windgetriebene Pumpen projektiert wurden.

»Bei Bearbeitung des Entwurfes zu dieser Wasserstazion (Wunstorf) war zu berücksichtigen, daß dieselbe an dem Trennungspunkte zweier Bahnen gelegen voraussichtlich ein erhebliches Wasserquantum (täglich 12–1 500 Kubikfuß) liefern mußte, daß die Cisternen verhältnismäßig geräumiger anzunehmen waren als bei andern Wasserstazionen, um weniger abhängig von den Unterbrechungen des Windes zu sein, und daß die Windmühle zur thunlichsten Vermeidung von Kosten für Wartung und Reparaturen von dauerhaftem Material und so zu konstruiren war, um sich selbst in den Wind zu stellen und ihre Geschwindigkeit nach der Stärke des Windes zu reguliren.

Das Gebäude ist, wie sämmtliche Betriebsgebäude (ohne Empfangsgebäude), in unverputztem Backsteinbau ausgeführt und nur der Aufbau für die Windmühle ist Ständerwerk mit Brettern bekleidet und mit Ölfarbe gestrichen. – Die Pfeiler an den Ecken, die Verzierungen unter dem Dache, so wie der Schornstein sind von dunkelrothen, die Mauerflächen von hellrothen Ziegeln ausgeführt, die Friesverzierung und die Verzierung im Halbkreise der Eingangsthür sind (in Gipsformen gedrückt) von gelblichem Thon gebrannt. Das Dach ist mit englischem Schiefer eingedeckt, der Mühlenkopf, so wie der Gang um den Mühlenaufbau und die schrägen Flächen zum Übergange von dem Viereck des Thurmes in das Achteck desselben sind mit Zink gedeckt.

Im Erdgeschosse hat das Gebäude zwei Räume für Koks, so wie einen Raum für die Pumpe und den Vorwärmer. In diesem Raume ist auch ein Ofen mit fünf Retorten zur Gasbereitung für den Bahnhof nebst dem dazu gehörigen Kalkapparate projektirt, wobei letzterer von der Windmühle in Bewegung gesetzt werden sollte.

Diese Gasanstalt für den Bahnhof Wunstorf ist jedoch bis jetzt (1851) noch nicht zur Ausführung gekommen, da die in einem großen Maßstabe ausgeführten Versuche mit einer Hydrokarbüre-Beleuchtung gegen Ölbeleuchtung ein sehr günstiges Resultat ergeben haben und für geringere Anlagen eine solche Beleuchtung selbst zweckmäßiger erscheinen lassen als Röhrengas.

In der oberen Etage stehen 5 aus Gußeisenplatten zusammengesetzte Cisternen von 10 Fuß Länge, 6 Fuß Breite und 4 Fuß Höhe, deren Oberkante, bis zu welcher das Wasser gehoben werden muß, 36 Fuß über dem mittleren Wasserstande des Brunnens liegt. Der Vorwärmer ist wie in den übrigen Wasserstazionen ein Henschel'scher Kessel (siehe Bahnhof Lüneburg). ...

Die Pumpe ist von der auch bei den ... Wasserstazionen der hannover'schen Bahnen angewandten Konstrukzion. Der Cylinder hat 4 Zoll Durchmesser und der Kolben wird bei 9 Zoll Hub durch den Krummzapfen einer Welle bewegt, welche ein Schwungrad von 5 Fuß Durch-

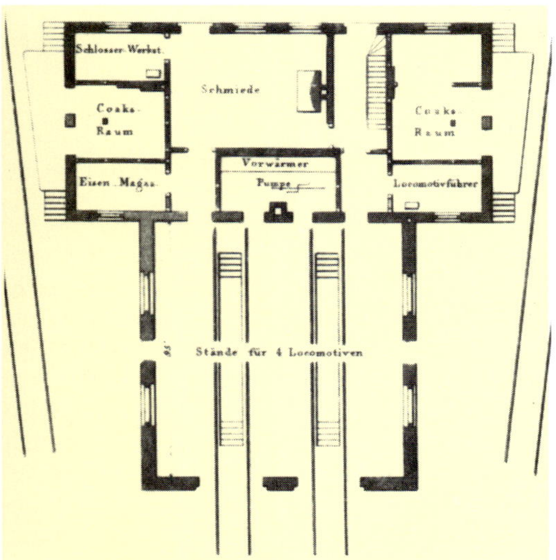

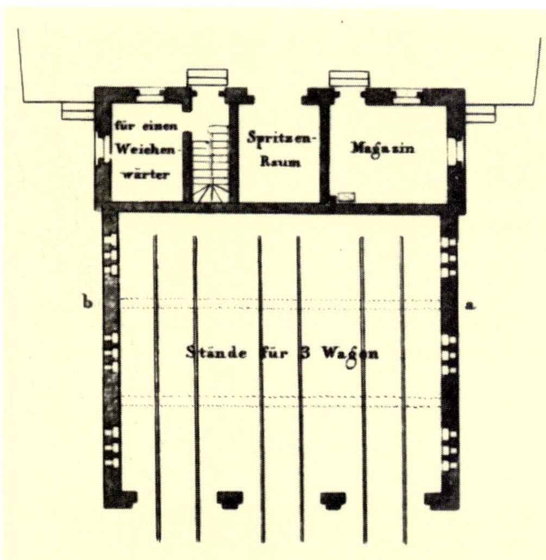

Bild 74 Bahnhof Wunstorf. Längsansicht des Empfangsgebäudes 1851 (Sammlung Verfasser)
Bild 75 Bahnhof Wunstorf. Schnitt des Empfangsgebäudes durch den Wartesaal I. Klasse 1851 (Sammlung Verfasser)
Bild 76 Bahnhof Wunstorf. Grundriß des Maschinenhauses 1851 (Sammlung Verfasser)
Bild 77 Bahnhof Wunstorf. Grundriß des Wagenschuppens 1851 (Sammlung Verfasser)

messer und an beiden Enden Kurveln zum Drehen durch Menschen trägt. – Dieselbe Welle trägt zur Verbindung mit der vertikalen Windmühlenwelle ein Kegelrad von 18 Zoll Durchmesser, welches in ein kleines Kegelrad der Windmühlenwelle von $11\frac{3}{4}$ Zoll Durchmesser eingreift und ausgerückt werden kann, wenn die

Mühle still steht und die Pumpe durch Menschenkraft bewegt werden muß.

Über der Pumpe ist aus Ständerwerk der Aufbau für die Windmühle angeordnet, deren Kopf nach Art der holländischen Mühlen mit der Flügelwelle und dem Räderwerke auf eisernen Rollen a drehbar ist und durch den etwa 80 Fuß großen Schweif von Eisenblech in den Wind gestellt wird. – Die Flügel sind ebenfalls von Eisenblech konstruirt und so eingerichtet, daß dieselben bei stärker werdendem Winde um die Flügelruthen d sich drehen und dadurch dem Winde geringere Flächen darbieten, bei einer gewissen Stärke des Windes sich parallel stellen und daher zum Stillstande kommen, sich dagegen wieder mehr vor den Wind drehen, wenn derselbe schwächer wird.

Diese Einrichtung (Bild 78) ist dadurch erreicht, daß die Flügelwelle aus zwei in sich verschiebbaren Cylindern besteht, von denen die äußere hohle Welle in festen Achslagern ff sich dreht und das Kegel- und Bremsrad g trägt, während die innere massive Welle der Länge nach in jener verschieblich ist, sich jedoch in derselben nicht drehen kann und vorn die Flügelruthen trägt. Das hintere Ende dieser inneren Welle stützt sich gegen eine Hebelvorrichtung, welche diesselbe mittelst eines Gewichtes h nach vorn aus der äußeren Welle hinausdrückt.

Die vier Flügel selbst sind auf den Flügelruthen drehbar und erhalten ihre Stellung gegen den Wind durch vier Bügel ii angewiesen, welche an der äußeren Welle bei e festsitzen und in einem Schlitze der Flügel bei k verschieblich sind.

Wenn nun der Druck des Windes auf die Flügelflächen so groß ist, daß die Reibung der inneren Welle in der äußeren und das Gewicht h an dem hinteren Hebel überwunden wird, so gleitet die innere, die Flügelruthen tragende Welle in der äußeren Welle zurück, und werden die Flügel selbst durch die an der äußeren Welle befestigten vier Bügel i aus dem Winde gedreht. Um dieses Drehen der Flügel um die Ruthen zu erleichtern, sind die Theile der Flügel zu beiden Seiten der Ruthen ungleich breit, und zwar auf der einen Seite 19 Zoll, auf der andern Seite 15 Zoll. – Läßt die Stärke des Windes nach, so wird die innere Welle durch das Gewicht an dem hinteren Hebel wieder vorwärts gedrängt und erhalten die Flügel dadurch eine dem Winde mehr Fläche bietende Stellung. ...«

In den Versuchsjahren 1849 und 1850 wurden mit dieser Anlage 28 815 m³ Wasser mit Windkraft, 3 766 m³ wegen der an insgesamt 38 Tagen herrschenden Windstille und versuchsbedingten Reparaturen durch Menschenkraft gefördert. Und damit konnten zwei Arbeitskräfte = 480 Rthlr. (= 1 440 Mk.) eingespart werden.

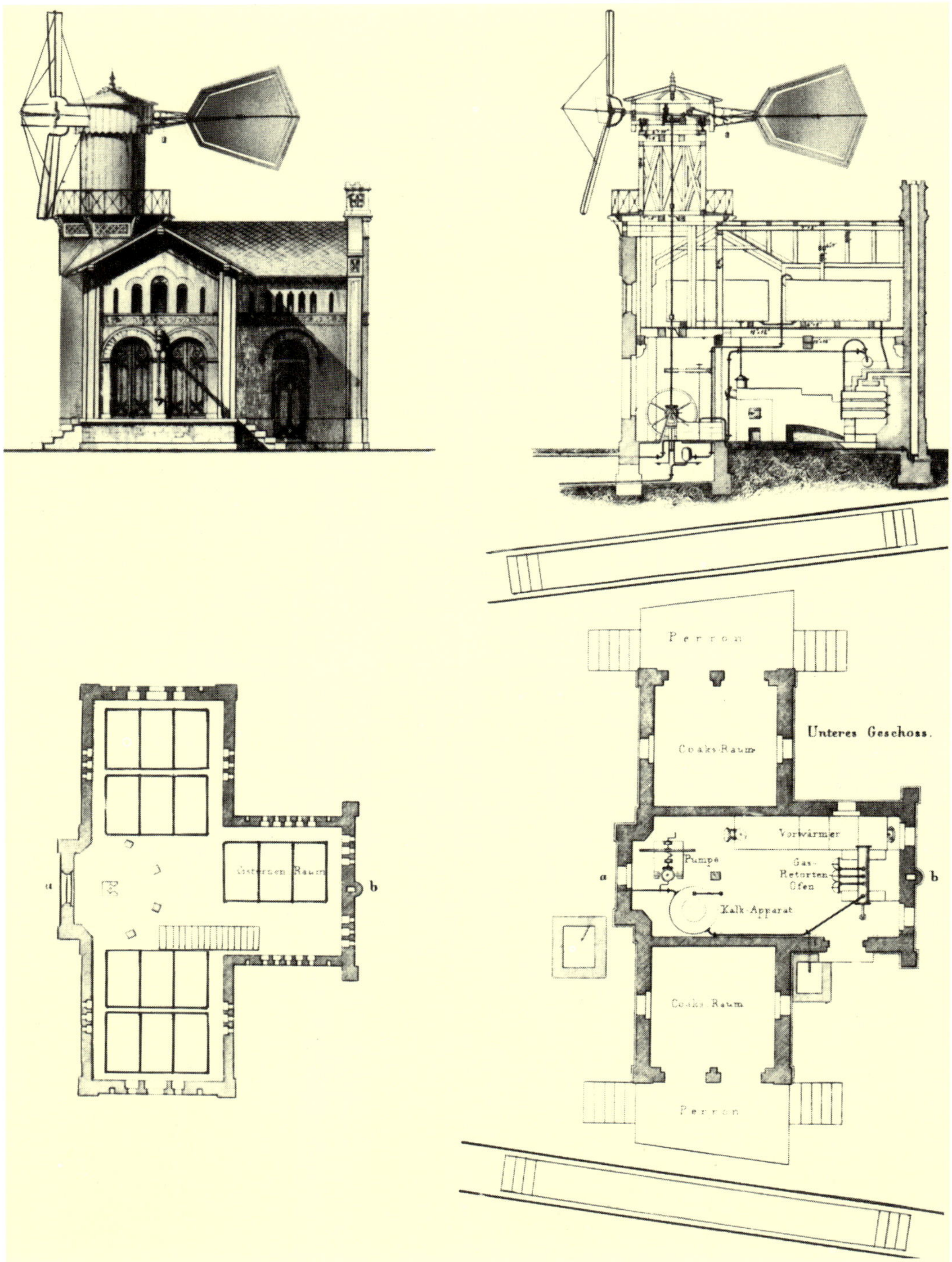

Bahnhof Lindhorst

Erste Station auf Schaumburg-Lippe'schem Gebiet westwärts an der Strecke von Hannover nach Minden war die am 15. Oktober 1847 eröffnete kleine »Anhaltestelle« für Personen- und Güterverkehr bei Lindhorst (Bild 79). Zur Gleisanlage, die nach heutiger Definition mit ihren 6 »Abweichungen« schon damals einem Bahnhof entsprach, wurde 1851 bemerkt: »Der Verkehr mit Produkten von Lindhorst aus (Holz und Korn) findet fast allein in der Richtung nach Osten hin statt. – Die Weiche zu dem westlichen Nebengleise (an der Rampe) liegt demnach in verkehrter Richtung und erfordert daher das Schieben der Wagen an den Zug regelmäßig mehr Zeit und Arbeitskräfte, als dieses der Fall sein würde, wenn die Weiche eine umgekehrte Lage hätte. – Die Verbindungswei-

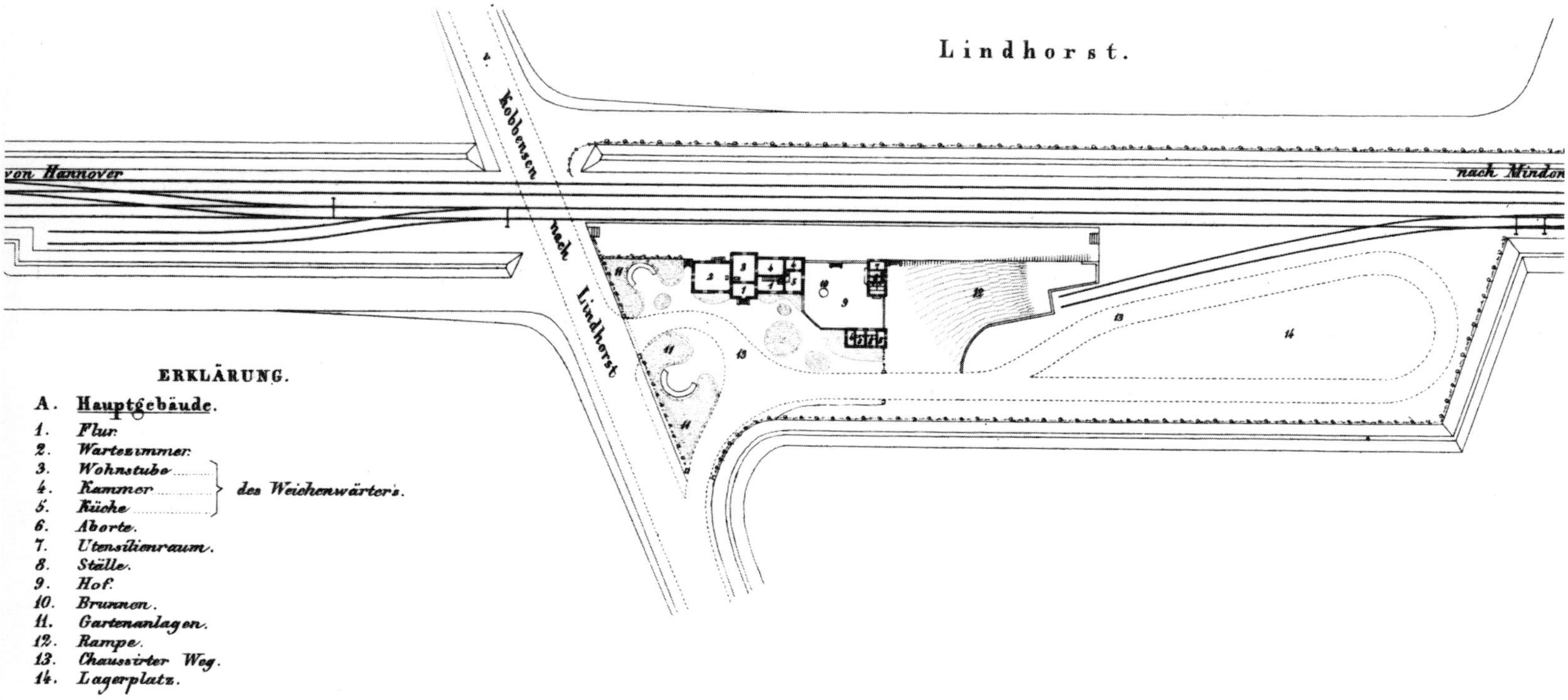

chen zwischen den Hauptgleisen liegen richtig«. Unerfahrene Planer versäumten also, die Tendenzen des Güterverkehrs zu untersuchen. Doch, blieben diese unveränderlich so?

Das Empfangsgebäude der Anhaltestelle (Bild 80) enthielt außer der Wohnung des Weichenwärters, dem auch die »einfache Expedition« der Station oblag, nur ein »Wartezimmer zum Aufenthalt der die Züge erwartenden Reisenden«. Im turmartigen Aufbau über der Wohnstube (3) konnten im Bedarfsfall »Cisternen« für eine eventuell erforderliche Wasserstation untergebracht werden. In kleinen Nebengebäuden am mauerumschlossenen Hof befanden sich Freiaborte, Ställe des Stationsbeamten und am »Perron« ein »Utensilienraum« für Lampen, Signale und anderes Betriebsmaterial.

Besonders berücksichtigt wurde beim Entwurf des Bahnhofsgrundrisses offensichtlich der Verkehrsablauf zwischen Straße und Station, der sonst selbst bei größeren Objekten oft nicht so flüssig gestaltet war als hier. »Die Anfuhr des Landfuhrwerkes an das westliche Nebengleis (mit Wendeschleife) ist bequem, auch die Anlage des chaussirten Weges vor dem Gebäude zum Wenden des Reisefuhrwerkes zweckentsprechend«. Und ganz reizend hat der Projektant zum angenehmen Aufenthalt im Grünen halbkreisförmige Bänke in Nischen der Gartenanlagen gestellt (Bild 79). Selbstverständlich lag die Station nach den Richtlinien der hannöverschen Staatsbahn auf der dem Ort zugewandten Seite der Strecke.

Bild 78 Bahnhof Wunstorf. Ansicht, Schnitt und Grundrisse der Wasserstation mit Windantrieb der Pumpe 1851 (Sammlung Verfasser)

Bild 79 Bahnhof Lindhorst. Lageplan mit Grundrissen der Gebäude 1851. Über der Wohnstube des Weichenwärters (3) befand sich die Wasserstation (Sammlung Verfasser)

Bild 80 Bahnhof Lindhorst. Ansichten des Empfangsgebäudes vom Vorplatz und von der Straße Kobbensen – Lindhorst (Sammlung Verfasser)

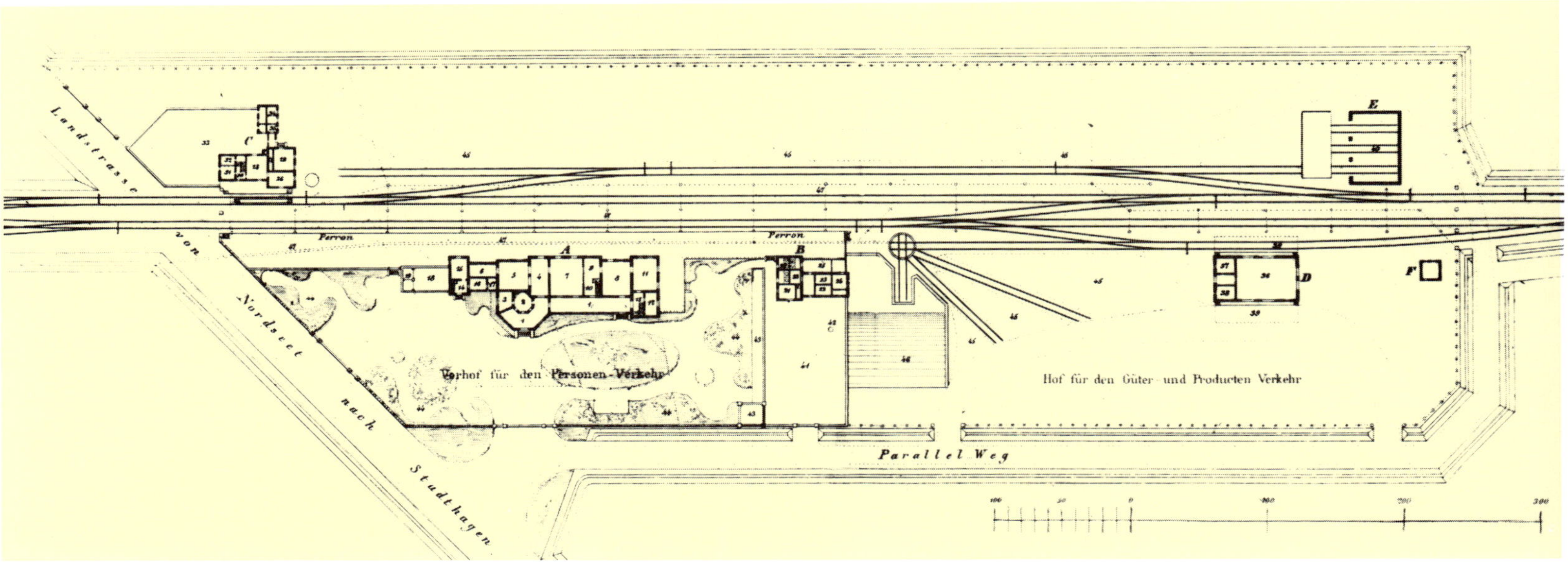

Bahnhof Stadthagen

Stadthagen, die kleine Stadt im damaligen Fürstentum Schaumburg-Lippe mit alter Residenz der Grafen von Schaumburg, ehrwürdigem Rathaus und vielen schönen Fachwerkbauten, nahm nach Eröffnung der Hannover-Mindener Bahn sichtlichen gewerblich-industriellen Aufschwung, verbunden mit erheblicher Ausdehnung der städtischen Bebauung über die Grenzen ihrer teilweise noch erhaltenen mittelalterlichen Befestigungen vor allem in Richtung und Umgebung des weit außerhalb der Stadt angelegten Bahnhofes, der zur Zeit seiner Einweihung im Herbst 1847 noch »auf der grünen Wiese« lag.

Der Lageplan der »Zwischenstation« (Bild 81) wurde verhältnismäßig großzügig entworfen, Personen- und Güterverkehr strikt getrennt, obwohl die gesamte Abfertigung auf der Stadtseite südlich der Gleise erfolgte. Zu- und Abfahrt des Straßenverkehrs waren günstig gelöst, so daß Kutschen und Lastfuhrwerke unbehindert zügig vorfahren konnten. Die am Ende des Bahnsteigs angeordnete kleine Drehscheibe bediente 3 Stumpfgleise zur Kopf- und Seitenrampe sowie zum »chaussirten Platz zum Laden von Producten«, der einschließlich Güterschuppen (Bild 82) den Umschlag recht praktikabel gestaltete. Zusätzlich bestanden für den Güterverkehr an der nördlichen Gleisseite noch Ausweich- und Erweiterungsmöglichkeiten, die jedoch durch den gleich anfangs auf ungünstigem Standort errichteten Wagenschuppen und die Wasserstation eingeschränkt wurden; vor allem die »Wasserstazion würde besser auf der Stadtseite der Hauptgleise gestanden haben, weil links gefahren wird, indem dann die Einfahrt zu dem nördlichen Produktenladeplatze bequemer geworden und eine Vermehrung der Gleise auf der Nordseite bei eintretendem Bedarf leichter herzurichten gewesen sein würde«. Diese Kritik galt natürlich nur für die Zeit des Linksverkehrs im Königreich Hannover. Der Wagenschuppen für 3 Wagen (!) mit versenktem Gleis (Schiebebühne) war schon in den ersten Jahren überflüssig und wurde als »Magazin« benutzt. – Trotz allem sollte man den Erbauern dieser Bahnhofsanlage aus den Anfangsjahren der Eisenbahn, die nach zeitgenössischem Urteil kaum einen Wunsch offenließ, für ihre komplexe Leistung großen Respekt zollen.

Das Empfangsgebäude (Bild 83) war eigentlich architektonisch atypisch unter den anfangs für die hannöverschen Bahnen errichteten Bahnhofsbauten. Mit seiner unsymmetrischen, »romantischen« Gruppierung der Baukörper, zinnenbekröntem Turm, Rundbogenfriesen usw. glich es mehr einem Pseudo-Schloß oder einem »Vergnügungs-Etablissement« dieser

Bild 81 Bahnhof Stadthagen. Lageplan mit Grundrissen der Gebäude 1851. A Hauptgebäude; 1 Vorplatz; 2 Billetverkauf; 3 Einnehmer-Bureau; 4 Durchgang; 5 Gepäck-Expedition; 6 Steuer-Bureau; 7 Wartesaal III^{ter} Cl.; 8 Wartesaal I^{ter} u. II^{ter} Cl.; 9 Buffet; 10 Flur; 11 Restaurations-Saal; 12 u. 13 Küche u. Flur des Restaurateurs; 14 Flur; 15 Wohnstube; 16 Küche; 17 Speisekammer; 18 Hof; 19 Stall (14 bis 19: des Bahnmeisters); B Nebengebäude; 20 Aborte; 21 Spritzenraum; 22 Stallung für den Portier; 23 Stallung für den Einnehmer; 24 Stallung für den Restaurateur; 25 Pissoir; C Wasserstation; 26 Pumpenraum; 27 Vorwärmer; 28 Coaksraum; 29 Arbeiterstube; 30 Flur; 31 Wohnstube; 32 Küche; 33 Hof und Garten; 34 Stallung; 35 Abort; D Güterschoppen; 36 Lagerraum; 37 Arbeiter-Stube; 38 Utensilien-Raum; 39 Bedeckte Unterfahrt; E (40) Wagenschoppen, Stände für 3 Wagen; F Wachtstube des 2ten Weichenwärters; 41 Oekonomie-Hof; 42 Brunnen (41 u. 42 zu den Dienst-Wohnungen); 43 Kegelbahn; 44 Garten-Anlagen; 45 Chaussirte Plätze, zum Laden von Producten; 46 Rampe; 47 Entwässerungs-Canal (Sammlung Verfasser)

Bild 82 Bahnhof Stadthagen. Ansicht des Güterschuppens 1851 (Sammlung Verfasser)

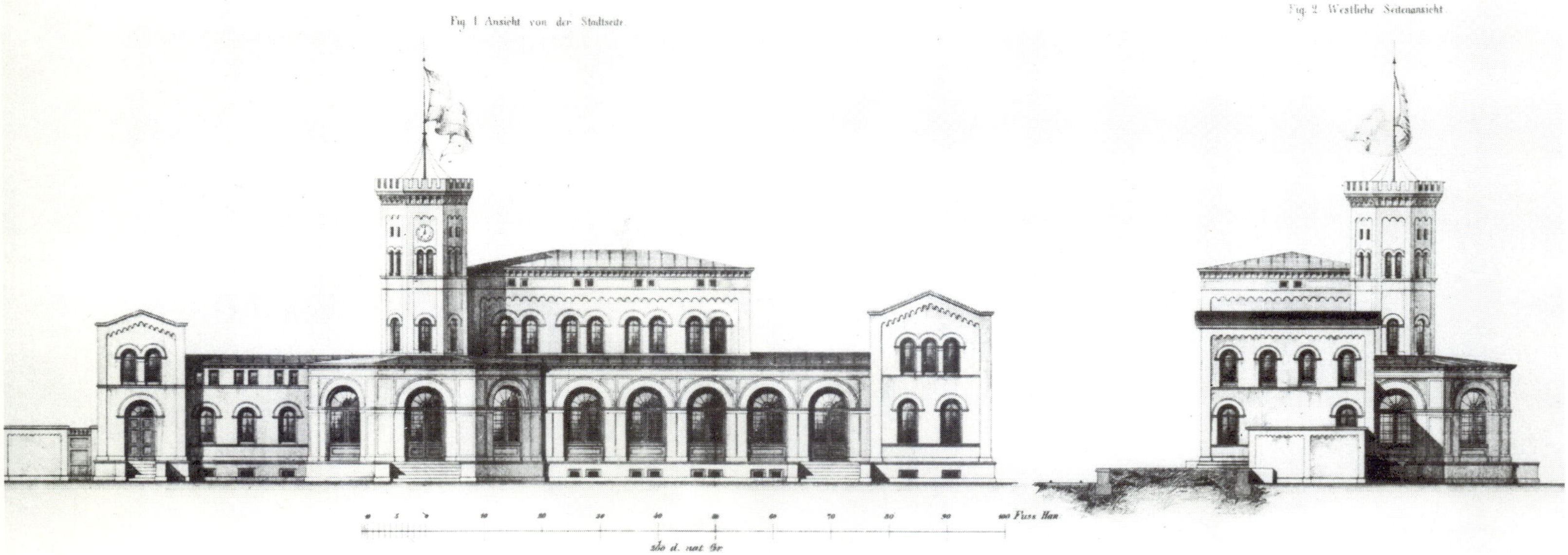

Bild 83 Bahnhof Stadthagen. Ansichten des Empfangsgebäudes von der Stadtseite und von Westen 1851 (Sammlung Verfasser)

Bild 84 Bahnhof Bückeburg. Lageplan mit Grundrissen der Gebäude 1851. A Hauptgebäude; 1 Vorplatz; 2 Billet-Verkauf; 3 Gepäck-Expedition; 4 Steuer-Bureau; 5 Post; 6 Portier; 7 Wartesaal I^{ter} u. II^{ter} Cl.; 8 Damen-Zimmer; 9 Buffet; 10 Küche des Restaurateurs; 11 Wartesaal III^{ter} Cl.; 12 Restaurations-Saal; 13 Vestibule; 14, 15 Zimmer für die fürstliche Familie; 16 Uhrthurm; 17 Bedeckter Perron; 18 Pergola; 19 Sitzplatz; 20 Aborte; 21 Spritzenraum; 22 Stallung für den Bahnhofs-Verw.; 23 Stallung für den Bahnmeister; 24 Stallung für den Portier; 25 Pissoir; C Wasserstation (siehe Bild 87); D Güterschoppen (Bild 88), 35 Lagerraum; 36 Arbeiter-Stube; 37 Utensilien-Raum; 38 Bedeckte Unterfahrt; E Wagenschoppen, St. f. 3 Wagen; F Wachtstube des 2ten Wärters; – 39 Oekonomie-Hof zu den Dienst-Wohnungen; 40 Brunnen; 41 Kegelbahn; 42 Garten-Anlagen; 43 Rampen; 44 Chaussirte oder gepflasterte Wege und Plätze; 45 Entwässerungs-Canäle; 46 Rasen-Plätze (Sammlung Verfasser)

Zeit als einem Bahnhofsbau. Und tatsächlich beabsichtigte man, »den Bahnhof neben dem eigentlichen Zwecke desselben als solchen zu einem Vergnügungsorte für die mit solchen Anlagen nicht versehene Umgegend einzurichten, und es sind diesem Zwecke gemäß die Räumlichkeiten etwas größer angelegt, als dieses sonst erforderlich gewesen sein würde. Auf diesen Zweck bezieht sich auch die Herrichtung einer Kegelbahn, der Gartenanlagen und der Plattform auf dem flachen mit Zink eingedeckten Dache des niedrigen Anbaues und des Thurmes«, der zur Aussicht vom Saal im zweistöckigen Mittelbau her besteigbar war. Welch erregende Perspektiven boten sich von hier aus den Eisenbahnfreunden auf den Zugverkehr am Anfang der Dampflokzeit!

Bahnhof Bückeburg

Am Schnittpunkt der von Bückeburg und Jetenburg herführenden Straßen fand die »Zwischenstation« Bückeburg ihren Standort. Sie wurde in Grundriß und Gleisführung als annähernd sym-

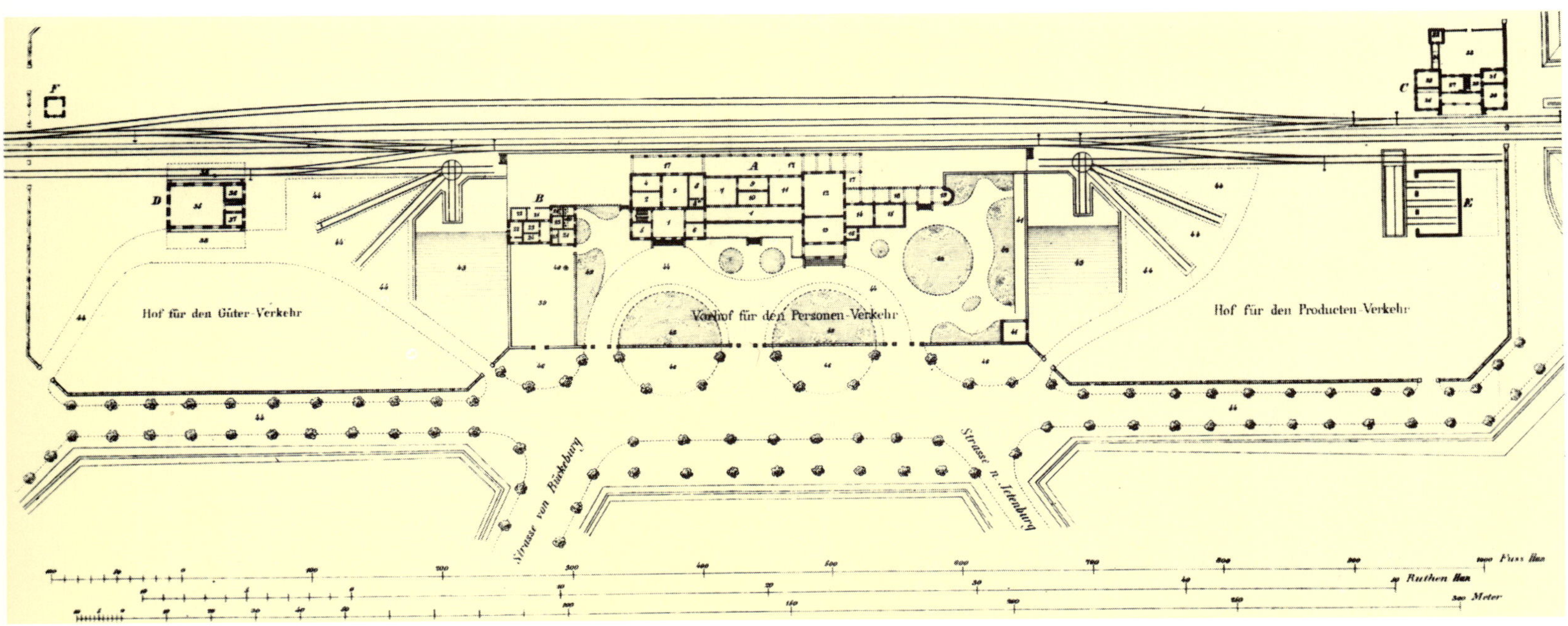

metrische, eingefriedete »Bahn-Hofs-Anlage« mit verhältnismäßig geräumigem Vorplatz, von dem Zufahrten zum Empfangsgebäude und zu den beiderseits des »Vorhofes für den Personenverkehr« gelegenen Höfen für den Güter- und »Productenverkehr« führten, entworfen (Bild 84, 88).

Nicht nur im Grundriß, vor allem architektonisch unterschied sich die Bückeburger Bahnhofsanlage wesentlich von der Stadthagener. Obwohl ebenfalls asymmetrisch aus verschiedenen Baukörpern bestehend, war das Empfangsgebäude des Bahnhofes Bückeburg (Bild 85, 86) jedoch eine ganz und gar klassizistische Schöpfung mit völlig anderem Charakter, würdevoll und repräsentativ. Es hatte (1851) den »gleichen Nebenzweck wie das Hauptgebäude zu Stadthagen. Auch hier sind daher ein Restaurazionssaal (41), Gartenanlagen mit Sitzplätzen und ein Belvedere auf dem Uhrthurme angelegt. – Außer den gewöhnlichen Räumen für den Verkehr auf der Eisenbahn enthält das Hauptgebäude zwei Zimmer (14 und 15) für die fürstliche Familie, zu welchen ein eigenes geräumiges Vestibule (13) führt, und für welche eine eigene offene Halle zur Vorfahrt der fürstlichen Equipagen erbaut ist. Von den fürstlichen Zimmern kann man unter einer Bedachung zu dem bedeckten Perron (17) gelangen«.

Im Grundriß der Bahnhofsanlage fallen besonders die drei Höfe und die an beiden Enden des am Empfangsgebäude überdachten Hausbahnsteiges (Bild 84) angeordneten kleinen Drehscheiben mit je 4 Stumpfgleisen, Kopf- und Seitenrampen auf. Der im »Hof für den Productenverkehr« errichtete »Wagenschoppen hätte als solcher entbehrt werden können; derselbe dient jetzt (1851) mit als Magazin für den Bahnhof«. Wegen des in Hannover herrschenden Linksverkehrs wurde die Wasserstation auch in Bückeburg jenseits der Hauptgleise an der östlichen Ausfahrt gebaut (Bild 87). Ihre dreibogige Vorhalle erinnert an die Kumthalle großbäuerlicher Pferdeställe.

Bild 85 Bahnhof Bückeburg. Ansicht des Empfangsgebäudes von der Stadtseite 1851 (Sammlung Verfasser)
Bild 86 Bahnhof Bückeburg. Ansicht des Empfangsgebäudes von Osten mit Schnitt durch den »Perron« 1851 (Sammlung Verfasser)
Bild 87 Bahnhof Bückeburg. Ansichten und Grundriß der Wasserstation 1851 (Sammlung Verfasser)
Bild 88 Bahnhof Bückeburg. Schnitt des Güterschuppens 1851 (Sammlung Verfasser)

Die Hannover–Bremer Eisenbahn

Von den zahlreichen 1847 eröffneten deutschen Eisenbahnen war die Verbindung Hannover – Bremen wirtschaftspolitisch vor allem für den Verkehr Deutschlands mit Übersee bedeutsam. Ihre Ausführung bot topographisch keine besonderen Schwierigkeiten, aber über die Linienführung konnte man sich lange nicht einigen. Nach einem bereits 1836 veranlaßten Nivellement sollte die Bahn nach Verden – als Zwischenstation – möglichst geradlinig und technisch problemlos über Bissendorf und Hudemühlen geführt werden. Sie hätte aber so keinen bedeutenden Ort berührt und entsprechend geringere Betriebsergebnisse gebracht. Daher wurde der Umweg über Neustadt und Nienburg – zugleich im Hinblick auf die Weser-Schiffahrts-Verbindung – vorgeschlagen. Jahrelange Verhandlungen in dieser Angelegenheit zwischen Hannover und Preußen blieben ergebnislos, bis endlich am 14. April 1845 ein Vertrag zwischen Hannover und Bremen zustandekam, wonach die Bahn auf Kosten beider Staaten über Neustadt–Nienburg–Verden gebaut werden sollte. Der Streckenabschnitt Hannover–Neustadt wurde durch den am 4. Dezember 1845 zwischen Hannover, Kurhessen, Preußen und Schaumburg-Lippe über die Hannover-Mindener Eisenbahn abgeschlossenen Staatsvertrag so vorteilhaft festgelegt, daß beide Bahnen bis Wunstorf gemeinsame Gleisanlagen benutzten.

Hannover führte den 1845 begonnenen Bahnbau allein aus, der bei den günstigen Bodenverhältnissen rasch vonstatten ging. Schwierigstes und größtes Ingenieurbauwerk war von den 90 Brücken zwischen Wunstorf und Bremen die aus 29 Öffnungen bestehende Aller-Brücke bei Verden. Größere Bahnhöfe wurden in Wunstorf, Neustadt, Nienburg und Verden, »Haltestellen« bei Seelze, Linsburg, Eystrup, Dörverden, Langwedel, Achim und Sebaldsbrück angelegt. Die Strecke ist ursprünglich eingleisig, nur der stärker frequentierte Abschnitt Hannover – Wunstorf zweigleisig ausgeführt worden.

Vor Eröffnung der Bahn, die zwischen Hannover–Wunstorf am 15. Oktober 1847 und Wunstorf–Bremen am 12. Dezember 1847 erfolgte, gab es noch manche Hindernisse auszuräumen. So mußte eine Vereinbarung »über die Thorsperre in Bremen getroffen werden, an die man bei dem ersten Vertrag gar nicht gedacht hatte. Daß Befreiung der Eisenbahnreisenden von dieser lästigen, mittelalterlichen Abgabe ausbedungen wurde, braucht kaum erst erwähnt zu werden«. Weitere Einzelheiten zur Eröffnung und Bedeutung der Linie schildert anschaulich ein zeitgenössischer Bericht des Jahres 1848: ...»Bereits im September (1847) wurde eine Probefahrt von Hannover nach Nienburg gemacht, am 1. Oct. war die Allerbrücke fertig und am 18. Oct. lieferte die erste von Hannover in Bremen ankommende Locomotive den thatsächlichen Beweis, daß die Bahn fahrbar sei. Von da sah man der Eröffnung, zumal in Bremen, mit Ungeduld entgegen; vergebens wurde sie erst auf den 18. October, dann auf den 15. November, dann auf den 1. December verkündigt, und schon gewann es den Anschein, als sollte sie auf das nächste Jahr verschoben werden. Die hannoversche Zeitung als amtliches Organ schwieg beharrlich. Da verkündigte eine amtliche Bekanntmachung, daß am 9. und 10. Dec. außerordentliche Züge von Hannover nach Bremen abgesendet werden würden, um dem um die Mitte des Monats von der Weser nach Neuyork zurückkehrenden Dampfschiff Washington Reisende und Güter zuzuführen, sowie daß am darauf folgenden Sonntage, den 12. Dec., der regelmäßige Betrieb der Bahn seinen Anfang nehmen werde. Dies Mal trat kein neues Hindernis ein. Aus dem mit zahlreichen Flaggen – unter denen auch das dreifarbige deutsche Banner nicht vermißt wurde – geschmückten Bahnhofe in oder vielmehr bei Bremen, das zwei Züge in den vorhergehenden Tagen hatte ankommen sehen, ging am 12. Dec. nach 7¼ Uhr Morgens der erste aus 8 Wagen bestehende Zug nach Hannover ab, von wo um 10½ Uhr Vormittags der erste ordentliche Zug aus Hannover eintraf. Bremen feierte übrigens an diesem Tage ein Doppelfest, indem zu Ehren des Senators Gevekoht, welcher sich um das Zustandekommen der Dampfschiffahrt zwischen Bremen und Neuyork die größten Verdienste erworben und vor Kurzem aus Amerika wieder eingetroffen war, ein großes Fest gegeben wurde, dem alle angesehenen Kaufleute Bremens nebst den Behörden der ruhmwürdigen Hansestadt beiwohnten. Seit jenem Tage finden täglich drei Fahrten von Hannover nach Bremen statt, welche des Morgens um 6 Uhr, Vormittags 5 Min. vor 10 Uhr und Abends 5 Uhr 20 Min. abgehen, und nach 3¾ stündiger Fahrt – nur der zweite Zug, ein Güterzug, ist auf 5 Stunden berechnet – in Bremen eintreffen. Bis Wunstorf sind sämmtliche Züge mit den nach Minden gehenden vereinigt. Von Bremen gehen nur zwei Züge täglich unmittelbar nach Hannover ab: früh 7 Uhr und Nachmittags 3¼ Uhr; außerdem Abends 7 Uhr ein Güterzug nach Nienburg, welcher dort übernachtet und am andern Morgen 5 Uhr 20 Min. weiter fährt. Von Bremen kann man in einem Tage nach Berlin, Leipzig, Köln gelangen; eben so umgekehrt; zur Reise nach Hamburg aber wird die Eisenbahn höchst wahrscheinlich nur von Wenigen benutzt werden, da der Umweg zu groß ist und die unmittelbare Fahrt mit Post oder Omnibus bei gleicher Beförderungszeit wohlfeiler, dabei weit angenehmer und weniger angreifend ist. ... Die Güterbeförderung trat zwar gleichzeitig ins Leben, aber vorläufig nur in beschränktem Umfange, theils wegen des ungenügenden Vorraths an Fortschaffungsmitteln, theils weil noch nicht alle erforderlichen Einrichtungen auf den Bahnhöfen – darunter ein hannoverisch-oldenburgisches Steueramt auf dem bremer Bahnhofe – vollendet waren. Schließlich sei in Betreff des Betriebs bemerkt, daß derselbe nach getroffener Vereinbarung zwischen den beiden Regierungen der hannoverischen Eisenbahndirection in Hannover übertragen worden ist, mit der besonderen Leitung desselben aber eine Eisenbahnbetriebsinspection beauftragt ist, welche ihren Sitz in Bremen hat.«

Bahnhof Neustadt am Rübenberge

Das für die am 12. Dezember 1847 eröffnete »Zwischenstation« Neustadt am Rübenberge (Bild 89) projektierte Bahnhofsgebäude wurde nicht in der vorgesehenen Form und auch erst nach 1851 ausgeführt. Bis dahin dienten für die Abfertigung des Personenverkehrs und als Dienststellenunterkunft »interimistische, aus früheren Bauhütten hergerichtete« Räumlichkeiten. Eine Ansicht des Bahnhofs von 1918 zeigt das aus den fünfziger Jahren des 19. Jh. stammende Empfangsgebäude mit Anbauten aus späterer Zeit und dem Güterschuppen im Hintergrund (Bild 90). Der gegenüber dem ursprünglichen Entwurf wesentlich größere zweistöckige Backsteinbau mit (nachträglich) angebautem, bescheidenem Bahnsteigdach, durch-

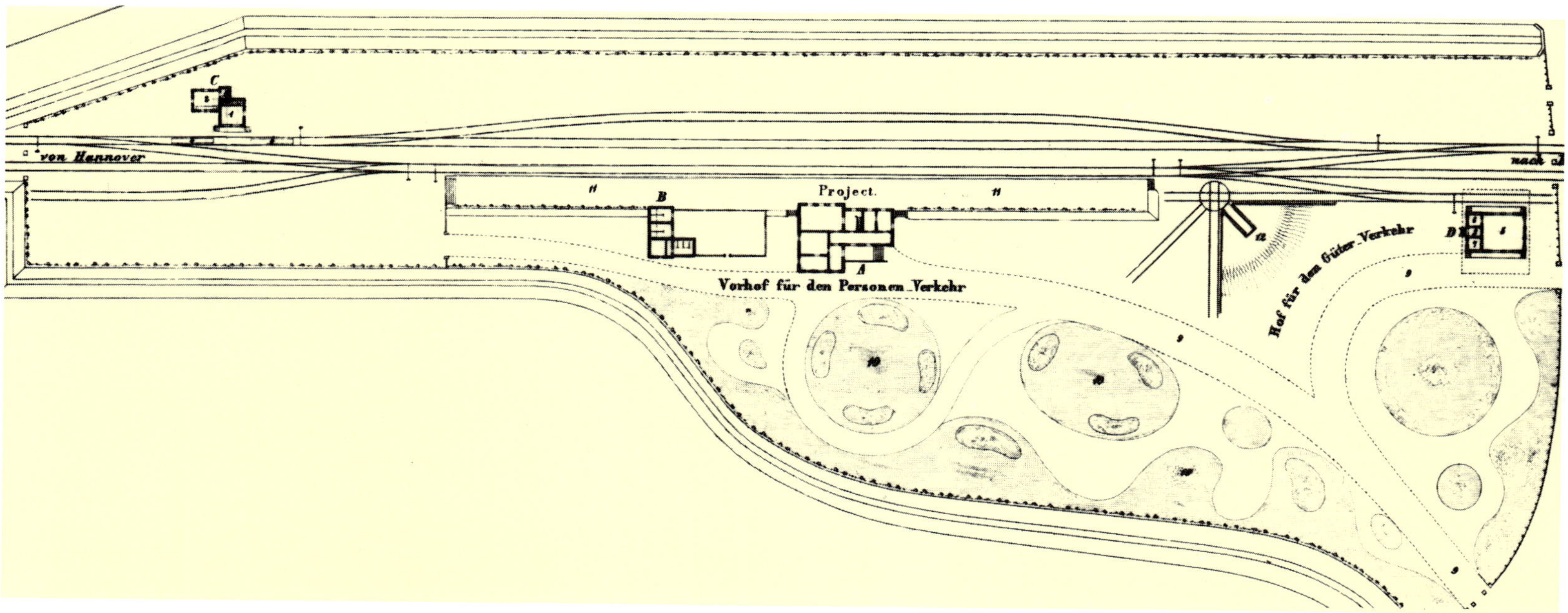

Bild 89 *Bahnhof Neustadt a Rübenbge. Lageplan und Grundrisse der Gebäude nach einem Projekt, das nicht ganz in der dargestellten Form ausgeführt wurde 1851 (Sammlung Verfasser)*
Bild 90 *Bahnhof Neustadt a Rübenbge. Ansicht des Empfangsgebäudes von der Bahnseite 1918 (Sammlung Schladitz)*
Bild 91 *Bahnhof Neustadt a Rübenbge. Ansichten, Schnitt und Grundrisse der Wasserstation mit »Windmühlen-Antrieb« 1851 (Sammlung Verfasser)*

weg mit Rundbogenfenstern und -türen, Gurtfriesen und Gesimsen aus Formziegeln entsprach im Mittelrisalit dem Hauptgiebel des Empfangsgebäudes zu Eystrup (Bild 96), das auch für andere Bahnhofsbauten dieser Zeit an den Strecken der hannöverschen Staatsbahn typisch war.

Die übrigen Bauten und Anlagen der Station wurden projektgemäß (Bild 89) ausgeführt. Sie scheinen um 1850 im allgemeinen den Anforderungen des Verkehrs entsprochen zu haben: »Der Bahnhof ist bequem, nur würde zweckmäßig das Güterschoppengleis auch nach Norden mit einer Weiche in das Hauptgleis einmünden, damit Wagen, welche nach Bremen bestimmt sind, mit der Lokomotive herausgeholt werden können. – Die Wasserstazion hätte besser auf der Stadtseite der Gleise am Südende des Bahnhofes gestanden, um beim Linksfahren am bequemsten zu sein und weil dann in der Länge des dritten Nebengleises zum Laden von Produkten durch die Wasserstazion kein Hinderniß entstanden wäre«. Nach den erfolgreichen Versuchen mit einer windgetriebenen Wasserpumpe in der Wasserstation Wunstorf 1849 bis 1850 (Seite 59) erhielt auch der Bahnhof Neustadt damals eine Wasserstation mit »Windmühlen«-Antrieb (Bild 91).

Bahnhof Nienburg

Unter den Zwischenstationen der Linie Wunstorf–Bremen besaß der Bahnhof Nienburg gewiß das stattlichste Empfangsgebäude, ein streng symmetrisch gegliedertes klassizistisches Bauwerk von erlesenem Geschmack, das zumal im klaren Aufriß des Entwurfes (Bild 92) großartig auf den Betrachter wirkt. Wie in Celle (Bild 53, 54) verhalfen zu diesem hervorragenden Eindruck die harmonische Fassadengestaltung, der durchgehende, alle Baukörper verbindende Fries und die Beibehaltung der Firstrichtung auch bei den Anbauten. Ebenso klar war das Gebäude im Grundriß (Bild 93). Der Haupteingang am »Vorhof für den Personenverkehr«, dem gärtnerisch gestalteten Teil des Bahnhofsvorplatzes, führte unter einem wetterschützenden, dreibogigen Altan in die Empfangshalle mit beiderseitigen Stichfluren und von diesen aus zu allen verkehrswichtigen Räumen. Allein, der unmittelbare Durchgang vom Vorplatz zum Bahnsteig war auch hier, wie damals in der Regel, verwehrt und nur durch die Wartesäle möglich. Doch der an den »Vorplatz«, die Halle (1), anschließende Warteraum III. Klasse konnte gegebenenfalls herausgenommen und bei gleichzeitigem Raumgewinn eine durchgehende repräsentative Empfangshalle geschaffen werden.

Wie vielerorts kritisierten Zeitgenossen den angeblich zu aufwendigen Nienburger Bahnhofsbau. Ihnen wurde indeß entgegengehalten: »Der Bahnhof ist bequem ... Das Hauptgebäude auf dem Bahnhofe Nienburg entspricht seinem Zwecke. – Wenn gleich die Räumlichkeiten für den gegenwärtigen Verkehr reichlich groß erscheinen, so dürfte die Anlage dennoch nicht als zu groß zu bezeichnen sein, da der Verkehr im Zunehmen begriffen ist und daher die Räumlichkeiten wahrscheinlich sehr bald als nicht mehr reichlich groß erscheinen lassen werden«.

Typisch, besonders für viele Stationen Hannovers, war die Einrichtung von Gepäck-Ausga-

Bild 92 Bahnhof Nienburg. Ansicht des Empfangsgebäudes von der Stadtseite 1851 (Sammlung Verfasser)

ben in Nebengebäuden am Bahnsteigende, die wohl für das Bahnpersonal günstig, aber für die Reisenden recht unbequem lagen, so daß zu dieser Situation wiederholt bemerkt wird: »Statt des Nebengebäudes zur Gepäckausgabe wäre zweckmäßiger neben der Gepäckexpedizion im Hauptgebäude ein Raum zum Aufbewahren von zurückgebliebenem Gepäck und unversteuertem Eilgut angelegt«.

Üblicherweise standen auch in Nienburg die beiden Wasserstationrn, eine freistehende (Bild 94) und die im Maschinenhaus installierte, wegen des Linksverkehrs an der entsprechenden Seite der Hauptgleise (Bild 93). Der in der Anfangszeit für unentbehrlich gehaltene Wagenschuppen mit Schiebebühne faßte hier 6 Personenwagen; ebenso wie in Stadthagen und anderen Zwischenstationen hätte man auf ihn verzichten können. Bei der immer angestrebten Trennung des Personen- und Güterverkehrs hat die dreigeteilte Anordnung der Höfe für den Güter- und Produktenverkehr diesseits und jenseits der Gleisanlagen des Bahnhofs Nienburg die perspektivische Entwicklung des Verkehrs unberücksichtigt gelassen. Eine Verlegung des gesamten Güterverkehres auf die stadtabgewandte Seite des Bahnhofes wäre sicherlich zweckmäßiger gewesen.

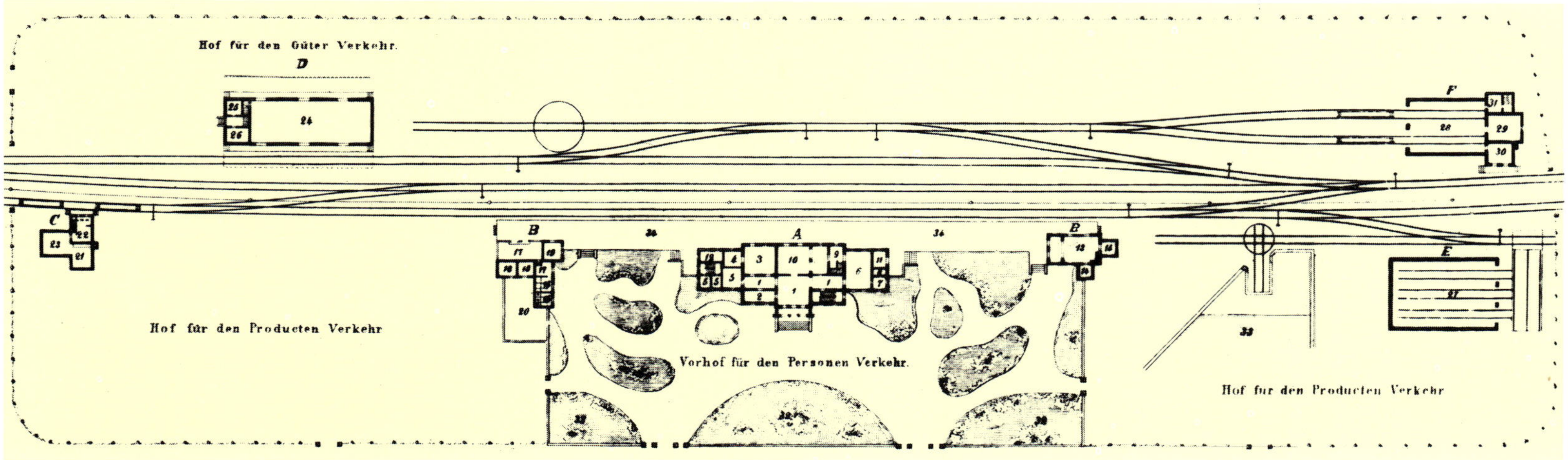

Bild 93 Bahnhof Nienburg. Lageplan mit Grundrissen der Gebäude 1851. A Empfangsgebäude; 1 Vorplatz; 2 Billet-Verkauf; 3 Gepäck-Expedition; 4 Steuer-Bureau; 5 Portier; 6 Wartesaal I^{ter} u. II^{ter} Cl.; 7 Damen-Zimmer; 8 Cabinet; 9 Buffet; 10 Wartesaal III^{ter} Cl.; 11 Schaffner-Zimmer; 12 Bahnhofsverwalter-Bureau; B Nebengebäude; 13 Gepäck-Ausgabe; 14 Lagerraum; 15 Steuer-Bureau; 16 Aborte; 17 Pissoir; 18 Stallungen; 19 Utensilien-Raum; 20 Oekonomie-Hof; C Wasserstation (siehe Bild 94); D Güterschoppen; 24 Lagerraum; 25 Arbeiter-Zimmer; 26 Expedition; E Wagenschoppen; 27 Stände für 6 Wagen; F Maschinenhaus; 28 Stände für 2 Locomotiven; 29 Schmiede; 30 Coaks-Raum, oben Cisternen; 31 Locomotivführer-Stube; 32 Garten-Anlagen; 33 Rampe; 34 Perron (Sammlung Verfasser)

Bahnhof Eystrup

Zur Zeit seiner Eröffnung am 12. Dezember 1847 war der Bahnhof Eystrup offiziell »Haltestelle« für Personen- und Güterverkehr. 1851 umfaßte die kleine, ländlichen Verhältnissen entsprechende Anlage (Bild 95) »4 Abweichungen, 1 Rampe, 1 Hauptgebäude (Empfangsgebäude), 1 Nebengebäude (Aborte, Utensilienraum, Ställe), 1 Güterschoppen, 1 Wasserstazion, 1 Elektr.Telegr.-Stazion und 2 Wachstuben (Weichenwärterhäuschen)«. Auch bei der Betrachtung dieses unbedeutenden Bahnhofes darf nicht vergessen werden, daß es sich um eine Verkehrsanlage aus den Anfängen der hannöverschen Eisenbahn handelt, die bereits in dieser Zeit komplett geplant, solid und ansprechend mit allen notwendigen Bauten ausgestattet wurde.

Der handwerkliche und »baukünstlerische« Aufwand an dem etwas schmalbrüstigen Empfangsgebäude erscheint aus heutiger Sicht übertrieben, entsprach aber dem Zeitgeschmack (Bild 96). Mit viel Liebe ist an der Miniaturausgabe eines Bahnhofsgebäudes alles versucht worden, um es stattlich und groß erscheinen zu lassen. Hingegen war der sonst zweckmäßig entworfene Bau größenmäßig zu sparsam bemessen

Bild 94 Bahnhof Nienburg. Ansichten der Wasserstation 1851 (Sammlung Verfasser)

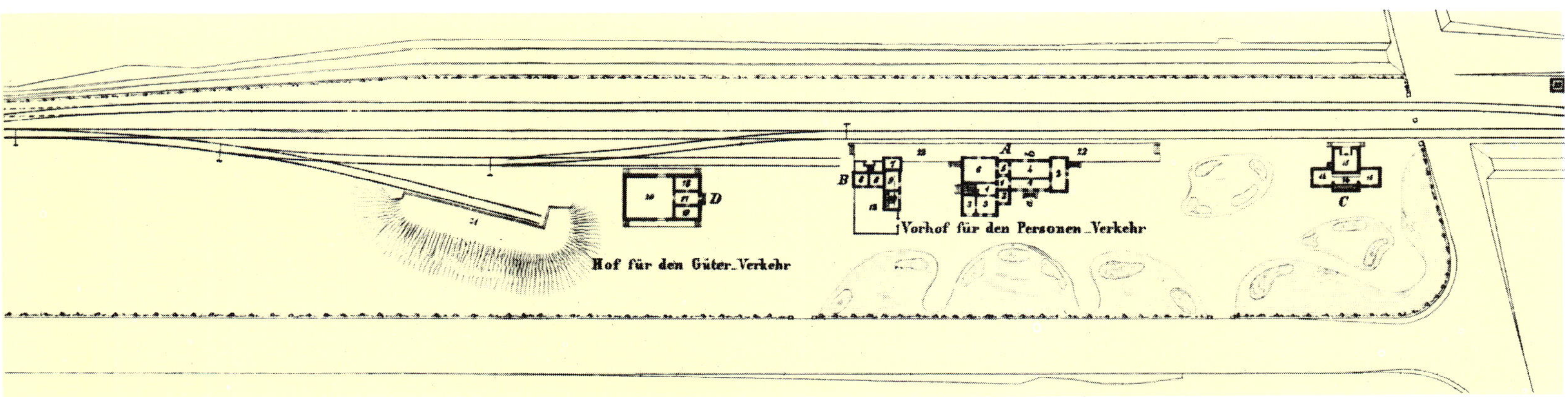

Bild 95 Bahnhof Eystrup. Lageplan mit Grundrissen der Gebäude 1851. A Empfangsgebäude; 1 Vorplatz; 2 Billet- und Gepäck-Expedition; 3 Wohnung des Portier; 4 Wartesaal I^{ter} u. II^{ter} Cl.; 5 Buffet; 6 Wartesaal III^{ter} Cl.; B Nebengebäude; 7 Utensilien-Raum; 8 Ställe; 9 Aborte für Herren; 10 Aborte für Damen; 11 Aborte für Beamte; 12 Pissoir; 13 Oekonomie-Hof; C Wasserstation; 14 Vorwärmer und Pumpe; 15 Coaks-Raum, 16 Arbeiterraum; D Güterschoppen; 17 Vorplatz; 18 Expedition; 19 Steuer-Bureau; 20 Lagerraum; 21 Rampe; 22 Perron; 23 Wachtstube (Sammlung Verfasser)

Bild 96 Bahnhof Eystrup. Ansichten des Empfangsgebäudes 1851 (Sammlung Verfasser)

und ist schon um 1850 »in seinen Räumlichkeiten für den Verkehr etwas beschränkt. Das in einem Raume vereinigte Billet- und Gepäckbureau (2) ist für diesen gemeinsamen Zweck sehr klein, und auch der Wartesaal I. und II. Klasse ist zu wenig tief. – Ohne erhebliche Mehrkosten würde man die Räume in derselben Anordnung durch eine größere Tiefe des Gebäudes angemessen größer haben erlangen können«. Doch die Planer des ersten Bahnhofes von Eystrup hatten auch den Fall einer Erweiterung des Empfangsgebäudes berücksichtigt, die durch einen späteren Anbau auf der vorsorglich fensterlos gelassenen Seite in Richtung des Nebengebäudes jederzeit erfolgen konnte.

Bahnhof Verden

Zweitgrößte Zwischenstation nächst Nienburg an der Linie Wunstorf–Bremen war der Bahnhof Verden. Auch er wurde mit allen damals für notwendig gehaltenen Bauten und Anlagen ausgestattet (Bild 97) und erhielt ein repräsentatives Empfangsgebäude (Bild 98), dessen spätklassizistische Architektur durch romantisierende Baukörper und Elemente wohl recht reizvoll sein mochte, aber bei weitem nicht solche Noblesse verkörperte, wie beispielsweise der Nienburger Bahnhofsbau (Bild 92).

Im übrigen glich aber die Bahnhofsanlage von Verden der Nienburger um 1850 (Bild 93) in Gleisführung, Flächenaufteilung und Gebäudebestand, so daß auf das dort (Seite 57) Gesagte verwiesen werden kann. Vom alten Lokomotivschuppen, dem »Maschinenhaus« des Bahnhofes Verden, das ebenfalls dem in Nienburg errichteten ähnlich war, sind Zeichnungen überliefert (Bild 99–101). Kurioserweise haben Zeichner oder Kupferstecher den Grundriß seitenverkehrt wiedergegeben (Bild 101), denn die Rampe vom »Coaksraum« lag am rechten Hauptgleis an der Einfahrt aus Richtung Hannover. Interessant ist auch der Querschnitt des Lokomotivschuppens (Bild 100). Während die ersten Gebäude dieser Art nur mit freitragender Dachkonstruktion ohne untergehängte Decke und zusätzliche Wärmedämmung überspannt waren, wurden die Gebäude nach negativen Erfahrungen »mit einer Holzdecke versehen, um die Räume leichter heizbar zu machen, und die Maschinen mehr gegen Staub, abschmelzenden Rauhfrost und Schneegestöber zu schützen. Diese Holzdecke ist, wie aus der Zeichnung des Verdener Maschinenhauses (Bild 100) zu ersehen, nach der Mitte zu steigend angenommen, und daselbst mit mehreren großen, trichterförmigen Aufsätzen versehen, welche sodann durch zu öffnende eiserne Dachfenster geschlossen sind. – Die Essen über den Lokomotivschornsteinen wurden in der ersten Zeit aus

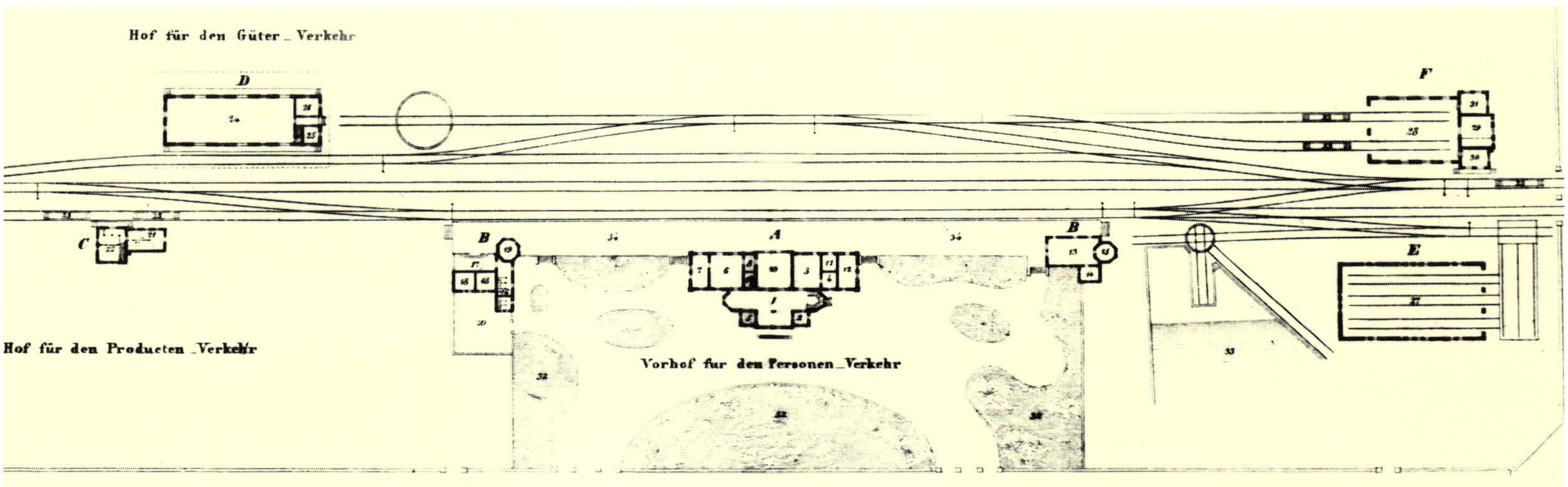

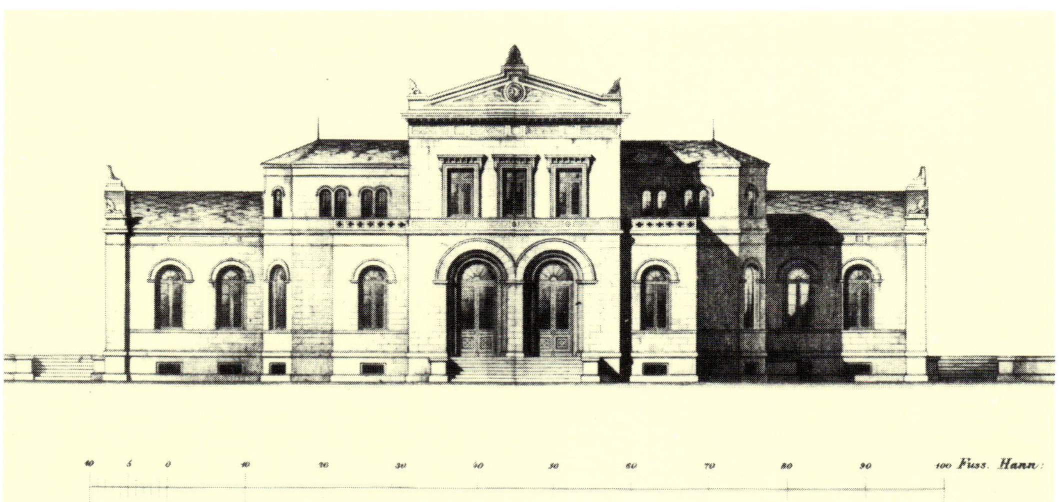

Bild 97 Bahnhof Verden. Lageplan mit Grundrissen der Gebäude 1851. A Empfangsgebäude; 1 Vorplatz; 2 Billet-Verkauf; 3 Gepäck-Expedition; 4 Steuer-Bureau; 5 Portier; 6 Wartesaal I^ter u. II^ter Cl.; 7 Damen-Zimmer; 8 Buffet; 9 Restauration; 10 Wartesaal III^ter Cl.; 11 Schaffner-Zimmer; 12 Bahnhofsverwalter-Bureau; B Nebengebäude; 13 Gepäck-Ausgabe; 14 Lagerraum; 15 Steuer-Bureau; 16 Aborte; 17 Pissoir; 18 Stallung; 19 Utensilien-Raum; 20 Oekonomie-Hof; C Wasserstation; 21 Vorwärmer und Pumpe; 22 Coaksraum, oben Cisternen; 23 Reinigungsgruben; D Güterschoppen; 24 Lagerraum; 25 Steuer-Bureau; 26 Expedition; E Wagenschoppen; 27 Stände für 6 Wagen; F Maschinenhaus (siehe Bilder 99 bis 101) (Sammlung Verfasser)

Bild 98 Bahnhof Verden. Ansicht des Empfangsgebäudes von der Stadtseite 1851 (Sammlung Verfasser)

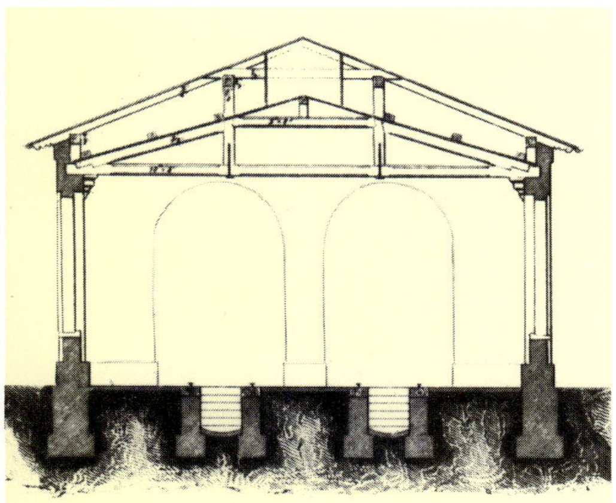

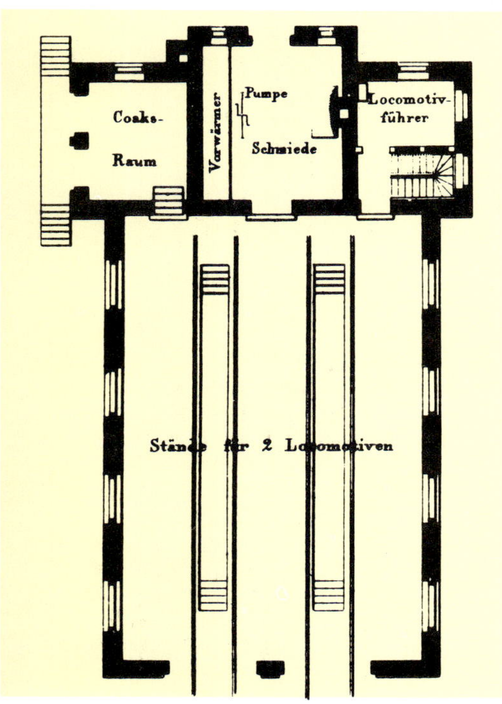

Bild 99 Bahnhof Verden. Ansichten des Maschinenhauses 1851 (Sammlung Verfasser)
Bild 100 Bahnhof Verden. Schnitt des Maschinenhauses 1851 (Sammlung Verfasser)
Bild 101 Bahnhof Verden. Grundriß des Maschinenhauses 1851 (Sammlung Verfasser)

starkem Eisenblech konstruirt. Dieselben wurden trotz des sorgfältigen Anstreichens durch die schwefelhaltigen Koksdämpfe jedoch sehr bald zerstört und sind daher in der späteren Zeit von schwachem Gußeisen ausgeführt. – Die lichte Höhe der Essen über Schienenoberkante ist nach der Höhe der Maschinenschornsteine zu 14 Fuß 7 Fuß Zoll bestimmt«. Bemerkenswert ist die Konstruktion des doppelschaligen Daches als Hängewerk.

Bahnhof Bremen

Der 1847 von Hannover über Wunstorf zur Wesermündung hin fertiggestellten Linie verdankt die Freie Hansestadt Bremen ihren ersten Anschluß an das sich entwickelnde deutsche Eisenbahnnetz. Nordöstlich der Altstadt, unweit der 1802 auf Beschluß der Stadtväter geschleiften Befestigungen, an deren grünen Wallanlagen wunderschöne Spazierwege entstanden, wurde »vor dem Ansgarii- und dem Heerdenthore ganz in der Nähe des Friedhofs ..., den die Eisenbahn sogar theilweise durchschneidet«, Bremens erste Bahnstation, der »Hannoversche Bahnhof« angelegt (Bild 102). Fortifikatorische Gründe waren also hier nicht für die stadtferne Lage des Bahnhofes maßgebend. Bremen hatte früher als die meisten anderen deutschen Städte auf den fragwürdigen Schutz von Befestigungsanlagen verzichtet.

Als Bahnhofstyp wurde schon beim ursprünglichen Plan vorausschauend der Durchgangsbahnhof gewählt: »Bremen ist zwar Endpunkt einer Bahn, der Bahnhof ... jedoch mit Rücksicht auf die Verlängerung der Bahn nach Bremerhaven angelegt«. Seine Anlagen (Bild 103) umfaßten 1851 »37 Abweichungen, 1 große und 2 kleine Drehscheiben, 2 Rampen, 1 Hauptgebäude, 2 Nebengebäude, 2 Güterschoppen, 1 Maschinenhaus, 1 Wasserstazion, 1 Coaksschoppen, 4 Wagenschoppen, 1 größ. Reparatur-Werkstatt, 1 Elektr. Telegr.-Stazion und 1 Brückenwaage«.

Das Ende 1847 in Betrieb genommene Empfangsgebäude (Bild 104), ein stattlicher spätklassizistischer, streng symmetrischer Bau, im Gegensatz zum Bahnhofsbau in Hannover aber mit romantischen Elementen ausstaffiert, war natürlich trotz allem mit diesem architektonisch verwandt, denn beide baute Hannover. In Bremen sollten statt Seitenrisalite hochragende Ecktürme, deren obere Abschlüsse wiederum Ecktürmchen trugen, ostentativ Macht und Bedeutung des neuen Verkehrsmittels repräsentieren. Jedes der dreibogigen Bahnsteighallen-Abschlußbauwerke wurde ebenfalls – wie bei stolzen Stadttoren – von zinnenbewehrten hexagonalen Ecktürmen flankiert, neogotische Komponenten, die noch Jahrzehnte später gebaute mittlere und größere Empfangsgebäude akzentuierten. Ein breites Zwischengesims über den durchweg mit Quaderputz versehenen Erdgeschoßfassaden des sehr plastisch gestalteten, verputzten Ziegelbaues verband alle Baukörper des Empfangsgebäudes und die Bahnsteighalle zu einem einheitlich wirkenden, imposanten Komplex (Bild 105). Wie in Hannover kam auch in Bremen aus Zeit- und Kostengründen die Ausführung der Fasaden mit Verblendung aus Sandsteinquadern nicht in Frage, sie »stellten sich ... zu kostspielig, würden auch in der kurzen Bauzeit nicht zu beschaffen gewesen sein, so daß auf eine größere Verwendung derselben verzichtet werden mußte. Die Anwendung derselben ist daher beschränkt auf Sockel, freistehende Pfeiler, Gesimse, Sohlbänke, Verdachungen usw., wo solche, entsprechend der Dauerhaftigkeit, nicht zu entbehren waren«.

Funktionell war das Empfangsgebäude im Grundriß nicht nach Richtungen gegliedert, sondern hatte den Haupteingang mit Zutritt zu allen dem Reiseverkehr unmittelbar dienenden Räumen im weit vorgezogenen Mittelbau, der überdies durch einen dreibogigen Altan hervorgehoben und geschützt wurde. Die zweigleisige »Perronhalle« konnte an beiden Enden direkt betreten oder verlassen werden (Bild 105). Von den drei Bogenöffnungen der Bahnsteighallenabschlüsse überspannten, wie in Hannover (Bild 15–19), zwei je ein Gleis und eine den Hausbahnsteig am Empfangsgebäude, also

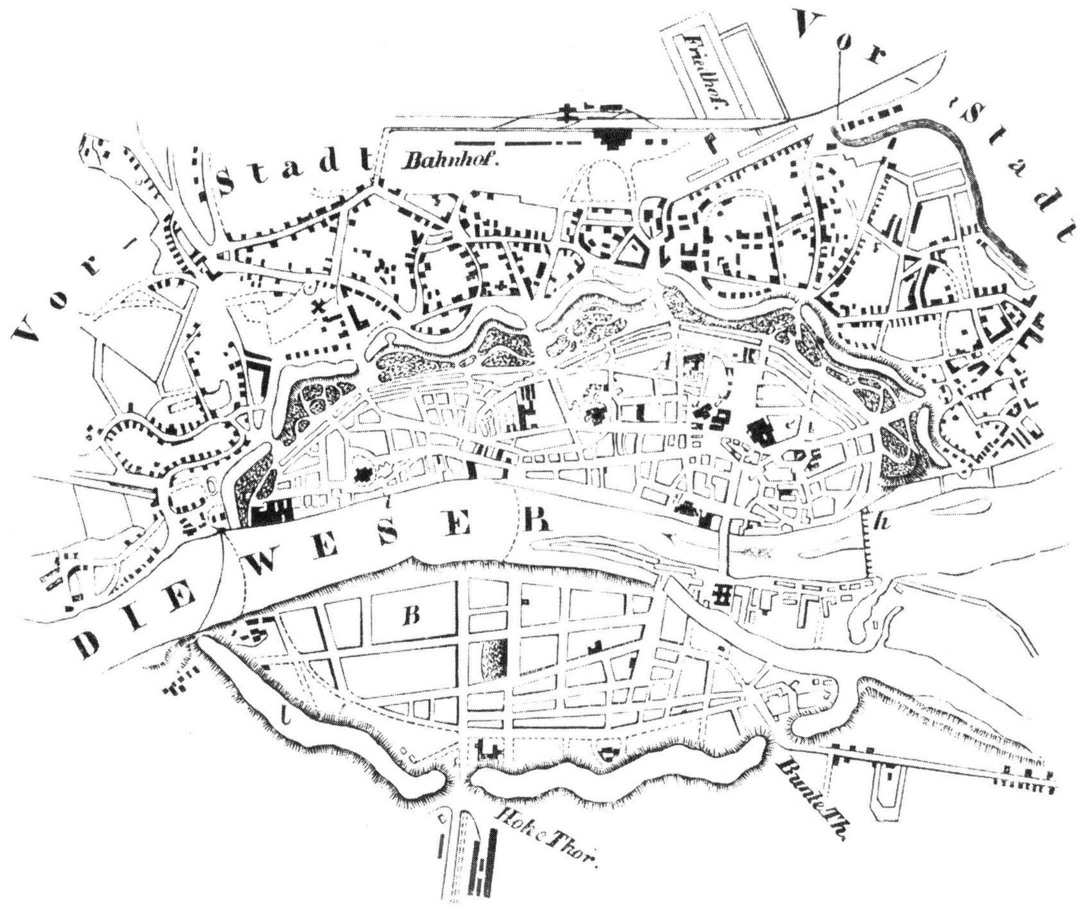

Bild 102 Bahnhof Bremen. Plan der Stadt von 1848 (Sammlung Verfasser)
Bild 103 Bahnhof Bremen. Ansicht von Südwesten um 1870 (Verkehrsmuseum)

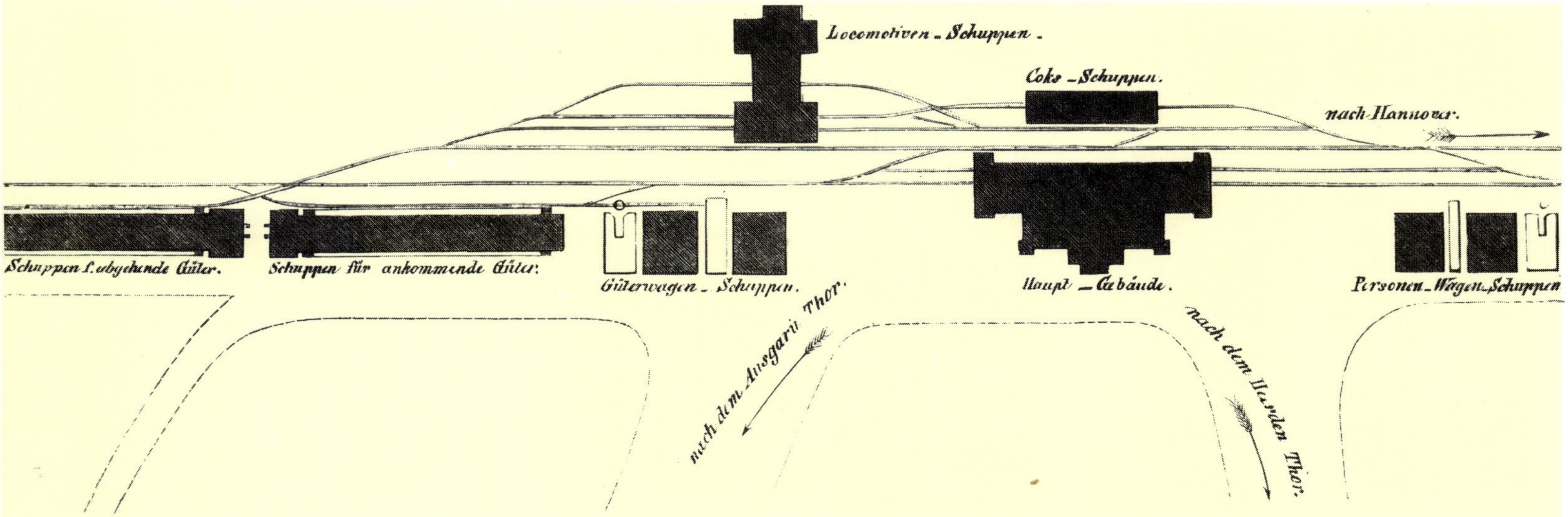

Bild 104 Bahnhof Bremen. Lageplan 1848 (Sammlung Verfasser)
Bild 105 Bahnhof Bremen. Ansicht des Empfangsgebäudes, der Personenwagenschuppen (rechts) und der Güterschuppen (links) von Südosten 1848 (Sammlung Verfasser)

nicht drei Gleise, die man bei flüchtiger Betrachtung vermuten würde.

Der unter finanzieller Beteiligung Bremens von Hannover gebaute Bahnhof sowie die dazugehörigen Anlagen und Streckenabschnitte auf dem Gebiet der Freien Hansestadt wurden durch die Hannöversche Staatsbahn, seit 1866 durch die Preußische Staatsbahn betrieben. Alle Anlagen gingen mit Ausnahme des Weserbahnhofes, des Bahnhofs Bremerhaven und des 0,36 km langen Streckenabschnittes der Linie nach Oldenburg am 1. Juli 1884 in das Eigentum des preußischen Staates über. Seit Eröffnung des Neustädter Bahnhofes der Linie Bremen–Oldenburg im Jahre 1867 war der Hannoversche Bahnhof »Centralbahnhof«. Das Empfangsgebäude des alten Hannoverschen Bahnhofs diente bis 1889 dem Reiseverkehr. An gleicher Stelle wurde der neue Hauptbahnhof gebaut und 1890 eröffnet.

Bahnhof Elze

Das Empfangsgebäude des am 1. Mai 1853 eröffneten Bahnhofes an der Strecke Hannover–Göttingen–Kassel, die in ganzer Länge erst 1856 in Betrieb genommen werden konnte, unterscheidet sich von den spätklassizistischen Bahnhofsbauten der ersten Bauperiode der Hannoverschen Staatseisenbahnen wesentlich. Bereits im folgenden Jahrzehnt wurde ein romantischer Stil, gemischt aus verschiedenen mittelalterlichen Elementen, aktuell. Diesem Zeitgeschmack entsprach auch der Entwurf für das Bahnhofsgebäude in Elze, und nicht zufällig war es dem etwa gleichzeitig in Kassel errichteten Bauwerk in Komposition und Fassadengliederung sehr ähnlich, nur kleiner dimensioniert. Im Bild 106 ist der ursprüngliche Zustand mit unterschiedlich breiten Flügelbauten erkennbar. Die wenig auffallende Assymmetrie des fünfteiligen, nordwestlich der Gleise in Seitenlage angeordneten Gebäudes nahm man in Kauf, um beim Südwestflügel Baukosten einzusparen. Wie üblich, wurden das Schutzdach am Hausbahnsteig und der Windfang vor dem Dienstraum später angefügt.

Nachdem die ursprüngliche Zwischenstation durch Eröffnung der 81,9 km langen Strecke Elze–Hameln–Löhne der Hannover-Altenbekener Eisenbahn am 30. Juni 1875 (Güterverkehr erfolgte bereits seit 19. Mai 1875) die Funktion

Elze Hannover
ELZE
Bahnsteig 1

Bild 106 Bahnhof Elze. Südostansicht des Empfangsgebäudes von der Bahnseite 1906 (Sammlung Schladitz)
Bild 107 Bahnhof Elze. Nordostansicht des Empfangsgebäudes von der Bahnseite um 1914 (Sammlung Ertel)

eines Trennungsbahnhofes innehatte, mußten die Gleisanlagen bedeutend erweitert und unter anderem der durch einen Personentunnel vom Hausbahnsteig erreichbare »Inselperron« angelegt werden; im Hintergrund des Bildes 106 ist die verglaste Umhausung der Bahnsteigtreppe zu erkennen.

Bild 107, aufgenommen um 1914, zeigt nicht nur detailliert die Fassadenelemente des Backsteinbaues, sondern auch die inzwischen vorgenommene bauliche Erweiterung des südwestlichen Gebäudeflügels für den vermehrten Dienstbetrieb. Zugleich ist aus der Gegenüberstellung beider Bilder die Entwicklung des Signal- und Fernmeldewesens während der Zeitspanne zwischen ihren Aufnahmen zu erkennen. Um 1900 standen vor den Diensträumen noch drei Läutewerke der Bauart Siemens & Halske, während die um 1914 entstandene Aufnahme (Bild 107) mit dem Dachaufbau für die Abspannung der Telefonfreileitungen auf dem erweiterten Gebäudeflügel die Zunahme des betriebsdienstlichen Telegrafen- und Telefoneinsatzes veranschaulicht.

Das Empfangsgebäude enthielt im Mittelflügel die Eingangs- und Schalterhalle mit Durchgang zum Hausbahnsteig sowie Zugängen zu den Wartesälen I./II. und III./IV. Klasse mit Bahnhofsrestauration, die auch in direkter Verbindung mit dem Bahnsteig standen (Bild 107), im Südwestteil Gepäck- und Fahrkartenschalterräume, Betriebsdienst- und Telegrafenräume, im gesamten Obergeschoß Dienstwohnungen. Mit der am 1. Juli 1900 eröffneten 4,7 km langen Nebenbahn nach Gronau(Leine) stieg das Verkehrsaufkommen des Bahnhofes Elze nochmals. Der Schienenverkehr auf dieser Strecke (Fahrplannr. 252) wurde nach 80jährigem Betrieb im Winter 1979/80 eingestellt. Das alte Empfangsgebäude mußte nach 1945 einem Neubau weichen.

Bahnhof Northeim

Zu den eindrucksvollsten Bahnhofsbauten des nordwestdeutschen Raumes gehört gewiß das Empfangsgebäude in Northeim. Stolz repräsentiert der wuchtige Bau das erste Eisenbahnjahrhundert (Bild 108). Trotz seines dreigliedrigen Baukörpers erscheint er als geschlossener, einheitlicher Block. Dieser imposante Effekt wird durch das mächtige, mit den darunterliegenden Mezzaninfensterreihen verbundene Gesims, ein Hauptgestaltungsmittel der italienischen Renaissance, erzielt. So ist das zwischen den Bahnsteigen nach Hannover/Göttingen und Herzberg/Ottbergen gelegene Inselempfangsgebäude im Gegensatz zu den anderen Bauten der Hauptstrecke, die in dieser Zeit von Hannover bis Kassel entstanden, abgesehen von einzelnen romantischen Details, noch dem Klassizismus verhaftet.

Natürlich waren die Hausbahnsteige ursprünglich nicht überdacht (Bild 109). Aber den Gesamteindruck störten die nach 1900 angebrachten Bahnsteigdächer nur wenig. Mehr beeinträchtigten die später errichteten langen Dächer der Inselbahnsteige, die vor dem ersten Weltkrieg statt der gefährlichen Zwischenbahn-

Bild 108 Bahnhof Northeim. Ansicht des Insel-Empfangsgebäudes von Südosten um 1910 (Sammlung Raunitschke)

Bild 109 Bahnhof Northeim. Ansicht des Insel-Empfangsgebäudes von Südwesten um 1900 (Sammlung Schladitz)
Bild 110 Bahnhof Göttingen. Ansicht von der Stadtseite mit dem Festzug der Göttinger Bürger zur Einweihung der Eisenbahn Alfeld – Göttingen am 31. Juli 1854. Zeitgenössische Lithographie (Sammlung Verfasser)

steige angelegt wurden, die perspektivische Sicht auf das Gebäude. Personentunnels zu diesen Bahnsteigen, die anfangs noch durch Überschreiten der Gleise erreichbar waren, kamen erst nachträglich zur Ausführung.

Als Gebäudetyp ist das Northeimer Empfangsgebäude dem des 1846 eröffneten Bahnhofes Hagenow-Land an der Strecke Berlin– Hamburg verwandt, das ebenfalls zunächst in Seitenlage errichtet und nach dem Anschluß weiterer Eisenbahnlinien Inselgebäude wurde. Der am 1. August 1854 eröffnete Bahnhof Northeim nahm erst seit 1. Dezember 1868 den Verkehr der Linie nach Herzberg (Hannoversche Staatsbahn) und am 15. Januar 1878 nach Ottbergen auf. Diese 64 km lange Strecke baute die »Westfälische Eisenbahn« (Preußische Staatsbahn) als Konkurrenzlinie zur Bergisch-Märkischen und Braunschweigischen Eisenbahn sowie vor allem zur Verbindung der Hannoverschen mit der Westfälischen Staatsbahn (heute: Strecke Ottbergen–Northeim–Herzberg–Walkenried, Fahrplannr. 245). Das alte Empfangsgebäude des Bahnhofes Northeim ist erhalten und dient jetzt noch der Abfertigung des Personenverkehrs.

Bahnhof Göttingen

Als die Göttinger zur Eröffnung der Eisenbahn nach Alfeld–Hannover am 31. Juli 1854 mit einem Festumzug auch ihren neuen Bahnhof einweihten, lag dieser noch westlich außerhalb der Stadt vor den lindenbepflanzten Wall- und Parkanlagen (Bild 110), mit ihr durch eine Allee, die spätere Alleestraße, verbunden. Die zeitgenössische Lithografie zeigt südlich des Empfangsgebäudes schon Lokomotiv- und Wagenschuppen, nördlich eine Wasserstation, dahinter den langen, von Hannover eingetroffenen »Festzug«. Die offizielle Eröffnung der Strecke fand dann am 1. August 1854 statt.

Das fünfgliedrige Empfangsgebäude entsprach ganz der romantischen Architekturauffassung jener Zeit, die wohl besonders in der traditionsreichen Universitätsstadt ideologische Grundlagen besaß. Mit romanischen Elemen-

ten: Rundbogenfriesen, Lisenen, Gurtsimsen mit Vierpaßzier, Zwillingsfenstern mit Mittelsäulchen und Rundfenstern wurde ein Bauwerk in den historischen Formen des Mittelalters gestaltet, die seiner Zeit akademische Bauschulen lehrten. Aus heutiger Sicht sollten jene Tendenzen nicht zu hart beurteilt werden, wenn sie auch im Kontrast zu den gleichzeitigen fortschrittlichen Leistungen Göttinger Wissenschaftler, z. B. Gauß' und Webers stehen, die 1833 den ersten elektrischen Telegrafen erfanden, der nach Weiterentwicklung durch Morse so große Bedeutung für das Eisenbahnsicherungswesen erlangen sollte. Den Umfang des Telegrafeneinsatzes um 1905 zeigen die Freileitungs- und Abspannmasten auf dem Mittel- und den Seitenflügeln des Bahnhofsgebäudes (Bild 111).

Im Zusammenhang mit der notwendig gewordenen Umgestaltung und Erweiterung der Göttinger Bahnhofsanlagen erhielt das Empfangsgebäude 1888 an der Stadtseite einen Anbau, um Schalterhalle, Dienst- und Warteräume zu vergrößern. Obwohl diese Baumaßnahmen in den Formen des Ursprungsbaues erfolgten (Bild 110), wurde damit doch der Gesamteindruck, den das alte Gebäude vorher vom gepflegten Vorplatz aus bot (Bilder 110–113), erheblich gemindert. Interessant ist die Gegenüberstellung verschiedenartiger gärtnerischer Gestaltung des Bahnhofsvorplatzes im Laufe der Zeit: 1905/1908 (Bild 112) Blumen-Rasen-Flächen und -Rondell mit Palmenkübel, um 1920 (Bild 113) axialbetonende, fast barocke Bepflanzung mit Hochstammrosen und verschnittenen Taxus.

Das alte Empfangsgebäude des Bahnhofes Göttingen ist noch vorhanden, wurde jedoch nach dem zweiten Weltkrieg modernisiert.

Bild 111 Bahnhof Göttingen. Ansicht des Empfangsgebäudes von der Stadtseite 1905 (Verkehrsmuseum)
Bild 112 Bahnhof Göttingen. Ansicht des Empfangsgebäudes von der Stadtseite 1908 (Sammlung Schladitz)
Bild 113 Bahnhof Göttingen. Ansicht des Empfangsgebäudes von der Stadtseite um 1920 (Sammlung Kempke)

Der Hauptbahnhof Hannover

Zu den wenigen erhaltenen großen Bahnhofsbauten des 19. Jahrhunderts gehört das nach dem zweiten Weltkrieg wiederaufgebaute Empfangsgebäude des Hauptbahnhofs Hannover.

Als der alte »Central-Bahnhof« von 1847 vor allem infolge des einst für zwei Richtungen gegliederten Empfangsgebäudes und mit seiner zweigleisigen Bahnsteighalle den erhöhten Verkehrsanforderungen nicht mehr genügte, zudem den Straßenverkehr zwischen den Stadtteilen beiderseits des Bahnkörpers durch die niveaugleichen Straßenübergänge stark behinderte, war eine völlige Neugestaltung der Bahnhofsanlage unumgänglich. Pläne, die lediglich ein neues Empfangsgebäude vorsahen, wie der Entwurf des Geheimen Rats Hitzig von 1867, hätten die Gesamtsituation nicht berücksichtigt und kamen ebensowenig in Frage wie eine Verlegung des Bahnhofes nach Osten außerhalb der damaligen Stadtbebauung. Erst 1871 hatte die hannoversche Bürgerschaft mit einer Petition an den Handelsminister Achenbach Erfolg; er stimmte zu, auch das neue Empfangsgebäude an der für die Stadt bequemen Lage zu errichten und den Bahnkörper zu erhöhen, damit alle Straßen niveaufrei überführt werden konnten. Daraufhin wurde der Geheime Baurat Grüttefien mit der Projektierung und Oberbauleitung der nach diesen Gesichtspunkten umzugestaltenden Bahnanlagen beauftragt. Das von ihm funktionell konzipierte Empfangsgebäude entwarf der Berliner Architekt Hubert Stier, unter dessen Leitung der Bau im April 1877 begann (Bild 114).

Auf einem 4,0 m in Schienen-Oberkante über dem Ernst-August-Platz liegenden, 88 m breiten und 230 m langen Planum entstand der neue Durchgangs-Bahnhof mit 9 Gleisen für die Linien Berlin–Köln, Hamburg–Kassel, Hannover–Bremen, Hannover–Altenbeken, Güterverkehr und Durchfahrten sowie einem wiederum in Seitenlage errichteten Empfangsgebäude (Bild 115). »An ein mittleres Haupt-Vestibül mit der Billetur schließen sich rechts vom Eingang die Gepäck-Annahme und die Wartesäle I.

Bild 114 Der Hauptbahnhof Hannover. Ansicht des Empfangsgebäudes am Ernst-August-Platz 1879. Entwurf Stier. Zeitgenössische Zeichnung von C. Grote (Sammlung Verfasser)

und II. Klasse, links die Gepäck-Ausgabe und die Wartesäle III. und IV. Klasse an. Der rechts vom Vestibül und der Gepäck-Annahme belegene Wartesaal II. Klasse ist mit dem Speisesaal zusammengezogen, indem nur eine leichte offene Arkadenstellung zwischen beiden eine architektonische Sonderung herstellt; beide Räume haben eine Breite von 14,75 m und eine Gesammtlänge von 32,0 m. Gleichartig in der Architektur, der Ausbildung der reich kassettirten Holzdecken und der in Wachsfarben durchgeführten Dekoration, bilden sie den vornehmsten Theil der für das Publikum bestimmten Räume. Am Ende des Speisesaales liegt in einer Nische das Buffet; in unmittelbarer Verbindung mit demselben stehen die Wirtschaftsräume, welche im Kellergeschoss des rechten Eck-Pavillons untergebracht sind. Neben dem Wartesaal II. Klasse befindet sich ein durch Oberlicht erhelltes Damenzimmer, die Säle dagegen bekommen ein direktes Licht nur von einer Seite durch die doppelten Fensterreihen der Vorder-Façade. Der untere Theil der Wände ist hier, wie überhaupt in sämmtlichen Sälen mit Holz-Panelen bekleidet; die Fußböden bestehen aus eichenem Stab-Parquet.

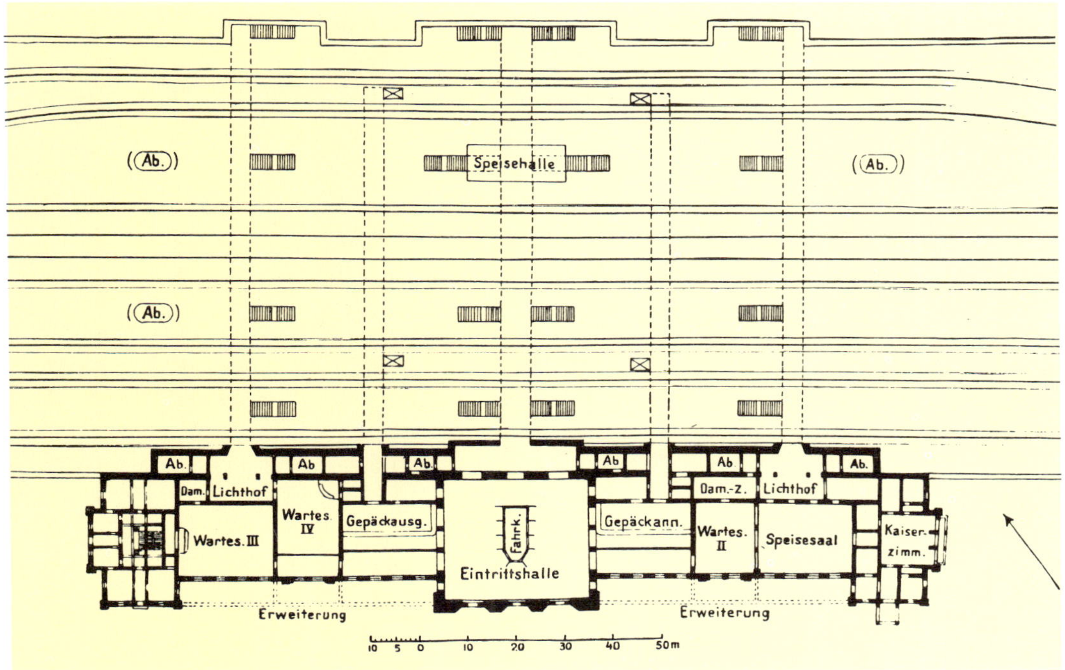

Zwei Eckbauten zu den Enden enthalten rechts die Zimmer für den Kaiser, links die Betriebsräume. Der in der Mitte belegene Hauptsalon hat die Größe von 10,60 m im Quadrat und ist mit einem Stichkappen-Gewölbe zwischen eisernen Trägern überdeckt, dessen Anfänger auf freistehenden Säulen ruhen. Diese Säulen, sowie die Wände sind mit Stuckmarmor bekleidet, und zwar ist für die Säulen die dunkelgrüne Farbe des Vert des Alpes, für die Wände die hellgelbe des Comblanchien mit einem Sockel in dunkelrothem Veroneser Marmor gewählt. Die Kapitelle und Basen sind in vergoldetem Eisenguss hergestellt; die Decke ist gleichfalls in reicher Vergoldung gehalten und mit dem farbigen Reichswappen, sowie denjenigen der preußischen Provinzen verziert. Die Thüren und Fenster sind aus dunkelbraun polirtem Eichenholz. Ein kleines Damenzimmer, die Wände mit Stoff bekleidet, die Decke in gebeiztem Eichenholz mit Füllungen aus weißem polirtem Ahorn ausgeführt, gegenüber ein einfacheres Herrenzimmer, sind dem Hauptsalon angeschlossen. Außerdem führt aus letzterem ein zweiter Ausgang mit Treppe zum Personen-Tunnel der II. Klasse für den Fall, dass dieser benutzt werden müsste, um an Züge, welche auf den weiter hinten liegenden Gleisen stehen, zu gelangen.

Der Fußboden der Vestibüle und Wartesäle liegt in einer Höhe mit dem Ernst-August-Platz, nur um 30 cm höher, so dass man von den Wartesälen zu den Personen-Perrons hinauf steigen muss. Zu diesem Zweck sind Tunnels vom Empfangsgebäude unter den Gleisen her angeordnet und zwar ein mittlerer Haupt-Tunnel von 7,0 m Breite direkt aus dem Vestibül, je ein seitlicher Tunnel von 4,0 m Breite aus den beiden Gruppen der Wartesäle I. und II. und III. und IV. Klasse. Treppenläufe führen von diesen Tunnels zu den vier Personen-Perrons, so dass ein Ueberschreiten der Gleise prinzipiell vermieden ist und das Publikum von vorn herein schon in den Tunnels sich nach den verschiedenen Fahrt-Richtungen vertheilt (Bild 116). Ein Uebergang von einem Perron zum andern erfolgt ebenfalls nur durch die Tunnels. Zwei weitere Anlagen gleicher Art gehen von der Gepäck-Annahme bezw. Ausgabe aus und dienen zur Beförderung des Gepäcks; dasselbe wird aus diesen Tunnels mittels hydraulischer Hebe-Vorrichtungen auf die bezüglichen Perrons gebracht. Ein letzter Tunnel am äußersten nordwestl. Ende der Anlage geht vom Postgebäude aus und setzt das letztere mittels Rampen mit dem Gepäck-Perron in Verbindung. Die Gesamtlänge des Gebäudes beträgt 168 m, so dass

Bild 115 Hauptbahnhof Hannover. Grundriß des Empfangsgebäudes und der Bahnsteiganlage um 1900 (Sammlung Verfasser)
Bild 116 Hauptbahnhof Hannover. Südostansicht des Empfangsgebäudes und der Bahnsteighallen mit Schnitt des Gleiskörpers. Entwurf Stier (Sammlung Verfasser)

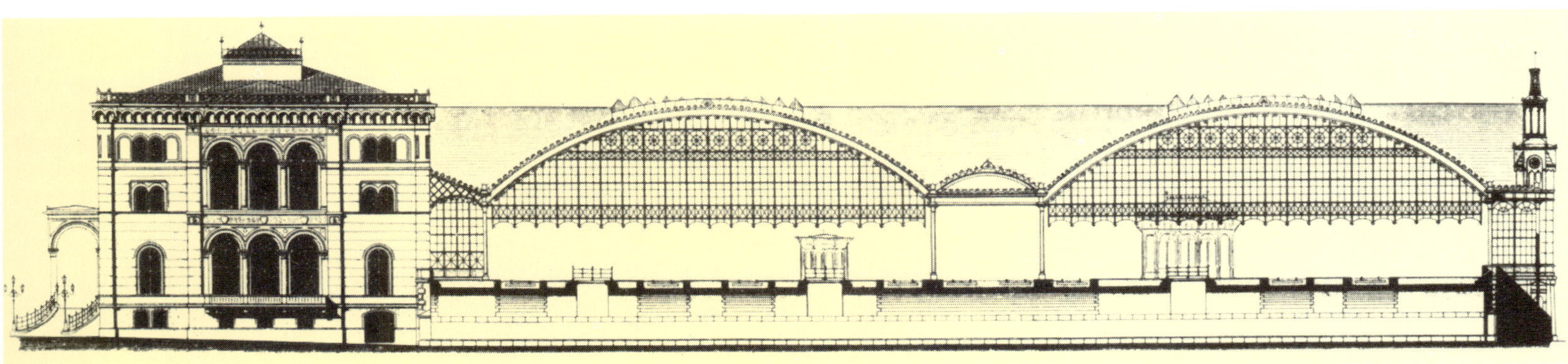

Bild 117 Hauptbahnhof Hannover. Ansicht des Empfangsgebäudes mit Vorplatz von Süden um 1910

auf den beiden kurzen Seiten bis zu den Bauten des Verwaltungsgebäudes und der Post noch Plätze von 30 m Breite verbleiben. Hier sind zur Verbindung mit dem rückliegenden Stadtviertel 2 massiv überwölbte Straßen-Unterführungen angelegt. Die Tiefe des Gebäudes mußte tunlichst knapp bemessen werden = 21 m in den Flügeln und 27 m in den Risaliten, um den Platz möglichst wenig einzuschränken und zwischen dem Hauptvestibül und der Statue des Königs Ernst August, welche nicht zu verrücken war, noch einen hinlänglichen Raum zu behalten. Derselbe beträgt jetzt noch 14 m.

Die äußere Form des Gebäudes (Bild 117) schließt sich eng an die oben geschilderte innere Raum-Disposition an. Den hervorragenden Mittelbau bildet das Vestibül, ausgezeichnet durch die drei großen mit steinernem Maaßwerk gefüllten Rundbogen-Fenster, deren reich gegliederte Gewände zugleich die unteren drei Haupt-Eingangs-Thüren umschließen. Das obere bekrönende Geschoss bildet eine offene Säulen-Arkade; darüber schließt kräftiges Bogen-Gesims auf Konsolen den Bau ab (Bild 118). Vortretende Pfeiler trennen die Haupttheile der Architektur und verstärken die Ecken der Baumassen. Zu beiden Seiten des Vestibüls schließen sich die einfacher gehaltenen Warte-Säle in Form zweier Flügel von je 52,3 m Länge an. Nur in der Mitte, durch ein mäßig vortretendes Risalit unterbrochen, zeigen sie unten größere Rundbogen-Fenster, darüber eine Reihe kleinerer wieder im Sinne einer Gallerie angeordneter Oeffnungen. Die beiden Eckbauten sind abermals höher geführt; während aber der linke, seiner Bestimmung entsprechend, eine in mehre Geschosse getheilte, einfachere Architektur erhalten hat, trägt der rechte durch eine offene Bogenhalle über der Vorfahrt und durch die in der Seiten-Ansicht sichtbar werdenden, den beiden Sälen zugehörige Arkadenstellung von je drei Bogen in zwei Geschossen übereinander, ein abweichendes und reicheres Gepräge (Bild 114).

Die Hauptmasse des Baues ist in hellgelben Backsteinen aus der Ziegelei der Greppiner Werke verblendet und durch abwechselnde Schichten von rother Farbe verziert; der Sockel, die sämmtlichen Abwässerungen der Fenster, die Deckplatten der Gesimse, die freien Säulen, endlich die großen Fenster des Vestibüls und des rechten Eckbaues sind aus grauem Mehler Sandstein hergestellt. Das Dach ist mit Schiefer gedeckt und auch die beiden auf den Eckbauten befindlichen Oberlichter haben eine architektonische Ausbildung erhalten.

Was den Charakter der gewählten Kunstformen anlangt, so schließt sich derselbe im allgemeinen an die in Hannover so glücklich vertretene Fassung des mittelalterlichen Ziegelbaues an und ist dem Prinzipe desselben namentlich bei der Bildung der Profile und Gesimse gefolgt. Andererseits hat aber dabei auch stets das Bestreben vorgewaltet, den entschieden modernen Charakter des Baues zum Ausdruck zu bringen. So sind nicht nur überall die Horizontalen durch die starken Gesimse kräftig betont und der Rundbogen für die Ueberdeckungen durchgeführt, sondern auch das ornamentale Detail ist mehr den Formen der Renaissance angeschlossen. Entschiedener ist dies noch in der inneren Dekoration, namentlich bezüglich der Farbengebung, der Fall gewesen, so dass der ganze Bau abermals als ein von dem Autor (Hubert Stier) schon mehrfach angestrebter Versuch einer Verschmelzung der Formen und Prinzipien der Gothik und der Renaissance bezeichnet werden kann. In wie weit dies gelungen ist, mag dahingestellt bleiben; jedenfalls besitzt der Bau ein eigenartiges, keiner der jetzt in

Uebung stehenden Stilrichtungen unmittelbar zugehöriges Gepräge.

Zu erwähnen bleibt schließlich noch, dass nicht nur die nächsten, dem Bau sich anschließenden Bautheile, wie die Unterführungen, in ihrer Architektur dem Empfangsgebäude entsprechend ausgebildet sind, sondern dass auch der Ernst-August-Platz und die auf demselben befindlichen Anlagen nach den Plänen des Hof-Garten-Direktors Neide aus Berlin eine vollständige Umgestaltung erfahren haben und zu dem Gebäude in engere Beziehung gebracht sind. Hierdurch, sowie durch die stattlichen, den Platz jetzt nach allen Seiten begrenzenden Häuser-Fronten besitzt das Gebäude den seltenen Vorzug einer abgeschlossenen und fast durchweg künstlerisch gestalteten Umgebung.

Die Ueberdeckung des Bahnplanums hinter dem Empfangs-Gebäude geschieht im wesentlichen durch zwei, hintereinander liegende Hallen von 37,12 m Spannweite (Bild 116). Die erste Halle steht 4,50 m von der Mauer des Empfangs-Gebäudes ab und es ist dieser Theil durch ein besonderes Pultdach überdeckt. Zwischen beiden Hallen, da wo die durchgehenden Gütergleise liegen, verbleibt ein freier, nicht überdeckter Raum von 9,25 m Breite. Die Hallen besitzen die gleiche Länge wie das Empfangsgebäude, 168 m. Der Mittelaxe des letzteren gegenüber ist ein Querschiff vom 38,4 m Spannweite angeordnet, welches sich vom Gebäude an, durch die beiden Hallen hindurch, fortsetzt. Die Einförmigkeit der langgestreckten Anlage wird hierdurch in angemessener Weise unterbrochen, die Mitte derselben bedeutsam hervorgehoben, endlich auch ein passender Anschluß an die Architektur des Haupt-Vestibüls erreicht.

Die Hallen ruhen auf eisernen Säulen von 6,8 m Höhe über dem Perron und 40 cm unteren Durchmesser. ... Die Dachkonstruktion wird durch volle Blechträger nach einem Segmentbogen von 7,4 m Pfeilhöhe gebildet, so dass die Gesammt-Höhe der Halle in der Mitte 14,2 m beträgt. Das eine Auflager dieser Träger ist beweglich, über den Trägern sind 21 Längs-Pfetten in etwa 2,0 m Weite angeordnet. Die mittleren 8 Felder sind mit einem Oberlicht versehen, während die Seitentheile mit Wellblech fest eingedeckt sind.

Zugleich mit der zweiten Halle wird auf dem dritten, Köln–Berliner Perron, der zu diesem Zwecke eine erheblich größere Breite erhalten hat, eine Speisehalle in leichter Eisenkonstruktion errichtet, namentlich damit die Reisenden der durchgehenden Züge dort die nöthigen Erfrischungen finden können, ohne erst den weiten Weg zu den Wartesälen zurücklegen zu müssen. Aus verwandten Gründen sind auch auf den Enden der Perrons besondere Retiraden, ebenfalls in Eisen konstruirt, aufgestellt«. Die Eisenkonstruktionen der Hallen stellte die Firma Thelen & Weidemeyer, Nordhausen, her. Bauleiter war der Eisenbahn-Baumeister Blanck.

Bild 118 Hauptbahnhof Hannover. Ansicht des Mittelrisalites mit Details der Fassadengestaltung, Ausschnitt. Foto: Eschen, um 1950 (Deutsche Fotothek)

Die Baukosten betrugen für das Empfangsgebäude 1 250 000 Mark = 335 Mark je m^2 bebaute Fläche oder 19 Mark je m^3 umbauter Raum, für die Hallen 500 000 Mark = 37 Mark je m^2 überdeckter Fläche, die Gesamtkosten für den Bahnhofsumbau einschließlich Hochlage des Bahnkörpers und Ersatzbauten der nach außen verlegten Bahnbetriebsanlagen 21 260 000 Mark.

Am 22. Juni 1879 konnte das im wesentlichen fertiggestellte Empfangsgebäude in Betrieb genommen werden. Bis dahin diente ein Behelfsbahnhof außerhalb der Stadt zur Abfertigung des Personenverkehrs. Die vorstehend auszugsweise wiedergegebene zeitgenössische Beschreibung von 1879 gibt nicht nur eine authentische Erläuterung – bisweilen auf (uns heute) originell erscheinende Weise – von Entwurf und Bauten, sondern verrät auch Stolz auf die seinerzeit progressive technisch-architektonische Lösung. Und wirklich, Hubert Stiers Bauwerk paßt zu keinem der »Neostile«; wenn auch mit klassischen Mitteln, entwarf er das Empfangsgbebäude in einer Form, die, verglichen mit dem herrschenden Eklektizismus, tatsächlich ein bemerkenswerter Schritt nach vorn war. Ebenso gehörte die funktionelle Gestaltung des Bahnhofs mit Hochlage des Gleiskörpers zu den bahnbrechenden Leistungen des Eisenbahnhochbaues.

Vor dem ersten Weltkrieg wurde der Bahnhof noch durch Anbau einer von Regierungs- und

Bild 119 Hauptbahnhof Hannover. Hallenerweiterung an der Nordostseite im Bau 1909 bis 1910. Entwurf Möller (Sammlung Verfasser)
Bild 120 Hauptbahnhof Hannover. Hallenerweiterung an der Nordostseite nach der Fertigstellung 1910. Hallenschürze von Südosten. Entwurf Möller (Sammlung Verfasser)

Baurat Möller, Hannover, entworfenen und durch die Firma Louis Eilers, Hannover-Herrenhausen, ausgeführte Bahnsteighalle mit 2 Gleisen und Bahnsteigen sowie 1 Gepäckbahnsteig erweitert (Bild 119, 120). An ihr ist der Fortschritt im Stahlbau erkennbar. Beachtlich ist die zweckmäßig-schlichte, ästhetisch hervorragende Gestaltung des Ingenieurbauwerkes.

Das im zweiten Weltkrieg schwer beschädigte Empfangsgebäude wurde, modernen Ansprüchen Rechnung tragend, in wesentlichen Teilen innerhalb der erhaltenen Umfassungen wiederhergestellt (Bild 121, 122), eine verdienstvolle Leistung! Die im Untergeschoß zwischen den

Risaliten vorgezogenen, sachlich-neutral gestalteten Trakte mit Fahrkartenschaltern und darüberliegenden vollverglasten Gaststättenräumen schaden der prächtigen Architektur Hubert Stiers kaum. Es fällt schwer, sich einen besseren Abschluß des Bahnhofsplatzes als dieses aus der Zeit der oft geschmähten Neostile stammende Gebäude vorzustellen. Zu diesem Ensemble gehört auch das Denkmal des »Landesvaters« Ernst August, das gleichsam symbolisch seit Beginn des Eisenbahnzeitalters in Hannover am selben Ort steht.

Bild 121 Hauptbahnhof Hannover. Blick aus dem südöstlichen Quergang in die Empfangshalle. Foto: Eschen, um 1950 (Deutsche Fotothek)
Bild 122 Hauptbahnhof Hannover. Südwestfassade des Empfangsgebäudes nach der Wiederherstellung. Links im Bild Reiterstandbild des Königs Ernst August, von Wolff. Foto: Eschen, um 1950 (Deutsche Fotothek)

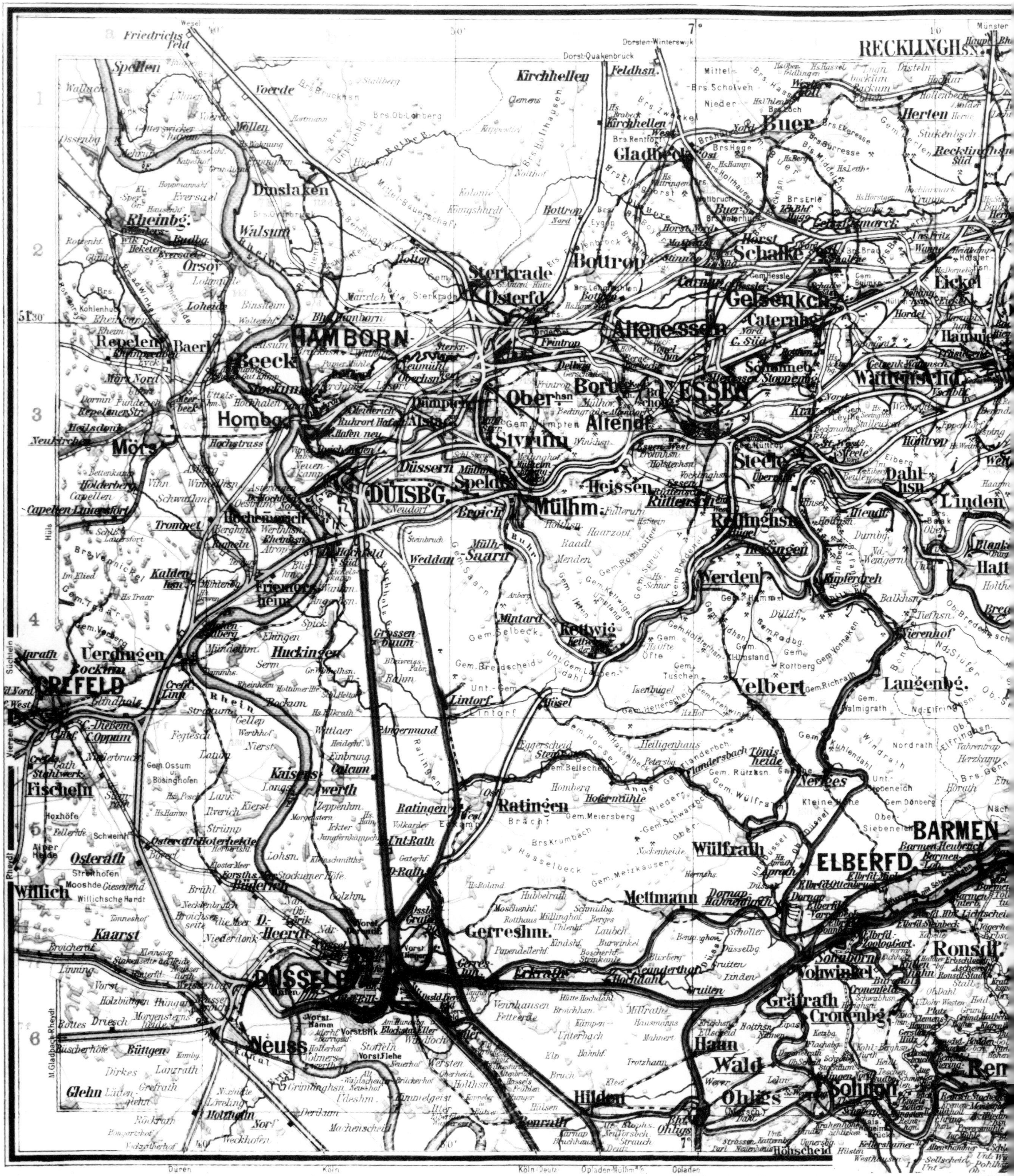

Friedrichsfeld
Wesel
Spellen
Voerde
Kirchhellen
Feldhsn.
Dorsten-Winterswijk
Dorst-Quakenbruck
RECKLINGHS.
Münster
Buer
Gladbeck
Herten
Dinslaken
Rheinbg.
Walsum
Orsoy
Bottrop
Sterkrade
Osterfd
Schalke
Gelsenkchn
Eickel
Altenessen
Caternbg
Repelen
Baerl
HAMBORN
Beeck
Homberg
Ober-hsn
Borbeck
ESSEN
Wattenscheid
Altendf
Styrum
Mörs
Neukirchen
Steele
Dahlhsn
DUISBG.
Speldorf
Mülhm.
Heissen
Rellinghsn
Linden
Broich
Kupferdreh
Werden
Hattingen
Weddau
Mintard
Kettwig
Uerdingen
Huckingen
CREFELD
Velbert
Langenbg.
Lintorf
Angermund
Heiligenhaus
Tönisheide
Neviges
Fischeln
Kaiserswerth
Ratingen
BARMEN
Osterath
Wülfrath
ELBERFD.
Willich
Mettmann
Gerresheim
Kaarst
DÜSSELDORF
Vohwinkel
Ronsdorf
Gräfrath
Cronenbg.
Neuss
Hilden
Haan
Wald
Ohligs
Solingen
Benrath
Büttgen
Glehn
Rhein
Ruhr
Düren
Köln
Köln-Deutz
Opladen-Mülheim
Opladen
M.Gladbach-Rheydt
Viersen
Hüls
51°30'
50'
40'
7°
10'
1
2
3
4
5
6

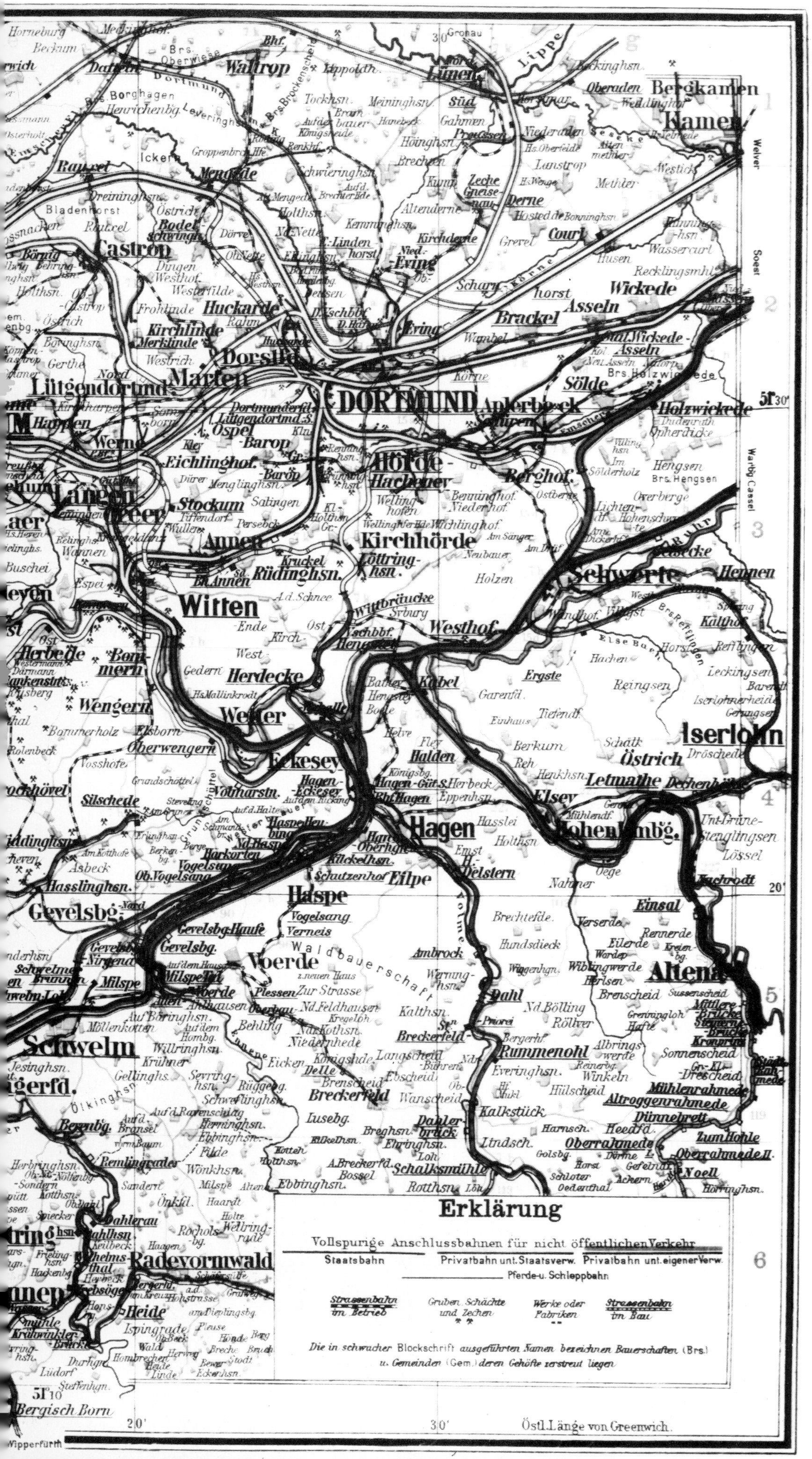

III. Preußische Eisenbahnen

Staatsbahnen

7 Preußische Staatsbahnen
Direktions-Bezirke:

e Cassel	h Elberfeld
f Cöln	k Essen
r Münster	

Privatbahnen

15 Allgem. Lokal- u. Straßenb.-Ges.
25 Barmer Bergbahn m. Ronsdorf-Müngsten
26 Barmen–Schwelm–Milsper Str.-B.
31 Bergische Kleinbahnen
55 Crefelder Eisenbahn
63 Düsseldorf–Duisburger Kleinb.
96 Haspe–Voerde–Breckerfelder Klb.
99 Herne–Recklinghausener Stra.-B.
102 Hohenlimburger Kleinbahn
118 Kontinent. Eisenb.-Bau u. Betr.-G.
119 Kreis Altenaer Schmalspurbahnen
126 Aa Landkreis Recklinghausener Straßenb.
143 Mörser Kreisbahnen
180 Rheinische Bahngesellschaft
180 A Rhein.–Westf. Elektr.-Werk Essen
194 Schwebebahn Barmen–Elberfeld–Vohwinkel
195 Siemens & Halske A.-G.
196 Solinger Kleinbahn
208 Süddeutsche Eisenbahn-Ges.
225 Westdeutsche Eisenb.-Ges.
228 Westfälische Kleinbahnen

Koch, W. und C. Opitz:
Eisenbahn- und Verkehrsatlas von Europa. Leipzig 1912
Blatt Nr. 15

Die Düsseldorf–Elberfelder Eisenbahn

Diese älteste Eisenbahn im Westen Preußens teilt ihre Vorgeschichte mit den später gebauten größeren Bahnen des bergisch-märkischen Landes, der Cöln-Mindener (Seite 101) und der Bergisch-Märkischen Eisenbahn (Seite 122). Friedrich Harkorts Schriften hatten in Barmen, Elberfeld und besonders in Wuppertal viel Aktivitäten ausgelöst. In Elberfeld trat der Realschuldirektor Professor Egen seit 1832 leidenschaftlich für Eisenbahnen vor allem zur Erschließung und Versorgung des bergischen Industriegebietes ein, nachdem er in England das neue Verkehrsmittel kennenlernte. Düsseldorf, das verkehrsmäßig durch die Rheinschifffahrt begünstigt und daher zunächst an Eisenbahnplänen weniger interessiert war, erwachte erst, als die Cöln-Mindener Eisenbahn aktueller wurde, und bildete 1833 einen Ausschuß für den Bau einer Zweigbahn nach Elberfeld, um auch künftig und für alle Fälle die Handelsbeziehungen zu seinem wirtschaftlich bedeutenden Hinterland zu sichern. Wuppertal hingegen wünschte eine Eisenbahn hauptsächlich zur Verbindung mit dem Rhein und zur Kohleversorgung.

1835 endlich, beeindruckt von den Fortschritten der Ludwigseisenbahn Nürnberg–Fürth und der hektischen Aktienzeichnung für Leipzig–Dresden, riefen Ausschüsse in Düsseldorf und Elberfeld nach mehrjährigen vergeblichen Bemühungen kurzerhand zur Aktienzeichnung auf und gründeten in einer Generalversammlung am 29./30. Oktober 1835 die »Düsseldorf-Elberfelder Eisenbahngesellschaft«. Sie erhielt mit taktisch geschickter Unterstützung durch den Elberfelder Bankier August Freiherr v. d. Heydt, seit 1848 preußischer Handelsminister, die Konzession für die Strecken Düsseldorf–Elberfeld und Elberfeld–Witten endgültig am 23. September 1837. Mit dem Bau der erstgenannten 29,1 km langen Strecke wurde am 9. April 1838 begonnen und der erste Abschnitt Düsseldorf–Gerresheim–Erkrath schon am 20. Dezember 1838 eröffnet (Bild 123). Der folgende, schwierige Teil der Trasse konnte zwischen Erkrath und Vohwinkel am 21. Mai 1841, die Gesamtstrecke Düsseldorf–Elberfeld aber am 3. September 1841 zunächst für Personenverkehr und am 1. Dezember 1841 auch für den Güterverkehr in Betrieb genommen werden.

Bauleiter der nicht unproblematischen Strecke war der hervorragende Baumeister Friedrich Eduard Wiebe, der später noch viele Eisenbahnen und andere größere Ingenieurbauwerke schuf. Ihr bekanntestes Detail ist wohl die ungewöhnliche Steigung von 1 : 30 zwischen Erkrath und Hochdahl, die anfangs mit Seilzug durch zwei ortsfeste Dampfmaschinen bewältigt wurde (Bild 127, 128). Dieses umständliche Verfahren bewährte sich im Betrieb jedoch nicht. Bereits im ersten Verkehrsjahr ließ man daher anstelle des Dampfmaschinenbetriebes gleichzeitig zwei an einem Seil hängende Züge auf- und abwärts bewegen, wobei der talwärts fahrende den anderen durch seine Schwerkraft bergauf zog. Später wurden bergab auch schwere Lokomotiven eingesetzt. Der Seilzugbetrieb erfolgte bis zum Januar des Jahres 1926.

Die Strecke Elberfeld–Witten kam erst ein Jahrzehnt danach durch die Bergisch-Märkische Eisenbahn zur Ausführung (Seite 122). Zunächst hatte die Düsseldorf-Elberfelder Eisenbahn keinerlei Anschluß an andere Bahnen, den sie erst durch Eröffnung der Linie Düsseldorf–Deutz der Cöln-Mindener im Jahre 1845 und der Bergisch-Märkischen Eisenbahn 1848 erhielt. Seitdem und nach Überwindung der negativen wirtschaftlichen Folgen der Revolution dieses Jahres konnte sich ihr Verkehrsaufkommen einigermaßen entwickeln. Am 2. Juni 1857 ging sie durch Kauf an die Bergisch-Märkische Eisenbahn über, die in Elberfeld Anschluß hatte und für sich mit dem Erwerb der Düsseldorf-Elberfelder Eisenbahn günstige Entwicklungsbedingungen schuf. Die Bergisch-Märkische Eisenbahn wurde ab 1. Januar 1882 vom preußischen Staat auf dessen Rechnung übernommen und nach Auflösung der Gesellschaft am 1. Januar 1886 Eigentum der Preußischen Staatsbahn. Die Düsseldorf-Elberfelder Bahn war als Bestandteil der Bergisch-Märkischen Eisenbahn seit 1. Januar 1882 der Königlichen Eisenbahndirection Elberfeld unterstellt.

Bild 123 Die Düsseldorf-Elberfelder Eisenbahn, Teilabschnitt Düsseldorf – Hochdahl, mit Lage der Bahnhöfe 1851 (Sammlung Verfasser)

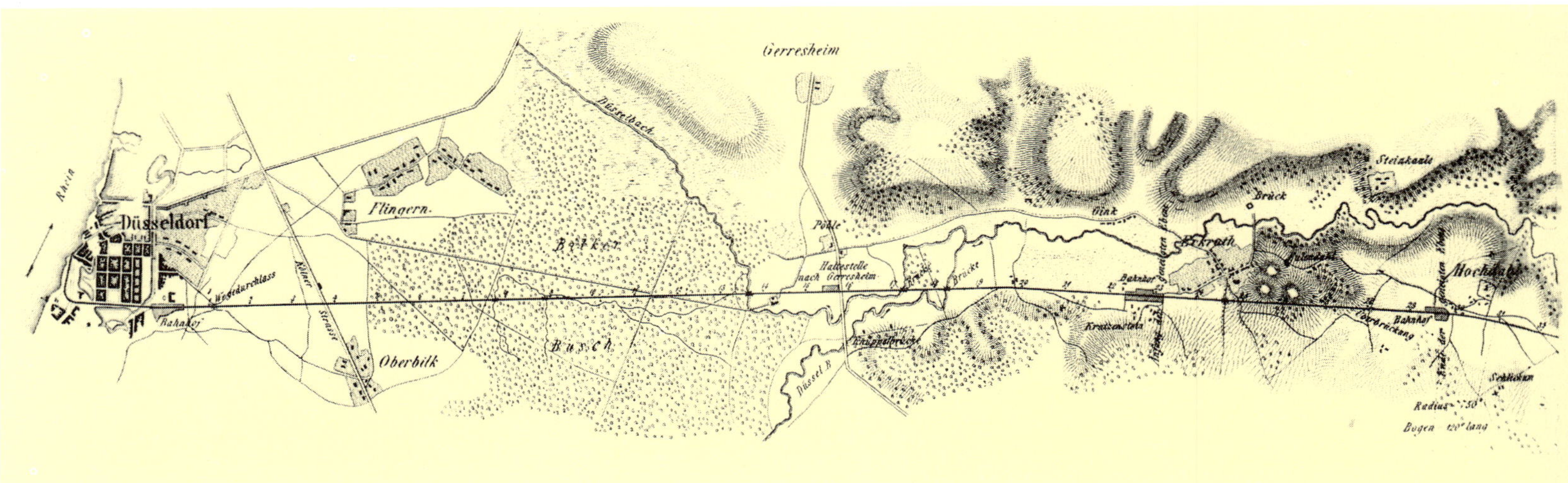

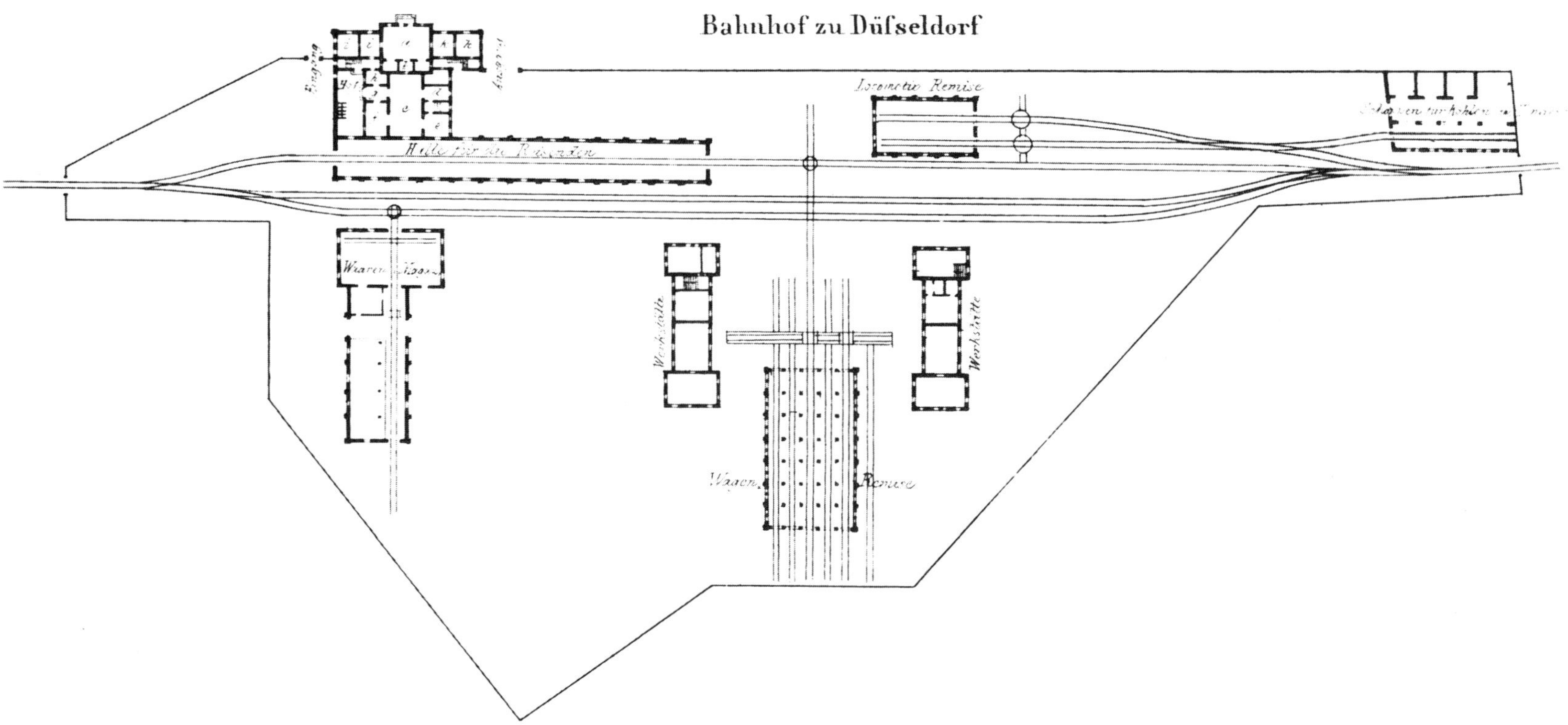

Bild 124 Bahnhof Düsseldorf. Lageplan mit Gebäudegrundrissen 1851. Empfangsgebäude: a Vestibül; b Vorzimmer; c Wartesaal; d Salon für Männer; e Salon für Damen; f Gepäckbureau; g Korridor; h Bureau; i Kasse; k Wohnung des Kassiers; die Aborte befanden sich im Hof, zu dem der Korridor g führte (Sammlung Verfasser)

Bahnhof Düsseldorf

Von der ersten Bahnhofsanlage Düsseldorfs ist ein Lageplan mit Grundrissen der Gebäude überliefert (Bild 124), dem leider Ansichten nicht beigegeben sind. Vermutlich interessierte vorzugsweise die funktionelle Seite des Entwurfes, während die architektonische Gestaltung des Äußeren der Bauten nicht für publikationswürdig gehalten wurde, besonders falls es sich um reine Zweckbauten oder sogenannte »Interimslösungen« handelte. Dafür sprechen recht abfällige Bemerkungen eines Aktionärs über das Düsseldorfer Empfangsgebäude im Jahre 1842: »Der Versammlungsort der 3. Klasse in Düsseldorf hat etwas Scheunenartiges; denn man sieht bis oben in die Sparren. Es ist schlimm, daß die 3. Klasse kein Licht hat. Denn sie ist ganz im Dunkeln«. Wie in München beim Bahnhof auf dem Marsfeld oder beim ersten Böhmischen Bahnhof in Dresden hatte man auch hier zunächst eine schlichte, kostengünstige Konstruktion gewählt, die – im Ungewissen über die weitere Entwicklung der Eisenbahn – nur dem Zweck dienen sollte und jeden repräsentativen Aufwand vermied. Daß der im Gebäudeinneren gelegene Wartesaal überhaupt keine Tageslichtbeleuchtung besaß, sondern nur die »Salons für Damen und Herren«, ist natürlich ein häßlicher Entwurfsfehler, falls ihm das Tageslicht nicht nur durch späteren Anbau der »Einsteighalle« geraubt wurde.

Über Einzelheiten und Betrieb des Bahnhofes liegt ein anschaulicher Bericht aus dem Jahre 1851 vor: »In dem Hauptgebäude tritt man zuerst in die Hauptflur a, löst dann an der Kasse i die Billete, und kommt durch die kleine Flur b, welche als Windfang dient, in den Wartesaal c, der über die Seitengebäude herausragt, und durch den Gang g mit dem Hofe verbunden ist. d ist ein besonderes Zimmer für Herren und e deßgleichen für Damen; zwischen beiden liegen 2 Waterclosets. Während der Mitfahrende durch den Saal c in die Packkammer f kommt, wird sein Gepäck durch die Bureaustube h ebenfalls in die Packkammer f befördert, wo ihm eine Nummer als Empfangsschein gegeben wird; das Gepäck wird dann auf den in der Einsteighalle befindlichen Bagagewagen verladen. Der Reisende kommt nun durch den Wartesaal c ebenfalls in die Einsteighalle, welche eine gemauerte Estrade zum Einsteigen in den Wagen hat. Die Räume k dienen als Wohnung des Kassirers. Im zweiten Stockwerk des Gebäudes befinden sich die Bureaus für die Direkzion und für das techniche Personal; das dritte Stockwerk des mittleren Gebäudes dient zur Wohnung des Bureaudieners. Die Einsteigehalle, für 16 Wagen berechnet, wird zugleich als Remise benutzt, indem der angekommene Wagenzug bis zur nächsten Abfahrt hier stehen bleibt. Dem Hauptgebäude gegenüber befindet sich das Waaren-Magazin, dessen vorderer Theil ... bis jetzt noch nicht zur Ausführung gekommen ist. Die Lokomotiv-Remise ist für 6 Lokomotiven ohne Tender berechnet, und in derselben befindet sich zugleich der Wasserkasten zur Speisung der Lokomotive. Auch die Wagen-Remise kann theilweise für Lokomotiven benutzt werden, indem der mittlere Strang dieser Remise mit einem vertieften Gange versehen ist«.

Betriebstechnisch-funktionell erfüllte diese Bahnhofsanlage aus der Frühzeit der Eisenbahn unter den damaligen technologischen Bedingungen gewiß alle Anforderungen vorbildlich, so daß sie einer Veröffentlichung wert schien. Als Schwachstellen würden wir heute die Verbindung zur »Wagen-Remise« und zum »Waaren-Magazin« über jeweils eine Drehscheibe ansehen. Aber da dieser Rangierbetrieb seinerzeit durch Menschenkraft, hier und dort auch unter Einsatz von Pferden erfolgte, können auch diese Umstände nicht negativ bewertet werden.

Der Bahnhof, dessen verwinkelte Begrenzung im Süden aus den Widerständen und Forderungen einflußreicher Anlieger herrührte, lag unmittelbar südlich des heutigen Graf-Adolf-Platzes (Bild 123). Die von hier fast geradlinig ostwärts nach Gerresheim–Elberfeld führende

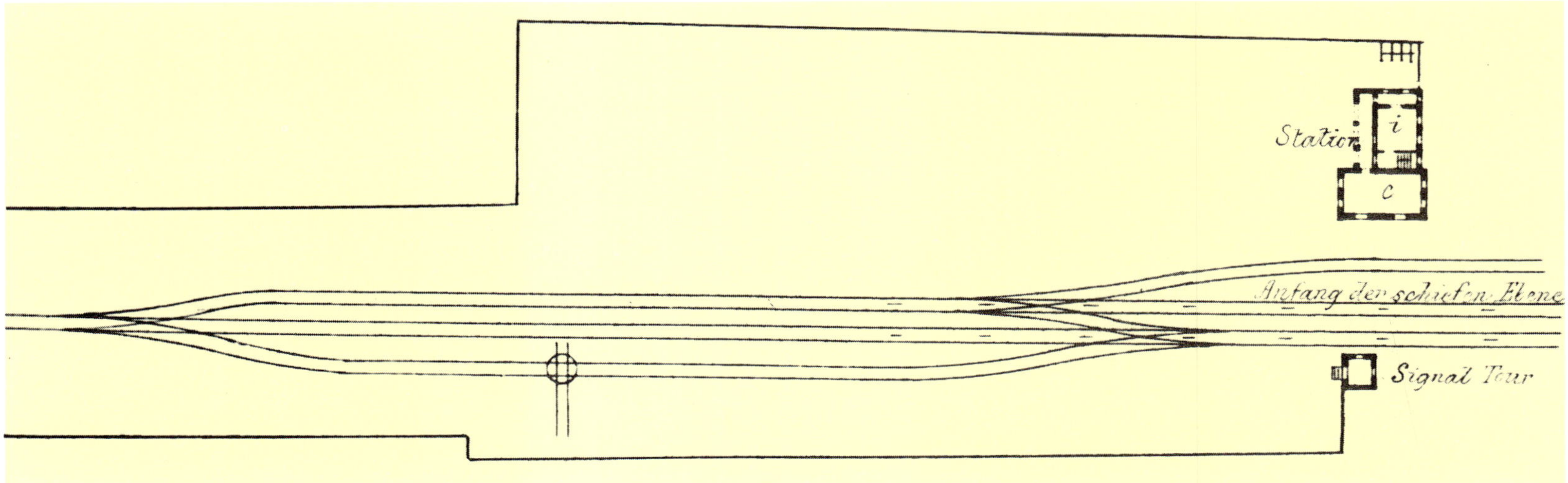

Bild 125 Bahnhof Erkrath. Lageplan mit Grundrissen um 1850. Stationsgebäude: i Kasse; c Passagierzimmer; im zweiten Stock befand sich die Wohnung des Bahnmeisters (Sammlung Verfasser)

Bild 126 Bahnhof Erkrath. Empfangsgebäude von der Bahnseite um 1936 (BD Köln, Pressedienst)

alte Trasse ist teilweise noch erkennbar; stellenweise liegen auf ihr Firmen-Anschlußgleise. Sie wurde bei der Umgestaltung der Düsseldorfer Bahnanlagen aufgegeben. Mit der Rheinschiffahrt war der alte Bahnhof durch eine eingleisige Pferdebahn verbunden, die nach einer Kurve am jetzigen Mannesmann-Haus nordwärts den Hafenplatz erreichte. Dieser kleine Hafen ist schon lange nicht mehr vorhanden (jetzt: Mannesmann-Ufer). Die Hafenbahn wurde seit 1855 mit Dampflokomotiven betrieben, nachdem der Güterverkehr zwischen Rheinschiffahrt und Eisenbahn mehr als erwartet zunahm.

Bahnhof Erkrath

Nur wenige Zwischenstationen wurden eisenbahngeschichtlich so bekannt, wie die Bahnhöfe Erkrath und Hochdahl mit der beide verbindenden »geneigten Ebene«, einer für die damalige Zeit phantastischen ingenieurtechnischen Lösung, die zu den interessantesten Europas gehörte. Der Bahnhof Erkrath an ihrem Fuße (Bild 125), von dem ebenfalls leider nur der Grundriß aus dem Jahre 1851 vorliegt, hatte an der zweigleisigen Strecke lediglich die notwendigsten Nebengleisanlagen mit einer Drehscheibe auf dem Überholungsgleis. Im genannten Jahr befinden sich »Auf dem Stazionshofe zu Erkrath ... im Erdgeschoß des Stazionsgebäudes in i die Kasse und in c die Passagierzimmer; im zweiten Stock ist eine Wohnung für den Bahnmeister. Der zweistöckige Signalthurm, der durch die Bahn vom Passagierhause getrennt ist, hat unten einen Raum für das Signalgebläse und darüber einen für das Reserve-Seil.« An diesem jenseits der Gleise am Anfang der geneigten Ebene stehenden Gebäude zeigte eine pneumatische Signaleinrichtung mittels Gebläse und »Orgelpfeife« die Ankunft der Züge und die Befestigung des Seiles »telegraphisch« über eine nicht unbeträchtliche Entfernung an.

Nach der Jahrhundertwende erhielt der Bahnhof ein neues Empfangsgebäude (Bild 126), das gestalterisch dem gleichzeitig in Vohwinkel während des 1901 bis 1907 durchgeführten Umbaues der dortigen Anlagen geschaffenen Bahnhofsgebäude (Bild 133) sehr ähnlich ist und vermutlich vom selben Projektanten entworfen wurde. Im Hintergrund des Bildes 126 sind noch Fachwerkbauten aus der Anfangszeit des Bahnhofes Erkrath erkennbar.

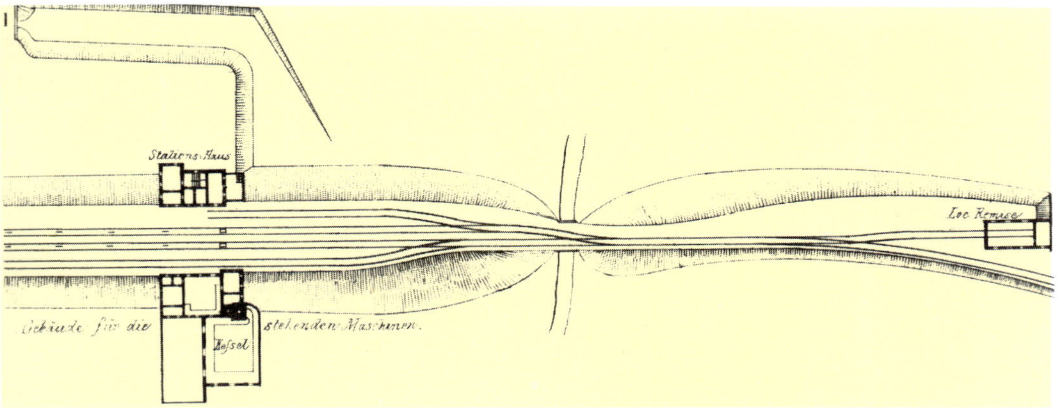

Bild 127 Bahnhof Hochdahl. Lageplan um 1855 (Sammlung Verfasser)

Bild 128 Bahnhof Hochdahl. Oben: Schnitt durch Kesselhaus, Maschinenraum und Seilzugaggregat der »Stehenden Maschine«; anschließend (rechts) Ansicht des »Passagier-Gebäudes« (Empfangsgebäude). Unten: Grundrisse des Kesselhauses und Maschinenraumes der »Stehenden Maschine« sowie des »Passagier-Gebäudes«, um 1855 (Sammlung Verfasser)

Bahnhof Hochdahl

Wegen der seinerzeit sensationellen Seilzug-Maschinenanlage wurden in zeitgenössischen Veröffentlichungen nicht nur der Lageplan des Bahnhofes Hochdahl (Bild 127), sondern auch die Hochbauten, das »Stationshaus« und die »Gebäude für die stehenden Maschinen« und Seilantriebe detailliert dargestellt (Bild 128). Damit besitzen wir exakte zeichnerische Dokumente dieser historischen Bahnhofsbauten.

Im Vergleich zu Erkrath war das hiesige, massiv ausgeführte, dreigeschossige Empfangsgebäude, in der Zeichnung (Bild 128) als »Passagier-Gebäude« benannt, wesentlich größer ausgeführt, um zusätzlich Diensträume und -wohnungen unterzubringen.

Die Maschinenanlage ermöglichte 1855 fünf Betriebsvarianten auf der geneigten Ebene: »1) Bewegung einer Locomotive ohne Seil; 2) Bewegung eines Zuges mit einer Locomotive und mit Hülfe einer zu Thal ziehenden Locomotive; 3) dieselbe Bewegung wie (2), aber mit Beihülfe der Maschine; 4) die Bewegung eines Zuges durch das Aufwickeln des Seils auf die Trommel, vermittelst der stehenden Maschine; 5) die Bewegungen eines hinausgehenden Zuges durch den heruntergehenden. Nur die letzte Betriebsart und bei Extrazügen die unter (2) angegebene, wobei denn zuweilen einige reservierte Wagen mit Kalksteinen mit hinabgehen, ist noch in Anwendung«. Der Seilzug hatte eine Länge von 2450 m bei einer Steigung von $^1/_{30}$ (= 81,70 m Höhendifferenz zwischen Erkrath und Hochdahl) zu bewältigen!

Dazu waren zwei »stehende Maschinen« installiert, sogenannte »Balancier-Dampfmaschinen« mit riesigem stehenden Zylinder, der etwa 55 cm Durchmesser und 95 cm Hub hatte. Sie liefen mit rund 20 Umdrehungen je Minute. Solche Dampfmaschinen wurden bereits in den 20er Jahren von der Mechanischen Werkstätte (Friedrich) Harkort & Co. in Wetter an der Ruhr, Vorgängerin der Deutschen Maschinenfabrik AG (Demag), gebaut. Die Funktion des Seilzugaggregates wird 1855 so beschrieben:

»Die beiden Maschinen ... arbeiten an einer gemeinschaftlichen Welle, die bei m gekuppelt ist. An dieser Welle befindet sich das Schwungrad n und die Trommel o. Ebenfalls unter dem Bahnniveau und mit ihren Achsen in der Mitte zwischen beiden Bahngeleisen liegend, befinden sich noch 2 gußeiserne Seilrollen p und q, beide von 3,44 m Durchmesser. Die senkrechte Rolle q ist mit 2 Rinnen versehen, während die schräge Rolle p nur eine hat. Beide Seilrollen ruhen auf einem gußeisernen Bockgerüste und es sind bei der schrägen Rolle die Lager so eingerichtet, daß man sie verstellen und die Rolle mehr nach dem Schwungrad n richten kann. Über den beiden großen Seilrollen p und q liegen 2 weitere Leitrollen r, r', welche mit ihren Achsen senkrecht auf den Bahngeleisen stehen und dazu dienen, das Seil von der Bahn auf die Seilrollen p und q und von diesen wieder auf die Bahn zu leiten.

Bei der sub. 2 angegebenen Betriebsart geht das Seil von der einen Bahn über die in diesem Bahngeleise stehende Rolle r nach der Leitrolle q und über die in dem anderen Geleise stehende Rolle r' nach der andern Bahn zurück.

Bei dem Betriebe sub. 3 läuft das Seil von dem auf der einen Bahn stehenden Wagenzuge über das in der Mitte befindliche Rad r auf die senkrechte Seilrolle q, von hier über das Schwungrad n, dann nochmals über die Rolle q und nochmals über das Schwungrad; hierauf zieht es sich nach dem schrägen Rade p, dessen Zapfen verschoben werden, und welches von dem Seile auf $^3/_4$ seiner Peripherie umfaßt wird, und sodann über das zweite Rad r' nach der auf dem entsprechenden Geleise stehenden Locomotive.

Bei dem Betriebe sub. 4 läuft das Seil von dem Wagenzuge, der in diesem Falle stets auf der von Hochdahl nach Erkrath aus rechts gelegenen Bahn stehen muß, über das in derselben Bahn stehende Rad r, sodann über die schräge Rolle p direct nach der Trommel o.

Bei dem Betriebe sub. 5 endlich ist der Lauf des Seils wie bei sub. 2«.

Die gesamte Maschinenanlage wurde von der Gutehoffnungs-Hütte, »dem bei Ruhrort gelegenen Etablissement der Herrn Jacobi, Haniel und Huyssen« für 40397 Rthlr. 29 Sgr. 11 Pf. geliefert und »für die Güte des Materials und der Ausführung wurde 6 Monate garantiert«. Die 2 Dampfmaschinen besaßen je »50 Pferdekraft, welche aus 5 nach dem Woolf'schen Princip gebauten Dampfkesseln gespeist« wurden. Mit jedem Kessel konnten 25 PS erzeugt werden, so daß einer stets als Reserve zur Verfügung stand.

Das erste Seil war aus russischem Hanf gefertigt und hielt den Belastungen über 1 Jahr stand. »Bei der Ablieferung hatte dasselbe eine Länge von 704 preuß. Ruthen, einen Umfang von $6\frac{1}{2}$ Zoll engl. und ein Gewicht von 126 Ztr. preuß. Nachdem der Betrieb mit Hülfe der stehenden Maschine in Gang gebracht war, verlängerte sich das Seil so bedeutend, daß nach und nach c. 120 Ruthen Seil abgeschnitten werden mußten. Theilweise lag dies daran, daß die Fäden des Seils etwas zu stark getheert waren, und bei der Sonnenhitze ein Theil des Theers heraus tröpfte, wodurch dasselbe nur noch ein Gewicht von 108 Ztr. behielt... . Das neue Seil wurde in der Fabrik der Herren Felten et Guillaume in Köln angefertigt...«.

Über den Reiseverkehr wird 1851 berichtet: »Auf der Stazion Hochdahl gelangen die Mitfahrenden von dem unteren Hofraum über die Treppe in die Flur a zur Kasse i, und verbleiben in dem Passagierzimmer c, bis der Zug von Elberfeld oder Düsseldorf angekommen ist; der Raum x ist für den Aufenthalt der Arbeiter bestimmt. Die Räume über dem Passagierzimmer c dienen als Wohnung für den Oberaufseher. Für die hier aussteigenden Passagiere ist der mit =Ausgang= bezeichnete Weg bestimmt. Die Lokomotiv-Remise ist für eine Reserve-Lokomotive mit Tender berechnet; in der hinteren Abtheilung ist ein Raum für Coaks und darüber eine Kammer für den Lokomotiv-Führer und den Heizer. Das Wasserreservoir befindet sich im Maschinengebäude.

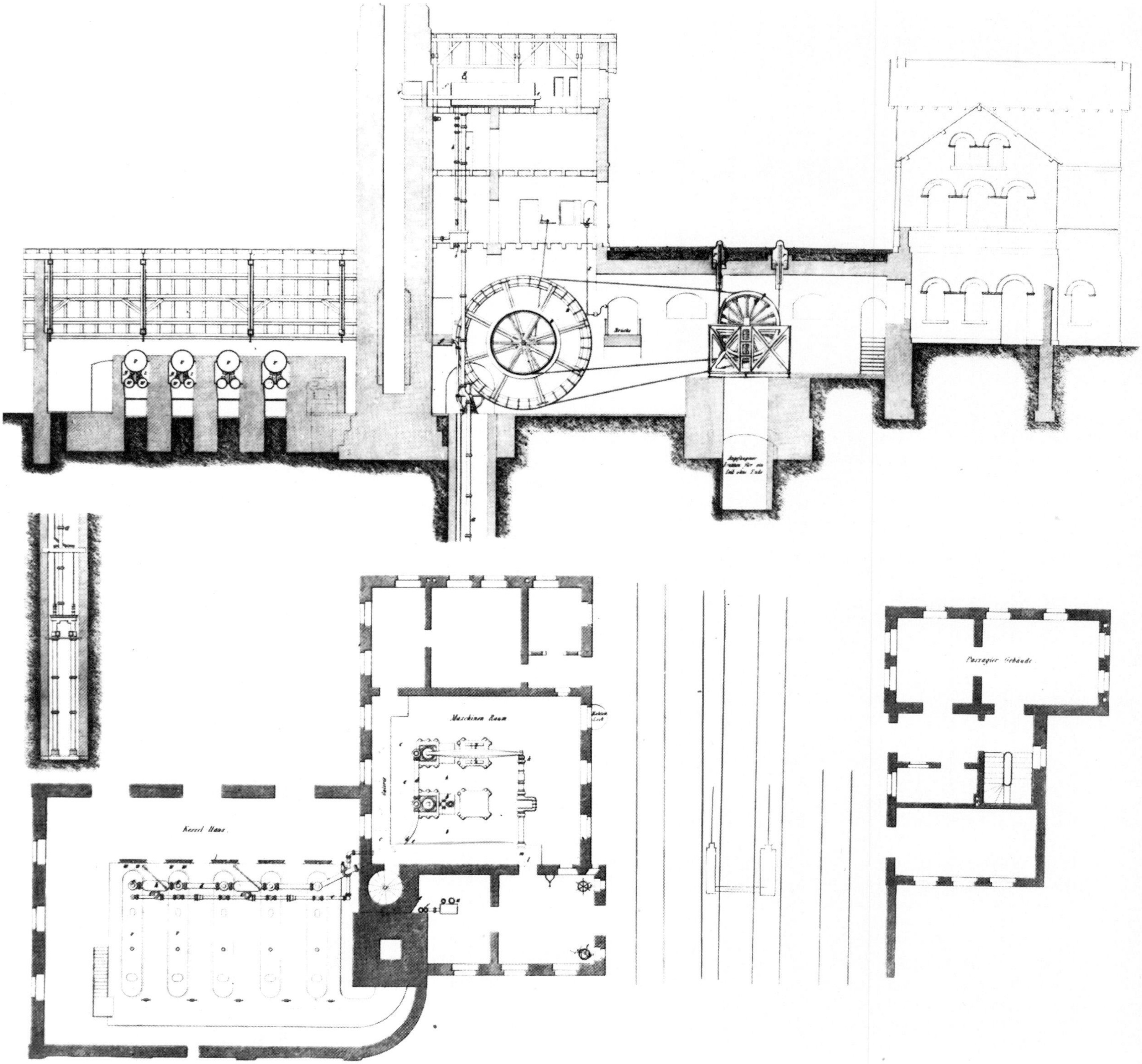

Bahnhof Vohwinkel

Am 21. Mai 1841 war der Abschnitt Erkrath–Vohwinkel betriebsfertig. Aus der an diesem Tage eröffneten Zwischenstation Vohwinkel der Düsseldorf-Elberfelder Eisenbahn (lt. Reichskursbuch, Ausgabe Nr. 3 seit 5. Oktober 1930: Wuppertal–Vohwinkel) entwickelte sich schon bald ein bekannter Trennungsbahnhof, seitdem die am 1. Dezember 1847 in Betrieb genommene 32,1 km, lange Prinz-Wilhelms-Bahn von hier nach Langenberg–Kupferdreh–Überruhr–Steele führte.

Der erste Bahnhof von 1841 wurde an der Straße Köln–Solingen angelegt, die von der Strecke schräg gekreuzt wurde (Bild 129). Dieser Lage entsprechend stand das Empfangsgebäude nicht, wie sonst üblich, parallel zu den Gleisen, sondern zur Straße, ebenso das nördlich durch Weichen und Drehscheibe mit einem Überholungsgleis verbundene Ladegleis

Bild 129 Die Düsseldorf-Elberfelder Eisenbahn, Teilabschnitt (Hochdahl) – Haan – Vohwinkel – Steinbeck, mit Lage der Bahnhöfe 1851. Unten: Bahnhof Vohwinkel. Lageplan mit Grundrissen der Gebäude 1851. Stationsgebäude (Hauptgebäude): a Flur; c Passagiersaal; f Packkammer; i Kasse; z Ausgang und Gepäckausgabe; Wasserstation: y Kohlenraum (Sammlung Verfasser)
Bild 130 Bahnhof Vohwinkel. Lageplan 1876 (Sammlung Verfasser)

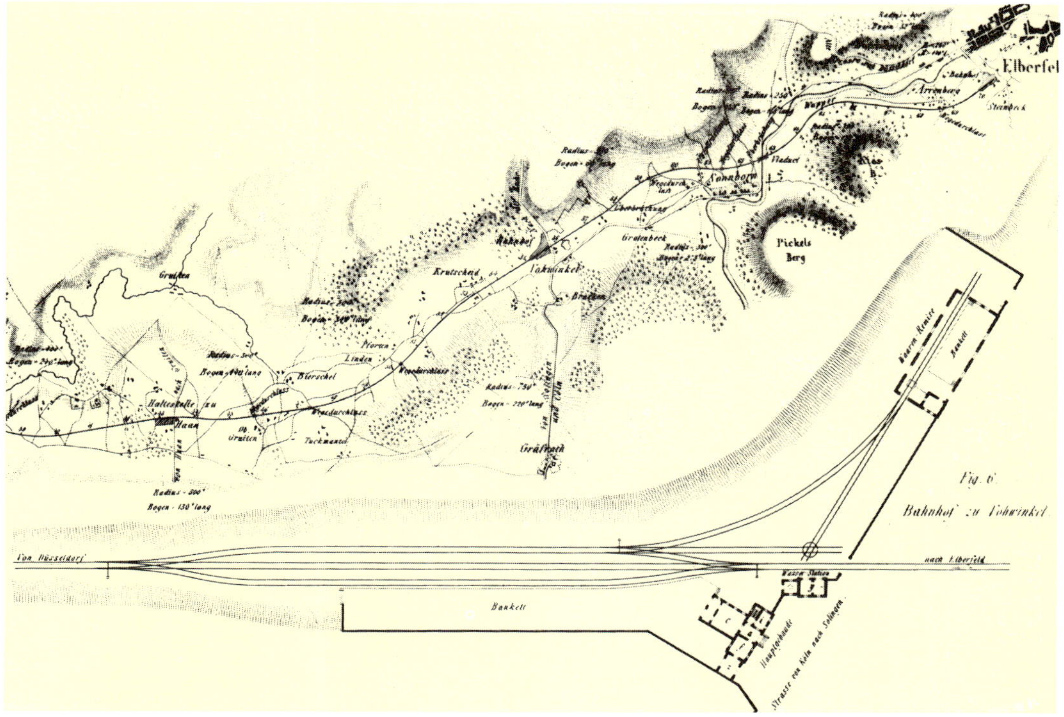

mit »Waaren-Remise«. Zu den Gleisen war nur die Wasserstation, die im Norden den Bahnhofsvorplatz flankierte, orientiert. »Am Stazionsgebäude ... ist der vordere Theil zweistökkig, wogegen der für den Aufenthalt der Passagiere eingerichtete Flügel nur aus einem Erdgeschosse besteht. a ist die Flur, i die Kasse, f die Packkammer, c der Passagiersaal mit einer daranstoßenden Halle. Der Raum z ist eine Durchfahrt, die zu gleicher Zeit als Ausgang für die an dieser Stazion abgehenden Reisenden und zur Ausgabe des Gepäckes an dieselben bestimmt ist. Im zweiten Stock des vorderen Hauptgebäudes befindet sich die Wohnung des Kassirers. Der Raum y der Wasserstazion dient als Kohlenraum.« Der Güterschuppen (die »Waaren-Remise«) umschloß auch das Ladegleis, das in ihn hineingeführt war, so daß alle Umschlagarbeiten wettergeschützt erfolgten.

Dreißig Jahre später, um 1875, war von der alten Bahnhofsanlage nichts mehr vorhanden, die Gleisanlage nach Einführung der Prinz-Wilhelms-Bahn wesentlich erweitert (Bild 130). Der zweite Bahnhof umfaßte ein dreiteiliges Empfangsgebäude mit Freiabort vor einem Haus- und drei Zwischenbahnsteigen, einen Ringschuppen mit 10 Lokomotivständen, Wasserstation sowie einen Güterschuppen.

Nach wiederum 30 Jahren erfolgte die erneute Umgestaltung und Erweiterung mit totaler Veränderung des Personenbahnhofes, dessen Gleise hochgelegt wurden. Im Winkel des Abzweiges erhielt das neue Empfangsgebäude Keillage (Bild 131). Seine fast sakral anmutenden Fassaden (Bild 132, 133) befinden sich in erstaunlichem Widerspruch zur mustergültigen funktionellen Lösung des Bauwerkes auf ganz unregelmäßigem Grundriß (Bild 131, 134). Besonders interessant ist die Anordnung der Diensträume in einem getrennt vom Empfangsgebäude in der Keilspitze errichteten Dienstgebäude. Denkbar günstig sind die Wege für die Reisenden: An der Eingangshalle liegen Fahrkarten- und Gepäckschalter, anschließend führen nach beiden Seiten Personentunnels zu den hochliegenden Bahnsteigen, am Hallenende gelangt man hier in die Warteräume mit Bahnhofsrestaurant, schräg gegenüber im Personentunnel der Düsseldorfer Seite zu den Toiletten. Für Gepäck, Eilgut und Post sind besondere Gepäcktunnel zu den Bahnsteigen geführt, an welchen nördlich das Bahnpostgebäude, südlich der Eilgutschuppen liegen. Auf den Inselbahnsteigen wurden, ähnlich Inselgebäuden, kleine Bauten für den Bahnsteigaufsichtsdienst und größere mit Aborten, Warte- und Schankraum für die Reisenden angeordnet, die den Bahnsteig nicht verlassen können.

Beachtung verdient auch der um diese Zeit errichtete Lokomotivschuppen des Bahnhofes Vohwinkel, dessen funktionell und konstruktiv kaum zu übertreffende Gestaltung uns noch heute fasziniert (Bild 135). Auch dieses zweckmäßig schöne Bauwerk, eine Meisterleistung des Ingenieurhochbaues aus der Ära vor dem ersten Weltkrieg, steht in erkennbarem Kontrast zur eklektischen Architektur des hiesigen Empfangsgebäudes wie vieler dieser Zeit.

Für den großzügigen Bahnhofsumbau mußten u. a. fast 1,5 Millionen Kubikmeter Felsboden gesprengt und zur Herstellung des Bahnkörpers transportiert werden. Damit wurde die Grundlage für einen ausgedehnten Personen- und Güterbahnhof geschaffen, die ein Knotenpunkt wie Vohwinkel erforderte. Die Bauarbeiten für Erweiterung und Umgestaltung der gesamten Bahnhofsanlagen in den Jahren 1901 bis 1907 kosteten 12,6 Millionen Mark.

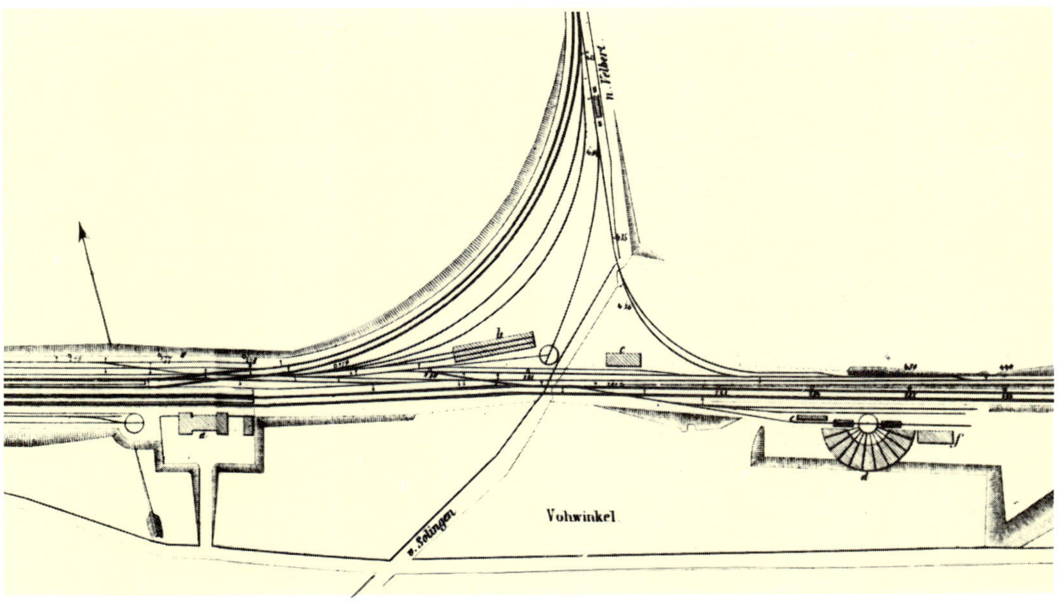

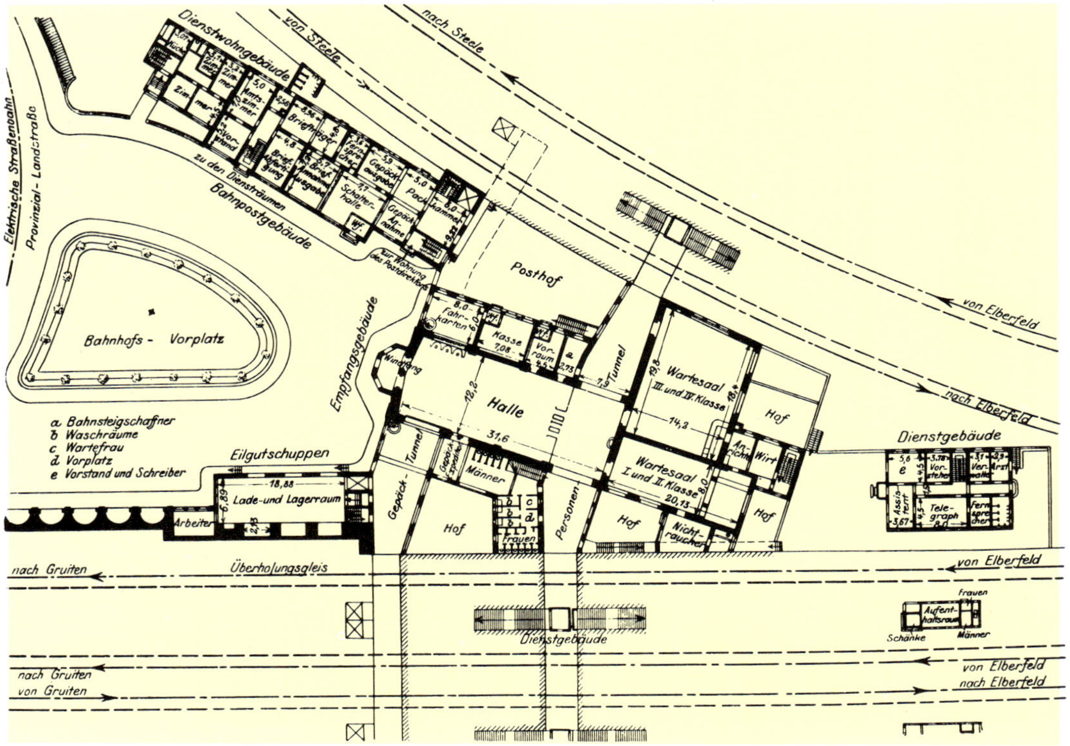

Bild 131 Bahnhof Vohwinkel. Grundriß des Empfangsgebäudes in Keillage, um 1908 (Sammlung Verfasser)
Bild 132 Bahnhof Vohwinkel. Ansicht des Empfangsgebäudes vom Vorplatz, um 1908 (Sammlung Verfasser)
Bild 133 Bahnhof Vohwinkel. Ansicht des Empfangsgebäudes vom Vorplatz, um 1980 (BD Köln, Pressedienst)

Bild 134 Bahnhof Vohwinkel. Schnitt des Empfangsgebäudes durch die Halle und den Wartesaal III. und IV. Klasse, um 1908 (Sammlung Verfasser)
Bild 135 Bahnhof Vohwinkel. Innenansicht des Lokomotivschuppens 1907 (Sammlung Verfasser)

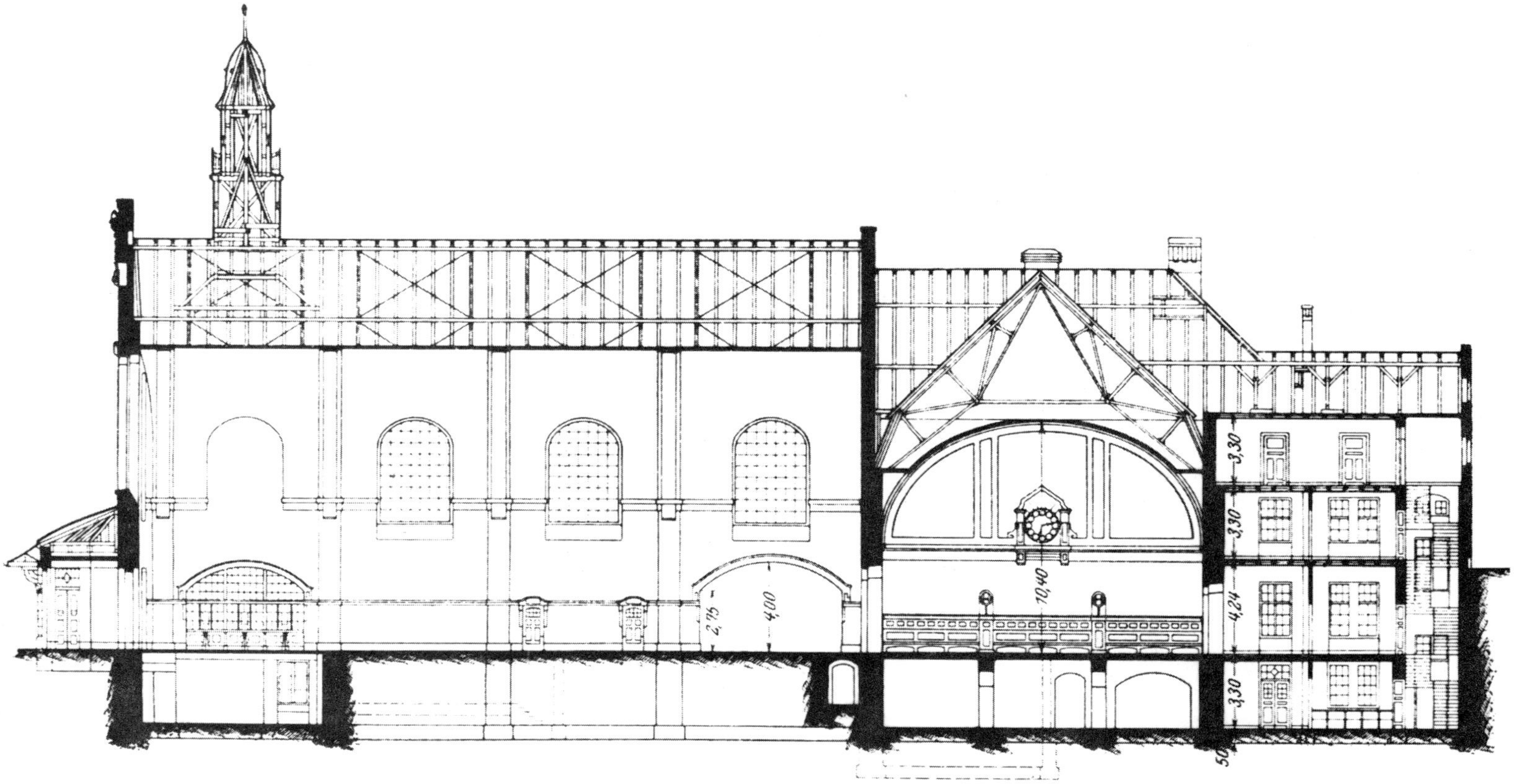
3,30
3,30
4,24
3,30
10,40
2,75
4,00
50

Bahnhof Steinbeck

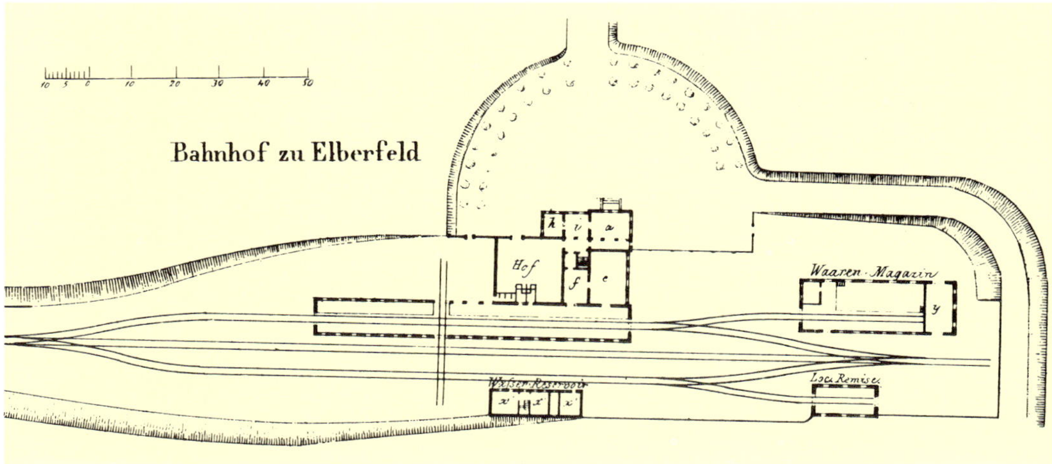

Bild 136 Bahnhof Steinbeck. Lageplan mit Gebäudegrundrissen 1841. Empfangsgebäude: a Flur; c Passagiersaal; f Packkammer; h Bureau; i Kasse. Wasser-Reservoir: s Räume für die Schirrmeister (Sammlung Verfasser)

Als Endpunkt der Eisenbahn von Düsseldorf war ursprünglich ein Bahnhof in Nähe der Stadtmitte Elberfelds vorgesehen, um später eine günstige Verbindung mit der geplanten Rhein-Weser-Bahn herstellen zu können. Weil der Bau dieser Bahn aber noch nicht begonnen hatte, beschloß die Direktion der Düsseldorf-Elberfelder Eisenbahn, zunächst in Steinbeck (jetzt: Wuppertal-Steinbeck) für Elberfeld »eine provisorische Personenstazion anzulegen, die später blos als Güterstazion benutzt werden sollte; hierdurch bezweckte sie zugleich die einstweilige Ersparniß eines Tunnels, der hier, dicht hinter dem jetzigen Bahnhof anfangend (1841), nothwendig geworden wäre. Das Stazionsgebäude von Elberfeld (Bild 136) wurde daher so angeordnet, daß es später mit geringer Veränderung für den Güterverkehr brauchbar sein wird. In diesem Gebäude ist a die Flur, i die Kasse, h das Bureau, c der Passagiersaal und f die Packkammer. Die beiden letzteren Räume führen in die Einsteighalle. In den oberen Stockwerken befinden sich Wohnungen für den Kassirer und den Bahnmeister. In der Wasserstazion sind die Räume x zum Aufenthalt der Schirrmeister bestimmt«. Damit schließt eine Beschreibung des Bahnhofs aus dem Jahre 1851.

Über die Gesamtanlage, zu der außerdem ein »Waaren-Magazin« (Güterschuppen) und eine kleine einständige »Locomotiv-Remise« gehörten, wird nichts weiter ausgeführt. Dafür besitzen wir von diesem Bahnhof eine zeitgenössische Lithographie (Bild 137), auf der alle Hochbauten dargestellt und mit Hilfe der

Bild 137 Bahnhof Steinbeck zur Eröffnung der Gesamtstrecke Düsseldorf – Elberfeld (Steinbeck) am 3. September 1841. Zeitgenössische Lithographie (Sammlung Verfasser)

Grundrisse ziemlich genau rekonstruierbar sind.

Der Bahnhof Steinbeck war Endbahnhof bis zum 8. März 1849. Tags darauf erhielt die Düsseldorf-Elberfelder Eisenbahn nach Fertigstellung des Streckenabschnittes Steinbeck–Döppersberg, wozu vor allem der zunächst vermiedene Durchstich der dazwischenliegenden Höhen endlich vonstatten ging, Anschluß an die Bergisch-Märkische Eisenbahn, die zu diesem Zeitpunkt den Personenverkehr bis Dortmund eröffnete (siehe Seite 123). Seit 9. März 1849 endeten und begannen nun die Düsseldorfer Personenzüge auf dem Bahnhof Elberfeld-Döppersberg (jetzt: Wuppertal-Elberfeld) der Bergisch-Märkischen Eisenbahn (siehe Seite 124).

In größerem Umfang wurde der Bahnhof Elberfeld-Steinbeck vor dem ersten Weltkrieg umgebaut und bekam in diesem Zusammenhang 1912/13 auch ein neues Empfangsgebäude, das architektonisch in seiner soliden konventionellen Ausführung den damals modern erscheinenden großbürgerlichen Villen entsprach, einer der Eklektik folgenden Stilrichtung vor dem zuerst recht zaghaften Durchbruch zur Moderne. Bild 138 zeigt den Bahnhof Elberfeld-Steinbeck (seit 5. Oktober 1930: Wuppertal-Steinbeck) im Jahre 1938, aufgenommen in Richtung Wuppertal-Elberfeld. Das Bahnhofsgebäude ist noch erhalten, wurde jedoch nach dem zweiten Weltkrieg modernisiert.

Bild 138 Bahnhof Wuppertal–Steinbeck im Jahre 1938 (Sammlung Verfasser)

Die Rheinische Eisenbahn

Als Wegbereiter dieser Bahn haben sich zwei zu Unrecht fast vergessene Vorkämpfer des Eisenbahnwesens verdient gemacht. Schon 1833 gründete der Kölner Bankier und Stadtrat Ludolf Camphausen – dreißigjährig – den Ausschuß zum Bau einer Eisenbahn von Köln nach Antwerpen und trat gleichzeitig zwei anderen Gremien bei, die sich für eine Bahn von Amsterdam bis an die Weser einsetzten. Gleiche Ziele mit nur geringen Abweichungen verfocht David Hansemann, seit 1838 Präsident der Aachener Handelskammer, der natürlich besonders die Interessen seiner Stadt vertrat. Er erwarb sich darüber hinaus große Verdienste um die Entwicklung der Eisenbahnen am Rhein überhaupt sowie der Bahnverbindungen mit Hannover, Westfalen, Holland und Belgien.

Camphausen gelang es 1835, die »Rheinische Eisenbahngesellschaft« für den Bau der Linie Köln–belgische Grenze zur Verbindung mit der Belgischen Eisenbahn nach der bedeutenden Hafen- und Handelsstadt Antwerpen zu gründen, die jedoch im Gegensatz zu Hansemanns Plänen Düren und Aachen nicht berührte und deshalb von der Regierung kritisiert wurde. Am 31. März 1836 gründete Hansemann als Konkurrenzunternehmen die »Preußisch-Rheinische Eisenbahngesellschaft«, und nach harten Auseinandersetzungen konnte diese Gesellschaft ihre Pläne, die auch die örtlichen Interessen Dürens und Aachens berücksichtigten, mit Unterstützung der Regierung durchsetzen. Daraufhin vereinigten sich beide Gesellschaften mit Genehmigung vom 9. Juni 1837 als »Rheinische Bahn-Gesellschaft«, die am 21. August 1837 die »landesherrliche Concession« zum Bahnbau erhielt. Die Bauarbeiten an der 85,4 km langen Strecke Köln–Düren–Aachen–Herbesthal begannen 1838. Sie wurden zwischen
Köln–Müngersdorf am 2. August 1839
Müngersdorf–Lövenich am 1. Juli 1840
Lövenich–Aachen am 6. September 1841 und

Aachen–Herbesthal am 15. Oktober 1843 eröffnet. Die Vollendung des letzten Abschnittes erfolgte so spät, weil erst zu dieser Zeit die belgischen Anschlußlinien über Mecheln nach Brüssel, Antwerpen und Ostende mit Schiffsverbindung nach England, sowie von Brüssel südwärts nach Valenciennes mit der 1846 eröffneten Verbindung nach Paris fertiggestellt wurden. In diesem Zusammenhang darf daran erinnert werden, daß die Rheinische Eisenbahn »die erste Bahn Preußens und Deutschlands überhaupt zur unmittelbaren Verbindung mit dem Ausland« war.

Wegen der schwierigen Trasse, die umfangreiche Erdarbeiten, Tunnels und Brücken erforderte, entstanden gegenüber dem auf 9 000 000 Mark veranschlagten Grundkapital 12 000 000 Mark Mehrkosten. Dazu kamen für nachträgliche Erweiterungsbauten und das zweite Gleis zusätzliche 10 500 000 Mk, so daß die Stammstrecke schließlich 31 500 000 Mk = 368 852 Mk je km kostete!

Bis 1856 besaß die Gesellschaft nur diese Linie. Im Unterschied zu vielen anderen Bahnen erreichte sie bei der Personenbeförderung im Binnenverkehr des dichtbevölkerten Gebietes und im internationalen Verkehr enorme Resultate, die anfangs den Güterverkehr größtenteils beträchtlich übertrafen. 1856 erhielt sie die Konzession zum Erwerb der Köln-Krefelder Bahn und zu deren Weiterbau nach Nymwegen, zum Bau einer Zweigbahn von Düren in die Eifel, sowie zum Kauf der Bonn-Kölner Eisenbahn (Siehe Seite 116) für den 1. Januar 1857 und zum Weiterbau dieser Strecke von Rolandseck über Coblenz nach Bingerbrück, die abschnittsweise zwischen

Rolandseck–Remagen am 21. Januar 1858
Remagen–Neuwied am 15. August 1858
Neuwied–Coblenz am 15. November 1858

Bild 139 Eisenbahnfähre (Trajekt) Hochfeld – Rheinhausen. Letzte Überfahrt eines Personenzuges nach Einweihung der dortigen Rheinbrücke Ende 1873. Zeitgenössische Lithographie (Sammlung Verfasser)

und Coblenz–Bingerbrück am 22. Dezember 1859 eröffnet wurde.

Durch weitere Neubauten beiderseits des Rheins entwickelte sich die Gesellschaft bis 1880 »zu einem der großartigsten und bestgeleitetsten Privatunternehmen Preussens und Deutschlands« mit 1 354 km Streckenlänge, einschließlich 65,8 km Industriebahnen. Technikgeschichtlich erwähnenswert sind unter anderem die 1863 bis 1865 eröffnete Linie von Cleve bis zur niederländischen Grenze bei Zevenaar mit Dampffähre über den Rhein und die Strecke Osterrath–Essen, die mit einer Eisenbahnfähre zwischen Hochfeld und Rheinhausen (Bild 139) am 1. September 1866 dem Verkehr übergeben wurde. Der Trajekt war bis zur Einweihung der dortigen Eisenbahnbrücke Ende 1873 in Betrieb.

1879 verhandelte Preußen wegen Übernahme der Bahn. Sie ging danach laut Gesetz vom 14. Februar 1880 »mit Rechnung ab 1. Januar am 1. April desselben Jahres in Verwaltung und Betrieb und am 1. Januar 1886 bei gleichzeitiger Auflösung der Gesellschaft in das volle Eigentum des Staates« über. Das gesamte Bahnnetz wurde zunächst durch eine königliche Direktion in Köln verwaltet, schließlich aber den königlichen Eisenbahndirektionen Köln rechtsrheinisch, Köln linksrheinisch und Elberfeld zugeteilt.

Bahnhof Köln »Am Thürmchen«

Am 2. August 1839 bestiegen Kölner Bürger den ersten Zug vor dem Kunibertstor zur Fahrt nach dem 7 km entfernten Müngersdorf. Die Rheinische Eisenbahn hatte hier in Flußnähe vor dem Thürmchen-Wall an der Nordseite des Sicherheitshafens (heute: Theodor-Heuss-Ring) mit Rücksicht auf günstige Verbindung zu dem schon damals bedeutenden Güter- und Personenverkehr der Rheinschiffahrt ihren Endbahnhof angelegt. Von diesem ältesten Bahnhof Kölns ist ein Lageplan mit Grundrissen des Empfangsgebäudes und der Gepäckabfertigung sowie eine zeitgenössische Schilderung der Gesamtanlage um 1842 vorhanden (Bild 140).

Die »Stazion I. Klasse Köln … ist wegen der dortigen Lokalitäten vor der Stadt gelegen (Bahnhöfe mußten seinerzeit außerhalb des Festungsringes, der erst 1881 erweitert wurde, angelegt werden), wird aber später, wenigstens für den Waarentransport, an den Hafen der Stadt verlegt werden. Aus diesem Grunde ist der Bahnhof in einem Bogen angelegt, der zum Radius 150 G. Hess. Klafter (284,5 m) hat, da er sich der Bahnlinie anschließt, die obigen Halbmesser wegen ihrer Verlängerung bis in die Stadt haben muß.

Der Reisende, welcher mit dem Convoi abzugehen wünscht, hat seinen Eingang in den Vorhof V′ durch das in der Straße gelegene östliche Thor T″; dieser Hof ist von den übrigen Gebäuden der Stazion ganz abgesondert, und führt den Reisenden sogleich in die Vorhalle des Stazionshauses A, welches die Zeichnung genau genug erklärt …. Der Fremde hat hier Gepäcke und Billetbureau nebeneinander und gelangt

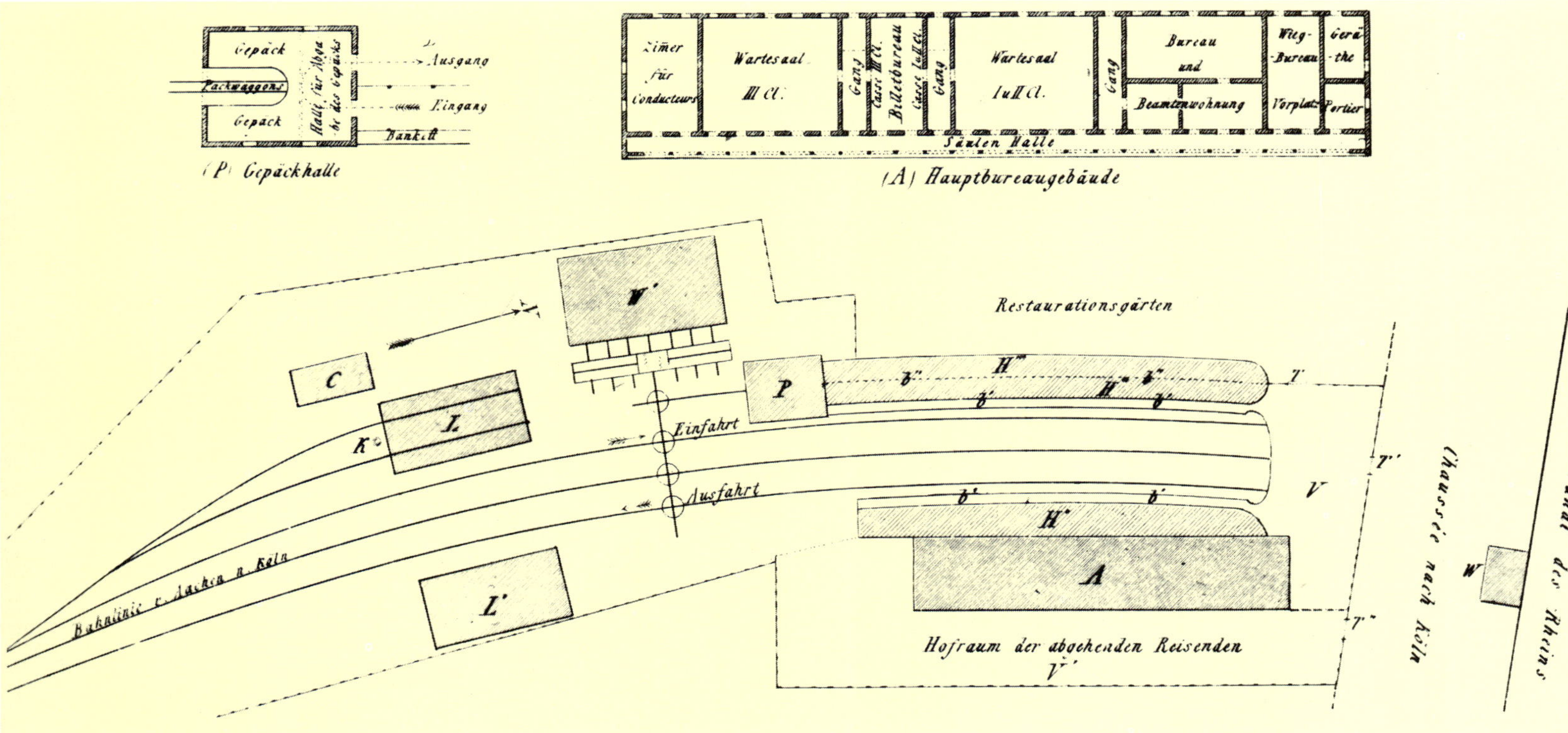

Bild 140 Bahnhof Köln »Am Thürmchen«. Lageplan mit Grundrissen des Empfangsgebäudes (»Hauptbureaugebäudes«) und der Gepäckhalle 1842. A Hauptbureaugebäude; H′ Einsteighalle; b′ erhöhtes Bankett (Bahnsteig); H″ Absteighalle; H‴ Ausgangs-Halle für ankommende Reisende mit Gepäck; P Gepäckhalle; T, T′, T″ Tore; V Vorhof; W Pumpwerk; W′ Personenwagen-Remise; L, L′ Lokomotivschuppen; C Wasserstation; K Wasserkrahn (Sammlung Verfasser)

von dem Fenster des Billeteurs sogleich in den seiner Karte entsprechenden Wartesaal, der jenem gegenüber liegt. Aus diesem Saal, der nach gegebenem Abfahrtssignal geöffnet wird, tritt der Reisende sogleich in die Einsteighalle H′, welche auf erhöhtem Bankett b′ liegt.

Für den mit dem Convoi angekommenen Reisenden ist die der eben erwähnten gegenüber liegende und ganz ähnlich konstruirte Absteighalle H″ bestimmt. In dieser Halle geht der Reisende, wenn er kein Gepäck hat, bis in den provisorischen Vorhof V, wo Omnibus zur Weiterbeförderung desselben stehen, deren Ausfahrt durch das dort befindliche Thor T′ ist.

Hat der Reisende jedoch Gepäcke mit sich geführt, so verweilt er so lange in der Halle H″, bis der Packwagen in der hierzu bestimmten Gepäckhalle P eingefahren und abgeladen ist, worauf diese geöffnet wird und man seine Effekten alsdann eben so, wie auf der Hauptstazion erhält, sich darauf aber längs der daranstoßenden Halle′ ″, welche von der vorhergehenden nur durch ein Spalier getrennt ist, zu dem Thore T begibt, das in den provisorischen Abfahrtshof V führt. Bis hierher wird, wie auf der Stazion Aachen, das Gepäcke von Bahnhofdienern frei aus der Gepäckehalle geliefert.

Die Anlage aller dieser Gebäude durfte, da sie noch zwischen den Festungswerken liegen, eine Höhe von einem Stockwerk nicht überschreiten und mußten wie die zu Castel von Holz erbaut werden.

Die Remise für die Personenwagen W′ befindet sich gleich neben der Gepäckehalle. Sehr einfach sind die Thore derselben, welche auf Rollen hängen und unten auf Frikzionsrollen laufen, wodurch sie mit der größten Leichtigkeit hin- und hergeschoben werden können, während bei andern Remisen der Art sie in Angeln gehen und durch das Auf- und Zumachen oft hindern.

In der Nähe dieser Remise liegt der Lokomotivschoppen L, in welchem einstweilen die untergeordneten Reparaturen, die auf dieser Stazion vorgenommen werden, in Arbeit kommen, bis der ähnlich konstruirte Schoppen L′, der auf dem gegenüberliegenden reservirten Bauplatz zu stehen kommt, erbaut ist. Vor der Lokomotivhalle L steht ein Krahnen, welcher die abgehenden Lokomotiven speist und durch das Pumpwerk, welches sich in dem am Rheinkanale hierzu erbauten Hause W befindet, unterhalten wird.

Die Stazion zu Köln steht von allen früheren Bahnhöfen oben an und kann als Muster einer Stazion dieses Ranges betrachtet werden«.

Am 15. November 1855 wurde der Bahnhof auch Kopfstation der Köln-Krefelder Eisenbahn, die an diesem Tag ihre Strecke bis Neuß eröffnete, die Gesamtstrecke am 26. Januar 1856. Seit Anlage des ersten Kölner »Centralbahnhofs« 1855 bis 1859 und des Güterbahnhofs St. Gereon hatte der Bahnhof »Am Thürmchen« keinen Personenverkehr mehr und diente nur noch dem Ortsgüterverkehr. In den 80er Jahren entfiel auch der Stückgutverkehr. 1888 erinnerten nur noch »die Reste einiger Bretterhäuser auf dieser Stelle und einige Schienengeleise« an den ersten Bahnhof Kölns.

Bahnhof Köln »Trankgassenthor«

Wie schon 1839 vorgesehen, führte die Rheinische Eisenbahn-Gesellschaft ihre Linie vom Bahnhof »Am Thürmchen«, der dazu vorsorglich im Bogen angelegt wurde, außerhalb der Stadtmauer am Rheinufer entlang bis zu einer neuen Kopfstation am Trankgassentor nördlich der späteren Hohenzollern-Brücke, dem Bahnhof Köln »Trankgassenthor« (Bild 141). An dieser Stelle befanden sich damals die Trankgassenwerft, Rampen und Anlegestellen für Dampfschiffe. Sowohl hinsichtlich des Personen- und Güterverkehrs der Rheinschiffahrt als auch seiner günstigen Lage zum Stadtzentrum war der Platz für den Bahnhof ideal.

Hier errichtete die Rheinische Eisenbahn-Gesellschaft 1847 bis 1848 ein Direktionsgebäude (im Bild links). Es wird berichtet, daß

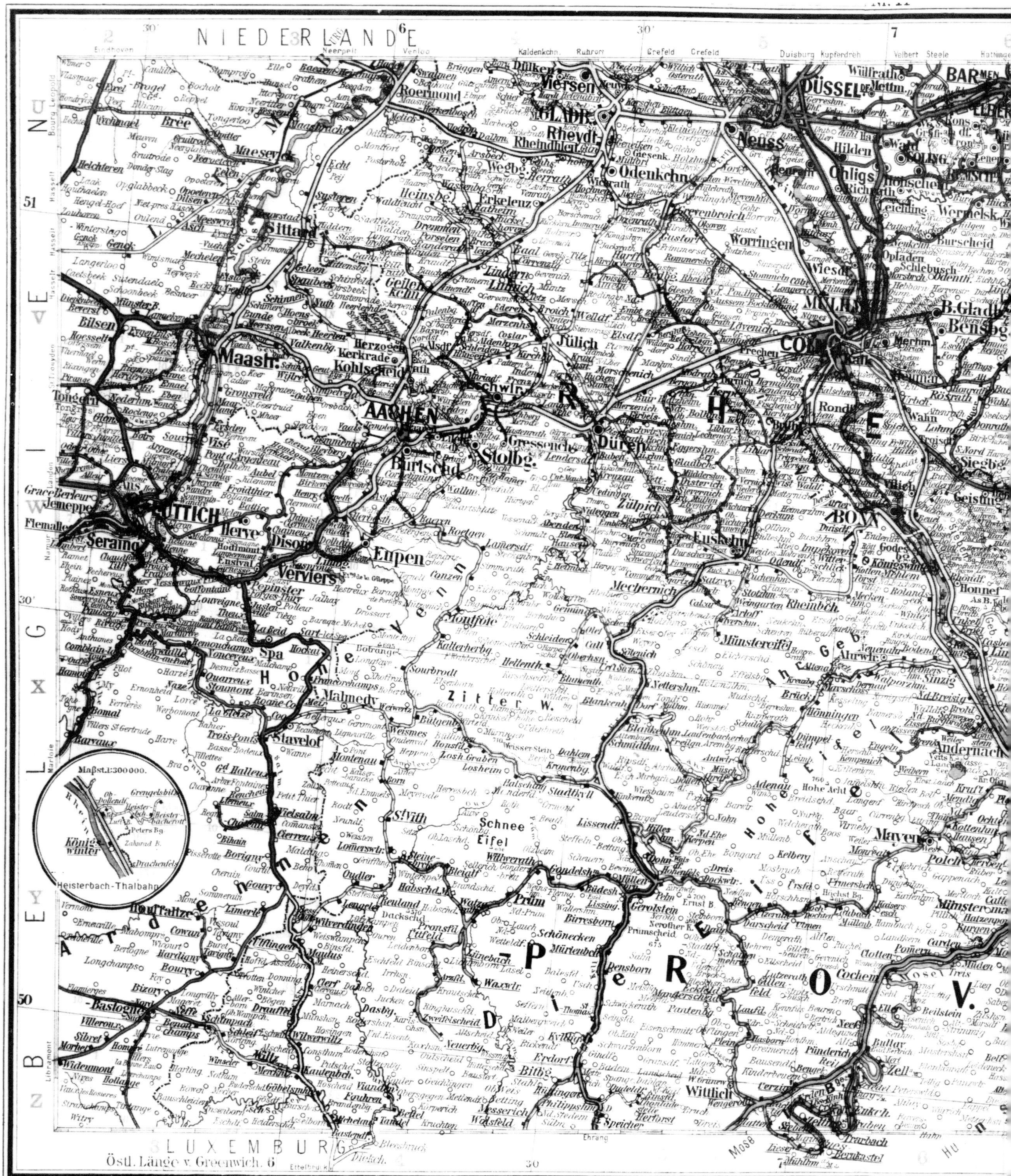

NIEDERLANDE
BELGIEN
LUXEMBURG
RHEIN-PROV.
Östl. Länge v. Greenwich. 6
Maßst. 1:300000.
Heisterbach-Thalbahn
Königswinter
Drachenfels
Ardennen
Hohe Venn
Zitter W.
Schnee Eifel
Hohe Eifel
Ahr Geb.
DÜSSELDORF
BARMEN
Viersen
M. GLADB.
Rheydt
Neuss
Odenkchn.
Ohligs
Hilden
Grevenbroich
Worringen
Erkelenz
Sittard
Maastr.
Jülich
Düren
COELN
Mülheim
BONN
Siegburg
Herzogenrath
Kohlscheid
Kerkrade
AACHEN
Eschweiler
Stolberg
Burtscheid
LÜTTICH
Seraing
Herve
Verviers
Eupen
Spa
Malmedy
Stavelot
St. Vith
Euskirchen
Zülpich
Mechernich
Münstereifel
Rheinbach
Andernach
Mayen
Adenau
Gerolstein
Prüm
Bitburg
Wittlich
Daun
Cochem
Zell
Bernkastel
Trarbach
Bastogne
Tongern
Hasselt

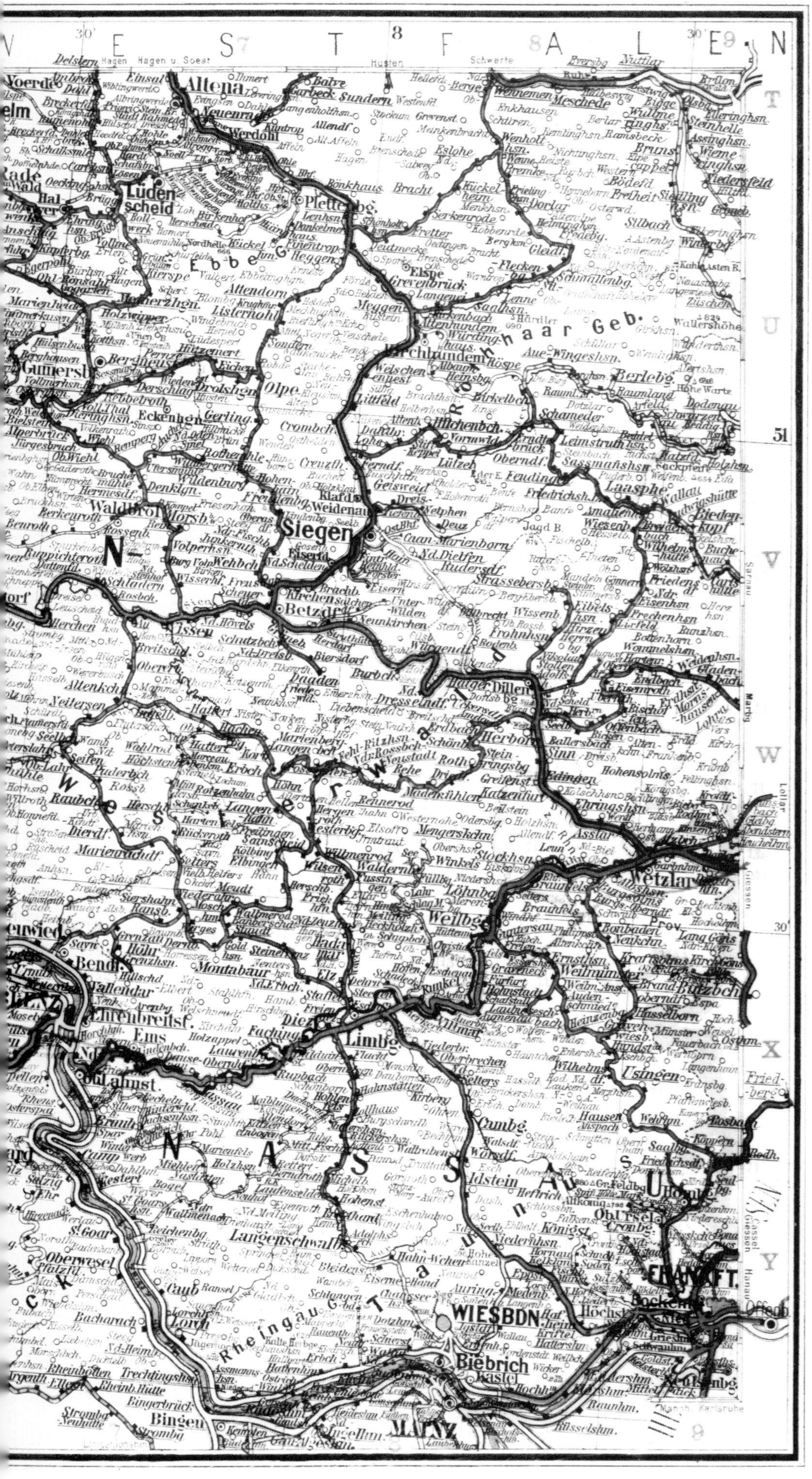

Staatsbahnen
3 Elsaß–Lothr. E.
Betr.-Dir.-Bez.:
a Luxemburg
(Wilh.–Luxemb.-Eisenbahn)
7 Preuß.-hess. Staatsbahnen
Direktions-Bezirke:

e Cassel	f Cöln
h Elberfeld	k Essen
l Frankf. a M.	t Saarbrücken

Preuß. und hess. Direktions-Bezirk:
v Mainz

Privatbahnen
10 Aachener Kleinbahnen
11 Akt.-Ges. f. Bahn-Bau u. Betr.
12 Akt.-Ges. f. B. u. Tiefbauten
a Selters–Hachenburg Klb.
13 Allg. Deutsche Klb.-G.
15 Allg. Lok.- u. Strb.-G.
25 Barmer Bergbahn
31 Bergische Kleinb.
38 Ernsttalbahn
43 Bröltaler Eisenb. u.
52 Coblenzer Str.-B.
53 Cöln–Bonner Kreisb.
54 Cölner Vorortbahnen
57 Cronberger Eisenb.
63 Düsseldf.–Duisburg. Klb.
66 Eisern–Siegener E.
75 Frankfurter Lokalb.
103 Homburger Str.-B.
113 Kerkerbachbahn
119 Krs. Altenaer Schm.-B.
137 Mechernicher Bergwerksb.
144 Moseltalbahn
146 Mülheim Leverkusen-Klb.
148 München–Gladbacher Str.-B.
152 Neuwied–Oberbieber Klb.
156 Niederwaldbahn
167 Petersberg-Zahnrb.
180 Rheinische Bahn-Ges.
180 A Rh.-Westf. Elektr.-W. Essen
a Langenfeld–Hitdorf (Klb.)
181 Rhein-Klb. Bonn–Mehlem
200 Steinhelle–Medebach Klb.
208 Süddeutsche E.-B.-G.
223 Weidenau–Deutzer Klb.
225 Westdeutsche Eisenb.-G.

Luxemburger E.
2 Luxemb. Kantonalb.
4 Prinz Heinrichbahn

Anschluß-B.
1 Belgische Staatsb.
1 N Niederl. Staatsb.

Koch, W. und C. Opitz:
Eisenbahn- und Verkehrsatlas von Europa. Leipzig 1912
Blatt Nr. 16

Bild 141 Bahnhof Köln »Trankgassenthor« um 1860 (Verkehrsmuseum)

sich die Gesellschaft damit wohl etwas übernommen hatte. Deshalb und wegen baulicher Probleme kam es zu erheblichen Verzögerungen bei der Bauausführung. Das Bauwerk diente im Erdgeschoß bis 1859 als Empfangsgebäude des Bahnhofs »Trankgassenthor«, in den oberen Stockwerken der Bahn-Verwaltung, später dieser allein, und war bis in die Zeit des zweiten Weltkrieges Verwaltungsgebäude der Reichsbahndirektion Köln.

Seit Einweihung des »Centralbahnhofes« am 15. Dezember 1859 und nach Inbetriebnahme des Güterbahnhofes St. Gereon hatte der Bahnhof Trankgassenthor nur noch Ortsgüterverkehr sowie den Umschlag zwischen Schiff und Bahn zu bewältigen. Infolge erneuter Umgestaltung der Kölner Bahnanlagen 1888 bis 1894 verschwand der später auch »Rheinstation« genannte Bahnhof am Trankgassentor schließlich ganz.

Bahnhof Düren

Zur Eröffnung am 6. September 1841 war der Bahnhof Düren einziger »Stazionshof zweiten Ranges« der Rheinischen Eisenbahn. Erst nach Vollendung der Bahn bis an die belgische Grenze sollte dort noch ein gleichrangiger Bahnhof errichtet werden. Da Düren etwa in der Mitte zwischen Köln und Aachen liegt, wurden (1842) »hier die Lokomotiven gespeist und nachgesehen, ebenso auch die Wagen visitirt, ob nirgends etwas zerbrochen ist«. Damals hatte der Bahnhof zunächst nur geringe Bedeutung, da er nur der »Passagebeförderung« diente.

Der Bahnhofsgrundriß (Bild 142) umfaßte 1841 ein Empfangsgebäude (a) mit der Wohnung des Stationsvorstehers, einen dreigleisigen Wagenschuppen mit Schiebebühne, einen zweigleisigen Lokomotivschuppen mit Drehscheiben und zwei Wasserstationen (e) mit »Krahnen« (k), dessen größerer die Wohnung des Bahninspektors und im Hof das »Kohlenmagazin« enthielt. Der Hausbahnsteig, ein »erhöhtes Bankett«, besaß keine schützende Halle, die »bei dem hier geringeren Verkehr auch weniger vermißt wurde«.

Demgegenüber dienten die »Stazionen III. Ranges« nur der »Passageunterhaltung« und bildeten die Sektionen der Rheinischen Eisenbahn. Sie bestanden aus einem Stationsgebäude mit »erhöhten Trottoirs, Billet- und Gepäckbureau, Wartesaal, Wohnung des Bahnwärters« im Erd- und des Stationsvorstehers im Obergeschoß sowie einem Geräteschuppen. Stationen III. Ranges waren 1842 Königsdorf, Horrem, Langerwehe, Stollberg und Eschweiler; Müngersdorf war nur »Anhaltpunkt«.

Mehr als zwei Jahrzehnte vergingen, bevor die Rheinische Eisenbahn ihre Linien Düren–Euskirchen, eröffnet am 6. Oktober 1864, und Düren–Grevenbroich–Neuß, eröffnet am 1. September 1869, in Betrieb nahm. Seit Einführung der am 1. Oktober 1873 durch die Bergisch-Märkische Eisenbahn dem Verkehr übergebenen Strecke Jülich–Düren besaß der Trennungsbahnhof Düren (Bild 143) sein zweites, auf einem Inselperron errichtetes gemeinschaftliches Empfangsgebäude beider Gesellschaften. Kritisiert wurde damals, daß »der Zugang zum Hauptvestibül nicht von der Giebelseite, sondern von den beiderseitigen Perrons« erfolgte. Im übrigen waren alle Dienst- und Expeditionsräume getrennt für jede Bahnverwaltung vorhanden, während die Wartesäle beiden Bahnen zur Verfügung standen.

Bild 142 Bahnhof Düren. Lageplan 1841. a Empfangsgebäude; Wagenschuppen mit Schiebebühne, Lokomotivschuppen mit Drehscheiben; e Wasserstationen; k Krahne (Sammlung Verfasser)
Bild 143 Bahnhof Düren. Lageplan 1873 und Erdgeschoßgrundriß des Insel-Empfangsgebäudes (Sammlung Verfasser)

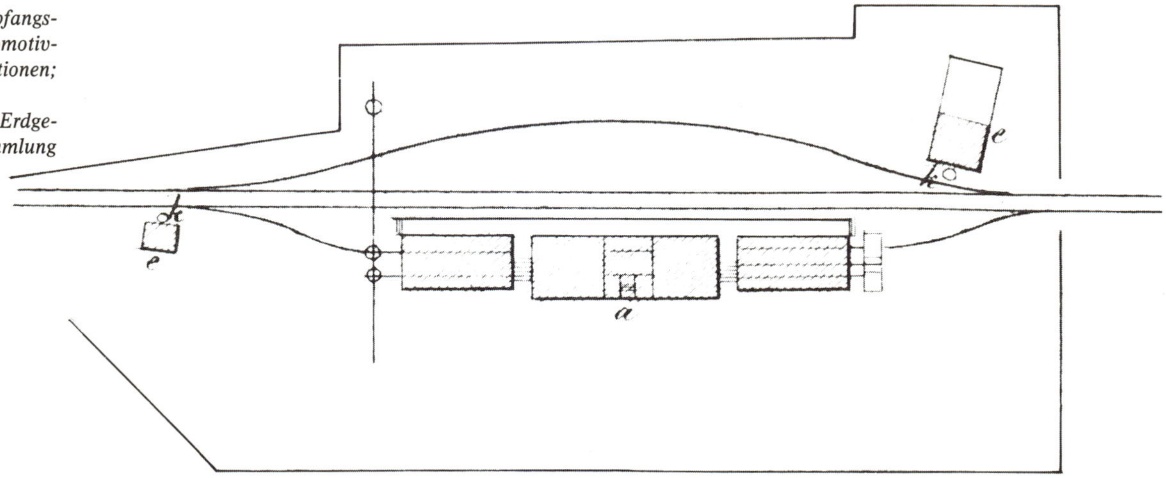

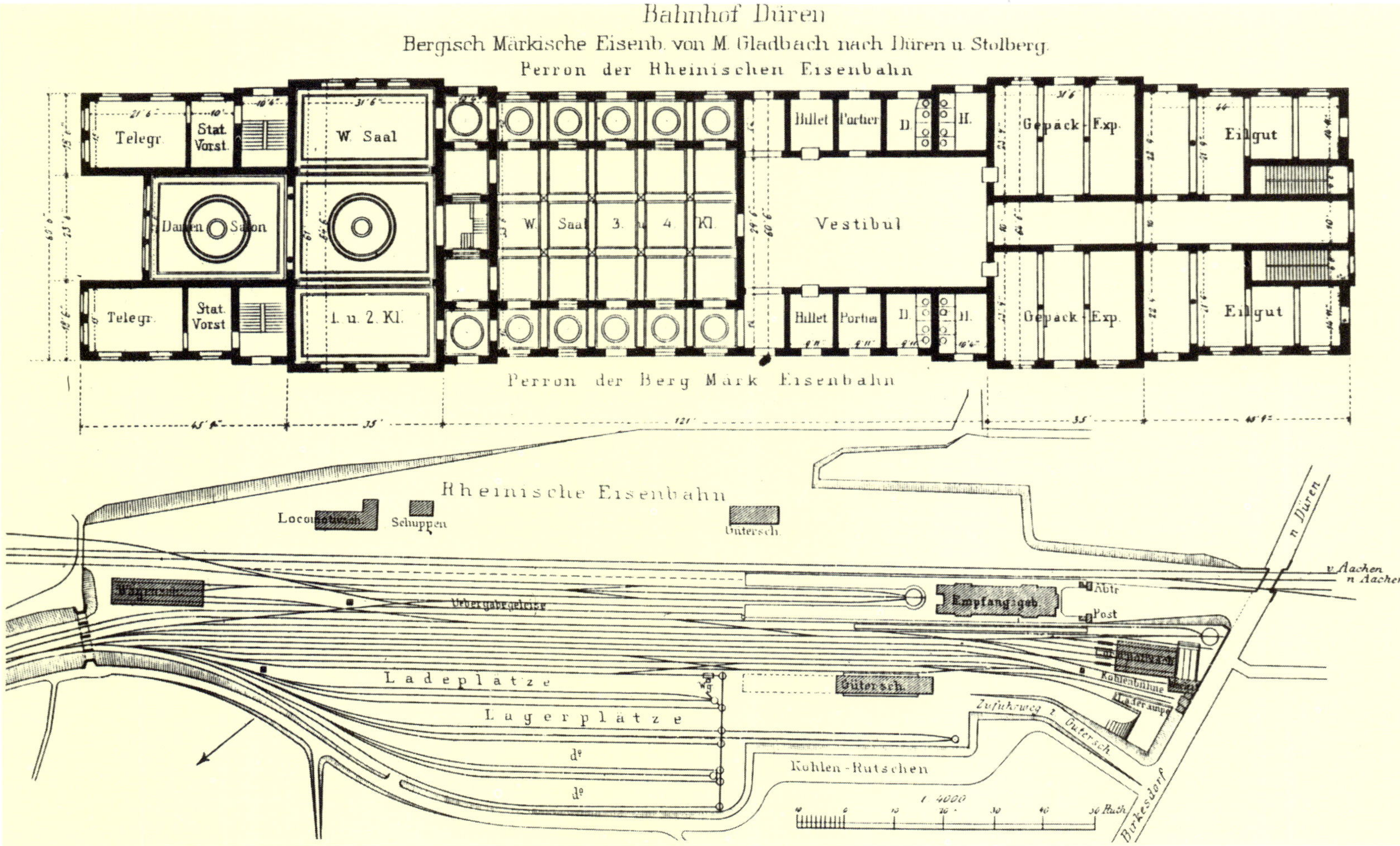

Bahnhof Aachen

Seinerzeit größter und architektonisch schönster Bahnhof der Rheinischen Eisenbahn war der am 6. September 1841 eröffnete Bahnhof I. Klasse in Aachen. Nur die Hauptstation Köln gehörte noch zu dieser Kategorie, durfte aber wegen ihrer Lage vor den Festungswerken lediglich in leichter, eingeschossiger Holzbauweise errichtet werden, um sie im Verteidigungsfall schnell und restlos abbrennen zu können. Demgegenüber besaß Aachen ansehnliche massive, klassizistische Gebäude, im Stile ähnlich den von Eisenlohr für die badischen Bahnen entworfenen Bauten. Vom Zustand des Bahnhofes zur Zeit seiner Eröffnung ist ein Lageplan mit Beschreibung der Einzelheiten und des damaligen Verkehrsablaufes vorhanden (Bild 144): «Auf demselben findet außer der Beförderung des Personen- und Waarentransportes auch die Reparatur der Wagen und Lokomotiven statt, jedoch mit dem Unterschiede, daß nur auf der Hauptstazion die großen mechanischen Werkstätten sich vorfinden, in welchen die bedeutenderen Arbeiten vorgenommen werden.

Der Bahnhof zu Aachen liegt auf der südlichen Seite der Stadt, deren Grenzen er berührt.

Bild 144 Bahnhof Aachen. Lageplan 1841. a Hauptbureaugebäude; p Gepäckbureau; v Wagen-Remise für 30 Wagen; l Lokomotivschuppen; k Koksmagazin (Sammlung Verfasser)
Bild 145 Bahnhof Aachen. Ansicht des Empfangsgebäudes von der Bahnseite 1845 (Verkehrsmuseum)
Bild 146 Bahnhof Aachen. Anlagen der »geneigten Ebene« mit Seilzug, erbaut von der Rheinischen Eisenbahn, um 1845 (Sammlung Verfasser)

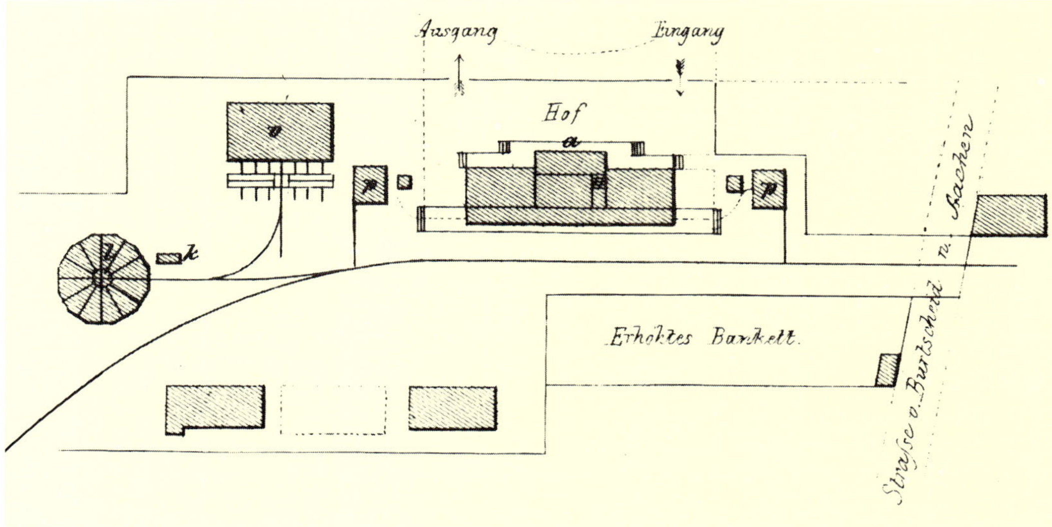

Der Eingang in diesen Bahnhof ist auf der westlichen Seite der Stazion, in deren Vorhof man hierdurch gelangt; derselbe führt auf der Terrasse zu dem Hauptbureaugebäude a. Der Reisende ist genöthigt, in die Vorhalle dieses Gebäudes, in welcher er an dem Billetbureau eine Karte für seine Person löst, das Gepäcke mitzunehmen, da sich sonst keine einstweilige Unterkunft für dasselbe vorfindet. Hat der Reisende diese Karte erhalten, so begibt er sich mit seinen Effekten längs der Terrasse hin in das Gepäckbureau p, wo er nach Vorzeigung seiner Karte ein Billet für jene erhält; hierauf kehrt er denselben Weg zurück und gelangt durch die Vorhalle in den seiner Karte entsprechenden Wartesaal. Nach gegebenem Abfahrtssignal gelangt er alsdann durch die an die Wartesäle sich anschließende Halle, welche auf einem erhöhten Trottoir steht, das mit dem Wagentritte gleich liegt, in den Convoi (Bild 145). Für den ankommenden Reisenden ist der Aussteigeplatz ebenfalls in der genannten Halle, von wo aus er sich alsdann auf den Weg in die Gepäckhalle p begibt, um seine Effekten zu erhalten, und von hieraus auf obgenannter Terrasse in den Vorhof und zu dem Ausgangsthore sich wendet.

Neben dem Billetbureau liegt die Treppe in den oberen Stock des mittleren Pavillons, wo

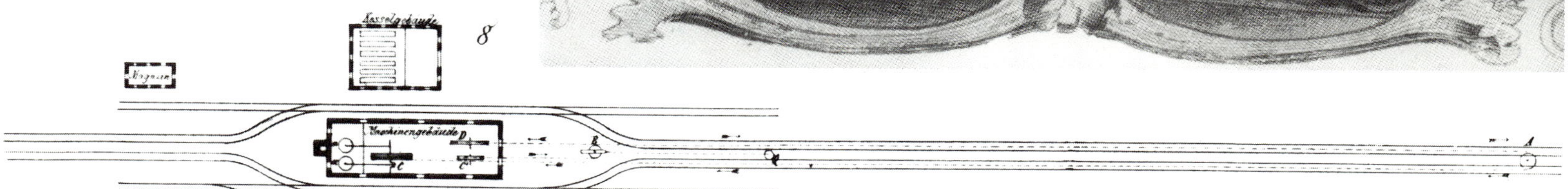

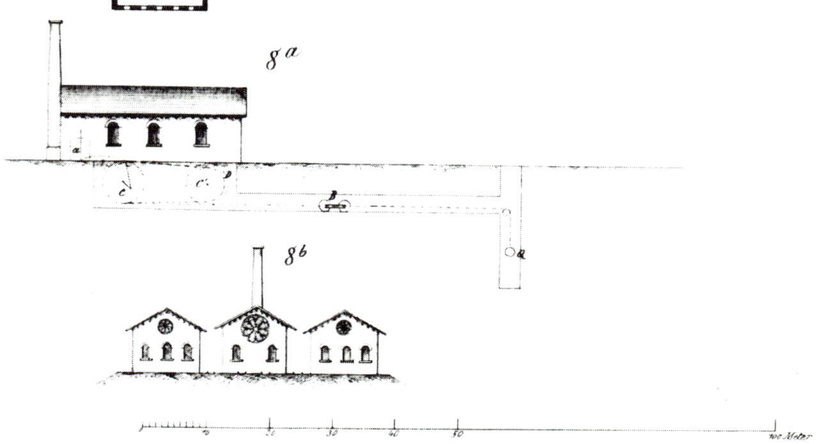

sich die Wohnung des Bahninspektors befindet. Die Wohnungen für die Bureaubeamten sind noch nicht erbaut, jedoch Räume für dieselben reservirt.

Die eben beschriebenen Einrichtungen haben nur *eine* Unbequemlichkeit, welche darin besteht, daß Billet- und Bagagebureau von einander getrennt sind, was für den Reisenden stets unangenehm bleibt. Dagegen finden sich hier Vorzüge vereinigt, die, wenn sie sich auch anderswo theilweise vorfanden, doch immer mangelhaft waren, nämlich unmittelbar mit dem Bureau und Wartesälen verbundene Ein- und Aussteighallen, welche auf erhöhten Banketts stehen, und Schoppen, in welchen der Reisende sein Gepäcke unter Dach erhält, indem

der Bagagewagen unter diesen gefahren und alsdann abgeladen wird. Durch Ausrufen der Nummern, mit welchen die einzelnen Stücke versehen sind, wird jeder Verwechslung ebenfalls vorgebeugt. Von dieser Halle wird das Gepäcke von Bahndienern frei bis an die Thore des Vorhofs gebracht, wo für dieses und den Reisenden durch Omnibus hinreichend gesorgt ist. Neben dem südlichen Bagageschoppen befindet sich eine Remise v für 30 Wagen.

Dieser gegenüber sind die Werkstätten, welche aus der Schmiede, der großen freilich noch nicht erbauten Halle für Aufstellung von Maschinen und der eigentlichen mechanischen Werkstätte, welche durch eine Dampfmaschine betrieben wird, bestehen. In letzterer befindet sich auch zugleich das Wasserreservoir, welches den Krahnen unterhält.

Neben diesem Baue liegt die Halle der Lokomotiven l, welche sich durch ihre praktische Form auszeichnet; dieselbe ist im Zwölfeck erbaut, in dessen Mitte sich eine große Drehscheibe befindet, vermittelst welcher jede einzelne Maschine ohne Hinderniß der anderen aus- und eingefahren werden kann. Neben dem Eingang in dieselbe liegt ein kleines Koksmagazin k für den täglichen Bedarf.

Am östlichen Theile des Bahnhofes, jenseits der Straße nach Burtscheid, liegt der Montirungsschoppen, in welchem sich die Sattler- und Lakiererwerkstätten befinden. In der Nähe desselben steht auch das Wohnhaus des Bahnhofverwalters».

Technikgeschichtlich wurde Aachen durch die geneigte Ebene der Rheinischen Eisenbahn bekannt, deren Seilzug gleich hinter dem Bahnhofe auf 2,1 km Länge bei einer Steigung von 1:38 begann (Bild 146). Bis Ende der 40er Jahre bewegte eine stehende zweizylindrige Dampfmaschine mit 200 PS auf dem Gipfel der Seilebene ein endloses Drahtseil – die Düsseldorf-Elberfelder Bahn benutzte anfangs noch Hanfseile! –, um damit 10 beladene Wagen mit 2 belasteten Bremsschlitten von insgesamt 88 t aufwärts zu ziehen. Im Gegensatz zu Hochdahl waren hier Maschinen und Treibrollen in Gleisachse angeordnet. Kamen die Züge am oberen Ende der geneigten Ebene an, wurde das Seil aus den Zangen der Bremswagen vorn und hinten während der Bewegung des Zuges ausgeworfen, und die Wagen rollten auf der horizontalen Strecke der Station bis zu der Stelle, wo die Lokomotiven wieder vorgespannt wurden. Die Signalübermittlung nach den beiden Endpunkten erfolgte durch einen elektromagnetischen Telegraphen des Systems Wheatston. Während der Betriebsstillstände der Dampfmaschine wurden die Züge versuchsweise mit Lokomotiven hinaufgezogen und in den Jahren 1845, 1846 und 1847 dabei festgestellt, daß dieser Verkehr 30 % billiger war, so daß man den Betrieb mit Dampfmaschine und Seilzug 1848/49 schließlich ganz einstellte.

Um 1900 wurde der Hauptbahnhof Aachen grundlegend umgestaltet und erhielt ein stattliches Empfangsgebäude, das architektonisch als Vorgänger zu prämodernen Bahnhofsbauten wie z. B. in Karlsruhe, Oldenburg oder Wiesbaden anzusehen ist (Bild 147). An dem mit rustikalen Natursteinfassaden verkleideten Bauwerk, das der ehrwürdigen Stadt angemessen sein

Bild 147 Hauptbahnhof Aachen. Empfangsgebäude mit Vorplatz 1913 (Sammlung Schladitz)

sollte, treten die Elemente des sonst üblichen Eklektizismus, abgesehen von den Rundbogen-Obergaden und Dachfenstern mit Spitzhauben, weitgehend in den Hintergrund. Der mächtige Giebel am Vorplatz mit dem Haupteingang zur hervorragend gestalteten, weiträumigen Empfangs- und Schalterhalle gehört schon der Prämoderne an. So wirkt das 1905 eröffnete Gebäude zusammen mit der Ingenieurkonstruktion der Bahnsteighallen fast wie aus einem Guß. Die bisherige Diskrepanz zwischen eklektischer, alles Technische verhüllender Architektur und fortschrittlicher Ingenieurbaukunst drängt sich nicht mehr auf. Noch heute (1986) beeindruckt die Geschlossenheit des Bahnhofsgebäudes, dem selbst das moderne breite Vordachband über der Eingangsfront gut zu Gesicht steht.

Bahnhof Herbesthal

Seit Eröffnung des Abschnittes Aachen – Herbesthal war nicht nur die erste Gesamtstrecke der Rheinischen Eisenbahn vollendet, sondern auch die erste durchgehende Eisenbahnverbindung Deutschlands mit dem Ausland von Köln nach Brüssel und anderen bedeutenden Städten Belgiens, Antwerpen, Gent, Mons und Ostende sowie nach Lille in Frankreich geschaffen. Aus diesem Grunde ist die einstige Grenzstation Herbesthal – nach der Volksabstimmung am 24. Juli 1920 in den Kreisen Eupen und Malmedy zu Belgien gehörig – ein vielzitierter Meilenstein der deutschen Verkehrsgeschichte.

Der am 15. Oktober 1843 eröffnete Bahnhof lag nur 100 m von der damaligen deutsch-belgischen Grenze entfernt. Natürlich entsprach das alte Stationsgebäude Herbesthals von 1843 dem sich lebhaft entwickelnden Grenzverkehr der Fernverbindung «Cöln – Aachen – Brüssel – Paris» schon bald nicht mehr und wurde nach dem Deutsch-Französischen Krieg von 1870/71 grundlegend umgebaut, aufgestockt und erweitert. Bild 148 zeigt den Bahnhof während des ersten Weltkrieges im Jahre 1915, in Bildmitte das Empfangsgebäude, dessen preußischer Kasernenstil seine Entstehungszeit in den Gründerjahren nicht verleugnen kann. Noch überzeugender dokumentiert ein Blick in den Wartesaal I. und II. Klasse (Bild 149) diese Bauperiode und den Zeitgeschmack des ausgehenden 19. Jahrhunderts. Architekt war Unger, der zusammen mit Viereck und Schellen auch das Empfangsgebäude des Bahnhofs Bonn entwarf.

Bahnhof Koblenz

Die preußische Regierung machte es der Rheinischen Eisenbahn nicht leicht, ihre Linie an die Stadt Koblenz heranzuführen, die allerdings bis 19. März 1890 Festung war. Dennoch wurde eine Lücke zwischen dem «Alten Lazarett» und

Bild 148 Bahnhof Herbesthal. Empfangsgebäude von der Bahnseite 1915 (Sammlung Ilgner)

Bild 149 Bahnhof Herbesthal. Empfangsgebäude, Wartesaal I. und II. Klasse 1911 (Sammlung Schladitz)

der Festungsanlage der damaligen Kaserne für die Einfahrt gefunden, zu welcher von Lützel eine den besonderen fortifikatorischen Bedingungen entsprechende Eisenbahnbrücke über die Mosel gebaut werden mußte, die Baumeister Schwarz schuf. Nach einer zeitgenössischen Beschreibung (Bild 150) bestand sie «aus zwei Theilen, der Strombrücke, die nach dem Gittersystem, und der Flutbrücke, die in massivem Mauerwerk mit flachen Bogen ausgeführt ist. Die Gesamtlänge der Brücke beträgt 1030 Fuß; die gesamte Lichtweite 828 Fuß, nämlich vier Stromöffnungen von je 132 und sechs Flutöffnungen von je 50 Fuß. Die Gitterbrücke ist im Eisenbau 573 Fuß lang und erforderte 1,200,000 Pfd. Walzeisen. Die Schienen auf der Brücke liegen 42 Fuß über dem niedersten Wasserstande. An beiden Enden der Strombrücke stehen befestigte Thurmpfeiler, auf deren Plattform Geschütze aufgestellt werden können und die für Kriegseventualitäten mit Minen versehen sind.» Die Stahl-Gitterträger an der Stadtseite ließen sich also im Verteidigungsfall schnell beseitigen und ebenso rasch wieder durch Behelfskonstruktionen ersetzen. Demgegenüber hätte ein Wiederaufbau der Wölbbrücke auf der Lützeler Seite wesentlich mehr Arbeitszeit und Kosten erfordert.

Der «Rhein-Bahnhof» wurde etwa 250 m südlich des Brückenkopfes am Stadtrand auf dem Gelände zwischen dem späteren Kaiserin-Augusta-Ring und der Fischelstraße angelegt; seine Lage ist daher nicht mit dem jetzigen Standort des Hauptbahnhofes identisch. Zur Eröffnungsfeier der Strecke Koblenz – Rolandseck (– Köln) am 11. November 1858 «brachte ein von Köln abgehender Separatzug die Gäste aus

Bild 150 Eisenbahnbrücke über die Mosel bei Koblenz, eröffnet am 11. November 1858. Zeichnung von A. Beck (Sammlung Verfasser)

Bild 151 *»Rhein-Bahnhof« Koblenz zur Eröffnung der Köln-Koblenzer Eisenbahn. Abgang des Eröffnungszuges am 11. November 1858. Zeichnung von A. Beck (Sammlung Verfasser)*

Belgien, Aachen und vom Niederrhein nach Koblenz. In letzterer Stadt versammelten sich die Festtheilnehmer in einem neben dem provisorischen Stationsgebäude errichteten, geschmackvoll verzierten Zelte, um die Ankunft der Frau Prinzessin von Preußen, welche auf ehrfurchtsvolles Ersuchen ihre hohe Gegenwart zugesagt, zu erwarten (Bild 151). Nachdem dieselbe, begleitet von dem Herzog Bernhard von Sachsen-Weimar, erschienen und in das Zelt eingetreten war, wurde die hohe Frau von dem Präsidenten der rheinischen Eisenbahngesellschaft, Kommerzienrath Mevissen, empfangen, nach einem erhöhten Sitz geleitet und in schwungvoller Ansprache begrüßt. Der Redner hob zunächst die Bedeutung der zu eröffnenden Bahn hervor. Dann aber sagte er: «Eiserne Bande des Friedens schmiedet der Genius der Neuzeit; näher und näher treten einander die Völker; aber mächtiger als die Bande der Eisenbahnschienen sind die Bande, die unsichtbar von Herz zu Herzen gehen, dauernder als die äußere ist die innere Einheit der Völker». An diese Worte anknüpfend, gedachte Herr Mevissen des Königs und des Prinz-Regenten und schloß also: «Indem ich Ew. königl. Hoheit bitte, gnädigst zu gestatten, daß zur Eröffnungsfahrt vorgeschritten werde, fordere ich die hochgeehrte Versammlung auf, mit mir einzustimmen in das Hoch, das immerdar am Rhein ein Hoch des Herzens, ein Hoch der freudigsten Verehrung sein wird!» Diese Worte fanden einen begeisterten tausendfältigen Widerhall in der Versammlung und in der Volksmenge, welche das Zelt umgab. Die Prinzessin wurde vom Herzog Bernhard zu dem prächtig geschmückten Galawagen geführt. Die übrigen Gäste nahmen Platz und der mit Fahnen und Blumen verzierte Festzug, geführt von der reich dekorierten Lokomotive «Adler» begann seinen Lauf … den Strom entlang … nach Rolandseck. Von dort zurückgekehrt wurden die Festtheilnehmer am Bahnhof Koblenz von einer unabsehbaren Volksmenge mit jubelndem Zuruf bewillkommt und mit Musik und Fackeln durch die glänzend beleuchteten Straßen nach dem Kasino geleitet, in welchem ein Ball veranstaltet war …».

Zwei Jahrzehnte später, am 15. Mai 1879, wurde in Koblenz für die (linksufrige) Moselbahn, eine Teilstrecke der preußischen «Kanonenbahn» über Perl zu den Festungen Diedenhofen und Metz, der «Mosel-Bahnhof» eröffnet. Er lag etwa 200 m nördlich des heutigen Hauptbahnhofes mit seinem Empfangsgebäude in Insellage zwischen der nach Boppard führenden Strecke der Rheinischen und den eigenen Gleisen der Moselbahn.

Bahnhof Kierberg

Einen ganz und gar atypischen Bahnhofsbau ließ die Rheinische Eisenbahn an ihrer Strecke (Köln –) Kalscheuren – Euskirchen aufführen. Schwerlich ist das Empfangsgebäude des am 1. Oktober 1875 eröffneten Bahnhofes Kierberg als solches zu erkennen, denn es gleicht eher großbürgerlichen Villen, die in diesen «Gründerjahren» überall entstanden. Doch so abwegig war hier das pomphaft gestaltete Bauwerk mit dem Etablissement der von den Kölnern vielbesuchten Bahnhofs-Restauration des Theodor Hansen wohl gar nicht, von dessen Aussichtsturm man das «Bellevue» auf Brühl und sein 1725 bis 1728 durch Konrad Schlaun erbautes Schloß mit dem berühmten Treppenhaus des Balthasar Neumann (1744 bis 1748), auf das Siebengebirge und die ganze herrliche Umgebung genießen konnte (Bild 152).

Aus dieser «Sicht» ist es verständlich, daß die Erbauer des Kierberger Bahnhofsgebäudes neben gewisser Repräsentation auch der Nachbarschaft Brühls etwas Tribut zollen wollten. Demgemäß legten sie eine breite Freitreppe vor das Portalrisalit und sparten nicht mit architektonischen Schmuckelementen, wie verschiedener Putzquaderung, Lisenen, Fensterumrahmungen und vielen anderen Fassadendetails. Über dem breiten Hauptgesims wurde zur Betonung des oberen Abschlusses noch eine vasenbekrönte Attika angeordnet, hinter der sich das Flachdach verbarg. So konnte sich das Gebäude schon sehen lassen, dem nicht zuletzt Pergola und üppige Begrünung das Gepräge einer römischen Villa gaben, die sicherlich dem Publikum von einst auch als Bahnhofsbau durchaus gefiel.

Bild 152 Bahnhof Kierberg. Empfangsgebäude vom Vorplatz, erbaut 1875. Gezeichnete Ansicht von 1898 (Sammlung Verfasser)

Die Bonn – Cölner Eisenbahn

Bereits seit 1833 warb in Köln ein Komitee für den Bau einer linksrheinischen Eisenbahn Bonn – Köln und vermochte endlich 1837 eine Aktiengesellschaft, die «Bonn-Cölner Eisenbahn», zu bilden, die aber erst am 6. Juli 1840 ihre Konzession erhielt. Der Baubeginn verzögerte sich beträchtlich, weil über den Standort des Bahnhofes Bonn seitens der Stadt und der Gesellschaft zunächst keine Einigung zustande kam. Er wurde zu guter Letzt Ende 1842 durch das Finanzministerium festgelegt, so daß die 32,9 km lange Strecke Köln – Bonn nun am 15. Februar 1844 eröffnet werden konnte.

Die Bonn-Cölner Eisenbahn war nicht nur die erste am Rhein entlanggeführte Bahn, sondern sie wagte trotz Widerstands und düsterer Prognosen auch als Erste, mit der Rheinschifffahrt zu konkurrieren. Natürlich überwog die Personenbeförderung in der Bilanz den Güterverkehr bei weitem, der zwischen Köln und Bonn derzeit ohnehin keine große Bedeutung hatte. Und Massenguttransporte erfolgten auf der relativ kurzen Strecke nur während jahreszeitlich bedingter Behinderung der Flußschifffahrt per Bahn. Die Güterfrequenz erhöhte sich erst nach Verlängerung der Bahn flußauf und -ab des Rheins mit entsprechender Ausdehnung vor allem des industriellen Einzugsgebietes.

1854 erwarb die Gesellschaft eine Konzession zum Weiterbau bis Rolandseck am Fuße des Siebengebirges, die der Staat unter der Bedingung erteilte, gegebenenfalls ihrer Fusion mit einer künftigen linksrheinischen, nach Koblenz oder weiter nach Süden führenden Bahn zuzustimmen. Diese nur 13,9 km lange Strecke wurde zwischen
Bonn – Rolandswerth am 15. Oktober 1855
Rolandswerth – Rolandseck am 21. Januar 1856
dem Verkehr übergeben und die Bonn-Cölner Eisenbahn entsprechend den in der Konzession für die Verlängerung Bonn – Rolandseck festgelegten Bedingungen am 1. Januar mit der Rheinischen Eisenbahn (siehe Seite 85) vereinigt.

Bahnhof Köln St. Pantaleon

Hinsichtlich seiner Lage innerhalb des Befestigungsringes der Kölner Altstadt bildete der Endbahnhof der Bonn-Cölner Eisenbahn eine seltene Ausnahme, denn in der Regel durften Bahnlinien seinerzeit die Stadtmauer nicht durchqueren. Die Station wurde südsüdöstlich unweit der ehemaligen Benediktinerabtei St. Pantaleon auf Grundstücken des Stadtgutes Trutzenberg angelegt, einem Gelände, das heute etwa von Waisenhausgasse-Pantaleonstraße-Am Trutzenberg-Pantaleonswall/Kartäuserwall begrenzt wird. Für den am 15. Februar 1844 eröffneten Bahnhof St. Pantaleon gab es während seines Bestehens nur ein Gleis für die Ein- und Ausfahrt durch das trutzige, 1896 abgebrochene Pantaleonstor (Bild 153), aus dem die Strecke auf einer Holzbrücke – die

Bild 153 Bahnhof Köln St. Pantaleon. Einfahrt durch das (1896 abgebrochene) Pantaleonstor (Deutscher Reichsbahn-Kalender)
Bild 154 Bahnhof Köln St. Pantaleon. Ansicht von St. Pantaleon um 1860 (Verkehrsmuseum)

im Verteidigungsfall leicht zerstört werden konnte – über den Wallgraben in südwestlicher Richtung die Stadt verließ und in Richtung der jetzigen Eifelstraße – Güterbahnhof Eifeltor nach Bonn führte.

Bild 154 zeigt den «Bahnhof», von St. Pantaleon aus gesehen. Ein kleines zweistöckiges Empfangsgebäude ohne besondere architektonische Attribute und ein bescheidener Güter- oder Gepäckschuppen werden vom Bild erfaßt. Im Hintergrund fährt eben der Zug aus Bonn durch das Pantaleonstor ein. Links stadteinwärts, außerhalb des Blickwinkels, befanden sich weitere Baulichkeiten.

Erstaunlich, daß diese Station trotz ihrer eingeschränkten Lage später noch eine bedeutende Stellung im Eisenbahnverkehr Kölns einnahm und auch verhältnismäßig lange innehatte. Seit Eröffnung des «Centralbahnhofes» am Dom im Jahre 1859 hatte der Bahnhof St. Pantaleon zwar nur noch Personenverkehr bis Brühl, wobei gemischte Züge etwa 30000 Personen jährlich beförderten. Aber der Güterverkehr war weiterhin erheblich: so wurden z.B. 1886 30707 angekommene Güterwagen mit 284077 t und 15298 abgehende Waggons mit 63403 t hier abgefertigt, eine beachtliche Leistung! Erst im Zusammenhang mit der Umgestaltung der Kölner Bahnanlagen, die nicht zuletzt auch große Güter- und Verschiebebahnhöfe einschloß sowie den Bahnhof Köln-Süd als Ersatz für seinen Personenverkehr vorsah, konnte auf den Bahnhof St. Pantaleon verzichtet und dieser am 1. April 1894 geschlossen werden.

Bahnhof Bonn

Am 15. Februar 1844 zunächst als Endbahnhof eröffnet, wurde Bonn schon ein Jahrzehnt später nach dem Weiterbau bis Rolandseck Zwischenstation, die mit Fertigstellung der Rheinischen Eisenbahn bis Bingerbrück noch an Bedeutung gewann. Zur Verbindung mit dem rechten Rheinufer baute die Gesellschaft später von hier aus die Linie nach Obercassel mit dem am 1. März 1870 in Dienst gestellten Trajekt. Als dazu die am 7. Juni 1880 in Betrieb genommene Linie Bonn–Euskirchen(–Düren) kam – Euskirchen–Düren war bereits am 8. Oktober 1864 vollendet –, mußten die alten, inzwischen mehrfach umgebauten und erweiterten Bahnhofsanlagen Bonns schließlich grundlegend umgestaltet werden.

Bild 155 Bahnhof Bonn. Empfangsgebäude von der Stadtseite, erbaut 1883 bis 1884. Entwurf: Schellen, Unger und Viereck (Verkehrsmuseum)

Die umfangreichen Baumaßnahmen erfolgten unter Leitung des «Bau-Bureaus» der «Königl. Eisenbahn-Direktion (Linksrhein.) Köln», an welche die Rheinische Eisenbahn 1880 überging. Für die schöne, städtebaulich-architektonisch anmutige Stadt mit ihren prächtigen Gebäuden, deren Universität um 1850 als eine der schönsten Europas galt, entwarfen die Architekten Schellen, Unger und Viereck ein der Örtlichkeit angemessenes, reich dekoriertes Empfangsgebäude im Stil der Neo-Renaissance, das in den Jahren 1883 bis 1884 erbaut wurde. Wie damals allgemein üblich, entstand es der Repräsentation zuliebe auf barock-symmetrischem fünfteiligen Grundriß, wobei das weiter vorgezogene Mittelrisalit mit seinem großen Rundbogen-Portalfenster den Haupteingang unübersehbar betonte. An dem üppig mit figürlichem Schmuck für Wandflächen und Risalitbekrönungen verzierten Ziegelrohbau fand überdies viel Naturstein vor allem für die profilierten Fassadenelemente Verwendung (Bild 155). Trotzdem vermittelt das Bauwerk durch gute Proportionen und schlichte Reihung seiner Öffnungen einen sehr harmonischen Gesamteindruck, den man gegenüber späteren Bauten der Eklektik geradezu klassisch nennen kann. Dieses Empfangsgebäude des Bahnhofs von 1884, des heutigen Hauptbahnhofes Bonn, ist noch erhalten. Für die damals gleichzeitig errichtete Bahnsteighalle wurde eine einfache freitragende Satteldachkonstruktion gewählt, die mit dem Empfangsgebäude nicht unmittelbar verbunden war.

Bahnhof Rolandseck

Fast vom gleichen Aussichtspunkt ist der am 21. Januar 1856 durch die Bonn-Cölner Eisenbahn eröffnete Bahnhof Rolandseck in den Anfängen (Bild 156) und zur Reichsbahnzeit (Bild 157) aufgenommen worden. Die um 1860 entstandene Lithographie zeigt den Bahnhof nach seiner Übernahme durch die Rheinische Eisenbahn-Gesellschaft, die zu dieser Zeit ihre Strecke zwischen Köln und Bingerbrück schon durchgehend befahren konnte. Das Bahnhofsplanum ist von Bewuchs und Überbleibseln der Baudurchführung blankgefegt, wie neue Verkehrsanlagen immer nach ihrer Fertigstellung, die erst hernach von aufkommendem Grün wieder in die Natur eingebunden werden.

In Bildmitte steht das eben erbaute, klassizistisch anmutende Empfangsgebäude der Rheinischen Bahn, von dem Zeitgenossen 1858 schrieben: «Unter den Stationsgebäuden (der Strecke Köln – Koblenz) ist jenes zu Rolandseck durch seine Größe und elegante Bauart ausgezeichnet». Mit den damals typischen hochgestelzten Seitenflügeln und der Säulenhalle rundum – Letztere bildete eine Ausnahme, denn Bahnsteigdächer wurden meist nachträglich angefügt –, die über dem Hausbahnsteig und zum Rhein hin als Sitzterrasse des Bahnhofsrestaurants ausgebildet war, unterschied sich das Bauwerk wesentlich von den ursprünglich durch die Bonn-Cölner Eisenbahn errichteten anspruchslosen Bahnhofsbauten.

Von den herrlich gelegenen Balkons und Terrassen des Bahnhofes Rolandseck konnte man

Bild 156 Bahnhof Rolandseck. Ansicht mit Siebengebirge im Hintergrund. Vorn Wasserstation und Lokomotivschuppen (rechts). Zeitgenössische Lithographie, um 1860 (Verkehrsmuseum)
Bild 157 Bahnhof Rolandseck. Ansicht mit Ausblick auf Rhein und Siebengebirge, um 1935 (Deutscher Reichsbahn-Kalender)

beschaulich den Bahnbetrieb beobachten und auch den unvergleichlichen Blick auf den hier besonders romantischen Rhein mit den Inseln Nonnenwerth und Grafenwerth, auf Bad Honnef und das Siebengebirge genießen, damals sicher besser als 75 Jahre danach aus dem hier durchbrausenden «Rheingold»-Expreß. Zur Eröffnungsfahrt am 11. November 1858 fuhr der von Koblenz kommende Festzug ... «angesichts der rebenbekränzten Höhen, von denen malerische Burgtrümmer herabschauten, nach Rolandseck, in dessen villaartig erbautem Stationsgebäude ein solennes Festmahl der Gäste harrte. ...Als später das abendliche Dunkel sich über die herrliche Landschaft ausgebreitet hatte, lockten aufsteigende Raketen die Versammlung hinaus zu einem prächtigen Schauspiel. Der Rolandsbogen, der von Rath'sche Tempel und das in Fluten liegende Kloster Nonnenwerth glänzten und strahlten im bunten Lichte bengalischer Flammen. Unter dem Eindrucke dieses wundervollen Anblickes, unter dem Krachen der Böller und den Fanfaren des Musikkorps verabschiedete sich dann ein Theil der Festgenossen, um thaleinwärts nach Bonn, Köln, Aachen und Crefeld heimzukehren, während der größere Theil von dem bereitgehaltenen Bahnzuge stromauf wieder nach Koblenz getragen wurde».

Im Vordergrund des Bildes 156 sind links noch die alte Wasserstation und rechts der Lokomotivschuppen für zwei Maschinen sichtbar, rechts im Bild am Rheinufer das Hotel an der Anlegestelle der Lohfelder Personen- und Wagenfähre. Der gemischte Zug fährt in Richtung Bonn.

Bis zur Reichsbahnzeit (Bild 157) wurde das Empfangsgebäude nur geringfügig durch teilweise Überdachung und Verglasung der Balkons verändert. Wegen der mit hoher Geschwindigkeit durchfahrenden D- und Expreßzüge erhielt der Bahnhof statt der gefährlichen Zwischenbahnsteige einen überdachten Inselbahnsteig mit Personentunnel. Das historische Empfangsgebäude ist noch vorhanden.

Die Cöln–Mindener Eisenbahn

Die Geschichte dieser Bahn beginnt mit den ersten deutschen Eisenbahn-Aktivitäten überhaupt und ist mit dem Namen Friedrich Harkorts untrennbar verbunden. Schon vor 1830 baute man in Westfalen zahlreiche Grubenbahnen, deren Kohlenwagen durch Pferde gezogen wurden. Hier enstand 1787 die älteste Kohlenbahn Deutschlands, der von vier Gruben nach Rauendahl an der Ruhr führende 1,6 km lange «Rauendahler Kohlenweg». Pläne, die Pferde nach englischem Vorbild durch Lokomotiven zu ersetzen, stießen jedoch zunächst auf den Widerstand der Regierung, die rückständig argumentierte, daß «das jetzige Kommunikationsbedürfnis durch die vorhandene Chaussee gesichert» sei, und außerdem, «was solle aus den Kohlenfuhrleuten und den Kohletreibern werden?». Verständlich, daß Harkort nach jahrelangem Kampf gegen Bürokratie und Unverständnis 1835 schrieb: «Heute sind es zehn Jahre geworden, als ich im «Hermann» zum ersten Male über Eisenbahnen schrieb. Großes hätte man in Preußen erreichen, alles mit einem Schlage voranbringen können, wenn die Sache damals energisch angegriffen wurde! Statt dessen ist nichts geschehen. Wir haben noch nicht eine Meile Bahn, und unsere Nachbarn, das junge Belgien vorauf, schöpfen das Fett von der Suppe. Pfui über unsere unüberwindliche deutsche Schlafmützigkeit!».

Bereits am 30. März 1825 setzte sich Friedrich Harkort mit einer Publikation für Eisenbahnverbindungen zum Kohletransport vom Ruhrgebiet zum Rhein und nach Holland sowie für Industrieerzeugnisse nach Bremen und Emden ein; die letztere sollte den Überseehandel dem holländischen Zoll entziehen. Desweiteren warb er in Denkschriften 1831 für die «Prinz-Wilhelms-Eisenbahn» und im März 1833 – 6 Monate nach Lists Schrift zu einem deutschen Eisenbahnnetz – für «Die Eisenbahn von Minden nach Cöln», wobei er aus taktischen Gründen besonders auf die Bedeutung der Eisenbahn für die Personenbeförderung und den Truppentransport hinwies. Da die Schifffahrt damals Haupttransportmittel für Massengüter, z. B. Kohle, war, sah man im neuen Verkehrsmittel Eisenbahn, das ebenfalls Massengut billig und außerdem schnell befördern konnte, Einsatzmöglichkeiten zur Verbindung schiffbarer Wasserwege und zum Anschluß mehr oder weniger abgelegener Industriestandorte an die Schiffahrt. Eine derartige Hauptverbindung wurde zwischen Rhein und Weser angestrebt und nach vielen fehlgeschlagenen Aktivitäten, Projekten und Studien hatte sich 1837 eine «Rhein-Weser-Eisenbahn-Actiengesellschaft» zur Ausführung der Linie Minden–Elberfeld–Düsseldorf gebildet. Sie konnte aber ihr Vorhaben nicht realisieren und löste sich auf. Nachdem auch die «Rheinische Eisenbahngesellschaft» entsprechende Pläne wieder fallen ließ, brachte es endlich die 1843 in Köln gegründete «Ostrheinische», später in «Cöln-Mindener Eisenbahngesellschaft» umbenannte Unternehmung zuwege, am 18. Dezember 1843 die Konzession zum Bau einer Eisenbahn von Deutz über Oberhausen bis zur preußisch-bükkeburgischen Grenze bei Minden zu erhalten.

Mit dem Bau wurde schließlich im August 1844 begonnen und die 266,7 km lange Stammstrecke abschnittsweise zwischen

Deutz–Düsseldorf am 20. Dezember 1845
Düsseldorf–Duisburg am 9. Februar 1846
Duisburg–Oberhausen–Dortmund–Hamm am 15. Mai 1847
Hamm–Minden am 15. Oktober 1847

und am gleichen Tage auch die Anschlußlinie Minden–Wunstorf–Hannover der Hannöverschen Staatsbahn eröffnet. In Minden fand vereinbarungsgemäß Betriebswechsel statt.

Nun besaß Deutschland schon durchgehende Schienenwege von Köln nach Harburg, Braunschweig, Magdeburg, Leipzig, Dresden, seit 12. Dezember 1847 nach Bremen, seit Überbrückung der Elbe bei Magdeburg am 13. August 1848 auch nach Berlin und weiter nach Stettin sowie Frankfurt a.O.–Breslau (heute: Wrocław). Zugleich war die Cöln-Mindener Eisenbahn Bindeglied für den Verkehr Mittel- und Westdeutschlands mit Belgien und Frankreich; wenig später bestand durch die 1856 eröffnete Strecke Oberhausen–holländische Grenze bei Emmerich Anschluß an das holländische Eisenbahnnetz mit Verbindung nach Amsterdam und Rotterdam.

Vorher hatte die Gesellschaft mit Konzession von 1845 von ihrer Station Oberhausen die wichtige Zweigbahn zum Rheinhafen Ruhrort (Seite 140), dem seinerzeit größten deutschen Binnenhafen, gebaut und am 14. Oktober 1848 eröffnet. Der Bau weiterer bedeutender Linien mit großem Verkehrsaufkommen folgte, so daß sich die Cöln-Mindener Eisenbahn zum größten Eisenbahnunternehmen Nordwestdeutschlands entwickelte. So baute sie mit Konzession von 1855 die Strecke Deutz–Gießen mit Zweig Betzdorf–Siegen und die Rheinbrücke zwischen Deutz und Köln, um ihre Bahn hier in den «Centralbahnhof» der Rheinischen Eisenbahn einzuführen. Mit der Linie Deutz–Gießen wurde das erzreiche Siegerland mit dem Kohlegebiet an der Ruhr verbunden und die Fahrtstrecke Köln–Leipzig gegenüber ihrer nördlichen Stammstrecke erheblich verkürzt. Die 418 m lange «Dombrücke» über den Rhein (Bild 158) konnte schon am 3. Oktober 1859 in Anwesenheit des Prinzregenten Wilhelm feierlich eingeweiht und am 15. Oktober dem öffentlichen Verkehr übergeben, die insgesamt 183 km lange Bahn zwischen

Deutz – Hennef	am 1. Januar 1859
Hennef – Eitorf	am 15. Oktober 1859
Eitorf – Wissen	am 1. August 1860
Wissen – Betzdorf	am 10. Januar 1861
Betzdorf – Burbach	am 1. Juli 1861
und Burbach – Gießen	am 12. Januar 1862

eröffnet werden.

Verkehrsgeschichtlich bedeutungsvoll war auch die 1861 französischerseits angeregte Linie Paris – Venlo – Hamburg, deren Bauabschnitt Venlo – Osnabrück und eine Zweigbahn nach Essen der Cöln-Mindener Eisenbahn 1866 konzessioniert wurden, wonach vorläufig nur Essen–Münster gebaut werden sollte, bis der Weiterbau Osnabrück – Hamburg gesichert sei. Währenddessen war Hannover 1866 an Preußen gefallen und so erhielt die Gesellschaft 1868 auch die Konzession für Osnabrück – Bremen – Hamburg mit Zweig Kirchweyhe – Sagehorn. Mit dem Bau der insgesamt 460 km langen Haupt- und Zweigbahnen wurde bereits 1867 begonnen. Die Eröffnung ihrer Teilstrekken erfolgte zwischen

Münster – Wanne	am 1. Januar 1870
Münster – Osnabrück	am 1. September 1871
Harburg – Hamburg Venloer Bahnhof	am 1. Dezember 1872
Osnabrück – Hemelingen	am 15. Mai 1873
Hemelingen – Bremen	am 16. August 1873
Bremen – Harburg	am 1. Juni 1874
und Venlo – Wesel – Haltern	am 31. Dezember 1874.

Diese Bahn war die letzte große von der Cöln-Mindener Eisenbahn gebaute Linie. Spätere Neuanlagen dienten nur noch dem Ausbau ihres Netzes, das zuletzt 1 145 Kilometer einschließlich Verbindungs-, Hafen- und Grubenbahnen umfaßte. Der preußische Staat übernahm die Bahn am 1. Januar 1879 auf seine Rechnung, am 1. Februar 1880 aber erst in Verwaltung und Betrieb. Sie ging nach Liquidation der Gesellschaft am 1. Januar 1886 in Staatseigentum über. Solange wurde die Bahn durch eine besondere königliche Direktion verwaltet. Danach gehörte die Cöln-Mindener Eisenbahn zur Königlichen Eisenbahndirection Köln rechtsrheinisch, die Linie Bremen – Hamburg kam zur Königlichen Eisenbahndirection Hannover.

Bahnhof Köln-Deutz

Den am 20. Dezember 1845 eröffneten Vorgänger des Bahnhofes Köln-Deutz legte die Cöln-Mindener Eisenbahn im Hinblick auf einen baldigen Brückenschlag zum linksrheinischen Köln zunächst provisorisch in Deutz zwischen der heutigen Constantinstraße und der Hohenzollernbrücke, östlich etwa bis zum Ottoplatz an. Wesentlich später führte die Bergisch-Märkische Eisenbahn ihre Linie von Elberfeld zunächst 1868 bis Mülheim und 1872 am Rheinufer entlang die Cöln-Mindener Bahn durch eine Unterführung kreuzend bis zu ihrem eigenen Bahnhof «Schiffsbrücke», so benannt nach der von 1822 bis 1915 bestehenden schwimmenden Brücke, die sich etwa in Höhe der jetzigen Köln-Deutzer Brücke befand. Für die Anlage des Bahnhofes wurden die Gasthäuser «Hotel Bellevue», «Hotel Fuchs» und «Hotel Prinz Karl» aufgekauft. Der am 8. Januar 1872 eröffnete Bahnhof Schiffsbrücke und die nach 1859 zum Güterbahnhof umfunktionierte Station der Cöln-Mindener Eisenbahn von 1845 dienten dem Verkehr bis zur Umgestaltung der Deutzer Bahnanlagen 1911 bis 1913.

Endlich erfolgreich konnte die Cöln-Mindener Eisenbahn seit 1852 laufende Verhandlungen mit der Rheinischen Eisenbahn zum Bau einer Rheinbrücke als wesentliche Voraussetzung für ihre weitere Entwicklung 1855 ab-

Bild 158 Köln, Dombrücke über den Rhein, eingeweiht am 3. Oktober 1859. Zeitgenössische Lithographie (Verkehrsmuseum)

Bild 159 Bahnhof Köln-Deutz. Lageplan der 1913 fertiggestellten Anlagen (Röttcher: Hochbauten der Deutschen Reichsbahn)
Bild 160 Bahnhof Köln-Deutz. Ansicht des Empfangsgebäudes, erbaut 1912 bis 1913. Entwurf: Hugo Röttcher. Foto: Trinks, um 1925 (Deutsche Fotothek)

schließen und mit den Vorarbeiten beginnen, die, wie der Bau selbst, Hermann Lohse übertragen wurden, der vorher die große Gitterbrücke über die Weichsel bei Dirschau baute. Obwohl bereits 1856 mehrere Pfeiler der Dombrücke, im Volksmund «Muusfall» (Mausefalle) genannt (Bild 158), gegründet waren, erfolgte erst 1857 die Genehmigung für die eiserne Gitterkasten-Konstruktion. Ihre Fertigung unter Leitung von Obermaschinenmeister Weidtman in Dortmund dauerte dann nur knapp ein Jahr. Am 19. September 1859 konnte die letzte Niete eingeschlagen werden und am 3. Oktober 1859 die Einweihung der Brücke stattfinden. Ihre Länge betrug 412,8 m, die Breite 16,73 m (davon 8,16 m für 2 Eisenbahngleise und 8,47 m für den Straßenverkehr), der Stahlbedarf etwa 5 000 t; die Baukosten beliefen sich auf 2,93 Millionen Taler. Nun war die Cöln-Mindener Eisenbahn in der Lage, ihre Linien in den neuen, am 15. Dezem-

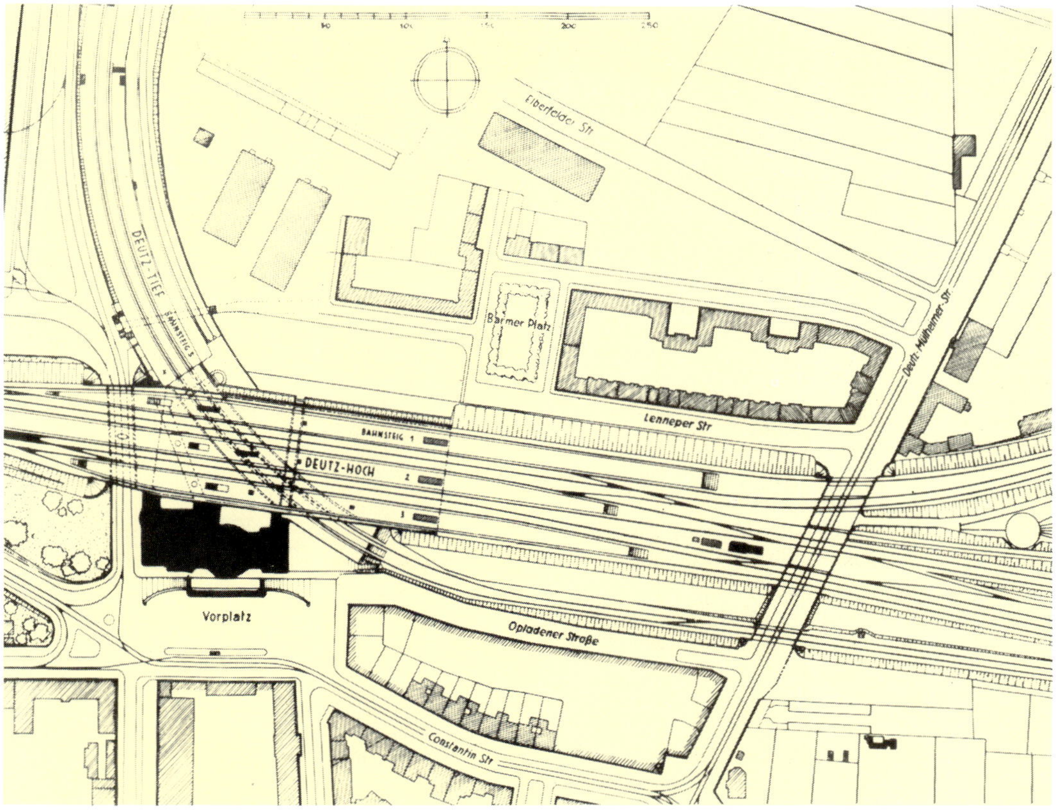

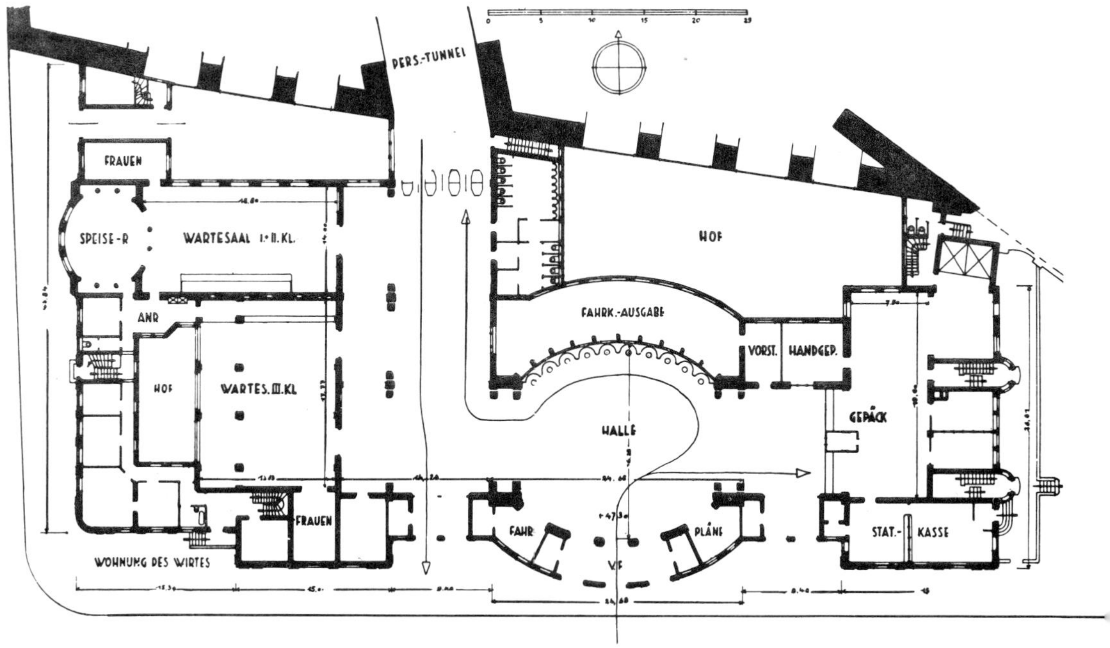

Bild 161 Bahnhof Köln-Deutz. Grundriß des Empfangsgebäudes. Entwurf: Hugo Röttcher (Röttcher: Hochbauten der Deutschen Reichsbahn)

ber 1859 eröffneten «Centralbahnhof» der Rheinischen Eisenbahn in Köln einzuführen.

Die Dombrücke wurde während des Baues der sie ersetzenden Hohenzollernbrücke 1908 bis 1910 schrittweise abgebaut. Zur Zeit des Baues dieser zweiten an gleicher Stelle in Etappen am 7. März 1909, 21. März 1910 und 30. April 1911 in Betrieb genommenen Brücke begannen die Arbeiten an der Umgestaltung der Deutzer Bahnanlagen und damit eigentlich erst die Geschichte des zweiten Bahnhofes in Köln-Deutz.

Während der alte Deutzer Bahnhof «Schiffsbrücke» nur die Linie Mülheim–Kalk bediente, die im Zusammenhang mit der Neuanlage des Bahnhofes Köln-Deutz (Bild 159) verlegt werden mußte, nahm dieser nun außerdem die Hauptlinien nach Düsseldorf, Elberfeld, Gießen und Frankfurt (M) auf. Durch Beseitigung der sogenannten Schiffsbrückenlinie wurde die städtebauliche Entwicklung der rechten Rheinseite gefördert, indem die Stadt freien Anschluß an den Rhein erhielt, von dem sie bis dahin abgesperrt war, und nach Entfernung des alten Güterbahnhofes auf dem Gelände des ersten Deutzer Bahnhofes konnten am rechten Rheinufer Parkanlagen entstehen.

Die Zusammenfassung der genannten Linien bedingte, Köln-Deutz als Turmbahnhof zu konzipieren, wobei Deutz-Tief den rechtsrheinischen und Deutz-Hoch den Verkehr nach der linken Rheinseite vermittelt. Der Bedeutung des Bahnhofes entsprechend schuf Hugo Röttcher ein großartiges Empfangsgebäude, dem eine weiträumige dreischiffige, 176 m lange und 65 m breite Bahnsteighalle angegliedert ist. Mit seinem eindrucksvollen Kuppelbau gehört es zu den unverkennbaren und schönsten Bahnhofsbauten jener Zeit (Bild 160). Die baulich-handwerkliche Ausführung und konstruktive Durchbildung der Details des neobarock gestalteten Gebäudes ist unübertreffbar. Hervorragend wurden die Beziehungen zwischen Raumfolge und Personenströmen gelöst. In dieser Hinsicht sind besonders die Eingangshalle auf elliptischem Grundriß mit der ausbuchtenden Fläche vor den Fahrkartenschaltern, die Anordnung des Zuganges zum Personentunnel mit einem

Längsflur vor den Wartesälen und die Lage der Ein- und Ausgänge beachtenswert. Die für den Grundriß der Eingangshalle gewählte Ellipse war also durchaus keine barocke Marotte, sondern verband Funktion mit architektonischem Gestaltungswillen zur Einheit. Durch die Freitreppe und Rampenauffahrten am Vorplatz konnte der Fußboden der Schalterhalle erhöht werden, um die verhältnismäßig große Höhendifferenz bis zu den oberen Bahnsteigen (Deutz-Hoch) zu verringern (Bild 161).

Der Bahnhof Köln-Deutz und sein Empfangsgebäude wurden nach zweijähriger Bauzeit in der Nacht vom 10. zum 11. November 1913 eröffnet. Insgesamt betrugen die Kosten für die Umgestaltung der Deutzer Bahnanlagen 62 Millionen Mark; davon entfielen auf die neue Linie Mülheim – Deutz – Kalk 8,9 und auf das Empfangsgebäude Köln – Deutz 1,3 Millionen Mark. Dieses Gebäude ist noch vorhanden, während die Hohenzollernbrücke von 1911 am 6. März 1945 gesprengt, 1946 bis 1948 völlig neu wiederaufgebaut und am 9. Mai 1948 wieder in Betrieb genommen wurde.

Bild 162 Bahnhof Benrath. Ansicht des Empfangsgebäudes, erbaut 1932 (Röttcher: Hochbauten der Deutschen Reichsbahn)
Bild 163 Bahnhof Benrath. Grundriß des Empfangsgebäudes, erbaut 1932 (Röttcher: Hochbauten der Deutschen Reichsbahn)

Bahnhof Benrath

Der Bahnhof Benrath, am 20. Dezember 1845 als «Station» (es gab damals die Kategorien Bahnhof, Station und Anhaltepunkt) der Cöln-Mindener Eisenbahn eröffnet, seit 1. Juli 1933 Düsseldorf-Benrath (Rh) und seit 15. Mai 1938 nur noch offiziell Düsseldorf-Benrath, beansprucht mit seinem 1932 erbauten Empfangsgebäude (Bild 162) einen beachtenswerten Platz in der modernen Bahnhofsarchitektur. Das seinerzeit im Auftrag der Reichsbahndirektion Wuppertal für diesen unterhalb der Mittelgröße einzuordnenden Bahnhof entworfene Bauwerk war mit der Komposition, Gliederung und Formgebung seiner Baukörper hervorragend gestaltet, nicht zuletzt mit seiner städtebaulichen Anpassung an den Standort wegweisend, wenn nicht überhaupt seiner Zeit weit voraus. Wo hatten Architekten bis dahin gewagt, so unbefangen rechtwinklige Gebäudestellungen aufzugeben?!

Allgemeingültige Gestaltungsregeln und «Empfangsfunktion» wurden bei der Ausbildung des Schalterhallenflügels als Baumassen-Schwerpunkt, dessen Front am Bahnhofsvorplatz ganz unkonventionell zur Eisenbahnstraße schwenkt, in glücklicher Weise vereinigt. Selten ist mit derartig einfachen Gestaltungsmitteln eine solch ansprechende Wirkung erreicht worden.

Der klare, übersichtliche Grundriß (Bild 163) spricht für sich. Trotz Winkelbildung der in Seitenlage am erhöhten Bahnkörper errichteten Bauten sind alle Anforderungen an die Gebäudefunktion optimal erfüllt, vor allem: direkter Zugang geradenwegs zu den Fahrkartenschaltern außerhalb des Hauptpersonenstromes und zu der danebenliegenden Gepäck- und Expreßgutabfertigung, unmittelbare axiale Verbindung zwischen Personentunnel und Ausgang in der Schalterhalle sowie von hier durch einen Flur zu den Wartesälen und WC-Anlagen. Überdies bekam die Bahnhofswirtschaft auch einen direkten Zugang zum Vorplatz.

Bahnhof Duisburg

Eine bemerkenswerte Entwicklung von der Zwischenstation zum bedeutenden Kreuzungs- und Hauptbahnhof nahm der am 9. Februar 1846 durch die Cöln-Mindener Eisenbahn eröffnete Bahnhof Duisburgs. Diese Gesellschaft legte hier den ersten Bahnhof etwa 1 km südöstlich der Altstadtumwallung an und errichtete westlich der Strecke Düsseldorf – Oberhausen ein Empfangsgebäude in Seitenlage, einen zweistöckigen spätklassizistischen Bau auf typisch dreiteiligem Grundriß mit quer zum Mitteltrakt stehenden Seitenflügeln. Es wurde später in der Erdgeschoßzone zum Inselgebäude umgebaut,

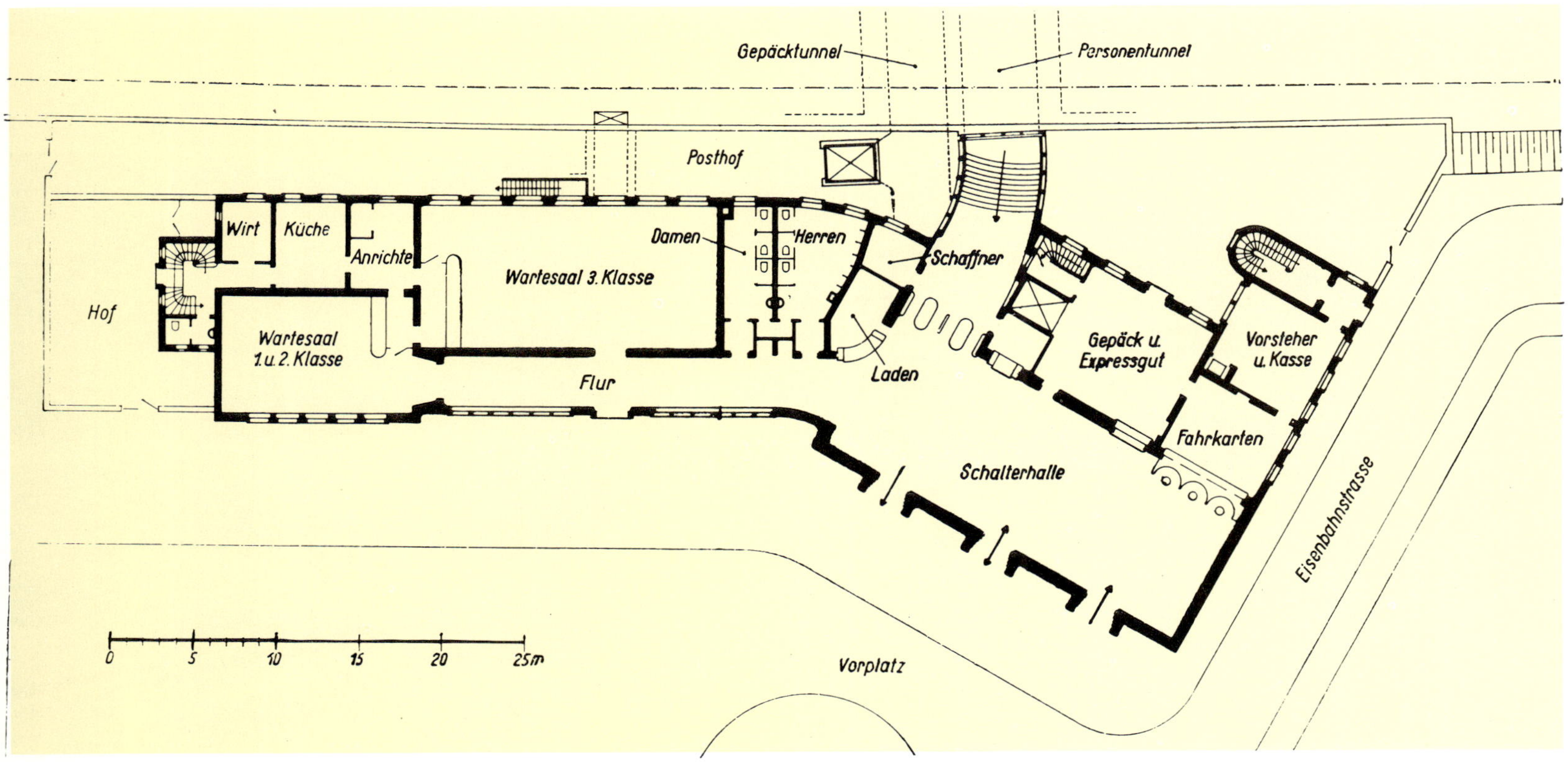

Duisburg

Bild 164 Bahnhof Duisburg. Insel-Empfangsgebäude mit Vorplatz, um 1910 (Sammlung Schladitz)
Bild 165 Hauptbahnhof Duisburg. Empfangsgebäude mit Vorplatz, erbaut 1932 bis 1933 (Verkehrsmuseum)
Bild 166 Hauptbahnhof Duisburg. Grundriß des Empfangsgebäudes in Vorplatzhöhe (Röttcher: Hochbauten der Deutschen Reichsbahn)
Bild 167 Hauptbahnhof Duisburg. Schalterhalle des Empfangsgebäudes, um 1935 (Hundert Jahre deutsche Eisenbahnen)

mit Bahnsteigdächern versehen und erhielt an der Zufahrt nördlich einen romantisch-eklektischen Anbau mit der nun von dieser Seite zugänglichen Empfangshalle (Bild 164). Diese Umgestaltung war erforderlich, als mehrere private Eisenbahngesellschaften ihre Linien durch den Bahnhof führten, der sich damit zum Kreuzungsbahnhof entwickelte. Er nahm nacheinander bis 1879 folgende Strecken auf: am 1. Januar 1859 Duisburg–Hochfeld der Aachen-Düsseldorf-Ruhrorter Eisenbahn (am 1. Januar 1866 von der Bergisch-Märkischen Eisenbahn übernommen), am 1. Mai 1862 Styrum–Duisburg der Bergisch-Märkischen Eisenbahn und am 15. Februar 1870 Duisburg–Hochfeld der Rheinischen Eisenbahn, die ihre 174,4 km lange Strecke Duisburg–Quakenbrück schließlich am 1. Juli 1879 eröffnete.

In dieser Form diente der Bahnhof, von Gleiserweiterungen und -anlagen für den Rangierbetrieb abgesehen, bis 1932/33 dem Verkehr. Lediglich die Zufahrt wurde inzwischen durch Unterführung der Königstraße kreuzungs- bzw. niveaufrei gestaltet. Nur selten hat eine Bahnhofsanlage mit ihrem alten Empfangsgebäude so lange bestanden. Sie entsprach aber verständlicherweise mit der Zeit den Anforderungen des Eisenbahnverkehrs der auf 435 000 Einwohner gewachsenen Stadt immer weniger und mußte nun so grundlegend umgestaltet werden, daß vom alten Personenbahnhof nichts mehr übrig blieb.

Der 1933 fertiggestellte großzügige neue Hauptbahnhof Duisburg gehört mit den Neubauten von Düsseldorf und Oberhausen zu den bedeutendsten Schöpfungen der Deutschen Reichsbahn-Gesellschaft im Gebiet der heutigen Bundesrepublik Deutschland. Seine gegen Ende der zwanziger Jahre projektierten Bauten (Bild 165) können den besten architektonischen Werken des sachlich-modernen Verkehrs- und Industriebaues zugeordnet werden.

Zusammen mit der neuen Bahnhofsanlage wurde auch eine neuzeitliche städtebauliche Lösung des Vorplatzensembles angestrebt, die südlich des Empfangsgebäudes einen Verwaltungsbau der Reichsbahn, nördlich davon die Reichspost und gegenüber die städtische Bebauung einbezog (Bild 166). Damit entstand eine beeindruckend lange Bahnhofsfront, aus deren Bauflucht das Empfangsgebäude demon-

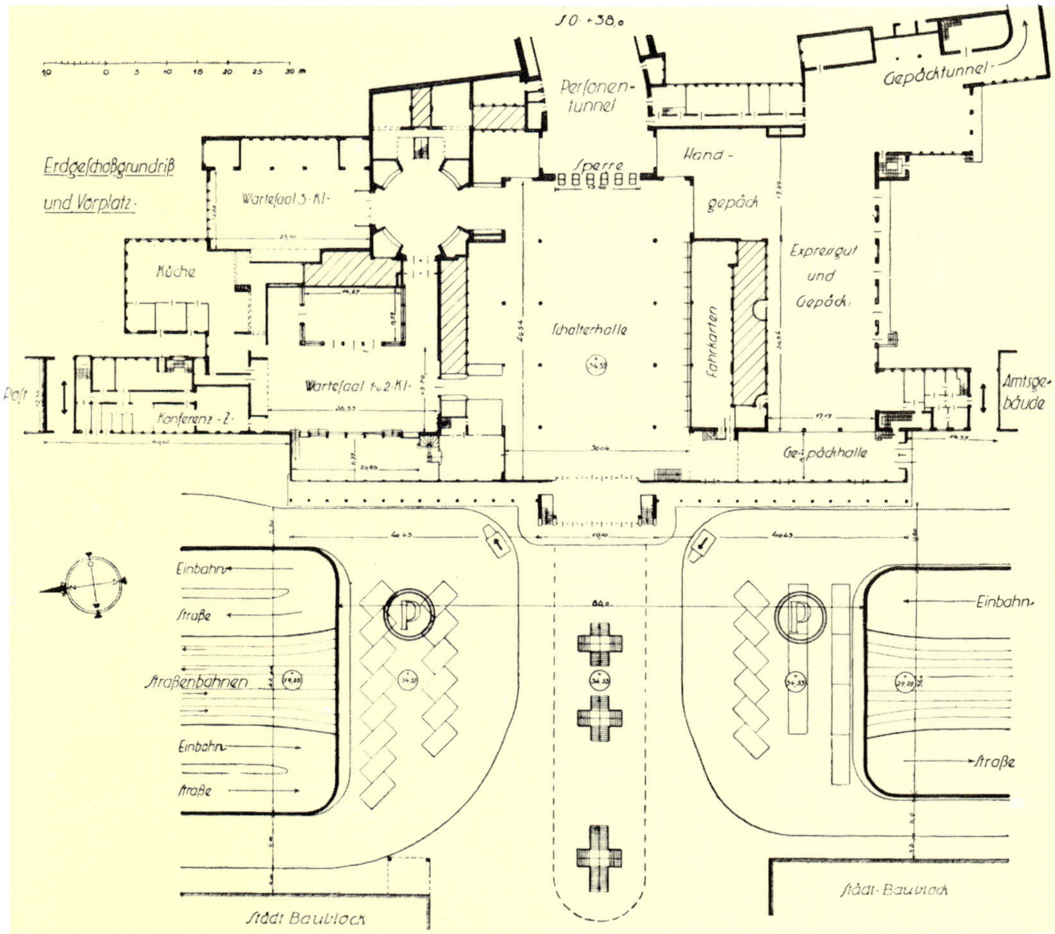

strativ hervortritt. Der Bahnhofsplatz wurde ähnlich dem von Rinklake vor der Jahrhundertwende vertretenen Prinzip vor dem Empfangsgebäude auf einen brückenartigen Überbau gelegt, allerdings mit dem Unterschied, daß hier nicht die Eisenbahn, sondern Straße und Straßenbahnlinien unterführt waren. Dazu mußte die damalige parallel zur Bahnhofsfront verlaufende Provinzialstraße mit Rampen hinabgeführt werden.

Für größtmöglichen Reisekomfort sorgten laubengangartige Gänge auf ganzer Länge des Empfangsgebäudes und eine 14 m breite, etwa 60 m lange, vor der Eingangshalle liegende Überdachung der Verkehrsinsel mit Treppenanlagen zu den darunter befindlichen Straßenbahnhaltestellen. Die Eingangs- bzw. Schalterhalle (Bild 167) wurde als «Tiefenhalle», d.h. niveaugleich mit Vorplatz und Personentunnel angelegt. Große seitliche Fensterbandflächen ergaben durch ihre Süd- und Nordorientierung optimale Tageslichtbeleuchtung, so daß auf die im Sommer lästige Besonnung von Westen verzichtet und die lediglich mit Uhrzifferblatt und Figuren auf Eckkonsolen gezierte Stirnwand der Halle in schlichtester Weise dennoch eindrucksvoll gestaltet werden konnte (Bild 168). Hauptein- und Durchgänge vom Vorplatz bis in den Personentunnel sind dem Personenstrom entsprechend zusammengefaßt, die Verkehrsflächen vor Fahrkartenschaltern, Auskunftsräumen und Fahrplanaushängen in die Ruhezonen der Seitenschiffe der basilikalen Halle verlegt.

Ebenfalls abseits vom Hauptverkehr liegt rechts des Haupteinganges die Gepäckhalle mit direkter Verbindung zum Bahnhofsvorplatz. Für die Expreßgutabfertigung wurde eine besondere Ausfahrt am südlichen Innenhof vorgesehen.

Bahnhof Wanne

Zu einem bedeutenden Eisenbahnknotenpunkt wuchs allmählich der am 15. Mai 1847 dem Verkehr übergebene Bahnhof Wanne, damals nur Zwischenstation der Cöln-Mindener Eisenbahn Duisburg–Dortmund–Hamm, als die Gesellschaft am 1. Januar 1870 ihre Linie Münster–Haltern–Wanne und am 7. November 1871 Schalke–Wanne in Betrieb nahm. Außerdem führte die Bergisch-Märkische Eisenbahn ihre am 10. Januar 1875 eröffnete Strecke Essen–Herne durch die Station, die sich deshalb zum Inselbahnhof entwickelte, in den die Preußische Staatsbahn noch folgende Streckenabschnitte einführte, die zwischen

Wanne–Sterkrade (–Oberhausen) am 1. Juli 1874
Wanne–Bismarck am 15. Oktober 1884
Wanne–Riemke–Präsident am 1. Oktober 1886

und durch die Preußisch-Hessischen Staatseisenbahnen zwischen Wanne Gbf–Herne Gbf–Riemke–Hofstede am 1. Dezember 1895 eröffnet wurden.

Bis zu seiner Umgestaltung im Jahre 1914 besaß der Bahnhof – seit 1926 Wanne-Eickel Hbf – einen für das Ruhr-Revier typischen holzverschalten Fachwerkbau als Empfangsgebäude. Das ursprünglich in Seitenlage errichtete zweistöckige Gebäude wurde in den Gründerjahren mit ihrem sprunghaft ansteigenden Verkehr an den Giebelseiten durch Anbauten mit Warteräumen, Restaurant und Dienstzimmern erweitert (Bild 169). Im Foto von 1903 steht der wenig einladende, anspruchslose Komplex in Insellage. Die Zwischenbahnsteige konnten seinerzeit nur auf abgezäunten Gleisübergängen, die vorm Empfangsgebäude in der Mitte des Hausbahnsteiges lagen, erreicht werden, denn Personentunnel gab es hier noch nicht. Durch seine baumbestandene Zufahrt hatte der triste Bahnhof wenigstens etwas Freundliches an sich, das die Menschen jener Zeit sicherlich angenehm empfanden.

Bild 168 Hauptbahnhof Duisburg. Empfangsgebäude vom Vorplatz, erbaut 1932 bis 1933. Modellfoto (Röttcher: Hochbauten der Deutschen Reichsbahn)
Bild 169 Bahnhof Wanne. Teilansicht mit Insel-Empfangsgebäude 1903 (Sammlung Schladitz)

Bahnhof Dortmund

Außergewöhnliches Beispiel eines (Halb-) Inselbahnhofes war bis zum Bau des Hauptbahnhofes der Vereinigte Bahnhof der Cöln-Mindener und der Bergisch-Märkischen Eisenbahn in Dortmund. Die erstgenannte Gesellschaft legte ihren am 15. Mai 1847 eröffneten Bahnhof nördlich der Stadt vor dem Königswall und Burgtor an. Für diese Durchgangsstation baute sie in Seitenlage ein Empfangsgebäude in den von ihr bevorzugten romantischen, wehrhaft-repräsentativen Architekturformen, die für viele Bahnhofsbauten der großen Linie kennzeichnend waren (Bild 170). Variiert gegenüber den verwandten Bauten von Hamm und Minden hatte das auf U-förmigem Grundriß entwickelte Gebäude einen massigen turmartigen, zinnenbekrönten Mittelbau als axiale Dominante zu den heranführenden Bahnlinien und zum Vorplatz. Im Hinblick auf die seitens der Bergisch-Märkischen Eisenbahn im Bau befindliche Linie Schwelm – Hagen – Witten – Dortmund, die schon am 28. Dezember 1848 den Güter- und am 9. März 1849 auch den Personenverkehr aufnahm, wurde das Bahnhofsgebäude vorsorglich für eine spätere Insellage konzipiert; diese kam jedoch im echten Sinne nicht zustande, weil der Bahnhof für die Strecke von Schwelm Kopfstation blieb und die Bahnhofsgleise der Bergisch-Märkischen Bahn südöstlich des Empfangsgebäudes endeten (Bild 171). Natürlich wurden später durch Weichenstraßen Übergangsmöglichkeiten zwischen beiden Bahnen geschaffen.

Bild 170 Bahnhof Dortmund um 1850. Umsteigebahnhof der Cöln-Mindener und der Bergisch-Märkischen Eisenbahn. Zeitgenössische Darstellung eines unbekannten Zeichners (BD Essen, Pressedienst)

Bei der Arrondierung des nach damaligen Begriffen mit 100 Morgen = etwa 26 Hektar «gewaltigen Flächenraumes» für den Bahnhof sollte vor dem Königswall der sog. Königsstuhl, das einzige erhaltene Geschichtsdenkmal mittelalterlicher westfälischer Femgerichte mit zwei vermutlich aus jener Zeit stammenden Linden verschwinden, was durch König Friedrich Wilhelm IV. abgewendet wurde. Beim Bau des Hauptbahnhofes erhielt der «Dortmunder Freistuhl» 1910 mit einem bastionartigen Bauwerk hervorragenden Schutz (Bild 172).

Zum Bahnhof gehörte schon frühzeitig eine große Eisenbahn-Werkstatt für Waggon- und Lokomotivenbau, die gegen Ende des 19. Jahrhunderts mehr als 1 000 Arbeitskräfte beschäftigte (nicht zu verwechseln mit der Abteilung Waggonbau des Großbetriebes «Dortmunder Union»).

Bild 171 Bahnhof Dortmund. Teilansicht vor dem Umbau 1905 (BD Essen, Pressedienst)

Bild 172 Hauptbahnhof Dortmund. Empfangsgebäude vom Vorplatz 1912. Im Vordergrund links der »Dortmunder Freistuhl« (Sammlung Clauß)

Bahnhof Hamm (Westf)

Bei der Planung der ersten Anlage ihres am 15. Mai 1847 in Betrieb genommenen Bahnhofes Hamm hatte die Cöln-Mindener Eisenbahn-Gesellschaft das zunächst in Seitenlage errichtete Empfangsgebäude vorsorglich als Inselgebäude konzipiert, denn die am 26. Mai 1848 eröffnete Münster-Hammer Eisenbahn war fast gleichzeitig im Bau, und auch die Westfälische Eisenbahn, die diese am 1. Januar 1855 übernahm, befaßte sich damals schon mit den Vorarbeiten für ihre am 1. Oktober 1850 eröffnete Linie Hamm–Soest–Paderborn, die seit 22. Juli 1853 als sogenannte Köln-Mindener Verbindungsbahn den Schienenverkehr bis Warburg ermöglichte.

Der symmetrische Grundriß (Bild 173) des fast in Keillage zwischen den Bahnhofsgleisen (der durch die Gesellschaften separat betriebenen Linien) angeordneten Empfangsgebäudes zeigt daher für beide Seiten, abgesehen von geringfügigen Abweichungen bei den Diensträumen, das gleiche Raumprogramm mit dekkungsgleichen Proportionen der Räumlichkeiten. Der «gemeinschaftliche Wartesaal III. u. IV. Cl.» sowie die hofartig zusammengefaßten Nebengebäude mit Abortanlagen usw. sind später als eingeschossige Flachbauten hinzugefügt

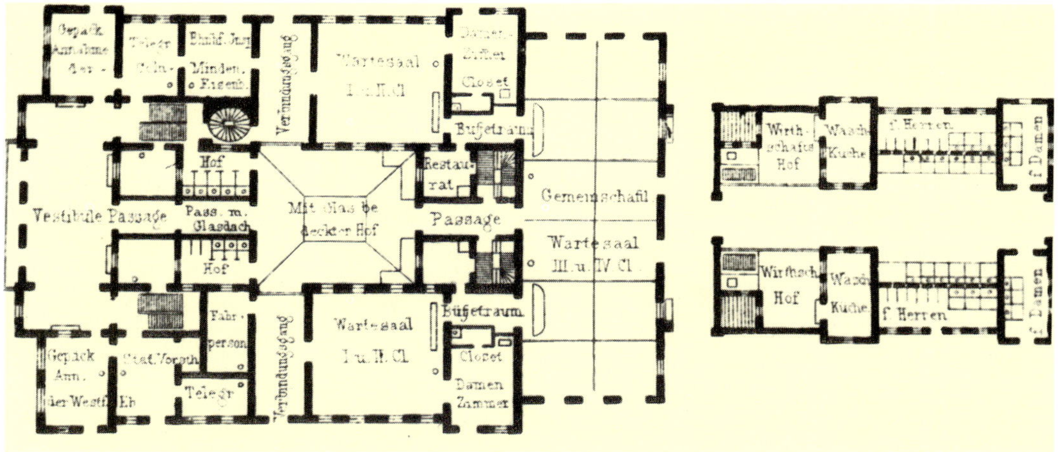

worden, als vor allem der Umsteigeverkehr zunahm und weitere Verbindungen Hamm tangierten. Am 18. Januar 1866 wurde die Linie Unna–Hamm eröffnet.

Nicht nur die Insellage und Betriebssituation, sondern auch die Architektur des Empfangsgebäudes ähnelte der in Minden durch die Cöln-Mindener Eisenbahn geschaffenen Anlage (Seite 113). In Hamm demonstrierte das in allen Dimensionen große, ungemein wuchtig wirkende Empfangsgebäude (Bild 174) aus den Anfängen der Eisenbahn in beeindruckender Weise unübersehbar die revolutionäre Bedeutung des neuen Verkehrsmittels. Daß dies mit

Bild 173 Bahnhof Hamm. Grundriß des Empfangsgebäudes, um 1850 (Sammlung Verfasser)
Bild 174 Bahnhof Hamm. Ansicht des Empfangsgebäudes mit der Haupteingangsfront, um 1900 (Verkehrsmuseum)

mittelalterlich-romantischen Formen des Burgen- und Festungsbaues, trutzigen Türmen, Zinnen usw. geschah, ist in der Phase gesellschaftlicher Umwälzungen zwischen spätem Klassizismus und Eklektizismus nicht verwunderlich.

Schon lange vor der Jahrhundertwende hatte sich der Betrieb auf dem Bahnhof derart entwik-

kelt, daß er den städtischen Verkehr an den schienengleichen Übergängen stark behinderte. Auf der Südseite des Bahnhofes wurden deshalb die Straßen unterführt und die Zufahrt zum Empfangsgebäude in gleicher Ebene vertieft hergestellt, so daß es nun von hier aus, auf einem Sockelvorbau stehend, noch stattlicher erschien (Bild 175). Damit war die Eisenbahn vor allem auch für die sie kreuzende elektrische Straßenbahn mit ihrer Oberleitung kein Hindernis mehr.

Bautechnisch besonders interessant ist die ungewöhnliche Konstruktion der um 1860 errichteten Bahnsteigdächer mit quer zu den Bahnsteigen gewölbten Wellblechschalen und entsprechender Kastenrinnen-Entwässerung über den Säulen sowie pultdachförmigen Oberlichtbändern an der Gebäudewand zur Verbesserung der Tageslichtbeleuchtung der am Bahnsteig befindlichen Räumlichkeiten (Bild 176).

Schließlich genügte der inzwischen permanent den Erfordernissen des Betriebes durch mehr oder weniger taugliche Umbauten und Erweiterungen angepaßte Bahnhof dem weiter zunehmenden und dichteren Verkehr nicht mehr. 1910 begann seine generelle Umgestaltung auch mit dem Bau eines neuen Empfangsgebäudes, das nun in Seitenlage östlich der Gleise errichtet wurde. Verzögert durch den ersten Weltkrieg, konnte der Neubau erst danach fertiggestellt und am 15. Oktober 1920 dem Personenverkehr übergeben werden. Vor dem Kriege projektiert, entsprach er architektonisch nicht nur der klassizistisch-barocken Spät-Eklektik, sondern auch der bauhandwerklichen Solidität jener Zeit (Bild 176). Mit der großzügig gestalteten neuen Bahnsteiganlage wurde das Empfangsgebäude durch Personentunnel verbunden. Es ist in seinen wesentlichen Teilen noch im

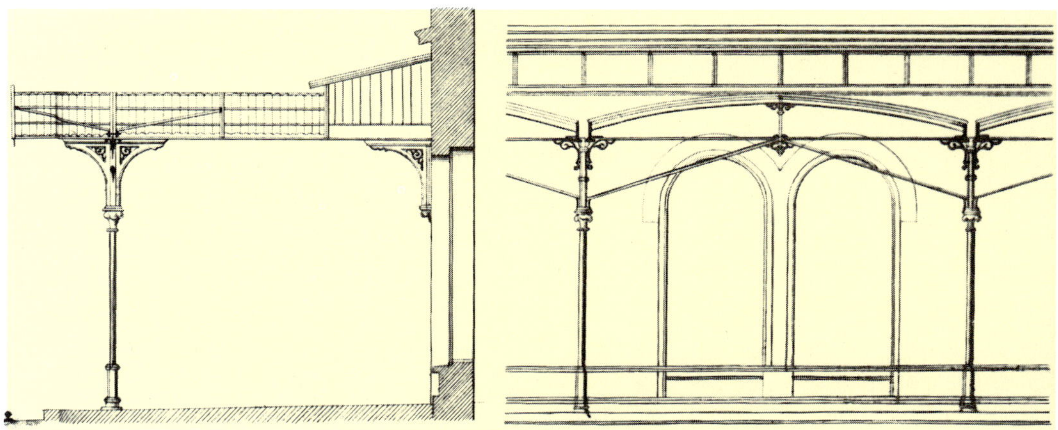

Bild 175 Bahnhof Hamm. Haupteingangsfront des Empfangsgebäudes nach Vertiefung des Vorplatzes, um 1910 (Verkehrsmuseum)

Bild 176 Bahnhof Hamm. Konstruktion der Bahnsteigdächer, um 1860. Quer- und Längsschnitt (Sammlung Verfasser)

Ursprungszustand erhalten, jedoch von der Deutschen Bundesbahn modernen Ansprüchen angepaßt worden.

Der Bahnhof Hamm (Westf) hat seine Bedeutung als Eisenbahnknoten bis heute erhalten, was acht Fernverbindungen im Bundesgebiet, drei mit der DDR, eine mit Berlin und acht weitere Linien, die von hier ausgehen oder durchführen, belegen. Eisenbahnhistorisch bekannt wurde Hamm nicht zuletzt durch sein Bahnbetriebswerk, in dem die legendären Schnellzuglokomotiven der Baureihe 05 bis zu ihrer Ausmusterung am 14. Juli 1958 beheimatet waren.

Bahnhof Minden

Ein architektonisch wertvolles Baudenkmal aus der Frühzeit der Eisenbahn besitzt der bau- und betriebsgeschichtlich interessante Bahnhof Minden mit seinem Empfangsgebäude, das jetzt leider durch moderne Anbauten beeinträchtigt ist. Der Bahnhof wurde 1845 bis 1848 als gemeinsamer Endpunkt der Cöln-Mindener Eisenbahn (Seite 101) und der Hannöverschen Staatseisenbahnen (Seite 21) angelegt; seine Ausführung erfolgte jedoch allein durch die Cöln-Mindener Eisenbahngesellschaft unter Leitung des Abteilungsingenieurs und königlichen Bauinspektors Schelle, Minden. Bei der Anlage des Bahnhofes mußten nicht nur die Zugehörigkeit der Bahnen zu verschiedenen Verwaltungen und Zollgebieten – hier fand Betriebswechsel statt, die Cöln-Mindener Bahn gehörte zum Deutschen Zollverein, die Hannöversche Staatsbahn zum norddeutschen Steuerverein –, sondern auch die strategische Bedeutung Mindens berücksichtigt werden. Das preußische Kriegsministerium forderte, daß der außerhalb der befestigten Stadt jenseits der Weser gelegene Bahnhof ebenfalls «rund herum befestigt und mit 3 Forts versehen, fortifikatorisch zur Vertheidigung in Stand gesetzt wurde». Vor allem wegen dieser Forderungen war die Längenausdehnung der Bahnhofsanlage schon anfangs besonders für den Güterverkehr völlig ungenügend. Sein festungsähnlicher Charakter kommt in der romantisch-wehrhaften, gotisierenden Architektur des Empfangsgebäudes repräsentativ zum Ausdruck (Bild 177).

In einer zeitgenössischen Abhandlung werden Anlage, Bauten und Betrieb des Bahnhofs Minden um 1855 anschaulich geschildert: «Die nöthigen Gebäude zerfielen nach den vorhandenen Verhältnissen in 4 Kategorien, nämlich:
1. Beiden Verwaltungen gemeinschaftliche,
2. der Verwaltung der köln. mind. Bahn;
3. der der königl. hannöverschen Eisenbahn und
4. der der preuß. Staatsregierung angehörige Theil;

letztere betreffen das Post- und Steuerwesen.

Die bedingte Lage dieser Gebäude ist aus dem Situazionsplan (Bild 178) ersichtlich, die der han. Bahn gehörigen liegen östlich, die der k. m. Bahn westlich von der Süd nach Nord gehenden Längenachse des Bahnhofs; Ausnahme hiervon macht der han. Güterschuppen k, der nach der Stadtseite, der bequemern Abfuhr der Güter und des königl. Steueramts wegen am westlichsten gelegt werden mußte.

Bild 177 Bahnhof Minden. Ansicht des Empfangsgebäudes von Südwesten, um 1900 (Verkehrsmuseum)

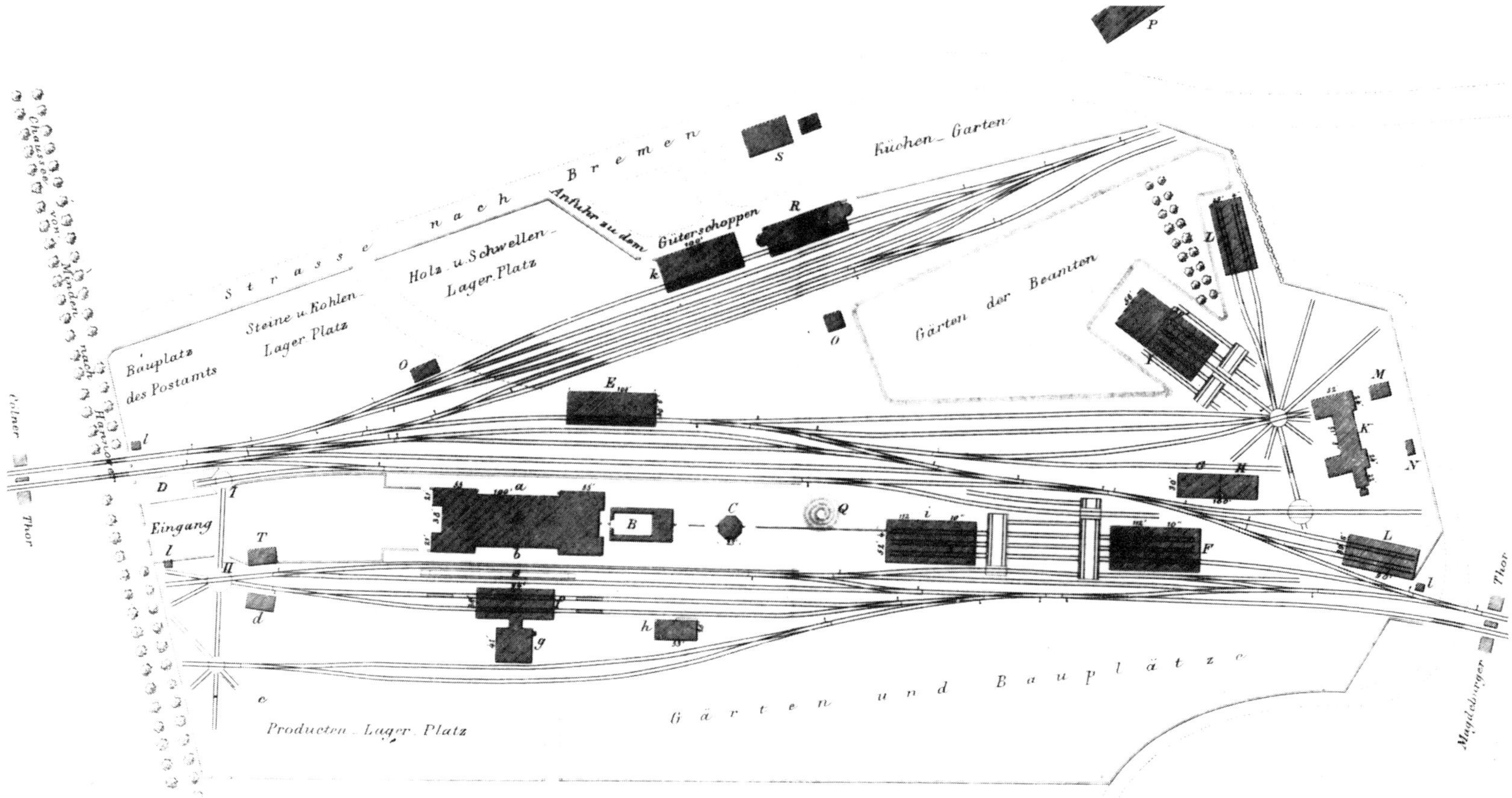

Parterre

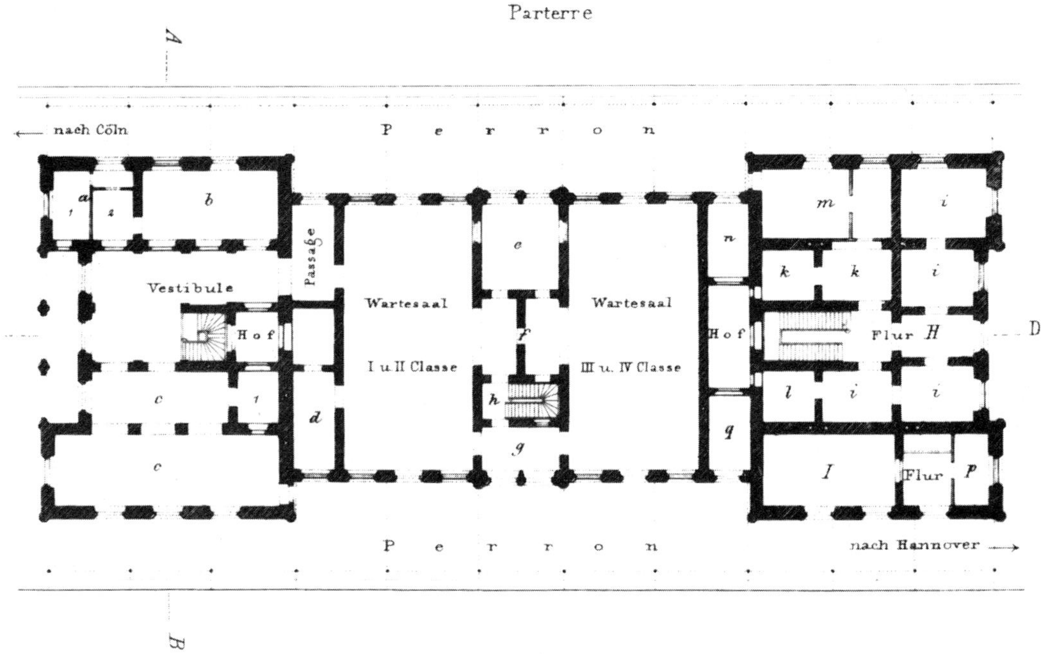

Das gemeinschaftliche Stazionshaus wurde, wie aus Bild 179 bis 183 zu ersehen, in großartiger dem Zwecke der bedeutenden Unternehmungen entsprechender Form ausgeführt. Die Außenwände des 210 Fuß langen und 80 Fuß in den Flügeln tiefen Gebäudes sind von dem braunen schön geaderten Porta-Sandstein, der sich seit 5 bis 6 Jahrhunderten an dem Dom und andern Gebäuden in Minden bewährt hat, in 15zölligen Quaderschichten, die Zwischenwände und die Hinterfütterung der erstern aber aus gebrannten Steinen hergestellt, die Dachungen mit Schiefer gedeckt. Die etwas dunkle Farbe des Steines bedingte im Einklang mit den großartigen Dimensionen des Baues selbst einfache aber kräftige Gliederungen, die der gewählte Stil am besten bot. Die innere Einrichtung ist durch die Grundrisse (Bild 179, 180) und Durchschnitte (Bild 182, 183) mit ihren Erläuterungen vollständig zu ersehen, und weist in den untern Räumen die für beide Eisenbahn-Verwaltungen nöthigen Geschäftsräume, eben so die der königl. preuß. Steuerbehörde zur Kontrollierung der von Hannover ankommenden Reisenden mit ihrem beigeführten Gepäck, welche alle vom hann. Perron nur durch das Steuerlokal gehend den Ausgang gewinnen können, und endlich die Wohnung des k. m. Bahnhofinspektors nach; die obern aber enthalten die Bureaus der k. m. Betriebsinspekzion und die Wohnungen der verschiedenen Bahnhofsbeamten. Das an beiden Langseiten über den Perrons angebrachte auf eisernen Säulen ruhende Zinkdach wurde später hergestellt; eine überdeckte Personenhalle war hier nicht anzubringen, da die beiden Verwaltungen den Betrieb auf beiden Seiten des Gebäudes bedingten. Die südliche Giebelfront, die sich dem von Minden kommenden Publikum unmittelbar bietet, enthält unter dem einen Balkon tragenden Portikus des Mittelbaues die Billetausgabe für die han. Züge. Die freie Lage des Ausgabefensters erforderte später zum Schutze des Publikums die Herstellung einer aus Holzrahmen mit Leinwand überzogenen Wand zwischen den linksseitigen

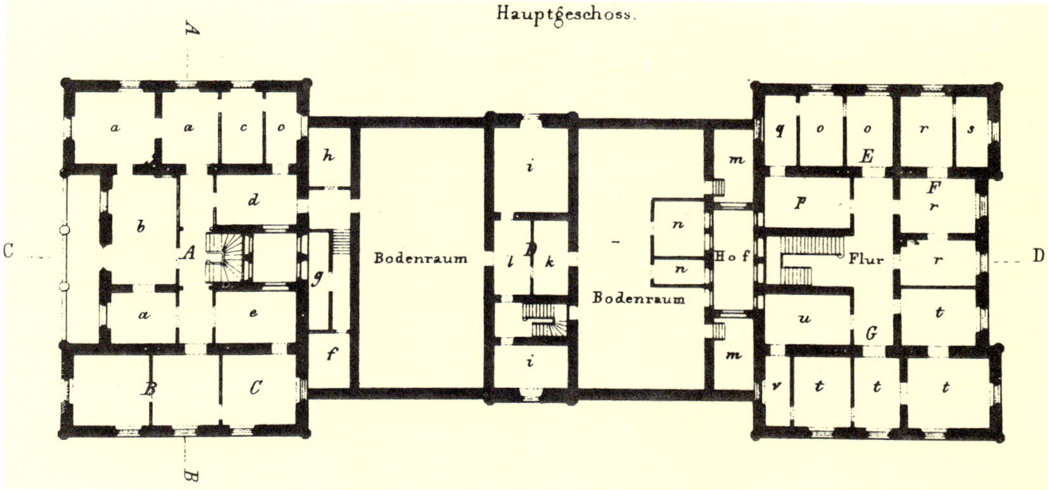

Bild 178 Bahnhof Minden. Lageplan 1854. A Gemeinschaftliches Stationshaus; B Ökonomiehof m. Stallungen; C Aborte; D Cöln-Mindener Rampe; E Güterschoppen; F Wagenschoppen; G Magazin; H Coaks-Schoppen; I Wagenreparatur-Schoppen m. neuem Anbau; K Schmiede- und Schlosserwerkstätte, Dampfmaschine u. Wasserstation, Bureau d. Maschinenmeisters; L Locomotiv-Schoppen; M Waschhaus; N Aborte f. d. Arbeiter; O Wohnungen für Zugbeamte; P Wohnungen für Beamte; Q Eiskeller; R Zoll-Revisions-Schoppen; S Steueramt mit Ökonomiegebäude; T Postlocal. a Cöln-Mindener Eisenbahn-Perron; b Hannov. Eisenbahn-Perron; c Hannov. Rampe; d Prov. Revisions-Schoppen; e Zwischen-Perron; f Locomotiv-Schoppen; g Schmiede u. Wasserstation; h Coaks-Schoppen; i Wagenschoppen; k Güterschoppen; l Bahnwärterhäuser (Sammlung Verfasser)

Bild 179 Bahnhof Minden. Erdgeschoßgrundriß des Empfangsgebäudes 1854. a Billetverkauf, 1 nach Hannover, 2 nach Cöln; b Cölner Gepäck-Expedition; c Steuer-Revisionslocale, 1 Bureau; d Damenzimmer; e Küche; f Buffet; g Ausgang; h Flur; H Wohnung des Cöln-Mindener Bahnhofs-Inspectors; I Gepäck-Expedition für Hannover; p Hannov. Bahnhofs-Verwalter; q Für Hannov. Schaffner. Im Dachgeschoß Wohnungen für die Einnehmer, Gepäck-Expedient der C. M. Eisenbahn, Portier etc. (Sammlung Verfasser)

Bild 180 Bahnhof Minden. Obergeschoßgrundriß des Empfangsgebäudes 1854 (»Hauptgeschoß«). A Wohnung des C. M. Betriebs-Inspectors; B Bureau; C Commissionszimmer; D Wohnung des Restaurateurs; E Wohnung des Hannov. Gepäck-Expedienten; F Wohnung des Hannov. Maschinenmeisters; G Wohnung des Hannov. Bahnhofsverwalters (Sammlung Verfasser)

Bild 181 Bahnhof Minden. Südansicht des Empfangsgebäudes mit Haupteingang 1854 (Sammlung Verfasser)

tigen Säulen, die bei ihrer verhältnißmäßig geringen Höhe zu der des Stockwerks einen nicht sehr störenden Eindruck macht. Das mit Wandpilastern verzierte Vestibule enthält links die Billetausgabe und Gepäckempfangnahme für die köln-mindener Züge, rechts aber das Steuerlokal, welches zugleich den Ausgang für die mit den han. Zügen ankommenden Reisenden bildet. Dem Auge bietet sich zugleich der Eingang zu den im mittlern Langbau befindlichen Wartesaal I. und II. Klasse dar. Um zum Wartesaal III. und IV. Klasse zu gelangen, muß man durch die Passage den köln-mindener Perron betreten und erreicht erst von diesem aus den Eingang; diese allerdings unbequeme Einrichtung macht die Schließung des Wartesaales nach der köln-mindener Seite vor Abgang der Züge unmöglich und die Entfernung des Publikums vom Perron bei ankommenden Zügen beschwerlich, hat aber bis jetzt zu eigentlichen Störungen des geregelten Betriebs noch keine Veranlassung gegeben. Jeder der von den Reisenden beider Bahnen gemeinschaftlich benutzten Wartesäle hat eine Größe von 60 x 30 = 1800 Quadratfuß pr., welche sich bisher als ganz zweckmäßig bewährt hat.

Der Betrieb in Betreff des Personenverkehrs gestaltet sich in Folge dieser Verhältnisse folgendermaßen. Von den durchgehenden sich hier circa 1/2 Stunde aufhaltenden Zügen werden während der Umpackung des Gepäcks und der Steuerformalitäten die weitergehenden Post- und allenfalls angehängten Eilgutwagen, nachdem dieselben vorn oder am Ende des Zuges befindlich sind, mittelst der Drehscheiben I und II oder des versenkten Geleises vor dem Wagenschoppen F umgesetzt und dem an der andern Seite zum Abgang bereit stehenden Zuge angehängt.

Dagegen bietet der Betrieb der Güterzüge wegen der, wie schon oben bemerkt, bedingten kurzen Länge des Bahnhofes viele Unbequemlichkeiten und erfordert einen großen Aufwand von Kraft und Zeit, während er zugleich die Passage auf der von Minden nach Hannover führenden Chaussée, deren Uebergang außer von vielen Landleuten und Spazierenden auch von allen zwischen Minden und dem Bahnhofe sich bewegenden Omnibussen, Kutschwagen und Fußgängern benutzt werden muß, häufig stört oder hemmt. Ein ungefähres Bild hiervon zu geben, diene Folgendes: Die täglich zweimal ankommenden köln-mindener reinen Güterzüge – der eine für weiter gehende Güter von Köln, der andere Lokal-, hauptsächlich Kohlenzug von Dortmund, dem Hauptstapelplatz des bergischen Kohlenreviers, kommend, – sind sehr oft, besonders die ersteren so lang, daß bei der Ankunft kein Geleise für Güterzüge auf dem Bahnhofe die erforderliche Länge zur Aufnahme derselben bietet, weßhalb die Züge sofort getrennt werden müssen; der hintere bleibt außerhalb des Festungsthores auf dem Bahndamme stehen und wird erst später hereingeholt. Die mithin auf 2 Geleisen stehenden Züge werden am folgenden Morgen von Lokomotiven der hann. Verwaltung zu ihrem Abgange nach Hannover, Hamburg, Bremen, Berlin, Leipzig

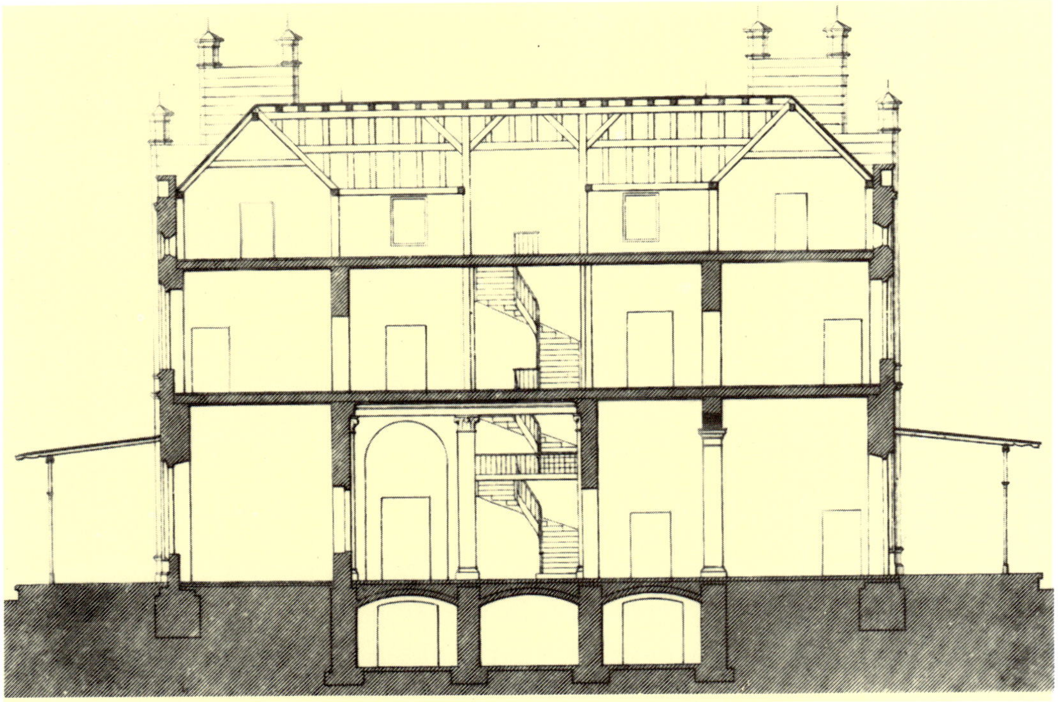

Bild 182 Bahnhof Minden. Schnitt durch den südlichen Kopfbau des Empfangsgebäudes (A–B) 1854 (Sammlung Verfasser)
Bild 183 Bahnhof Minden. Längsansicht und -schnitt des Empfangsgebäudes 1854 (Sammlung Verfasser)

etc. zusammengestellt, was nur auf dem Wege durch das Kölnerthor, also wieder über den vom Publikum, das oft die letzten Minuten vor abgehenden Personenzügen laufend oder im Wagen jagend ankömmt, viel benutzten Chausséeübergang geschehen kann, und so kommen für einen Zug oft drei- bis viermalige Ausfahrten, also während dieses Zeitraumes Sperrungen vor, die auch in Rücksicht der Weichenstellungen bedeutende Zeit in Anspruch nehmen. Diese Bewegungen finden nun eben so auf der entgegengesetzten Seite durch das magdeburger Thor statt, um die Züge auf der Seite des hann. Perrons aufzustellen, da Hannover gemischte Züge hat, mit seinen Güterzügen also auch Personen befördert. Die Bahnhofsanlage ist für die von Minden abgehenden köln-mindner Güterzüge etwas vortheilhafter und werden auf dieser Seite

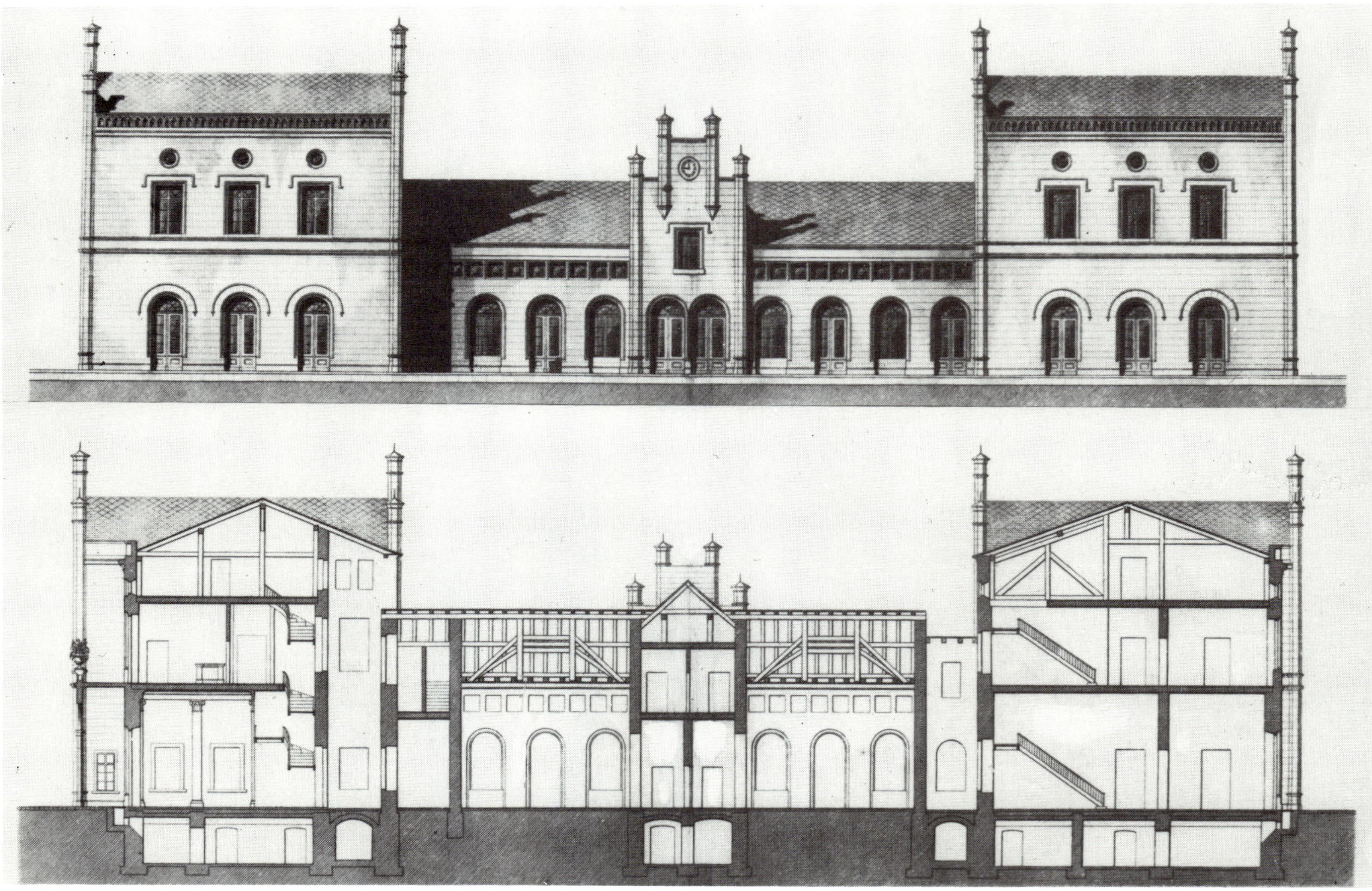

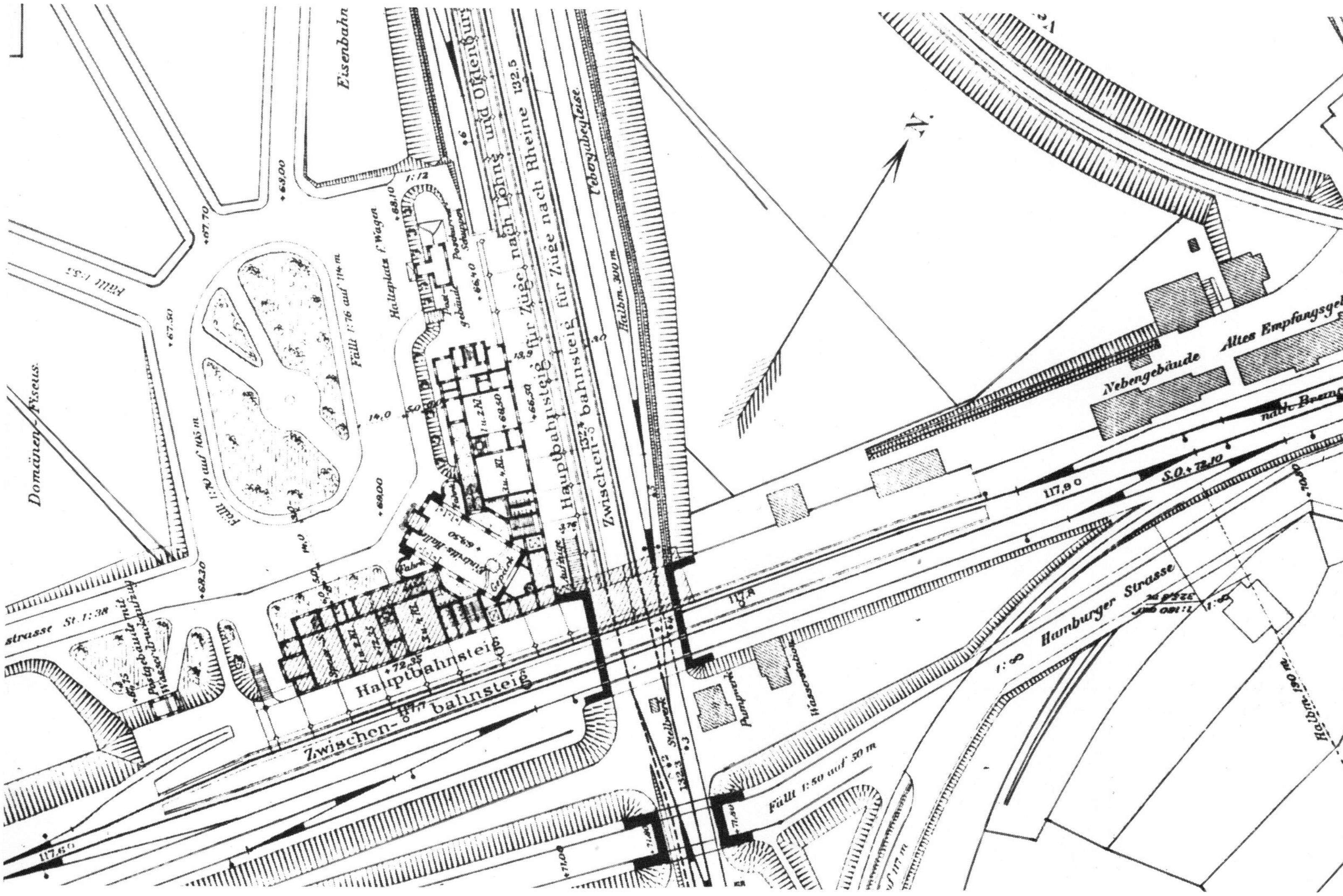

Bild 184 Centralbahnhof Osnabrück. Lageplan 1899 (Sammlung Verfasser)

die Zusammenstellungen fast ganz durch Pferde bewirkt. Auch diese Pferde passieren mit ihren angehängten Wagen den Tag über sehr oft die Chausséeüberfahrt und erzeugen, wenn auch kürzere, doch sehr häufige Sperrungen.

Die anderen Gebäude des Bahnhofes sind von Ziegelsteinen, die hann. Lokomotiv- und Kohksschoppen, das Werkstattgebäude und die köln-mindner Güterschoppen aber von einem leichten Tuffstein mit Sandstein-Einfassungen und Fenster- und Thürgewänden solid und geschmackvoll ausgeführt».

Bleibt noch zu erwähnen, daß der Bahnhof Minden «Hauptstazion» für beide Eisenbahnen war.

Dem Mindener Bahnhofsgebäude waren die zur selben Zeit entstandenen Empfangsgebäude der Niederschlesisch-Märkischen Eisenbahn in Kohlfurt (jetzt: Wegliniec) und Görlitz (nicht mehr vorhanden) oder das später (1870) gebaute, noch erhaltene von Döbeln in ihrer architektonischen Grundhaltung verwandt. Sie alle demonstrieren in eindrucksvoller Weise selbstbewußt und trotzig den Stolz derer, die im beginnenden Eisenbahnzeitalter wagemutig ans Werk gingen.

Bahnhof Osnabrück

Lange bevor die Preußische Staatseisenbahnverwaltung den ungewöhnlichen Kreuzungsbahnhof Osnabrück als Turmstation plante und baute, hatte die Stadt bereits zwei Bahnhöfe für die sich hier kreuzenden, zunächst unabhängig voneinander betriebenen Linien der Hannöverschen Staatsbahn Löhne (Westf) – Osnabrück – Rheine und der Cöln-Mindener Eisenbahn Hamburg – Venlo. Von diesen wurde der Hannöversche Personen- und Güterbahnhof mit neoromanischem Empfangsgebäude am 21. November 1855 nahe der seinerzeit noch von Mauern umgebenen Stadt, der Cöln-Mindener Bahnhof etwa 900 m östlich des Hannöverschen auf der «Klus» am 1. September 1871 in Betrieb genommen. Der Letztgenannte hieß später auch «Bremer Bahnhof». Beide bestanden bis zum Neubau des gemeinsamen, 1895 eröffneten Kreuzungsbahnhofes.

Bereits beim Bau der Hamburg-Venloer Bahn vereinbarten beide Eisenbahngesellschaften, am Kreuzungspunkt ihrer Linien baldmöglichst einen gemeinsamen «Central-Personen-Bahnhof» zu bauen. Daher ließ die Cöln-Mindener Eisenbahngesellschaft ihre Gebäude in Osnabrück auch nur in provisorischer, leichter Fachwerkbauweise errichten.

Nachdem seit 15. November 1876 die Oldenburgische Staatsbahn in den alten Bahnhof Osnabrücks und am 15. August 1886 noch die Linie von Brackwede eröffnet und in den Bremer Bahnhof eingeführt wurde, waren die überdies physisch verschlissenen alten Bahnhofsanlagen Osnabrücks den Verkehrsansprüchen nicht mehr gewachsen, der Personenverkehr zwischen den Bahnhöfen für umsteigende Reisende infolge fehlender öffentlicher Verkehrsmittel beschwerlich, niveaugleiche Straßenübergänge verkehrshemmend, so daß der vorgesehene Bahnhofsneubau nicht länger aufgeschoben werden konnte. Mit Gesetz vom 11. Mai 1888 wurden 1 650 000 Mark für den Bahnhof und durch einen weiteren Erlaß vom 3. Juli 1893 350 000 Mark für die Umgestaltung der Bahnanlagen zur Verfügung gestellt. Osnabrück trug nur 10 000 Mark der Kosten, gab das Gelände für den Vorplatz und verpflichtete sich zu Bau und Beleuchtung der Bahnhofstraßen.

Das gesamte Bauvorhaben umfaßte neben der Erweiterung der Gleisanlagen und Straßenüberführung insbesondere den Neubau der Kreuzung beider Bahnlinien, das Empfangsgebäude mit Bahnsteighallen und zwei Postgebäude für die Abfertigung an beiden Linien. Außer den Gleisbauten wurden alle Arbeiten durch eine dazu in Osnabrück gebildete Bauabteilung ausgeführt.

In Anbetracht der Kreuzungssituation (Bild 184) und anderer, besonders finanzieller Probleme ist lange um einen optimalen Entwurf gerungen worden. Erste Ideen für die Grundrißgestaltung lieferte der hannöversche Baudezernent Schering. Hinsichtlich der Höhendifferenz der sich kreuzenden Linien von 5,85 m schlug er im Interesse bequemster Zugänge vor, Bahnhofsvorplatz und Eingangshalle des Empfangsgebäudes in halbe Höhe der Gleise beziehungsweise Bahnsteige zu legen. Wegen der Prämisse, Wartesäle direkt an beiden Linien anzuordnen, ergab sich zwangsläufig die symmetrische Doppelanlage des Grundrisses (Bild 185) beiderseits einer Trennungslinie, gebildet durch die Winkelhalbierende der Kreuzung.

Das daraufhin von Bergmann und Schupmann gemeinsam bearbeitete Projekt mußte aus finanziellen Gründen und zur Einsparung bebauter Fläche nochmals von Eggert überarbeitet werden, der schließlich auch die äußere architektonische Gestaltung des Bauwerkes entwarf (Bild 186). In der Achse der Winkelhalbierenden dominiert die von Türmen flankierte Eingangshalle mit ihrem mächtigen Rundbogenfenster wie ein überdimensionales Stadttor, neben dem die Seitenflügel trotz ihrer Größe

Bild 185 Centralbahnhof Osnabrück. Grundriß des Empfangsgebäudes in Höhe der Eingangshalle 1899 (Sammlung Verfasser)

Bild 186 Centralbahnhof Osnabrück. Ansicht des Empfangsgebäudes vom Vorplatz 1899 (Sammlung Verfasser)

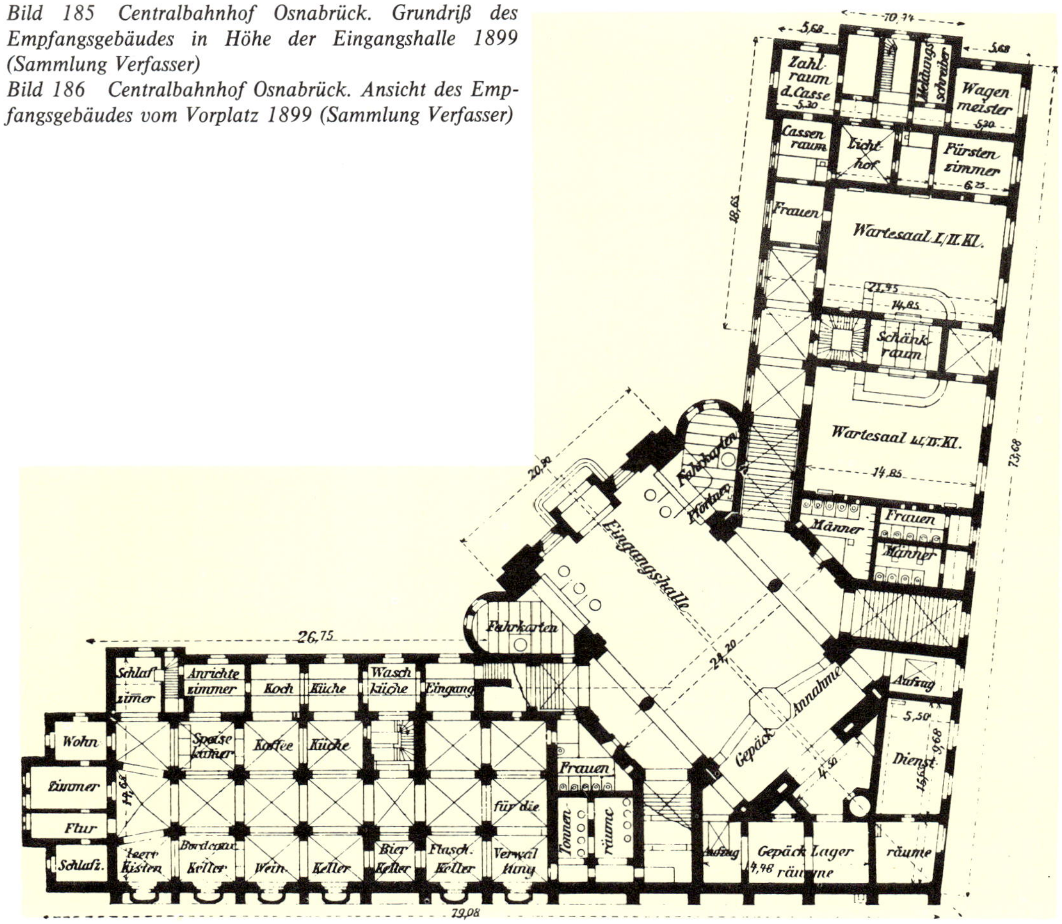

Bild 187 Centralbahnhof Osnabrück. Gesamtansicht des Empfangsgebäudes mit Vorplatz 1905 (Verkehrsmuseum)
Bild 188 Centralbahnhof Osnabrück. Mittelbau des Empfangsgebäudes vom Vorplatz 1899 (Sammlung Verfasser)

völlig zurücktreten (Bild 187). Diese monumentale architektonische Gestaltung der Renaissance-Eklektik (Bild 188) war jedoch nicht nur Reverenz an die altehrwürdige mittelalterliche Stadt, sondern barg mit der Zugangs- und Verteilerfunktion sowie hervorragender Tageslichtbeleuchtung der Halle auch durchaus beachtliche funktionelle Aspekte in sich.

Der südliche Flügel des Empfangsgebäudes wurde für den Verkehr der hochgeführten Linie Bremen – Münster, der nördliche für die unten liegende Linie Löhne – Rheine bestimmt und das im westlichen Winkel der Kreuzung vorgesehene Bahnhofsgebäude diesen Grundbedingungen und den Bodenverhältnissen angepaßt. (Bild 189–191). Nach Betreten des Haupteinganges durch den Windfang konnten die Reisenden auf beiden Seiten der Eingangshalle in nicht unmittelbar vom Personenstrom erfaßten Winkeln ihre Fahrkarten lösen und von hier aus beiderseits Treppen zu den Wartesälen oder weiter hinten zu den Bahnsteiganlagen erreichen. Zwischen den Treppen sind die auch von den Bahnsteigen zugängigen Aborte, die seinerzeit erstaunlicherweise hier unter städtischen Verhältnissen noch mit Tonnen und Torfmulleinstreu betrieben wurden, eingefügt. Im hinteren Hallenende war sehr übersichtlich die Gepäck-Annahme mit hydraulischen Aufzügen angeordnet. Zwei weitere Aufzüge an der Verbindungstreppe zwischen beiden Bahnsteigen und je einer in den freistehenden Postgebäuden erleichterten den Eisenbahngepäck- und Postverkehr. Den Zugang zu den Wartesälen beider Flügel, die auch direkte Verbindung mit den Bahnsteigen haben sollten, vermittelten Verbindungsgänge an der Vorplatzfront. Unter dem Flügel der Linie Bremen – Münster fand ein geräumiges «Souterrain» mit Wirtschaftsräumen des Bahnhofsrestaurants und Wohnungen des Bahnhofswirtes Platz, während ungünstiger Baugrund mit gewachsenem Felsen die vollständige Unterkellerung des nördlichen Flügels der Linie Löhne – Rheine nicht zuließ, so daß hier nur die unbedingt notwendigen Räume und ein Tunnel zur Verbindung der Wirtschaftsräume mit den Wartesälen untergebracht werden konnten.

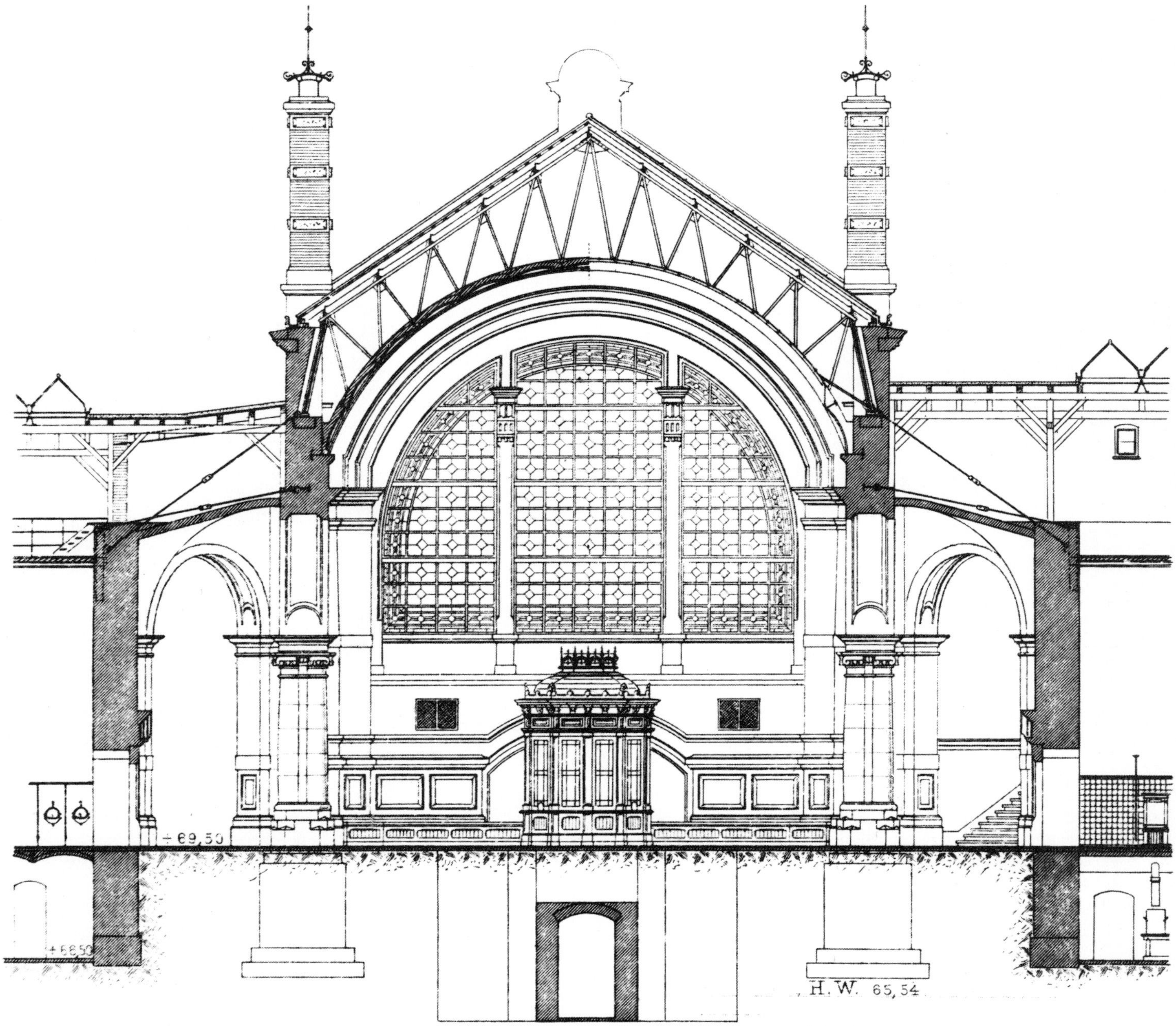

Das Mauerwerk des Empfangsgebäudes und der Kunstbauten wurde aus dem in der Nähe Osnabrücks anstehenden wetterbeständigen Muschelkalkstein aufgeführt, für die Fassaden hammerrechtes Schichtenmauerwerk gleichen Materials gewählt. Nur die Wandflächen an den Bahnsteighallen sind zwischen den Werksteingliederungen verputzt und mit Wachsfarbe gestrichen worden. Dazu standen alle aus den Fassaden hervortretenden Architekturelemente und die Pfeiler der Eingangshalle aus farbigem Sollinger und Kyllburger Sandstein in wirkungsvollem Kontrast.

Verhältnismäßig schlicht war der Ausbau des auch im Inneren architektonisch repräsentativ gestalteten Empfangsgebäudes. Wegen der beschränkten Stockwerkshöhe erhielten die Wartesäle des oberen Flügels waagerechte Holzdekken, des unteren bei größerer Lichthöhe massive Decken mit gewölbten Kehlen, ihre Wände hohe Täfelungen aus lasiertem Kiefernholz wie die Decken (Bild 192). Die Fußböden sind in Hallen, Gängen und Aborten als Plattenbelag, in den Dienst- und Wohnräumen gedielt, in den Wartesälen und Aufenthaltsräumen für «hohe Herrschaften» als Eichen-Stabparkett auf Blindboden ausgeführt worden. Wand- und Deckenanstrich aller Verkehrsräume erfolgte mit beständiger Wachsfarbe in hellen Tönen, sonst mit Leimfarbe, während die herrschaftlichen Räume mit besseren Tapeten und Deckenmalerei ausgestattet wurden.

Kostengünstig beschaffte Baustoffe, Sparsamkeit bei der inneren und äußeren Ausstattung sowie Einsparung von Transportkosten durch Anlage eines Kopfgleises vom alten Hannöverschen Bahnhof direkt zur Baustelle führten zu dem unvorstellbar seltenen Resultat, daß die Ausführungskosten unter den veranschlagten blieben, so daß mit den eingesparten Mitteln 1897 noch ein zusätzliches Gebäude für die Eilgut-Abfertigung errichtet werden konnte.

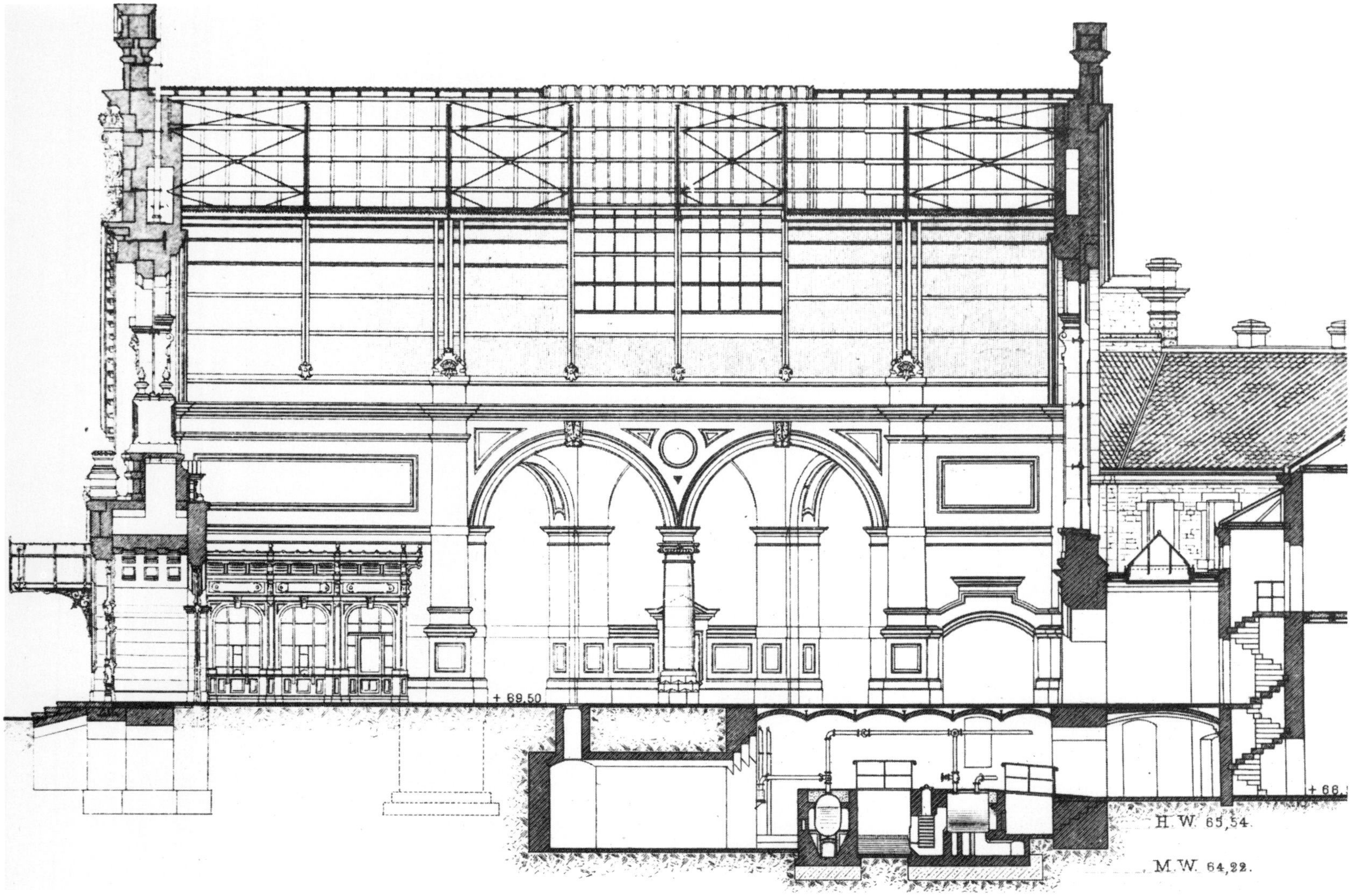

Bild 189 Centralbahnhof Osnabrück. Querschnitt durch die Eingangshalle des Empfangsgebäudes 1899 (Sammlung Verfasser)

Bild 190 Centralbahnhof Osnabrück. Längsschnitt durch die Eingangshalle des Empfangsgebäudes 1899 (Sammlung Verfasser)

Bild 191 Centralbahnhof Osnabrück. Schnitt durch den Wartesaal I. u. II Klasse, Hannoverscher Flügel, 1899 (Sammlung Verfasser)

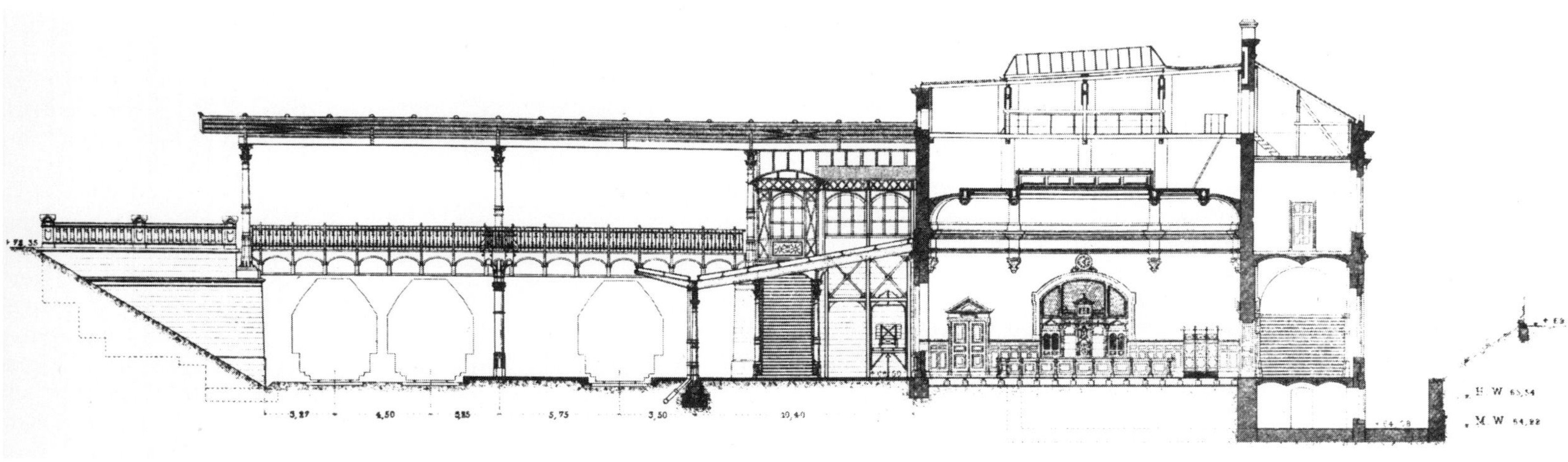

Das Empfangsgebäude des im Mai 1895 dem Verkehr übergebenen neuen Bahnhofes kostete 665 000 Mark = 210 Mark je Quadratmeter bebauter Grundfläche. An seiner Projektierung war 1890 bis 1894 Bauinspektor Schultze als Mitarbeiter Bergmanns hervorragend beteiligt. Die Stahlkonstruktionen entwarfen Ausborn und Maret. Mit der Bauleitung war Bergmann beauftragt, dem speziell für die Leitung der Ingenieurbauten Eisenbahn-Bau- und Betriebsinspektor Lewin zur Seite stand.

Bereits 1896 wurde der neue Bahnhof Osnabrücks «Hauptbahnhof», als wegen dessen großer Entfernung von 1,8 km zum nordwestlichen Stadtgebiet dort eine Bahnstation eröffnet wurde. – Vor dem ersten Weltkrieg mußten 1913 am Bahnhof schon wieder bauliche Veränderungen ausgeführt werden, für die Oberbaurat Schellenberg die Pläne entwarf. In seiner Grundsubstanz ist das alte Empfangsbäude des Bahnhofes jedoch erhalten geblieben, wurde aber nach dem zweiten Weltkrieg nach neuzeitlichen Gesichtspunkten umgebaut.

Bild 192 Centralbahnhof Osnabrück. Wartesaal I. u. II Klasse Bremer Flügel, 1899 (Sammlung Verfasser)

Bahnhof Lengerich (Westf)

Für den am 1. September 1871 eröffneten Bahnhof Lengerich der Cöln-Mindener Eisenbahn Hamburg – Venlo entwarf der Architekt Ewerbeck ein romantisches neogotisches Empfangsgebäude, das die Deutsche Bauzeitung Anfang 1874 veröffentlichte (Bild 193). In dieser Zeit ging der historisierende Eklektizismus seinem Höhepunkt entgegen und trat besonders bei öffentlichen Bauten aller Art in Erscheinung.

Das auf verhältnismäßig kleiner Grundfläche entwickelte Empfangsgebäude, dessen Erd- und Obergeschoßgrundriß in den oberen Ecken des Bildes 193 dargestellt sind, und die Bahnhofsanlagen erwiesen sich für die Abfertigung des seinerzeit rasch zunehmenden Reise-, Arbeiter- und Berufsverkehrs sowie des Güterverkehrs und -umschlages schon bald als unzureichend, so daß bei ihrer Erweiterung vor der Jahrhundertwende ein größerer Bahnhofsbau gegenüber der Gleisseite des alten Stationsgebäudes errichtet wurde. Dieses zweite Empfangsgebäude Lengerichs, ein zweigeschossiger konventioneller Bau mit Walmdach und vorspringendem Mittel-Giebel an der Gleisseite, erhebt keine architektonisch-gestalterischen Ansprüche und muß daher hier nicht weiter behandelt werden.

Die Bergisch – Märkische Eisenbahn

Wie bei den anderen Bahnen des bergischen Landes beginnt auch die Geschichte der Bergisch-Märkischen Eisenbahn (B.M.E.) damit, daß außer den meist mit Pferden betriebenen Bergwerksbahnen Eisenbahnen insbesondere für den Kohlentransport aus dem Ruhrgebiet in die industriereichen Städte erforderlich und gefordert wurden. Entsprechende Anträge einer Elberfelder Gesellschaft wiesen die Behörden aber 1826 ab, weil «die beanspruchten Privilegien sich nicht mit den Principien der mit Edict von 1810 gewährleisteten Gewerbefreiheit vertrügen» und «verschiedene Grubenbesitzer des Ruhrreviers wegen der ihnen durch Anlage einer Bahn zu Gunsten Einzelner erwachsenden Schädigung» beim Ministerium Einspruch erhoben hatten. Immerhin war die Regierung aber nun angeregt, ihrerseits Studien für Bahnen zwischen Ruhr und Wupper zu veranlassen, wonach 1830 eine Verbindung von Blankenstein bis Elberfeld empfohlen wurde. Sie kam jedoch nicht zur Ausführung.

Von weiteren Projekten gewannen drei von der Weser zum Rhein führende Linien, und zwar Rehme – Lippstadt an der schiffbaren Lippe, Rehme – Ruhrort mit Rheintrajekt und vor allem Rehme – Bielefeld – Hamm – Witten – Hagen – Elberfeld – Köln das öffentliche Interesse, besonders der Grubenbesitzer und Industriellen. Doch trotz Unterstützung seitens der Regierung war die ursprünglich für die kürzere und leichter finanzierbare Linie Rehme – Lippstadt gegründete Aktiengesellschaft nicht in der Lage, das für diese Zeit zu große Projekt Rehme – Elberfeld – Köln durchzuführen, weil das vorsichtige Privatkapital sich nicht bereit fand und der Staat, der ebenfalls das Risiko scheute, die Mittel nicht zur Verfügung hatte, die veranschlagte hohe Bausumme bereitzustellen. Nachdem dieses Vorhaben an seiner Größe scheiterte, plante man 1833 wieder kleinere Strecken, von welchen die Düsseldorf-

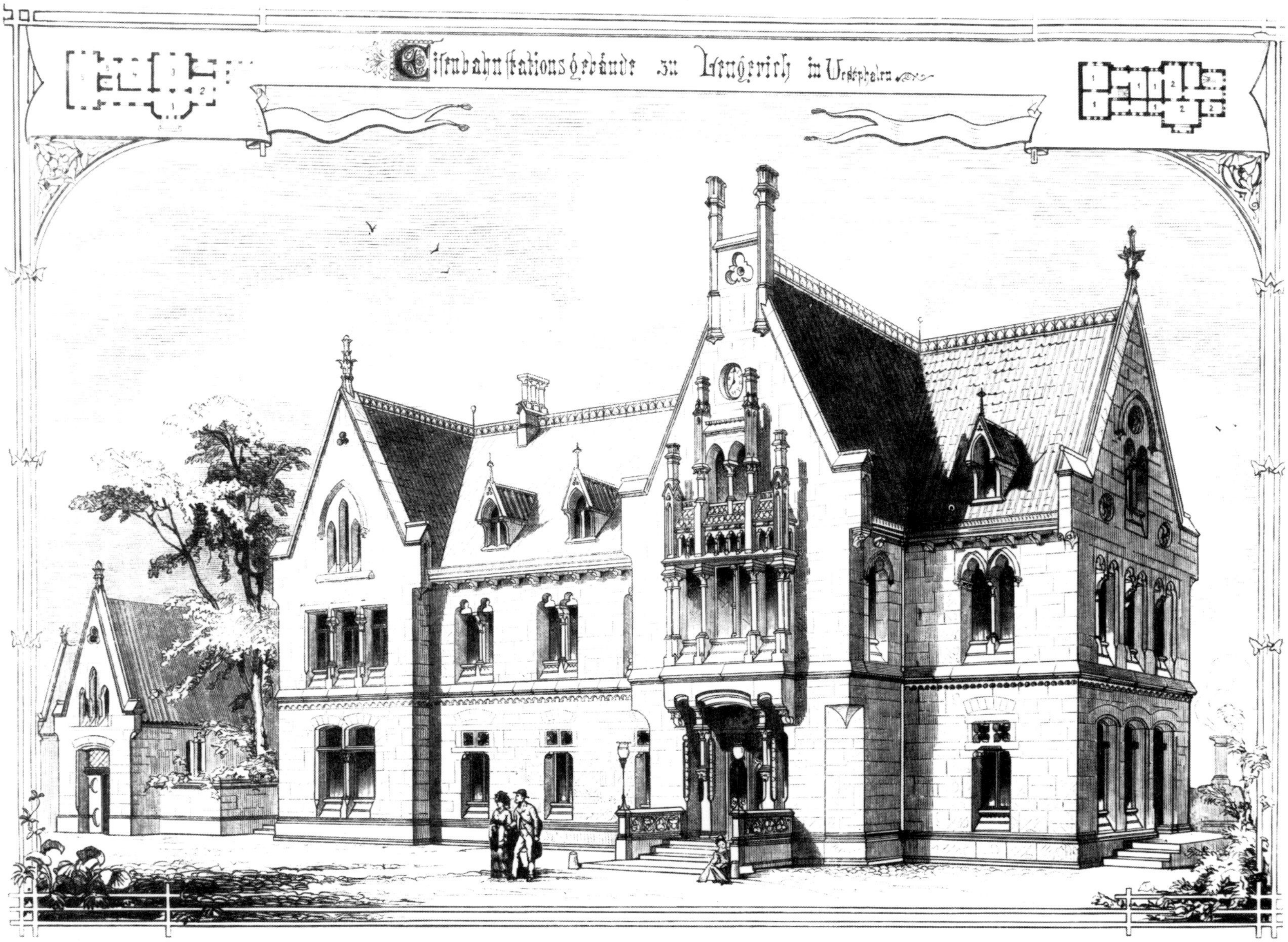

Bild 193 Bahnhof Lengerich. Ansicht des Empfangsgebäudes von der Stadtseite mit Grundrissen 1871. Entwurf: F. Ewerbeck. Links oben Erdgeschoß-, rechts Obergeschoßgrundriß (Sammlung Verfasser)

Elberfelder Eisenbahn nach mehrjähriger erneuter Verzögerung endlich 1838 bis 1841 als erste verwirklicht wurde (Seite 76).

Der nächste vergebliche Anlauf einer Aktiengesellschaft für die Linie Elberfeld – Witten erfolgte 1835. Erst die am 18./19. Oktober 1843 in Elberfeld gegründete «Bergisch-Märkische Eisenbahngesellschaft», kurz B.M.E. genannt, war erfolgreich und konnte am 8. März 1844 die Konzession für die Strecke Elberfeld – Hagen – Witten – Dortmund erhalten. Mit dieser Linienführung umging die B.M.E. erstaunlicherweise so bedeutende Orte wie Bochum, Essen und Mülheim. Erst in Dortmund näherte sie sich dem Industriegebiet wieder. Dagegen wurde der östliche, überwiegend landwirtschaftliche Teil der Mark durch die B.M.E. zunächst besser erschlossen, während das mittlere und südliche Ruhrgebiet noch lange ohne Bahnen blieb. Bochum erhielt erst 1860, 13 Jahre nach Dortmund, Verbindung mit Witten. Dies erscheint umso unverständlicher, da die B.M.E. doch von Anfang an mit dem Güterverkehr als Haupteinnahmequelle rechnen mußte.

Mit dem Bau der 57,7 km langen Strecke Elberfeld – Dortmund wurde noch 1844 begonnen. Ihre Inbetriebnahme erfolgte zwischen
Elberfeld – Schwelm am 9. Oktober 1847
und Schwelm – Dortmund
am 20. Dezember 1848, hier für den Personenverkehr aber erst am 9. März 1849.

Die Gesamtinvestition war ursprünglich mit 12 Millionen Mark veranschlagt, wozu der preußische Staat im Hinblick auf die Bedeutung dieser Bahn für die Erschließung des Ruhrreviers 3 Millionen Mark beisteuerte. Fertigstellung, Ausrüstung und Betriebsmittel erforderten aber schließlich 22 200 000.– Mark, so daß die B.M.E. ihre Stammstrecke dem Staat zunächst für 10 Jahre und danach für immer auf ihre Rechnung überließ. Betrieb und Verwaltung erfolgten durch eine besondere «Königliche Direction der B.M.E» seit 1854 durch die Königliche Eisenbahndirection zu Elberfeld.

Da die Rentabilität der Stammbahn trotz ihres Anschlusses an die Cöln-Mindener und Düsseldorf-Elberfelder Eisenbahn anfangs zu wünschen übrig ließ, baute die B.M.E. zahlreiche weitere Strecken und erwarb bereits vorhandene Bahnen zur Erweiterung und zum Ausbau ihres Netzes, um vor allem die ökonomisch vorteilhafteren Ferntransporte ausführen zu können. So baute sie mit Konzession vom 13. Okto-

ber 1856 die Ruhr-Sieg-Bahn von ihrer Station Herdecke bei Hagen nach Siegen, die besonders der Kohleversorgung der dortigen Hüttenwerke und dem Abtransport der Produkte der eisenverarbeitenden Industrie dienen sollte. Das enggewundene Lennetal und die Überwindung der Wasserscheide nördlich von Siegen waren für die Trasse recht schwierig und verliehen der Strecke mit ihren 26 größeren Brücken und 11 Tunnels gebirgsähnlichen Charakter. Die 106,2 km lange Ruhr-Sieg-Bahn wurde zwischen

Hagen – Hengstey – Letmathe am 21. März 1859
Letmathe – Altena am 16. Juli 1860
Altena – Finnentrop – Siegen am 6. August 1861
eröffnet.

Mit Konzession von 1858 entstand auch die Linie Dortmund – Bochum – Essen – Mülheim a.d. Ruhr mit Zweigen nach Witten, Laer und Dahlhausen. Davon wurde der Abschnitt Witten – Langendreer – Bochum
am 26. Oktober 1860
in Betrieb genommen.

Durch diese Strecke und viele weitere Neubauten sowie durch den Erwerb der Düsseldorf-Elberfelder Eisenbahn, der Prinz-Wilhelms-bahn, der Aachen-Düsseldorfer, der Ruhrort-Crefeld-Kreis Gladbacher, der Preußisch-Niederländischen Verbindungsbahn und der Hessischen Nordbahn entwickelte sich die B.M.E. mit 1379 km Streckenlänge (ohne Pachtbahnen etc.) zum beherrschenden Unternehmen ihrer Region und zur zweitgrößten deutschen Privateisenbahngesellschaft.

Doch der preußische Staat war stärker. Nachdem er 1880 mit der Rheinischen und der Cöln-Mindener Eisenbahn zwei große Konkurrenzunternehmen an sich gebracht hatte, konnte er die Bergisch-Märkische Eisenbahn «ganz legal lahm legen», die infolgedessen ihr Unternehmen auch alsbald dem Staat zum Kauf anbot. Der preußische Staat übernahm daraufhin für 210000000 Mark Kaufpreis zuzüglich 371347462 Mark umlaufende Anleihen am 1. Januar 1882 auf seine Rechnung die Bahn in Verwaltung. Am 1. Januar 1886 ging das Unternehmen bei gleichzeitiger Liquidierung endgültig in Staatsbesitz.

Bahnhof Elberfeld-Döppersberg

Als Endbahnhof ihrer Linie nach Dortmund legte die Bergisch-Märkische Eisenbahn zunächst eine Kopfstation am Döppersberg bei Elberfeld an, die am 9. Oktober 1847 eröffnet und nach Herstellung der Verbindung mit dem Bahnhof Steinbeck der Düsseldorf-Elberfelder Eisenbahn seit 9. März 1849 zugleich auch Endbahnhof dieser Linie war. Eine um 1850 entstandene Lithographie zeigt den Bahnhof mit der Stadt im Hintergrund vom noch unbebauten Döppersberg aus (Bild 194). Von der Bahn, deren Gleise vorn, verdeckt vom oberen Terrain des Hanges und dem Zaun an dessen Kante, liegen, ist nur ein rauchender Lokomotivschornstein zu sehen.

Sein in Seitenlage errrichtetes, von den Architekten Ebeling und Hauptner entworfenes klassizistisches Empfangsgebäude (Bild 195, 196) wurde erst 1850 vollendet. Architektonisch ist das Bauwerk durch die eigenwillige Gestaltung mit dem sich über hohem Portalsockel erhebenden viersäuligen korinthischen Giebel unverwechselbar. Zeitgenossen lobten Formgebung, Proportionen und Räumlichkeiten mit Recht über alle Maßen.

1858 bis 1859 erhielt das Gebäude am Hausbahnsteig eine «Perronhalle», deren eiserne Konstruktionsteile zu den schönsten Werken des Eisen-Kunstgusses gehören, die in Hütten des Ruhrreviers geschaffen wurden (Bild 197).

Bild 194 Bahnhof Elberfeld-Döppersberg. Empfangsgebäude (vollendet 1850) mit der Stadt im Hintergrund, vom Döppersberg aus gesehen. Zeitgenössische Grafik (Verkehrsmuseum)

Bei der von August Orth entworfenen Halle «... geht ein reich bemalter Holzträger von Säule zu Säule, worauf die Construction des Daches ruht. Die Säulen sind in einem Stücke und hohl gegossen; oben umgreifen sie mit ihren Flanschen den Holzträger und sind mit ihm verschraubt. Damit die Consolen größere Tragfähigkeit besitzen, sind die correspondirenden in einem Stücke gegossen, werden von oben in einen Schlitz der Säulen eingeschoben und können, da sie einen Arbeitsfalz enthalten, scharf eingepaßt werden. Schrauben mit versenkten Köpfen und Muttern verbinden das Ganze ...». Die Deckrosetten, Ornamente «auf dem viereckigen Theile der Säulen» und die Eckschnecken der Säulen waren aus Zink, «die durchbrochenen Consolen aber, sowie die übrigen Verzierungen, aus Gußeisen. Die Hauptconstruction des Daches ist aus Schmiedeeisen mit einzelnen Verbindungsstücken aus Gußeisen. Jedesmal über den Säulen und mitten zwischen ihnen sind Hauptgitterträger angeordnet.»

Die Bahnsteigüberdachung hatte 3480 Quadratfuß Grundfläche und kostete 1859 1 Thaler 12 Silbergroschen je Quadratfuß (= 0,0985 Quadratmeter) einschließlich Deckung der gesamten Dachfläche mit Aachener Rohglas von $^3/_8$ bis $^1/_2$ Zoll Dicke, das in Sprosseneisen verkittet lag und gegen Windsog durch Stifte in den Sprossen gesichert war.

Leider beeinträchtigten später aus betrieblichen Gründen erforderliche Anbauten vor allem an der Vorplatzseite den Gesamteindruck des schönen Gebäudes. Am wenigsten störten noch die in der Gründerzeit angefügten Glas-

Bild 195 Bahnhof Elberfeld-Döppersberg. Ansicht des Empfangsgebäudes von der Stadtseite. Entwurf: Ebeling und Hauptner. Vollendet 1850 (Verkehrsmuseum)
Bild 196 Bahnhof Elberfeld-Döppersberg. Grundriß des Empfangsgebäudes. Entwurf: Ebeling und Hauptner. Vollendet 1850 (Sammlung Verfasser)

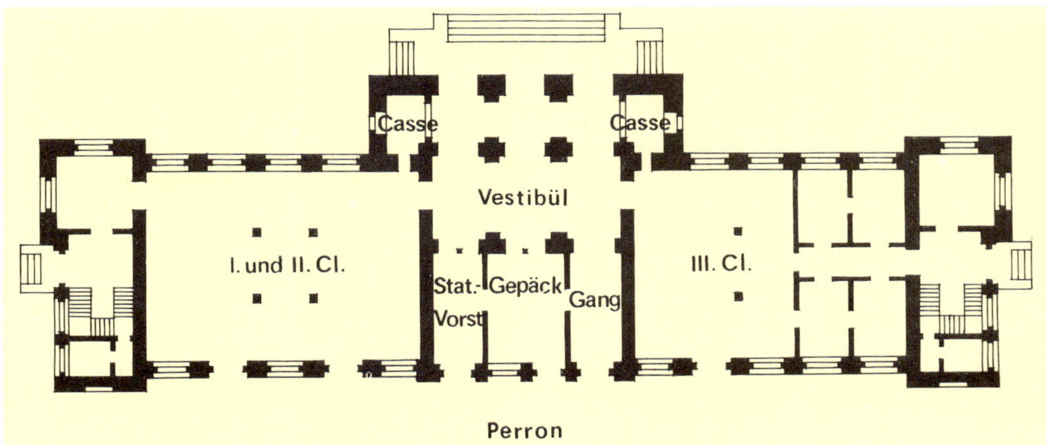

veranden, Seitenpavillons und der vorgezogene Eingang in der Mitte (Bild 198), da die charakteristischen Formen des Altbaues im wesentlichen erhalten blieben. Schlimmer wirkte die Baumaßnahme von 1909/10, die zur Vergrößerung der Fahrkartenschalter und der Gepäckabfertigung erfolgte (Bild 199). An und für sich war sie wohl architektonisch gut gelöst, schmälerte aber doch die ursprüngliche Harmonie, vor allem weil der Eingang mit seinen zwei dorischen Säulen nicht in die Mittelachse des alten Portikus gelegt wurde. Diese peinliche Wirkung wird auch in der Ansicht des Döppersberges von 1910 deutlich (Bild 200). Darüber hinaus verdeckte der vorgezogene Anbau den unteren Teil der Säulen des tempelartigen Giebels für den Betrachter.

Während des zweiten Weltkrieges wurde das Empfangsgebäude in der Nacht vom 24. zum 25. Juni 1943 bei einem anglo-amerikanischen Luftangriff stark beschädigt und brannte völlig aus. Mit Rücksicht darauf, daß es zu den ältesten Zeugen des Eisenbahnhochbaues in Deutschland gehörte, erfolgte nach dem Kriege die stilgerechte Wiederherstellung und Restaurierung dieses hervorragenden Baudenkmals der Verkehrsgeschichte, die 1966 mit dem Neubau eines in ganzer Gebäudelänge großflächig verglasten Vorgebäudes ihren Abschluß fanden.

Bahnhof Hagen i.W.

Ihren Bahnhof Hagen nahm die Bergisch-Märkische Eisenbahn bereits am 20. Dezember 1848, zunächst nur für den Güterverkehr, in Betrieb, während Personenverkehr hier erst seit 9. März 1849 abgefertigt wurde. Das zu dieser Zeit fertiggestellte klassizistische Empfangsgebäude war architektonisch recht ungewöhnlich gestaltet. Es bestand aus einem zweigeschossigen Mittelbau auf annähernd quadratischem Grundriß und eingeschossigen Seitenflügeln. Den Mittelteil umstanden vier Ecktürme, zwei nur um ein Mezzanin erhöhte an der Bahnseite und zwei höhere am Vorplatz, die gedrungenen Kampaniles ähnelten und dem Bauwerk das Ansehen einer römischen Villa gaben, deren Renaissanceformen der Baumeister entlehnte. Natürlich beabsichtigte er damit, hier an der Stadtseite des Bahnhofs das neue Verkehrsmittel eindrucksvoll zu repräsentieren (Bild 201). Von der Gleisseite ist das Empfangsgebäude mit Teilen der Bahnhofsanlage auf einer um 1855 entstandenen Lithographie dargestellt (Bild 202). Aus dieser Blickrichtung wirkt es mit den niedrigeren Türmen wesentlich bescheidener. Doch diese Perspektive hatte der

Bild 197 Bahnhof Elberfeld-Döppersberg. Details der Perronhalle 1859. Entwurf: A. Orth (Sammlung Verfasser)
Bild 198 Bahnhof Elberfeld-Döppersberg. Empfangsgebäude von der Stadtseite um 1905 (Verkehrsmuseum)

Bild 199 Bahnhof Elberfeld-Döppersberg (Elberfeld Hauptbahnhof). Ansicht des Empfangsgebäudes mit Anbauten von 1909 bis 1910. Foto von 1929 (Sammlung Clauß)

Bild 200 Bahnhof Elberfeld-Döppersberg (Elberfeld Hauptbahnhof). Ansicht (Ausschnitt) des Empfangsgebäudes mit Hotel Kaiserhof, Kaiser-Wilhelm-Denkmal und Döppersberg im Hintergrund, um 1910 (Sammlung Verfasser)

Bild 201 Bahnhof Hagen i. W. Ansicht des Empfangsgebäudes von der Stadtseite 1849 (Sammlung Verfasser)
Bild 202 Bahnhof Hagen i. W. Ansicht des Empfangsgebäudes von der Bahnseite mit der Stadt im Hintergrund 1855. Zeitgenössische Lithographie (Verkehrsmuseum)

Reisende auch nicht, aber von der Bahnhofstraße kommend nahm bestimmt jeder das stattliche Gebäude wahr.

Demgegenüber konnte der 1875 aufgeführte Nachfolgebau architektonisch in keiner Weise bestehen. Es überrascht, daß während der repräsentationsbewußten Gründerjahre ein verhältnismäßig anspruchsloses Bahnhofsgebäude entstand, das allenfalls im Grundriß (Bild 203) gewisse Qualitäten aufwies. Es hatte jedoch den seinerzeit üblichen Nachteil, daß die Reisenden nur durch die Wartesäle zu den Bahnsteigen gelangen konnten, falls sie diese nicht direkt vom Vorplatz aus aufsuchten.

Anstelle dieses gestalterisch und im Lauf der Zeit auch funktionell unbefriedigenden Baues trat ein nach Plänen von Cuny und Morin 1908 bis 1910 errichtetes neues Empfangsgebäude (Bilder 204, 205). Für den Hauptbahnhof Hagen als Mittelpunkt des südwestfälischen Eisenbahnnetzes entwarfen die Architekten ein entsprechend pompöses, fast sakral anmutendes Bauwerk, das geteilte Aufnahme fand. Besonders fortschrittliche Kollegen und boshafte Kritiker witzelten über den «Verkehrstempel». Doch funktionell ließen die neuen Bahnhofsbauten nichts zu wünschen übrig. Auch ihre unübertreffbar solide Ausführung ist heute kaum noch erreichbar. Trotz Beschädigungen durch Brand- und Sprengbomben während des zweiten Weltkrieges widerstand die Bausubstanz lange Zeit ungeschützt den Witterungseinflüssen ohne wesentliche Schäden! Es dient heute noch dem Personenverkehr.

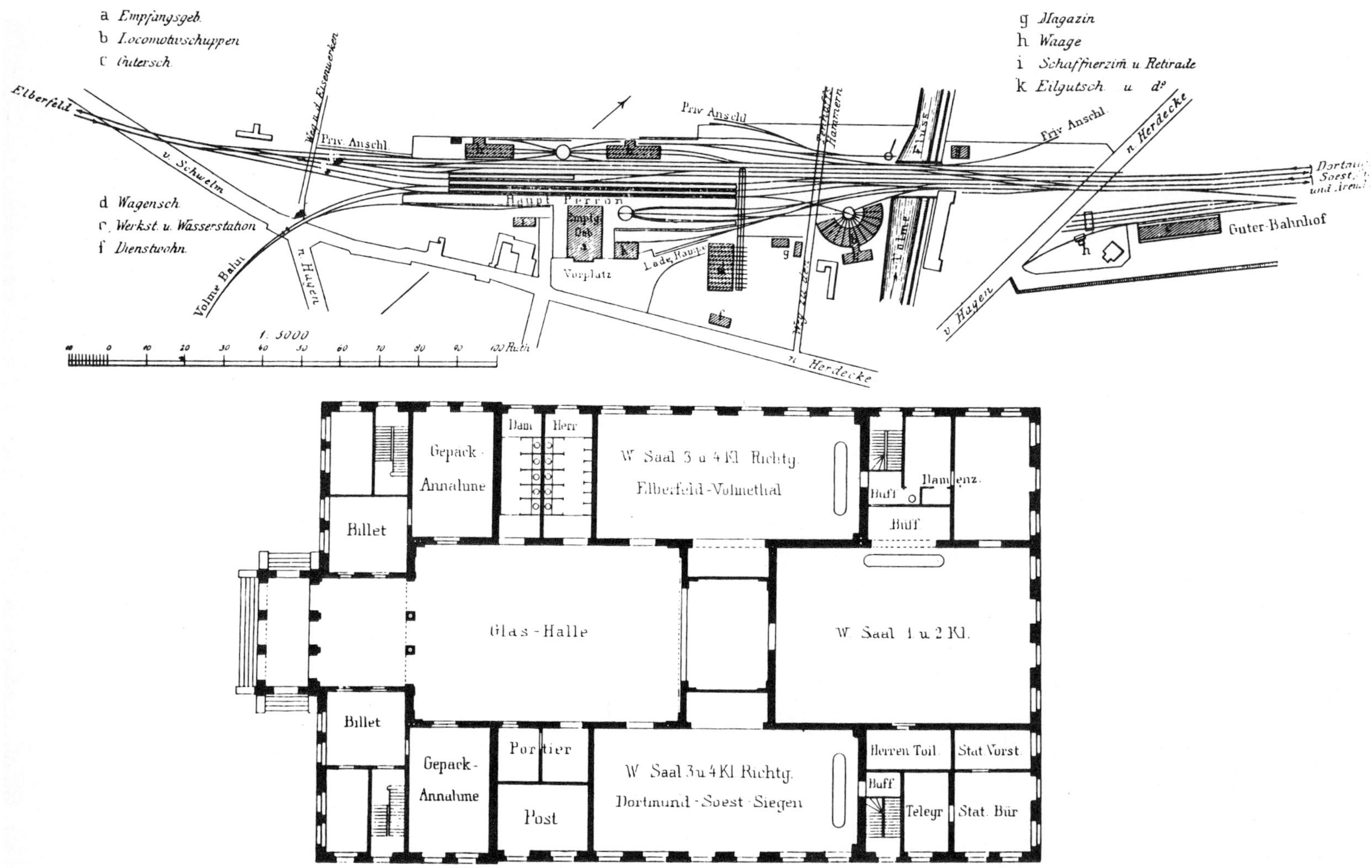

Bild 203 Bahnhof Hagen i. W. der Bergisch-Märkischen Eisenbahn. Lageplan und Grundriß des Empfangsgebäudes, erbaut 1875 (Sammlung Verfasser)

Bild 204 Bahnhof Hagen i. W. (Hauptbahnhof Hagen). Ansicht des Empfangsgebäudes von der Haupteingangsseite, erbaut 1908 bis 1910. Entwurf: Cuny und Morin. Foto von 1913 (Sammlung Clauß)

Großzügig und funktionell optimal ist der Gebäudegrundriß gelöst (Bild 206). In der Eintrittshalle befinden sich vom Eingang rechts die lange Reihe der Fahrkartenschalter, links an der Bahnseite die Gepäckabfertigung mit Aufzügen und Nebenräumen. Der Bahnhof erhielt 2 Personentunnels. Davon mußte der breitere Zugangstunnel von der Halle aus im ersten Teil bis unter die Gleise in eine absteigende Rampe gelegt werden, weil das Empfangsgebäude unge-

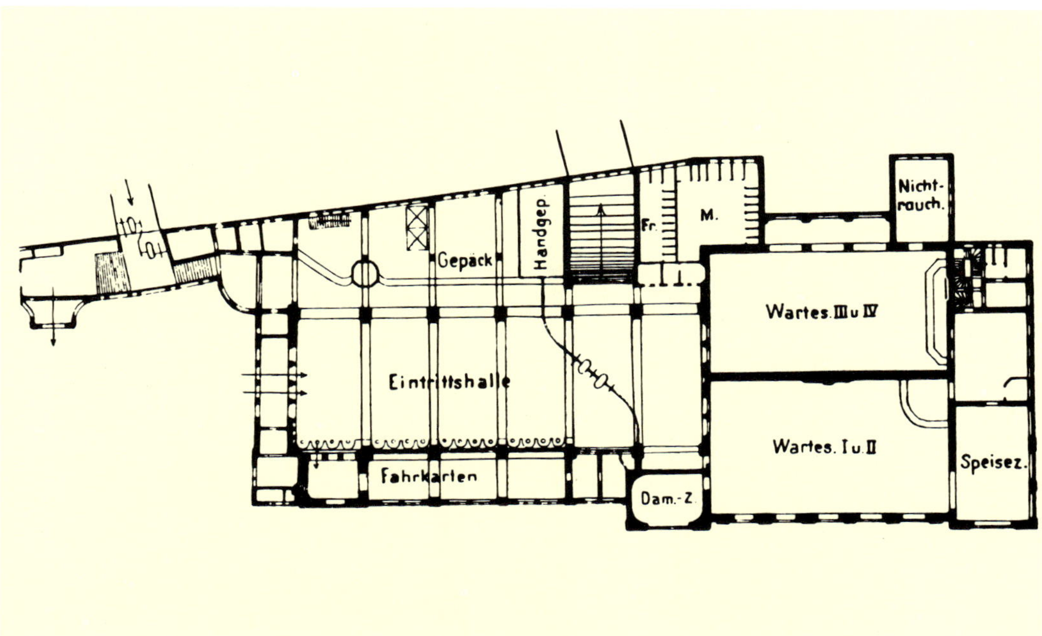

Bild 205 Bahnhof Hagen i. W. (Hauptbahnhof Hagen). Gesamtansicht des Empfangsgebäudes um 1925. Entwurf: Cuny und Morin (Sammlung Schladitz)
Bild 206 Bahnhof Hagen i. W. (Hauptbahnhof Hagen). Erdgeschoßgrundriß des Empfangsgebäudes (Sammlung Verfasser)
Bild 207 Bahnhof Hagen i. W. (Hauptbahnhof Hagen). Bahnsteighallen, fertiggestellt 1910. Entwurf: Stephany (Sammlung Verfasser)

fähr in Bahnsteighöhe liegt. Vom Ausgangstunnel sind Treppen zu Vorräumen direkt am Vorplatz geführt.

Ungemein modern erscheinen noch heute die 1910 fertiggestellten Bahnsteighallen (Bild 207). Ihre elegante, von Stephany entworfene, nur 1400 t schwere Stahlkonstruktion lieferte die A.-G. für Verzinkerei und Eisenkonstruktion vorm. Jacob Hilgers in Rheinbrohl und Neuwied am Rhein.

Bahnhof Witten – «Centralwerkstätte»

Während in den Anfängen der Eisenbahn die meisten größeren Bahnhöfe, vor allem End- und bedeutendere Zwischenbahnhöfe, auch Werkstätten besaßen, und zwar «... Hauptstationsplätze, Reparaturwerkstätten und Fabriken für jede Art von Maschinen und auch Material-Magazine, gewöhnliche Stationsplätze Reparaturanstalten für momentane, kleinere Ausbesserungen und Wasser- und Kohlenstationen», wurden um 1860 zunehmend «Centralwerkstätten» eingerichtet. Diese waren in der Regel zunächst noch mit dem zugehörigen Bahnhof verbunden, nahmen aber im Verlauf ihrer Weiterentwicklung zu industriemäßigen Großbetrieben (den Reichsbahn-Ausbesserungswerken) schließlich völlig selbständige, von den Bahnhöfen getrennte Standorte ein.

Die am 5. Juni 1863 gegründete «Centralwerkstätte» der Bergisch-Märkischen Eisenbahn-Gesellschaft zu Witten (Bild 208, 209) war mit dem 1848/49 eröffneten Bahnhof noch verbunden. Sie hatte U-förmige Grundrißanordnung, die sich seit Anfang an bewährt, 1865 auf der Technikerversammlung des Vereins Deutscher Eisenbahnverwaltungen wiederholt als sehr vorteilhaft beurteilt wurde. In je einer dreischiffigen 47 m breiten, 82 m langen Halle befanden sich Lokomotiv- und Wagenausbesserung, im zweigeschossigen Verbindungsbau die Dreherei und, aus brandschutztechnischen Gründen getrennt, in einem besonderen Gebäude in der Mitte Schmiede, Kesselhaus und Dampfmaschine. Kupferschmiede und Gelbgießerei waren an die Lokomotivwerkstatt angebaut sowie für Schrott ein Lagerhaus mit Gleisanschluß zum Kohlenmagazin vorgesehen. Den Arbeitskräften standen als Sanitärräume nur zwei Freiaborte in den Höfen, aber keine Waschanlagen zur Verfügung. So ist einerseits ausgezeichnete technologische Gestaltung – einschließlich des inneren Verkehrs durch Kombination versenkter Schiebebühnen mit mehreren Ein- und Durchfahrgleisen –, die noch bis ins 20. Jahrhundert als sehr fortschrittlich galt, andererseits fast totale Vernachlässigung sozialhygienischer Ansprüche festzustellen.

Baugeschichtlich gehört die Wittener Werkstätte zu den eindrucksvollsten Pionierbauten der ersten industriellen Revolution in Deutschland. Es wäre falsch, hier in der äußeren architektonischen Gestaltung mit Rundbogenfenstern, -friesen und Pilastern vordergründig nur romantische Tendenzen zu sehen, denn der seinerzeit junge Industriebau suchte mit dieser «Pfeiler-Wand»-Bauweise – Vorläufer der Skelettbauweise – vor allem die beleuchtungstechnischen Probleme tiefer Räume durch weitgehendste Öffnung der Wände mit Fenstern statisch so zu lösen, wie schon Jahrhunderte zuvor die aus Pfeilern und Fenstern errichteten Kathedralen. Und obwohl Stahl- und Stahlbe-

Bild 208 Bahnhof Witten. »Centralwerkstätte«. Längsansicht mit Dreherei, Wagen- und Lokomotivreparaturschuppen 1863 (Sammlung Verfasser)

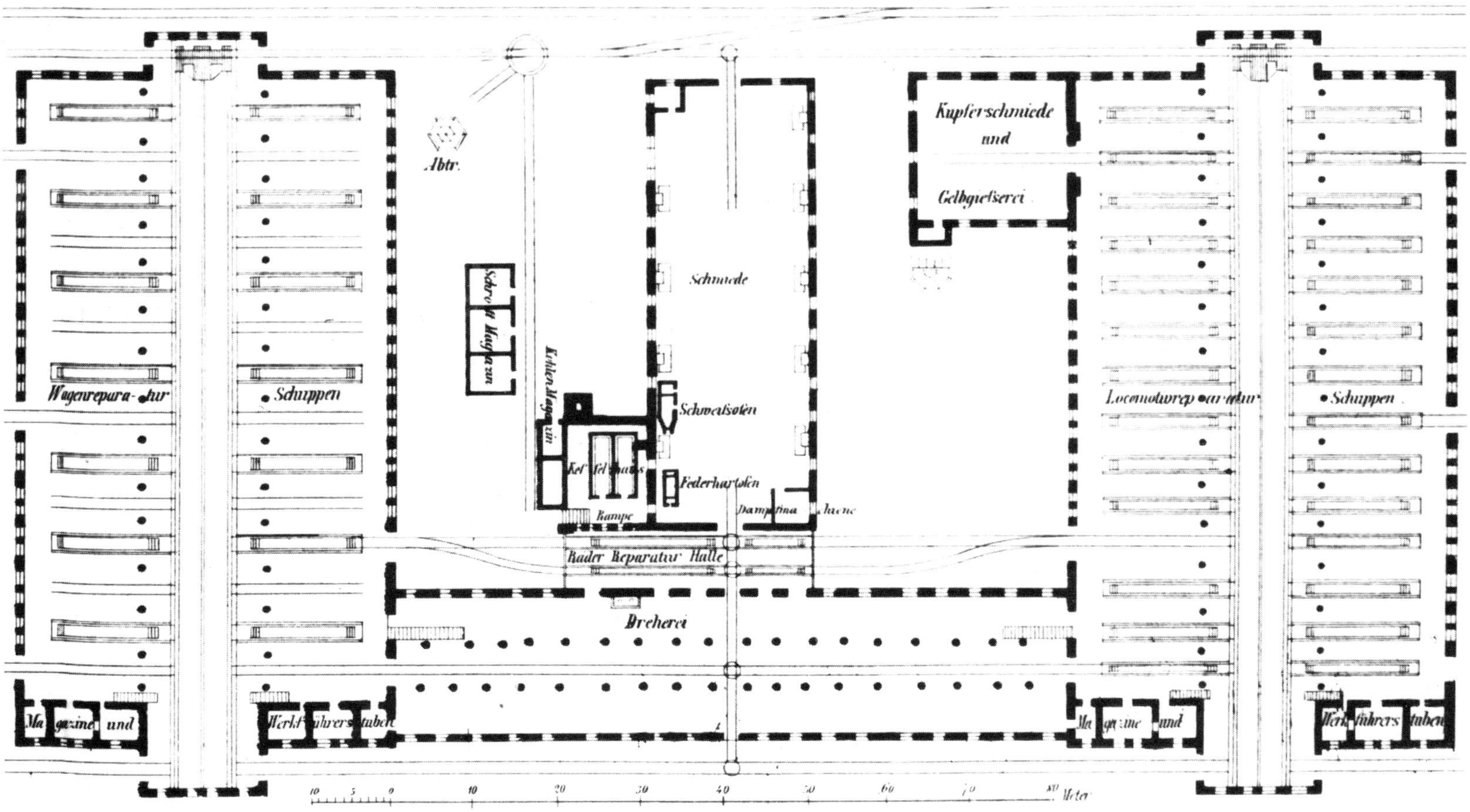
Abtr.
Schrott Magazin
Kohlen Magazin
Schmiede
Kupferschmiede und Gelbgießerei
Wagenrepara-tur
Schuppen
Schweißofen
Kesselhaus
Federhärteofen
Rampe
Dampfmaschine
Räder Reparatur Halle
Dreherei
Locomotivrep-aratur
Schuppen
Magazine und
Werkführersstuben
Magazine und
Werkführersstuben
10 5 0 10 20 30 40 50 60 70 80 Meter

Zigarre
Karl Merkelbach

tonskelettbau Anfang des 20. Jahrhunderts bereits praxisreif entwickelt waren, wurde die Pfeiler-Wand-Bauweise noch bis in dessen 30er Jahre – wenn auch in moderner Form – bei Industriebauten angewendet und ihre Statik an deutschen Technischen Hochschulen gelehrt.

1873 wurde die Zentralwerkstatt Witten durch eine Weichenschmiede erweitert und 1936 mit dem Aufbau des jetzigen Weichenwerkes begonnen. Heute ist dieses Bundesbahn-Ausbesserungswerk eines der größten Spezialwerke für den Weichenbau in der Welt und produziert rund 5 000 Weichen jährlich.

Bild 209 Bahnhof Witten. »Centralwerkstätte«. Grundriß 1863 (Sammlung Verfasser)
Bild 210 Bahnhof Siegen. Ansicht von der Stadtseite 1926 (BD Essen, Pressedienst)
Bild 211 Bahnhof Siegen. Ansicht vom Fischbacher Berg 1904 (Sammlung Clauß)

Bahnhof Siegen

1861 erreichten zwei Linien bedeutender Eisenbahngesellschaften Siegen: am 10. Januar eröffnete die Cöln-Mindener Eisenbahn ihre Zweigstrecke Betzdorf – Siegen der Linie Deutz – Betzdorf – Gießen, und am 6. August konnte die Ruhr-Sieg-Bahn der Bergisch-Märkischen Eisenbahn bis Siegen in Betrieb genommen werden. Dementsprechend war der Bahnhof Siegen als End- und Zwischenstation mit Durchgangsfunktionen konzipiert und erhielt ein Empfangsgebäude in Seitenlage nach dem damals bei Bahnhöfen dieser Größenordnung häufig anzutreffenden fünfteiligen Grundrißschema (Bild 210) mit den drei Giebeln der zweigeschossigen Mittel- und Seitenrisalite zur Bahn- bzw. Vorplatzseite und eingeschossigen Verbindungsbauten. Im Mittelteil wurden Empfangs- und Schalterhalle, in der östlichen Seite Warteräume und Bahnhofsrestaurant und im westlichen Flügel Abfertigungs- und Diensträume angeordnet.

Bei der Fassadengestaltung sind noch spätklassizistische Elemente verwendet worden, aber die stillose Holzgiebelzier stört den Gesamteindruck des sonst wohlproportionierten Bahnhofsgebäudes.

Bild 211 zeigt den westlichen Teil des Bahnhofes mit dem später errichteten großen Lokomotiv-Ringschuppen und Wasserturm, mit dem Empfangsgebäude und der alten Wasserstation der Cöln-Mindener Eisenbahn am Hausbahnsteig sowie Güterbahnhofsanlagen. Damals gab es die direkte Linie Weidenau (jetzt: Siegen-Weidenau) – Siegen-Ost – Haiger, die erst am 1. Dezember 1915 durch die Preußisch-Hessischen Staatseisenbahnen eröffnet wurde, noch nicht. Jetzt berühren daher durchgehende Züge zwischen Hagen und Frankfurt (Main) den Bahnhof Siegen nicht mehr, sondern werden über Siegen-Weidenau geleitet.

Die Aachen-Düsseldorf-Ruhrorter Eisenbahn

Diese Bahn hat eine ziemlich kompliziert scheinende, in vieler Hinsicht aber zeittypische politisch-gesellschaftliche Entwicklungsgeschichte. Im Verlauf ihrer Gründung trug sie verschiedene Namen; zuerst nannte sie sich Aachen-Gladbach-Neußer, später Westliche Verbindungs-Eisenbahn-Gesellschaft und schließlich «Aachen-Düsseldorfer Eisenbahngesellschaft», der am 21. August 1846 die Konzession zum Bau der linksrheinischen Strecke Aachen–Neuß–Oberkassel (gegenüber Düsseldorf) und einer Kohlenzweigbahn von Kohlscheidt nach Kämpchen erteilt wurde. Damit erhielt die 1841 bis 1843 von der Rheinischen Eisenbahn (Seite 85) eröffnete Linie Köln–Aachen–Herbesthal einen nordöstlichen Zweig von Aachen an den Rhein bei Düsseldorf. Zugleich mit der Aachen-Düsseldorfer Eisenbahngesellschaft etablierte sich ein Unternehmen zum Bau der «Ruhrort-Crefeld-Kreis Gladbacher Eisenbahn» und erhielt die Konzession für Gladbach–Viersen–Crefeld–Homberg am 8. Januar 1847.

Beide Gesellschaften kamen während der Bauzeit infolge der wirtschaftlichen Auswirkungen der Revolution von 1848 in finanzielle Schwierigkeiten, da einerseits die Ratenzahlungen der Aktionäre erheblich zurückgingen, andererseits gestiegene Löhne und Materialkosten die veranschlagte Bausumme wesentlich erhöhten. Das Anlagekapital betrug ursprünglich bei der Aachen-Düsseldorfer 12 000 000 und bei der Ruhrort-Crefeld-Kreis Gladbacher Eisenbahn 4 500 000 Mark in Stammaktien. Im Hinblick auf die volkswirtschaftliche Bedeutung beider Bahnen gewährte der Staat 1849 zur Förderung der Kapitalbeschaffung eine 3 1/2-prozentige Zinsgarantie für die Aktionäre. Dafür wurde ihm bei einem Reingewinn von 3 1/2 bis 5 % ein Viertel, bei mehr als 5 % die Hälfte als Superdividende sowie das Kündigungsrecht der Aktien zum Nennwert zugestanden. Gleichzeitig übernahm der Staat Weiterbau, Verwaltung und Betrieb auf Rechnung der Gesellschaften, die er der «Königlichen Direction der Aachen-Düsseldorf-Ruhrorter Eisenbahn» in Aachen unterstellte.

Die 42,2 km lange Linie der Ruhrort-Crefeld-Kreis Gladbacher Eisenbahn wurde zwischen

Homberg – Viersen am 5. Oktober 1849
Viersen – Gladbach am 15. Oktober 1851
der Trajektverkehr zwischen
Homberg – Ruhrort am 12. November 1852
die 86 km lange Linie der Aachen-Düsseldorfer Eisenbahn zwischen Gladbach – Rheydt
am 12. August 1852
Rheydt – Herzogenrath am 12. November 1852
Herzogenrath – Aachen am 17. Januar 1853
Gladbach – Neuß – Altoberkassel
am 17. Januar 1853
Altoberkassel – Oberkassel am 16. Oktober 1854
eröffnet. Technikgeschichtlich besonders interessant ist der Trajekt Homberg–Ruhrort (Bild 219 bis 224), dessen Türme heute noch stehen. Statt schiefer Ebenen, wie z. B. beim Rheinübergang Karlsruhe – Maxau, wurden hier bis 1856 je zwei mächtige Hebetürme beiderseits des Rheins in geschützten Hafenbecken errichtet, so daß Waggons und Lokomotiven unabhängig vom Wasserstand des Rheins durch dampfbetriebene hydraulische Aufzüge von den hochgelegenen Gleisen zu den Schiffsdecks oder umgekehrt befördert werden konnten (Bild 212). Den Trajektverkehr bewältigten seit 1857 die Fährschiffe «Rhein» und «Ruhr» mit 4 seitlich angeordneten Schornsteinen und 3 Ladegleisen für insgesamt 12 Waggons. Sie beförderten täglich etwa 700 Waggons in beiden Richtungen. Bis 1889 war der zur Königlichen Direction der Bergisch-Märkischen Eisenbahn zu Elberfeld gehörende Dampftrajekt in Betrieb. Da es nicht möglich war, mit ihm ganze Züge überzusetzen, brachten die 1869 bzw. 1873 eröffneten Brücken bei Düsseldorf und Duisburg-Hochfeld spürbare Entlastung für den Eisenbahnverkehr, der endlich auch in Nähe des historischen Trajekts über die 1912 dem Verkehr übergebene Brücke bei Baerl den Rhein schneller passieren konnte.

Zur Fertigstellung der Strecken und vor allem des kostenaufwendigen Trajektes mußten weitere Anleihen aufgenommen werden, so daß sich die Gesamtinvestitionen für die Ruhrort-Crefeld-Kreis Gladbacher Linie schließlich auf 10 536 000 Mark, für die Aachen-Düsseldorfer auf 23 850 000 Mark erhöhten, d.h. auf rund das Zweifache der vorgesehenen Kosten. 1863 beschloß die Bergisch-Märkische Eisenbahngesellschaft, beide Bahnen zu übernehmen. Daraufhin kündigte der preußische Staat aufgrund des 1849 abgeschlossenen Vertrages die Stammaktien zur Einlösung für Ende 1865, übernahm die Anleihen und sonstige Verbindlichkeiten als Selbstschuldner und die Unternehmen zum 1. Januar 1866 in Staatseigentum, überließ sie aber mit gleichem Datum der Bergisch-Märkischen Eisenbahn zur Abwicklung der finanziellen Obliegenheiten. Da diese ebenfalls unter Staatsverwaltung stand, änderte sich am Unterstellungsverhältnis der Aachen-Düsseldorf-Ruhrorter Eisenbahn prinzipiell nur wenig; jedoch wurde die Königliche Direction zu Aachen aufgelöst und ihre Aufgaben übernahm die Bergisch-Märkische Eisenbahn (Seite 122).

Bahnhof Gladbach

Bauausführung und Funktion des ersten Bahnhofes Gladbachs (München-Gladbach, heute: Mönchengladbach) und seines klassizistischen Empfangsgebäudes (Bild 213 bis 215) beschreibt F. Vogelsang 1862: «Bei Gladbach, einer Stadt von mittlerer Größe, welche einschließlich der nächst umliegenden Dörfer etwa 15 000 Einwohner zählt und reich an Fabriken und industriellen Etablissements ist, trifft die Aachen-Düsseldorfer mit der Ruhrort-Crefelder Eisenbahn zusammen. Das Empfangsgebäude mußte deshalb auf einen Inselperron gestellt werden, und weil hier viele Passagiere von der einen auf die andere Bahn übergehen, so war für eine geräumige und bedeckte Verbindung der beiderseitigen Perrons Bedacht zu nehmen, zu welchem Zweck zwischen dem eigentlichen Dienstgebäude und den Wartesälen eine bedeckte Passage von 24 Fuß Breite angeordnet wurde.

Das Dienstgebäude enthält im Erdgeschoß ein Vestibül von $18^1/_2$ Fuß Breite und 26 Fuß Länge nebst Passage von gleicher Breite und 9 Fuß Länge. Neben diesen liegen zur rechten und linken Hand die Billet- und Gepäck-Bureaux, ferner die Zimmer des Stationsvorstehers und des Telegraphenbeamten, sowie ein Commissions- und Portier-Zimmer. In den oberen Geschossen befinden sich die Wohnungen für den Stationsvorsteher und Assistenten.

Von den Wartesälen schließt sich zunächst der für Passagiere dritter und vierter Wagenklasse an die Zwischenpassage an, von welcher man durch zwei Eingangsthüren den Zugang zu ihm findet. Sowohl alle von Gladbach zukommenden als auch die von einer zur anderen Bahn übergehenden Passagiere dieser Klassen, welche bei weitem die Mehrzahl der Reisenden bilden, gelangen so auf dem kürzesten Wege und unter Vermeidung jedes Gedränges in den Wartesaal. – Der Wartesaal für Passagiere erster und zweiter Wagenklasse hat zu beiden Seiten an jeder der bedeckten Hallen eine Zugangsthüre und ist für die übergehenden Reisenden bequem angelegt, für ankommende Reisende aber minder leicht zu finden. Da indessen diese meist Einheimische sind, so entspringt daraus kein allzugroßer Nachtheil für das Publicum. Das daneben gelegene Damenzimmer, mit einem Abschluß aus drei Seiten des Achteckes, ist zu beiden Seiten mit Cabinets für Toilette und Commodität versehen.

Die Breite des Vestibüls und der Passage im Vordergebäude von $18^1/_2$ Fuß hat sich als vollkommen zweckmäßig bewährt. Auch hat die offene Zwischenhalle große Bequemlichkeit für das Publicum, welches von dem einen zum anderen Zuge den ganzen Perron zu überschreiten genöthigt ist, so wie für die überwachenden Beamten den großen Vortheil, sämtliche Züge leichter übersehen zu können; allein bei ungünstiger Witterung ist namentlich der Zugwind sehr unangenehm und lästig.

Das Gebäude ist massiv von Ziegelsteinen aufgeführt, in den Außenfronten mit Kalkmörtel verputzt, die Gesimse von Portland-Cement gezogen. Der Fußboden der Passagen und Hallen ist asphaltirt, was sich recht wohl bewährt, namentlich in den Hallen; im Hauptgebäude will man jedoch Belagsteine der bequemeren und besseren Reinigung wegen zweckmäßiger finden. Die Bureaux und Wohnzimmer, so wie

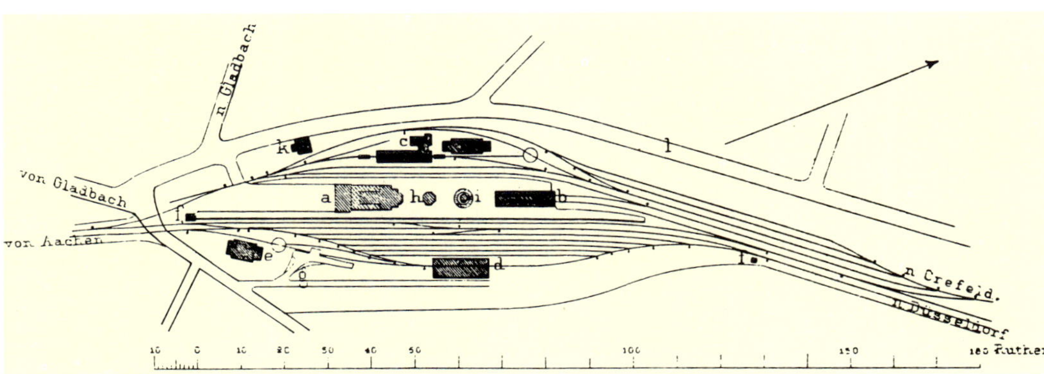

Bild 212 Trajekt Homberg–Ruhrort. Ansicht der Anlagen bei Ruhrort vom Hafenbecken aus, 1857. Zeitgenössische Grafik (Sammlung Verfasser)
Bild 213 Bahnhof Gladbach. Lageplan 1862. a Empfangsgebäude; b Wagenschuppen; c Locomotivschuppen; d Güterschuppen; e Coaksschuppen; f Wasserstation; g Ladebühne; h Abtritt; i Eiskeller, k Dienstwohnung; l Chaussee von Gladbach nach Crefeld (Sammlung Verfasser)

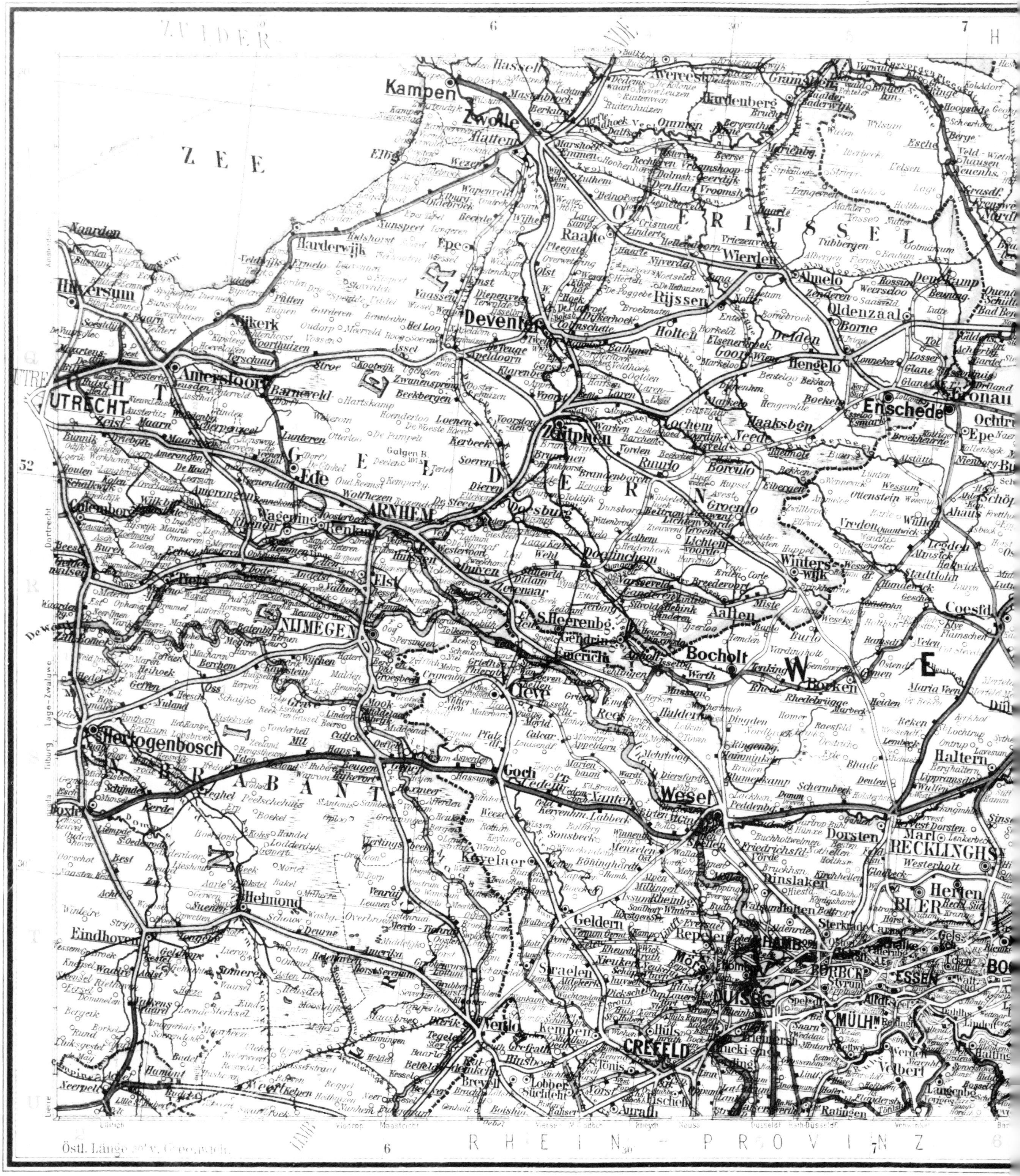

ZUIDER
ZEE
OVERIJSSEL
GELDERN
BRABANT
WE
RHEIN - PROVINZ
Östl. Länge 30' v. Greenwich
Kampen
Zwolle
Hattem
Hardenberg
Ommen
Raalte
Harderwijk
Hilversum
Amersfoort
UTRECHT
Barneveld
Apeldoorn
Deventer
Zutphen
Almelo
Oldenzaal
Hengelo
Enschede
Gronau
Rijssen
Holten
Lochem
Ede
ARNHEM
Doesburg
Culemborg
Wageningen
Renkum
Tiel
Elst
NIJMEGEN
Cleve
Emmerich
Bocholt
Winterswijk
Aalten
Borken
Coesfeld
'sHertogenbosch
Oss
Grave
Goch
Wesel
Dorsten
RECKLINGHSN
Helmond
Eindhoven
Venlo
Kevelaer
Geldern
Mörs
DUISBG
CREFELD
ESSEN
MÜLHm
BUER
Herten
Haltern
Boxtel
Weert
Neerpelt
Hamont
Dinslaken
Xanten
Calcar
Rees
Velbert
Ratingen

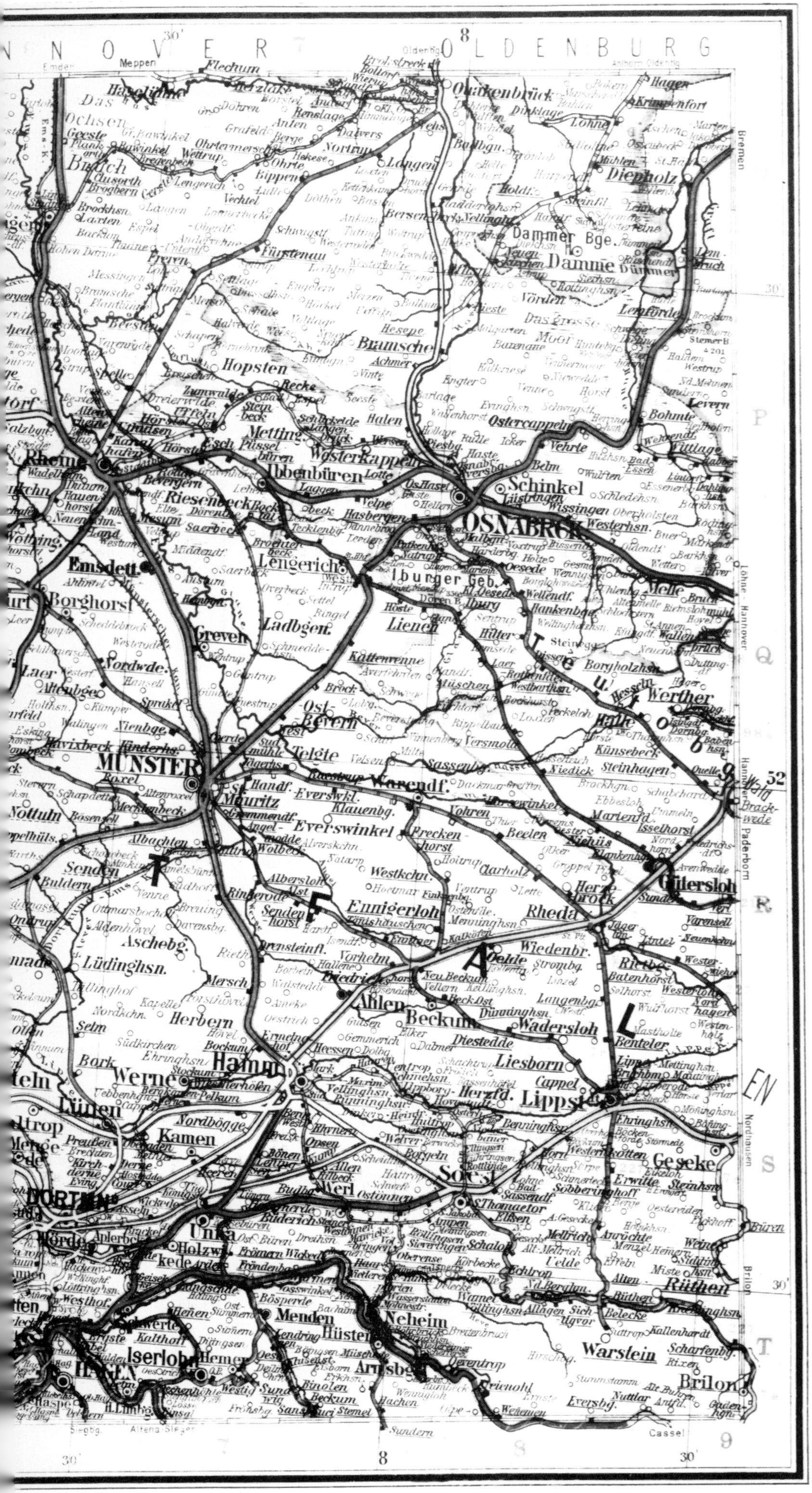

Staatsbahnen
6 Oldenburgische Staatsbahnen
7 Preußische Staatsbahnen
Direktions-Bezirke:

e Cassel	h Elberfeld	n Hannover
f Cöln	k Essen	r Münster

Privatbahnen
29 Bentheimer Kreisbahn
31 Bergische Kleinbahnen
55 Crefelder Eisenbahn
63 Düsseldorf–Duisburger Klb.
70 Emmerich–Cleve Kleinb.
79 Geldernsche Kreis-Kleinb.
80 Georgsmarienhütten–Eisenbahn
118 Kont. E.-Bau- u. Betr.-Ges.
130 Lingen–Berge–Quakenbrück-Klb.
140 Meppen–Haselünner Eisenb.
143 Mörser Kreisbahnen
158 Nordbrabant–Deutsche E.-G.
169 Piesberg–Rheine-Kleinb.
176 Rees–Empel Kleinb.
180 Rheinische Bahn-Ges.
185 Ruhr–Lippe-Kleinb.
218 Vering & Waechter, Eisenb.-Bau- u. Betr.-Ges.
1 Teutoburg. Wald-Eisenb.
224 Werne–Ermelinghof Klb.
225 Westdeutsche Eisenb.-Ges.
227 Westfäl. Landes-Eisenb.
233 Wittlager Kreis-Kleinb.

Anschlußbahnen
1 Niederländ. Staatsbahnen
2 Holländische Eisenb.-Ges.
3 Niederländ. Centralbahn
—— Dampftrambahnen

Koch, W. und C. Opitz:
Eisenbahn- und Verkehrsatlas von Europa. Leipzig 1912
Blatt Nr. 11

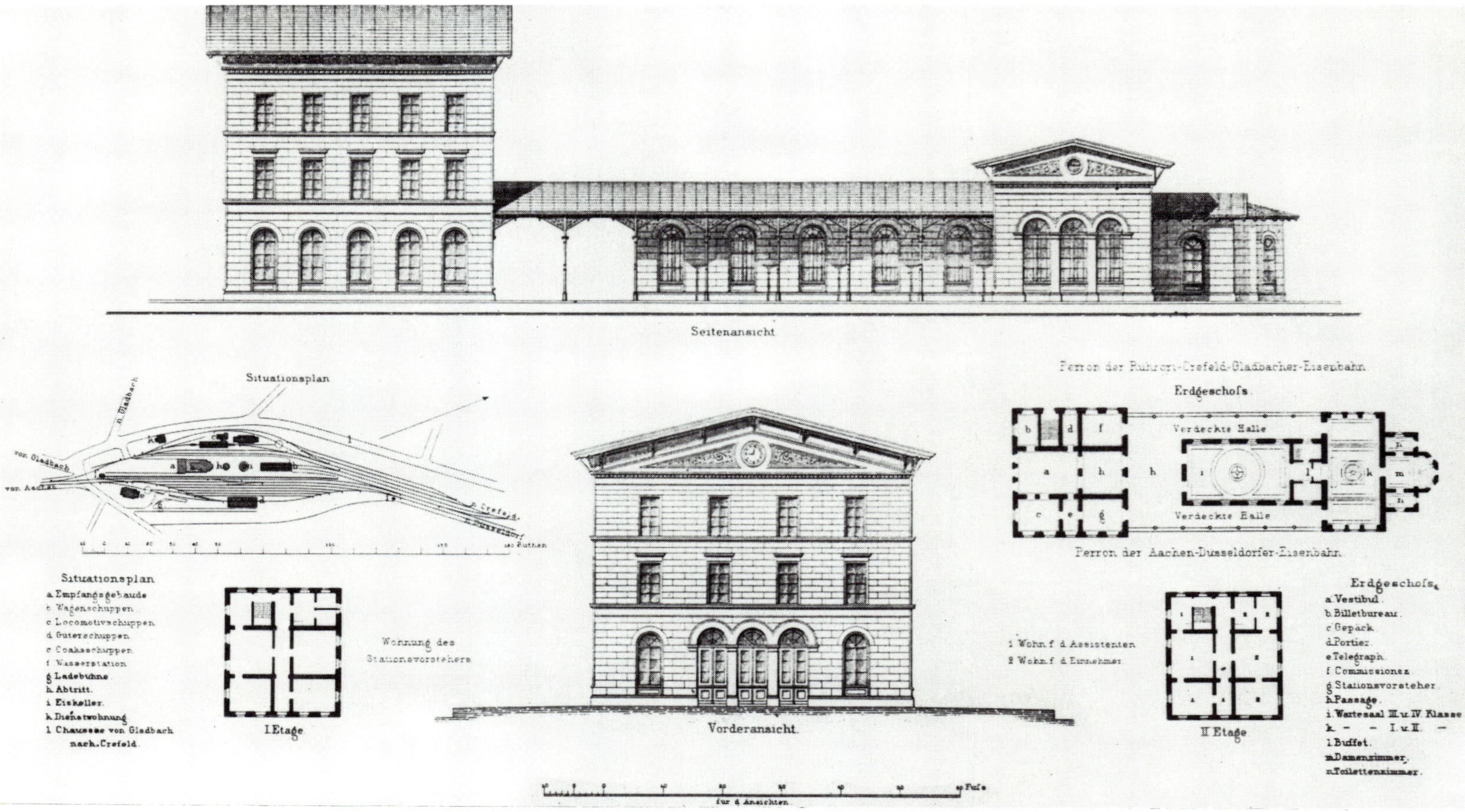

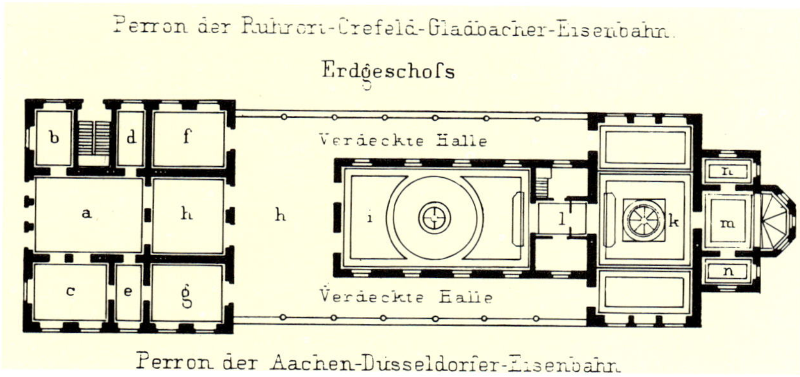

Bild 214 Bahnhof Gladbach. Ansichten des Empfangsgebäudes, 1862 (Sammlung Verfasser)
Bild 215 Bahnhof Gladbach. Erdgeschoßgrundriß des Empfangsgebäudes, 1862. a Vestibül; b Billetbureau; c Gepäck; d Portier; e Telegraph; f Commissionszimmer; g Stationsvorsteher; h Passage; i Wartesaal III. u. IV. Klasse; k Wartesaal I. u. II. Klasse; l Buffet; m Damenzimmer; n Toilettenzimmer (Sammlung Verfasser)

die Wartesäle sind mit Tannenbrettern gedielt, die Wände der letzteren und des Vestibüls nebst der Passage im Vordergebäude mit Wasserfarbe gemalt und entsprechend decoriert.

Die Kosten des Gebäudes, welche zu 30 000 Thlr. veranschlagt waren, haben nach der gänzlichen Vollendung rot. 35 500 Thlr. betragen».

Nach der Jahrhundertwende wurde der Bahnhof nach Entwürfen von C. G. Bensel grundlegend umgebaut und das alte Insel-Empfangsgebäude abgebrochen. Der neue Durchgangs- und Anschluß-Bahnhof erhielt 1907 eine fünfschiffige von der Firma «Tillmann'sche Eisenbau-Actien-Gesellschaft», Remscheid – Düsseldorf, hergestellte Bahnsteighalle mit 8 500 m^2 Grundfläche. Sie überdeckte den Hausbahnsteig, drei Insel- und zwei Gepäckbahnsteige, die innerhalb der Halle durch Aufzüge mit dem Gepäck- und Eilguttunnel sowie dem Eilgutschuppen an der Südseite des Bahnhofes in Verbindung standen; außerhalb derselben ermöglichten «Karrenfahrten» den Gepäcktransport zwischen allen Bahnsteigen und der Gepäckabfertigung im Empfangsgebäude. Von der in Vorplatzhöhe liegenden Empfangshalle wurde ein Personentunnel zu den Bahnsteigen geführt.

Bahnhof Krefeld

Bereits am 5. Oktober 1849 eröffnete die «Ruhrort-Crefeld-Kreis Gladbacher Eisenbahn» am südlichen Ende des Ost-Walles den ersten Bahnhof Krefelds, und nur wenige Jahre danach führte die «Köln-Krefelder Eisenbahn» ihre am 28. Januar 1856 in Betrieb genommene Linie von Neuß, die später von der Rheinischen Eisenbahn nach Cleve – Nymwegen weitergebaut wurde, in den Bahnhof ein, der damit Insellage einnahm. Der preußische Staat als Erbauer und Betreiber der erstgenannten Linie, der auch die Köln-Krefelder Eisenbahn baute und bis zur Übernahme durch die Rheinische Eisenbahn verwaltete und betrieb, ließ damals ein in allen Teilen völlig symmetrisches Empfangsgebäude errichten, dessen Grundriß und Raumprogramm, vor allem die funktionelle

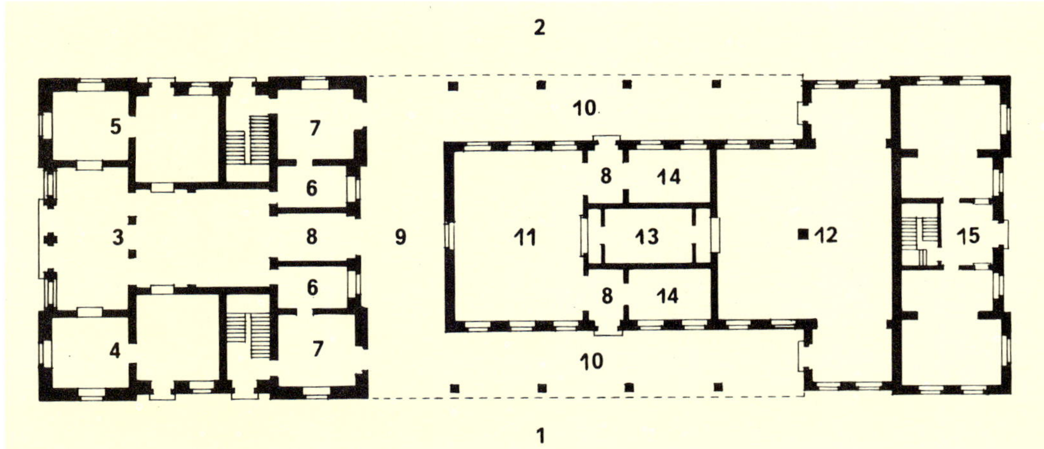

Bild 216 Bahnhof Krefeld. Grundriß des Empfangsgebäudes, 1856. 1 Perron der Ruhrort–Crefeld–Kreis Gladbacher Eisenbahn; 2 Perron der Köln–Krefelder Eisenbahn; 3 Vestibül; 4 Billet- u. Gepäck-Expedition der RCGE; 5 Billet- u. Gepäck-Expedition der KKE; 6 Stationsvorsteher; 7 Stationsbureau; 8 Durchgang; 9 Passage; 10 Bedeckter Perron; 11 Wartesaal I. u. II. Klasse; 12 Wartesaal III. u. IV. Klasse; 13 Buffet; 14 Salon; 15 Post (Sammlung Verfasser)

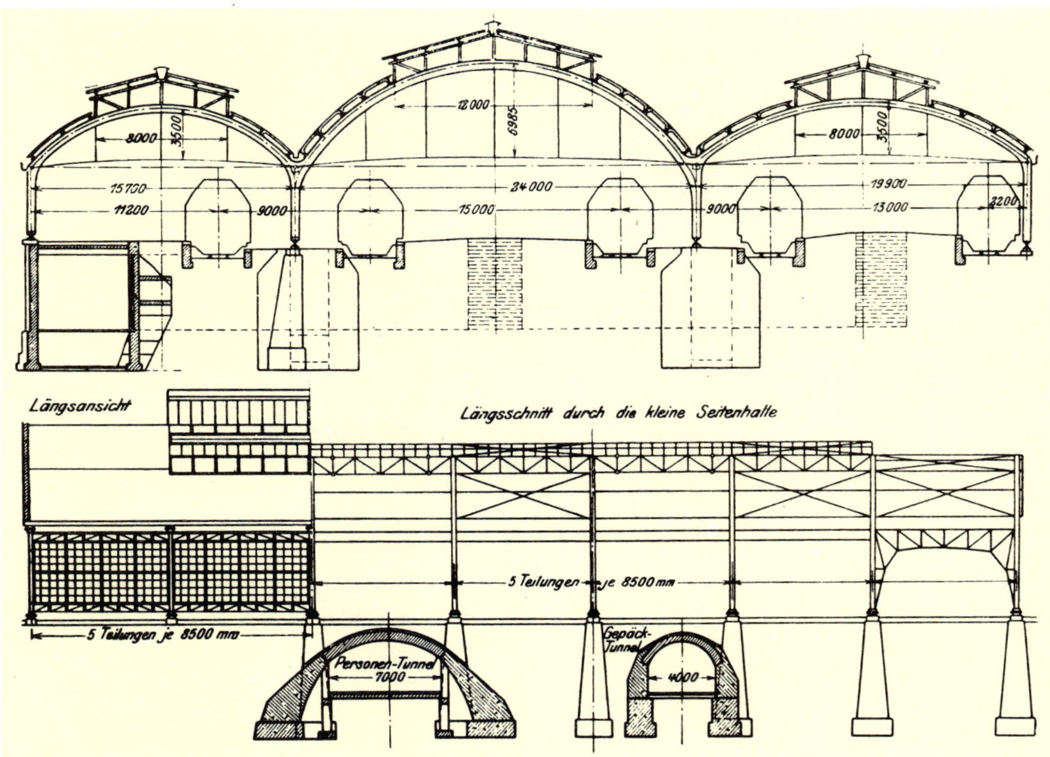

Bild 217 Bahnhof Krefeld. Quer- und Längsschnitt der Bahnsteighallen, 1907 (Sammlung Verfasser)

Trennung, Zuordnung und Verbindung der Betriebs-, Dienst- und Warteräume, seinerzeit mustergültig gelöst waren (Bild 216). Besonders fallen die konsequente Wegeführung und die beide Teile des Empfangsgebäudes verbindenden Säulenhallen auf, die den Reisenden Bequemlichkeit und Wetterschutz boten.

Im Laufe der Zeit entwickelte sich der Bahnhof Krefeld, nicht zuletzt durch Eröffnung weiterer Strecken, zu einem bedeutenden Verkehrsknoten, der schon vor der Jahrhundertwende völlig überlastet war. Auch ein vom Vorplatz zum Empfangsgebäude angelegter Personentunnel konnte die infolge der Insellage besonders prekäre Situation auf die Dauer nicht verbessern. So wurden die Bahnhofsanlagen des «Staats-Bahnhofes» und späteren Hauptbahnhofes nach 1900 vollkommen umgestaltet und in diesem Zusammenhang die Gleise hochgelegt, um Straßenunterführungen sowie Personen- und Gepäcktunnel mit bequemem Zugang zu den Bahnsteigen schaffen zu können.

Bautechnisch war seinerzeit (1907) die dreischiffige Bahnsteighalle des neuen Bahnhofes so progressiv konstruiert, daß sie in die Fachliteratur einging. Sie überspannte 3 Personen- und 2 Gepäckbahnsteige 59,60 m weit auf 102 m Länge. Die nördlich am Empfangsgebäude anschließende Halle hatte 15,70 m, die mittlere 24,0 m und die südliche 19,90 m Spannweite. Als Dachkonstruktion waren vollwandige Stahl-Bogenbinder mit 8,50 m Binderabstand eingesetzt, die bei der mittleren Halle mit Scheitel- und Fußgelenken, bei den Seitenhallen als Zwei-Gelenk-Bogen mit gesprengten Zugstangen, Pendelstützen an den Außenseiten und gelenkiger Verbindung mit den Bindern der Mittelhalle ausgebildet wurden. Das Dach erhielt eine stahlbewehrte Bimsbetondecke mit doppelter Papplage, Oberlichte aus 7 mm dicker Drahtglasdeckung und an dessen Seiten Entlüftungsöffnungen als feststehende Jalousien. Schürzen sind in Anbetracht der relativ flachen Hallenbögen nicht angeordnet worden. Das Gewicht der durch die bekannte Stahlbaufirma C. H. Jucho, Dortmund und Hamm (Westf.) erbauten Halle betrug 85,6 kg/m^2, die Baukosten 38,50 Mark je Quadratmeter Grundfläche (Bild 217).

Weniger fortschrittlich war der Entwurf des 1907 fertiggestellten Empfangsgebäudes, vor allem dessen äußere architektonische Form (Bild 218). Wie beim fast gleichzeitig errichteten Wiesbadener Bahnhofsgebäude, dem es mit seiner renaissanceartigen Modellierung sehr ähnlich ist, erreichte hier der späte Eklektizismus seinen Höhepunkt, während andererseits Raumprogramm und funktionelle Gestaltung durchaus modernen Gesichtspunkten entsprachen.

Kritik erfuhr auch die städtebauliche Lösung, denn …«hier forderte die Lage vor dem breiten mit Anlagen geschmückten Ost-Wall eine großzügige axiale Anlage. Was hat man hingestellt? Ein spitzgiebeliges Mittelrisalit mit seitlich angegliedertem Turm. Der Volksmund hat das Bahnhofsgebäude (in Anspielung auf die Urheberschaft) «Sankt Breitenbach» getauft!» – Heute erscheint diese Wertung etwas zu hart, denn das ausgezeichnet erhaltene Gebäude des Hauptbahnhofs Krefeld ist in einer Zeit «glatter» Sachlichkeit doch recht reizvoll.

Bahnhof Ruhrort

Die erste Anlage des Hauptbahnhofes Ruhrort wurde am 14. Oktober 1848 mit der Linie Oberhausen–Ruhrort durch die Cöln-Mindener Eisenbahn eröffnet. Sie umfaßte zunächst 5 Bahnhofsgleise, ein «Stationshaus» mit «bedecktem Perron», einen Lokomotiv- und Wagenschuppen auf der nördlichen sowie einen viergleisigen Zollbahnhof mit «Amtshaus», «Revisions-Schoppen» und Lagerhaus auf der südlichen Seite des Hafenbeckens (Bild 219). Hierher führte ein vor dem Bahnhof abzweigendes Verbindungsgleis. Am Kopfende des Bahnhofes lag in Richtung der Hafeneinfahrt eine «geneigte Ebene», die das Verladen von Wagen auf die Fähre auch bei unterschiedlichem Wasserstand des Rheins ermöglichte. Später wurde dieses Problem durch die hydraulischen Hebetürme der Bergisch-Märkischen Eisenbahn besser gelöst (siehe Seite 122). Zu diesem Zweck erweiterte die Gesellschaft den Bahnhof nach Norden beträchtlich, indem sie 4 weitere Bahnhofsgleise hinzufügte, und zwar je 2 für beladene und für leere «Trajectwagen». Dazu kamen später noch 2 Gleise jeweils für Personen- und Güterwagen. Daran lag ein größtenteils überdachter «Perron» mit dem neuen «Stationshaus» (Empfangsgebäude) und einem Güter-

Bild 218 Bahnhof Krefeld. Ansicht des Empfangsgebäudes, erbaut 1907 (BD Köln, Lichtbildstelle)
Bild 219 Bahnhof Ruhrort. Lageplan 1856 (Sammlung Verfasser)

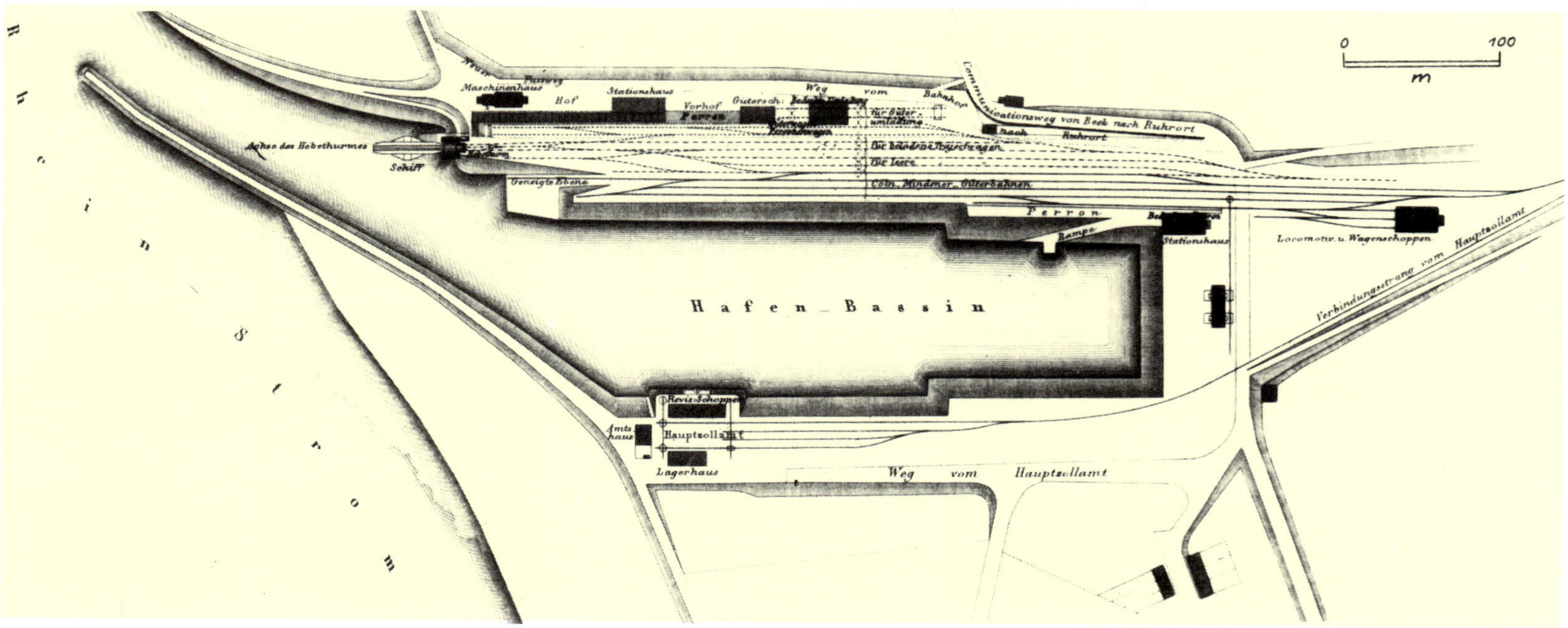

schuppen mit davorliegender «bedeckter Umladung». Außerdem befand sich an der Kopfseite des Bahnhofes unweit der Hebetürme ein Maschinenhaus (Bild 212), dessen Bauweise den anderen bis 1856 errichteten Bahnhofsbauten entsprach.

Bahnhof Homberg

Die Trajektanlagen des am 5. Oktober 1849 mit dem Abschnitt Homberg–Viersen eröffneten Bahnhofes Homberg glichen technisch und baulich vollkommen den entsprechenden Einrichtungen des Bahnhofes Ruhrort (Bilder 220 bis 224) am gegenüberliegenden Rheinufer, die beide den Fährbetrieb aber erst am 12. November 1852 aufnahmen, und zwar zunächst mittels schiefer Ebenen bis zur Fertigstellung der Hebetürme mit hydraulischem Antrieb im Jahre 1856. Auch die Abmessungen und Formen der Hebetürme und der zugehörigen Maschinenhäuser waren in Homberg und Ruhrort die gleichen.

Der Bahnhof Homberg selbst blieb in der Entwicklung seiner Bauten und Anlagen (Bild 224) allerdings hinter dem Ruhrorter zurück, wo die Hafenanlagen aufgrund der lokalen Verhältnisse rascher vergrößert wurden und der Ort dementsprechende Bedeutung erlangte.

Interessant ist, daß auch nach dem Bau der Hebetürme die «geneigten Ebenen» nicht beseitigt wurden, um im Havariefall den Trajektbetrieb, wenn auch in beschränktem Umfang, weiterführen zu können. Der Bahnhof Homberg besaß von Anfang an die seinerzeit für eine Endstation erforderlich gehaltene Ausstattung: «Locomotivschoppen und Schmiede, Coaksschoppen, Wagenschoppen, Güterschoppen, Viehbühne (Rampe) und Brückenwaage». Der Abfertigung des Personenverkehrs diente ein bescheidenes «Stationshaus» mit 145 m langem «Perron», der jedoch im Gegensatz zum Bahnhof Ruhrort – wie bei den meisten kleineren Empfangsgebäuden dieser Zeit – am Stationsgebäude nicht überdacht war. Diese mehr oder weniger umfangreichen Hausbahnsteigdächer wurden in der Regel bis zur Jahrhundertwende immer nachträglich errichtet.

Bild 220 Bahnhof Homberg. Ansichten der Hebetürme in Homberg und Ruhrort 1856 (Sammlung Verfasser)

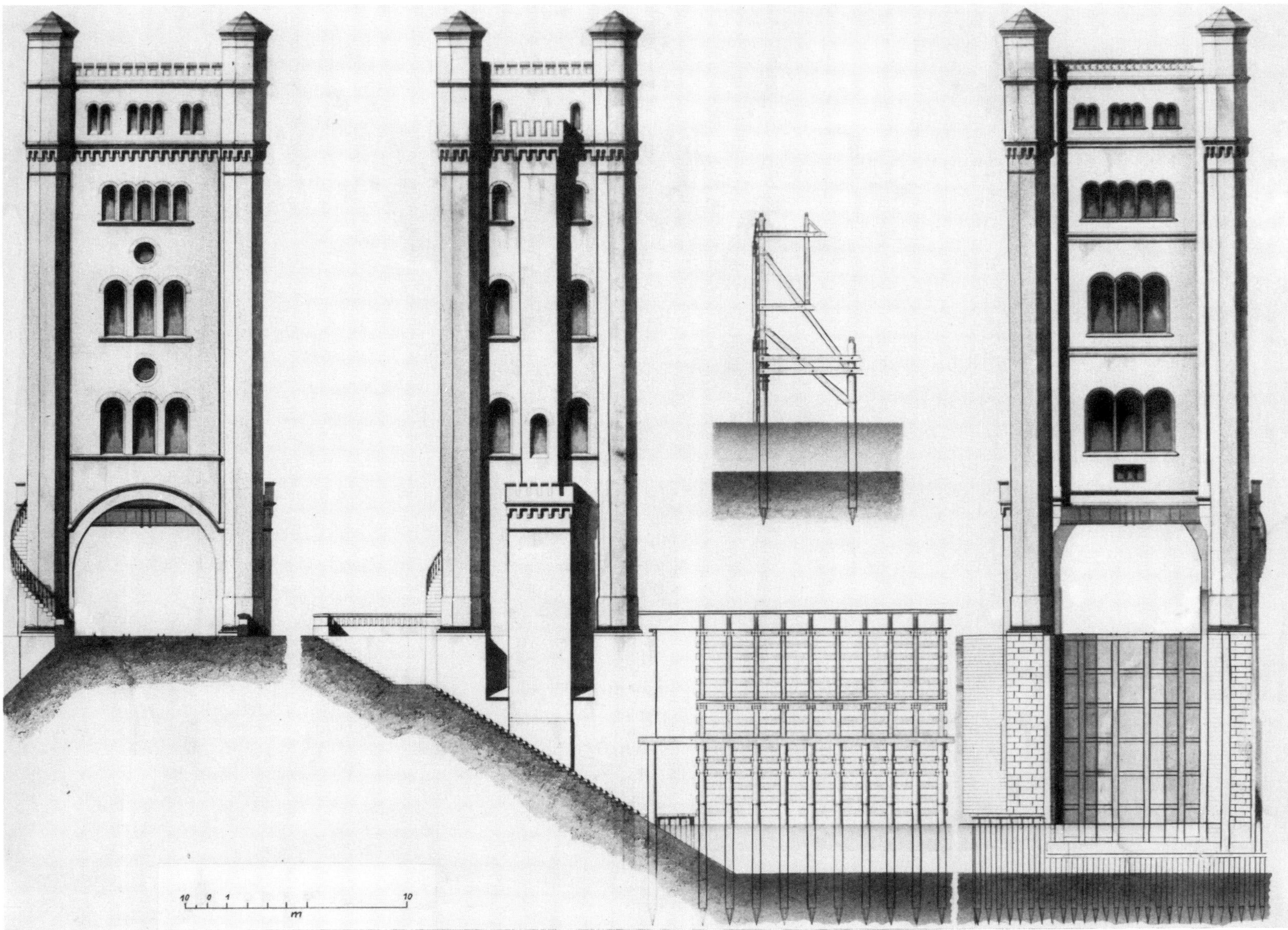

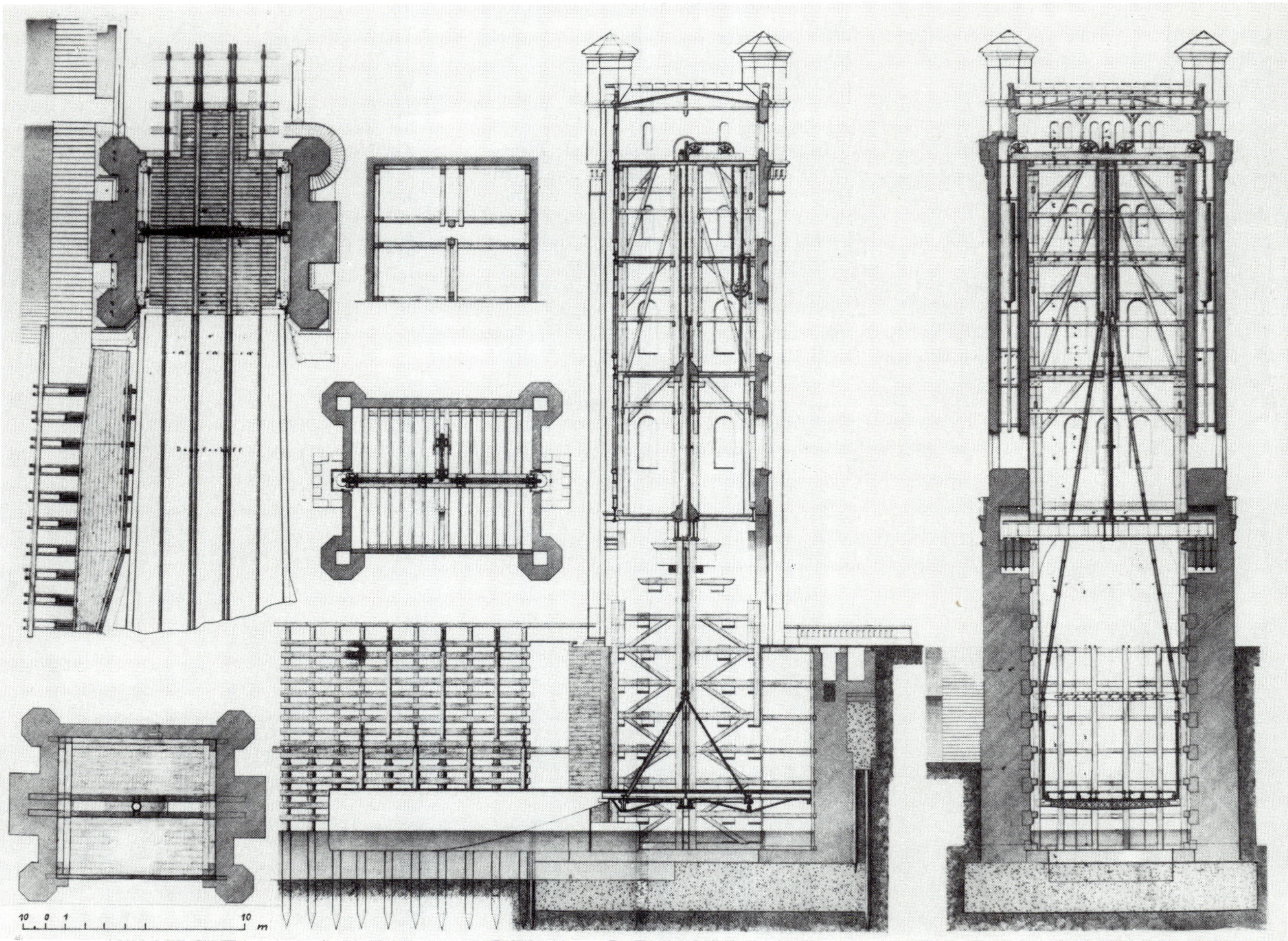
10 0 1 10 m

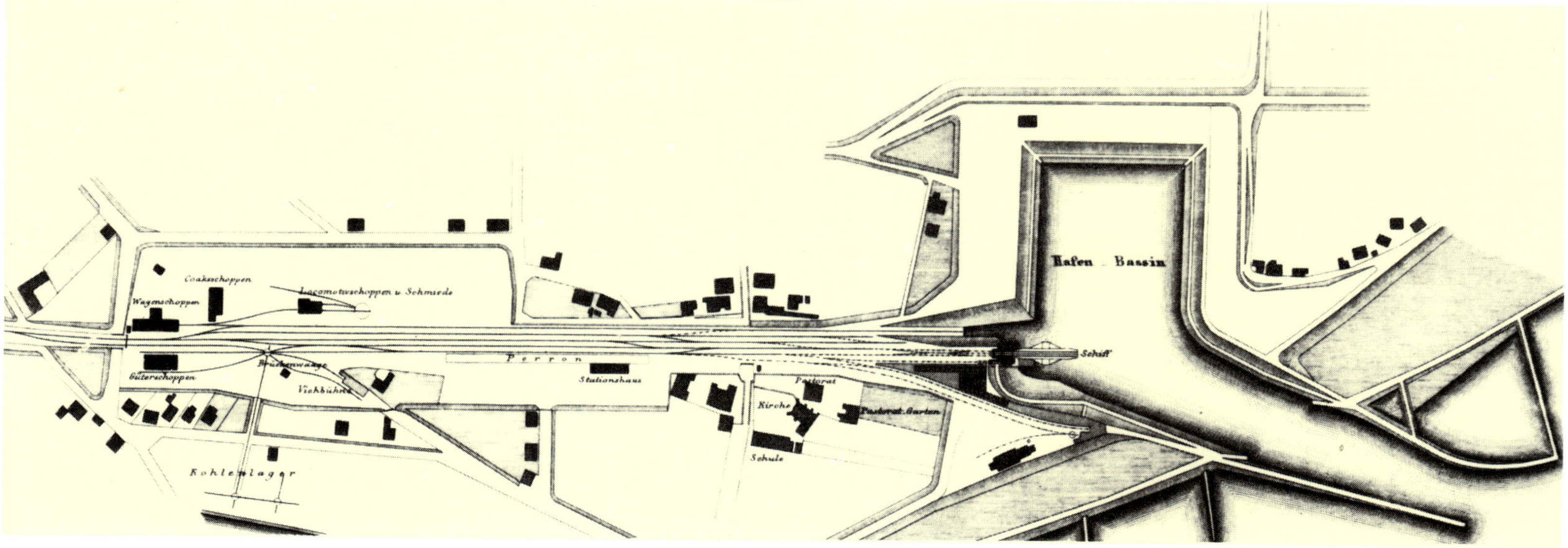
Coaksschoppen
Wagenschoppen
Locomotivschoppen u. Schmiede
Perron
Güterschoppen
Viehbühne
Stationshaus
Pastorat
Kirche
Pastorat Garten
Schule
Hafen Bassin
Schiff

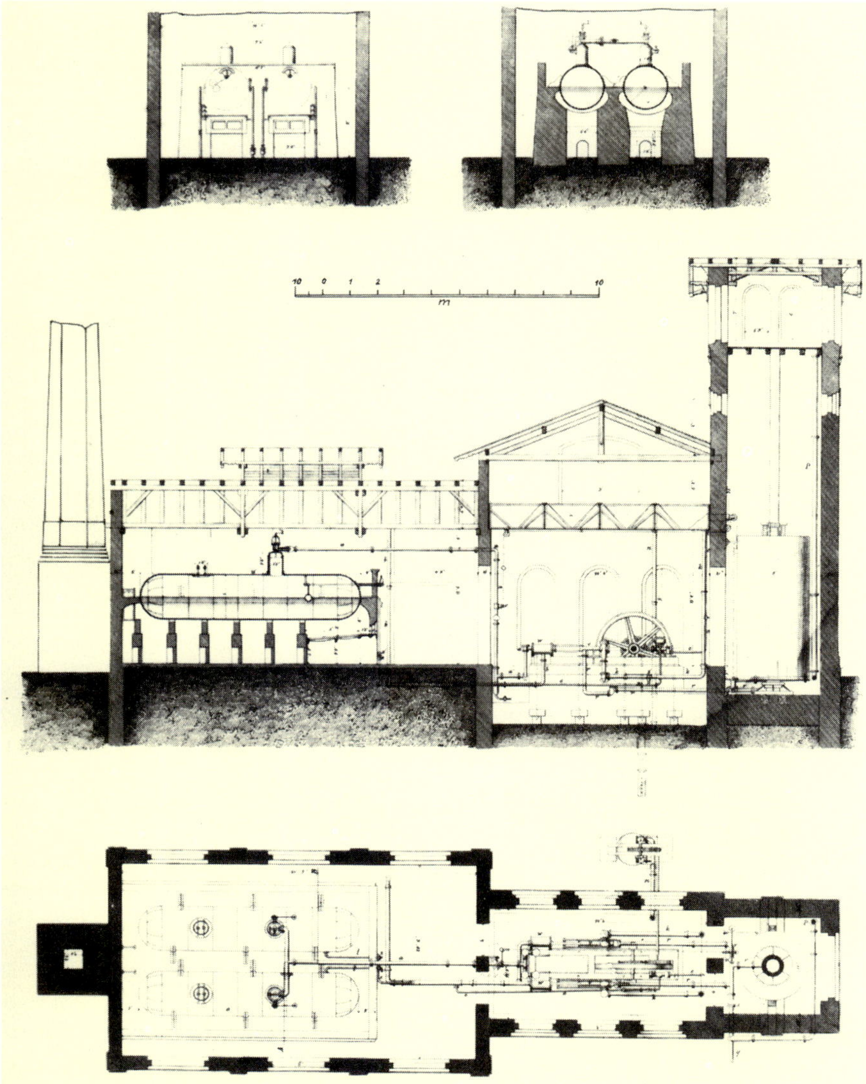

Bild 221 Bahnhof Homberg. Grundrisse und Schnitte der Hebetürme in Homberg und Ruhrort 1856 (Sammlung Verfasser)
Bild 222 Bahnhof Homberg. Lageplan 1856 (Sammlung Verfasser)
Bild 223 Bahnhof Homberg. Grundriß und Schnitte des Maschinenhauses 1856 (Sammlung Verfasser)
Bild 224 Bahnhof Homberg. Ansichten des Maschinenhauses 1856 (Sammlung Verfasser)

Bahnhof Rheydt

Für den am 12. August 1852 eröffneten Bahnhof Rheydt baute die Aachen–Düsseldorf–Ruhrorter Eisenbahn zuerst ein verhältnismäßig schlichtes Empfangsgebäude in Seitenlage, von dessen fünf Fensterachsen allein das Mittelrisalit drei besaß. Sein Grundriß (Bild 225) zeigt die damals bei kleineren Bahnhöfen häufig anzutreffende Form mit mehrgeschossigem Mittelteil, der im Dachgeschoß den Wasserhochbehälter aufnehmen konnte, und eingeschossigen seitlichen Anbauten, wie sie im Prinzip auch bei den meisten Wasserstationen anzutreffen war. Diese Grundrißanordnung entsprach ganz dem anfänglichen Betrieb, bei dem die Wartesäle direkte Verbindung mit den Bahnsteigen hatten und durchgehende Empfangshallen zwischen Vorplatz und Bahnsteiganlagen nicht allgmein üblich waren. Bei größeren Gebäuden verbesserte man später den Verkehrsablauf durch Herausnahme der bahnseitigen Räume am Vestibül, so daß eine durchgängige Empfangshalle entstand, beim kleinen Grundriß des Rheydter Bahnhofsgebäudes ergaben sich jedoch Raumprobleme.

Erst nach 1900 wurde ein Nachfolgebau errichtet, der als typisches Beispiel des fast überwundenen Eklektizismus nach der Jahrhundertwende angesehen werden kann (Bild 226). Das zweite Empfangsgebäude Rheydts wurde wiederum in Seitenlage, jedoch an hochliegenden Gleisen gebaut. Bei dem klar gegliederten, eindrucksvollen Bauwerk ist der Schritt zur Prämoderne schon vollzogen, sieht man von Dachreiter, Dachform und den wenigen Fassadenornamenten ab. Schlechthin unübersehbar repräsentiert der hohe Hallengiebel den Bahnhof und seinen Eingang. Links desselben befinden sich Wartesäle und Bahnhofswirtschaft, rechts Fahrkartenschalter und Gepäckabfertigung. Für den Personenstrom ankommender Züge wurde zur Entlastung der Empfangshalle rechts eine besondere Ausgangshalle angebaut.

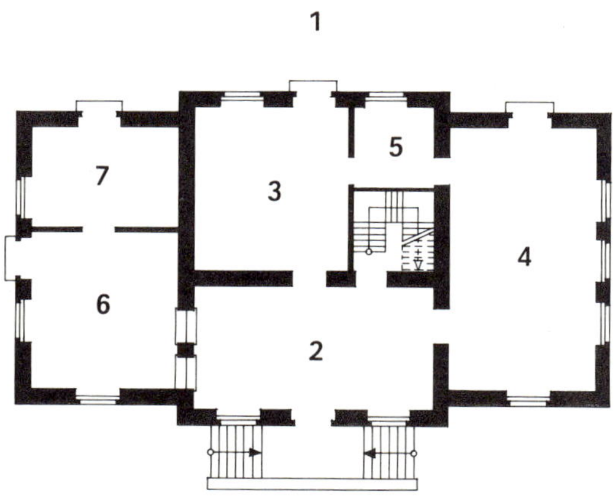

Bild 225 *Bahnhof Rheydt. Grundriß des Empfangsgebäudes 1852. 1 Perron; 2 Vestibül; 3 Wartesaal I. u. II. Klasse; 4 Wartesaal III. u. IV. Klasse; 5 Buffet; 6 Billet- und Gepäck-Expedition; 7 Stationsvorsteher u. Telegraph (Sammlung Verfasser)*

Bild 226 *Bahnhof Rheydt. Ansicht des Empfangsgebäudes von der Stadtseite, erbaut nach 1900. Foto um 1935 (Sammlung Ertel)*

Bahnhof Neuß

Mit der am 17. Januar 1853 eröffneten 24,2 km langen Strecke Gladbach (München–Gladbach, heute: Mönchengladbach) – Altoberkassel der Aachen-Düsseldorfer Eisenbahn bekam Neuß nicht nur den lange geforderten Bahnanschluß, sondern damit schon «directe Verbindungen mit Belgien und Frankreich, die in der Folgezeit seine rasche Entwicklung zu einem der bedeutendsten linksrheinischen Eisenbahnknoten begünstigten. Bereits am 15. November 1855 eröffnete die Köln-Krefelder Eisenbahn ihre Strecke bis Neuß und am 26. Januar 1856 schließlich bis Krefeld. Die Rheinische Eisenbahn führte ihre Linien von Grevenbroich–Düren am 1. September 1869 sowie von Neersen am 15. November 1877 in den Bahnhof Neuß ein, und vor dieser hatte die Bergisch-Märkische Eisenbahn am 27. Juli 1870 die Verbindung Neuß–Düsseldorf dem öffentlichen Verkehr übergeben.

So viele sich kreuzende Linien erforderten zur Bewältigung des überdies im letzten Drittel des 19. Jahrhunderts gewaltig gestiegenen Verkehrsaufkommens die völlige Umgestaltung der Bahnanlagen und den Neubau eines Bahnhofes in Neuß (Bild 227). Der Lageplanausschnitt von etwa 1910 zeigt die damals allgemein praktizierte Hochlegung der Gleise mit Unterführungen für den städtischen Personen- und Güter-

Bild 227 *Bahnhof Neuß. Lageplan um 1910 (Sammlung Verfasser)*

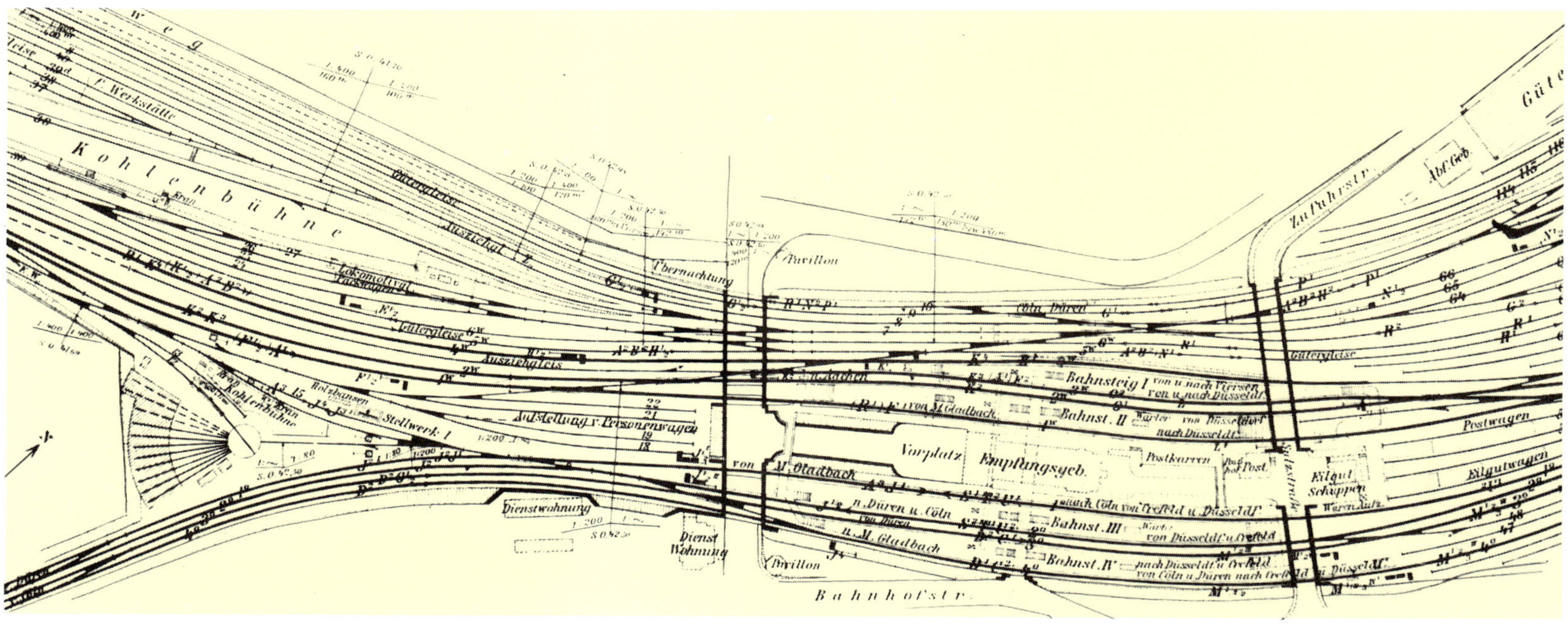

verkehr. Dementsprechend erhielt das in Formen flandrischer Neo-Renaissance gestaltete Insel-Empfangsgebäude (Bild 228) separate Zufahrten zwischen den beiderseitigen Böschungen der Bahnkörper, die nur unmittelbar am Vorplatz zu dessen Verbreiterung als Wendepunkt für Fahrzeuge mit Stützmauern abgefangen wurden.

Von dem im zweiten Weltkrieg stark beschädigten Empfangsgebäude blieb nur das in einen anspruchslosen neuzeitlich-sachlichen Wiederaufbau integrierte Untergeschoß erhalten.

Bild 228 Bahnhof Neuß. Ansicht des Insel-Empfangsgebäudes mit Vorplatz um 1910 (Verkehrsmuseum)

Die Rhein–Nahe Eisenbahn

Zur Verbindung der Steinkohlenlager an der Saar mit der Rheinschiffahrt wurde schon 1840 eine Eisenbahn von Saarbrücken nach Bingen projektiert. Bis 1845 waren auch die entsprechenden Vorarbeiten erfolgt. Doch das Projekt kam erst zur Ausführung, nachdem die Rheinische Eisenbahn den Bau ihrer Linie Koblenz–Bingerbrück beschloß. Vorher hatte der preußische Staat bereits den Streckenabschnitt Saarbrücken–Neunkirchen der 1840 geplanten Linie als «Saarbrücker Eisenbahn» gebaut.

Für den Bau der Strecke Neunkirchen–Bingen erhielt eine 1856 in Kreuznach gebildete Aktiengesellschaft am 4. September desselben Jahres die Konzession. Die Gesellschaft vereinbarte aber schon vor der Konzessionierung mit dem preußischen Staat, daß dieser die Bauausführung, später auch Betrieb und Verwaltung auf ihre Rechnung übernehme. Dazu wurde zunächst eine königl. Direktion in Kreuznach gebildet; 1859 kam die Bahn jedoch zur königl. Direktion Saarbrücken.

1856 begannen die Bauarbeiten an der 120,6 km langen Bahn, und am 15. Juli 1858 konnte die erste Teilstrecke Bingerbrück–Kreuznach, am 26. Mai 1860 die ganze Strecke dem Verkehr übergeben werden. Zugleich wurde zusammen mit der Nassauischen Staatsbahn eine Eisenbahn-Fährverbindung zwischen Bingerbrück und Rüdesheim hergestellt, so daß damit auch der Verkehr mit Mittel- und Norddeutschland möglich war. Infolge außergewöhnlich schwieriger Geländeverhältnisse, die 32 Dämme, 47 Einschnitte, 15 Tunnels und 48 größere Brücken erforderten, wurde die Bahn seinerzeit mit über 420 000.- Mark je Streckenkilometer die kostspieligste in Deutschland.

Die Linie hatte im wesentlichen Güter-Durchgangsverkehr, nennenswerten Personenverkehr hauptsächlich zu den Badeorten, so daß sie nicht die kalkulierte Rentabilität erreichte. Nur 1870 bis 1871 kam sie durch die Kriegstransporte ohne staatliche Zuschüsse aus. Wegen ihrer strategischen Bedeutung forderte der Staat 1880 ein zweites Gleis, das die Gesellschaft aber nicht finanzieren konnte. Preußen erwarb daraufhin die Bahn lt. Gesetz vom 28. März 1882 rückwirkend auf Rechnung seit 1. April 1881.

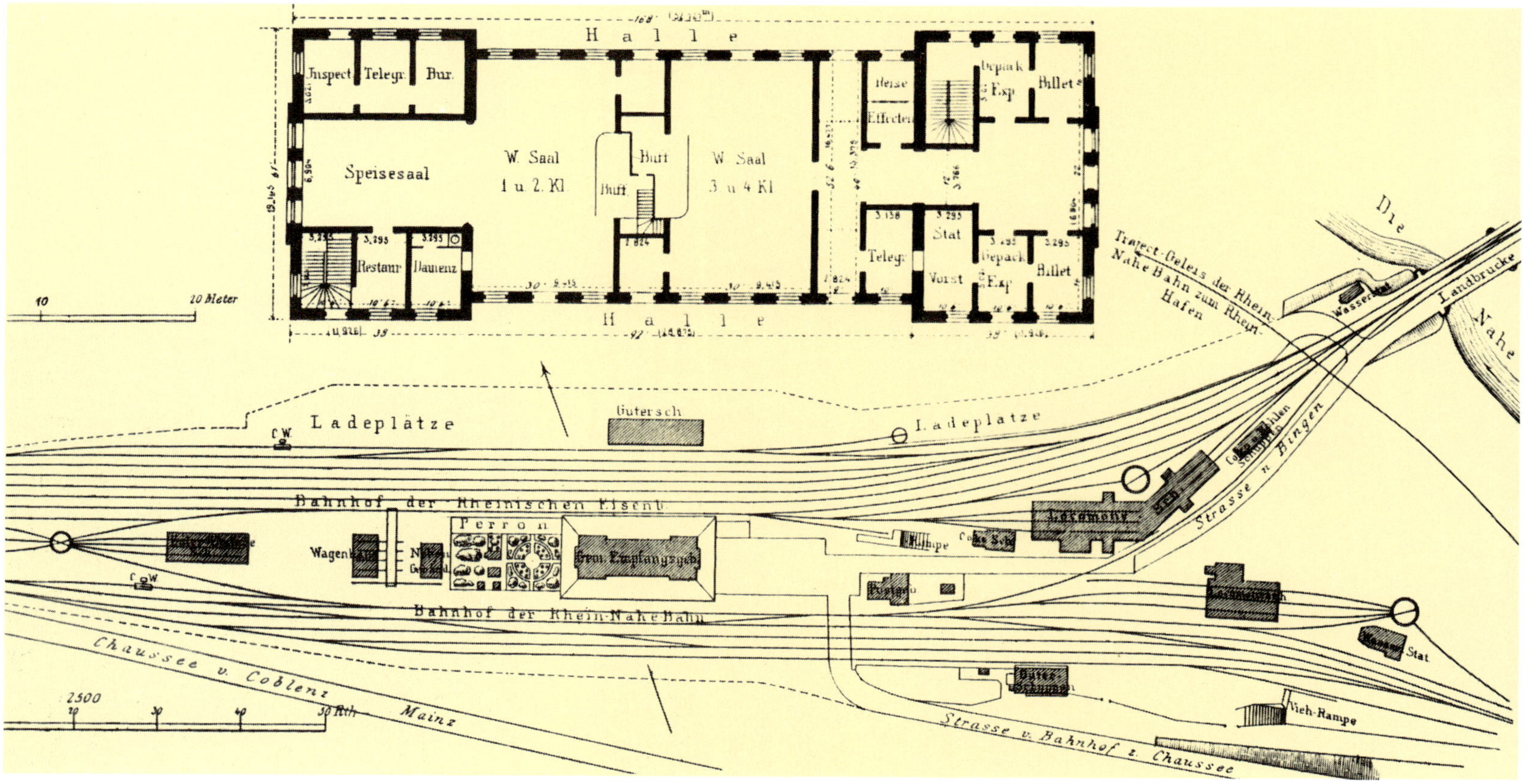

Bahnhof Bingerbrück

Vor dem Bau der Eisenbahnen kannten Reisende Bingerbrück allenfalls als preußische Grenzpoststation mit Zollamt und den wenig unterhalb vom Rhein umspülten sagenumwobenen Mäuseturm, seit 1855 Signalstation für die gefährliche Rheinpassage am Binger Loch. Bingerbrück bestand damals nur aus 4 Häusern mit 23 Einwohnern, die zur Gemeinde Weiler bei Bingen gehörten. Für den Bahnhofsstandort bot sich hier in dem sonst engen Rheintal eine durch die Mündung der Nahe gebildete verhältnismäßig große Fläche an, deren günstige Lage von der Rhein-Nahe-Eisenbahn schon frühzeitig als Endpunkt ihrer auf dem linken Nahe-Ufer hergeführten Linie gewählt wurde, zumal der Anschluß an die fast gleichzeitig gebaute Rheinische Eisenbahn in Bingerbrück technisch am unkompliziertesten ausgeführt werden konnte (Bild 229). Zur Weiterführung der linksrheinischen Bahn in südlicher Richtung war in jedem Falle die Nahe zu überbrücken, und nach Fertigstellung der eisernen Gitterbrücke zwischen Bingerbrück und Bingen konnte der durchgehende Verkehr Mainz–Köln bereits am 15. Dezember 1859 eröffnet werden. Da durch den Trajekt nach Rüdesheim zugleich auch Verbindung mit der Nassauischen Staatsbahn und darüber hinaus mit mittel- und norddeutschen Eisenbahnen bestand, erlangte Bingerbrück mit einem Mal Bedeutung als Eisenbahnknotenpunkt, der er bis heute blieb. Viel später nahm er am 7. Oktober 1889 noch die Nebenbahn (Bingerbrück–) Langenlonsheim–Simmern auf.

Als Empfangsgebäude des am 15. Juli 1858 eröffneten Bahnhofes Bingerbrück wurde ein preußisch-schlichter Bau mit typischer Dreitei-

Bild 229 Bahnhof Bingerbrück. Lageplan und Erdgeschoßgrundriß des Empfangsgebäudes 1873 (Sammlung Verfasser)
Bild 230 Bahnhof Bingerbrück. Ansicht von Südosten, um 1920 (Verkehrsmuseum)
Bild 231 Bahnhof Kreuznach. Grundriß des Empfangsgebäudes 1858. 1 Glashalle; 2 Wartesaal I. u. II. Klasse; 3 Passage; 4 Wartesaal III. u. IV. Klasse; 5 Büffet; 6 Damenzimmer; 7 Billet-Expedition; 8 Gepäckkammer; 9 Gepäck-Expedition; 10 Telegraph; 11 Stations-Vorsteher; 12 Reserviertes Zimmer; 13 Reserviertes Zimmer; 14 Portier; 15 Perron (Sammlung Verfasser)

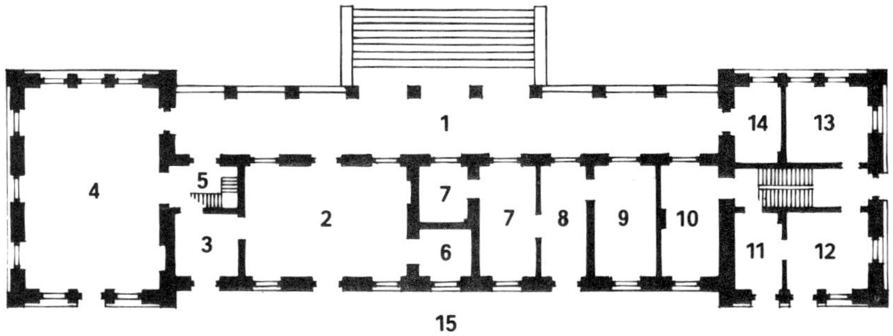

lung in Mittel- und Seitenflügel errichtet (Bild 229, 230), der – wie Hunderte seinesgleichen anfangs frisch und hell geputzt schon bald unansehnlich rauchgeschwärzt – den Reisenden nur als notwendiges Übel erschien. Brav gestaltete Fassaden mit klassizistischen Details stehen im Gegensatz zum flachgeneigten «Bahnhäusle»-Dach! Sehr beeinträchtigt das gewiß notwendige, bis zum Haupteingang herumgezogene Bahnsteigdach, weil nicht von vornherein entworfen, sondern nachträglich angefügt, den Bau. Damit begann die äußerlich sichtbare funktionelle Entwicklung des Empfangsgebäudes überhaupt. Selbst bescheidene architektonische Bemühungen blieben ohne Berücksichtigung des Funktionellen nutzlos, und deshalb wurden auch viele an und für sich hervorragend gestaltete Bahnhofsbauten der Frühzeit schließlich durch derartige An- und Umbauten verunstaltet.

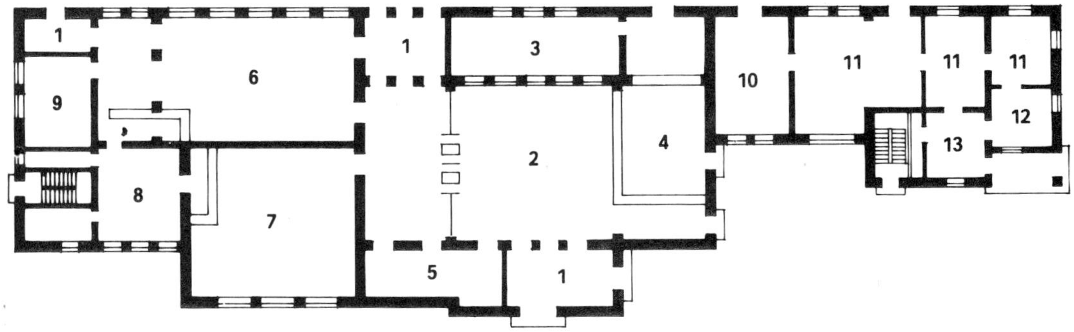

Bild 232 Bahnhof Kreuznach (Bad Kreuznach). Grundriß des Empfangsgebäudes 1912. 1 Windfang; 2 Schalterhalle; 3 Fahrkartenschalter; 4 Gepäckabfertigung; 5 Handgepäckaufbewahrung; 6 Wartesaal I. u. II. Klasse; 7 Wartesaal III. u. IV. Klasse; 8 Schankraum; 9 Nichtraucherraum; 10 Telegraphie; 11 Diensträume; 12 Kasse; 13 Vorraum (Sammlung Verfasser)

Bild 223 Bahnhof Kreuznach (Bad Kreuznach). Ansicht des Empfangsgebäudes vom Vorplatz, 1912 (Sammlung Verfasser)

Bahnhof Kreuznach

Wie in Bingerbrück hatte auch das erste Empfangsgebäude des gleichzeitig am 15. Juli 1858 eröffneten Bahnhofes Kreuznach einen Grundriß mit dreiteiligem Baukörper (Bild 231), der allerdings im Mitteltrakt eine dem Badeort adäquate verglaste Vorhalle erhielt und ingesamt repräsentativer gestaltet war.

Durch Aufnahme neuer Linien, die nach Bad Münster am Stein – Gau Algesheim (Alsenzbahn) am 15. Mai 1902 und nach Altenglan–Landstuhl (Pfälzische Nordbahn) am 1. Mai 1904 durchgehend in Betrieb genommen werden konnten, wurde es notwendig, den Bahnhof Bad Kreuznach grundlegend umzubauen. Anstelle der alten Zwischenbahnsteige traten für die 4 Hauptgleise Inselbahnsteige mit Zugang durch einen tiefliegenden Personentunnel, da Gleise und Vorplatz niveaugleich lagen.

Das neue Empfangsgebäude wurde in Grundrißgestaltung und Raumverhältnissen, wie alle Bahnhofsbauten der Preußischen Staatseisenbahnen dieser Zeit, nach modernsten Funktionsprinzipien entworfen (Bild 232). Neuartig war unter anderem die Trennung von Empfangs- und Dienstgebäude, in dessen Obergeschossen auch Wohnungen Raum fanden. Auffällig ist aber auch hier die Diskrepanz zwischen fortschrittlicher funktioneller Lösung und der Außenarchitektur des Bauwerkes, das jedoch wohl kaum eindeutig noch dem Eklektizismus angehört (Bild 233). Außer verschieden abgewalmten Dächern und ovalen Fenstern sind wesentliche Merkmale der «Neo-Stile» nicht am Bau vorhanden. Die dem flüchtigen Betrachter renaissance-barock-typisch scheinende Ornamentik an Giebeln und Fenstern besteht überwiegend aus Elementen des Jugendstiles; besonders charakteristische Beispiele sind die Fenster des Wartesaales am Vorplatz, die reichgeschmückte Bahnhofsuhr über dem Haupteingang und die ovalen Giebelfenster. Bahnhofsbauten des Jugendstiles gehören, abgesehen von einigen Bahnhöfen der Hoch- und Untergrundbahn Berlins oder Vorortbahnhöfen Hamburgs zu den Seltenheiten. Insofern war das 1960 renovierte Empfangsgebäude des Bahnhofs Bad Kreuznach ein erhaltenswertes Denkmal der Bahnhofsarchitektur.

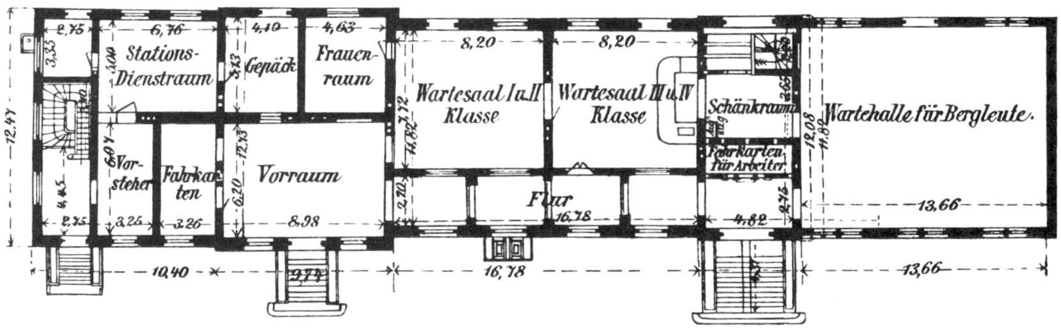

Bild 234 Bahnhof St. Wendel. Grundriß des Empfangsgebäudes 1860 (Sammlung Verfasser)

Bahnhof St Wendel

In Bergbaugebieten wurden spezielle Grubenbahnhöfe für den Kohleumschlag und den Arbeiterverkehr sowie entsprechende Sonderbauten für die Abfertigung des Reiseverkehrs entwickelt, wie zum Beispiel das Empfangsgebäude des am 26. Mai 1860 eröffneten Bahnhofes St. Wendel im Saarland, dessen Raumfolge – uns heute unvorstellbar – drastisch die krasse soziale Differenzierung der damaligen Gesellschaft vor Augen führt.

Wie der Grundriß des Bahnhofsgebäudes von 1860 (Bild 234) zeigt, «wurde der allgemeine Verkehr von dem der Bergarbeiter getrennt. Für diese ist ein gesonderter Eingang, Fahrkartenschalter und Warteraum vorgesehen». Dazu bedarf es wohl keines Kommentars, aber hinzufügen muß man, daß außerdem die zur Verfügung stehende Fläche pro Person in der Wartehalle für Bergarbeiter nur 50 % des in den Wartesälen verfügbaren Platzangebotes betrug, die Vorräume und sogar die Fahrkartenschalter ebenfalls in keinem Verhältnis zur Personenfrequenz standen und, was aus dem Grundriß nicht hervorgeht, auch die Möblierung dieser Warte-Lokalitäten entsprechend den Klassenunterschieden eingerichtet war.

Die Wirtschafts- und Küchenräume der Bahnhofsrestauration befanden sich im «Souterrain» mit Aufzug zum «Schänkraum». Wegen der erhöhten Lage der Bahnhofsgleise waren Freitreppen zu den jeweiligen Raumgruppen des Empfangsgebäudes erforderlich.

Die Saarbrücker Eisenbahn

Nachdem die peußische Staatsregierung zunächst recht zögernd den Eisenbahnbau betrieb und sich hauptsächlich auf gesetzliche Einflußnahme sowie auf Beteiligung am Anlagekapital und Zinsgarantien bei privaten Gesellschaften beschränkte, nahm sie seit 1847 den Eisenbahnbau in eigene Hand. In diesem Jahr begann die Geschichte der Preußischen Staatsbahn.

Zu den drei ersten vom Staat gebauten Linien, die auch als erste fertiggestellt wurde, gehörte die von der preußisch-pfälzischen Grenze bei Bexbach bis Neunkirchen am 15. September 1850, bis Reden am 15. Oktober 1850 und in ganzer Länge bis zur lothringischen Grenze bei Forbach am 1. Dezember 1852 eröffnete Strecke der Saarbrücker Eisenbahn, deren Teilabschnitt Bexbach–Neunkirchen die Pfälzische Ludwigsbahn-Gesellschaft anfangs privat bis zur Fertigstellung der gesamten Bahn betrieb.

Als nächste baute die Saarbrücker Eisenbahn laut Gesetz von 1856 die Linie Saarbrücken–Trier mit Zweigbahn zur Grenze des Großherzogtums Luxemburg bei Wasserbillig, deren Abschnitte

Saarbrücken–Merzig am 16. Dezember 1858
Merzig–Trier am 26. Mai 1860 und
Konz–Wasserbillig (luxemburgische Grenze) am 29. August 1861

eröffnet wurden. Der letztgenannte Abschnitt war für die Verkehrsverbindung vom Oberrhein nach Belgien und als strategische Parallel-Linie zur französischen Grenze bedeutsam. Danach folgten in der Reihenfolge der Inbetriebnahme

St. Johann–Hafen am 15. Mai 1866 und
Saarbrücken–Saargemünd am 1. Juni 1870.

Im Jahr der ersten großen Eisenbahnverstaatlichung Preußens eröffnete die Saarbrücker Eisenbahn schließlich ihre größte 105,3 km lange Strecke

Koblenz–Ehrang am 15. Mai 1879
und Saarbrücken–Neunkirchen am 15. Oktober 1879.

Mit den Linien der von Anfang an in ihrem Betrieb befindlichen Rhein-Nahe-Eisenbahn und der Moselbahn Koblenz–Trier (–Diedenhofen) ging die Königliche Eisenbahndirection (KED) St. Johann-Saarbrücken am 1. April 1880 an die KED Frankfurt a. M., 1881 an die KED Cöln linksrheinisch (die Rhein-Nahe-Eisenbahn erst am 1. Juli 1883) über und erhielt im Rahmen der Neuorganisation der Preußischen Staatseisenbahnen 1895 wiederum ihre selbständige Direktion St. Johann-Saarbrücken (seit Vereinigung von St. Johann und Saarbrücken im Jahre 1909 KED Saarbrücken). Nach Ende des ersten Weltkrieges kamen die bei Deutschland verbliebenen Reststrecken, nachdem sie vorübergehend unter Verwaltung der RVM. (Reichsverkehrsministerium) -Zweigstelle Preußen-Hessen standen, mit Wirkung vom 12. Februar 1924 zur Reichsbahndirektion Trier. 1935 wurden die Direktionsbezirke Saarbrücken und Trier in der Reichsbahndirektion Saarbrücken zusammengefaßt. Heute gehören die Bahnen des nach 1945 zeitweilig abgetrennten Saargebietes zur Bundesbahndirektion Saarbrücken.

Bahnhof Saarbrücken

Nicht zuletzt aus strategischen und fortifikatorischen Erwägungen ließ Preußen den am 1. Dezember 1852 eröffneten Bahnhof der ersten Strecke der Saarbrücker Eisenbahn nicht im linksufrigen Saarbrücken, sondern im gegenüberliegenden St. Johann auf dem rechten Ufer der Saar anlegen (Bild 235). Beide Orte hatten damals zusammen bloß 9500 Einwohner und waren wegen der Flußschiffahrt nur durch eine bewegliche Schiffbrücke miteinander verbunden. Das linksufrige Saarbrücken selbst bekam, abgesehen vom Bahnhof Messegelände, nie einen Bahnhof auf dieser Seite, und auch die Verwaltung der Saarbrücker Eisenbahn hatte hier nicht ihren Sitz; ihr Dienst-Siegel wies sie daher als «Königl. Eisenbahn-Direktion St. Johann-Saarbrücken» aus, bis beide Gemeinden 1909 mit Burbach-Malstatt zur Stadt Saarbrükken vereinigt wurden.

Nahe seiner Grenze im südwestlichen Zipfel seines Machtbereiches baute Preußen für den Bahnhof in St. Johann demonstrativ ein romantisches, kastellartiges Empfangsgebäude mit trotzigen zinnenbewehrten Türmen, dessen Architektur für viele Bahnhofsbauten aus der Anfangszeit des Eisenbahnbaues in Preußen typisch ist. Beispielsweise ähnelt es nicht zufällig dem aus dieser Periode stammenden Bahnhofsgebäude im Hamm (Westf) (Bild 174), das überdies ebenfalls später durch Einführung weiterer Bahnen wie in Saarbrücken in Insellage geriet. Im Bild 236 links ragt es hinter dem südwestlichen Bahnsteigdach mit einem der Türme düster empor.

Nachdem der Bahnhof im Laufe der Zeit noch Strecken in Richtung Trier (1858), Saargemünd (1870), Koblenz und Neunkirchen (1879) sowie St. Ingbert (Ludwigsbahn, 1879) aufgenommen hatte und damit bedeutender Eisenbahnknoten geworden war, entsprach er mit dem alten Empfangsgebäude trotz mehrfacher Erweiterungen und Umbauten den gestiegenen Anforderungen nicht mehr. Im Rahmen neuerlicher Umbauten wurde daher 1890 zusätzlich ein sogenanntes «Vor»-Empfangsgebäude errichtet (Bild 237), das nicht weniger repräsentativ als das alte, inzwischen von Gleisen und Bahnsteigen eingeschlossene Bauwerk war. Verglichen mit zeitgenössischen Bahnhofsbauten dieser Phase des überschäumenden Eklektizismus mutet der monumentale Bau fast noch klassizistisch an, hervorgerufen vor allem durch

Bild 235 Bahnhof St. Johann-Saarbrücken nach der Schlacht von Speichern (Spichern) am 6. August 1870, »nach der Natur aufgenommen von Chr. Sell« (BD Saarbrücken, Bildstelle des Hochbaubüros)

Bild 236 Bahnhof Saarbrücken. Vor-Empfangsgebäude, erbaut 1890. Links oben im Hintergrund Teil des alten Insel-Empfangsgebäudes von 1852. Ansicht 1917 (Sammlung Schladitz)

seine schlichte Fassadenstruktur und die sparsame Verwendung figürlicher oder sonstiger Schmuckdekoration. An den Türmen wurden die Reliefs dezent in die Architektur einbezogen und nur die Wappen über dem Haupteingang, an den Gebäudeecken sowie das Flügelrad über der Bahnhofsuhr sind eigenständige «Akzessoirs».

Auffallend erinnert die Vorplatzfront (Bild 237) an die portikusartigen Abschlußbauwerke früher Kopfbahnhöfe, zum Beispiel des Bayerischen oder des Thüringer Bahnhofes in Leipzig, die hier sicherlich als Vorbild dienten. Aber in Saarbrücken rangierten nicht Lokomotiven und Wagen hindurch, sondern öffnete sich eine große, hohe Empfangshalle den Reisenden; mit Vorplatz und Personentunnel auf gleicher Höhe liegend, vermittelte sie bequemsten Zugang zu den Bahnsteigen.

Sowohl das Vor-Empfangsgebäude als auch der alte Inselbau bestehen nicht mehr. Stattdessen wurde ein 1966 fertiggestellter moderner, scheibenartiger Bau mit überhöhtem Hallengeschoß und weiteren fünf Stockwerken für Verwaltungszwecke als neues Empfangsgebäude errichtet, der dem Hauptbahnhof Saarbrücken als wichtigem Verkehrsknotenpunkt an einer Hauptverkehrsader zwischen der Bundesrepublik Deutschland, Frankreich, Belgien und Luxemburg angemessen ist. Das in wesentlichen Fragmenten erhaltene alte Insel-Empfangsgebäude mußte bedauerlicherweise 1978 der Modernisierung des Bahnhofes weichen.

Bahnhof Völklingen

Äußerlich bot das wenig attraktive Empfangsgebäude des am 16. Dezember 1858 eröffneten Bahnhofes Völklingen nichts Besonderes. Daß es dennoch in die Fachliteratur des Eisenbahn-Hochbaues einging, verdankt es seinem Grundriß (Bild 238), der für viele Bahnhofsbauten der Preußischen Staatsbahn mustergültig war, und der geschickt gewählten Höhenlage des Gebäudes zum Gleiskörper.

Die Grundrißgestaltung des fünfteiligen, zweigeschossigen Empfangsgebäudes stellt trotz der relativ kleinen Gesamtabmessungen eine wohldurchdachte, optimale, seinerzeit alle Anforderungen erfüllende Raumkomposition dar, die nicht zuletzt in der übersichtlichen Gliederung zum Ausdruck kommt. Dabei hätte durchaus auf die Risalitvorsprünge mehr oder weniger verzichtet werden können. Aber wie der Querschnitt (Bild 239) zeigt, legte man darauf und besonders auf – uns heute stillos erscheinende – Verschnörkelungen großen Wert.

Dagegen war die Anordnung des Gebäudes zu den Gleisen beziehungsweise Bahnsteigen eine für die damalige Zeit bemerkenswerte Lösung, die als beispielgebend angesehen wurde. Die Eingangshalle lag etwa in der Mitte der Höhe zwischen Bahnhofsvorplatz und den nur ca. 1,80 m über diesem Niveau liegenden Gleisen. So konnte der am meisten frequentierte Hauptbahnsteig bei verhältnismäßig geringem Höhenunterschied (12 Stufen) bequem erreicht werden, und auch zum Personentunnel ergab sich eine relativ günstige Höhendifferenz. Entsprechend dem Verkehrsaufkommen wurden von der Eingangshalle zwei aufsteigende Treppenläufe zum Hauptbahnsteig und ein absteigender Lauf in den Personentunnel geführt. Im übrigen ergaben sich daraus für die Ausbildung des Grundrisses keine Zwänge, so daß dieser auch für jede andere Situation paßte.

Bild 237 Bahnhof Saarbrücken. Frontalansicht des Vor-Empfangsgebäudes 1904 (Sammlung Schladitz)
Bild 238 Bahnhof Völklingen. Grundriß des Empfangsgebäudes 1858 (Sammlung Verfasser)
Bild 239 Bahnhof Völklingen. Querschnitt des Empfangsgebäudes 1858 (Sammlung Verfasser)

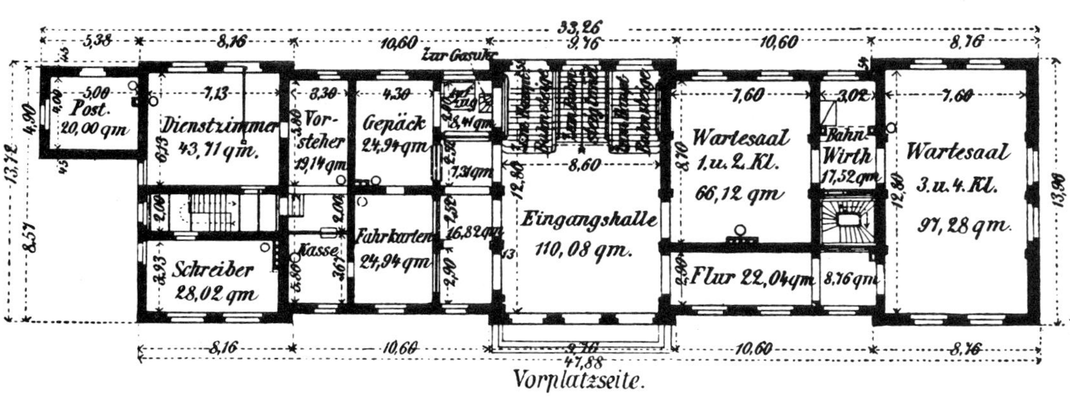

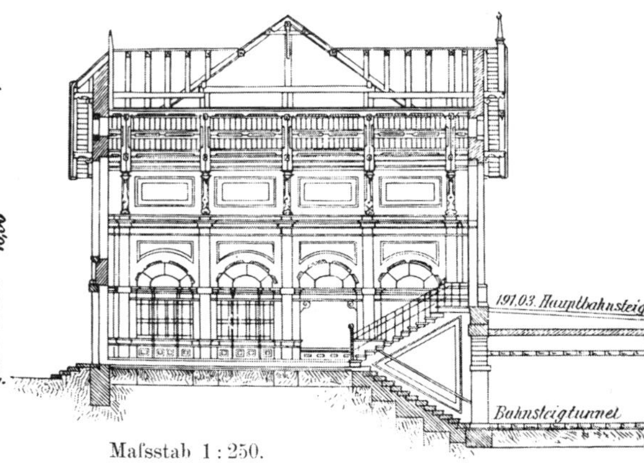

Bahnhof Beckingen

Für den am 16. Dezember 1858 eröffneten Bahnhof des idyllisch an einer Bachmündung in die Saar gelegenen Dorfes Beckingen ließ die Bauabteilung der Königlichen Eisenbahn-Direktion St. Johann-Saarbrücken ein dem Standort adäquates romantisches Empfangsgebäude entwerfen (Bild 240), dessen höhengestaffelte Baukörper mit Turm und Zinnen den Burgen an Saar oder Mosel nachgezeichnet scheinen. Obschon die Dimensionen des überaus reizvollen Gebäudes sehr bescheiden sind – der Grundriß des Turmes mißt nur 13 Fuß = 4,08 m Seitenlänge – beherbergte es doch auf raffiniert ausgeklügeltem Grundriß alle notwendigen Räume der kleinen Station, sogar zwei nach Klassen getrennte Wartesäle. Zum Obergeschoß, das die Wohnung des Bahnhofsvorstehers aufnahm, wurde eine Wendeltreppe geführt, die nur minimale Grundfläche beansprucht. Von dort war auf einer Leitertreppe die Uhrwerkkammer zu erreichen. Hier mußten die schweren Uhrgewichte von Hand hochgekurbelt werden, denn elektrisch betriebene oder aufgezogene Bahnhofsuhren gab es um 1860 noch nicht. Bei täglichem Aufzug betrug der Gewichtsablauf etwa 8,50 m Fallhöhe, die meist durch zwei- oder dreifache Flaschenzüge reduziert wurde. Aber ohne turmartige Bauwerke, deren Höhe schließlich auch von der Wahl täglichen oder wöchentlichen Aufzuges abhingen, kam man nicht aus. Insofern hatte die Anordnung eines Uhrturmes ganz nüchterne physikalische Beweggründe, die dem Zeitgeist gemäß romantisch kostümiert waren.

Bild 240 Bahnhof Beckingen. Grundriß des Empfangsgebäudes und Ansicht vom Vorplatz, 1863. a Flur; c Billet-Verkauf; d Gepäck-Expedition; e Telegraph; k Wartesaal I. u. II. Classe; l Wartesaal III. u. IV. Classe (Sammlung Verfasser)

Die Moselbahn

Nach dem Deutsch-Französischen Krieg 1870/71 befahl die preußische Regierung mit Gesetz vom 11. Juni 1873 «als kürzeste Linie von hoher strategischer Wichtigkeit» von der Hauptstadt Berlin über Wetzlar–Koblenz–Trier in Richtung der Festungsbereiche Diedenhofen und Metz die sogenannte «Kanonenbahn» zu bauen. Ihr Teilabschnitt Koblenz–Trier–lothringische Grenze bei Perl mit Zweigen nach Conz und an die Grenze bei Wasserbillig wurde «Moselbahn» genannt, nicht zu verwechseln mit der 1901 bis 1903 von der Westdeutschen Eisenbahn-Gesellschaft gebauten 102,4 km langen vollspurigen «Moseltalbahn» (Saufbähnchen) Trier–Berncastel–Trarbach–Zell–Bullay, die inzwischen stillgelegt wurde. Die Moselbahn besaß ursprünglich in Koblenz ihren eigenen «Moselbahnhof», überquert zwischen Moselweis und Güls den Fluß, dem sie auf dem linken Ufer bis Cochem folgt, nach Passieren des dortigen Tunnels die Mosel überschreitend bis Bullay das rechte Flußufer benutzt und hier wieder auf die linke Seite überwechselt, führt dann durch die Vorberge der Eifel nach Trier und danach erneut neben der Mosel auf dem rechten Ufer bis zur Grenze bei Perl.

Der durch die Saarbrücker Eisenbahn – seit ihrer Gründung preußische Staatsbahn und bis 1. April 1880 der «Königlichen Direction der Saarbrücker Eisenbahn» unterstellt – am

15. Mai 1879 eröffnete Streckenabschnitt Koblenz–Ehrang war 105,3 km lang. Die übrigen Abschnitte wurden schon früher in Betrieb genommen. Eisenbahnbautechnisch ist die Moseltalbahn besonders durch den seinerzeit größten Tunnelbau Deutschlands, den 4,12 km langen Kaiser-Wilhelm-Tunnel bekannt geworden, der bei Cochem durch das Randgebirge der Mosel getrieben wurde. Wegen seiner Länge, die bei nur geringer Steigung keine ausreichende natürliche Lüftung stattfinden läßt, erhielt er künstliche Belüftungsanlagen am Tunnelmund. Er gilt noch heute als längster Tunnel der Deutschen Bundesbahn.

Bahnhof Moselkern

Gleichzeitig mit Cochem erhielt auch der Bahnhof Moselkern ein neues Empfangsgebäude ähnlicher Prägung, dessen Entwurf ebenfalls auf der Internationalen Baufach-Ausstellung Leipzig im Jahre 1913 gezeigt wurde (Bild 241). Obwohl derselben «Heimatstil»-Richtung angehörend, besitzt es doch seine eigene unverwechselbare Note, hat im Gegensatz zu Cochem weniger romantisches Beiwerk und schlichtere Dachformen auf unkompliziertem Grundriß. Damit entsprach das Bahnhofsgebäude in Moselkern schon mehr der fortschrittlichen Auffassung Hermann Muthesius' wie auch vieler Architekten, besonders der Heimatschutzbewegung, die keinen unüberbrückbaren Gegensatz zwischen moderner Architektur und traditioneller ländlischer Baukunst sahen.

Bahnhof Cochem

Vor dem ersten Weltkrieg ließ die Bauverwaltung der Preußischen Staatseisenbahnen Entwürfe für neue Empfangsgebäude einiger in bevorzugter Lage an der Mosel gelegenen Bahnhöfe anfertigen, unter anderem auch für Cochem. In dieser Zeit des Überganges vom Eklektizismus zu vorerst oft verschwommenen Architekturauffassungen entwickelten durchaus achtbare Architekten einen Stil, der landschaftsgebundene Bauweisen und -formen, Behaglichkeit, Besinnlichkeit und Gemütlichkeit sowie erstklassige funktionelle, bautechnische und in der Folge damit auch bauökonomische Qualitäten in sich vereinte. Die handwerklich meist tadellos und daher dauerhaft ausgeführten Bauten des sogenannten «Heimatstiles» wurden wohl zu Unrecht in letzter Zeit oft diskreditiert. Kritiker übersahen, daß aus vielen Gründen, vor allem wegen des Fehlens bautechnischer und baustofflicher Voraussetzungen zum modernen Bauen nicht ohne weiteres übergegangen werden konnte. Daß daneben noch viel Romantik mit Türmen, Erkern, rustikalem Mauer- und Fachwerk blühte, besonders in solch wundervoller Landschaft an der Mosel und anderswo, ist verständlich.

Ein schönes Beispiel aus dieser Zeit ist das heute noch vorhandene «höchst stimmungsvoll der malerischen Gegend angepaßte» Empfangsgebäude des Bahnhofes Cochem. Auf der Internationalen Baufach-Ausstellung Leipzig 1913 hieß es zu dem in einer Sonderschau des «Königlich Preussischen Ministeriums der öffentlichen Arbeiten, Berlin» vorgestellten Exponat (Bild 242): «Die Entwürfe legen beredtes Zeugnis ab für den hohen künstlerischen und neuzeitlichen Geist, der die Architektur aus alten Banden frei gemacht und in klarer Erfassung der Zweckmäßigkeit und Wirtschaftlichkeit der Ästhetik auf deutschem Boden neue und erfolgreiche Bahnen eröffnet hat». – Wie wandelbar

Bild 241 Bahnhof Moselkern. Ansicht des Empfangsgebäudes 1913 (Sammlung Verfasser)
Bild 242 Bahnhof Cochem. Ansicht des Empfangsgebäudes. Aquarelliertes Schaubild (Entwurf) 1913 (Sammlung Verfasser)

sind doch die Ansichten über neuzeitliche Architektur! – Aber, würde Cochem nicht Wesentliches fehlen, besäße es nicht dieses synonym für den Ort stehende Bahnhofsgebäude? (Bild 243)

Bild 243 Bahnhof Cochem. Gesamtansicht des Empfangsgebäudes, erbaut 1913 (Verkehrsmuseum)

Bild 244 Bahnhof Wengerohr. Teilansicht mit Empfangsgebäude von der Bahnseite, 1915 (Sammlung Clauss)

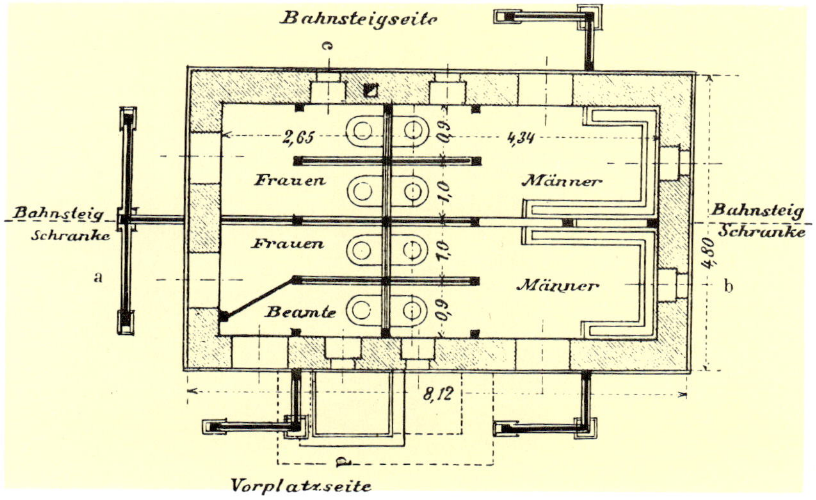

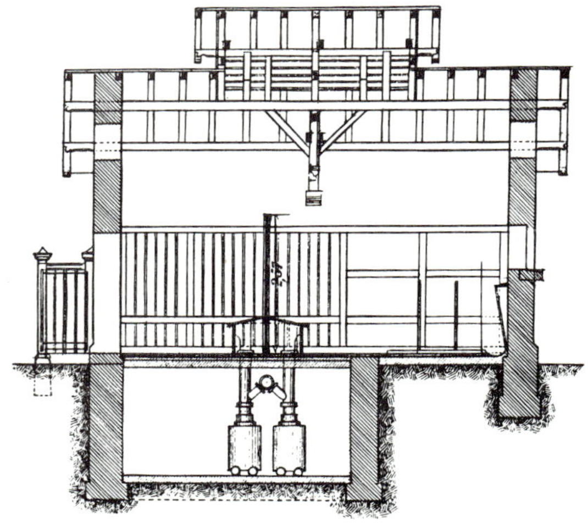

Schnitt a b

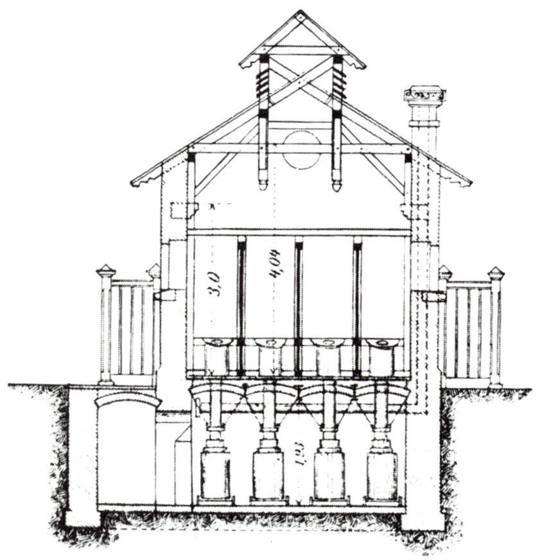

Schnitt c d

Bahnhof Wengerohr

Die wichtigsten Bauten des am 15. Mai 1879 eröffneten Bahnhofes Wengerohr, Empfangsgebäude, Wasserturm und Freiabort, waren in wesentlichen Teilen 1915 noch im Ursprungszustand erhalten (Bild 244). Alle massiven Bauteile wurden einheitlich als hell gefugtes Natursteinmauerwerk hergestellt, das Empfangsgebäude mit profilierten Fensterumrahmungen und Rustika an den Mauerecken gediegen ausgeführt. Die entbehrlichen Zwerchgiebel allerdings paßten eigentlich nicht zu dem Walmdach, doch ihre vor allem in der Seitenperspektive sichtbare Disproportion machte wohl die eigenwillige Erscheinung dieses Bahnhofsgebäudes aus, das sich übrigens sonst positiv von manchen nüchternen preußischen Einheitsbauten der Gründerzeit unterschied.

Eine andere, «anrüchige» Gebäudekategorie – die Wengerohrer mögen dies dem Verfasser verzeihen – ließ den Bahnhof in der Fachwelt bekannter werden. Sanitärtechnisch war die Lösung der Bahnhofstoiletten-Frage schon immer ein heikles Problem, das früher relativ befriedigend durch sogenannte «Freiaborte» bewältigt wurde. Außerhalb des Empfangsgebäudes am Bahnsteig gelegen, gaben die gut entlüfteten Häuschen kaum zum Naserümpfen Anlaß und funktionierten ohne Wasserspülung unbeheizt auch im Winter, wenngleich ihre Benutzung dann nicht eben behaglich war. Auf dem Bahnhof Wengerohr befand sich natürlich auch solch ein nützlicher Bau, der in der Mitte des Bildes 244 von 1915 mit Lüftungsaufsatz auf dem Dach erkennbar ist. Im Grundriß unterschied er sich nicht von der üblichen Ausführung mit getrennten Toiletten für Bahn- und Stadtseite (Bild 245). Aber als Besonderheit, die zu seiner Veröffentlichung im Standardwerk «Der Eisenbahnbau» im Jahre 1909 (Die Eisenbahntechnik der Gegenwart) beitrug, hatte das Abortgebäude im Keller fahrbare Fäkalientonnen, die in einem an der Vorplatzseite gelegenen Aufzugschacht herausbefördert werden konnten (Bild 246). Um die sich in den Tonnen entwickelnden Gase weitgehend abzuführen, war eine Rohrleitung mit Verteilerstutzen installiert, die in den Abluftschornstein an der Außenwand mündete (Bild 247), mit den damals verfügbaren Mitteln also auch die Geruchsbildung im Abort fast ganz vermieden, so daß diese Ausführung seinerzeit tatsächlich als Musterbeispiel galt.

Bild 245 Bahnhof Wengerohr. Grundriß des Freiabortes 1879 (Sammlung Verfasser)
Bild 246 Bahnhof Wengerohr. Längsschnitt des Freiabortes 1879 (Sammlung Verfasser)
Bild 247 Bahnhof Wengerohr. Querschnitt des Freiabortes 1879 (Sammlung Verfasser)

Die Westfälische Eisenbahn

In einem zeitgenössischen Bericht wird der Abschnitt Paderborn–Warburg dieser preußischen Staatsbahn enthusiastisch mit der Semmeringbahn verglichen: «Was sie für Oestreich – das ist die westfälische Bahn für Preußen». Und wie bei jener mannigfache Erfahrungen auf dem Gebiet der Technik gesammelt sind, ebenso hat der Bau der westfälischen Gebirgsbahn einen reichen Schatz von Kenntnissen geliefert.

Die erste Bearbeitung einer Linie zwischen Rhein und Weser zur Herstellung eines Schienenweges vom Rhein und der Nordsee nach Mitteldeutschland geschah 1841 bis 1842 durch den damaligen Wasserbaumeister, geheimen Regierungs- und Baurath Henz. Als auf Grund des von demselben ausgearbeiteten Projektes die Gesellschaft der köln-minden-thüringer Verbindungsbahn zusammengetreten war und der Bau begonnen werden sollte, wurde durch den für die Bauführung berufenen Oberingenieur, Bauinspektor Pickel, die Henz'sche Linie verworfen und eine neue ausgearbeitet, deren Bau im Jahre 1846 begann. Durch eigenthümliche Verhältnisse und durch die Märzereignisse des Jahres 1848 wurden plötzlich die Fonds jener Gesellschaft vollständig erschöpft. Da aber die Herstellung dieses Schienenweges für die

Rheinprovinz und Westfalen in mehr als einer Beziehung zur Lebensfrage geworden war, so wurde Seitens der preußischen Regierung die Uebernahme des Baues der köln-minden-thüringer Verbindungsbahn vermittelt, und der zum Theil begonnene Bau aus Staatsmitteln unter dem Namen «Westfälische Staatseisenbahn» fortgeführt.

Die Richtung der theilweise in Angriff genommenen Bahnstrecke zwischen Hamm (an der köln-mindener Bahn) und Paderborn wurde im Wesentlichen beibehalten und konnte daher diese Strecke der Bahn schon am 1. Oktober 1850 dem Betriebe übergeben werden. Die früher Pickel'sche Linie zwischen Paderborn und Warburg wurde dagegen ganz verworfen, und in Folge dessen auch der auf dem Plateau zwischen den Städten Kleinenberg und Willebadessen gelegene und bereits ziemlich weit geförderte Karltunnel verlassen, da, außer mehrfachen anderen technischen Gründen, vor allem seit Ausarbeitung des Pickel'schen Projektes andere Steigungsverhältnisse in Preußen für die Eisenbahnen zulässig geworden waren, wodurch die Lage der Linie über das Gebirge im allgemeinen eine gänzlich andere werden konnte.

Die Vorarbeiten der neuen Linie, so wie sie jetzt zwischen Paderborn und Warburg besteht, geschahen durch den Vorsitzenden der königlichen Eisenbahndirektion, geheimen Regierungs- und Baurath Henz, in Gemeinschaft mit dem Eisenbahnbauinspektor Hermann Weißhaupt, und wurde diese Arbeit im Herbst 1850 und im Winter 1851 derartig beschleunigt, daß mit dem Mai 1851 schon auf einigen Punkten der Anfang mit den ersten Bauarbeiten gemacht werden konnte.

Die Aufgabe, die den Technikern bei der neuen Wahl der Linie vorlag, war, den südlichsten Theil des Teutoburger Waldes mit einer Eisenbahn für den Lokomotivbetrieb zu überschreiten, zu welcher Paderborn und Warburg als feste, bereits vollendete Ausgangspunkte betrachtet werden mußten.

Es handelte sich dabei zunächst darum, denjenigen Punkt zu bestimmten, an welchem der Gebirgskamm überschritten werden sollte. Als solcher wurde die tiefe Einsattelung des Höhenzuges in der Nähe der neuenharser Ziegelei ermittelt. Nun aber lag die Frage vor: sollte die höchste Höhe durch einen einfachen, tiefen Einschnitt verriegelt werden, oder sollte man mittelst eines Tunnels dieselbe noch mehr abkürzen. Letzteres durfte nicht rathsam erscheinen, da durch die geognostischen Untersuchungen des Professors Glidt es sich mit voller Bestimmtheit herausgestellt hatte, daß die eigenthümliche Schichtenlagerung im ganzen Gebirge zwischen Paderborn und Warburg für eine Tunnelanlage nicht geeignet sei. Ueberdies lag die Befürchtung nahe, daß bei Ausführung eines Tunnels die Eröffnung der ganzen Bahnstrecke – wegen des bekannten sehr langsamen Vorrückens der Tunnelbauarbeiten – jedenfalls verzögert werden könnte. Man entschied sich daher, den höchsten Höhepunkt in der Gebirgseinsattelung durch einen möglichst tiefen Einschnitt zu überschreiten.

Die Einsattelung bei der neuenharser Ziegelei liegt etwa 1180 Fuß hoch über dem amsterdamer Pegel (d. i. dem Spiegel der Nordsee); der paderborner Bahnhof dagegen liegt nur 380 Fuß über demselben und der warburger nur 650 Fuß. Die gerade Entfernung zwischen jedem dieser Festpunkte beträgt ungefähr 2 ½ Meile. Sie bildete mithin die Basis für die zu suchende Linie, die auf der einen Hälfte etwa 800 Fuß, auf der andern dagegen nur 530 Fuß zu ersteigen hatte. ...

Was schließlich den Bau anlangt, so fehlte es bei der dünnen Bevölkerung der Gebirgsgegend überhaupt an Arbeitskräften und für die heranziehenden fremden Arbeiter, deren Zahl sich bis auf 12 000 steigerte, mangelte es an Unterkommen und Nahrung. Es mußte daher zunächst für Arbeiter Wohnungen, für genügende, gesunde und wohlfeile Nahrung, für ausgedehnte Krankenpflege und für genügende Ueberwachung zur Erhaltung der Ruhe und Ordnung Sorge getragen werden.

Am 8. Juli 1851 legte der Handelsminister den Grundstein zum größten Bauwerke der Bahn, dem 1 530 Fuß langen altenbekener Viadukt, und dieser Tag kann als der eigentliche Beginn des Baues bezeichnet werden. Bald darauf begann aber eine nicht endenwollende Reihe von Hindernissen, Widerwärtigkeiten und Gefahren. Das Wetter wurde schlecht und immer schlechter, Sturm und Regen vertrieb die Arbeiter aus der unwirthbaren Gegend. Die Wege wurden grundlos und waren mit gefallenen Pferden und zerbrochenen Wagen bedeckt. Das Baumaterial in der Nähe erwies sich als ungenügend, Meilen weit wurde das Gebirge durchwühlt, um besseres zu erlangen und dieses mußte noch aus weiter Ferne herangeschafft werden. In Folge des unaufhörlichen Regens traten nun noch, wie damals in verschiedenen Gegenden, Bergstürze und Erdabrutschungen ein, welche die mühsam geförderten Arbeiten zu vernichten drohten und theilweise auch zerstörten.

Diese Verhältnisse gestalteten sich im folgenden Jahre 1852 noch ungünstiger und Wenige glaubten noch an das Gelingen des Baues. Unter Mühen und Sorgen und Gefahren, mit aufopfernder Hingebung aller beim Bau Betheiligten und unter wirksamer Unterstützung aller Behörden wurde das Werk dennoch zur endgültigen glücklichen Vollendung gebracht und am 21. Juli 1853 durch König Friedrich Wilhelm IV. der Betrieb eröffnet».

Keine andere Darstellung könnte wohl anschaulicher als dieser zitierte Bericht die Probleme und Leistungen, Sorgen und Nöte einer Episode früher deutscher Eisenbahngeschichte schildern!

Weitere Streckenneubauten und -erwerbungen vervollständigten das Liniennetz im Breich der Westfälischen Eisenbahn. Im Juli 1853 begannen die Bauarbeiten an der 39 km langen Strecke Münster–Rheine, die am 27. Juni 1856 eröffnet wurde. Die von den Hannöverschen Staatsbahnen (Seite 21) bis Emden weitergebaute und abschnittsweise zwischen

Emden–Papenburg am 24. November 1854
Papenburg–Lingen am 2. Mai 1856
und Lingen–Rheine am 23. Juni 1856

in Betrieb genommene 178,4 km lange Strecke kam mit dem 1. Januar 1868 zur Westfälischen Eisenbahn. Vorher hatte sie am 7. Mai 1855 schon die einer privaten Gesellschaft gehörende 35 km lange «Münster-Hammer Eisenbahn» übernommen und gleichzeitig die königliche Direktion von Paderborn nach Münster verlegt. Bis zu ihrer Auflösung 1880 umfaßte die kgl. Direktion der Westfälischen Eisenbahn zu Münster darüber hinaus noch die Strecken Altenbeken–Höxter–Landesgrenze, Welver–Dortmund, Ottbergen–Northeim sowie die Münster-Enscheder Eisenbahn Münster–Burgsteinfurt–Glanerbrück–Enschede und die westfälische Emscherthalbahn Dortmund–Sterkrade.

Bahnhof Münster (Westf)

Zunächst war der am 26. Mai 1848 eröffnete Bahnhof Münster «Hauptstation» und Endpunkt der Münster-Hammer Eisenbahn, bevor diese 1855 an die Westfälische Eisenbahn überging. Er wurde etwa 200 m östlich der Engel-Schanze außerhalb der Wallanlagen der alten Innenstadt an der Stelle angelegt, wo sich noch heute der Hauptbahnhof befindet. Eine um 1860 entstandene Lithographie (Bild 248) zeigt das «Empfangsgebäude der Westfälischen Eisenbahn in Münster» mit dem Vorplatz von der Windhorststraße aus, in deren Achse es rechts im Hintergrund zu sehen ist. Vorn neben dem zweistöckigen spätklassizistischen Bahnhofsbau stand das Verwaltungsgebäude und links beziehungsweise nördlich davon eine große Wasserstation mit romantischer Zinnenbekrönung.

Bereits bis zur Gründerzeit entwickelte sich der Bahnhof Münster zu einem bedeutenden Eisenbahnknoten Westfalens, indem er weitere Strecken aufnahm, und zwar seit

27. Juni 1856 Münster–Rheine der Westfälischen Eisenbahn

1. Januar 1870 Münster–Wanne der Cöln-Mindener Eisenbahn

1. September 1871 Münster–Osnabrück der Cöln-Mindener Eisenbahn
30. September 1875 Münster–Burgsteinfurt–Glanerbrück (–Enschede)
der Münster-Enscheder Eisenbahn.

Das damit um ein Vielfaches gestiegene Verkehrsaufkommen konnte mit der alten Bahnhofsanlage natürlich auf die Dauer nicht mehr problemlos bewältigt werden. Aber erst in den 90er Jahren begannen die Arbeiten zu ihrer Umgestaltung, in deren Verlauf 1890 auch ein neues, vom Geheimen Regierungs-Rat Professor J. Raschdorff entworfenes Empfangsgebäude fertiggestellt wurde (Bild 249). Kollegen Raschdorffs wiesen seinerzeit über alle Maßen lobend in Publikationen auf den neuen Bahnhof hin und nannten ihn «... ein sehr reich entwickeltes, auf eine Ausführung in Werkstein und Backstein berechnetes Werk in den Formen deutscher Renaissance, das an Wirkung das dortige Postgebäude desselben Architekten noch übertreffen dürfte».

Durch Höherlegung der Gleise und Personentunnel wurde das in Seitenlage errichtete Gebäude für die Reisenden bequem mit den drei Bahnsteigen verbunden. Empfangshalle und Wartesäle lagen mit dem Vorplatz auf gleichem Niveau. Auch dieses Gebäude, insbesondere seine Empfangs- und Schalterhalle sowie die Wartesäle waren im Hinblick auf den weiter zunehmenden Personenverkehr zu klein bemessen, so daß um 1900 nördlich an das Hauptempfangsgebäude noch ein besonderes Vorgebäude mit Empfangshalle und Fahrkartenschaltern für Reisende 4. Klasse, Militär und Sonntagsausflügler sowie mit entsprechendem Wartesaal gebaut werden mußte, das einen eigenen Personentunnel zu den Bahnsteigen erhielt. Diese funktionell und betrieblich ungünstige Zweiteilung des Empfangsgebäude bestand bis 1929, als die neuzeitlichen Ansprüchen nicht mehr genügenden Gebäude des nunmehrigen Hauptbahnhofes grundlegend umgebaut und durch eine Verbindungshalle miteinander verbunden wurden (Bild 250). Der neue Grundriß entsprach modernsten Forderungen des Reiseverkehrs. Die alte Eingangshalle behielt ihre Funktion als Haupt-Empfangshalle, während an Stelle der früheren Wartesäle geräumige, durch Tageslicht gut beleuchtete Fahrkarten- und Gepäckschalterhallen ihren Platz fanden. Alle erforderlichen Nebenräume lagen übersichtlich und zweckmäßig. Die Wartesäle waren an der Verbindungshalle angeordnet und auf zwei Geschosse verteilt, die oberen Wartesäle Stadtrestaurant mit Sitzterrasse vor dem Saal 2. Klasse. Außerdem befanden sich an der Verbindungshalle Läden, Milch- und Imbißstuben sowie die Zugänge zu den Treppenhäusern. Von diesen waren auch die Haupttoilettenanlagen im Kellergeschoß erreichbar. Die Dienst- und Büroräume beherbergte der südliche Gebäudeflügel.

Architektonisch wurde aus den verschiedenen Baukörpern sehr geschickt ein ganz neu wie aus einem Guß wirkendes Bauwerk gestaltet, in dem man das Alte nicht wiedererkannte (Bild 251). Dazu trugen vor allem das einheitliche Fenster- und Brüstungsband des Erdgeschosses sowie die durchlaufenden Gesims- und Dachlinien, aber auch die Entfernung der Neorenaissance-Elemente bei, so daß ein eigenwillig-modernes Gebäude entstand, dessen Giebel mit dem Rundbogenfenster der Empfangshalle danach geradezu monumental wirkte.

Auch dieses 1929 umgestaltete Bauwerk steht nicht mehr. Es wurde im zweiten Weltkrieg schwer beschädigt. An seiner Stelle errichtete die Deutsche Bundesbahn 1954 ein modernes Empfangsgebäude mit gläserner Fassade, dessen Architektur von der Durchsichtigkeit aller Verkehrsräume, die lediglich durch Glas getrennte Teile des Bahnhofsvorplatzes sind, bestimmt wird.

Bild 248 Bahnhof Münster (Westf). Empfangsgebäude der Westfälischen Eisenbahn. Zeitgenössische Lithographie, um 1860 (Verkehrsmuseum)
Bild 249 Bahnhof Münster (Westf). Ansicht des Empfangsgebäudes, erbaut 1890 von Raschdorff (BD Essen, Pressedienst)

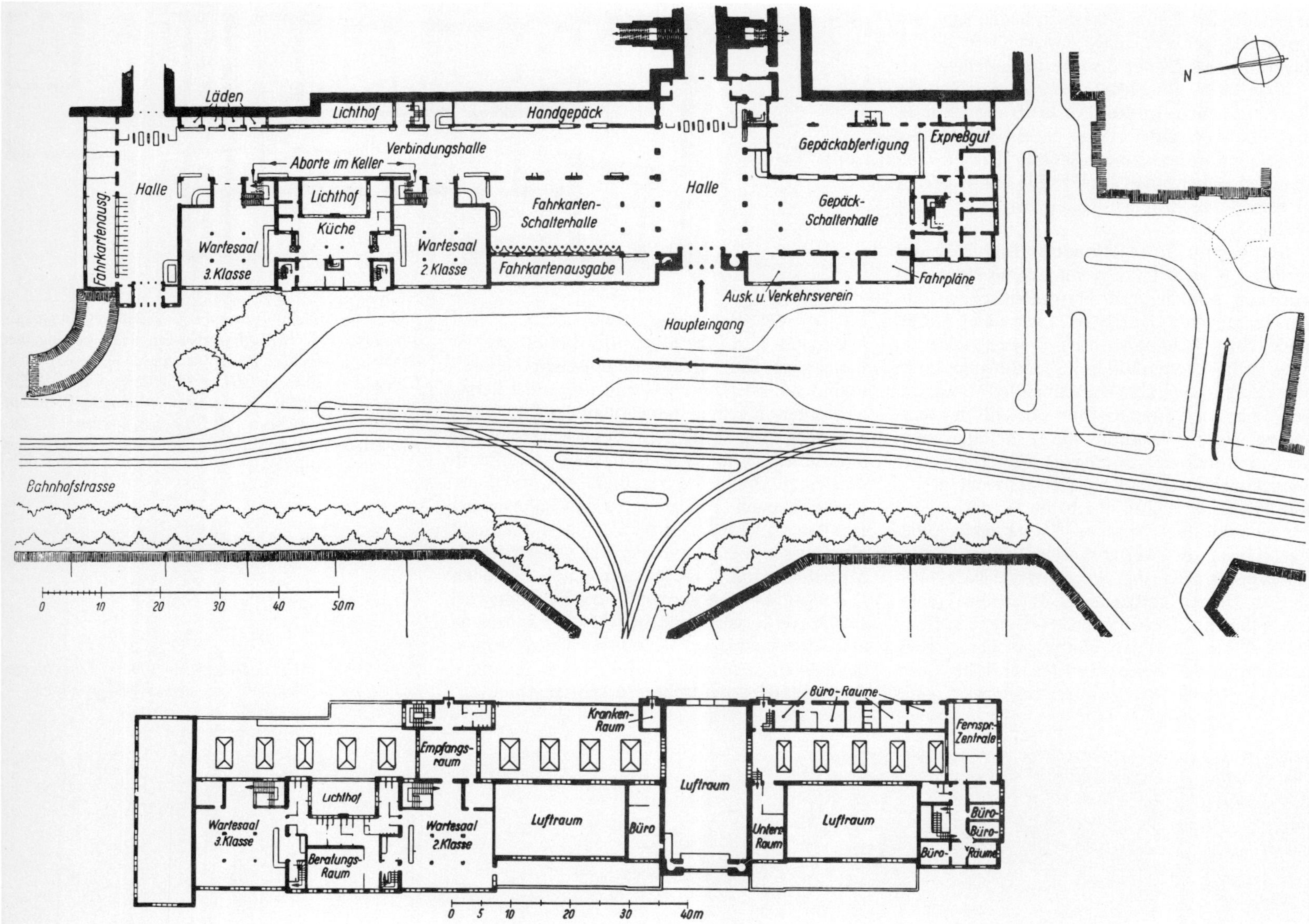

Bild 250 Bahnhof Münster (Westf). Erd- und Obergeschoß-Grundriß nach dem Umbau 1929 (Sammlung Verfasser)
Bild 251 Bahnhof Münster (Westf). Ansicht des Empfangsgebäudes von der Stadtseite, um 1930 (Sammlung Verfasser)

Bahnhof Paderborn

Bis gegen Ende des 19. Jahrhunderts bediente der seit 1. Oktober 1850 in Betrieb befindliche Bahnhof Paderborn nur die Linie Hamm–Soest, deren Anschlußstrecke nach Warburg am 22. Juli 1853 eröffnet wurde. Erst 45 Jahre später nahm der südlich der Stadt angelegte Bahnhof weitere Strecken auf, und zwar am 20. Oktober 1898 Paderborn–Büren (–Brilon Wald–Brilon Stadt), am 1. Juli 1901 nach Sennelager und am 8. Oktober 1906 nach Lippspringe, so daß das alte nördlich der Strecke in Seitenlage errichtete Empfangsgebäude bis zu dieser Zeit für die Abfertigung des Reiseverkehrs der Hauptlinie vollauf genügte, zumal es verhältnismäßig großzügige Abmessungen besaß. Dieser Umstand ist sicher einer der Gründe dafür, daß es in seinen wesentlichen Teilen bis heute erhalten blieb.

Der ursprüngliche Grundriß (Bild 252) des vermutlich unter Leitung von Baurat Henz entworfenen spätklassizistisch-romantischen Bauwerkes zeigt die damals bei klein- und mittelstädtischen Bahnhofsbauten typische Dreiteilung mit quergestellten Seitenflügeln zum Mitteltrakt, die nicht funktionellen Erwägungen, sondern gestalterischen Ambitionen entsprang. Vom «Vestibül» führte anfangs noch kein unmittelbarer Durchgang zum Haus- und Zwischenbahnsteig. Entweder erreichten die Reisenden ihren Zug durch die Wartesäle und den gemeinsamen Ausgang (7) oder nach vorheriger Lösung der «Billets» über äußere «Passagen» beiderseits des Empfangsgebäudes, wo sich in kleinen umfriedeten Höfen die Freiaborte befanden. Damit war das Gebäude auf einfache Weise von den Hauptpersonenströmen namentlich der Ankommenden entlastet, eine Verkehrslösung, die in der Gegenwart nach Wegfall der Bahnsteigsperren häufig wieder praktiziert wird. Vor allem die Einführung der Bahnsteigsperre bei den Preußischen Staatseisenbahnen im Jahre 1894 und steigender Personenverkehr machten den Umbau des Empfangsgebäudes im Mittelteil des Erdgeschosses erforderlich, um die Eingangshalle vergrößern und einen einzigen kontrollierbaren, mit Sperren versehenen Durchgang zu den Bahnsteigen schaffen zu können. Bild 253 zeigt die Ansicht nach diesen Veränderungen mit vorgezogenem Mittelteil und Überbauung des östlichen Durchganges mit Räumen für die Bahnhofswirtschaft. Als klassisches Beispiel früher Bahnhofsarchitektur zählt das Paderborner Empfangsgebäude zu den in dieser Form seltenen Baudenkmalen deutscher Verkehrsgeschichte.

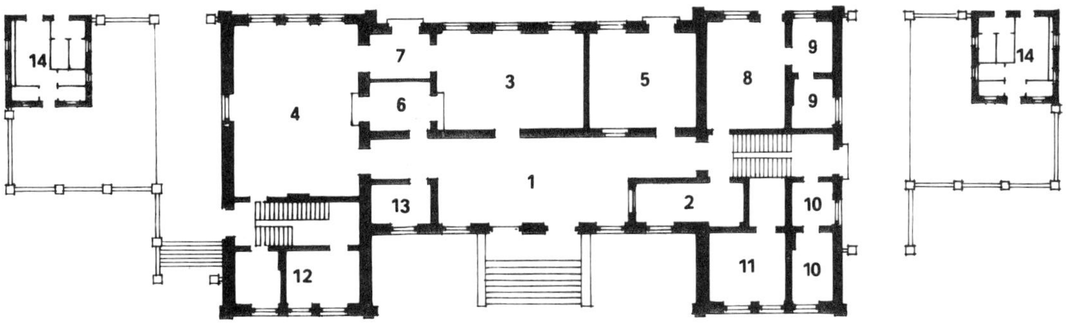

Bild 252 Bahnhof Paderborn. Grundriß des Empfangsgebäudes 1850. Entwurf: vermutlich unter Leitung von Henz. 1 Vestibül; 2 Billet-Verkauf; 3 Wartesaal I. u. II. Klasse; 4 Wartesaal III. u. IV. Klasse; 5 Gepäck-Expedition; 6 Büffet; 7 Ausgang; 8 Stations-Vorsteher; 9 Telegraphen-Zimmer; 10 Schaffner-Zimmer; 11 Damen-Zimmer; 12 Restaurateur; 13 Portier; 14 Freiabort (Sammlung Verfasser)

Bild 253 Bahnhof Paderborn. Ansicht des Empfangsgebäudes von der Stadtseite, um 1900 (Verkehrsmuseum)

Bild 254 Bahnhof Leer. Ansicht zur Zeit der Eröffnung der Hannöverschen Westbahn 1856. Zeitgenössische Grafik (Sammlung Verfasser)
Bild 255 Bahnhof Leer. Ansicht des Empfangsgebäudes vom Vorplatz 1985 (Foto: Meyer, Leer)

Bahnhof Leer

Einem ausführlichen zeitgenössischen Bericht über die «Eröffnungsfeier der hannöverschen Westbahn» anläßlich der Einweihung der Gesamtstrecke Emden–Rheine, die in Emden am 20. Juni 1856 besonders festlich begangen wurde, ist unter anderem auch eine Zeichnung «Der Bahnhof und die neuen Hafenanlagen in Leer» (Bild 254) beigefügt, eine mehr romantische als technische Darstellung, die aber Bauten und Anlagen des mit dem Abschnitt Emden–Papenburg bereits am 24. November 1854 eröffneten Bahnhofes wahrscheinlich im großen ganzen zutreffend wiedergibt.

Der Bahnhof Leer war damals noch recht bescheiden und bestand in der Hauptsache aus einem großen Güterschuppen mit Abfertigungsfunktionen auch für den Personenverkehr und aus rechtwinklig zu den Bahnhofsgleisen liegenden Zweiggleisen zum Kai mit Ladekränen, wobei der Zeichner deren Zuführung nicht zu genau nahm und z. B. die Drehscheiben darzustellen vergaß. Im Hintergrund (Bildmitte) sind Lokomotiv- und Wagenschuppen sowie eine Wasserstation zu vermuten, während die drei in Reihe gebauten Häuser vor der Anlage des Bahnhofes sicherlich schon standen. Bei den meisten Bahnhöfen wurden zuallererst Güterschuppen gebaut, deren giebelseitige Verwaltungsräume dann bis zur Fertigstellung des Empfangsgebäudes dessen notwendigste Einrichtungen, Fahrkartenschalter und Warteraum, aufnahmen.

Durch Eröffnung der Linie Oldenburg–Leer der Großherzoglich Oldenburgischen Eisenbahn am 15. Juni 1869 war es erforderlich, den Bahnhof Leer wesentlich umzugestalten und zu erweitern. Um diese Zeit, vor den Gründerjahren mit ihrer bekannten Auswirkung auf die Architektur, entstand das heute noch vorhandene romantische Empfangsgebäude (Bild 255).

Internationale Bedeutung erlangte die Linie Oldenburg–Leer und der Bahnhof Leer später durch Weiterführung der Strecke über Ihrhove–Neuschanz (jetzt: Nieuweschans) zum Anschluß an das holländische Eisenbahnnetz. Dieser 26 km lange Abschnitt wurde am 26. November 1876 eröffnet.

Der Hauptbahnhof Barmen

Barmen, 1929 mit Elberfeld, Vohwinkel, Cronenberg und Ronsdorf mit insgesamt fast 420 000 Einwohnern zur Stadtgemeinde Wuppertal zusammengeschlossen, erhielt kurz vor dem ersten Weltkrieg noch einen Hauptbahnof (jetzt: Bahnhof Wuppertal-Barmen) anstelle des alten, am 9. Oktober 1847 durch die Bergisch-Märkische Eisenbahn an ihrem ersten 10,5 km langen Streckenabschnitt Elberfeld–Schwelm eröffneten Bahnhofes. Der Standort des Bahnhofs zwischen Brucherstraße (jetzt: Brucher Schulstraße) im Westen und Schafbrückenstraße (jetzt: Ibachstraße) im Osten, wo das erste Empfangsgebäude der B. M.E. in Seitenlage südlich der Gleise stand, wurde beibehalten, der alte klassizistische Bahnhofsbau jedoch 1913 abgerissen.

Das neue von Behne und Ziertmann entworfene, 1912 bis 1913 erbaute Empfangsgebäude (Bild 256) gehört der Zeit des Umbruchs vom Eklektizismus zur Moderne an. Obwohl in mehrfacher Hinsicht für diese Bauperiode charakteristisch, ist es seiner Gestalt nach ein seltenes Beispiel der damaligen Bahnhofsarchitektur, das eigentlich nur mit dem Badischen Bahnhof Karl Mosers in Basel konform geht, nicht in der Gesamtgestaltung des Baukörpers (mit Turm, der hier fehlt), sondern in der architektonischen Grundhaltung, die von wohlabgewogenen klassischen Proportionen und vom Mühen um erstklassige handwerkliche Qualität bestimmt wird, selten gewordene Eigenschaften, die – wie bei vielen Bauten dieser Zeit – durch langfristig instandhaltungsfreie, große Lebensdauer bewiesen ist.

Diese Baugesinnung, deren bekannteste Vertreter Hermann Muthesius, Bruno Paul und Heinrich Tessenow waren, kennzeichnet auch das Empfangsgebäude des ehemaligen Hauptbahnhofs Barmen, bei dem nur kritisiert werden muß, daß Funktion und Architektur, zumindest an der Vorplatzfront, keine Einheit bilden, denn die beiden Säulengiebel besitzen keine Eingänge, sondern der Haupteingang zur geräumigen, von hohen Rundbogenfenstern erhellten Empfangshalle befindet sich in Gebäudemitte, geschützt durch ein auf dorischen Säulen ruhendes Vordach. Später eingefügte disproportionierte niedrige Zwischenbauten beeinträchtigten die ursprüngliche Schönheit des Gebäudes erheblich. Doch wie z. B. beim Bahnhof Elberfeld-Döppersberg ließ auch hier der Zwang, zusätzliche Abfertigungs- und Diensträume anzubauen, keine andere Wahl.

1958 bis 1960 wurde das Empfangsgebäude umgebaut und vor allem im Innern neuzeitlichen Anforderungen angepaßt. Dabei kam den Bauplanern der Deutschen Bundesbahn das reichlich bemessene Bauvolumen des einst großzügig entworfenen alten Bauwerkes zugute.

Der Hauptbahnhof Dortmund

Um die Jahrhundertwende besaß Dortmund drei Bahnhöfe: nördlich des heutigen Altstadtkerns den Vereinigten Bahnhof der Cöln–Mindener und der Bergrisch-Märkischen, südlich den Bahnhof der Rheinisch-Westfälischen und östlich den Bahnhof der Dortmund–Gronau–Enscheder Eisenbahn, die im Jahre 1900 zusammen eine Personenfrequenz von mehr als 8,3 Millionen registrierten. Die weiter steigenden Beförderungszahlen und Unzulänglichkeiten der alten Anlagen ebenso beim Güterverkehr führten schließlich auch in Dortmund zur Koordinierung und Umgestaltung des einst von vier privaten Gesellschaften geschaffenen Bahnnetzes und zur Anlage des Hauptbahnhofes, der

Bild 256 Hauptbahnhof Barmen. Ansicht des Empfangsgebäudes von der Stadtseite, erbaut 1912 bis 1913. Entwurf: Behne und Ziertmann (Verkehrsmuseum)
Bild 257 Hauptbahnhof Dortmund. Teilansicht des Empfangsgebäudes, eröffnet 1910. Ansicht um 1925 (Sammlung Schladitz)
Bild 258 Hauptbahnhof Dortmund. Grundriß des Empfangsgebäudes 1910 (Sammlung Verfasser)

1910 in Betrieb genommen werden konnte.

Sein neues Empfangsgebäude wurde aus Gründen der Weiterführung des Betriebes während der Bauausführung unmittelbar westlich des alten errichtet. Architektonisch gehörte es mit seiner Baumassengliederung und Fassadendetaillierung (Bild 257) wie die meisten seinesgleichen äußerlich noch der späten Eklektik neobarocker Prägung an, während die im Grundriß (Bild 258) erkennbare moderne Lösung, nicht zuletzt auch die Gestaltung der Bahnsteighallen, bereits mehrere Schritte weiter zur Prämoderne bzw. Moderne (Bahnsteighallen) vorstießen. Beides geschah natürlich nicht beziehungslos, zum Beispiel bei der in jeder Hinsicht herausragenden Empfangshalle mit ihrer von außen unübersehbaren Portalfunktion, deren Inneres diese Wirkung durch das ins Dach ragende hohe Gewölbe noch betonte. Dementsprechend erfüllte es alle Anforderungen des Reiseverkehrs vorbildlich. Als besonders großzügig konnten die Räumlichkeiten für die Gepäckabfertigung mit geräumiger Gepäckhalle, die durch 6 Portale direkt mit dem Vorplatz verbunden war, und Gepäcklager angesehen werden. Für den Personenverkehr und Gepäcktransport führten getrennte Tunnels unter der hochliegenden Gleisanlage zu den Bahnsteigen. Als sehr angenehm für die Reisenden wurden auch die abseits der Hauptpersonenströme an einem besonderen Flur gelegenen Wartesäle empfunden.

Die ursprünglich geplante Überdachung der 13 Bahnhofsgleise (9 Durchgangs- und 4 Kopfgleise) blieb unvollendet. Lediglich zwei Bahnsteighallen von je 22 m Spannweite, 10 m Höhe und 206 m Länge kamen zur Ausführung. Ihre Gesamtmasse betrug nur 892,5 t. Die elegante, optisch bestechende Konstruktion aus Drei-Gelenk-Stahlbindern (Bild 259), geliefert von der Firma August Klönne, Dortmund, zählt zu den ästhetisch formvollendetsten Ingenieurbauwerken jener Zeit (Bild 260).

Wie in den meisten Großstädten vor allem des westdeutschen Raumes fielen auch Empfangsgebäude und Bahnsteighallen des Hauptbahnhofes Dortmund dem zweiten Weltkrieg zum Opfer. Anstelle des großartigen Bahnhofsbaues von 1910 errichtete die Deutsche Bundesbahn nach dem Krieg einen schlichten, modernen Neubau, den 1983 ein Report – aus nostalgischer Reminiszenz vielleicht zu hart – zensiert: «... Auch der recht bedeutende Hbf Dortmund mit erheblichem Personenverkehr wirkt wie eine kleine Bude und verschwindet

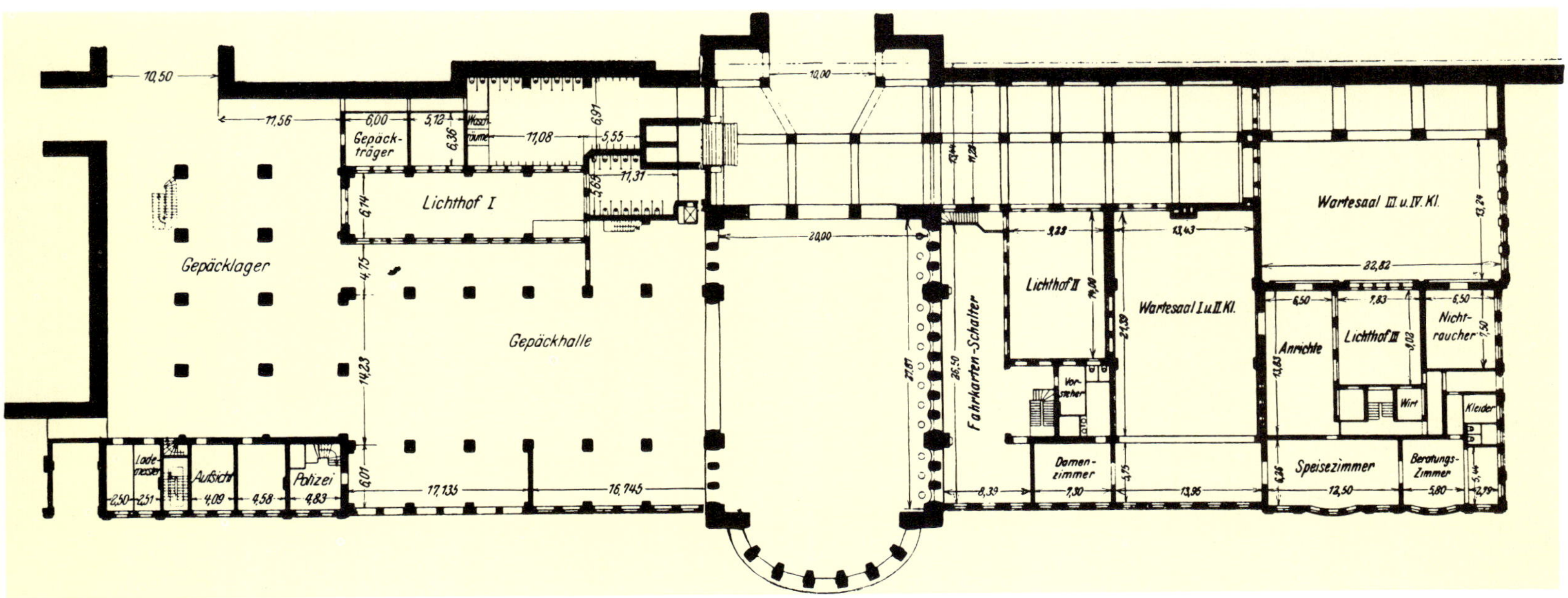

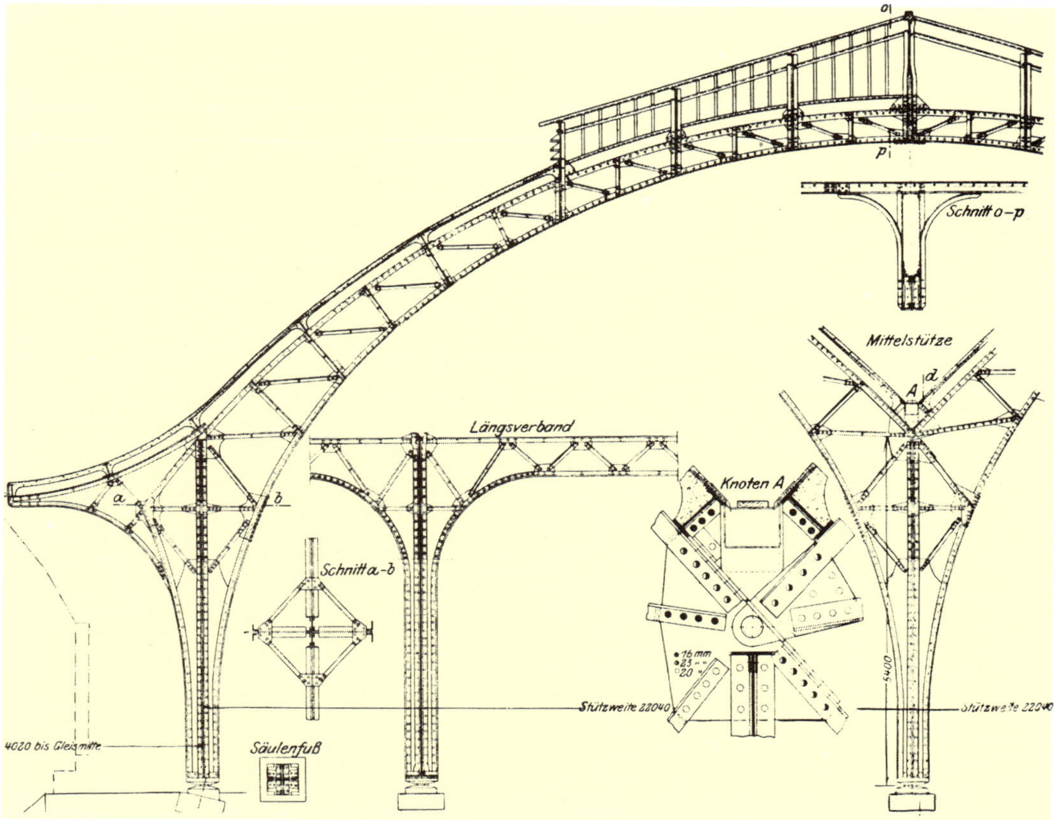

Bild 259 Hauptbahnhof Dortmund. Konstruktions-Einzelheiten der Bahnsteighallen 1910 (Sammlung Verfasser)
Bild 260 Hauptbahnhof Dortmund. Erste fertiggestellte Bahnsteighalle 1910 (Sammlung Verfasser)

kläglich hinter Geschäftshochhäusern...». Natürlich war dereinst das Hauptbahnhofsgebäude allgemein städtebaulich-architektonisch bestimmender Faktor seines Standortes, wie der 1911 ausgeschriebene Wettbewerb «... für die Bebauung der Umgebung des neuen Bahnhofs-Empfangsgebäudes zu Dortmund» (Bild 261) beispielsweise belegt. Heute hat offensichtlich «modernes» bautechnologisch-ökonomisches Gestalten unter dem Zwang des Rendite-Denkens seitens des Bauherren zu dem baulichen Resultat geführt, das der Kritiker so sehr bedauert.

Bild 261 Hauptbahnhof Dortmund. Variantenvorschlag für die bauliche Gestaltung der Umgebung des Bahnhofes aus dem Wettbewerb von 1911 (Sammlung Verfasser)

Der Hauptbahnhof Düsseldorf

Nach Verstaatlichung der Düsseldorf berührenden drei Bahnen, der Bergisch-Märkischen, Cöln-Mindener und Rheinischen Eisenbahn in den Jahren 1880 und 1882, waren endlich alle Voraussetzungen gegeben, die Bahnanlagen innerhalb des Stadtgebietes frei von Zwängen umzugestalten. Die Verwaltung der Preußischen Staatsbahn ließ schon wenig später alle damit zusammhängenden Vorarbeiten einleiten und die Königliche Eisenbahn-Direktion zu Elberfeld bildete in Düsseldorf eine besondere Bau-Abteilung für die gesamte Planung und Ausführung der Bahnhofs-Umbauten sowie Bahn-Verlegungen. Es sollten nicht nur die Verkehrsprobleme beseitigt werden, die sich «aus der zweimaligen Schienenkreuzung doppelgleisiger Haupt-Bahnstrecken, aus der Gestaltung des alten Cöln-Mindener Bahnhofs als Kopfstation und aus dem Nebeneinander-Bestehen verschiedener Hauptstationen der einzelnen Linien ergaben», sondern nicht zuletzt erforderte auch die für den sich entwickelnden Straßenverkehr unerträglich gewordene «Lage der Bahnen in Höhe des Stadt-Geländes die Beseitigung der zahlreichen Plan-Übergänge» (Niveaukreuzungen).

Mit der Ausführung des «Zentral-Personen-Bahnhofes», des «Zentral-Güter-Bahnhofes» und der «Verlegung der alten Linien nach Plan- und Höhenlage» wurde 1885 begonnen. Den Gleisplan für die Umgestaltung der gesamten Bahn- und Bahnhofs-Anlagen entwarf der Geheime Oberbaurat Lex, die Ausführung leitete der Geheime Baurat Roßkothen, unter dessen Leitung auch der Entwurf zu dem 1891 bis 1893 errichteten Hauptempfangsgebäude entstand.

Von den alten Bahnhöfen Düsseldorfs besaß der Bergisch-Märkische gewiß das schönste Empfangsgebäude (Bild 262), einen stattlichen spätklassizistischen Werksteinbau in den Stilformen der italienischen Renaissance, der – erst 1876 vollendet – schon 1893 den Bahnumbauten weichen und abgebrochen werden mußte.

Bild 262 Düsseldorf. Empfangsgebäude des alten Bergisch-Märkischen Bahnhofes in Düsseldorf, vollendet 1876, abgebrochen 1893 (Verkehrsmuseum)

Der neue Hauptbahnhof wurde nach dem Grundatz des Linienbetriebes als Kreuzungsbahnhof so gestaltet, daß sich die beiden Hauptlinien Düsseldorf – Köln und Elberfeld – Neuß nun schienenfrei kreuzten und diese sich in geringer Entfernung vom Hauptbahnhof mit Spaltungskreuzungen in weitere Linien verzweigten (Bild 263). Trotz der zahlreichen Linien wurde hierdurch eine einfache, übersichtliche Gleisentwicklung erreicht (Bild 264). Äußerst vorteilhaft war überdies die Linienführung des Güterverkehrs gelöst, der nicht nur den Hauptbahnhof größtenteils umging, sondern durch die direkte Verbindung Eller–Rath auch den neuen Güterbahnhof vom Durchgangsverkehr entlastete.

Im Hauptbahnhof trennte die beiden zweigleiseigen Hauptlinien des Personenverkehrs ein etwa 52 m breiter «Inselperron», in dessen Mitte ein Insel-Gebäude mit Wartesälen und den nötigsten Betriebsräumen stand, während das Haupt-Empfangsgebäude westlich der hochliegenden Gleise und Bahnsteige am tiefliegenden Bahnhofsvorplatz als «Vorgebäude» errichtet wurde (Bild 265). Zwischen den Hauptbahnen mündeten von beiden Seiten je 2 durch Zungenbahnsteige von je 12,50 m Breite getrennte, mit Drehscheiben verbundene Gleispaare des Lokalverkehrs ein, für den der Bahnhof Kopfstation war. Dazwischen lagen die erforderlichen «Maschinen-Rückfahrtgleise».

Der etwa 1,5 km nördlich zwischen der Grafenberger Allee und der Jülicher Straße angelegte «Zentral-Güter-Bahnhof» besaß ursprünglich eine Länge von 1 800 m. Ungefähr in seiner Mitte an der Franklin- und Bethel-Straße befand sich noch ein kleiner Personenbahnhof für Arbeiter-Berufs- und örtlichen Personenverkehr, der «Nordbahnhof Düsseldorf-Derendorf», der allerdings nicht mit dem später weiter nach Norden verlegten Bahnhof Düsseldorf–Derendorf identisch ist. Die Länge des Haupt-Personenbahnhofs betrug seinerzeit zwischen Eller- und Kölner Straße etwa 800 m, zwischen den äußersten Weichen 1 250 m, seine mittlere Breite 120 m.

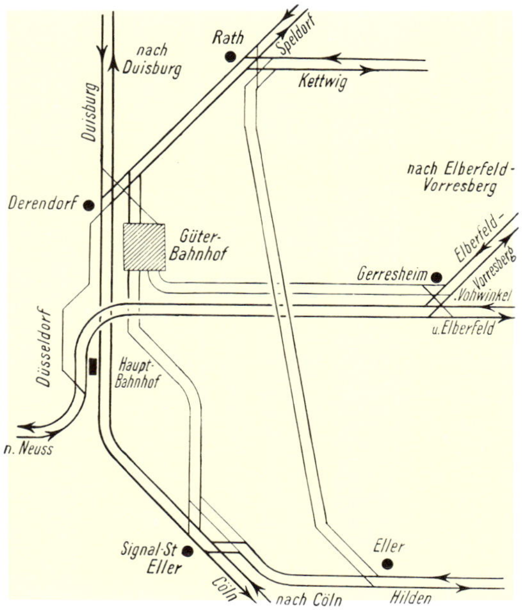

Bild 263 Übersicht der Bahnanlagen Düsseldorfs, schematisch, um 1895 (Sammlung Verfasser)
Bild 264 Hauptbahnhof Düsseldorf. Lageplan um 1895 (Sammlung Verfasser)
Bild 265 Hauptbahnhof Düsseldorf. Ansicht des Empfangsgebäudes vom Vorplatz. Entwurf: Roßkothen; vollendet 1893. Foto um 1910 (Sammlung Verfasser)

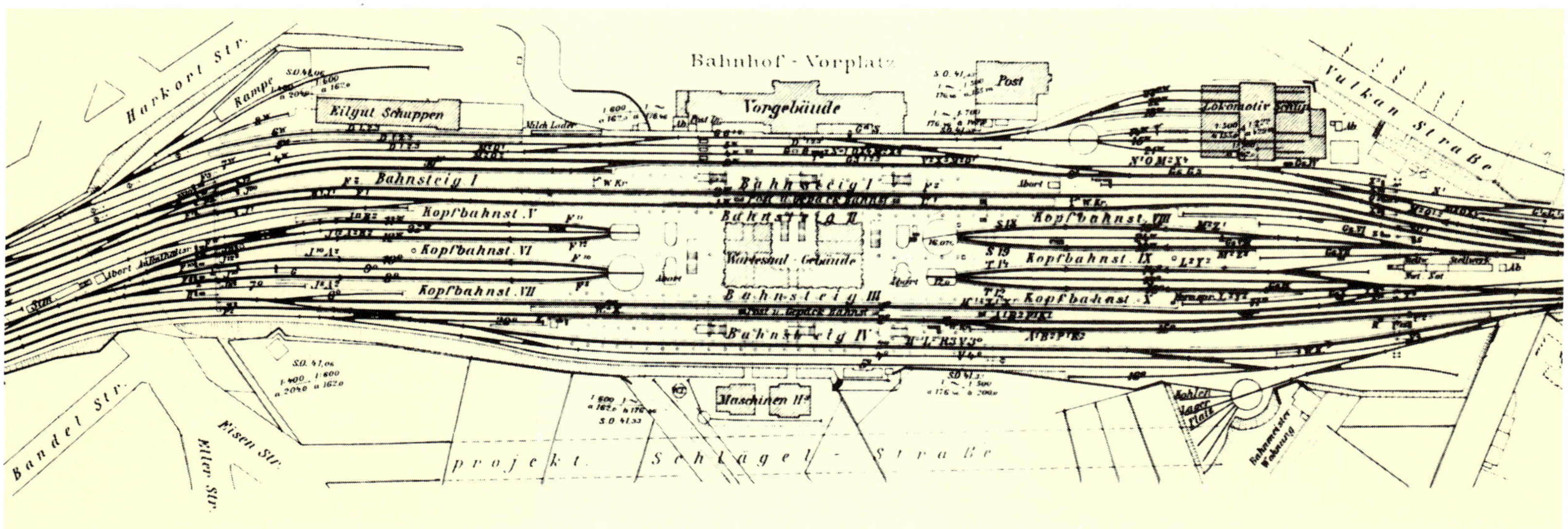

Ungefähr «60 größere und kleinere Bauwerke wurden für die Neugestaltung des Düsseldorfer Eisenbahn-Knotenpunktes erforderlich, darunter 9 Überführungen und 28 Unterführungen für Straßen und Wege. Bei den durchweg geringen Konstruktions-Höhen kamen vorwiegend eiserne Überbauten zur Anwendung. Dieselben besitzen (behufs ausgiebigster Schalldämpfung) sämmtlich eine durchgehende Brücken-Tafel mit einer 30 cm hohen Kies-Aufschüttung. Die geringste Lichthöhe war landespolizeilicherseits auf 4,0 m fest gesetzt worden».

Für den Reiseverkehr stellte die Anlage eines Hauptbahnhofes für zunächst 6, später 7 Linien die von der Öffentlichkeit am vordringlichsten angesehene Forderung dar. Er begünstigte den Verkehrsaufschwung der Stadt sehr, wie überhaupt die neuen Eisenbahnanlagen Düsseldorfs städtebaulicher und industrieller Entwicklung kräftige Impulse gaben. Gegenüber den fortschrittlichen eisenbahntechnischen Lösungen konnte das von Roßkothen entworfene, am 1. Oktober 1892 dem Verkehr übergebene Empfangsgebäude des neuen Hauptbahnhofes mit seinen überladen dekorierten eklektizistischen Fassaden (Bild 266) nicht befriedigen. Wenngleich nicht ohne gewissen Reiz und als «Düsseldorfer Hauptbahnhof» bauhistorisch unverwechselbar, hielt es einem Vergleich mit dem großen, ästhetisch eindrucksvollen Bau des al-

ten Bergisch-Märkischen Bahnhofes (Bild 262) nicht stand. Seine Architektur folgte der progressiven funktionellen Lösung nicht, den der Bahnhof mit dem 115 m langen Vorgebäude am großzügig bemessenen stadtseitig orientierten Bahnhofsvorplatz verkörperte (Bild 267):

In der Mitte des fünfgliedrigen Gebäudes befand sich die Eintrittshalle mit Fahrkartenschaltern und Zugang zum Personentunnel nach dem Hauptbahnsteig mit Inselgebäude. An diese Halle schloß sich gegenüber den Schaltern die Gepäckhalle und anschließend die Ausgangshalle an, in die ein besonderer Ausgangstunnel vom Hauptbahnsteig her einmündete. Am anderen, nördlichen Ende des Vorgebäudes war die Bahnpost untergebracht, die über einen eigenen Posttunnel verfügte. Zwischen Zu- und Abgangstunnel lag ein Gepäcktunnel, der mit dem Posttunnel durch einen Quertunnel verbunden war, in den von der Bahnhofs-Rückseite her noch ein Wirtschaftstunnel führte. Die 6,50 m weiten Personentunnel waren durch Treppen, die je 5,00 m weiten Gepäck- und Posttunnel durch hydraulische Aufzüge mit dem Hauptbahnsteig verbunden. Durch den Quertunnel wurden die Personenbahnsteige vom Verkehr der Gepäck- und Postkarren bedeutend entlastet, so daß in Anbetracht der großen Breite dieser Bahnsteige auf besondere Gepäckbahnsteige verzichtet werden konnte. Die Zwischenbahnsteige waren ursprünglich von den Tunnels aus nicht direkt zugänglich, sondern nur vom Hauptbahnsteig durch Überschreiten der Gleise zu erreichen. Diese gefährliche Situation entfiel später durch Verlängerung der Tunnel.

Das etwa 70 m lange, 34 m breite Inselgebäude umschloß in der Mitte einen quadratischen Lichthof von ziemlich 24 m Seitenlänge mit der Treppenanlage des Zugangstunnels. Zugleich diente der Lichthof als Vorhalle für die sich beiderseits anschließenden Wartesäle 1./2. und 3. Klasse sowie «Hülfsfahrkartenschalter», Fahrdienst- und Sonderräume. – Der inselartige Hauptbahnsteig war 400 m lang, 52 m breit; der Gleismittenabstand betrug bei den Zwischenbahnsteigen 10 m, bei den Zungenbahnsteigen etwa 12 m. Die Bahnsteige wurden zusammen mit den 4 Hauptfahrgleisen durch vier Hallen von 18 und 21 m Spannweite auf bis zu 390 m Länge überdacht, deren Stahlkonstruktion die «Gutehoffnungshütte, Aktienverein für Bergbau u. Hüttenbetrieb Oberhausen Rhld.» lieferte. Auf dem Hauptbahnsteig standen noch vier kleinere pavillonartige Bauten mit Aborten und untergeordneten Diensträumen für Zugpersonal und Bahnhofsarbeiter.

Südlich des Vorempfangsgebäudes wurde auf der Stadtseite ein Eilgutschuppen, nördlich ein Lokomotivschuppen mit 14 Ständen errichtet.

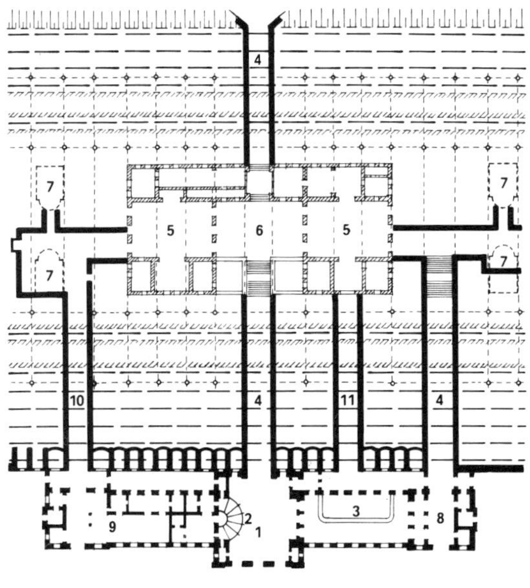

Bild 266 Hauptbahnhof Düsseldorf. Ansicht des Empfangsgebäudes von Südwesten, um 1910 (Sammlung Klinkhardt)

Bild 267 Hauptbahnhof Düsseldorf. Grundriß mit Vor-Empfangs- und Inselgebäude, um 1895 (Sammlung Verfasser)

1 Eingangshalle; 2 Fahrkartenschalter; 3 Gepäckabfertigung; 4 Personentunnel; 5 Wartesäle; 6 Lichthof; 7 Pavillon mit Personalaufenthaltsraum und Aborten; 8 Ausgangshalle; 9 Post; 10 Posttunnel; 11 Gepäcktunnel

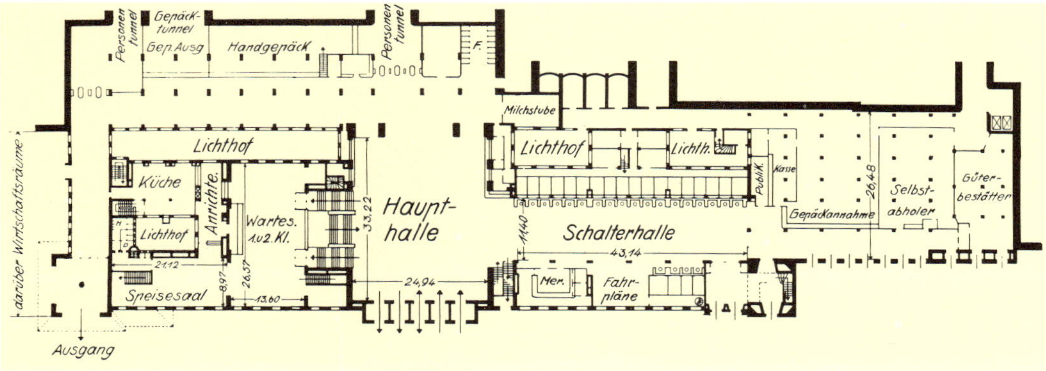

Bild 268 Hauptbahnhof Düsseldorf. Grundriß des Empfangsgebäudes, erbaut 1932 bis 1936. Entwurf: Krüger und Behne (Sammlung Verfasser)

Bild 269 Hauptbahnhof Düsseldorf. Ansicht des Empfangsgebäudes von der Graf-Adolf-Straße, um 1936 (Verkehrsmuseum)

Bild 270 Hauptbahnhof Düsseldorf. Lageplan mit Gebäudefluchten des Empfangsgebäudes und der Vorplatzbebauung 1936 (Sammlung Verfasser)

Bild 271 Hauptbahnhof Düsseldorf. Empfangsgebäude mit Uhr- und Wasserturm von der Stadtseite, um 1936 (Deutsche Fotothek. Foto: Eschen)

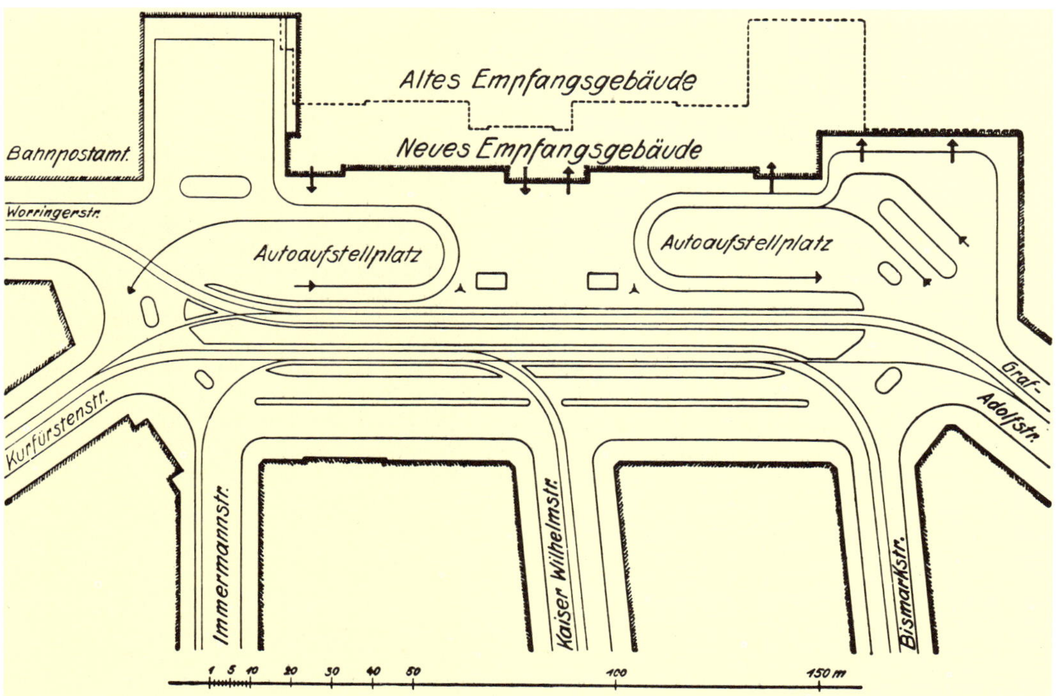

Die drei am Vorgebäude liegenden Gleise waren dem Eilgut- und Lokomotivverkehr vorbehalten. – Das von Roßkothen entworfene Empfangsgebäude bestand von 1893 bis 1932.

Ende der Zwanziger Jahre begann die Reichsbahndirektion Wuppertal mit der Planung für eine erneute Modernisierung des Düsseldorfer Hauptbahnhofes, insbesondere für den Neubau des Empfangsgebäudes, das den Anforderungen des Reiseverkehrs in jeder Hinsicht nicht mehr entsprach. Die hochliegenden Gleis- und Bahnsteiganlagen blieben im wesentlichen beibehalten, ebenfalls die vorhandenen Personen- und Gepäcktunnel. Grundrißlösung (Bild 268) und Gesamtgestaltung des neuen Empfangsgebäudes entsprachen den progressiven Tendenzen der Bahnhofsarchitektur, mit der sie sich in der Phase der Neuen Sachlichkeit endgültig von überlebten Traditionen historischer Stilepochen befreite.

Rechts von den Eingangsportalen der Empfangshalle wurden die Schalterhalle mit 21 Fahrkartenschaltern und daran anschließend Gepäck- und Expreßgutabfertigung mit gemeinsamer Kasse angeordnet. Von hier bestand direkte Verbindung mit dem Vorplatz, wo durch die hier zurückspringende Gebäudeflucht günstige Fahrzeuganfahrt bzw. Parken zum Be- und Entladen möglich war. Am Ausgangstunnel und Verbindungsgang zur Haupt-Empfangshalle lag die Gepäckausgabe zusammen mit der Handgepäckaufbewahrung. Die Wartesäle waren dergestalt übereinander gelegt, daß der Wartesaal 3. Klasse um 2 m gegenüber dem Fußboden der Haupthalle vertieft, der Saal 1. und 2. Klasse um 3 m erhöht angeordnet wurde. Dazu gehörten zahlreiche großzügig bemessene Neben-, Wirtschafts- und Betriebsräume. Toiletten, Wasch- und Baderäume sowie ein Friseursalon befanden sich sanitärtechnisch zweckmäßig zusammengefaßt an der Mittelhalle des Untergeschosses.

Das von den Architekten Krüger und Behne entworfene, 1932 bis 1936 errichtete Bauwerk wirkte durch seine großflächige Klinkerverblendung, schlichten Fensterreihen, Gesimse und vor allem durch den asymmetrisch stehenden mächtigen Uhrturm, in dem ein Wasserhochbehälter für Betriebszwecke untergebracht war,

überaus monumental (Bild 269, 273). Städtebaulich bildete das neue Bahnhofsgebäude besonders für die strahlenförmig zum Vorplatz (Bild 270) führende Graf-Adolf-, Bismark-, Kaiser-Wilhelm- (jetzt: Friedrich-Ebert-Straße) und Kurfürstenstraße eine großartige moderne Dominante (Bild 271, 272).

Während des zweiten Weltkrieges durch wiederholte Luftangriffe schwer beschädigt, wurde das Empfangsgebäude nach dem Krieg innerhalb der stehengebliebenen Umfassungen wiederhergestellt. Inzwischen ist unter Regie der Deutschen Bundesbahn seit 1980 ein neuerlicher Umbau im Gange, der bis 1986 die Unterführung der U-Bahn durch den Hauptbahnhof, einen viergleisigen U-Bahnhof, den Neubau der Bahnsteige, Überdachungen, zusätzliche S-Bahn-Gleise, die Verbreiterung des Hauptpersonentunnels zur besseren Verbindung der bisher durch den Bahnhof getrennten Stadtteile für den Fußgängerverkehr, sowie die Erneuerung der Verkehrs-, Informations- und Service-Einrichtungen zum Ziele hat. Zugleich wird ein neuer Vorplatz an der Ostseite geschaffen.

Bild 272 Hauptbahnhof Düsseldorf. Teilansicht mit Vorplatz, um 1936 (Verkehrsmuseum)
Bild 273 Hauptbahnhof Düsseldorf. Teilansicht der Vorplatzfassade des Empfangsgebäudes 1936. Davor Reichsbahn-Schnellomnibus mit stromlinienförmiger Karosserie von Krupp, vorzugsweise für den Einsatz auf Autobahnen (Deutsche Fotothek. Foto: Eschen)

Der Hauptbahnhof Essen

Unglaublich spät wurde Essen an das Eisenbahnnetz angeschlossen, obwohl die Stadt schon nach 1850 große industrielle Bedeutung erlangte. Die am 15. Mai 1847 durch die Cöln-Mindener Eisenbahn eröffnete Strecke Duisburg–Hamm tangierte sie zunächst nur bei Altenessen. Erst seit Inbetriebnahme des Abschnittes Zeche Engelsburg–Steele (Nord)–Essen (Hbf)–Mülheim–Styrum–Oberhausen der Linie Dortmund–Oberhausen der Bergisch-Märkischen Eisenbahn am 1. März 1862 erhielt Essen direkten Bahnanschluß und einen Bahnhof an der Stelle des heutigen Hauptbahnhofes. Sein interimistisch anmutendes, wenig repräsentatives Empfangsgebäude (Bild 274), ein teilweise holzverschalter Fachwerkbau, entsprach der Bauweise vieler ähnlicher seitens der sparsam wirtschaftenden Bergisch-Märkischen Eisenbahn im Ruhr-Revier errichteter Bahn-

Bild 274 Essen. Altes Empfangsgebäude der Bergisch-Märkischen Eisenbahn, bis 1897 Vorgängerbau des Hauptbahnhofes (Verkehrsmuseum)

Bild 275 Hauptbahnhof Essen. Ansicht des Empfangsgebäudes, vollendet 1897. Entwurf: Klingholz. Foto um 1900 (Sammlung Clauss)

hofsbauten. Mit diesem Gebäude besaß Essen damals im Vergleich zu anderen Städten seiner Größe einen recht kümmerlichen Bahnhof, den heute kaum jemand für den Vorgängerbau des späteren Essener Hauptbahnhofes halten würde.

Als es wie in den meisten größeren Städten auch in Essen notwendig wurde, nicht nur den Bahnhof, sondern die Bahnanlagen in der Stadt insbesondere durch Hochlegung der Gleise den gestiegenen Verkehrsansprüchen entsprechend umzugestalten, bekam der neue Hauptbahnhof 1897 ein seinerzeit in Fachkreisen vor allem wegen seiner beispielhaften funktionellen Gestaltung vielbeachtetes Empfangsgebäude nach dem Entwurf von Fritz Klingholz, der zahlreiche bekannte Bahnhofsbauten, unter anderem das Empfangsgebäude in Wiesbaden schuf und sich an den Wettbewerben für die Bahnhöfe Darmstadt, Hamburg, Leipzig und Metz beteiligte. Obwohl es im Grunde genommen unzu-

Bild 276 Hauptbahnhof Essen. Inneres der Empfangshalle, um 1930 (Verkehrsmuseum)
Bild 277 Hauptbahnhof Essen. Ansicht des Empfangsgebäudes, um 1920. Entwurf: Klingholz (Sammlung Schladitz)

lässig ist, das an sich eine Einheit darstellende architektonische Werk nach funktioneller und künstlerischer Gestaltung zu differenzieren, die in allen großen Bauepochen als absolute Unteilbarkeit verstanden wurde, kam es besonders in den eklektizistischen Architekturphasen des 19. Jahrhunderts – übrigens in ähnlicher Weise auch im Formalismus unseres zwanzigsten – zur «architektonischen» Gestaltung oder «Kostümierung» durchaus fortschrittlicher Bauten im akademischen Stil der seinerzeit durch die Bauschulen vermittelten «Bauformenlehre» und daher zur Diskrepanz zwischen «architektonischer» und «funktioneller» Gestaltung.

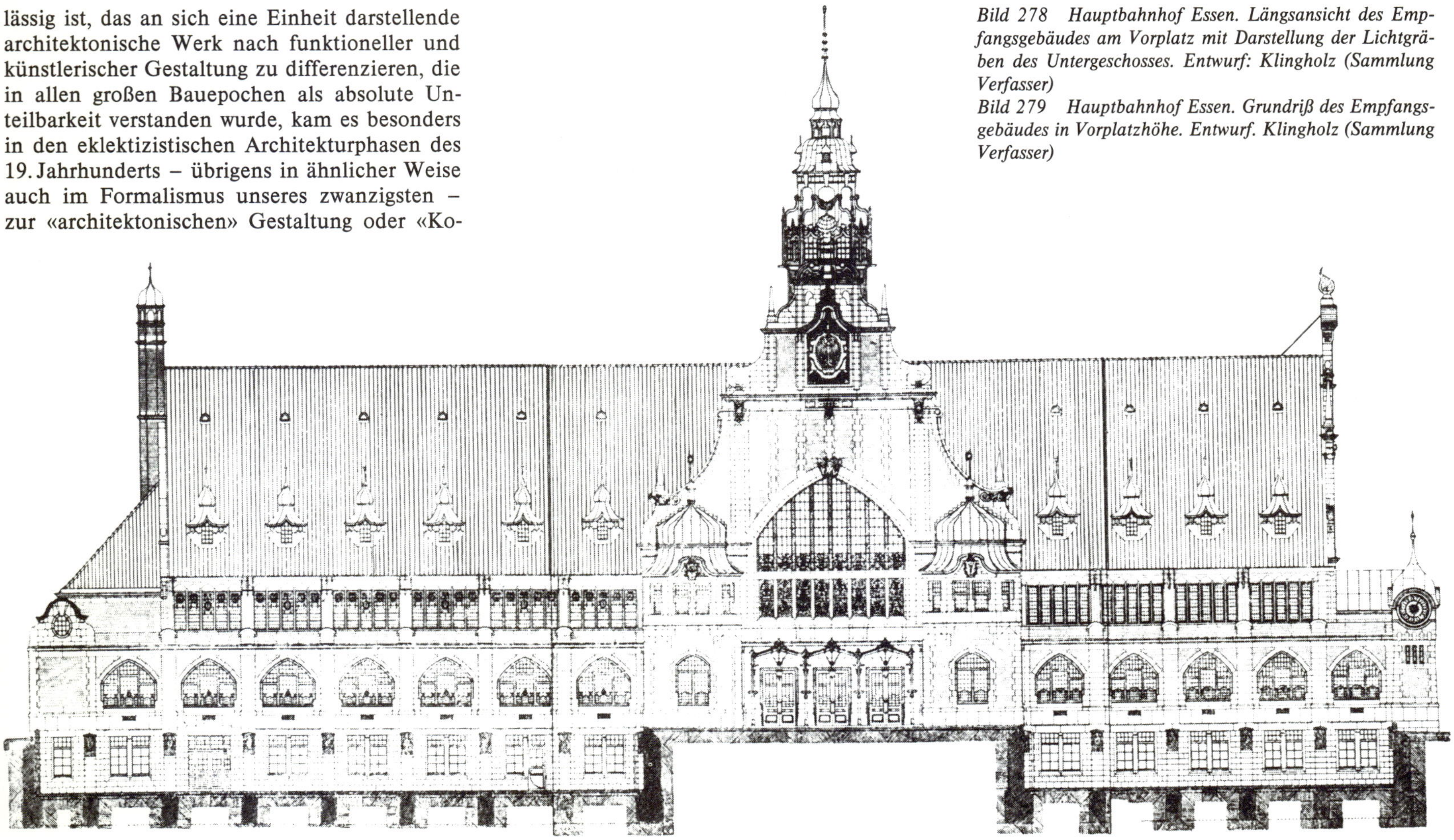

Bild 278 Hauptbahnhof Essen. Längsansicht des Empfangsgebäudes am Vorplatz mit Darstellung der Lichtgräben des Untergeschosses. Entwurf: Klingholz (Sammlung Verfasser)

Bild 279 Hauptbahnhof Essen. Grundriß des Empfangsgebäudes in Vorplatzhöhe. Entwurf. Klingholz (Sammlung Verfasser)

Mit allen fortschrittlich planenden Architekten, die ihren Auftraggebern gleichermaßen Entwürfe für Kirchen, Rathäuser oder Bahnhöfe im gewünschten Stil lieferten, war auch Klingholz in dieser Richtung befangen und entwarf für Essen einen imposanten Bahnhofsbau in den Formen der deutschen Renaissance, verwoben mit gotischen Elemeten, die besonders bei der Gestaltung der Empfangshalle und der Erdgeschoßfenster hervortraten (Bild 275). In der Tat erinnert die Kuppel der Empfangshalle im Inneren (Bild 276) eher an einen Sakralbau, das gesamte Empfangsgebäude im Äußeren an eine der großartigen flandrischen Tuchhallen (Bild 277). Vermutlich hätte aber die öffentliche Meinung in ihrer Mehrheit gar nichts anderes akzeptiert, denn zum Stadtzentrum Essens mit der Münsterkirche – eine der ältesten Deutschlands – und anderen ehrwürdigen Bauten sollte das Ensemble um den neuen Hauptbahnhof mit Postgebäude, Handelshof, Börse keinen ungewohnten Gegensatz bilden, und in Anbetracht der weniger angenehmen industriellen Umgebung sehnte man sich natürlicherweise nach Ausgleich durch eine romantisch-ästhetisch gestaltete bauliche Umwelt, selbstverständlich entsprechend dem Zeitgeschmack (Bild 278).

Der vorbildlichen Funktionslösung des nördlich der Gleise in Seitenlage errichteten Empfangsgebäudes kam freilich vor allen Dingen die Hochlage des Bahnkörpers zugute, wodurch Vorplatz, Empfangshalle sowie Personen-, Gepäck- und Eilgut-Tunnel auf einer Ebene lagen und somit der bequemste Zugang zu den Bahnsteigen möglich war. Unübertrefflich konzipierte Klingholz den übersichtlich-klaren Grundriß (Bild 279) mit Trennung der Eingangs- und Ausgangs-Bewegung. Die Fahrkartenschalter legte er an die Außenwand einer eigenen Eingangs- bzw. Schalterhalle, so daß Schalter und Halle ausgezeichnete natürliche Beleuchtung empfingen. Gleiches galt für die Wartesäle im östlichen Gebäudeflügel. Eine bessere architektonische Lösung war nicht denkbar.

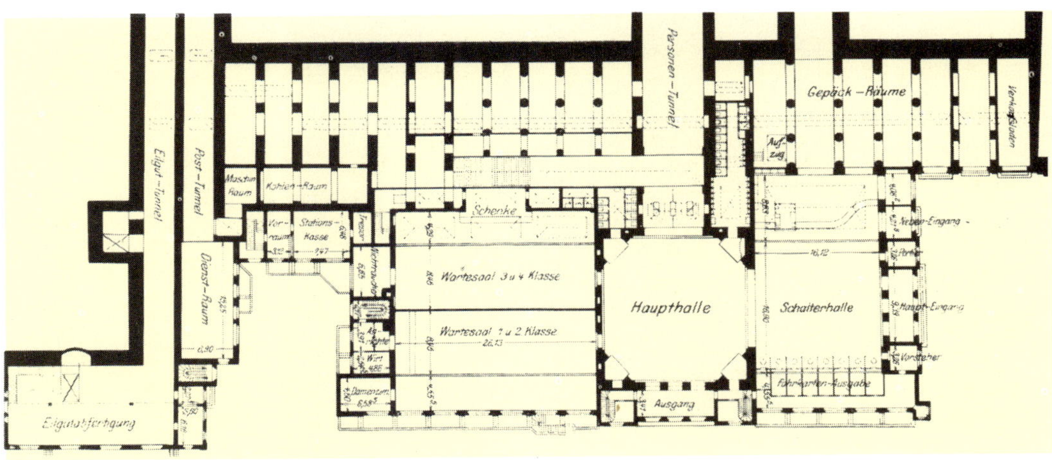

Von den Bahnsteigen (Bild 280) erhielten die beiden Inselbahnsteige II und III, die dem Zugverkehr der durchgehenden Linien von Mülheim (Ruhr) nach Steele und Wattenscheid dienten, und der Bahnsteig IV, an dem die Züge nach Kettwig–Werden abgefertigt wurden, eine zusammenhängende Überdachung durch eine zweischiffige 130 m lange Halle aus Bogenbindern von je 21,33 m Spannweite und 10,70 m Höhe, die im Abstand von 8,60 m auf gußeisernen Säulen ruhten, während Bahnsteig IV durch ein rechtwinklig zu den Gleisen angeordnetes Tonnendach bedeckt war, das jedoch nicht über das Bahnsteiggleis reichte, um die Rauchgase der Dampflokomotiven ungehindert abziehen zu lassen. Aus gleichem Grund hatte man die südliche Hallenwand am Bahnsteig IV nur im unteren Teil verglast. Der Bahnsteig I mit Zugverkehr nach Altenessen und Bismarck–Winterswijk besaß ein einstieliges Bahnsteigdach. Beide Inselbahnsteige waren die längsten Bahnsteige Deutschlands (Bild 281).

Die Baukosten betrugen seinerzeit für die Überdachung des Bahnsteiges I 16,60 Mark je m^2, für die Bahnsteighallen über den Bahnsteigen II und III 36,34 Mark je m^2 und für die Halle über dem Bahnsteig IV 20,58 Mark je m^2 Grundfläche, die Gesamtbaukosten für das Empfangsgebäude rund 540 000 Mark. Für die von der Firma Aug. Klönne in Dortmund gelieferte Hallenkonstruktion – die Fa. entwarf und lieferte auch die Stahlkonstruktionen des Empfangsgebäudes – waren 1 380 Tonnen Stahl erforderlich.

Das Empfangsgebäude und die Bahnsteighallen des Hauptbahnhofes Essen wurden 1944/45 durch Kriegseinwirkung völlig zerstört und nach dem Krieg in moderner Form neu aufgebaut.

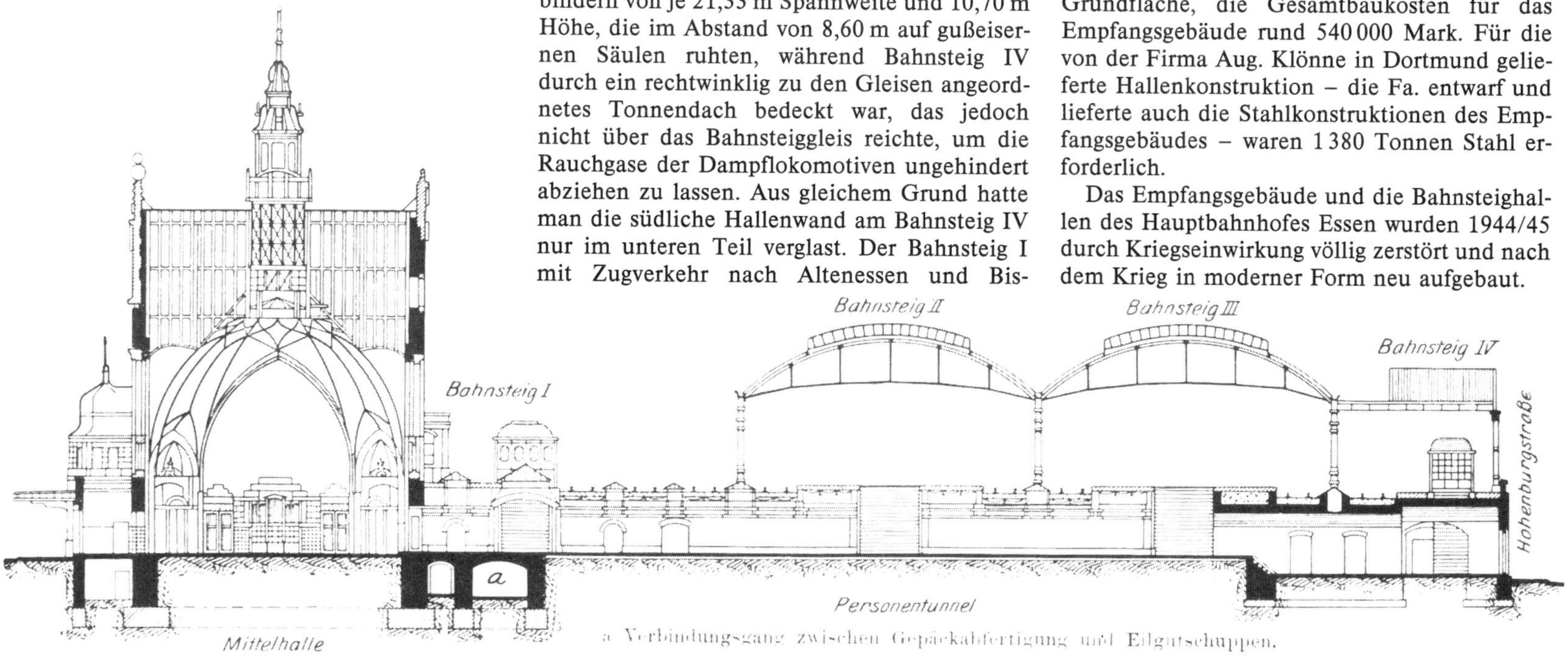

Bild 280 Hauptbahnhof Essen. Schnitt durch das Empfangsgebäude und den Personentunnel mit Bahnsteighallen 1897. Entwurf: Klingholz (Sammlung Verfasser)
Bild 281 Hauptbahnhof Essen. Gesamtansicht mit Bahnsteighallen von Südwesten, 1902 (BD Essen, Lichtbildstelle)

Der Hauptbahnhof Gelsenkirchen

Im Verlauf der Umgestaltung der Gelsenkirchener Bahnanlagen verschwand auch das ziemlich unscheinbare zweite Empfangsgebäude des am 15. Mai 1847 an der Hiberniastraße durch die Cöln-Mindener Eisenbahn eröffneten Bahnhofes, ein nicht besonders schön gestalteter und vom Zahn der Zeit noch unansehnlicher gewordener Ziegelrohbau mit flachen Pappdächern, den nur ein erhöhter Mittelflügel belebte (Bild 282).

Interessanter, vor allem wegen seiner städtebaulichen Lösung, war demgegenüber der 1904 unweit davon errichtete Komplex des Hauptbahnhofes. Keilförmig zum Bahnhof geführte Straßen und teilweise schon vorhandene Bebauung zwangen die Planer, das neue Empfangsgebäude ganz ungewöhnlich in «schräger Seitenlage» zum hochgelegten Bahnkörper anzuordnen, wodurch allerdings ein recht reizvolles Ensemble entstand (Bild 283). Architektonisch hat dieser Bahnhofsbau gewisse Ähnlichkeit mit dem sieben Jahre vorher errichteten Empfangsgebäude des Essener Hauptbahnhofes (Bild 277), zum Beispiel durch die seitlichen Zwerchgiebel, deren Bogenfenster die Empfangshalle in ihrem hinteren Raumteil besser ausleuchten sollten. Aber «reine» Neorenaissance war das Gelsenkirchener im Gegensatz zur akademisch korrekten Nachbildung (nieder-) deutscher Renaissance beim Essener Gebäude nicht. Nur verflachte Umrisse und der beigestellte romantische Turm erinnerten in Gelsenkirchen noch an diese Epoche der Baukunst. Am Hauptgiebel (Bild 284) erschienen über dem großen Bogenfenster bereits Elemente des Jugendstiles, der sich hier mit dem späten Eklektizismus vermischte. Dennoch wirkte das in Form und Anlage einmalige, wie aus einem Guß geschaffene Empfangsgebäude, verglichen mit dem benachbarten Wohnhaus der Gründerzeit (Bild 284) großartig, so daß es durchaus als Wahrzeichen der Stadt gelten konnte.

Leider wurde dieses außergewöhnliche Bauwerk nicht als Baudenkmal erhalten. Stattdessen errichtete die Deutsche Bundesbahn 1982 bis 1983 ein «modernes» Mehrzweckgebäude.

Bild 282 Bahnhof Gelsenkirchen. Altes Empfangsgebäude der Cöln-Mindener Eisenbahn an der Hiberniastraße, aufgenommen um 1900 (BD Essen, Lichtbildstelle)
Bild 283 Hauptbahnhof Gelsenkirchen. Blick auf den Vorplatz mit Empfangsgebäude und Hochgleisanlage, um 1910 (Sammlung Schladitz)

Bild 284 Hauptbahnhof Gelsenkirchen. Haupteingang des Empfangsgebäudes, um 1910 (Verkehrsmuseum)

Der Hauptbahnhof Koblenz

Nachdem der Festungsstatus mit Kabinettsorder vom 19. März 1890 aufgehoben war, konnte sich die Stadt Koblenz städtebaulich und industriell expansiv entwickeln. Zugleich wuchs ihre Bedeutung als Eisenbahnknoten der Linien Köln–Bingerbrück, Koblenz–Trier, Koblenz–Giessen und Koblenz–Wiesbaden, für deren Verkehr die beiden alten Bahnhöfe der Rheinischen und der Moselbahn bald nicht mehr ausreichten. Man mußte sich daher zur generellen Umgestaltung der Koblenzer Bahnhofsanlagen entschließen, und so wurde 1904 bis 1905 ein neuer Hauptbahnhof gebaut (Bild 285), der im wesentlichen das Gelände der vorhandenen Bahnanlagen umfaßte, denn die schwierige topographische Situation mit der städtischen Bebauung auf der einen und den Abhängen der Kartause auf der anderen Seite zwang zur Nutzung dieser Standorte.

Für die herrlich gelegene alte Stadt schuf der Architekt Biecker zusammen mit Rüdell und Thömer einen Bahnhofsbau (Bild 286), der sowohl die schöne Stadt und ihre wundervolle landschaftliche Umgebung bereichern als auch modernste betriebliche Anforderungen erfüllen sollte. Sie gaben daher dem Empfangsgebäude mit abgewalmten Dächern, Giebeln, Dachreiter und anderen Details überwiegend barocke Formen, die ihm zusammen mit der Landschaft ganz eigenen malerischen Reiz verliehen (Bild 287, 288). Die anmutige Erscheinung dieses Bauwerkes wirkt auch heute noch und versöhnt mit der so oft geschmähten späten Eklektik.

Durch Hochlage der Gleise konnte die Verbindung vom Empfangsgebäude zu den Bahnsteigen vorteilhaft mit Personen- und Gepäcktunnel ohne verlorene Steigungen gelöst werden (Bild 289). Übersichtlich und verkehrsgünstig liegen an der geräumigen, durch Windfänge geschützten Eingangshalle die Gepäckabfertigung, Handgepäck- und Fahrkartenschalter, der früher mit Bahnsteigsperren versehene Gang zum Personentunnel und der Wartesaal III./IV. Klasse. Der Wartesaal I./II. Klasse war ur-

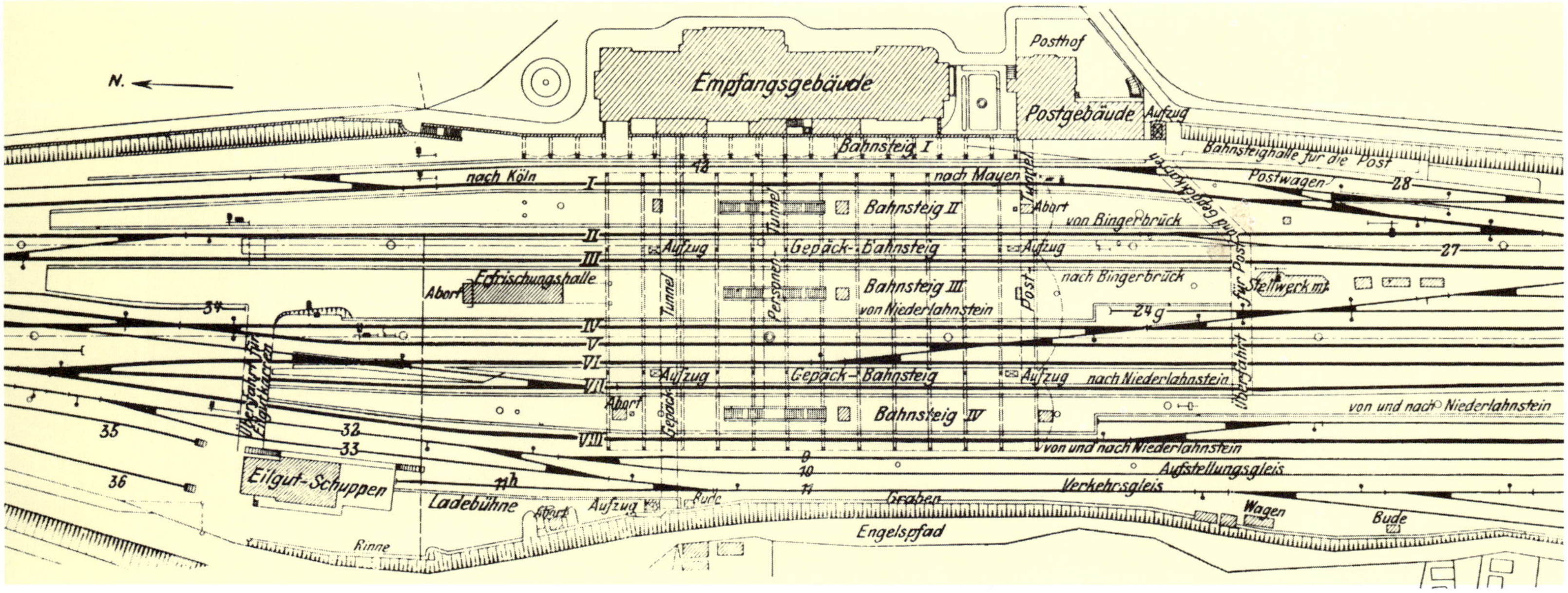

Bild 285 Hauptbahnhof Koblenz. Lageplan 1905 (Sammlung Verfasser)
Bild 286 Hauptbahnhof Koblenz. Ansicht des Empfangsgebäudes von der Stadtseite, 1905. Entwurf: Biecker, Rüdell und Thömer (Sammlung Verfasser)
Bild 287 Hauptbahnhof Koblenz. Ansicht des Empfangsgebäudes mit Vorplatz von Osten, um 1910. Im Hintergrund die Festungswerke der Karthause (Sammlung Schladitz)

Bild 288 Hauptbahnhof Koblenz. Nordostansicht des Empfangsgebäudes kurz nach der Fertigstellung, 1907. Die Bahnsteighallen waren noch nicht errichtet (Sammlung Schladitz)

Bild 289 Hauptbahnhof Koblenz. Querschnitt durch das Empfangsgebäude – Empfangshalle – Personentunnel, 1905. Entwurf: Biecker, Rüdell und Thömer (Sammlung Verfasser)

Bild 290 Hauptbahnhof Koblenz. Grundriß des Empfangsgebäudes in Vorplatzhöhe, 1905. Entwurf: Biecker, Rüdell und Thömer (Sammlung Verfasser)

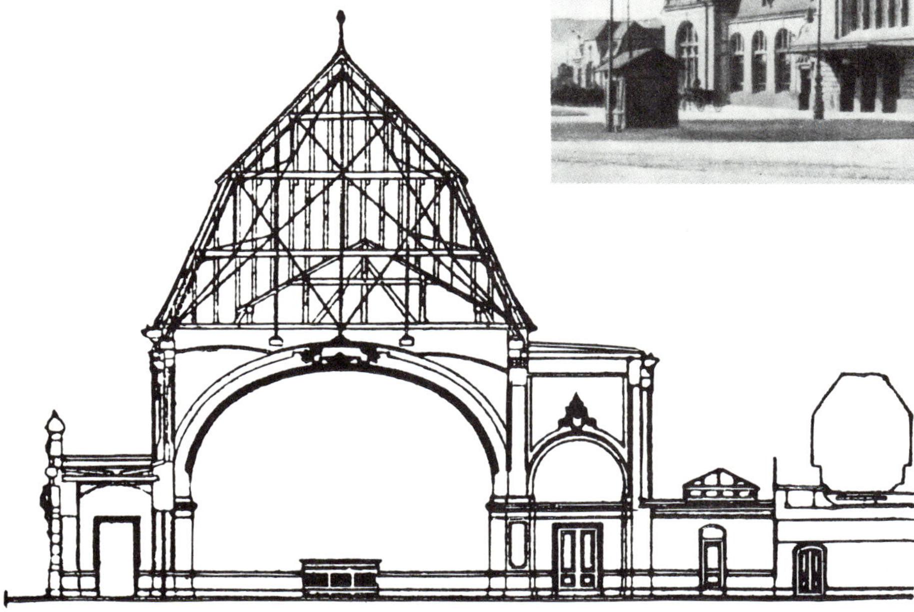

sprünglich nur durch die Sperren zu erreichen, zu dem links ein Flur führt, an dem sich auch besondere Toiletten und Waschräume befinden. Für die Reisenden wurden außerdem WC-Anlagen beiderseits des Personentunnels und auf den Bahnsteigen angeordnet (Bild 290). Auf allen Bahnsteigen sind überdies Kioske, auf dem Bahnsteig III eine größere Erfrischungshalle errichtet worden (Bild 285).

Während der Hausbahnsteig (I) eine eigene Überdachung bekam, erhielten die Inselbahnsteige II, III, IV und die 2 Gepäckbahnsteige mit 6 Bahnsteig- und 2 Durchfahrgleisen als

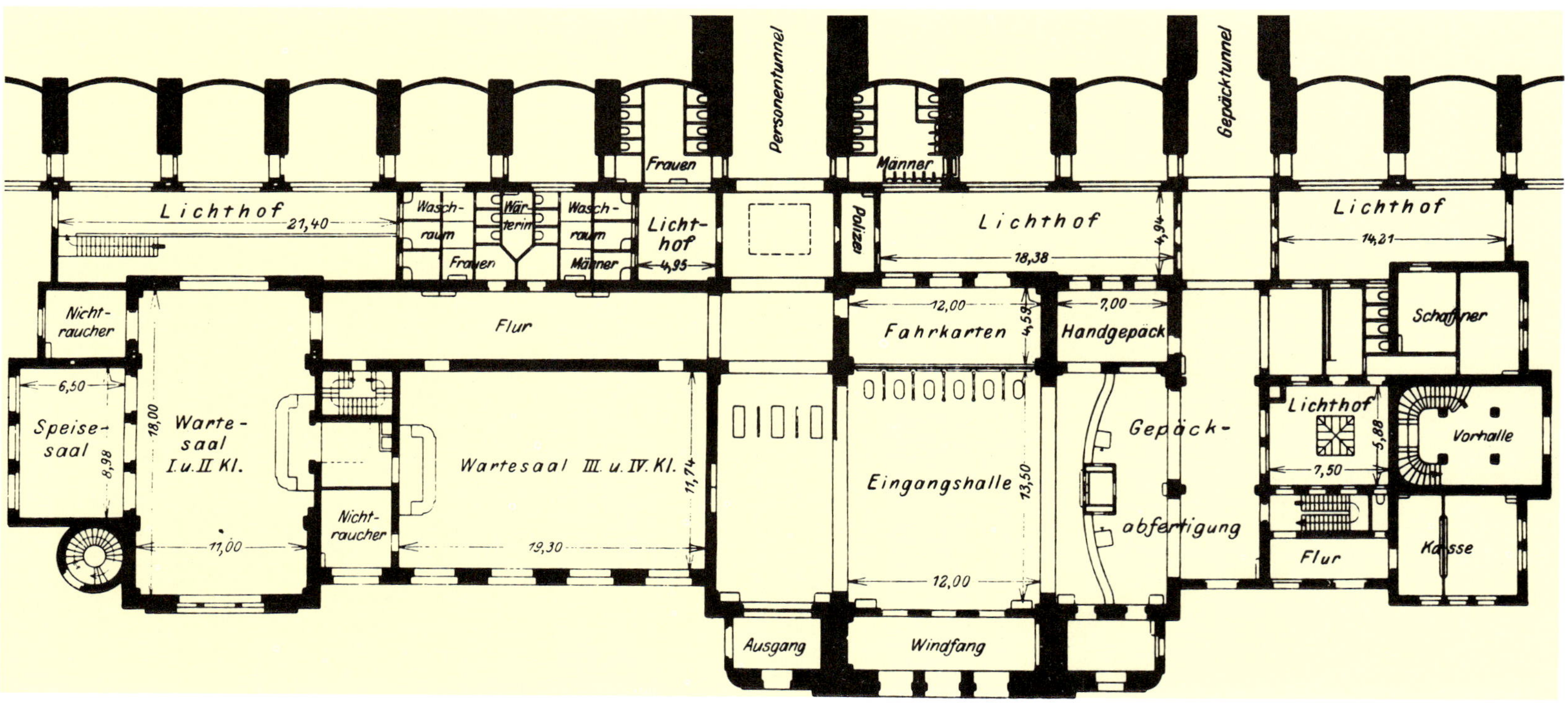

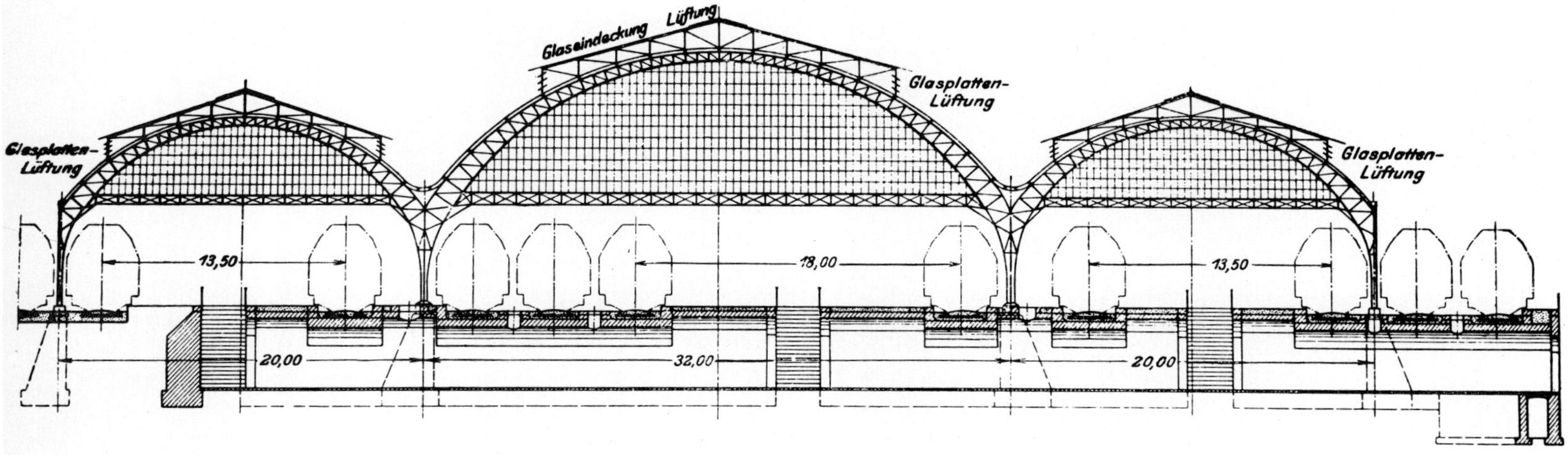

Wetterschutz eine großzügige dreischiffige Hallenanlage, bestehend aus einer Mittelhalle von 32 m Spannweite und 14,2 m Höhe sowie zwei Seitenhallen von je 20 m Spannweite und 10,4 m Höhe (Bild 291). Als Dachtragkonstruktion wurden schlanke Bogenbinder mit 9,6 m Binderabstand und breiten, verglasten Satteldachaufsätzen gewählt, die für optimale Belichtung und Entlüftung sorgten.

In neuerer Zeit ist der Hauptbahnhof Koblenz durch neuartige, 1952 bis 1953 von der bekannten Betonbaufirma Dyckerhoff & Widmann in Zusammenarbeit mit der Deutschen Bundesbahn entworfene und ausgeführte Spannbetonschalen-Bahnsteigdächer modernisiert worden, die bei 12 m Spannweite und beiderseitiger Auskragung von 6 m nicht nur in Längsrichtung, sondern auch in kleinen Querrippen auf der Oberseite quer vorgespannt wurden, so daß wegen der deshalb durchweg dichten Schalenoberfläche auf eine Dichtungshaut verzichtet werden konnte.

Bild 291 Hauptbahnhof Koblenz. Querschnitt der Bahnsteighallen, 1909 (Sammlung Verfasser)
Bild 292 Hauptbahnhof Köln. Lageplan des »Centralbahnhofes« 1859/60 (Sammlung Verfasser)

Der Hauptbahnhof Köln

Wie in den meisten größeren Städten wurden auch in Köln die Bahnhöfe der verschiedenen Gesellschaften anfangs dezentral angelegt und besaßen zunächst keine Verbindung untereinander. Fortifikatorische Einschränkungen erschwerten das Heranführen der Eisenbahn an oder in die Stadt. Ein erhebliches Hindernis stellte der Rhein dar, der noch viel später, wenngleich nur administrativ, die preußische Direktion Köln in rechts- und linksrheinisch trennte.

Die Initiative zum Bau eines «Centralbahn-

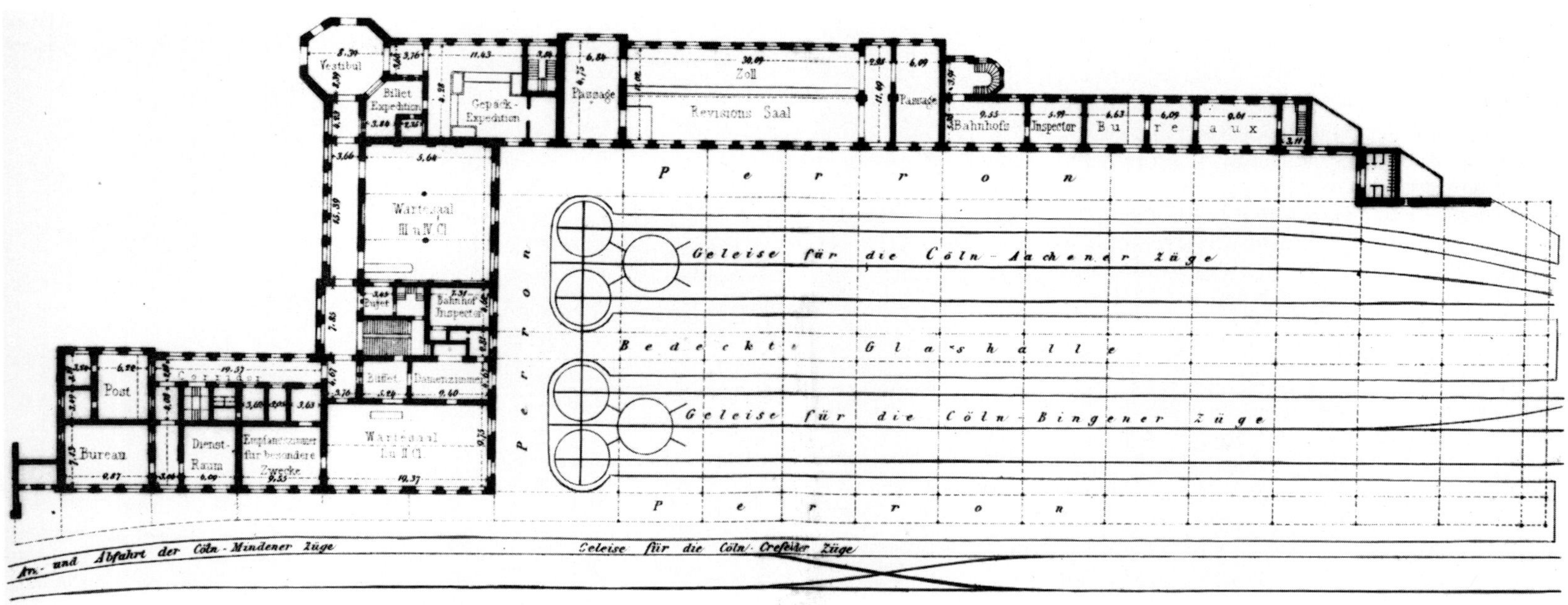

Bild 293 Hauptbahnhof Köln. Empfangsgebäude des alten »Centralbahnhofes« 1860. Entwurf: Pflaume (Sammlung Verfasser)

hofes» ergriff die Rheinische Eisenbahn 1855 angesichts der lebhaften Entwicklung ihres Unternehmens. Mit Planung und Ausführung durch die Ingenieur-Abteilung der Gesellschaft unter Leitung des Ingenieurs Rocholl und die Hochbau-Abteilung unter Leitung von Pflaume wurde unverzüglich begonnen. Für die Standortwahl des Bahnhofes waren unter anderem die Zuführung der Cöln-Mindener Strecke über die gleichzeitig errichtete Rheinbrücke von Deutz (siehe Bahnhof Köln-Deutz) und natürlich entsprechendes verfügbares, unbebautes Gelände in der Stadt ausschlaggebend, das sich mit den Gärten des Jesuitenkollegs anbot. Zeitgenossen bedauerten zwar das Verschwinden dieser schönen Grünanlagen, begrüßten es aber, daß stattdessen «eine für die zeitigen Bedürfnisse unentbehrliche...großartige Anlage geschaffen» war, die noch fast 40 Jahre den weiter gestiegenen Verkehr bewältigte.

Der «Centralbahnhof» umfaßte 25 000 m² Grundfläche. Während er für die Linien von

Bild 294 Hauptbahnhof Köln. Ansicht der Bahnsteighalle des alten »Centralbahnhofes« anläßlich der Eröffnung der Rhein-Bahn Köln–Mainz am 15. Dezember 1859 (Sammlung Verfasser)

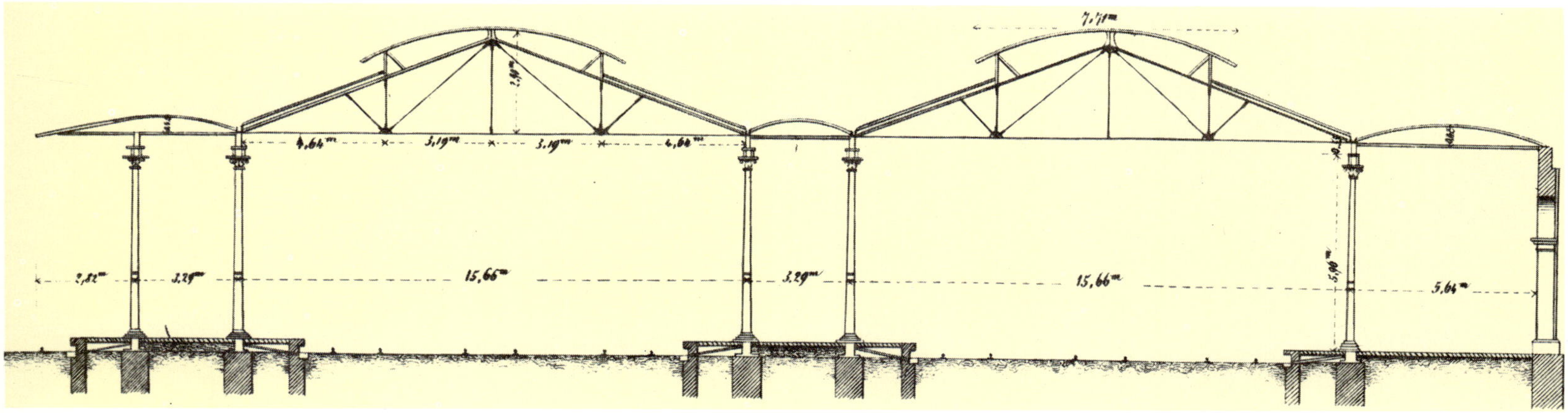

Bild 295 Hauptbahnhof Köln. Querschnitt der Bahnsteighalle des alten »Centralbahnhofes« 1859 (Sammlung Verfasser)

Aachen und Bingen Kopfstation war, erhielten die von Minden und Krefeld herführenden Strecken aus betrieblichen Gründen Durchgangsgleise (Bild 292). Interessant ist die Anordnung der jeweils 3 Drehscheiben an den Aachener und Bingener Gleisen. Der Grundriß des Empfangsgebäudes entsprach der Doppelfunktion des Bahnhofes als End- und Zwischenstation. Das von Pflaume entworfene Bauwerk trug romantische Züge (Bild 293). Doch im Vergleich zu dem später von Frentzen entworfenen Hauptbahnhofsbau nahm es sich mit seinen schlichten spätklassizistischen Fassaden recht bescheiden und zurückhaltend aus; nicht im geringsten sollte es in der Nachbarschaft des zu diesen Zeit noch nicht vollendeten Domes «große Architektur» darstellen, wohl aber als Verkehrsbau wirken (Bild 294). Denn über 6 Innengleise und 1 Bahnsteiggleis spannte sich immerhin schon in jener Zeit eine 46,36 m breite und 200 m lange «bedeckte Glashalle» (Bild 295), deren Polonceau-Binder auf gußeisernen Säulen ruhten, während die Horizontalkräfte des gesamten Dachtragwerkes von den Längs- und Querflügeln des Empfangsgebäudes aufgenommen wurden, auf welchen Seitenschiff und Kopfende auflagen. Ganz modern für unsere Begriffe war die Innenentwässerung der Dachflächen.

Bautechnisch und architektonisch damals gleichermaßen gut gelöst, befriedigte der Bahnhof betrieblich nicht in dem Maße, insbesondere reichten die beiden durchgehenden Gleise, die sich erst außerhalb der Altstadt in die Aachen-Krefelder und Bingen-Trierer Gleispaare teilten, nicht aus, da sie innerhalb der Altstadt noch zusätzlichen Verkehr von Lokomotivleerfahrten und Leerzügen aufnehmen mußten.

Diese mit der alten Bahnhofsanlage in den 80er Jahren nicht mehr lösbaren Betriebsprobleme (1888 wurden täglich 114 Personenzüge, 58 Güter- und 34 Leerzüge im «Centralbahnhof» abgefertigt), vor allem auch die begreifliche Forderung der Stadt, Straßenkreuzungen in Schienenhöhe zu beseitigen, wodurch nicht nur Verkehrsprobleme vermieden, sonderen auch durch Bahnstrecken abgeschnittenen städtischen Gebieten bessere Entwicklungschancen geboten würden, erforderten immer dringender eine grundlegende Veränderung der Situation. Nachdem alle rheinischen Eisenbahnen am 1. Januar 1880 an den preußischen Staat übergingen, Kölns Stadtgebiet, Handel und Industrie sich in den Gründerjahren beträchtlich entwickelte und ausdehnte, wurden seitens der Staatsregierung, der Stadt und der Eisenbahndirektionen Köln rechts- und linksrheinisch Verhandlungen über die generelle Umgestaltung der Kölner Bahnanlagen geführt, deren in Gesetzesvorlagen formulierte Ergebnisse vom Landtag seit 1872 behandelt und in einzelnen Teilen dessen Zustimmung 1883 bis 1887/88 fanden.

Über die Standortfestlegung des neuen Hauptbahnhofes, die natürlich durch die Lage des alten «Centralbahnhofes» schon weitgehend vorbestimmt war, wurde heftig gestritten und besonders ein Entwurf propagiert, der neben Beibehaltung einer Durchgangs-Personenstation am Dom den «Hauptpersonenbahnhof» in Nähe der neuen «Umwallung» in den Stadtgarten verlegte. Damit sollte städtebaulichen Entwicklungen und auch inzwischen eingemeindeten wichtigen Vororten Rechnung getragen werden. Überdies wurde die Nachbarschaft eines so großen Verkehrskomplexes zum Dom als problematisch empfunden. Außerdem bestanden Bedenken, daß selbst ein erweiterter Hauptbahnhof am Dom in kurzer Zeit auch wieder zu klein, infolge der Umbauung aber dann nicht mehr erweiterungsfähig sei. Doch die Stadt stimmte, allerdings mit nur geringer Mehrheit für die Beibehaltung des Hauptbahnhofes am Dom, da «eine Verkehrsanstalt dann am besten belegen ist, wenn sie dem Verkehr, welchem sie dienen soll, möglichst nahe gerückt ist». Dabei hatten die Stadtväter nicht zuletzt den Touristenverkehr im Auge, für den die Lage des Bahnhofes in der Altstadt selbstverständlich am günstigsten war.

Für die Gestaltung der Hochbauten des Hauptbahnhofes wurde ein Wettbewerb unter den Architekten Deutschlands ausgeschrieben, zu dem 17 Entwürfe eingingen. Davon erhielten Professor Frentzen in Aachen den I., Hartel & Neckelmann in Leipzig den II. Preis; je einen III. Preis vergab die Jury an Schreiterer & Schreiber in Köln und Beisbarth in Stuttgart. Alle Lösungen basierten auf einem nur wenig voneinander abweichenden Grundrißschema, unterschieden sich aber wesentlich in der architektonischen Gestaltung und Kombination des Empfangsgebäudes mit der Bahnsteighalle. Als wichtigster «Gesichtspunkt» galt nämlich die Ansicht der großen Halle und kurzen Kopfseite des Empfangsgebäudes von der Rheinbrücke aus, denn die (seinerzeit) «riesigen Abmessungen» der aus einem Mittelschiff von 65 m Spannweite und zwei je 13,5 m breiten Seitenschiffen bestehenden Halle gaben dieser ein so entschiedenes Übergewicht über das angelehnte schmale Vorgebäude, daß die architektonische Gestaltung des Hallenabschlusses maßgebende Bedeutung hatte. Man war deshalb der Auffassung, daß alle architektonischen Bemühungen um Anordnung und Durchbildung des Vorgebäudes zwecklos seien, «wenn demselben die Halle als brutaler Nützlichkeitsbau sich anfügt, der mit seinen maßstablosen Flächen jenes «Anhängsel» einfach erdrückt».

Während die anderen Entwurfsverfasser zum Teil mit massiven mehr oder weniger gegliederten Abschlußwänden, Obelisken, Pylonen, Türmen und stadttorähnlichen Motiven versuchten, dieses Problem zu lösen, schlug Frentzen vor, aus der großen Bahnsteighalle in der Mitte eine etwa 39 m breite und entsprechend niedrigere Vorhalle um einen Binderabstand vorspringen zu lassen, die zugleich als zweckdienlich und kostengünstig dargestellt wurde (Bild 296)

Auch der Entwurf von Frentzen kam nicht unverändert zur Ausführung, ebenfalls nicht der ebenbeschriebene Entwurf der Hallenfront.

Bild 296 *Hauptbahnhof Köln. Seitenansicht des Empfangsgebäudes und südöstlicher Hallenabschluß. Wettbewerbsentwurf von Frentzen 1888. Erster Preis (Sammlung Verfasser)*

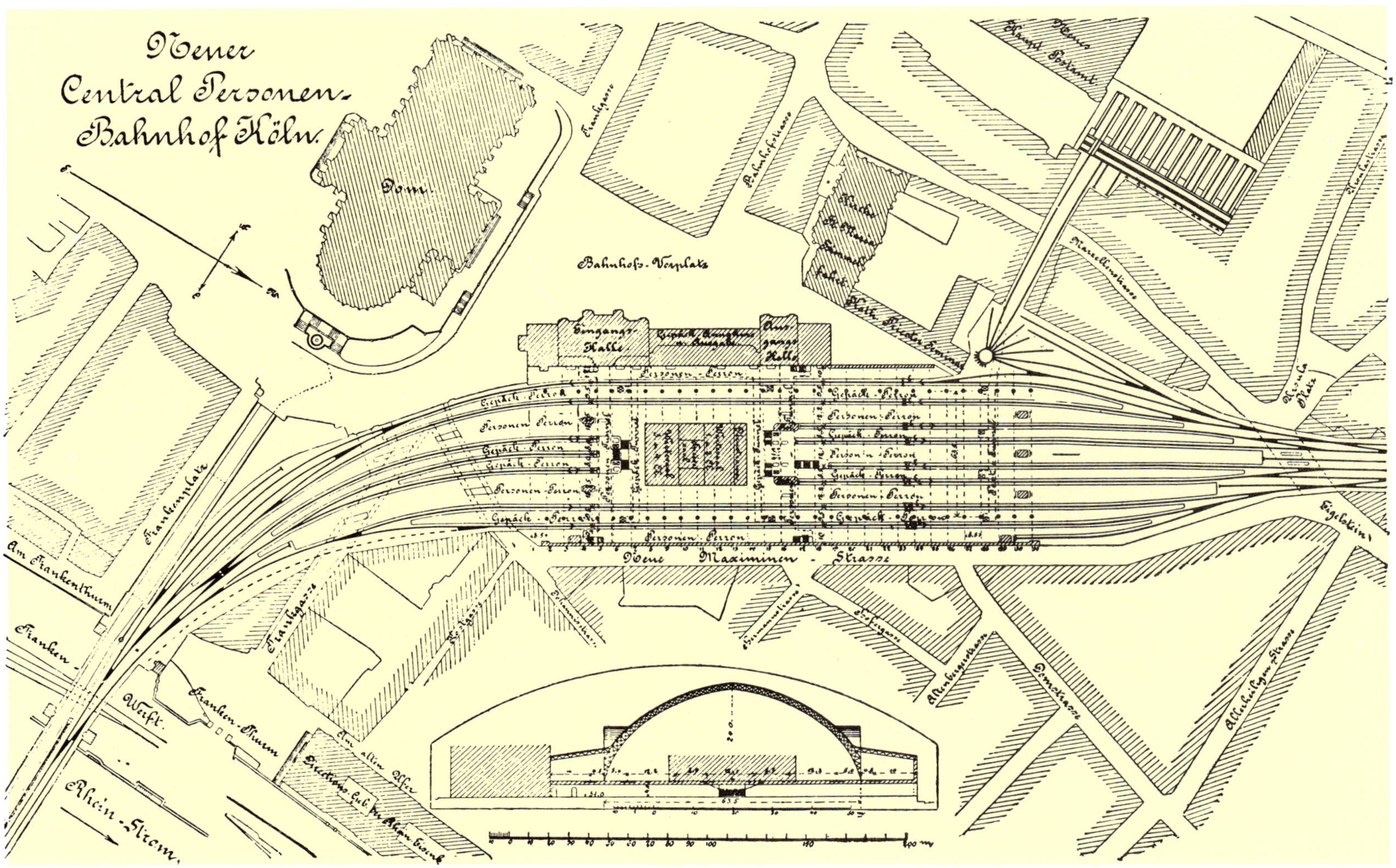

Bild 297 *Hauptbahnhof Köln. Lageplan 1894 (Sammlung Verfasser)*

Seine «etwas kleinlich und unruhig wirkende englische Gotik» fand nicht den Beifall seiner Fachkollegen, nach deren Meinung «keine Nothwendigkeit vorliegt, die Architektur des neuen Bahnhofes von der des Domes abhängig zu machen, sondern daß ein gewisser Gegensatz zu letzterem dem Neubau sowie der Erscheinung des ganzen Stadttheils nur zum Vorteil gereichen kann; am meisten empfehlen dürfte sich die Wahl einfacher, frei behandelter Renaissanceformen, weil diese mit den Formen des Eisenbaues sich am leichtesten «zusammenstimmen» lassen. Wenn zur Moderne auch noch ein weiter Weg war, so klang in dieser Ansicht doch schon die Ahnung einer neuen Architektur an.

Im Grundriß (Bild 297) war der Hauptbahnhof wiederum teils Durchgangs-, teils Kopfstation. Seine Bahnsteiganlagen wurden um 6 m gegenüber den anliegenden Straßen erhöht. Der mit einem Insel-Wartesaalgebäude bebaute Hauptbahnsteig hatte an beiden Enden Zungen-

Bild 298 Hauptbahnhof Köln. Südwestansicht des Empfangsgebäudes 1894. Entwurf: Frentzen. Zeitgenössische Grafik nach einem Foto von Ad. Fischl (Sammlung Verfasser)

Bild 299 Hauptbahnhof Köln. Nördlicher Teil der Bahnsteighalle, vom Inselgebäude aus gesehen, 1894 (Sammlung Verfasser)

Bild 300 Hauptbahnhof Köln. Bahnsteighalle mit Inselgebäude, erbaut 1892 bis 1893. Entwurf: Frentzen (Verkehrsmuseum)
Bild 301 Hauptbahnhof Köln. Endabschluß (Schürze) der Bahnsteighalle 1894. Entwurf: Frentzen (Sammlung Verfasser)

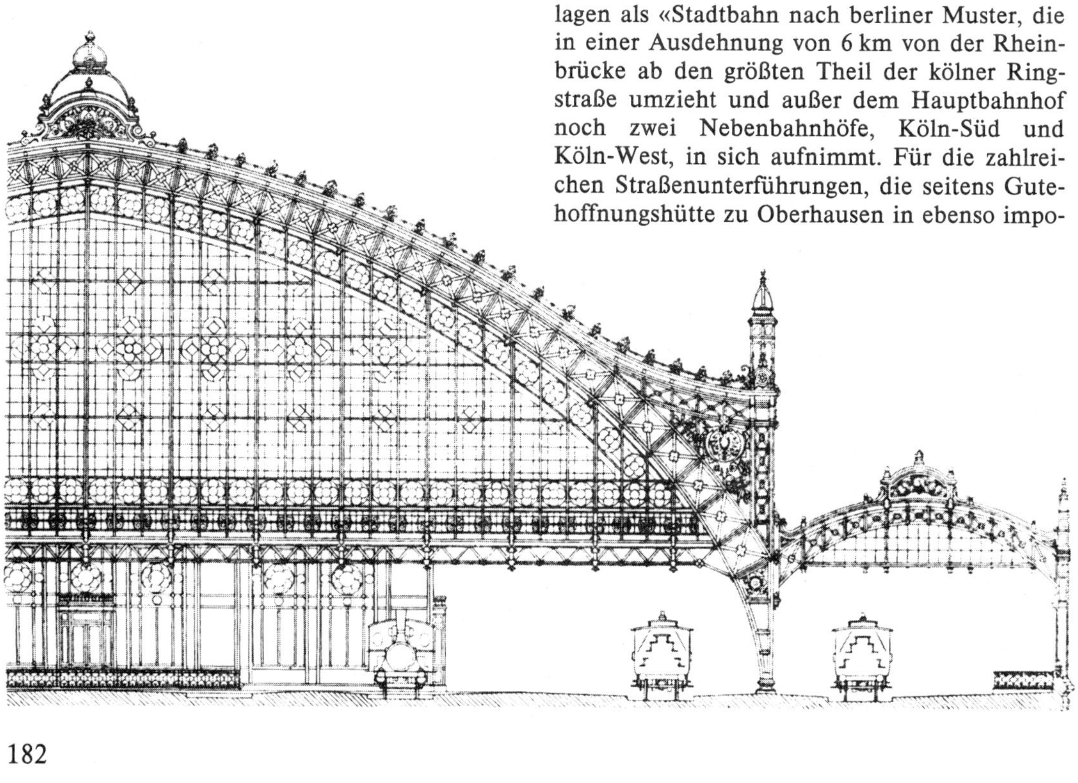

bahnsteige mit 8 Stumpfgleisen. Zwischen dem Hauptbahnsteig und den Außenbahnsteigen lagen 4 durchgehende Gleise, so daß im ganzen 12 Bahnsteiggleise zur Verfügung standen.

Anläßlich der Einweihung des neuen Hauptbahnhofes schildert Albert Drossong zu Pfingsten 1894 die modernisierten Kölner Bahnanlagen als «Stadtbahn nach berliner Muster, die in einer Ausdehnung von 6 km von der Rheinbrücke ab den größten Theil der kölner Ringstraße umzieht und außer dem Hauptbahnhof noch zwei Nebenbahnhöfe, Köln-Süd und Köln-West, in sich aufnimmt. Für die zahlreichen Straßenunterführungen, die seitens Gutehoffnungshütte zu Oberhausen in ebenso imposanten wie kunstvollen Formen ausgeführt wurden, kamen allein 2 800 Tonnen (56 000 Ctr.) Eisen zur Verwendung. Eine viel schwierigere Aufgabe erwuchs dem genannten Eisenwerk durch nothwendige Höherlegung der Rheinbrücke, eine Arbeit, die um so kritischer war, als der ungeheuere Bahnverkehr auf der Brücke selbst nicht eine Viertelstunde unterbrochen werden konnte. Wie aber ... die leitenden Ingenieure selbst vor den schwierigsten Problemen nicht zurückschrecken, so gelang es auch hier, den ganzen Umbau in glatter Weise und ohne jeglichen Unfall auszuführen.

Eine nicht minder schwierige Aufgabe war der dortmunder Union zugefallen, der die Ausführung der riesigen Bahnhofhalle übertragen war. Mit Rücksicht auf die hervorragende Stellung der Stadt Köln im Weltverkehr erhielt die Perronhalle die ganz außergewöhnliche Ausdehnung von 255 Mtr. Länge bei 92 Mtr. Breite (Bild 299). Die kölner Halle ist, wie die frankfurter, eine dreigliederige, nur mit dem Unterschiede, daß die drei frankfurter Hallen von gleicher Größe sind, während die mittlere Halle in Köln ihre beiden Seitenhallen wesentlich an Größe überragt und bei der kolossalen Tiefe von 255 Mtr. die außerordentliche Spannweite von 64 Mtr. aufweist (Bild 300). Somit nimmt die Mittelhalle des kölner Bahnhofs unter allen ähnlichen Gebäuden des Continents die erste Stelle ein, während sie hinsichtlich ihrer Breite nur von der Pancras-Station in London um ein

geringes übertroffen wird, hinsichtlich ihrer Länge aber den ersten Platz unter allen Bahnhofshallen Europas behauptet. Für den ganzen Riesenbau wurden 3 000 Tonnen (60 000 Ctr.) Eisen verwendet (Bild 301).

In der Mitte der Bahnsteighalle befindet sich, dem Charakter des kölner Hauptbahnhofes als «Inselbahnhof» entsprechend, das Inselgebäude (Bild 302), auf das die rechts- und linksrheinischen Züge theils seitlich, theils kopfstationsartig einmünden. In dem Gebäude sind untergebracht die geräumigen Warte- und Speisesäle, die Betriebsbureaus, die Fürstenzimmer, endlich Bade- und Toilettezimmer, alles in comfortabler, vielfach sogar luxuriöser Ausführung bei besonders reicher Verwendung verschiedener Marmorarten. Die vier Außenseiten des Inselgebäudes sind mit zierlichen Mettlacher Plättchen geblendet, die Firstränder theils mit Blumen und Früchtefriesen, theils mit allegorischen Bildern und Städtewappen geziert, während der ganze Bau durch zahlreiche polychrome Ecktürmchen eine gefällige Krönung erhält.

Vom Bahnsteig gelangen wir über zwei mehrtheilige breite Treppenanlagen in das sogen. Empfangsgebäude (Bild 303, 304). In der Erbauung des letztern ist man von der sonst üblichen Art der Deckenconstruction abgewichen; an Stelle des Stuckes ist das Eisen- und Wellblech getreten, das in stilvoller, freundlicher Bemalung den freien Eindruck der ganzen Hallenanlage wesentlich erhöht. In der Hauptzugangshalle sind untergebracht 18 Billetschalterhäuschen, das Auskunftsbureau, eine Geldwechselstube, das Bureau der Internationalen Schlafwagengesellschaft, alles in reicher, gefälliger Holzarchitektur. Von außergewöhnlicher Größe ist die an das Vestibül sich unmittelbar sich anschließende Gepäckhalle, die in so geschmackvoller Ausstattung und so gewaltiger Ausdehnung wol bei keinem Bahnhof zu finden ist, und die allen Anforderungen eines großstädtischen Verkehrs vollkommen genügen dürfte. Wie im Inselgebäude selbst, so ist auch in der Empfangshalle für die Bequemlichkeit der Reisenden ausreichend gesorgt.

Die äußere Bahnhofsseite, auf mächtigen Granitsockeln in weißen Quadersteinen erbaut, erhält, wie aus der Abbildung (Bild 298) ersichtlich ist, an der vorderen Schmalseite durch

Bild 302 Hauptbahnhof Köln. Inselgebäude in der Bahnsteighalle 1894. Entwurf: Frentzen (Sammlung Verfasser)

einen reichgegliederten Uhrthurm einen wirkungsvollen Abschluß. Um die Größenverhältnisse dieses Thurms zu verstehen, sei nur darauf hingewiesen, daß die Königskrone, die das reich vergoldete Kuppeldach ziert, schon allein die beträchtliche Höhe von 4 Mtr. aufweist, während der Durchmesser der Zifferblätter annähernd 2 Mtr. beträgt. In dem ersten Stockwerk des Uhrthurms, auch Kaiserpavillon genannt, sind die Fürstenzimmer untergebracht, wahre Prunkgemächer, von deren Erkern und Balkonen aus dem Zuschauer eines der schönsten und belebtesten Städtebilder vor Augen tritt.

Wenn der Reisende solches Wunderwerk der modernen Bahnbautechnik verläßt und den vor dem Empfangsgebäude gelegenen, mit zierlichen Gartenanlagen versehenen Vorplatz betritt, so fällt sein Blick unverzüglich auf das hehrste Denkmal deutscher Cultur und Kunst,

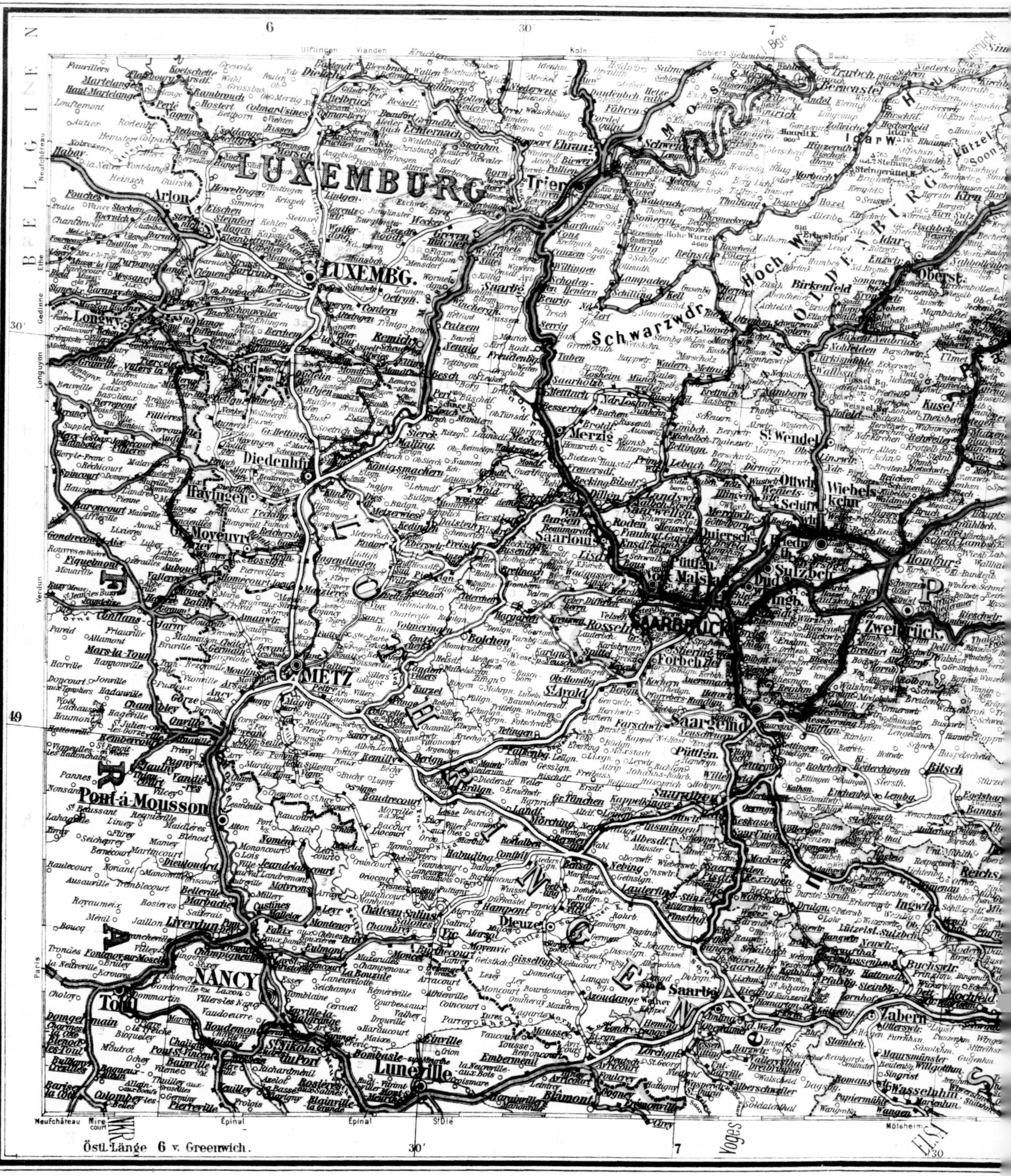
BELGIEN
LUXEMBURG
LUXEMBG.
Arlon
Longwy
Diedenhfn
Trier
Schwarzwdr.
Hoch-Wald
OLDENBURG
Birkenfeld
Merzig
Saarlouis
St. Wendel
SAARBRÜCK.
Zweibrück.
Saargemd
METZ
LOTHRINGEN
FRANKREICH
Pont-á-Mousson
NANCY
Toul
Lunéville
Château-Salins
Dieuze
Saarburg
Zabern
Bitsch
Kusel
Homburg
Östl. Länge 6 v. Greenwich.
Luxemburg
Neufchâteau
Épinal
St. Dié
Mölsheim
Verdun
Paris
Koln
Coblenz
Vogesen
ELSASS

Staatsbahnen
1 Badische Staatsbahnen
2 Bayrische Staatsbahnen
Direktionsbez. f. Ludwigshafen
3 Elsaß–Lothringische E.
(Reichs-Eisenbahnen)
7 Preußisch-hess. Staatsb.
Direktions-Bezirke:
l Frankfurt a.M. t Saarbrücken
Preuß. und hess. Dir.-Bez.:
v Mainz
9 Württembergische Staatsb.

Privatbahnen
22 Badische Lokalbahnen
70 A Ensdorf–Saarlouis–Wallerfangen
97 Heidelb.–Wiesloch (Elektr. Str.-B.)
141 Merzig–Büschfeld (Kleinb.)
144 Moseltalbahn
159 A Oberrheinische Eisenb.-Ges.
160 Oberstein–Idar–Straßenb.
199 St. Johann–Riegelsberg–Heusweiler
206 Straßburger Straßenb.
208 Süddeutsche Eisenbahn-Ges.
218 Vering & Waechter E.-Bau- u. Betr.-G.
221 Waldhof–Sandhofener Nebenb.
225 Westdeutsche Eisenb.-Ges.

Luxemburgische E.
1 Bettemburg–Aspelt (Vicinalbahn)
2 Luxemburgische Kantonal-Eisenb.
3 Luxemburger Sekundärb.
4 Prinz Heinrichbahn

Anschlußbahnen
1 Belgische Staatsb. (Etat)
2 Französische Ostbahn (Est)

Koch, W. und C. Opitz:
Eisenbahn- und Verkehrsatlas von Europa. Leipzig 1912
Blatt Nr. 21

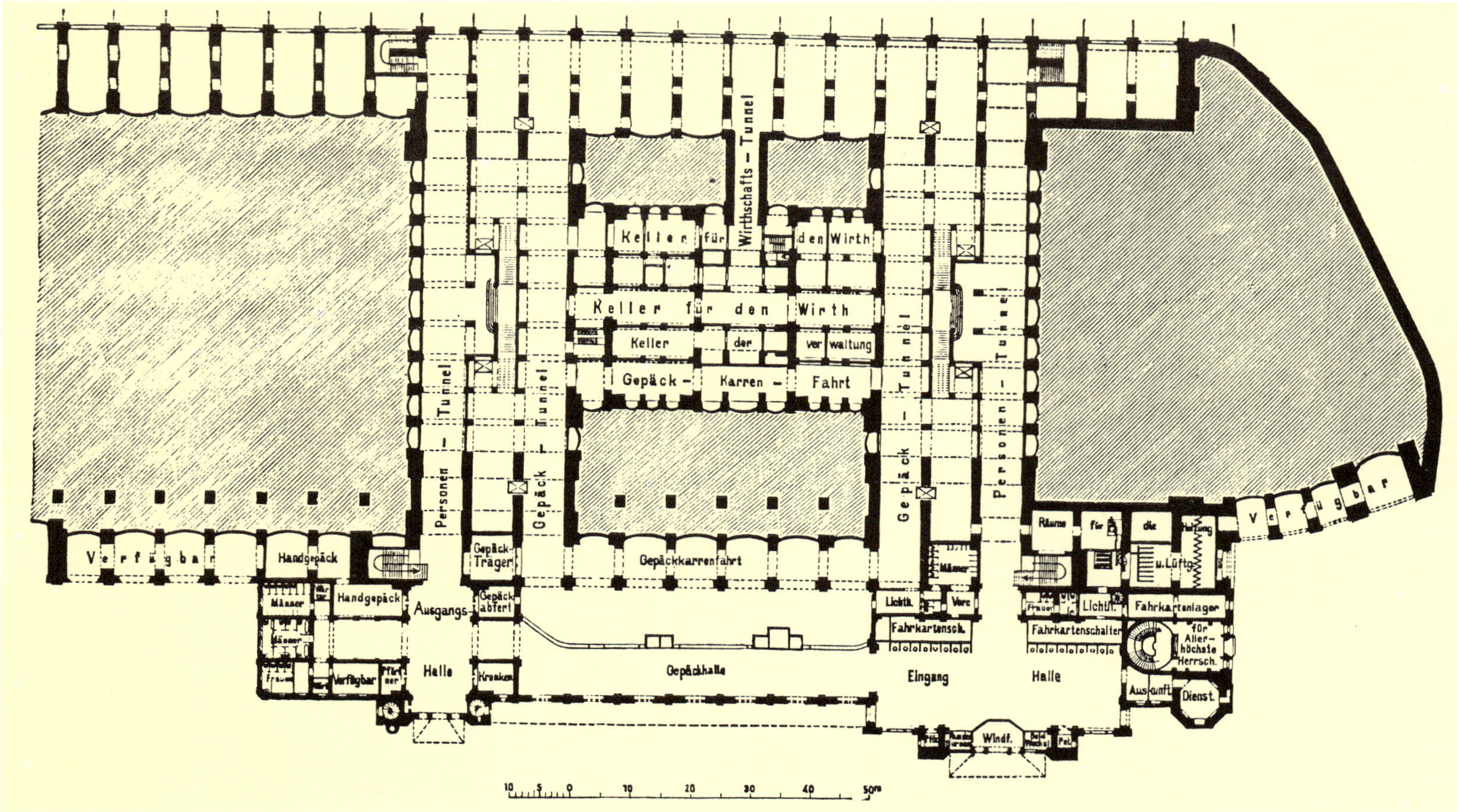

Bild 303 Hauptbahnhof Köln. Grundriß des Empfangsgebäudes in Vorplatzhöhe 1894. Entwurf: Frentzen (Sammlung Verfasser)

Bild 304 Hauptbahnhof Köln. Grundriß des Empfangs- und Inselgebäudes in Bahnsteighöhe 1894. Entwurf: Frentzen (Sammlung Verfasser)

Bild 305 Hauptbahnhof Köln. Südostansicht nach Verlängerung und Überdachung der Bahnsteige vor der Halle, um 1910 (Sammlung Verfasser)

auf den Kölner Dom, dessen Namen zu nennen allein genügt, um alle freudigen und traurigen Erinnerungen an das Leben und Wirken am Rhein, an alle düstern und glorreichen Perioden der deutschen Geschichte neu zu erwecken und neu zu beleben. Und zu Füßen dieses Gottestempels, dieses Wahrzeichens deutscher Einheit und Kraft, ist der Stadt Köln durch das Wohlwollen des preußischen Staats ein neuer Monumentalbau enstanden, würdig der Nachbarschaft «der schönsten Thore der Welt», mit welcher Bezeichnung der kunstbegeisterte König Friedrich Wilhelm IV. einst den Portalen des Kölner Doms die rechte Weihe gab». Architektur- und allgemein-geschichtlich stimmt dieser Report von 1894 sehr nachdenklich. Dem Verfasser müssen wir indes zubilligen, daß er die umwälzenden Entwicklungen des 20. Jahrhunderts mit zwei Weltkriegen und ihren Folgen – nicht nur für Köln und seinen Hauptbahnhof – kaum ahnen konnte (Bild 305).

Wie von vielen Seiten schon 1880 prophezeit, wurde die Kapazität des neuen Hauptbahnhofs in noch viel kürzerer Zeit als früher zu knapp, so daß er und andere Kölner Bahnhofsanlagen 1909 bis 1915 erneut umgebaut werden mußten, da sich der Zugverkehr bei einer täglichen Belastung von 33 Personenzügen je Bahnsteiggleis «nicht mehr regelmäßig und gefahrlos abwikkeln ließ». Hatte man 1886 beim Entwurf mit insgesamt 168 abzufertigenden Zügen gerechnet – 1881 betrug die Frequenz nur 89 Personenzüge –, so waren es 1907 bereits 396 Personen- und 80 durchfahrende Güterzüge, im ganzen täglich 476 Zugfahrten!

Im Hauptbahnhof wurden daher das Inselgebäude abgebrochen, die Stumpfgleise zu Durchfahrtgleisen miteinander verbunden und auf der Nordseite ein zusätzliches Umfahrgleis gelegt. Bereits in den 70er Jahren waren ursprünglich beim Entwurf des Hauptbahnhofes 6 statt nur 4 durchlaufende Gleise projektiert, aber aus architektonischen Erwägungen nicht ausgeführt worden, «um die Spannweite der Halle von 90 auf 64 m zu verringern und so das Bild des Domes weniger zu beeinträchtigen». Außerdem bestand damals nicht die Absicht, alle Züge nach Osten in den Hauptbahnhof einzuführen. Im Zuge der Kapazitätserweiterung wurden außerdem östlich die Bahnsteige verlängert und vor der großen Halle mit einer 4-schiffigen Überdachung versehen (Bild 305, 306).

Die Anlage des Hauptbahnhofes von 1894 bot seinerzeit den erheblichen Vorteil, daß beim Umsteigen nur zu den an den Außenbahnsteigen verkehrenden Zügen Treppen benutzt werden mußten – der Hauptbahnsteig und die Zungenbahnsteige lagen mit dem Inselgebäude auf einem Niveau! –, eine nicht zu unterschätzende Bequemlichkeit für die Reisenden der Jahre 1894 bis 1909.

Den im zweiten Weltkrieg schwer beschädigten Hauptbahnhof ließ die Deutsche Bundesbahn in einer der Örtlichkeit angemessenen Weise modern wiederherstellen und ein neuzeitliches Empfangsgebäude an Stelle des zerstörten Frentzen-Baues errichten (Bild 307). Hervorragend wurde die von einer nach außen hochgewölbten Stahlbetonschale überdeckte Eingangshalle gestaltet. Durch ihre Glasfront gibt sie schon von drinnen den Blick frei auf «graue Steinmassen, schwarzrissige, unaufhaltsam aufsteigende. Der Fahrgast steht, und sei es auch nur für einen Augenblick, in der Bahnhofshalle still im Bann gotischen Daseins» (Benno Reifenberg).

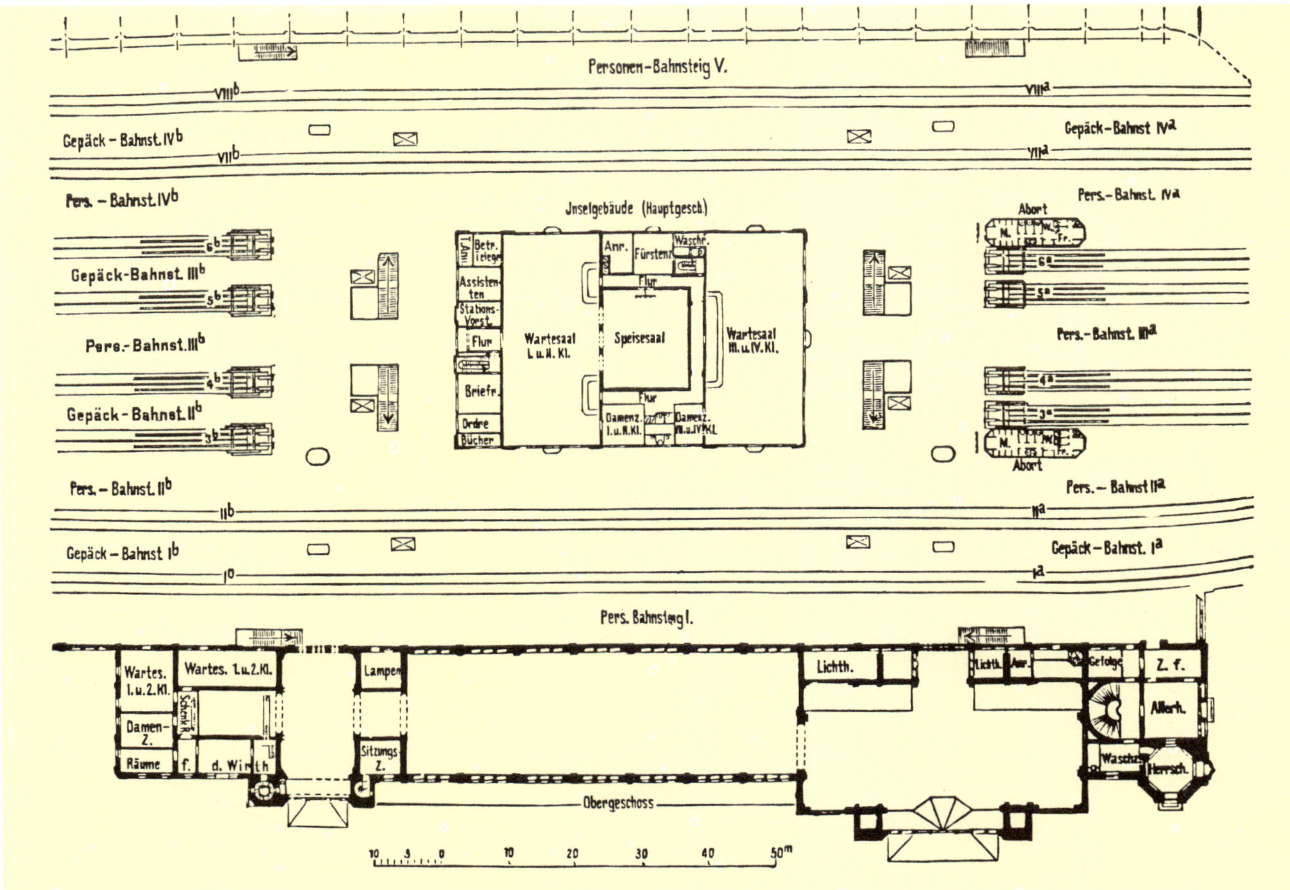
Personen-Bahnsteig V.
Gepäck-Bahnst. IVb
Gepäck-Bahnst. IVa
Pers. - Bahnst. IVb
Pers.- Bahnst. IVa
Inselgebäude (Hauptgesch.)
Gepäck-Bahnst. IIIb
Pers.- Bahnst. IIIb
Pers.- Bahnst. IIIa
Gepäck-Bahnst. IIb
Wartesaal I. u. II. Kl.
Speisesaal
Wartesaal III. u. IV. Kl.
Abort
Pers. - Bahnst. IIb
Pers. - Bahnst. IIa
Gepäck - Bahnst. Ib
Gepäck - Bahnst. Ia
Pers. Bahnsteig I.
Wartes. I. u. 2. Kl.
Damen-Z.
Räume
d. Wirth
Lampen
Sitzungs Z.
Lichth.
Obergeschoss
Allerh.
Herrsch.

Bild 306 Hauptbahnhof Köln. Teilansicht mit Hohenzollern-Brücke. Bahnsteige in Richtung Brücke verlängert und 4-schiffig überdacht. Ansichtskarte 1914 (Sammlung Kundisch)

Bild 307 Hauptbahnhof Köln. Ansicht mit Eingangshalle 1984 (Foto: Verfasser)

Der Hauptbahnhof Trier

Bedingt durch die geografisch-topographische Situation entwickelte sich das Eisenbahnnetz im Raum Trier komplizierter als andernorts (Bild 308). Von den aus vielen Richtungen nach Trier geführten Bahnen erreichte zuerst die königlich preußische «Saarbrücker Eisenbahn» (Linie Saarbrücken–Trier) die Stadt und eröffnete ihren Bahnhof am 26. Mai 1860 auf dem linken Moselufer (heute: Bf Trier-West)(Bild 309, 310). Verglichen mit den sonst üblichen überschwenglichen Beschreibungen wurde die am Vortrage gefeierte Einweihung der Strecke und des Bahnhofes jenseits der Römerbrücke, «der sich neben einer der herrlichen Alleen Triers erhebt», damals ziemlich ironisch mit beißendem Spott geschildert: «Am 25. Mai d.J. (1860) hatten die Trierer ein gar großes Vergnügen, denn der Prinz-Regent von Preußen langte an jenem Tage bei ihnen an, die Nahebahn (Bingen–Saarbrücken) und die Saarbahn (Saarbrücken–Trier) in seiner Tasche. Dies ist natürlich nur eine Redensart, denn der Prinz-Regent ist viel zu praktisch, ein so treffliches Communicationsmittel in der Tasche zu behalten; er hatte die Schienen gleich legen lassen und war – zur Einweihung – darüber gefahren – alles auf Staatskosten. Die Trierer, wenn sie nicht besonders unternehmungslustig sind, können doch zur Dankbarkeit gerührt werden: sie gaben dem Prinz-Regenten ein feierliches Mahl im «Heuschreckensaale» des Rathauses und setzten ihre besten Mosel-, Saar- und Hekkenweine vor, so daß manche unter der hohen Suite ihr blaues Wunder an den «dünnen Tischweinen» erlebten. ...»

Elf Jahre später, am 15. Juli 1871, führte die «Rheinische Eisenbahn» ihre von Gerolstein kommende Eifelstrecke in denselben Bahnhof «Trier linkes Ufer» ein. Auf dem rechten Moselufer erhielt die Stadt ihren Bahnhof «Trier rechtes Ufer» erst durch die 1873 bis 1879 gebaute Moselbahn (Koblenz–Trier–Perl, französische Grenze), dessen Standort mit dem heutigen Hauptbahnhof identisch ist. Unweit nördlich davon endete seit 2. April 1903 die von der Westdeutschen Eisenbahn-Gesellschaft gebaute vollspurige «Moseltalbahn» Trier–Berncastel–Trarbach–Bullay (jetzt stillgelegt), das sogenannte «Saufbähnchen», in einer eigenen kleinen Kopfstation (Bild 311), die im Volksmund Moseltal-Bahnhof und offiziell Trier Klbf hieß. Schon früher wurde außerdem an der Linie nach Saarbrücken der Südbahnhof errichtet (heute: Trier-Süd), um der Längenausdehnung der Stadt Rechnung zu tragen.

Für den Neubau des Hauptbahnhofes Trier 1885 bis 1888 schuf Schellen, der zuvor mit Unger und Viereck den Bahnhofsbau in Bonn entworfen hatte, das in Form und Stil ganz ähnliche, stattliche Empfangsgebäude (Bild 311). Beiden Bauwerken scheint das ein Jahrzehnt früher erbaute Empfangsgebäude des Bahnhofes Mannheim der Gestalt nach Pate gestanden zu haben. Aus einem in Formen der Neorenaissance barocker Prägung gebildeten fünfteiligen Baukörper mit zweigeschossigen Seitenrisaliten tritt der noch höhere Mittelteil der Empfangshalle mit überdimensionaler Portalöffnung besonders auffällig vor. Damit sollte die ehrwürdige, älteste deutsche Stadt mit Baudenkmälern aus zweitausendjähriger Geschichte, von römischer Baukunst bis zum Barock Balthasar Neumanns, auch den ihr adäquaten Bahnhofsbau erhalten.

Leider existiert dieses eindrucksvolle Empfangsgebäude des Hauptbahnhofes Trier nicht mehr. Es wurde nach dem zweiten Weltkrieg durch einen modernen Neubau ersetzt.

Bild 308 Trier. Entwicklung des Eisenbahnnetzes. 1 Saarbrücker Eisenbahn Saarbrücken–Trier (1860); 2 Saarbrücker Eisenbahn Konz–Wasserbillig–luxemb. Grenze (1861); 3 Rheinische Eisenbahn Gerolstein–Trier (1871); 4 Rheinische Eisenbahn Ehrang–Quint (1872); 5 Trier–Konz (1878); 6 linksufrige Moselbahn Koblenz–Ehrang–Trier–Perl–französ. Grenze (1879); 7 Trier–Hermeskeil (1889); 8 Moseltalbahn Trier–Bullay (1903); 9 Igel–Wintersdorf; 10 rechtsufrige Moselbahn (Bau nach 1914 eingestellt) (Zeichnung Verfasser)

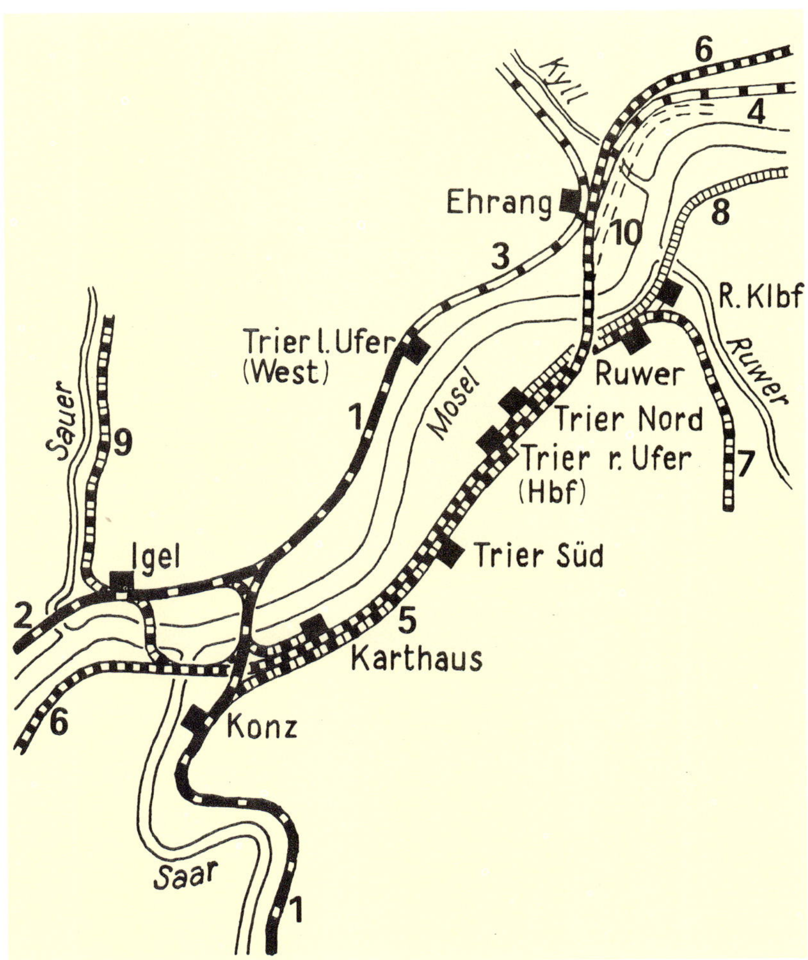

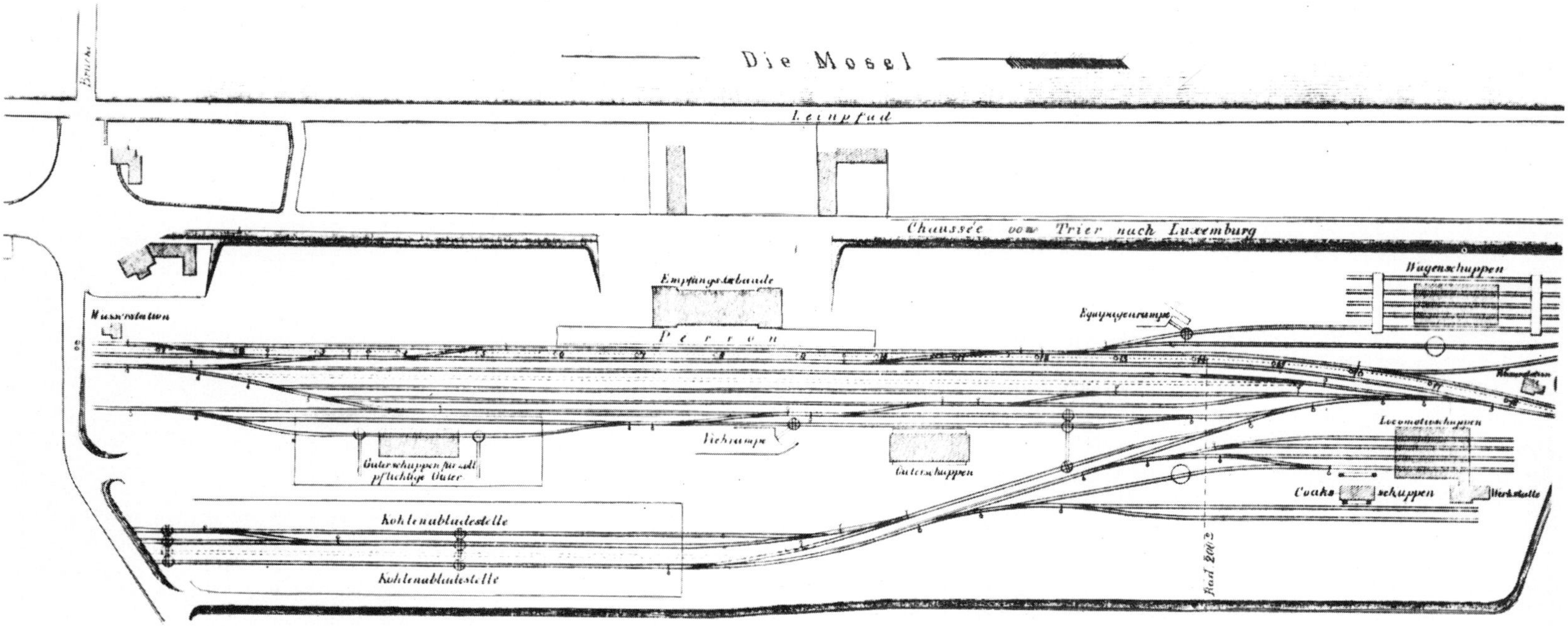

Bild 309 Bahnhof Trier linkes Ufer (heute: Bf Trier West). Lageplan 1863 (Sammlung Verfasser)

Bild 310 Bahnhof Trier linkes Ufer. Grundriß des Empfangsgebäudes von 1860. a Flur; b Portier; c Billet-Verkauf; d Gepäck-Expedition; e Telegraph; f Inspector; g Post; i Wachstube; k Wartesaal I. u. II. Classe; l Wartesaal III. u. IV. Classe; m Damenzimmer; n Salon; p Cabinet; q Closet (Sammlung Verfasser)

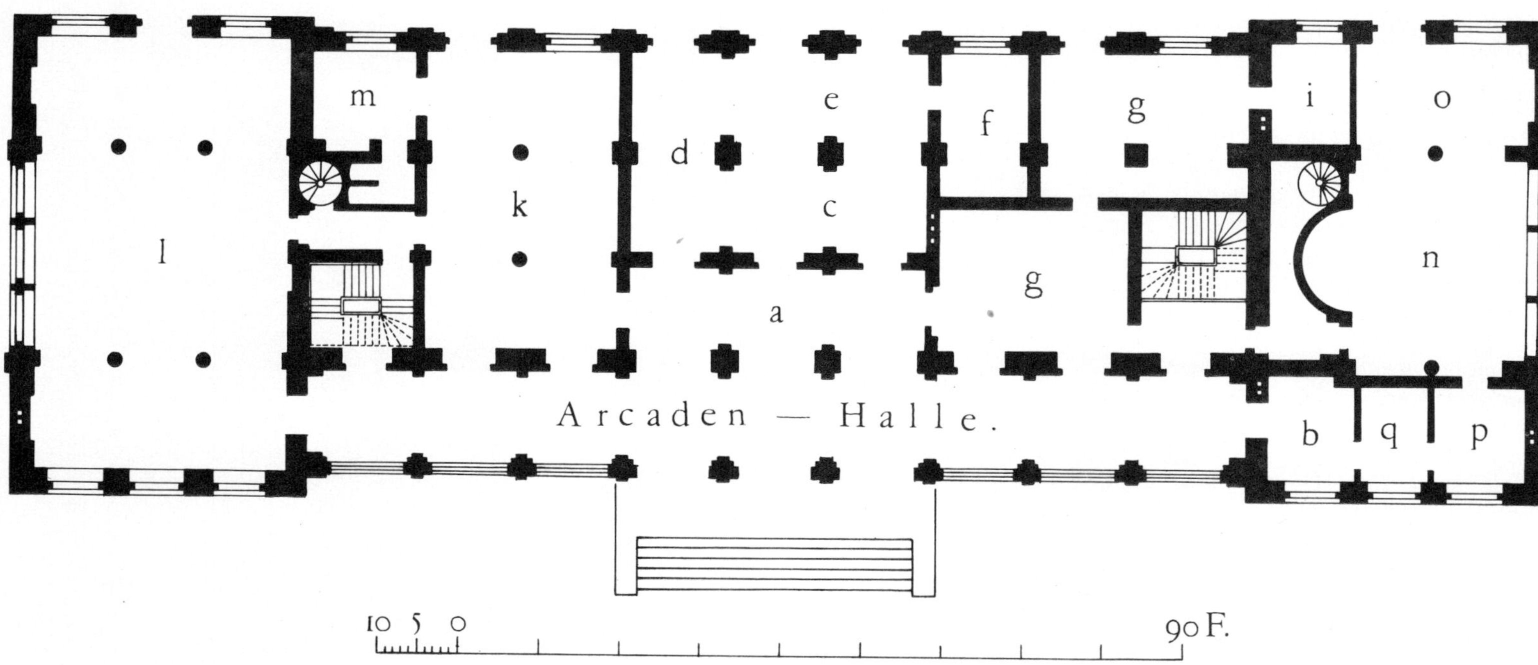

Bild 311 Hauptbahnhof Trier. Empfangsgebäude, erbaut 1885 bis 1888. Teilansicht mit Vorplatz. Entwurf: Schellen. Links im Hintergrund das kleine Empfangsgebäude der Moseltalbahn (Trier Klbf) Foto um 1910 (Sammlung Schladitz)

IV.
Bremische Eisenbahnen

Die «Bremenschen Staatsbahnen» der Freien und Hansestadt Bremen, der auch die Städte Bremerhaven und Vegesack gehörten, bauten und betrieben ihre Strecken nicht selbst. Nur einen kleinen 0,36 km langen Streckenabschnitt innerhalb der Stadt Bremen einschließlich der Weserbrücke führten sie selbst aus. Gemäß Staatsvertrag von 1859 beteiligte sich Bremen mit 50 % der Investitionssumme an der Herstellung der samt Zweig nach Vegesack 67,6 km langen Linie Bremen–Geestemünde, deren Bau und Betrieb die Hannöversche Staatsbahn übernahm. Die 4 km lange Anschlußlinie Geestemünde–Bremerhaven baute gleichfalls Hannover, jedoch trug Bremen dafür die Kosten allein. Beide Linien wurden am 23. Januar 1862 eröffnet. Geestemünde–Bremerhaven diente aber zunächst nur dem Güterverkehr.

1883 nahm Preußen Verhandlungen zur Übernahme aller bremischen Eisenbahnen auf, die es schließlich laut Gesetz vom 17. Mai 1884 mit Rechnung ab 1. April 1883 am 1. Juli 1884 mit Ausnahme des Weserbahnhofes in Bremen, des Bahnhofes Bremerhaven und des 0,36 km langen Bahnabschnittes innerhalb Bremens für 36 Millionen Mark übernahm.

Die Preußischen bzw. Preußisch-Hessischen Staatseisenbahnen (seit Dezember 1896) bauten dann in diesem Raum weitere wichtige Linien, von denen

Geestemünde–Speckenbüttel–Cuxhaven am 1. Juni 1896

Bremervörde–Hesedorf–Stade am 1. Oktober 1898

Geestemünde–Bremervörde am 1. Januar 1899 und

Wulsdorf–Lehe–Speckenbüttel mit Abzweig nach Bremerhaven Lloydhalle am 1. Juli 1914 eröffnet wurden.

Die letztgenannte Linie ist vor allem durch die Hafenstation Bremerhaven Lloydhalle und den Columbusbahnhof an der später besonders für die Ozeanriesen «Columbus», «Bremen» und «Europa» des Norddeutschen Lloyd angelegten 1 000 m langen «Columbuskaje» bekannt geworden.

Bild 312 Hauptbahnhof Bremen. Ansicht des Empfangsgebäudes aus südsüdwestlicher Richtung, erbaut 1885 bis 1889. Entwurf: Stier (Sammlung Verfasser)

Der Hauptbahnhof Bremen

Während die bis 1873 eröffneten Bahnen ausnahmslos in den alten Hannoverschen Bahnhof mündeten, erhielt die Linie Venlo–Hamburg der Cöln-Mindener Eisenbahn (Seite 121) einen eigenen Bahnhof nördlich des alten, um das bis 1888 zum Zollausland gehörende Staatsgebiet Bremens zu umgehen. Bremen war an diese Bahn nur durch eine Schleife zwischen Dreyer Weserbrücke–Sagehorn angeschlossen. Die damit verbundenen Schwierigkeiten des Betriebs- und Verkehrsablaufs im Personenverkehr – für den direkten Ost-West-Güterverkehr brachte die am 1. Juni 1874 eröffnete Verbindungsbahn Kirchweyhe–Sagehorn Entlastung – sowie die Lage der alten Bahnen mit zahlreichen Straßenkreuzungen im Stadtgebiet machten den Umbau der Bahnanlagen Bremens, vor allem die Zusammenlegung der Bahnhöfe und den Neubau des ohnehin unzulänglich gewordenen Hannoverschen Bahnhofes erforderlich. Bei dieser Gelegenheit wurden alle Bahnen zweigleisig ausgeführt, der Bahnkörper höhergelegt und im Stadtgebiet sämtliche Niveauübergänge durch Unterführungen ersetzt.

Als Standort des neuen Hauptbahnhofes kam natürlich nur das Gelände des bisherigen «Centralbahnhofs» in Frage. Architekt des 1885 bis 1889 errichteten Empfangsgebäudes (Bild 312) war der im Bahnhofsbau versierte Professor Hubert Stier aus Hannover. Er entwarf vorher unter anderem die Bahnhofsgebäude in Hannover und Hildesheim. Erstaunlich ist die gestalterische Vielfalt seiner Werke. In Bremen hat er

Bild 313 Hauptbahnhof Bremen. Teilansicht des Empfangsgebäudes von Westen, um 1905 (Verkehrsmuseum)
Bild 314 Hauptbahnhof Bremen. Mittelrisalit der Eingangshalle. Foto um 1914 (Sammlung Kempke)
Bild 315 Hauptbahnhof Bremen. Inneres der Eingangshalle des Empfangsgebäudes 1889. Entwurf: Stier (Sammlung Verfasser)

den Höhepunkt pomphafter Eklektik erreicht (Bild 313), evident architektonisch rückschrittlich gegenüber seinem ein Jahrzehnt vorher geschaffenen Hannoverschen Empfangsgebäude (Bild 114), wenngleich er in Bremen funktionell fortschrittlichere Lösungen fand. Aber auch ein so befähigter Architekt mußte wohl dem Zeitgeist unterliegen.

Dennoch gehörte das Empfangsgebäude Stiers zu den zehn im letzten Drittel des 19. Jahrhunderts erbauten monumentalen Bahnhofsbauten Deutschlands. Beherrschende Baukörper, wie der hohe, mächtig vortretende Mittelbau (Bild 314) mit der Eingangshalle und die dahinter noch höher aufragende Bahnsteighalle (Bild 312), die von den Zwischenbauten der Wartesäle und selbst durch die dreigeschossigen Seitenrisalite nicht verdeckt wurde, ließen das Gebäude in der Tat ungemein wuchtig erscheinen. Die 32,50 mal 37,25 m große, 21,43 m hohe Eingangshalle (Bild 315) vermittelte den prächtigen Eindruck dem Reisenden auch beim Betreten des Gebäudeinneren, falls er nicht – ohne um sich zu schauen – in üblicher Eile zum Zuge hastete! In Hallenmitte standen die Fahrkartenausgaben, in den Giebelnischen waren Pförtner, Post und die Kasse für die städtische Verbrauchsabgabe untergebracht. Zwischen den Zugängen zu den Personentunnels befand sich die Gepäckabfertigung, von der direkt ein 13,50 m breiter Gepäcktunnel zu hydraulisch betriebenen Aufzügen am Oldenburger und an den beiden Gepäckbahnsteigen führte. Die Reisenden gelangten geradeswegs von den beiden Eingängen durch die 6,10 m breiten Personentunnels und 2,50 m breite Treppen zu den hochliegenden Bahnsteigen, von welchen der erste, 300 m lange, am Empfangsgebäude für den Verkehr der Oldenburger, Uelzener und Auswandererzüge, der erste Inselbahnsteig für die Geestemünder und Hannoverschen, der zweite für die Hamburger und Kölner Züge bestimmt war. Die Inselbahnsteige hatten 225 m Länge.

Rechts der Eingangshalle lagen Wartesäle I. und II. Klasse sowie ein Damenzimmer mit Waschraum, links der Wartesaal III. und IV. Klasse. Im Erdgeschoß des linken Flügelbaues führte ein separater Zugang zum Warteraum für Auswanderer, die auch den Auswandererbahnsteig über eine besondere Treppe erreichten. In Bahnsteighöhe waren im ersten Geschoß Räume für Stationsdienst und Telegraphie untergebracht. Der rechte Flügelbau umfaßte im Erdgeschoß Wirtschaftsräume des Bahnhofsrestaurants, im ersten Stock in Bahnsteighöhe die «Räume für fürstliche Herrschaften». In den obersten Geschossen befanden sich Wohnungen des Bahnhofsvorstehers, -wirts und von Eisenbahnangestellten (Bild 316).

Das Empfangsgebäude war als Backsteinbau unter Verwendung von Terrakotten und Werksteinteilen auf einem Sockel aus Niedermendiger Basaltlava errichtet. Für die Zwickel der Bogenstellung des Mittelbaues (Bild 314) schuf der Bildhauer Kropp allegorische Darstellungen der Eisenbahn und Seeschiffahrt; die Figuren auf den Ecktürmen gestaltete Professor Dop-

Bild 316 Hauptbahnhof Bremen. Grundriß des Empfangsgebäudes 1889. Entwurf: Stier. 1 Empfangshalle; 2 Fahrkartenschalter; 3 Gepäckabfertigung; 4 Wartesaal II. Kl.; 5 Wartesaal I. Kl.; 6 Wartesaal III. Kl.; 7 Wartesaal IV. Kl.; 8 Auswanderersaal; 9 Personentunnel; 10 Gepäcktunnel mit Aufzügen; 11 Bahnsteig-Speisehalle; 12 Bahnsteig-Aborte; 13 Wirtschaftsräume, darüber Räume für fürstliche Reisende (Sammlung Verfasser)
Bild 317 Hauptbahnhof Bremen. Treppenaufgang zum Empfangssaal für fürstliche Reisende 1889. (Sammlung Verfasser)

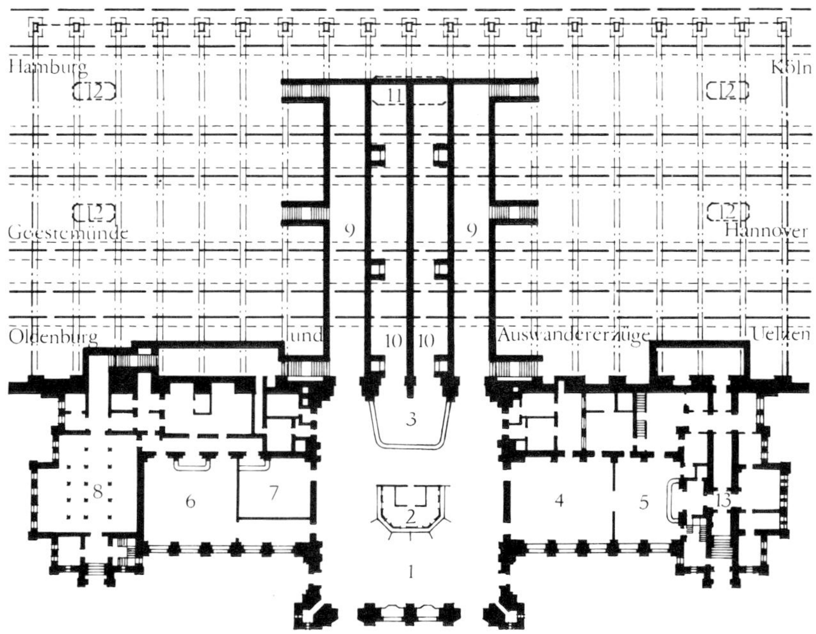

meyer, Hannover. Im Innern hatte die Eingangshalle einen Sockel aus poliertem belgischen Granit mit roten Marmorfüllungen. Ihre Fenster bestanden aus farbigem Kathedralglas. Die Wartesäle wurden selbstverständlich nach Klassen differenziert ausgeführt. Ihre Decken waren in den Feldern zwischen den Stahlfachwerkbindern mit glasierten Steinen gewölbt und die Sockel aus Holz getäfelt, aber der «Wartesaal I. und II. Klasse ... natürlich reicher in Form und Farbe und ... mit Säulen aus rotem Stuckmarmor mit Kapitälen von bronziertem Zink dekoriert». Für gar keinen Aufwandes wert hielt man offenbar die Auswanderer, deren Warteraum nur wie ein besserer Viehstall «bis auf 2 m Höhe mit Platten belegt und die Wände im übrigen mit Ölfarbe gestrichen, ... die Decke mit 1/2 Stein starken Kappen zwischen eiserne Balken, welche das erste Stockwerk tragen und auf gußeisernen Säulen ruhen, gewölbt und glatt geputzt» war.

In grellem – natürlich nicht für jedermann sichtbaren – Kontrast präsentierten sich demgegenüber die Räumlichkeiten der «Allerhöchsten» Gesellschaft. War der Treppenaufgang zu diesen (Bild 317) stilgemäß noch recht ansprechend gestaltet, so zeigte der «Empfangssaal für fürstliche Reisende» (Bild 318) den unechtüberladenen Prunk der wilhelminischen Ära, der vor allem in der Innenarchitektur befremdet. Er «ist mit einem Spiegelgewölbe mit Stichkappen eingedeckt. Der Sockel ist mit dunkel gebeizten, teilweise vergoldeten Eichenhölzern getäfelt, im übrigen die Wände und die Decke reich gemalt. Der Fußboden ist aus Eichenstäben gefertigt, der Kronleuchter und die seitlichen Lichtständer von Goldbronze hergestellt. Der Flur, welcher vom Bahnsteig nach der aus belgischem Granit hergestellten und mit reich geschmiedetem Geländer versehenen Treppe führt, hat Terrazofußboden».

Recht fortschrittlich wurde das Empfangsgebäude schon seinerzeit mit Heizungs- und Sanitärtechnik ausgerüstet. Alle öffentlichen und Diensträume waren durch Niederdruckdampfheizung beheizt und die Zu- und Abluftführung so geregelt, daß beispielsweise in den Wartesälen stündlich ein zweifacher Luftwechsel er-

Bild 318 Hauptbahnhof Bremen. Empfangssaal für fürstliche Reisende 1889. Entwurf: Stier (Sammlung Verfasser)
Bild 319 Hauptbahnhof Bremen. Nordöstlicher Bahnsteighallenanbau. Links Teilansicht des alten, 1889 errichteten Hallenbinders. Foto 1955 mit Lok 200 004 (Deutsche Fotothek. Foto: Eschen)

folgte! In den Aborten hatten die «Pissoirs mit marmornen Scheidewänden ... selbstthätige intermittierende Spülung». Elektrische Beleuchtung, gespeist durch ein eigenes Kraftwerk nördlich der Werkstätten, erhellte den gesamten Personenbahnhof.

An das Empfangsgebäude schloß sich die 130,85 m lange Bahnsteighalle mit 60,20 m Spannweite und 37 m Scheitelhöhe an. Zweifarbig verglaste Schürzen, bis auf 4,90 m über Schienenoberkante herabgeführt, und die nordöstliche 12 m hohe Fachwerkwand (Bild 319) gaben größtmöglichen Wetterschutz. Die Hallenkonstruktion bestand aus 19 Zwei-Gelenk-Stahlfachwerkbindern mit 7,20 m Binderfeldabstand, wobei jeweils die zwei Bögen der kastenförmigen, durch Fachwerke verbundenen Binder auch auf zwei Auflagern aus Gußeisen ruhten. Über 15 Binderfeldern quer zur Firstrichtung auf etwa 30 m Breite aufgesetzte Satteldachoberlichte sorgten für gute Tageslichtbeleuchtung der sonst mit verzinktem Wellblech eingedeckten Bahnsteighalle.

Die Baukosten betrugen für das Empfangsgebäude 1 380 000 Mark, für die Tunnels und Gepäckaufzüge 192 000 Mark, und für die Bahnsteighalle ausschließlich des Basismauerwerks 564 000 Mark. 1 Quadratmeter überdeckte Fläche der Halle kostete demnach etwa 73 Mark.

Das am 15. Oktober 1889 dem Reiseverkehr übergebene Empfangsgebäude und die Bahnsteighalle wurden im zweiten Weltkrieg nur geringfügig beschädigt, danach erfreulicherweise denkmalpflegerisch hervorragend wiederhergestellt.

Bahnhof Geestemünde

Nachdem Bremens Bürgermeister Smidt für die Stadt 1827 auf dem rechten Ufer der Geestemündung etwa 90 Hektar Land von Hannover erworben und hier Bremerhaven gegründet hatte, ließ Hannover links der Mündung den Konkurrenzhafen Geestemünde ausbauen, der sich zum bedeutendsten Fischereihafen und Fischverarbeitungsplatz Deutschlands entwikkelte.

Geestemünde, 1889 durch Vereinigung mit Geestendorf Stadt geworden, erhielt seinen er-

Bild 320 Bahnhof Geestemünde. Empfangsgebäude von 1862 (Museum für Verkehr und Technik, Berlin)
Bild 321 Bahnhof Geestemünde–Bremerhaven. Empfangsgebäude 1914. Foto um 1920 (Sammlung Raunitschke)

sten Bahnhof 1862. Da der Personenverkehr zunächst hier endete und bis Bremerhaven nur Güterverkehr stattfand, wurde er als Kopfstation mit einem Empfangsgebäude in Seitenlage an der Ostseite des Handelshafens angelegt. Seine Gleise endeten an Drehscheiben vor dem Hauptkanal, der Handels- und Holzhafen verband. Das später durch Anbauten erweiterte romantische Bahnhofsgebäude mit Rundbogenfenstern und -friesen (Bild 320) diente dem Verkehr bis 1914.

Die im Verlauf von fünf Jahrzehnten beträchtlich gestiegene Verkehrsbelastung, zu der nicht zuletzt die inzwischen eröffneten neuen Eisenbahnverbindungen beitrugen, und die unhaltbare Keillage, in die der Bahnhof durch die südlich des Empfangsgebäudes nach Cuxhaven abzweigende Strecke geriet, erforderte dringend die Umgestaltung der alten Bahnanlagen, die in den Jahren 1910 bis 1914 stattfand. Dabei erhielt der neue Personenbahnhof seinen Standort nordöstlich des alten Bahnhofes von Geestemünde in geringerer Entfernung von Bremerhaven, so daß er beiden Städten zugleich günstige Verkehrsbedingungen bot. Wie in den meisten größeren Städten wurden auch hier, vor allem aus städtebaulichen Gründen, die Gleise hochgelegt und damit niveaugleiche Straßenübergänge beseitigt bzw. vermieden. Die Anlagen des alten Bahnhofes blieben dem Güterverkehr vorbehalten.

An dem wiederum in Seitenlage errichteten, aber wesentlich größeren Empfangsgebäude (Bild 321) ist äußerlich der Zwiespalt erkennbar, der die Architektur vor dem ersten Weltkrieg beim Übergang vom traditionellen Eklektizismus zur Moderne kennzeichnet; es zeigt, wie schwer es selbst fortschrittlichen Architekten fiel, sich trotz ihrer Bereitschaft zu modernen gestalterischen und funktionellen Lösungen ganz vom Traditionellen zu befreien. Doch immerhin entstand hier ein klar gegliedertes, funktionell hervorragendes Bauwerk ohne den sonst üblichen augenfälligen Fassadenschmuck, das namentlich durch die ins Dach hochgeführten drei Portalfenster die eigene charakteristische Note bekam. – Nur eineinhalb Jahrzehnt später wurde der moderne «Columbusbahnhof» in Bremerhaven geschaffen (siehe unten)!

Von der auf Vorplatzebene liegenden lichterfüllten, großzügigen Empfangs- und Schalterhalle aus sind die hochliegenden Bahnsteige durch Personentunnel bequem erreichbar. Die Überdachung der 6 Bahnsteiggleise durch eine zweischiffige Bahnsteighalle aus Stahl-Bogenbindern mit kittlosen Glasdächern von je 21 m Spannweite und 13,50 m Höhe stellte die Firma C. H. Jucho, Dortmund und Hamm (Westf.), her.

Bis zur Vereinigung von Geestemünde und Lehe zur Stadt Wesermünde im Jahre 1924 führte der neue Bahnhof die amtliche Bezeichnung «Geestemünde-Bremerhaven», danach «Wesermünde-Bremerhaven» und seit 5. Oktober 1947 heißt er nur noch «Bremerhaven Hbf».

Der Columbusbahnhof in Bremerhaven

Ein Bahnhof besonderer Art, über Jahrzehnte Deutschlands Tor zur Welt, ein hervorragendes Beispiel der Neuen Sachlichkeit im Bahnhofsbau, war der 1924 bis 1927 mit großem Empfangs-, Zoll- und Gepäckabfertigungsgebäude sowie umfangreichen Gleisanlagen erbaute Columbusbahnhof in Bremerhaven, die «Columbuskaje», dessen zweckmäßig-schlichte, von funktionellen Anforderungen und absoluten, konstruktiven Prämissen bestimmte Architektur

Bild 322 Columbusbahnhof und Columbuskaje Bremerhaven um 1935. Im Hintergrund Schnelldampfer »Europa« des Norddeutschen Lloyd (Reichsbahn-Kalender)

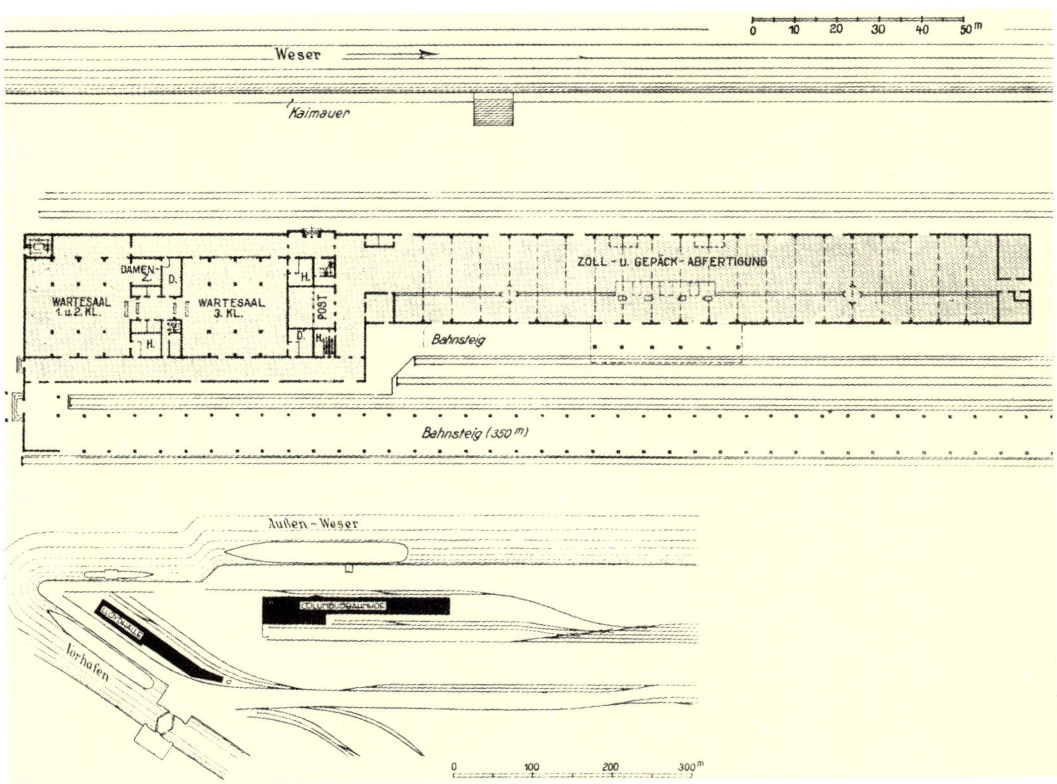

Bild 323 Columbusbahnhof Bremerhaven. Lageplan und Grundriß des Empfangsgebäudes 1929. Entwurf: Claussen und Andresen (Anlage), Jacobs (Bauten) (Sammlung Verfasser)

weder dem Funktionalismus huldigte, noch in den Formalismus der Moderne abglitt.

Der Bau der Columbuskaje (Bild 322) wurde aus finanziellen Gründen dem nach Vergrößerung des Bremer Staatsgebietes 1904 begonnenen, durch den ersten Weltkrieg und dessen Folgen aber unausführbaren Neu- bzw. Weiterbau der großen, kostspieligeren Nordschleuse vorgezogen, den man erst 1929 wieder in Angriff nahm. Für das Anlegen der größten Überseedampfer des Norddeutschen Lloyd, «Columbus», «Bremen» und «Europa», mußte eine 1 000 m lange Kaimauer hergestellt werden. Parallel zum 700 m langen geraden Pier wurden die Bahnhofsgebäude mit 230 m Gesamtlänge angeordnet (Bild 323, 324). Davon hatte das Empfangsgebäude, die Columbushalle, mit Wartesälen I., II. und III. Klasse für alle Ansprüche, Wirtschaftsräumen etc. 80 m Länge und 30 m Breite sowie kaiseitig auf 70 m Länge verglaste Aussichtsräume, die bei Abfahrt der Schiffe für die Angehörigen der Seeleute reserviert waren. Der Passagier-Haupteingang in die Wartesäle der Columbuskaje befand sich in dem fünfgeschossigen dominierenden Hochbau mit Dienst-, Post-, Fahrgast- und Polizeiräumen. Hieran folgte der 150 m lange, 20 m tiefe stützenfreie Flachbau der Zoll- und Gepäckhalle.

Auf der Landseite waren direkt vor der Zollhalle ein Gepäckbahnsteig mit zwei Gleisen und anschließend ein Personen-Inselbahnsteig mit 350 m langen Gleisen angeordnet (Bild 325). Nördlich vor diesen lag eine Gleisgruppe mit 6 Gleisen für je eine Zuglänge. Der Bahnhof konnte daher 6 bis 7 Züge aufnehmen, so daß innerhalb kürzester Zeit 2 000 Passagiere vom Schiff an Land gebracht und über die Zoll-

Bild 324 Columbusbahnhof Bremerhaven. Kaiseite des Empfangsgebäudes 1929. Entwurf: Jacobs (Sammlung Verfasser)

Bild 325 Columbusbahnhof Bremerhaven. Landseite mit Bahnsteighallen 1929. Entwurf: Jacobs (Sammlung Verfasser)

Bild 326 Columbusbahnhof Bremerhaven. Teilansicht der Kaiseite mit Dampfer »Columbus« 1929 (Sammlung Verfasser)

Bild 327 Columbusbahnhof Bremerhaven. Querschnitt durch die Columbuskaje 1929. (Sammlung Verfasser)

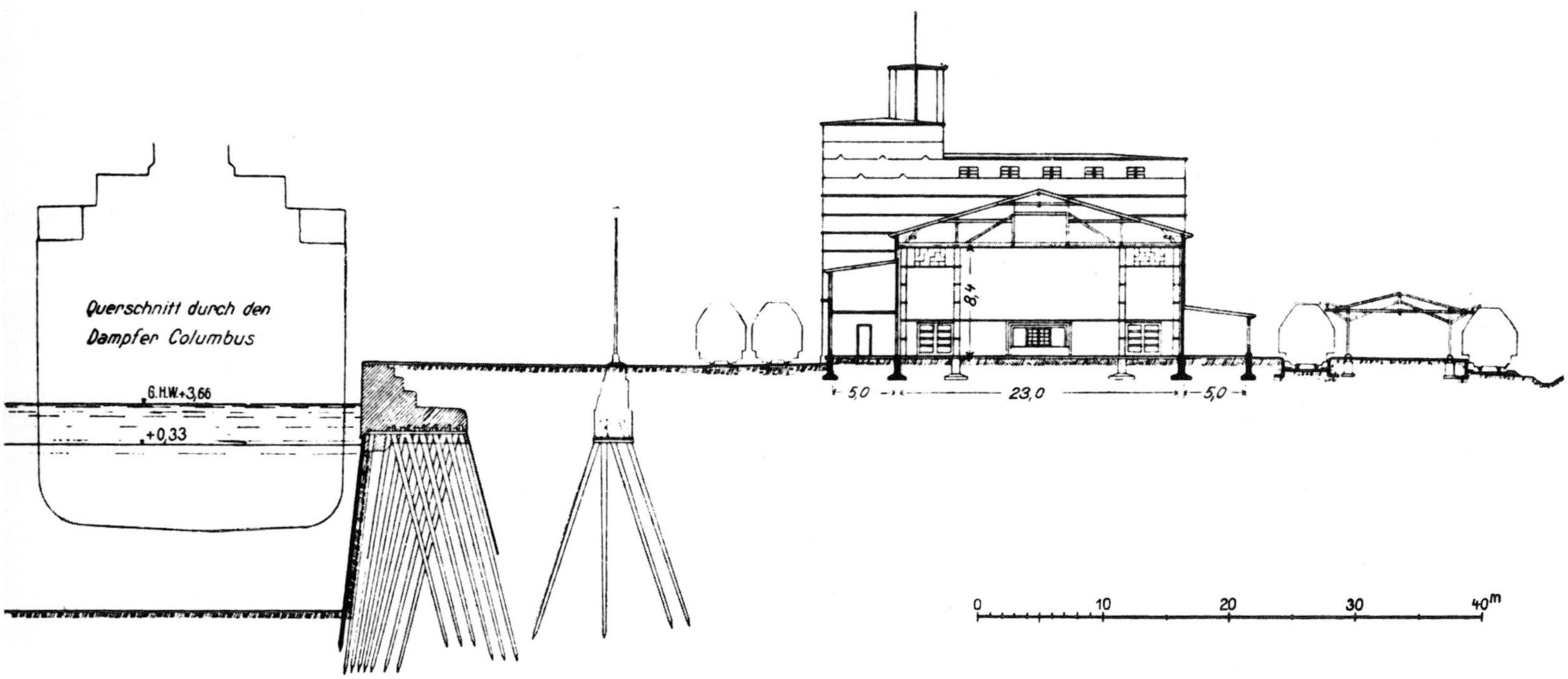

Gepäckabfertigungs-Halle zu den Zügen abgefertigt werden konnten, während die ausreisenden Fahräste mit den Zügen auf zwei Gleisen an der Kaiseite direkt vor den Schiffen ankamen und ohne Zolluntersuchung an Bord gehen konnten (Bild 326). Unmittelbar zum Kai wurde außerdem noch eine Anfahrtstraße für Reisende mit Kraftfahrzeugen geführt, die wasserseitig nur durch die Poller zum Festmachen der Schiffe begrenzt war.

Für die Bahnhofsgebäude mußte wegen des wenig tragfähigen Untergrundes – 7 m Sandauffüllung auf einer 10 m mächtigen Schlickschicht – eine sehr leichte Bauweise, und zwar Holzfachwerk mit beiderseitiger Verschalung, gewählt werden, um teure Gründungen bis auf tragfähigere Schichten zu vermeiden (Bild 327). Dennoch beeindruckte der Bahnhof in dieser Bauweise durch die funktionsbedingte Staffelung seiner Baumassen und die helle Farbgebung der Fassaden. Die schlichte, farblich geschmackvoll behandelte Holzkonstruktion auch der Bahnsteige ebenso wie seine gediegene Innenarchitektur (Bild 328) repräsentierten sicherlich besser als irgendeine monumental sein wollende Anlage diesen großen Bahnhof am Meer, wo viele zum ersten Mal deutschen Boden betraten oder ihre Heimat zeitweilig, nicht selten für immer, verließen.

Die gesamte Bahnhofsanlage entwarfen Baudirektor Claussen und Baurat Andresen vom Hafenbauamt Bremerhaven. Beide leiteten auch die Bauausführung. Nach ihrem Vorentwurf übernahm Architekt Rudolf Jacobs, Bremen, die architektonische Gestaltung und künstlerische Leitung des Baues.

Der nach dem zweiten Weltkrieg rekonstruierte Columbusbahnhof (Bild 329) verlor infolge des sich entwickelnden Flugverkehrs über den Atlantik zunehmend seine einstige bedeutende Stellung. Beim neuen Bahnhof benutzen die Passagiere über der mehrspurigen Güterbahn des Kais eine Gangway zwischen Schiff und Obergeschoß des Bahnhofs, wo wiederum direkte Verbindung zu den Bahnsteigen oder zum Parkplatz besteht.

Bild 328 Columbusbahnhof Bremerhaven. Wartesaal I. u. II. Klasse 1929. Entwurf: Jacobs (Sammlung Verfasser)

Bild 329 Columbusbahnhof Bremerhaven. Abfertigungsgebäude der United States Lines mit Dampfer »Castel Felice« um 1955 (Deutsche Fotothek. Foto: Eschen)

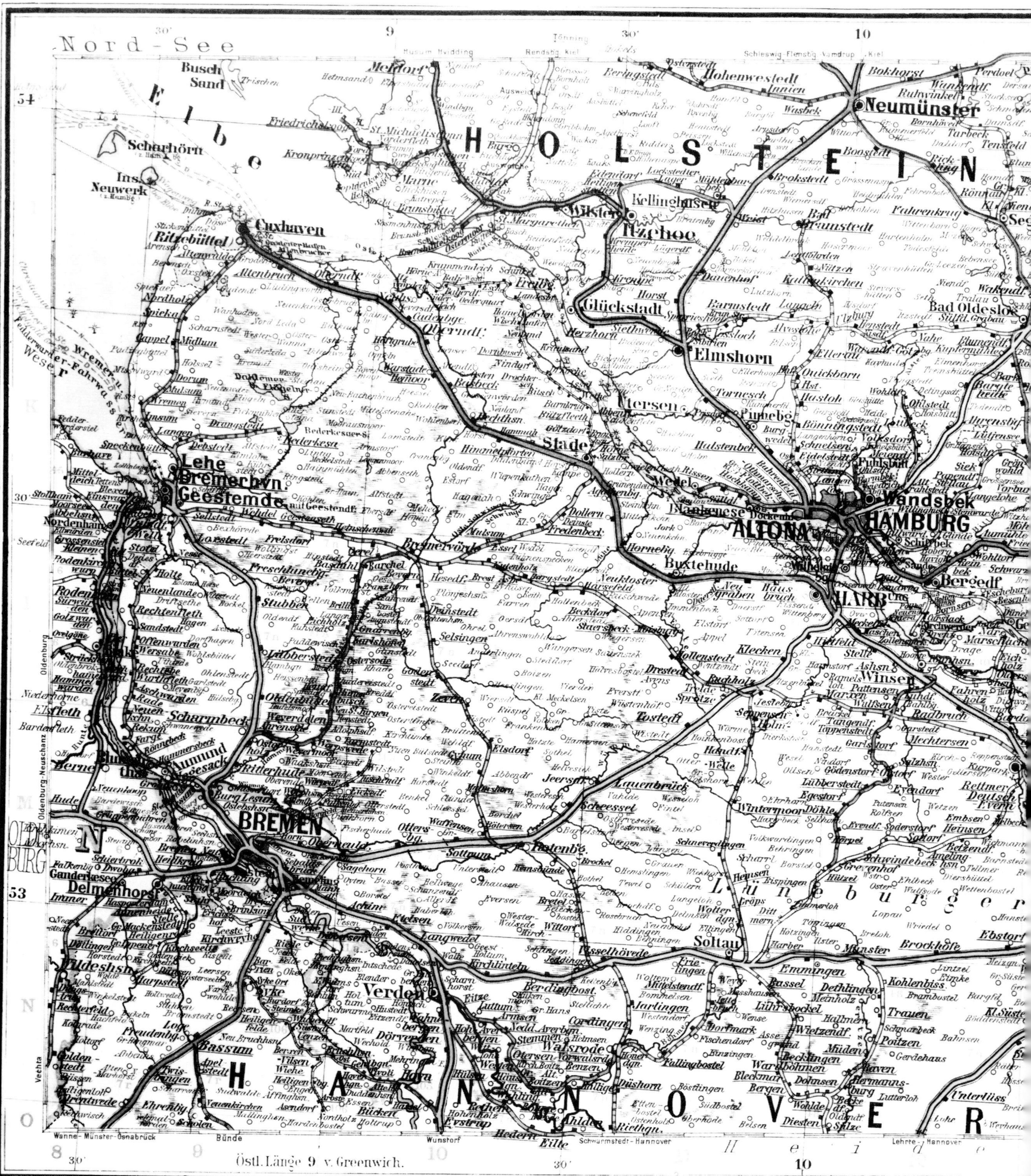
Nord-See
Elbe
HOLSTEIN
HANNOVER
Lüneburger Heide
Weser
Busch Sand
Scharhörn
Ins. Neuwerk
Cuxhaven
(Ritzebüttel)
Neumünster
Kellinghusen
Itzehoe
Glückstadt
Elmshorn
Bad Oldesloe
Uetersen
Pinneberg
Wedel
Blankenese
Stade
Buxtehude
ALTONA
HAMBURG
Wandsbek
Bergedorf
Harburg
Winsen
Lehe
Bremerhaven
Geestemünde
Nordenham
Bremervörde
Zeven
Tostedt
Elsfleth
Vegesack
BREMEN
Delmenhorst
Achim
Verden
Rotenburg
Soltau
Walsrode
Wildeshausen
Bassum
Hoya
Brake
Dorum
Bederkesa
Hohenwestedt
Wilster
Brunsbüttel
Marne
Meldorf
Ebstorf
Munster
Fallingbostel
Schneverdingen
Uelzen
Östl. Länge 9 v. Greenwich
Wanne-Münster-Osnabrück
Wunstorf
Schwarmstedt-Hannover
Lehrte-Hannover
Husum Hvidding
Rendsbg. Kiel
Schleswig-Flensbg.-Vamdrup-Kiel

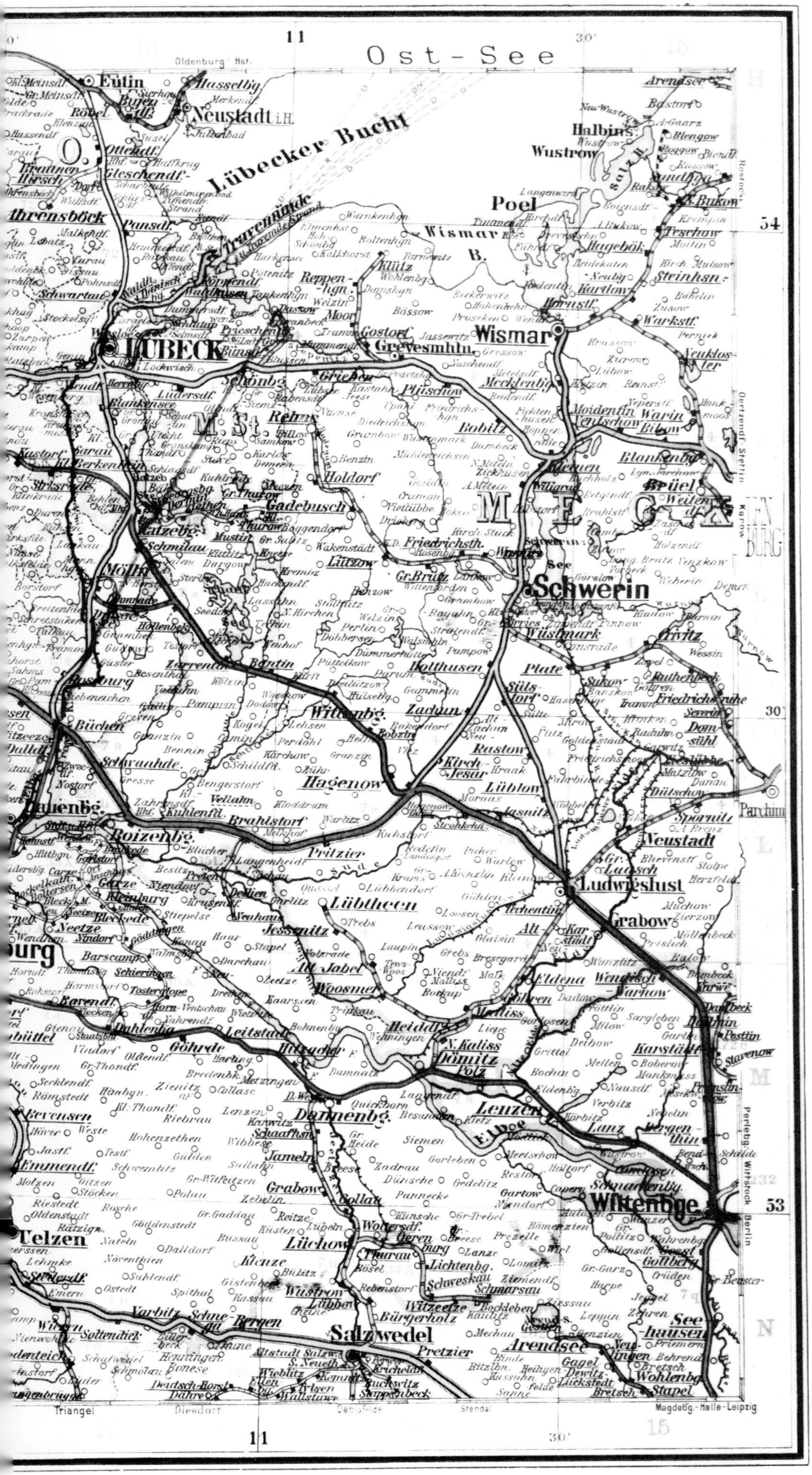

V.
Hamburgische Eisenbahnen

Staatsbahnen
4 Mecklenburg. Friedrich Franzbahn
6 Oldenburgische Staatsbahnen
7 Preußische Staatsbahnen
Direktions-Bezirke:
a Altona — q Magdeburg
n Hannover — r Münster

Privatbahnen
11 A.-G. f. Bahnbau u. Betrieb
a Bremisch–Hannoversche Klb.
17 Altona–Kaltenkirchener Eisenb.
18 Altrahlstedt–Volksdorf–Wohldorf (Kleinbahn)
30 Bergedorf-Geesthachter E.
35 A Bleckeder Kreisbahn
41 A Bremervörde-Osterholz
45 Budjadinger Kleinb.
48 Celle-Soltau u. -Munster Klb.
59 A Delmenhorst-Harpstedt Klb.
68 Elmshorn-Barmstedt-Oldesloher E.
72 Eutin-Lübecker Eisenbahn
78 B Geestemünder Kreis-Klb.
105 Hoyaer Eisenbahn
106 Hoya-Syke-Asendorfer Kleinb.
112 Kehdinger Kreis-Kleinbahn
125 Lägerdorf-Itzehoer Güter-Klb.
128 Lenz'sche Kleinbahnen
134 Lübeck-Büchener Eisenbahn
134 A Lüchow-Schmarsau Klb.
134 B Lüneburg-Soltau (Klb.)
151 A Brahlstorf-Neuhaus Klb.
177 Rendsburg-Hohenwestedter Kleinbahn
209 Südstormannsche Kreisb.
215 Uetersen-Tornescher E.
215 A Verden-Walsrode Klb.
230 Winsen-Engestorfer Klb.

Koch, W. und C. Opitz:
Eisenbahn- und Verkehrsatlas von Europa. Leipzig 1912
Blatt Nr. 7

Die Hamburg–Bergedorfer Eisenbahn

Vier Jahre vor Inbetriebnahme der Fernverbindung Berlin–Hamburg wurde am 17. Mai 1842 die durch eine Hamburgische Aktiengesellschaft gebaute Hamburg-Bergedorfer Eisenbahn eröffnet. Wenige Tage zuvor diente die schon betriebsfähige Eisenbahn beim großen Brande Hamburgs vom 5. bis 8. Mai zum Abtransportieren von gerettetem Hab und Gut.

Die 16 km lange, auf Hamburger Territorium gelegene Eisenbahn projektierte der Engländer Sir William Lindley, der zusammen mit Giles auch die Leitung der Bauausführung hatte. Ursprünglich für den Lokalverkehr zwischen Hamburg und Bergedorf nur eingleisig erbaut, sollte die Bahn jedoch von vornherein Anschluß an Eisenbahnen nach Berlin und Hannover erhalten, der in Richtung Berlin erst nach dem 1841 abgeschlossenen Staatsvertrag zwischen Dänemark, Hamburg, Lübeck, Mecklenburg und Preußen sowie nach Gründung der Berlin-Hamburger Eisenbahn-Gesellschaft im Juli 1843 realisierbar war. Diese von 1844 bis 1846 unter Leitung von Neuhaus über Boizenburg–Ludwigslust–Wittenberge gebaute Linie führte zwangsläufig am ersten Bergedorfer Bahnhof vorbei, so daß 1,6 km der alten Hamburg-Bergedorfer Bahn nicht mit in die Trasse einbezogen werden konnten. Mit Eröffnung ihrer 271,1 km langen Strecke am 15. Dezember 1846 pachtete die Berlin-Hamburger Eisenbahn-Gesellschaft gleichzeitig den verbleibenden 14,4 km langen Abschnitt der Hamburg-Bergedorfer Bahn, die ihre Linie zuvor zweigleisig ausgebaut und die Hamburger Bahnhofsanlagen erweitert hatte. Die dafür aufgewendeten Kosten wurden der Hamburg-Bergedorfer Gesellschaft mit 4 % verzinst und ihr außerdem in den ersten 5 Jahren 45 %, später 50 % der Bruttoeinnahmen gezahlt. Dazu vom Hamburgischen Staat bereitgestellte Mittel konnten auf diese Weise bis 1870 amortisiert werden, wonach die Hamburg-Bergedorfer Eisenbahn in das Eigentum der Freien und Hansestadt Hamburg überging. Das Pachtverhältnis existierte bis zur Verstaatlichung am 1. Juni 1884, als die Kgl. Eisenbahn-Direktion Altona mit der Berlin-Hamburger zugleich auch die Hamburg-Bergedorfer Bahn bzw. deren Unternehmen übernahm.

Der Bergedorfer Bahnhof in Hamburg

Für den ältesten, am 1. Mai 1842 eröffneten Bahnhof Hamburgs wählte die Aktiengesellschaft der Hamburg-Bergedorfer Eisenbahn den inneren Hammerbrook am Deichtor als Standort. So befand sich die als Kopfstation gebaute Anlage unmittelbar am Ostrand der Altstadt.

Bild 330 Bergedorfer Bahnhof in Hamburg, um 1852. Entwurf: de Chateauneuf (Verkehrsmuseum)
Bild 331 Bergedorfer Bahnhof in Hamburg. Ansicht von der Kopfseite, um 1844 (Verkehrsmuseum)

Den Kern des Bahnhofsgebäudes bildete die 4 Gleise 23,50 m weit überspannende, zweischiffige «Perronhalle» mit zimmermannsmäßigen Satteldachtragwerken (Bild 330). Nach der Stadtseite war die Halle durch ein zweitürmiges Kopfbauwerk abgeschlossen (Bild 331), die Gleise jedoch nicht, wie sonst üblich, durch die beiden mächtigen Torbögen, sondern nur bis zu den Drehscheiben innerhalb der Halle geführt. Südlich an der Abfahrtsseite der Halle stand ein klassizistisches Empfangsgebäude mit dreigeschossigem Mittelbau und zweigeschossigen Seitenflügeln, das im Erdgeschoß Räumlichkeiten für die Reisenden und «Bureaus für den Stationsdienst», in den Obergeschossen Diensträume des Betriebsamtes und die Wohnung des Betriebsdirektors enthielt. Ein diesem Bauwerk entsprechendes Pendant auf der Ankunftseite wurde erst später durch die Berlin-Hamburger Eisenbahn-Gesellschaft im Rahmen des Umbaues und der Erweiterung zum «Berliner Bahnhof» errichtet.

Die Bahnhofsanlage entwarf der Architekt Alexis de Chateauneuf, der in Hamburg viele ansehnliche öffentliche und private Bauten schuf, z. B. die 1843 bis 1849 in neo-frühgotischer Backsteinbauweise gestaltete Petrikirche, das 1845 bis 1847 errichtete große Verwaltungsgebäude der Post im Stil der italienischen Renaissance, die Schulte'schen und Schemmann'schen Speicher an der Neuenburg von 1868 usw., die vom vielfältigen Gestaltungsvermögen dieses herrvorragenden Baumeisters zeugen.

Seit Betriebsübernahme durch die Berlin-Hamburger Eisenbahn-Gesellschaft am 1. Dezember 1846 hieß der Bergedorfer Bahnhof von nun an Berliner Bahnhof.

Die Unterelbe'sche Eisenbahn

Als dritte Bahn mündete von Cuxhaven – Stade her die «Unterelbe'sche Eisenbahn» in Harburg. Obschon diese Verbindung 1857 bis 1859 in Verhandlungen zwischen Hamburg und Hannover erörtert sowie 1868 im Vertrag über die Venlo-Hamburger Bahn einbezogen wurde, erhielt erst 1872 eine Berliner Gesellschaft, die «Cuxhavener Eisenbahn-, Dampfschiff- und Hafen-Aktien-Gesellschaft», dafür die Konzession. Doch das Unternehmen konnte infolge Zahlungsunfähigkeit weder seine 1873 begonnenen goßangelegten Hafenbauten fortführen noch diesen Bahnbau in Angriff nehmen, der endlich 1878 durch die «Société belge des chemins de fer» ins Rollen kam und der «Unterelbe'schen Eisenbahn-Gesellschaft» zur Ausführung übertragen wurde. Sie eröffnete den Abschnitt Harburg–Stade am 1. April und die ganze Strecke bis Cuxhaven schließlich am 11. November 1881. Von der 103,32 km langen Linie lagen bei Cuxhaven 6,56 km auf Hamburger Gebiet. In Harburg endete die Bahn in ihrem eigenen Unterelbe'schen Bahnhof nordwestlich der Stadt am Schwarzen Berg, hatte aber Anschluß an die älteren Linien durch ein in Straßenhöhe zum alten Harburger Bahnhof geführtes Verbindungsgleis.

Die Unterelbe'sche Bahn wurde am 1. Juli 1890 von der Königlichen Eisenbahn-Direction Altona der Preußischen Staatsbahn übernommen.

Bahnhof Buxtehude

Der mißlichen finanziellen Lage der Unterelbe'schen Eisenbahn entsprachen auch ihre meist recht anspruchslosen, nur zweckmäßig mit billigsten Mitteln ausgeführten Hochbauten. In Buxtehude errichtete die Gesellschaft für den am 1. April 1881 eröffneten Bahnhof einfachste Gebäude in Ziegelrohbauweise (Bild 332), wie sie seinerzeit für ländliche Zweckbauten üblich waren. Das eingeschossige Dienstgebäude mit Bahnhofswirtschaft (vorn im Bild) bildete zusammen mit der betriebswichtigen heizbaren Wasserstation, die sich ursprünglich westlich desselben in dem quer zu den Gleisen stehenden zweigeschossigen Gebäude befand, den ersten Bauabschnitt. Dazwischen wurde nachträglich die zum Hausbahnsteig offene Personenhalle mit anschließenden Warteräumen angeordnet. Statt eines durchgehenden Bahnsteigdaches boten nur zwei sparsame Vordächer Wetterschutz bis an die Bahnsteigkante. Der polygonale Wasserturm (links im Hintergrund des Bildes) ist erst um 1900 gebaut worden.

Als betriebstechnisch interessante Details sind die neben der Tür des Fahrdienstleiterraumes stehenden Gleismelder-Geber-Apparate mit Druckvorrichtung der «Telephon- und Telegraphenwerke Mix & Genest, Berlin Schöneberg, auf diesem Foto von 1906 erwähnenswert.

Der Berliner Bahnhof in Hamburg

Nach Betriebsübernahme der Hamburg-Bergedorfer Eisenbahn durch die Berlin-Hamburger Eisenbahn-Gesellschaft und Eröffnung ihrer Gesamtstrecke am 15. Dezember 1846 mußte der ehemalige Bergedorfer, nun Berliner Bahnhof in Hamburg den neuen größeren Anforderungen entsprechend umgebaut und erweitert werden. Seine Anlagen dehnten sich im Hammerbrook zwischen der Banks- und der Amsinckstraße vom Kopfbau des Empfangsgebäu-

Bild 332 Bahnhof Buxtehude. Empfangsgebäude von der Bahnseite um 1900 (Verkehrsmuseum)
Bild 333 Hamburg. Lageplan mit Berliner, Klostertor-, Lübecker und Venloer Bahnhof, der Verbindungsbahn und den Kaibahnen 1890 (Sammlung Verfasser)

des am Deichtor bis zum Grünen Deich aus und umfaßten schließlich um 1890 eine Fläche von 1440 m Länge und 70 bis 180 m Breite (Bild 333–335). Die «Perronhalle» erhielt eine neue freitragende hölzerne Bogendachkonstruktion nach System Emy mit Satteldachoberlicht, deren Inneres durch die markante Gliederung der auf Konsolen und Pfeilervorlagen ruhenden Binder in Verbindung mit den Rundbogenöffnungen der Seitenwände außerordentlich beeindruckte (Bild 336). Außerdem wurde die Halle um 70 m verlängert und bedeckte nun die Gleise auf etwa 150 m. Am Kopfbauwerk sind für die an beiden miteinander verbundenen Drehscheiben angeordneten kurzen Stumpf-

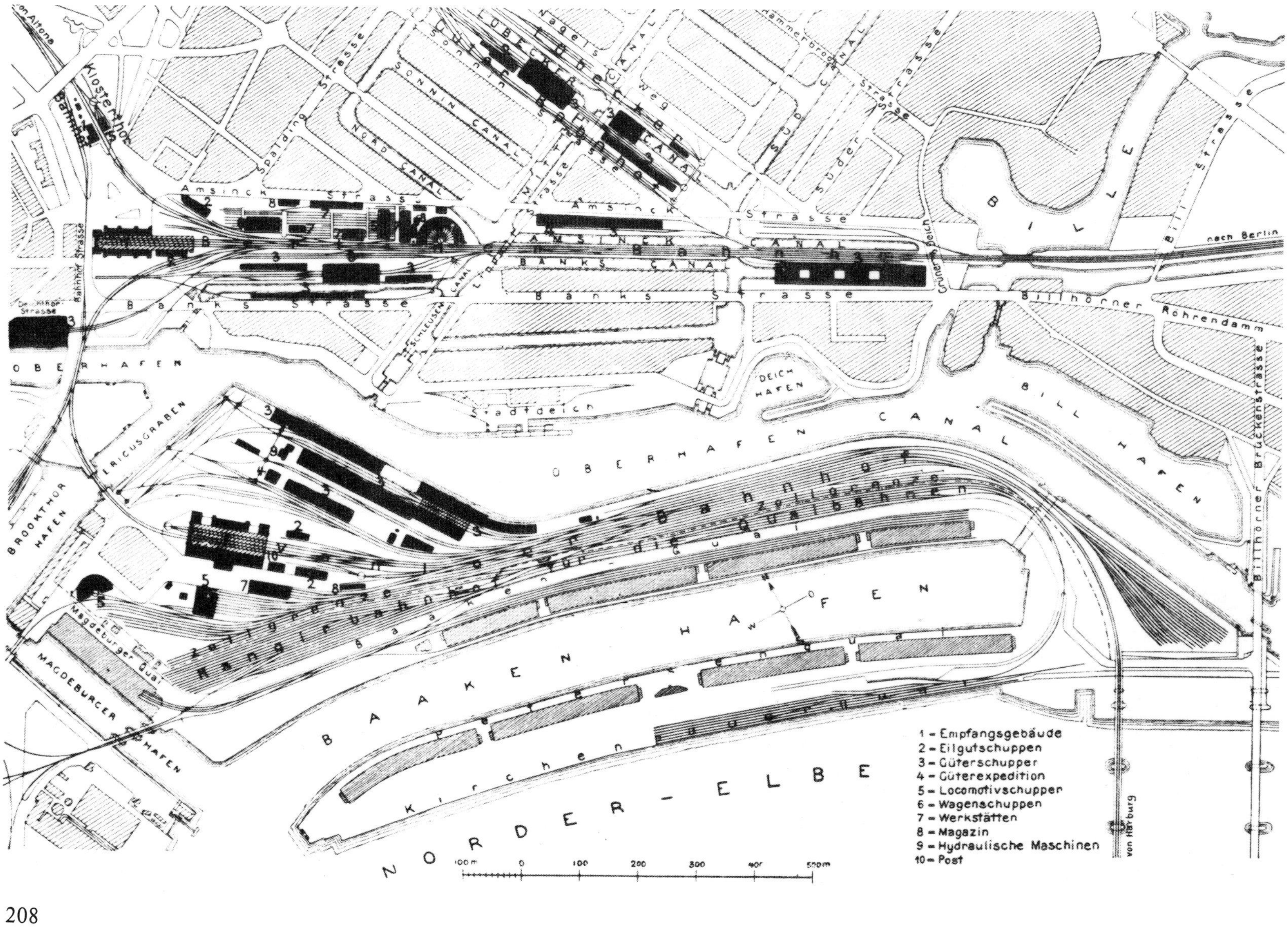

Bild 334 Berliner Bahnhof in Hamburg. Grundriß des Empfangsgebäudes 1857. Entwurf: de Chateauneuf. Abfahrtseite: 1 Vestibül; 2 Fahrkartenausgabe; 3 Gepäckannahme; 4 Portier; 5 Wartesaal III. Kl.; 6 Wartesaal II. Kl.; 7 Wartesaal I. Kl.; 8 Damenzimmer; 9 Küche; 10 Bureaus. Ankunftseite: 11 Ausgänge; 12 Gepäckausgabe; 13 Portier; 14 Wartezimmer; 15 Bureaus (Sammlung Verfasser)
Bild 335 Berliner Bahnhof in Hamburg. Querschnitt des Empfangsgebäudes 1857. Entwurf: de Chateauneuf (Sammlung Verfasser)
Bild 336 Berliner Bahnhof in Hamburg. Innenansicht der Bahnsteighalle 1857. Entwurf: de Chateauneuf (Sammlung Verfasser)

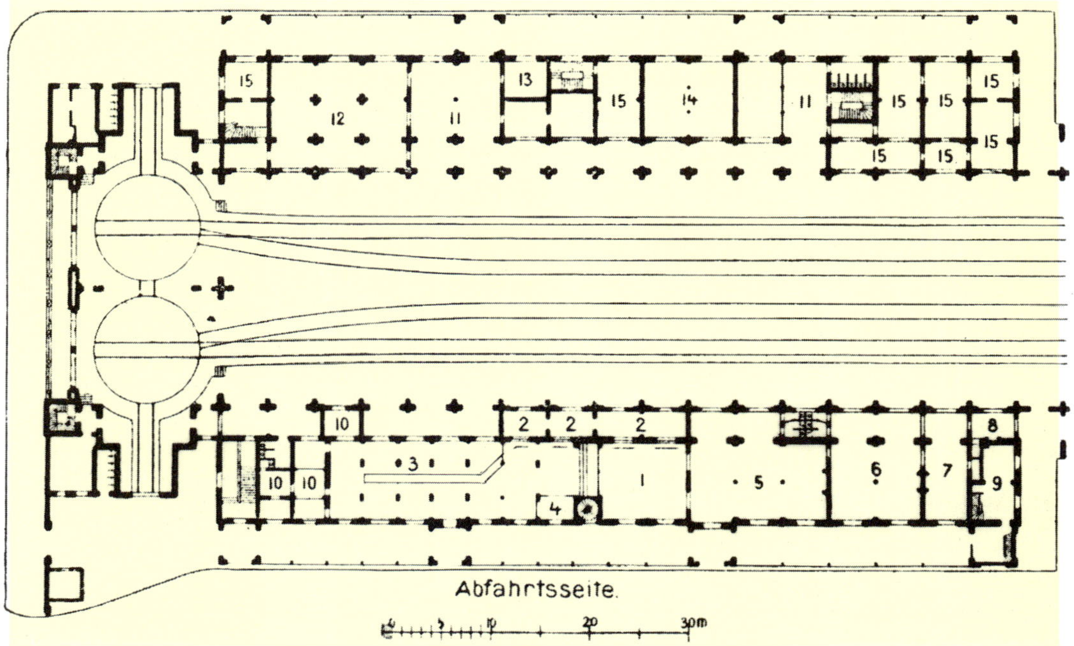

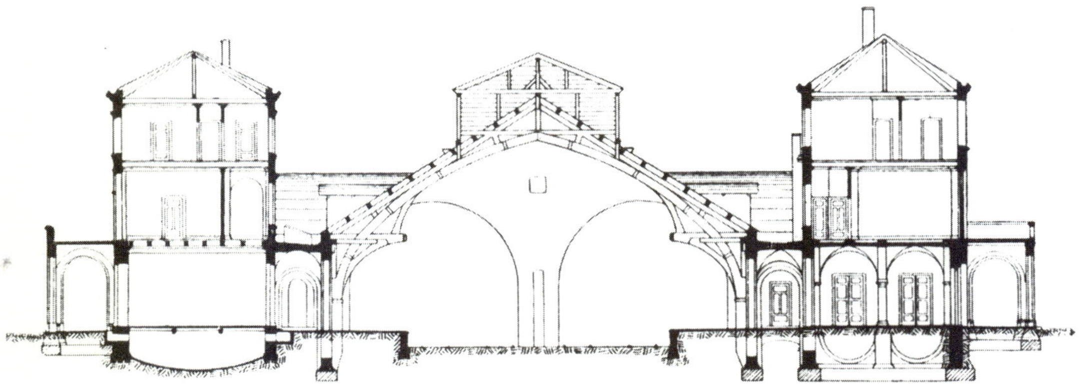

gleise, Toiletten etc. Gebäudeflügel angebaut, die Türme aus repräsentativen Gründen erhöht und beiderseits der Halle entsprechend dem bereits vorhandenen alten Empfangsgebäude symmetrische Abfahrts- und Ankunftsseiten in der für Hamburg traditionellen Backsteinbauweise geschaffen worden (Bild 337). Für abgehende Eilgüter wurden südlich der verlängerten Halle, für ankommendes Eilgut nordöstlich des Empfangs- bzw. Ankunftsgebäudes, Schuppen und nördlich der Hauptgleise Bauten des Bahnbetriebswerkes errichtet.

Bei den Anlagen zur Güterabfertigung wurden neben dem «Rollfuhrverkehr» besonders der in Hamburg bedeutende Wassertransport mit Schuten berücksichtigt. Die älteste Güterumschlaganlage befand sich am Schleusenkanal und hatte durch eine besondere «Eisenbahnschleuse» Verbindung mit dem Oberhafen. Für die 1846 gebauten massiven Güterschuppen wurde eine sinnreiche Lösung gewählt (Bild 338): die Gleise verliefen durch das Schuppeninnere; ober- und unterhalb der Ladebühnen waren Lagerräume vorgesehen und für die Verladearbeiten standen hydrauliche Kräne zur Verfügung, die ihr Betriebswasser von der städtischen Wasserleitung bezogen. Südlich der Hauptgleise am Grünen Deich stand außerdem ein etwa 260 m langer, 37 m breiter Empfangsgüterschuppen, der drei Unterfahrten für Schuten und handbetriebene Kräne hatte (Bild 339).

Die im wesentlichen nach den Plänen Alexis de Chateauneuf's durchgeführten Um- und Erweiterungsbauten des Berliner Bahnhofs waren bis 1857 in den Hauptabschnitten beendet.

Baulich interessant ist schließlich noch der

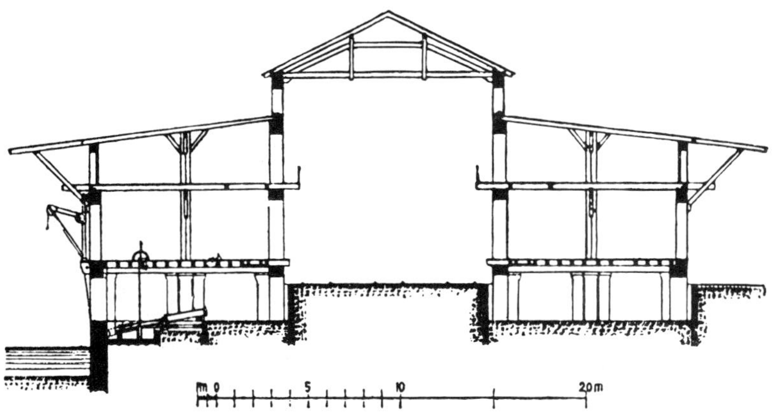

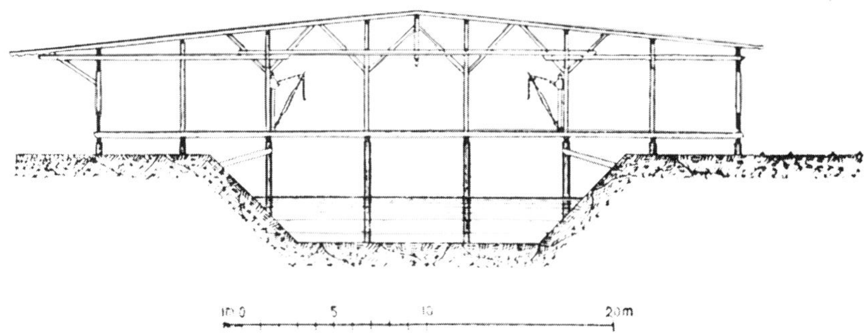

für die Zollabfertigung an der Berlin-Hamburger Bahn 1869 erbaute Zollschuppen mit Hauptzollamt zwischen Bahnhofstraße und dem Meßberg. Dieses 25 Jahre nach dem ersten Bahnhof errichtete dreischiffige Bauwerk war mit seinen Polonceau-Stahlfachwerk-Dachbindern schon relativ modern. Es gestattete jede Kombination des Verkehrs Wasser/Bahn/Straße. Bahnseitig erschlossen drei durch die basilikaartig erhöhte Mittelhalle geführten Gleise diese Umschlaganlage. Bemerkenswert ist auch der hier wie bei den meisten Bauten im Hammerbrook erforderlich gewesene hohe Aufwand für die Gebäudegründung, vor allem in Wassernähe (Bild 340).

Der Berliner Bahnhof diente dem Verkehr bis 1903 (Bild 341), als die im Zuge der Umgestaltung der Hamburger Eisenbahnanlagen fertiggestellten Objekte, insbesondere die in diesem Jahr eröffneten neuen Personenbahnhöfe Dammtor und Sternschanze etc., seine Stillegung zuließen. Dann wurde bis zur Fertigstellung des Hauptbahnhofes (1906) der Bahnhof Lippeltstraße am 1. Mai 1903 als provisorischer Berliner Bahnhof in Betrieb genommen (Bild 342).

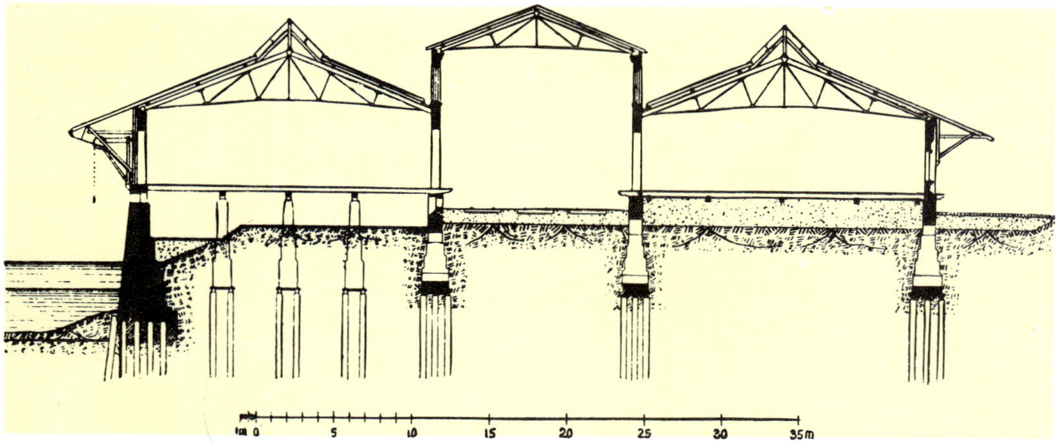

Bild 337 Berliner Bahnhof in Hamburg. Nordansicht des Empfangsgebäudes um 1900. Vor dem Kopfbau führte die Verbindungsbahn vom Venloer Bf zum Klostertorbf mit Abzweigen zum Berliner Bf (Verkehrsmuseum)
Bild 338 Berliner Bahnhof in Hamburg. Querschnitt des Versandgüterschuppens 1846 (Sammlung Verfasser)
Bild 339 Berliner Bahnhof in Hamburg. Querschnitt des Empfangsgüterschuppens 1846 (Sammlung Verfasser)
Bild 340 Berliner Bahnhof in Hamburg. Querschnitt des Zollschuppens am Meßberg 1869 (Sammlung Verfasser)
Bild 341 Berliner Bahnhof in Hamburg. Südwestansicht mit Berliner Abfahrtseite und Schnellzug auf der Verbindungsbahn, um 1900 (Reichsbahn-Kalender 1935)

Der Lübecker Bahnhof in Hamburg

Das ursprüngliche Projekt von 1858 sah vor, den Personenbahnhof der Lübeck-Büchener Eisenbahn wegen der seinerzeit noch bestehenden Stadtmauergrenze am Klostertor, den Güterbahnhof und den Betriebsbahnhof für Personenzüge im Hammerbrook anzulegen, dort, wo später nach Aufhebung der Torsperre der Personenbahnhof errichtet wurde. In Anbetracht der steigenden Grundstückspreise des nach Einführung der Berlin-Hamburger Eisenbahn erhöhten und entwässerten Hammerbrook konnte die Lübecker Bahn überdies nicht näher an die Stadt herangeführt werden.

So wurde der Lübecker Personenbahnhof schließlich auf dem anfänglich für den Güterbahnhof vorgesehenen Gelände angelegt, wo er sich nördlich der Spaldingstraße vom Nagelsweg bis zum Berliner Tor erstreckte. Sein Empfangsgebäude mußte infolge des wenig tragfähigen Baugrundes eingeschossig und größtenteils als holzverschalter Fachwerkbau ausgeführt werden (Bild 343). Darüber hinaus war es erforderlich, das Gebäude «periodisch in die richtige Höhe» zu schrauben. Der Bahnhof besaß einen 6,3 m breiten, 185 m langen, auf 130 m Länge überdachten Hausbahnsteig, den «Hauptperron», und zwischen dem 2. und 3. Gleis einen schmalen «Zwischenperron». Zur Aufnahme des starken Sonn- und Feiertagsverkehrs hatte man beide Bahnsteige etwa 120 m über die den Bahnhof niveaugleich kreuzende Hammerbrookstraße hinaus verlängert. Östlich derselben lagen die Gleise zur Zusammen- und Bereitstellung der Personenzüge, die Lokomotiv- und Wagenschuppen, eine Reparaturwerkstatt und eine Laderampe für Wagen und Vieh. Nördlich des Personenbahnhofs befanden sich Rangier- und Bereitstellungsgleise für Güterzüge, die an der Westseite rechtwinklig zum Güterbahnhof abbogen; dafür standen 3 Gleise zur Verfügung, die den Nagelsweg und die Spaldingstraße «in Pflasterhöhe» kreuzten.

Der Güterbahnhof der Lübeck-Büchener Eisenbahn lag beiderseits des Lübecker Kanals zwischen Sonninstraße und Nagelsweg (Bild 333). Mit 550 m Länge und 120 m Breite erstreckte er sich von der Spalding- bis zur Amsinckstraße. Seine Güterschuppen standen westlich des Kanals, auf der Ostseite fand der Freiladeverkehr statt. Der Hauptgüterschuppen hatte innenliegende Gleise und längsseits Land- bzw. Wasserumschlagsanlagen. Vor 1890 wurde noch ein Güterschuppen über den Kanal mit 4 Schutenunterfahrten, Ladegleisen an beiden Seiten und kopfseitiger Ladestraße für den Landeverkehr errichtet, ähnlich dem Empfangsgüterschuppen des Berliner Bahnhofs (Bild 339). Zwischen Berliner und Lübecker Güterbahnhof lag ein Verbindungsgleis über die Amsinckstraße, die es niveaugleich kreuzte. Nur durch dieses Gleis war der Lübecker Bahnhof mit den anderen Hamburgischen Bahnen und Bahnhöfen verbunden.

Der Lübecker Bahnhof diente der Abfertigung des Personenverkehrs seit seiner Eröffnung am 1. August 1865 und wurde nach Inbetriebnahme des Hauptbahnhofes am 5. Dezember 1906 geschlossen. Wesentliche Teile des Lübecker Güterbahnhofes blieben noch bis zum zweiten Weltkrieg erhalten. Der von der Lübeck-Büchener Eisenbahn seit 1. Oktober 1902 über die von ihr erbaute neue Linie von Wandsbek über Rothenburgsort in ihren Güterbahnhof eingeführt.

Lübecker Bahnhof.

Bild 342 Bahnhof Lippeltstraße in Hamburg, provisorischer Berliner Bahnhof von 1903 bis 1906. Ansicht von Westen (Verkehrsmuseum)
Bild 343 Lübecker Bahnhof in Hamburg. Ansicht von Süden, um 1900 (Verkehrsmuseum)
Bild 344 Klostertor-Bahnhof in Hamburg. Ansicht aus südsüdwestlicher Richtung, um 1900. P-Zug fährt zum Venloer Bf am Kopfbau des Berliner Bfs vorüber (Sammlung Schladitz)
Bild 345 Klostertor-Bahnhof in Hamburg. Ansicht von Nordwesten aus Richtung des jetzigen Hbfs. Rechts im Hintergrund die Türme des Berliner Bfs. Um 1890 (Verkehrsmuseum)

Der Klostertor-Bahnhof in Hamburg

Der «Bahnhof am Klosterthor» verdankt seine Entstehung dem Bau der Hamburg-Altonaer Verbindungsbahn, die am 30. September 1865 von Altona bis zum Bahnhof Schulterblatt und am 16. Juni 1866 zwischen Schulterblatt und Klostertor eröffnet wurde. Er war als Keilbahnhof – mit Abzweig der vom Dammtor-Bahnhof herführenden Gleise zum Venloer und Berliner Bahnhof – angelegt. Allerdings mündete die Verbindungsbahn in südöstlicher Richtung 600 m entfernt vom Empfangsgebäude des Berliner Bahnhofs in die Berliner Strecke, so daß die von Berlin auf die Verbindungsbahn übergehenden Züge nicht in dessen Halle einfahren konnten.

Die Anlagen des Klostertor-Bahnhofs umfaßten ein klassizistisch gestaltetes Empfangsgebäude (Bild 344) mit je einem Haus- und Zwischenbahnsteig auf seiner Ost- und Westseite, einen rechteckigen, zweigleisigen Lokomotivschuppen mit 4 Ständen und vorgelagerter Drehscheibe sowie ein Betriebsgebäude im nördlichen Gleiszwickel (Bild 345). Später erhielt der Berliner Hausbahnsteig ein Bahnsteigdach am Empfangsgebäude, dem zur Abfertigung des steigenden Verkehrs nachträglich auch noch ein unansehnlicher Fachwerk-Flachbau mit Warteräumen, Fahrkartenausgabe usw. angefügt wurde, der den eigentlich wohlgestalteten Bahnhofsbau verunzierte (Bild 346).

Neben dem Hamburger Lokalverkehr sind nach Übernahme des Bahnbetriebes durch die Preußische Staatseisenbahn-Verwaltung 1884 auf den Verbindungsgleisen zwischen Berliner bzw. Venloer Bahnhof und dem Klostertor-

Bahnhof auch durchgehende Schnellzüge überführt worden. Der Klostertor-Bahnhof diente nur dem Personenverkehr. Mit fortschreitenden Bauarbeiten im Zuge der Umgestaltung der Hamburger Eisenbahnanlagen wurde er 1903 geschlossen und abgerissen. Sein Standort befand sich an der Markthalle am Deichtorplatz.

Der Venloer Bahnhof in Hamburg

Das wohl mächtigste, den großen alten Berliner Bahnhöfen ebenbürtige Bahnhofsgebäude der Gründerzeit Hamburgs besaß der am 1. Dezember 1872 nach Fertigstellung der großen Brükken über die Süder- und Norderelbe eröffnete Venloer Bahnhof der Köln-Mindener Eisenbahngesellschaft (Bild 347), die ihre gesamte Strecke über Bremen nach Venlo in Holland mit Schienenverbindung nach Belgien und Frankreich erst am 31. Dezember 1874 in Betrieb nehmen konnte. Wegen dieser Verkehrsbeziehung und der bereits am 1. Mai 1847 eröffneten Hannoverschen Staatsbahn Hannover–Harburg hieß der Venloer Bahnhof auch Pariser oder Hannoverscher Bahnhof. Er wurde sturmflutfrei auf dem Großen Grasbrook angelegt, der seit dem Bau des 1,7 km langen Oberhafen-Kanals, des Magdeburger Hafens und nach dem Ausbau des Erikusgrabens eine künstliche Insel geworden war (Bild 333).

Der von Seggern entworfene Personenbahnhof entsprach dem Schema alter Kopfbahnhöfe aus der Frühzeit der Eisenbahn, stellte aber betrieblich eine Kombination zwischen Kopf- und Durchgangsstation dar. Durch die fünf Bogenöffnungen seines stattlichen Portikus führten 3 Gleise zur davorliegenden Drehscheibe und 2 Gleise durchgehend zum Klostertor-Bahnhof der Hamburg-Altonaer Verbindungsbahn sowie zum Vorgelände des Berliner Bahnhofs. Davon wurde seit etwa 1885 ein Gleis «wegen Belästigung des Straßenverkehrs» wieder stillgelegt. Auf Bild 348 ist das zweite zugepflasterte Gleis noch zu erkennen.

Die «Perronhalle» überspannte «neben den 5 Gleisen je zwei 6,80 m breite Hauptperrons und einen 3,25 m breiten Zwischenperron, welchen nachträglich ein schmaler Hilfsperron (für die durchgehenden Züge) zugefügt worden ist». Die 37.66 m freitragende Hallendachkonstruk-

Bild 346 Klostertor-Bahnhof in Hamburg. Südostansicht des Empfangsgebäudes, um 1900 (Verkehrsmuseum)
Bild 347 Venloer Bahnhof in Hamburg. Ansicht des Empfangsgebäudes von Westen, 1872. Entwurf: v. Seggern (Sammlung Schladitz)
Bild 348 Venloer Bahnhof in Hamburg. Ansicht des Kopfbaues des Empfangsgebäudes von Nordwesten, um 1900. Entwurf: v. Seggern (Sammlung Schladitz)
Bild 349 Venloer Bahnhof in Hamburg. Querschnitt durch das Empfangsgebäude und die Bahnsteighalle 1872. Entwurf: v. Seggern (Sammlung Verfasser)

tion bestand aus flachgewölbten Zweigelenk-Gitterbogenträgern aus Schmiedeeisen mit abgehängtem Zugband (Bild 349). Beiderseits der Bahnsteighalle schlossen sich die Empfangsgebäude zur Abfertigung abfahrender und ankommender Züge mit entsprechend unterschiedlichen Raumfunktionen (Bild 350), die auch an der architektonischen Anordnung der Baukörper erkennbar sind, besonders die den ungleichen Personenströmen angepaßten Mitteltrakte der Abfahrts- und der Ankunftsseite. In der Mitte des Abfahrtsbaues wurden die Reisenden durch einen weit vorgezogenen, überaus repräsentativen Flügelbau mit fünfbogiger Vorhalle empfangen. Demgegenüber berücksichtigte der langgestreckte, mit schützendem Vordach versehene Ankunftsbau den stärkeren, stoßweisen Strom der Reisenden bei der Ankunft eines Zuges, nicht zuletzt die Aufstellung möglichst vieler Droschken, denn der Venloer Bahnhof war noch weiter als der Berliner vom Stadtzentrum entfernt. Besonders großen Aufwand forderte die Gründung des schweren Bauwerkes auf dem wenig tragfähigen Boden des Großen Grasbrook, wo die Fundamente auf Pfahlrosten eingebracht werden mußten.

An der Abfahrtsseite des Empfangsgebäudes befanden sich ein Postamt, beiderseits Eilgutschuppen für abgehende und ankommende Sendungen, südlich das Bahnbetriebswerk mit je einem Rechteck- und Rund-Lokomotivschuppen sowie dem Werkstättengebäude, nördlich am Oberhafen 2 massive Güterschuppen für den Wasser-Bahn-Umschlag (Bild 351) mit hydraulischen Kränen, deren «Druckwasser mit 40 Atmosphären durch eine besondere, auf dem Bahnhofe errichtete Maschinenanlage geliefert» wurde, 3 große Güterschuppen für den Verkehr Schiene-Straße, ein «Freiladequai» am Erikusgraben, bis 1888 ein «Kohlenbahnhof für Land- und Wasserverkehr» am Magdeburger Kai, der danach durch den Kohlenbahnhof am Bahnhof Sternschanze für den Straßenverkehr und eine Kaianlage im Zwickel nördlich der Elbbrücke am Oberhafen für den Wasserverkehr ersetzt wurde.

Zum Be- und Entladen der Schuten und Leichter setzte man schon damals meist Dampfkräne ein. Der südliche und östliche Teil der Gütergleise diente dem Rangierbetrieb. Nach Festlegung der neuen Zollgrenze am 15. Oktober 1888 mußten Flächen am Baakenkai bzw. -hafen an den Hamburgischen Staat zur Anlage eines Rangierbahnhofes für die Kai-Bahnen abgetreten werden. Als Ersatz wurde dafür 1889 bis 1890 der Rangierbahnhof Wilhelmsburg geschaffen. So lag das «Zollinland» des Venloer Bahnhofs nun an der durch ein stabiles, nachts beleuchtetes «Zollgitter» abgesperrten Grenze zum Freihafengebiet (Bild 352).

Der Venloer Bahnhof diente dem Personenverkehr bis zur Eröffnung des Hamburger Hauptbahnhofes am 5. Dezember 1906. Sein bei Luftangriffen im zweiten Weltkrieg schwer beschädigtes, ruinöses Empfangsgebäude wurde leider 1955 durch Sprengung niedergelegt.

Nach Umgestaltung der Hamburger Eisenbahnanlagen blieb der Venloer Güterbahnhof erhalten und diente, weiter ausgebaut, als Lokalgüterbahnhof Hamburg-H. vorrangig dem Eilgut- und Stückgutversandverkehr. Er umfaßte im Jahre 1914 6222 m^2 Güterschuppenflächen für den Eilgut- und 20500 m^2 für den Stückgutverkehr, ferner 2330 m Freiladegleise und 1730 m Kais mit Gleisanlagen. Zum Rangierbahnhof Wilhelmsburg bestand eine zweigleisige Verbindung. In den 30er Jahren trug er die amtliche Bezeichnung «Hamburg Hgbf Han» (d. h. Hamburg Hauptgüterbahnhof Hannoverscher Bf).

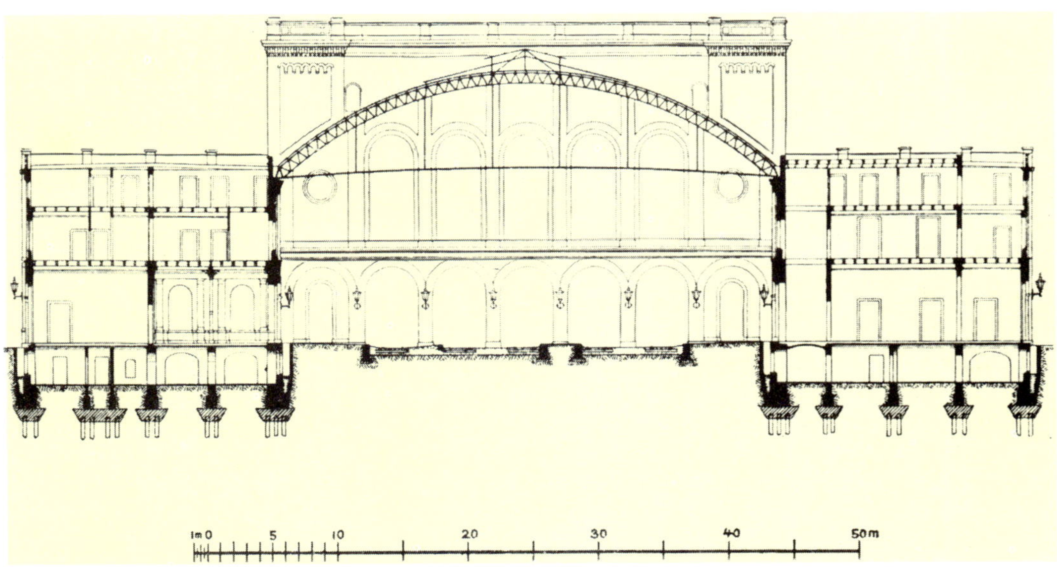

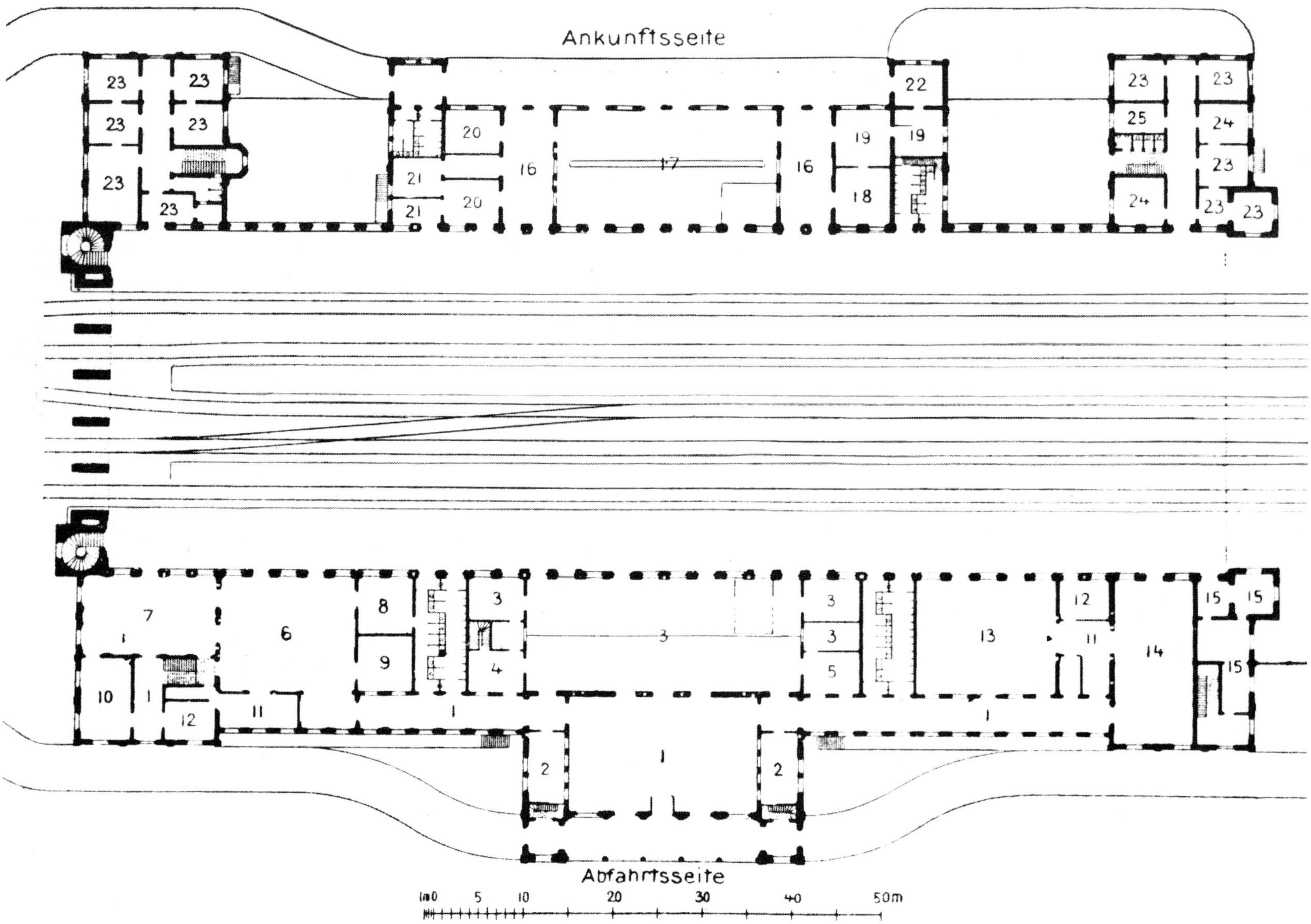
Ankunftsseite
Abfahrtsseite
1m 0 5 10 20 30 40 50m

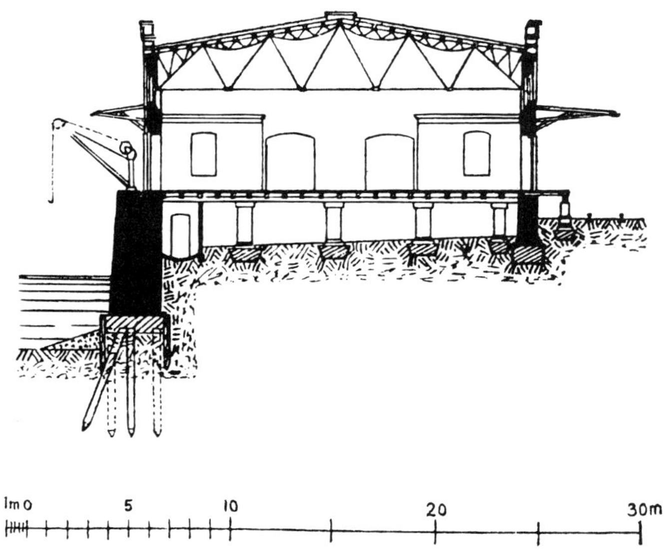
1m 0 5 10 20 30m

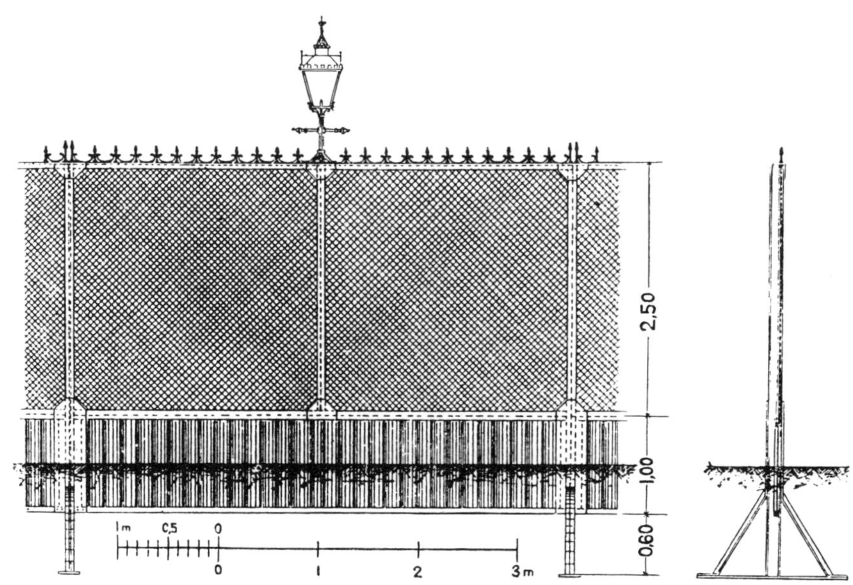
2,50
1,00
0,60
1m 0,5 0
0 1 2 3m

Bild 350 Venloer Bahnhof in Hamburg. Erdgeschoßgrundriß des Empfangsgebäudes 1872. Entwurf: v. Seggern Abfahrtseite: 1 Vestibül u. Korridore; 2 Fahrkartenausgabe; 3 Gepäckannahme; 4 Portier; 5 Gepäckträger; 6 Wartesaal II. Kl.; 7 Wartesaal I. Kl.; 8 Waschzimmer für Damen; 9 Waschzimmer für Herren; 10 reserviertes Zimmer; 11 Buffet; 12 Restaurateur; 13 Wartesaal III. Kl.; 14 Wartesaal IV. Kl.; 15 Bureaus. Ankunftsseite: 16 Ausgänge; 17 Gepäckausgabe; 18 Fahrkartenausgabe; 19 Übernachtungsräume; 20 Wartezimmer; 21 Waschzimmer; 22 Polizei; 23 Bureaus; 24 Räume f. d. Zugpersonal; 25 Magazin (Sammlung Verfasser)

Bild 351 Venloer Bahnhof in Hamburg. Querschnitt durch den Wassergüterschuppen 1872 (Sammlung Verfasser)

Bild 352 Venloer Bahnhof in Hamburg. Zollgitter an der Grenze zum Freihafengebiet, 1890 (Sammlung Verfasser)

Bild 353 Dammtor-Bahnhof in Hamburg. Ansicht des Empfangsgebäudes von Nordwesten 1866. Zeitgenössische Grafik (Verkehrsmuseum)

Bild 354 Dammtor-Bahnhof in Hamburg. Stadtseitige Ansicht des Empfangsgebäudes vom Botanischen Garten aus, um 1900 (Sammlung Schladitz)

Der Dammtor-Bahnhof in Hamburg

1,76 Kilometer vom Klostertor-Bahnhof entfernt wurde als nächste Zwischenstation für den Lokalverkehr der am 16. Juni 1866 eröffneten Hamburg-Altonaer Verbindungsbahn westlich der Alster der Dammtor-Bahnhof angeleg. Er befand sich unmittelbar südöstlich des Dammtor-Dammes bzw. des heutigen Dammtor-Bahnhofes. Sein Empfangsgebäude, ein stilvoller, dreigliedriger klassizistischer Bau mit anmutig gestaltetem Mittelrisalit der Empfangshalle gehörte zu den schönsten Bahnhofsbauten des alten Hamburg (Bild 353). Es war südwestlich der Gleise in Seitenlage errichtet. Der Haupteingang und Vorplatz lagen am Botanischen Garten (Bild 354).

Der Dammtor-Bahnhof diente ebenso wie der Klostertor-Bahnhof von Anfang an nur dem Personenverkehr. Doch während jener durch die Umgestaltung der Hamburger Eisenbahnanlagen entbehrlich war, erlebte der Dammtor-Bahnhof in deren Folge eine glänzende Renaissance. Auf Grund seiner Lage und Bedeutung wurde er im Rahmen dieser umwälzenden Maßnahmen als großer Durchgangs-Stadtbahnhof westlich des alten Bahnhofs am Loigny-Platz, jetzt: Theodor-Heuss-Platz, neu gebaut und am 7. Juni 1903 in Betrieb genommen. Seit Übernahme der Bahnen durch die Preußische Staatsbahn im Jahre 1884 vermittelte der Dammtor-Bahnhof schließlich nicht nur Lokalverkehr, sondern bis heute – im neuen Bahnhof – in erheblichem Umfang auch fast den gesamten durchgehenden Fernverkehr.

Bestimmend für die Konzipierung des neuen Bahnhofsbaues war die dringend erforderliche

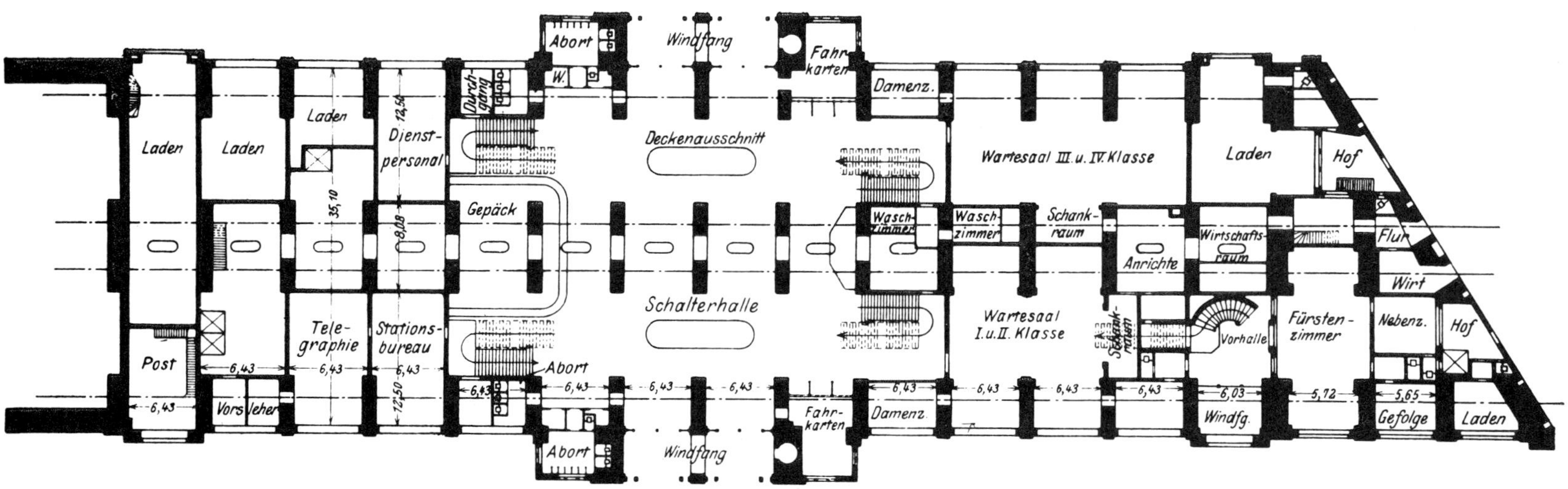

Hochlegung der Gleise im städtischen Bereich – die Führung im Einschnitt konnte nur selten, wie z. B. beim Hauptbahnhof, gewählt werden –, um die zahlreichen niveaugleichen Straßenübergänge durch Unterführungen zu ersetzen. Dies bot die Möglichkeit, den seinerzeit in vielen Großstädten beim Umbau ihrer Bahnanlagen verwendeten «Stadt-Bahnhof-Typ» mit dem Empfangsgebäude im Sockelgeschoß unter der Bahnsteighalle zu bauen (Bild 355).

Das, abgesehen von der schrägen Unterführung des Dammtor-Dammes, auch im Grundriß symmetrisch ausgeführte Gebäude wurde funktionell sehr zweckmäßig gestaltet. Trotz der statisch notwendigen Pfeilerreihen unter den Gleisen ist der Empfangsbau so gegliedert, daß eine nördliche Empfangshalle für den Stadtbahnverkehr und eine südliche für den Fernverkehr, jeweils mit Fahrkartenschaltern, Toiletten etc. sowie getrennten Zugangs- und Abgangstreppen zu bzw. von den Bahnsteigen zur Verfügung stehen, wobei dennoch zwischen beiden Bereichen Durchgangsmöglichkeit besteht (Bild 356). Hier in Gebäudemitte befindet sich außerdem die Gepäckabfertigung. Beiderseits des Bahnhofs waren geräumige Vorplätze mit Trennung des Fahrverkehrs für abgehende und ankommende Reisende angelegt.

Über dem Empfangsgebäude wölbt sich die 17 m hohe, 34,36 m weit gespannte Bahnsteighalle, deren Konstruktion seinerzeit Ingenieur Merling als rahmenartiges Zweigelenk-Stahlfachwerk-Doppelbindersystem entwarf. Die Binder stehen in 7,85 m Achsabstand auf dem entsprechend eingeteilten Unterbau, der 4 Gleise mit 2 Bahnsteigen trägt. Im Unterschied zu anderen wurde die Dachhaut hier nicht mit verglasten Oberlichtbändern versehen – die rasch verschmutzten und nicht leicht zu reinigen sind-,

Bild 355 Dammtor-Bahnhof in Hamburg. Ansicht von Süden 1903. Entwurf: Schwartz, Rüdell und Merling (Verkehrsmuseum)
Bild 356 Dammtor-Bahnhof in Hamburg. Sockelgeschoßgrundriß des Empfangsgebäudes 1903. Entwurf: Schwartz, Rüdell und Merling (Sammlung Verfasser)
Bild 357 Dammtor-Bahnhof in Hamburg. Querschnitt 1903. Entwurf: Schwartz, Rüdell und Merling (Sammlung Verfasser)
Bild 358 Dammtor-Bahnhof in Hamburg. Längsansicht 1903. Entwurf: Schwartz, Rüdell und Merling (Sammlung Verfasser)

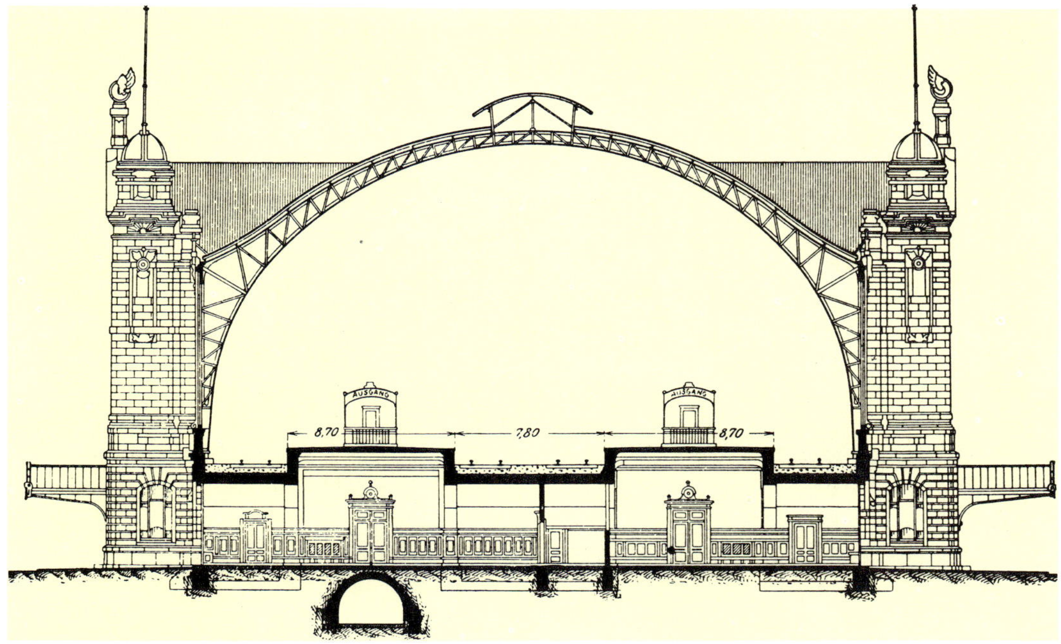

sondern die Tageslichtbeleuchtung erfolgt durch 7 m breite und 7,70 m hohe Glasflächen der Seitenwände, nur unterbrochen von den Binderpfeilern (Bild 357). Die Stahlkonstruktion und Wellblechabdeckung der Bahnsteighalle kosteten seinerzeit 43,50 Mark je m^2 Grundfläche.

Neben sehr guter Beleuchtung ließ die verhältnismäßig transparente Fassade die Hallenkonstruktion effektvoll durchscheinen. Gegenüber dieser eigentlich modernen Architektur war die spätklassizistische Fassadengestaltung recht konserativ, aber eben zeitgemäß (Bild 358). An Pfeilern und Mittelportalbauten sind sparsam dekorative Details ausgeführt, die an Formen des Jugendstils erinnern, der eigenartigerweise nur selten Bahnhofsgebäude prägte (Bild 359). Die Pläne für das eindrucksvolle Bauwerk am Dammtor entwarf der Architekt, Regierungs- und Baurat Schwartz in Zusammenarbeit mit Architekt Rüdell und dem Ingenieur Merling.

Der Bahnhof Sternschanze in Hamburg

Als mittlere von drei Zwischenstationen der Hamburg-Altonaer Verbindungsbahn entstand 1864 bis 1866 der Bahnhof an der 1682 zum Schutz der Vorstadt St. Pauli erbauten «Sternschanze». Im Unterschied zu den Bahnhöfen am Kloster- und Dammtor erhielt er ebenso wie der Altonaer Bahnhof Schulterblatt nicht nur Anlagen für Personen-Abfertigung, sondern auch für den Güterverkehr. Sein Empfangsgebäude stand etwa 400 m östlich des heutigen Bahnhofs in Seitenlage nördlich der Gleise. Der zeittypische Bahnhofsbau mit klassizistischen Fassaden, dem gleichzeitig errichteten Empfangsgebäude des Klostertor-Bahnhofs verwandt, erinnert an viele noch erhaltene Bauten kleinerer Bahnhöfe an preußischen und sächsischen Strecken (Bild 360). Für den Personenverkehr waren ein Haus- und ein Zwischenbahnsteig, für den Güterverkehr ausgedehnte Anlagen zum Viehtransport mit Viehhof, ein Kohlenbahnhof, Zweiggleise zur etwa 200 m südlich der Strecke errichteten Zollvereins-Niederlage und Anschlußgleise zum Viehmarkt auf dem Heiligengeistfelde, die bis an die Eimsbütteler Straße geführt wurden, vorhanden.

Im Rahmen der Umgestaltung der Hamburger Eisenbahnanlagen bekam auch der Personenbahnhof Sternschanze ein neues Empfangsgebäude mit darüberliegender Bahnsteighalle (Bild 361). Im Prinzip nach dem Querschnitt des Dammtor-Bahnhofs konzipiert, entfielen aber beim Bahnhof Sternschanze die beiderseitigen Mittel-Portal-Baukörper. Die Eingangshallen mit Abfertigungsräumen sowie Zugängen für den Stadtbahn- und Fernverkehr sind hier weniger dominierend an die nordwestliche Kopfseite gelegt (Bild 362). Damit wirkt das in den Seitenfronten klar gegliederte Bauwerk trotz – oder wegen – seiner Schlichtheit impo-

Bild 359 Dammtor-Bahnhof in Hamburg. Beleuchtungskörper des Vorplatzes, unten für Gas-, oben für elektrische Beleuchtung (Bogenlampen) eingerichtet. 1903 (Sammlung Verfasser)

santer als der repräsentativ dekorierte Dammtor-Bahnhof. Im übrigen sind sich beide Bahnhöfe, deren Pläne der Architekt Regierungs- und Baurat Schwartz zusammen mit dem Ingenieur Merling, der die Hallenkonstruktion schuf, entwarf, mehr oder weniger ähnlich; vor allem ist die Konstruktion der Bahnsteighallen (Bild 357) im wesentlichen dieselbe.

Der alte Bahnhof Sternschanze wurde für den Personenverkehr am 15. Mai 1903 geschlossen und am gleichen Tag der neue Bahnhof eröffnet. Leider ist die im zweiten Weltkrieg beschädigte, danach aber wiederhergestellte, eindrucksvolle Bahnsteighalle nicht mehr vorhanden. Das denkmalswürdige Objekt fiel 1975 ökonomischen Überlegungen zum Opfer. An Stelle der Halle traten billiger instandzuhaltende Bahnsteigdächer. Der Bahnhof Sternschanze hat jedoch noch S-Bahnverkehr mit Durchfahrt der Fernzüge und ist Umsteigestation zwischen S- und U-Bahn.

Bild 360 Bahnhof Sternschanze in Hamburg. Ansicht des Empfangsgebäudes von der Bahnseite, erbaut 1866. Foto um 1900 (Verkehrsmuseum)

Bild 361 Bahnhof Sternschanze in Hamburg. Nordwestansicht 1903. Entwurf: Schwartz, Merling (Sammlung Verfasser)

HAMBURG STERNSCHANZE
Ausgang

Bild 362 Bahnhof Sternschanze in Hamburg. Grundriß des Sockelgeschosses an der nordwestlichen Kopfseite mit Empfangsgebäudefunktion 1903. Entwurf: Schwartz, Merling (Sammlung Verfasser)

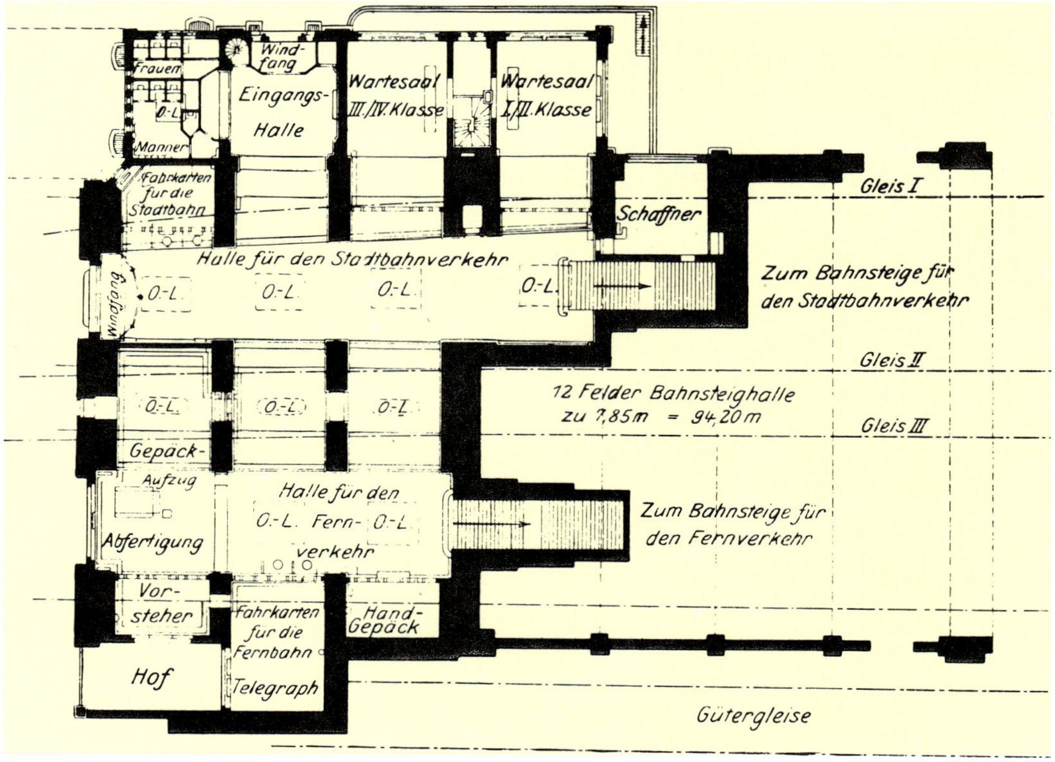

Die Hamburg–Altonaer Verbindungsbahn

Nicht lange nach Eröffnung der Altona-Kieler Eisenbahn am 18. September 1844 erwuchs das verständliche Bedürfnis, diese mit der Berlin-Hamburger Bahn zu verbinden. Doch alle Bestrebungen, Variantenvorschläge im Jahre 1845, Verhandlungen beider Eisenbahngesellschaften mit Hamburg 1856 und 1858 etc. blieben ergebnislos. Erst auf Grund eines Staatsvertrags zwischen Dänemark und Hamburg 1860 wurden endlich bis zum Jahre 1864 detaillierte Vorarbeiten durchgeführt, wonach sich folgende 3 Vorschläge für die Linienführung durch Hamburg nach Altona, ausgehend vom Berliner Bahnhof, ergaben:

1. durch St. Georg oder den Hammerbrook um das Alsterbassin;
2. am Hafen entlang bis zum Hafentor, von hier entweder in einem Tunnel durch St. Pauli, oder im Stadtgraben zum Dammtor und über die Sternschanze;
3. im Stadtgraben bis zum Ferdinandstor und über die Lombardsbrücke, weiter
   a) durch die Esplanade und den Botanischen Garten,
   b) nördlich der Esplanade am Zoologischen Garten entlang über die Sternschanze.

Die Wahl fiel auf Vorschlag 3 a. Nachdem Holstein an Preußen gefallen war, begann der Bau im Herbst 1864, und am 16. Juni 1866 konnte die 6,97 km lange, zweigleisig hergestellte Verbindungsbahn eröffnet werden. Davon wurde der hamburgische Abschnitt auf Staatskosten, der Altonaer Streckenteil von der Altona-Kieler Eisenbahn-Gesellschaft gebaut. Die Bahn war betrieblich bis Ende 1869 an diese, danach an die Berlin-Hamburgische Eisenbahn, seit 1884 an die Preußische Staatsbahn-Verwaltung verpachtet. Sie hatte folgende Streckenführung: Abzweig aus dem Berliner Bahnhof 0,6 km vor dem Empfangsgebäude, so daß auf die Verbindungsbahn übergehende Züge nicht in dessen Halle einfahren konnten – Klostertor-Bahnhof, Ostseite–Lombardsbrücke–Dammtor-Bahnhof–Bahnhof Sternschanze–Bahnhof Schulterblatt–Altona Hauptbahnhof. Vom Venloer Bahnhof führte sie ursprünglich zweigleisig, später, wegen Belästigung des Straßenverkehrs, eingleisig aus dessen Halle zur Drehbrücke über den Erikusgraben, mündete vor der Oberhafenbrücke in die Kai-Bahn, überschritt den Oberhafen, führte zur Westseite des Klostertor-Bahnhofs und erreichte danach die Verbindungsbahn zwischen Altmann- und Steintorstraße.

Die Bahn lag am Venloer Bahnhof, in der Lohse- und Bahnhofstraße wie auch teilweise in Altona im Straßenpflaster; außerdem kreuzte sie niveaugleich zur Zeit ihrer Entstehung 7, zuletzt 21 mal Straßen, so daß sie mit zunehmend dichterer Zugfolge – die Verbindungsbahn diente zur Überführung der Güterzüge von und nach Schleswig-Holstein, dem Personen-Lokalverkehr zwischen Hamburg–Altona und Altona–Blankenese sowie nach Enwicklung des D-Zugverkehrs auch für die Durchführung von Schnellzügen der Berliner, Hannoverschen und Bremer Strecke nach bzw. von Altona – den innerstädtischen Straßenverkehr unerträglich belastete und häufig blockierte. Durch die totale Umgestaltung der Eisenbahnanlagen Hamburgs (s.d.) in den Jahren 1899 bis 1906 wurden diese unhaltbaren Verhältnisse beseitigt.

Die Hamburgischen Kai–Bahnen

Ein besonderes Kapitel Eisenbahngeschichte stellt die Entwicklung der Kai-Bahnen der Hafenstadt dar, an deren Gleisen funktionell, bautechnisch und architektonisch interessante historische Bauten errichtet wurden. Bis 1890 entstanden in Hamburg folgende Hochseeschiff-Kais, die über die Kai-Bahnen mit dem Berliner und Venloer Bahnhof (Bild 333) Gleisverbindung hatten:

Inbetriebnahme	Name des Kais	Kailänge in m
rechtselbisch:		
1866 und 1875	Sandtorkai	1 018
1872	Kaiserkai	1 040
1872 und 1876	Dalmannkai	885
1877 und 1884	Hübenerkai	640
1879 und 1884	Strandkai	530
1888	Baakenkai	1 364
1888	Magdeburger Kai	472
1888	Petersenkai	1 275
1888	Kirchenpauerkai	1 172
linkselbisch:		
1888	Krahnhöft	275
1888	Asiakai	1 197
1888	Segelschiffkai	233
1888	Amerikakai	1 494
1876 und 1884	Petroleumhafen	

Die im Zusammenhang mit den Kai- und Hafenanlagen gebauten Kai-Bahnen baute der Hamburgische Staat. Zwar war schon 1844 und 1845 eine Gleisverbindung des Berliner Bahnhofs mit dem Hafen geplant, aber erst 1862 begann der Bau des Sandtorkais, der schließlich seit 1866 durch 2 Gleise mit dem Berliner Bahnhof verbunden war – erstmalig existierte die Transportkette Schiff – Eisenbahn in Hamburg. Von nun an entstanden zahlreiche Gleisanlagen auf den genannten Kais. Zum Venloer Bahnhof wurden außerdem Gleisverbindungen mit dem Teerlager auf Baakenwärder mit dem Petroleumhafen geschaffen. 1888 bis 1889 vergrößerte sich die Gleislänge der rechtselbischen Kai-Bahnen vor allem durch Anlage des Rangierbahnhofs und der Schuppen am Baakenkai (Bild 363), der dem Übergabeverkehr zwischen dem «zollinländischen» Venloer Güterbahnhof und dem Freihafen diente, auf 55,5 km (Anfang 1913 waren im Freihafen 226 km Gleise vorhanden). Dieser Verkehr erfolgte durch zwei Gleistore des «Zollgitters» (Bild 352).

Bis 1879 wurden die Kai-Bahnen von den privaten Gesellschaften der Berlin-Hamburger und Köln-Mindener Eisenbahn pachtweise, danach von der Hamburgischen Kaiverwaltung auf Staatskosten betrieben; die Eisenbahnverwaltung stellte Betriebsmittel und -personal.

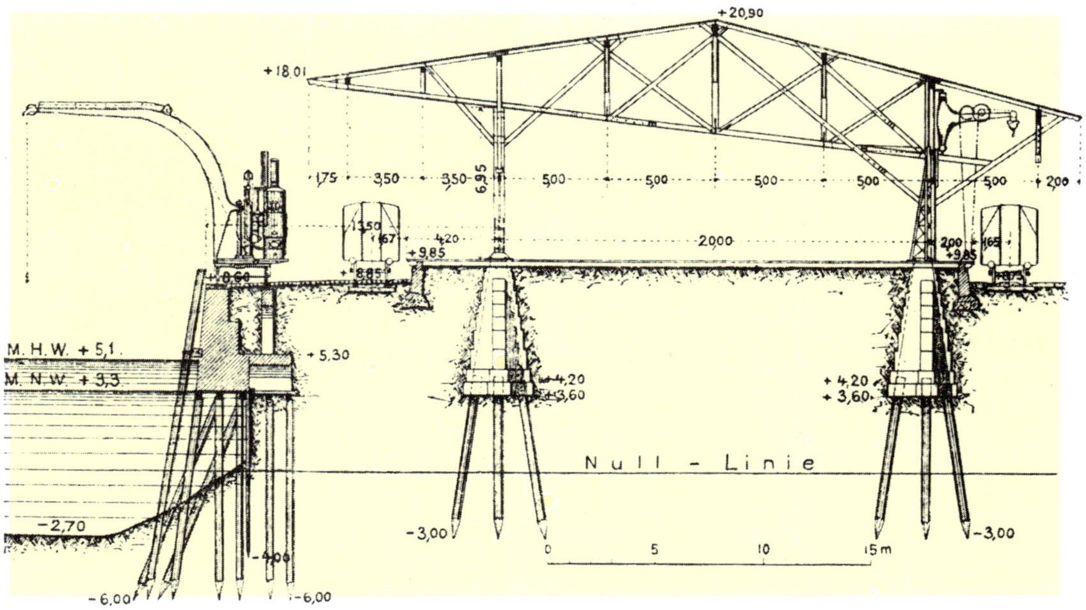

Bild 363 Hamburg. Schuppen am Bakenkai 1888. Querschnitt (Sammlung Verfasser)

Die Passagierhallen am Strandkai

Zu den repräsentativen Abfertigungsbauten des Hochseeschiffs-Reiseverkehrs Hamburgs gehörten einst die «Passagierhallen» am Strandkai (Bild 364), historische Analogie zum modernen Columbus-Bahnhof in Bremerhaven (Bild 323). Nur waren hier die Gleise nicht unmittelbar an diesen Bahnhof am Hafen herangeführt; die Passagiere hatten zwischen den Wartehallen und den Zügen an der Harburger Straße 100 m Fußweg, falls sie keine Droschken zur Fahrt in die Stadt benutzten. Die Landungsanlagen für das Anlegen der Überseedampfer bestanden aus großen Pontons, die mit besonderen Gepäckräumen ausgestattet und durch eine überdachte Brücke mit dem Land verbunden waren. Beiderseits der Laufbrücke befanden sich die Wartesäle, getrennt für die Kajüts-Passagiere im zweistöckigen und für Zwischendecks-Passagiere im einstöckigen Gebäude, an das sich ein Toilettenbau und der Gepäckschuppen anschloß. Beide Gebäude hatten wetterschützende Vordächer mit dem Dach der Laufbrücke in der Mitte. Ihre romantische, gotisierende Achitektur, die zahlreiche Bauten verschiedenster Zweckbestimmung der 60er und 70er Jahre des 19. Jahrhunderts prägte, war typisch für den Zeitgeschmack (Bild 364). Von hier aus traten Auswanderer als «Zwischendecks-Passagiere» und «Kajüts-Reisende» ihre oft ungewisse Fahrt nach Übersee an – allein 1882 vermerkte die Statistik 113 221 Menschen!

Der Baakenkai

Nach heute noch ganz modern erscheinenden funktionellen Gesichtspunkten wurden seit 1866 die großen Hamburger Verladeanlagen errichtet. Die Ablösung der Segelschiffe durch Dampfer mit immer größerer Tonnage erforderte entsprechend leistungsfähige Kaianlagen, um den wertvollen Schiffsraum so effektiv als möglich einzusetzen, d. h. den Umschlag zwischen Schiffs- und Landverkehr maximal zu beschleunigen. Dieser fand seinerzeit nur für Massengüter zwischen Schiff und Eisenbahn direkt statt, während anderes Ladegut seinen Weg durch die Kaischuppen nahm, um später individuell verteilt auf Schiene, Rollwagen oder Schuten weiterbefördert zu werden.

Der 1888 angelegte Baakenkai gehörte damals mit 1364 m Kaimauerlänge und 21 460 m^2 überdecktem Lagerraum zu den größten Hamburgs. Seine vier an der Wasserseite offenen, landseitig geschlossenen Schuppen waren jeweils 35,75 m tief und 150 m lang! An der Kaiseite lag eine gepflasterte Ladestraße mit Spurrillengleis, wo die Güter mit Dampfkränen in die Schuppen oder direkt auf Eisenbahnwagen,

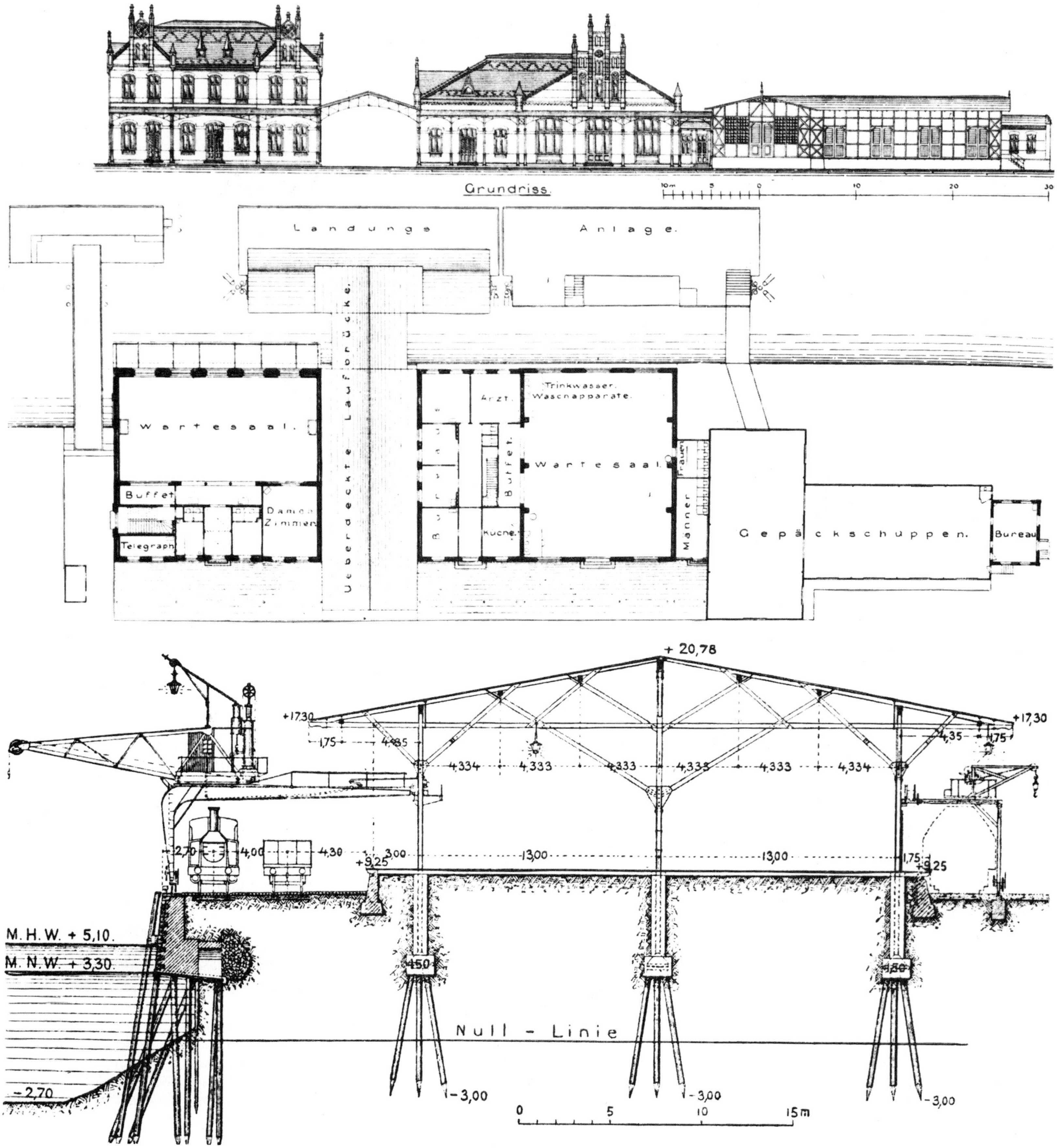
Grundriss
10m 5 0 10 20 30
Landungs Anlage.
Ueberdeckte Laufbrücke.
Wartesaal.
Buffet
Damen Zimmer
Telegraph
Arzt
Trinkwasser. Waschapparate.
Buffet
Wartesaal.
Küche
Frauen
Männer
Gepäckschuppen.
Bureau
+ 20,78
+17,30
+17,30
1,75
4,835
4,35
1,75
4,334
4,333
4,333
4,335
4,333
4,334
2,70
4,00
4,30
3,00
13,00
13,00
1,75
+9,25
+9,25
M. H. W. + 5,10.
M. N. W. + 3,30.
Null - Linie
-2,70
-3,00
-3,00
-3,00
0 5 10 15m

nach Ablegen der Seeschiffe auch wieder auf Schuten gefördert werden konnten (Bild 363). Landseitig befanden sich an der ebenfalls mit Kränen ausgerüsteten Rampe 2 Ladegleise und 2 Rangier- und Aufstellungsgleise für Güterzüge mit Verbindung zum Berliner Bahnhof.

Der Petersenkai

Bei den 1889 begonnenen Anlagen des Petersenkais wurde besonderer Wert auf schnellen und direkten Umschlag zwischen Eisenbahn und Schiff gelegt. Dies erforderte an der wasserseitigen Ladestraße 2 Gleise und über ihrer Lichtraumumgrenzung arbeitende Kräne (Bild 365). Diese Vorläufer moderner Hafen-Portal- bzw. Halbportalkräne mit torbogenartigem Gerüst stützten sich an den Schuppenstützen auf Schienen, die zusammen mit dem Dampfzuleitungsrohr auf Konsolen ruhten, von dem die Kräne aus Anschlußstutzen durch jeweils ein Gelenkrohr den Dampf aus der zentralen Kesselanlage (Bild 366) zugeführt erhielten. Die Ladestraße war natürlich auch für Rollwagenverkehr vorgesehen und deshalb gepflastert. In der Pflasterdecke wurden daher schon seit 1889 Spurrillenschienen des Systems Haarmann verlegt. Am landseitigen «Perron», der Rampe, lagen ebenfalls 2 Ladegleise und außerdem 3 Rangiergleise.

Ausgesprochen raffiniert sind die inmitten des Peterskais zwischen dem Gleiskreuz verbleibenden Flächen durch geschickte Grundrißgestaltung für das Kesselhaus und die anderen zentralen Gebäude ausgenützt worden, so daß nur minimal nutzbare Kailänge verlorenging (Bild 366). Die vor der Landungsanlage errichtete «Volkskaffeehalle» ist entsprechenden heutigen Sozialgebäuden vergleichbar. In den vom «Verein zur Errichtung von Volkskaffeehallen» unterhaltenen kantinenähnlichen Speisewirtschaften – 16 existierten 1914 im Hafen – konnten die Arbeiter des Freihafengebietes, wo sonst öffentliche Schankwirtschaften aus zolltechnischen Gründen nicht betrieben werden durften, billige Mahlzeiten und Getränke einnehmen. Im östlichen Gleisdreieck befand sich die «electrische Centralstation», ein kleines Kraftwerk, das die Bogenlampen am Petersen- und Kirchenpauerkai mit Strom versorgte; für andere Zwecke wurde Gasbeleuchtung installiert.

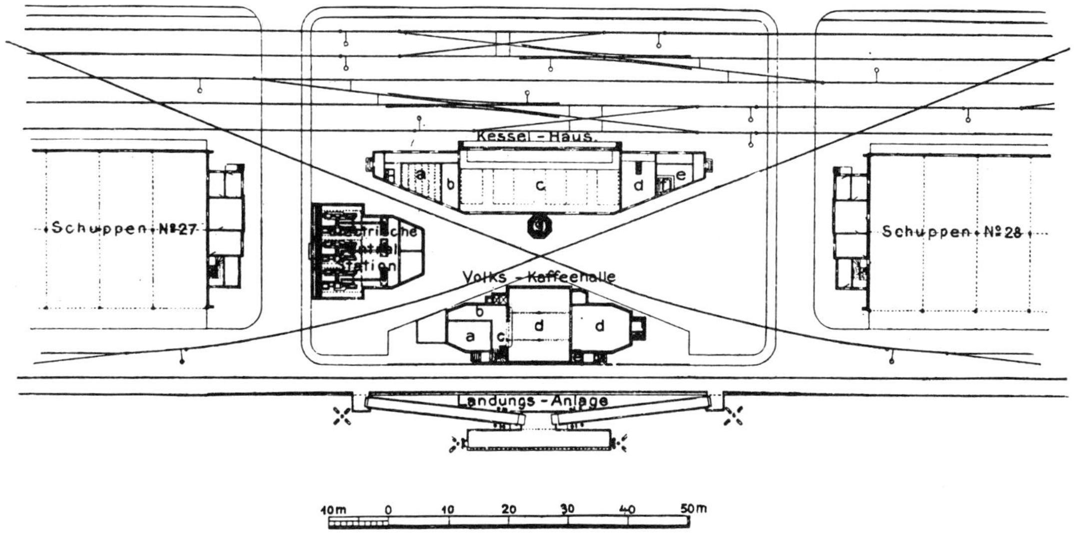

Bild 364 Hamburg. Passagierhallen am Strandkai 1879. Ansicht von der Landseite und Grundriß (Sammlung Verfasser)

Bild 365 Hamburg. Schuppen am Petersenkai. Querschnitt, 1889 bis 1890 (Sammlung Verfasser)

Bild 366 Hamburg. Mitte des Petersenkais 1890. Lageplan mit Grundrissen der Gebäude (Sammlung Verfasser) Kesselhaus: a Kesselwärter; b Lagerraum; c Dampfkesselraum; d Raum für Wasserreinigung; e Lagerraum; f Brunnen; g Schornstein. Volkskaffeehalle: a Zimmer für den Meister; b Aufwaschraum; c Spreiseausgabe; d Kaffee- und Speisehalle; e Kasse

Die Umgestaltung der Hamburger Eisenbahnanlagen

Prinzipiell glich die Notwendigkeit, Hamburgs Eisenbahnanlagen von Grund auf um- und neuzugestalten, der Situation vieler deutscher Großstädte, z. B. Dresdens; nur waren die Verkehrsprobleme Hamburgs wesentlich prekärer, darunter vor allem die unerträgliche Belastung des städtischen Verkehrs durch die Hamburg-Altonaer Verbindungsbahn (s. d.). Für den enorm angewachsenen Güterverkehr der Hafenstadt wurden nach Vereinbarungen Hamburgs und Preußens 1886 und 1887 bereits zwei Auslands-Verschiebe-Bahnhöfe auf der Insel Wilhelmsburg und bei Rothenburgsort neu angelegt, und Preußen führte die erforderlichen Um- und Erweiterungsbauten auf seinem Gebiet schon 1889 bis 1895 aus, nachdem die Grundzüge hierfür zwischen den beteiligten Eisenbahnverwaltungen festgelegt worden waren:

«– Beseitigung von 21 Übergängen in Schienenhöhe und der Eisenbahngleise aus öffentlichen Straßen und Plätzen
– Herstellung gemeinschaftlicher Anlagen für den Personenverkehr der sämtlichen in Hamburg einmündenden Bahnlinien unter Beibehaltung der Lage der Verbindungsbahn
– Durchführung der in Hamburg einmündenden Linien bis nach Altona und der in Altona einmündenden Linien bis nach Hamburg
– Schaffung ausreichender Anlagen für den Ortsverkehr zwischen Hamburg und seiner engeren Umgebung auf eigenem oder benachbartem Gebiet
– Möglichst vollständige Trennung des Personen- und Güterverkehrs sowohl auf den Bahnhöfen, als auch auf den Verbindungsstrecken zwischen ihnen
– Anlage getrennter Verschiebebahnhöfe für die einzelnen Bahnhöfe».

Aber erst am 30. Dezember 1898 kam es zu einem «Vertrag zwischen der freien und Hansestadt Hamburg, der Lübeck-Büchener Eisenbahn-Gesellschaft und dem preußischen Eisenbahnfiskus über den völligen Um- und Neubau aller übrigen Eisenbahnanlagen auf Hamburger Gebiet», deren Planung und Ausführung zu den kompliziertesten und bemerkenswertesten Vorhaben deutschen Ingenieurbaues gehörte, das innerhalb der dicht bebauten Stadt ohne Beeinträchtigung des Straßenverkehrs durchgeführt werden mußte. Neben umfangreichen neuen Gleisanlagen, etwa 3 km auf hochliegendem Bahnkörper und 2 km auf Viadukten geführten Gleisen, 83 Eisenbahnunter- und -überführungen sowie 21 Fluß- und Kanalbrücken einschließlich der erweiterten Elbbrücken usw., die

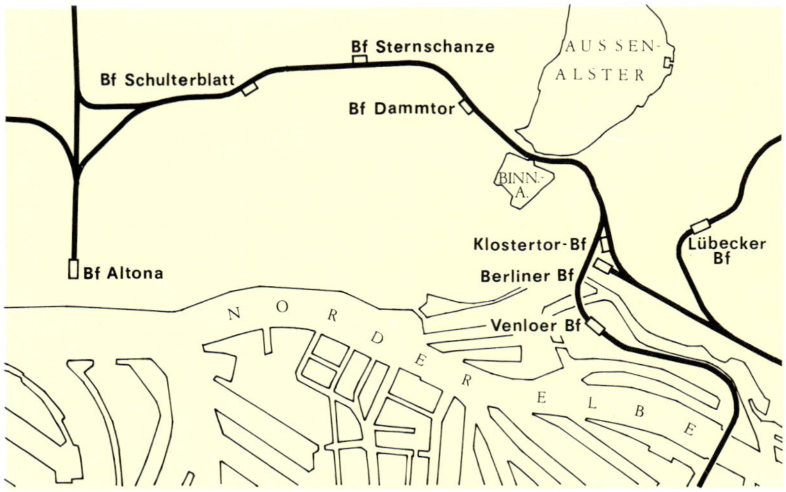

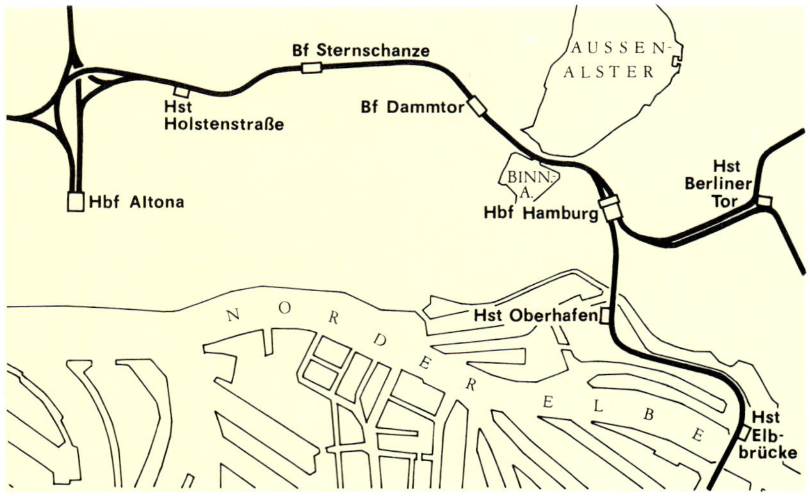

Bild 367 Die Eisenbahnanlagen von Hamburg-Altona vor ihrer Umgestaltung 1886 (Zeichnung Verfasser)
Bild 368 Die Eisenbahnanlagen von Hamburg-Altona nach ihrer Umgestaltung 1906 (Zeichnung Verfasser)

hier nicht beschrieben werden können (Bild 367 und 368), entstanden in den Jahren 1899 bis 1906 zahlreiche Eisenbahnhochbauten, insbesondere die neuen großen Bahnhöfe Dammtor (s. d.), Sternschanze (s. d.) und der Hauptbahnhof (s. d.) in Hamburg.

Von den Kosten für die Umgestaltung der Eisenbahnanlagen in Hamburg und Altona – vom Ankauf der in Hamburg und Altona endenden Bahnen bis zur Fertigstellung 1906 – übernahmen der preußische Staat etwa 70 Millionen, Hamburg 15 Millionen, ohne die Bahnanlagen für das Zollausland, und die Lübeck-Büchener Eisenbahn-Gesellschaft ca. 2 Millionen Mark. Von diesen insgesamt 87 Millionen Mark entfielen auf den Hauptbahnhof Altona und die Strecken nach Blankenese sowie den viergleisigen Ausbau der Verbindungsbahn und den Bahnhof Langenfelde etwa 16 Millionen, auf den Hauptbahnhof Hamburg 13 Millionen Mark.

Der Hauptbahnhof Hamburg

Unter den großen Bahnhofsbauten der Jahrhundertwende ist wohl der Hauptbahnhof Hamburg neben dem ein Jahrzehnt später fertiggestellten Leipziger Hauptbahnhof die bemerkenswerteste Anlage in Deutschland. Während der Leipziger als Kopfbahnhof konzipiert wurde, entsprang der Entwurf zum Hamburger Hauptbahnhof einer ganz modernen Idee: dem Durchgangsbahnhof mit brückenartig quer über den Gleisen liegendem Empfangsgebäude, den Professor A. Rincklake in analogem Prinzip schon 1888 für einen neuen Zentralbahnhof in Leipzig vergeblich vorschlug.

Zur Anlage des Hauptbahnhofes hatte die Stadt Hamburg das Gebiet der zwar schon geschlossenen, aber noch mit Leichen belegten St. Georger Friedhöfe zwischen Steintorwall/Ernst-Merck-Straße/Kirchenallee – Gewerbeschule/Altmannstraße reserviert. Die Höhe des Geländes erforderte den Abtrag von rund 6 m, um für die 6 Gleispaare des Bahnhofs eine

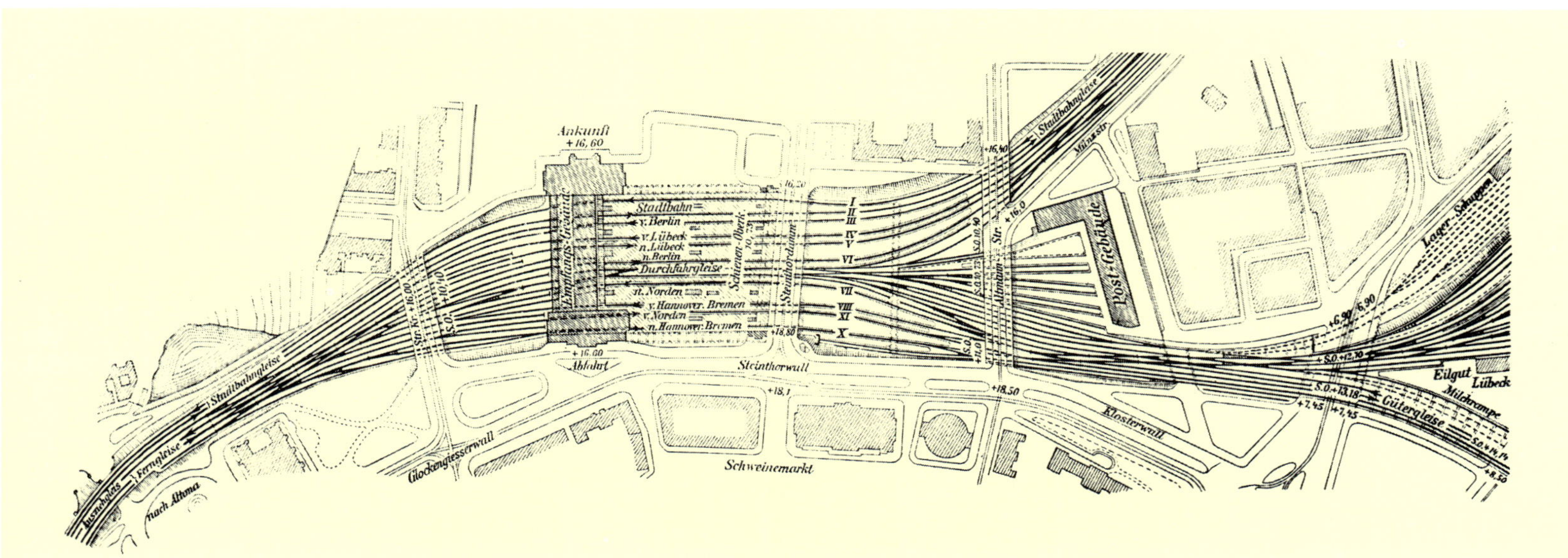

450 m lange, ebene Fläche verfügbar zu haben, «eine geradezu grausige Arbeit im Widerstreit zwischen Pietät, menschlichem Empfinden, Hygiene und dem Zwange der Notwendigkeit».

Für den im Rahmen der Umgestaltung der Hamburger Eisenbahnanlagen (s d.) geplanten Bahnhofsneubau wurde ein Wettbewerb ausgeschrieben, an dem sich viele namhafte Fachleute des deutschen Eisenbahn-Hochbaues beteiligten, unter anderen Franz Schwechten, Erbauer des Anhalter Bahnhofes in Berlin, und Johannes Vollmer, Professor für mittelalterliche Baukunst an der TH Berlin. Von den eingegangenen Entwürfen erhielten je einen ersten Preis die Architekten Reinhardt und Süßenguth aus Charlottenburg sowie der Baurat Moeller der Kgl. Eisenbahndirektion Altona für die beste technische Lösung. Aus beiden Entwürfen, deren Konzeption eine der fortschrittlichsten Bahnhofsanlagen dieser Zeit entstehen ließ, ging nach weiterer Bearbeitung das Ausführungsprojekt hervor. Begünstigt wurde eine so moderne Lösung durch die tief liegenden Gleise des Durchgangsbahnhofs (Bild 369), über welchen das Empfangsgebäude als nördlicher Abschluß der Bahnsteighalle angeordnet ist (Bild 370). Damit bildeten Empfangsgebäude und Bahnsteighalle eine Einheit.

Von den 6 Gleispaaren waren je ein Paar dem Stadt- und Vorortverkehr sowie als Durchfahrgleise dem Güter-, Leer- und Lokomotivverkehr, die übrigen dem Fernverkehr mit Berlin, Lübeck, Mecklenburg, Stettin (heute: Szczecin), Kiel, Hannover, Bremen und dem Norden vorbehalten. Die 5 Doppelbahnsteige zwischen den Gleispaaren sind bis zu 367 m lang und mit dem 6 m hoch quer darüberliegenden Empfangsgebäude durch 4,50 m breite Treppen verbunden (Bild 371). Einschließlich dieses ca. 53 m breiten Empfangsgebäudeteiles sind die Gleise nach Süden bis zum Steintordamm im Mittel – der Bahnhofsgrundriß ist trapezförmig – auf insgesamt ca. 198 m durch die mächtige, im Scheitel 36 m hohe, 73 m weit gespannte Bahnsteighalle, an deren Längsseiten sich noch Seitenhallen von 20,40 m Breite und 19 m Höhe anlehnen, überdacht. Vierzehn rahmenartige Stahlfachwerk-Doppelbinder in Form von Schiffsspanten tragen das Hallendach, in dessen Scheitel und Seiten große Glasflächen für sehr gute natürliche Beleuchtung sorgten (Bild 372). Die niedrigeren Seitenhallen erhielten Zwerchdächer zwischen den Bindern, deren Verglasung bis unter die Dachhaut ebenfalls maximalen Lichteinfall gewährleistete. An der Steintorbrücke war die riesige Hallenschürze

Bild 369 Hauptbahnhof Hamburg. Lage- und Gleis-Plan 1906 (Sammlung Verfasser)
Bild 370 Hauptbahnhof Hamburg. Ansicht des Empfangsgebäudes und der Bahnsteighalle von Nordwesten. Foto um 1930. Entwurf: Reinhardt, Süßenguth, Moeller (Sammlung Kundisch)

(Bild 373) mit grün getöntem Glas geschlossen und auch am nördlichen Hallenende schützte eine Glaswand die Verbindungshalle des Empfangsgebäudes vor Zug-, Rauch- und Staubbelästigung. Für die vom Eisenwerk Flender in Benrath bei Düsseldorf ausgeführte Bahnsteighalle waren 3 500 t Stahl erforderlich. Inzwischen ist die im Laufe der Zeit verschlissene, vor allem im zweiten Weltkrieg stark in Mitleidenschaft gezogene Stahlkonstruktion so korrodiert, daß nach 1982 mit ihrer Rekonstruktion begonnen werden mußte.

In der äußeren Gestaltung noch eklektizistisch, sind Grundriß (Bild 371) und Innenarchitektur des Empfangsgebäudes verhältnismäßig modern entwickelt. Hauptverkehrsraum ist die 20 m breite Verbindungshalle mit der Funktion eines hochliegenden Querbahnsteiges, die «einer Straße gleich durch den Bahnhof führt».

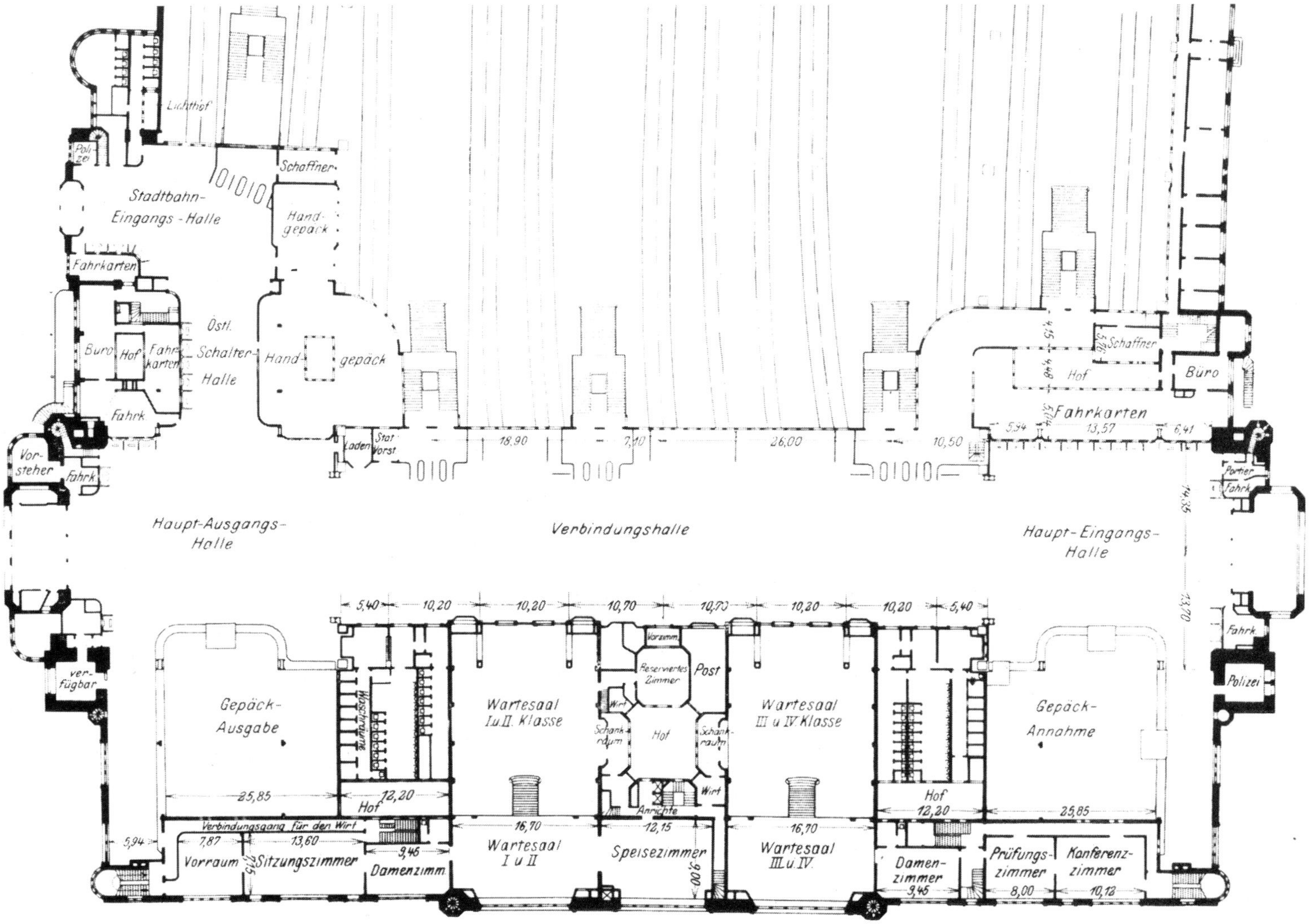

Von hier erreicht man auf bequemen Treppen die 6 m tiefer liegenden Bahnsteige; für ältere und körperbehinderte Reisende wurden Personenaufzüge vorgesehen.

Um die Verbindungshalle gruppieren sich alle für die Reisenden wichtigen Räumlichkeiten. Am westlichen Haupteingang der Abfahrtseite sind rechts der Eingangshalle 13 Fahrkartenschalter, links die Gepäckannahme, die auch direkt von der Straße betreten werden kann. Für Reisende, die den Bahnhof an der örtlichen Ausgangshalle erreichen, wurden hier außer Gepäckausgabe und Handgepäckaufbewahrung ebenfalls 3 Fernfahrkartenschalter eingerichtet. Südlich davon ist neben der Hauptausgangshalle eine besonders zugängliche Stadtbahnhalle mit Schaltern und Abgangstreppe zu den Bahnsteigen angeordnet. Nördlich der Verbindungshalle liegen Wartesäle und Toilettenanlagen. Die großen Wartesäle für I./II. und III./IV. Klasse sowie ein Speisesaal «reichen bis an die Front des Gebäudes, wo sie durch große, mit Glasmalereien geschmückte Fenster ihr Licht erhalten. Auch in diesen Räumen liegt die Eisenkonstruktion der Wände und Decken frei; gleichwohl entspricht der Wartesaal erster und zweiter Klasse durch reiche Farbgebung ... auch verwöhnterem Geschmack». Von den podestartig 2,40 m höher gelegenen Wartesaalteilen haben die Reisenden interessante Ausblicke auf den unter ihnen verlaufenden Bahnbetrieb. Im darunterliegenden Zwischengeschoß befinden sich an der Nordseite ein durchgehender Gepäckgang mit 1 m breiten Transportbändern und 9 Gepäckaufzügen von den Bahnsteigen. An der Verbindungshalle wurden außerdem Läden für Reisebedarf, Wechselstube, Frisiersalon, Postschalter, Räume für die Stadtpaketfahrt, Polizeistation usw. angeordnet.

Zur Verbindung von Stadt- und Fernbahn mit einer Station der U-Bahn sahen die Projektanten am Südende der Bahnsteighalle einen Personentunnel vor, so daß sich hier U-Bahn, Eisen- und Straßenbahn in 3 Ebenen kreuzen konnten; dazu vermittelte hier ein Steg den Fußgängerverkehr zwischen den einzelnen Bahnsteigen und den umgebenden Straßen.

Architektonisch betrachtet (Bild 374, 375), ist die mächtige Bahnhofshalle, in die das Empfangsgebäude zum Teil hineingeschoben, und an die es zum Teil mit seinem gegenüber der Halle fast antagonistisch wirkenden Baukörpern wenig überzeugend angefügt wurde, das beherrschende Moment. Die beiden Uhrtürme an den Haupteingängen verstärkten diese Wirkung noch (Bild 376). Um das ursprüngliche, repräsentative Erscheinungsbild des Hauptbahnhofsgebäudes wiederherzustellen, soll der im zweiten Weltkrieg zerstörte östliche Uhrturm nun nach 1982 doch wieder errichtet werden.

Natürlich war das Empfangsgebäude wie die meisten Bauten dieser Zeit handwerklich und materialmäßig sehr gediegen ausgeführt. Neben Stahl und Glas fanden für den Sockel schwedischer Granit, für die Umfassungswände Ettringer Tuff und für Gesimse sowie Ornamente Muschelkalkstein Verwendung (Bild 377). Die Dachbögen, Turmdächer, Regenrinnen usw. wurden aus Kupfer hergestellt, das sich durch

Bild 371 Hauptbahnhof Hamburg. Grundriß des Empfangsgebäudes 1906. Entwurf: Reinhardt, Süßenguth, Moeller (Sammlung Verfasser)
Bild 372 Hauptbahnhof Hamburg. Inneres der Bahnsteighalle 1906. Entwurf: Reinhardt, Süßenguth, Moeller. Foto: Hartz, um 1938/39. Doppelstockzug Hamburg–Lübeck-Travemünde für 120 km/h Höchstgeschwindigkeit (Sammlung Kempke)

die günstigen maritimen Klimaeinflüsse bald mit hellgrüner Patina überzog und damit zum prächtigen Eindruck des Bahnhofs beitrug, wodurch nicht zuletzt auch die architektonischen Gegensätze zwischen Halle und Empfangsgebäude zurücktraten.

Trotz seiner großzügigen und modernen funktionellen Gestaltung – der zeitgenössische Berichterstatter nennt den Bahnhof anläßlich seiner feierlichen Eröffnung am 5. Dezember 1906 «eine Anlage, die für die Zukunft berechnet ist» – war er schon kurze Zeit danach nicht mehr allen Anforderungen gewachsen, als der Hauptbahnhof vor dem ersten Weltkrieg, einem Höhepunkt des Eisenbahnverkehrs, durch die enorme Vergrößerung der Stadt und die allgemeine Erhöhung des Lebensstandards immer stärker frequentiert wurde. Für den Wochenend-Ausflugverkehr mußte sogar der alte Hannoversche oder Venloer Bahnhof als Reservebahnhof dienen.

Eine wesentliche und zusätzliche Belastung bildeten die Sonderzüge zu den großen Passagierschiffen der «Imperator»-Klasse der Hamburg-Amerika-Linie in Cuxhaven, wozu jeweils bis zu 8 Züge kurzfristig abgefertigt werden mußten. Die seinerzeit zu den größten Schiffen der Welt zählenden Vier-Schrauben-Turbinendampfer «Imperator» und «Vaterland» hatten bei 52 000 bzw. 55 000 BRT 12 000 t Ladefähigkeit, 1 180 bzw. 1 234 Personen Besatzung und konnten 4 176 Passagiere befördern.

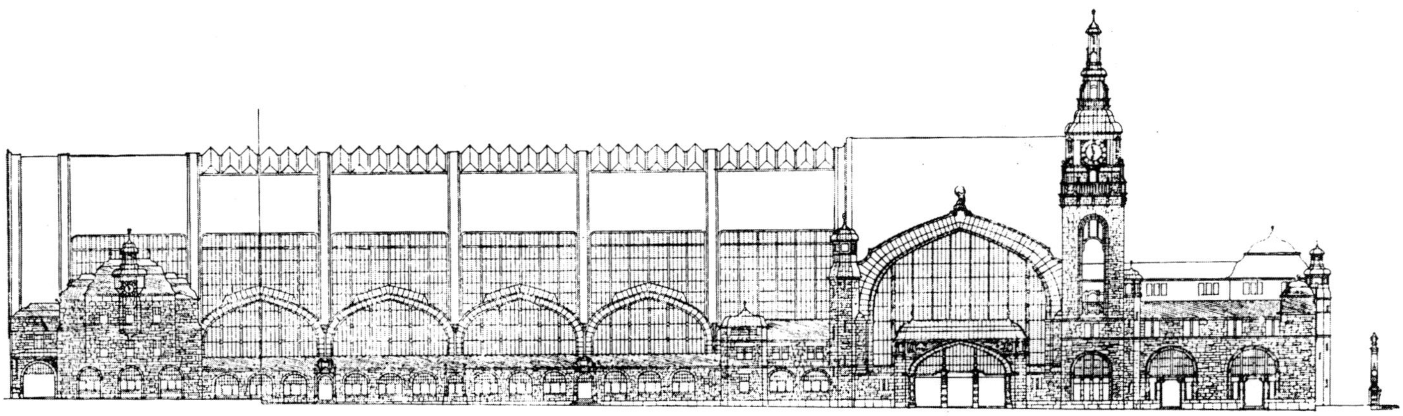

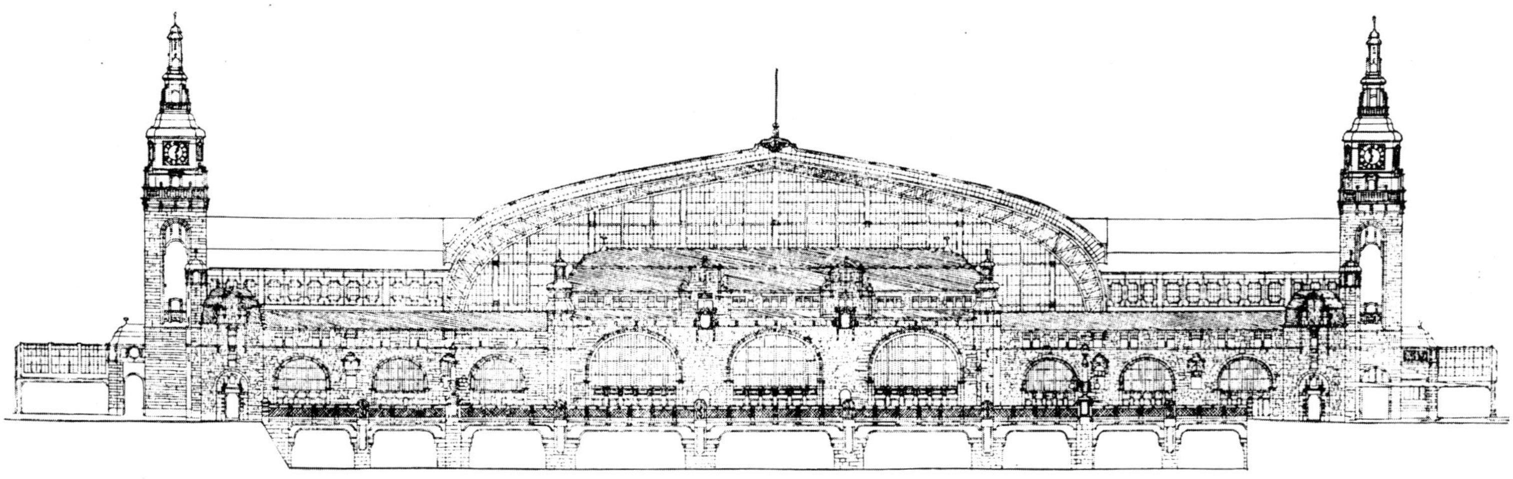

Bild 373 Hauptbahnhof Hamburg. Blick auf die Halle von Süden, um 1950 (Deutsche Fotothek. Foto: Eschen)
Bild 374 Hauptbahnhof Hamburg. Seitenansicht und Nordansicht des Empfangsgebäudes 1906. Entwurf: Reinhardt, Süßenguth, Moeller (Sammlung Verfasser)
Bild 375 Hauptbahnhof Hamburg. Teilansicht des Empfangsgebäudes mit westlicher Eingangshalle und Uhrturm (Abfahrtseite) 1906. Foto um 1914 (Sammlung Kundisch)
Bild 376 Hauptbahnhof Hamburg. Längsschnitt (durch den Wartesaal III. u. IV. Klasse) und Querschnitt (durch die Bahnsteighalle) des Empfangsgebäudes 1906. Entwurf: Reinhardt, Süßenguth, Moeller (Sammlung Verfasser)

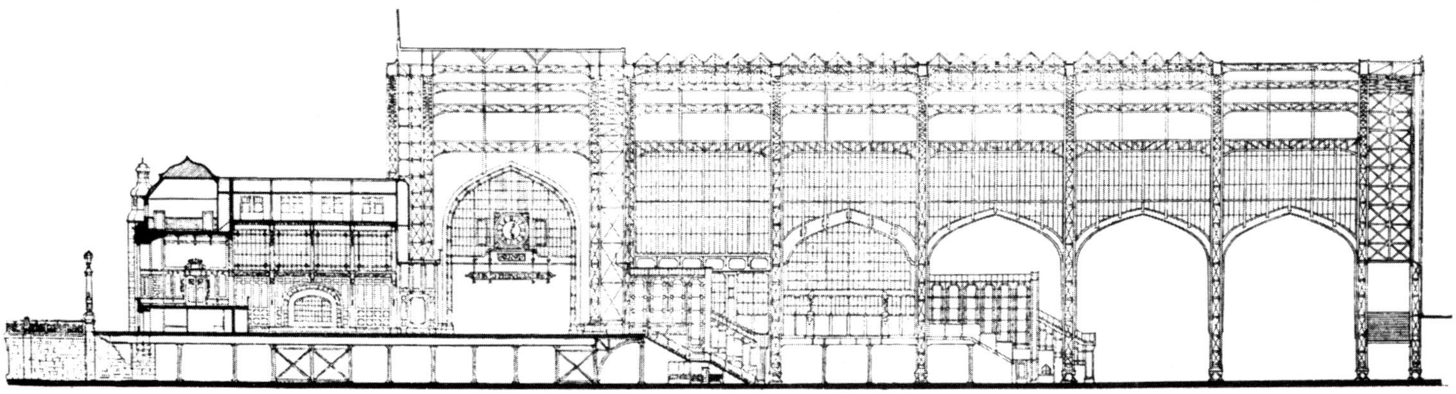

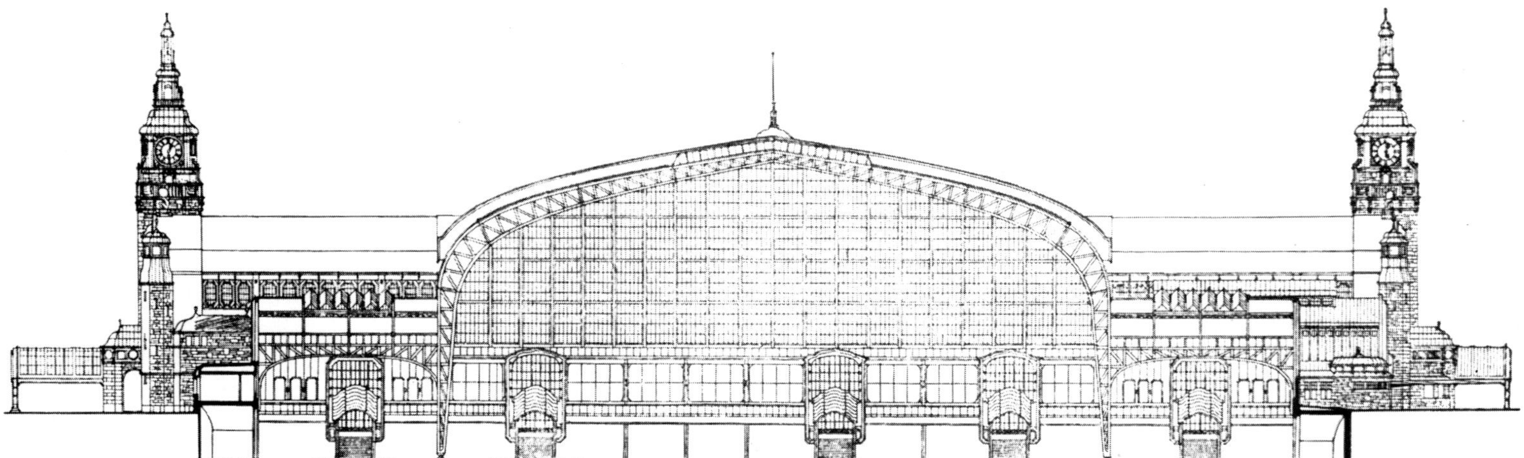

Die Hamburger Stadtbahn

Die Umgestaltung der Hamburger Bahnanlagen in den Jahren 1899 bis 1906 bezog auch die seit 1882 in Betrieb befindliche «Stadt- und Vorortbahn» ein, die dabei bis zum Bahnhof Hasselbrook und nach Ohlsdorf verlängert wurde. Diese am Berliner Tor aus der 6-gleisigen Strecke abzweigende, bis zum Bahnhof Hasselbrook parallel zur Lübecker Bahn geführte und sich von hier nach Norden in Richtung Ohlsdorf wendende zweigleisige S-Bahn-Linie projektierte und baute die Stadt Hamburg mit einem Kostenaufwand von 8,53 Millionen Mark selbst. Währenddessen beschloß die Preußisch-Hessische Staatseisenbahn 1904 die Elektrifizierung der 26,6 km langen Strecke Blankenese–Ohlsdorf, die mit Dampfbetrieb den Verkehrsanforderungen nicht mehr gewachsen war. Obwohl sich der elektrische Betrieb damals noch im Versuchsstadium befand, erhielten bereits 1905 alle großen deutschen Elektrofirmen den Auftrag zur Ausführung, so daß der elektrische Betrieb auf dieser ersten Einphasen-Wechselstrom-Bahn Europas schon am 1. Oktober 1907, jedoch im Hinblick auf das Betriebsrisiko unter teilweiser Beibehaltung der Dampfzüge, seit 29. Januar 1908 aber vollelektrisch erfolgen konnte. Damit verringerte sich die Fahrtdauer von 85 Minuten bei 19 km/h Reisegeschwindigkeit auf 52 Minuten bei 31 km/h. Die Frequenz der S-Bahn betrug 1907, dem letzten Jahr mit Dampfbetrieb, etwa 34 Millionen Fahrgäste und erreichte 1931 90 Millionen!

Die gesamte Streckenanlage erhielt ihren Strom von einem in Langenfelde errichteten Kraftwerk, von dem dieser mit 30 000 Volt zum Unterwerk Barmbek geleitet, auf 6 300 Volt Betriebsstrom umgespannt und den Triebwagen durch «Luftleitungen» zugeführt wurde. Trieb- und Beiwagen bestanden aus Abteilwagen mit II. und III. Klasse, Längsgängen und abgeschlossenen Führerständen.

Den Betrieb führte die preußische Eisen-

bahnverwaltung, die von den Bruttoeinnahmen 1 % an die Stadt für deren Bauanteil abführte, ohne jedoch das von Hamburg investierte Kapital zu verzinsen.

Bahnhof Friedrichsberg

Als ausgesprochene Raritäten der Bahnhofsarchitektur gelten Bauwerke des Jugendstils, wie das 1906 für die Stadt-Bahn in Hamburg-Friedrichsberg errichtete Empfangsgebäude (Bild 378).

Verblüffend ist es, bei näherer Betrachtung des äußerlich schwer durchschaubaren Baukörpers festzustellen, daß er auf ganz klarem, einfach gegliederten Grundriß (Bild 379) aufgebaut wurde. Seine nach zwei Seiten geöffnete Eingangshalle befindet sich mit den umgebenden Straßen auf gleicher Höhe und führt den Fahrgast bequem durch eine Verbindungshalle in den Personentunnel, an dessen Ende eine 3 m breite Treppe zum hochliegenden, überdachten Bahnsteig führt. Rechts vom Haupteingang sind

Bild 377 Hauptbahnhof Hamburg. Südabschluß der Bahnsteighalle. Eindrucksvolle ästhetische Gestaltung, die aber höheren Instandhaltungsaufwand (der äußeren Windaussteifung) erfordert. Entwurf: Reinhardt, Süßenguth, Moeller. 1906 (Sammlung Verfasser)
Bild 378 Bahnhof Friedrichsberg in Hamburg. Ansicht des Empfangsgebäudes von Osten, erbaut 1906 (Sammlung Verfasser)
Bild 379 Bahnhof Friedrichsberg in Hamburg. Grundriß des Empfangsgebäudes 1906 (Sammlung Verfasser)

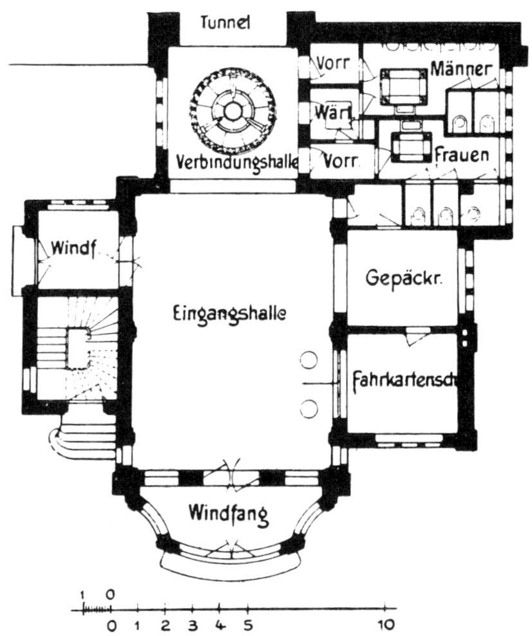

Fahrkartenschalter und Gepäckraum günstig angeordnet. Der Schnitt (Bild 380) in dieser Weg-Achse läßt erkennen, daß der Passant auch im Gebäudeinneren von ausgeformter Jugendstilarchitektur umgeben war. Im Grundriß sind die künstlerisch gestaltete Lichtkuppel über der Verbindungshalle und die Oberlichte der Toilettenanlagen dargestellt, den Laien sicherlich irritierend. Die zur Dienstwohnung im Obergeschoß führende Treppe nutzt den Uhrturm, von dem die Bahnhofsanlage überdies auch gut überwacht werden kann.

Alles in allem wurde hier das Raumprogramm auf relativ kleinem Grundriß in jeder

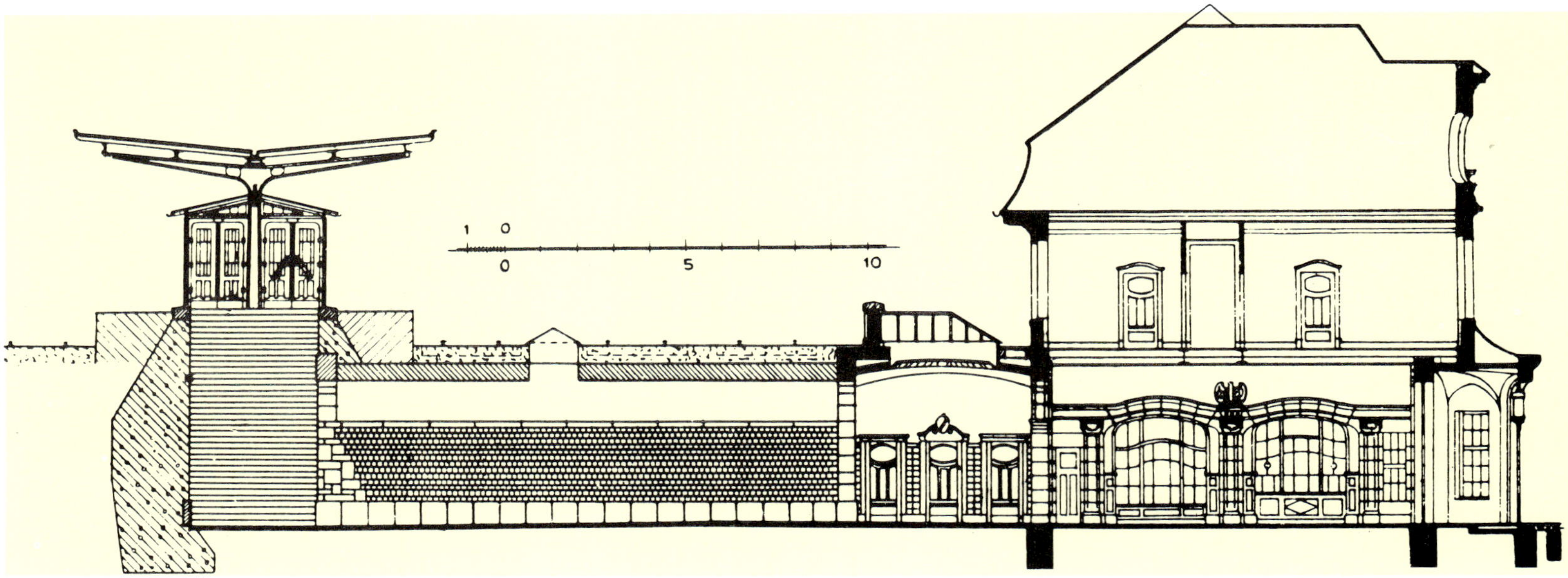
1 0
0
5
10

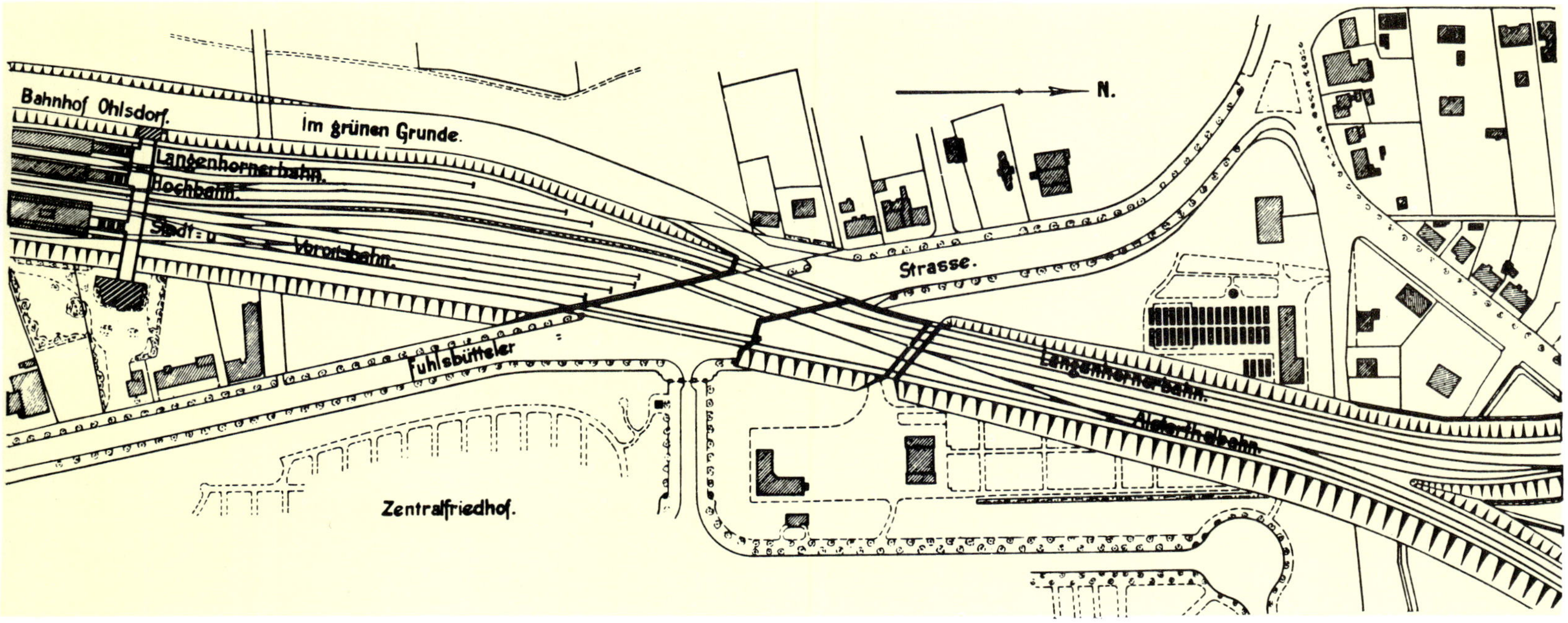

Beziehung ausgezeichnet bewältigt. Daß das Empfangsgebäude außerdem in den seltenen Formen des Jugendstiles entstand, hätte seine Erhaltung als Baudenkmal genügend begründet.

Bahnhof Ohlsdorf

Bis Ohlsdorf wurde die Stadt-Bahn zunächst vor allem wegen des starken Personenverkehrs zum dortigen großen Zentralfriedhof verlängert. Vermutlich war dieser der Grund für die ganz und gar vom Friedrichsberger Jugendstilbauwerk abweichende architektonische Gestaltung des hier errichteten Empfangsgebäudes (Bild 381), entstanden doch beide zur gleichen Zeit. Dem heiter-verspielten Friedrichsberger Bau steht in Ohlsdorf ein Empfangsgebäude mit streng gegliederter Vorplatzfront gegenüber.

Aber der Bahnhof Ohlsdorf hatte nicht nur den Verkehr zwischen der Stadt und dem Zentralfriedhof, sondern auch mit Alsterdorf, Fuhlsbüttel und Klein-Bostel zu bewältigen, der an Feiertagen und im Sommer enorme Frequenzen erreichte. Später mußte er noch die Langenhorner Bahn, die als «Alstertalbahn» bezeichnete Verlängerung der Stadt-Bahn bis Poppenbüttel und die am 1. März 1912 eröffnete Hoch-Bahn aufnehmen (Bild 382). Die dafür erforderliche große Eingangshalle nahm deshalb die gesamte Grundfläche des mehrgeschossigen Hauptbaukörpers ein. Dementsprechend wurden auch der Verbindungsgang und der unter den hochliegenden Gleisen durchlaufende Personentunnel ausnahmslos 6 m breit bemessen (Bild 383). Die Fahrkartenschalter- und Gepäckräume auf der rechten sowie Dienst- und Toilettenräume auf der linken Seite fanden ihren Platz in eingeschossigen Anbauten. Den drei genannten Bahnen (Stadt-Bahn, Langenhorner Eisenbahn und Hoch-Bahn) wurden 3 überdachte Inselbahnsteige, davon der Stadt-Bahn mit Rücksicht auf ihre Verkehrsdichte ein besonders breiter Bahnsteig zur Verfügung gestellt. Zwischen Empfangsgebäude und Fuhlsbütteler Straße ist ein geräumiger Vorplatz besonders für Verkehrsspitzen und Wartende als Ruhe- bzw. Pufferzone angelegt.

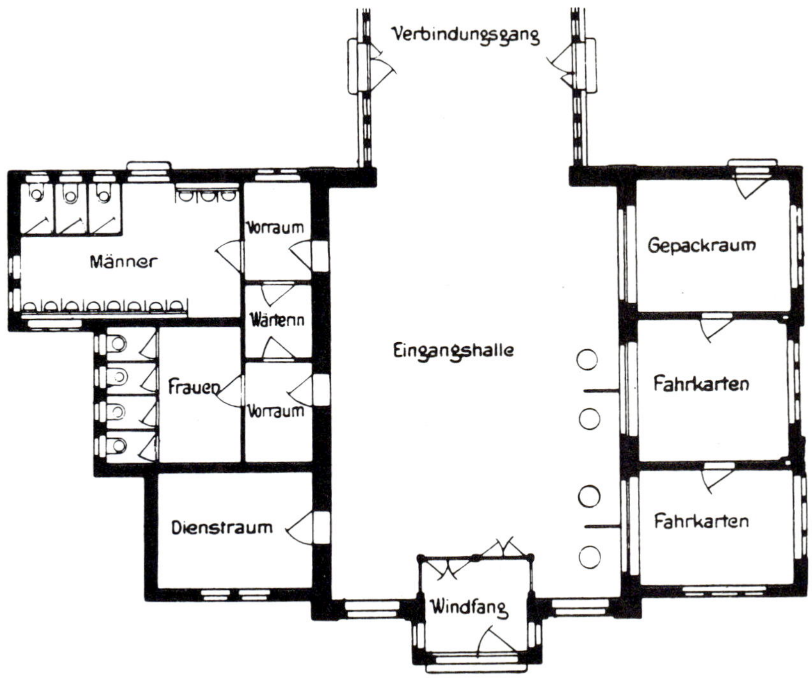

Bild 380 Bahnhof Friedrichsberg in Hamburg. Schnitt des Empfangsgebäudes 1906 (Sammlung Verfasser)
Bild 381 Bahnhof Ohlsdorf. Blick auf das Empfangsgebäude von Osten, 1906 (Sammlung Verfasser)
Bild 382 Bahnhof Ohlsdorf. Teillage- und Gleisplan 1914 (Sammlung Verfasser)
Bild 383 Bahnhof Ohlsdorf. Erdgeschoßgrundriß des Empfangsgebäudes, 1906 (Sammlung Verfasser)

WESTFRIESISCHE INSELN
OSTFR
Telegraphen Kabel n. Bacton (England)
Telegraphen Kabel n. Valentia (Irland)
Telegraphen Kabel n. Lowestoft (England)
Telegraphen Kabel n. Lowestoft
Terschelling
Vlieland
Griend
Ameland
Schiermonnikoog
Rottum
Borkum
Harlingen
Leeuwarden
Franeker
Bolswald
Sneek
Workum
Hindeloopen
Stavoren
Lemmer
Buitenpost
GRONINGEN
Slochteren
Veendam
Assen
Borger
Odoorn
Beilen
Meppel
Steenwijk
Hoogeveen
Emmen
Coevorden
Zwartsluis
Genemuiden
Staphorst
Medemblik
Enkhuizen
Hoorn
Urk
Schokland
WEST FRIESLAND
ZUIDER ZEE
NIEDERLANDE
5
6
7
30'
53

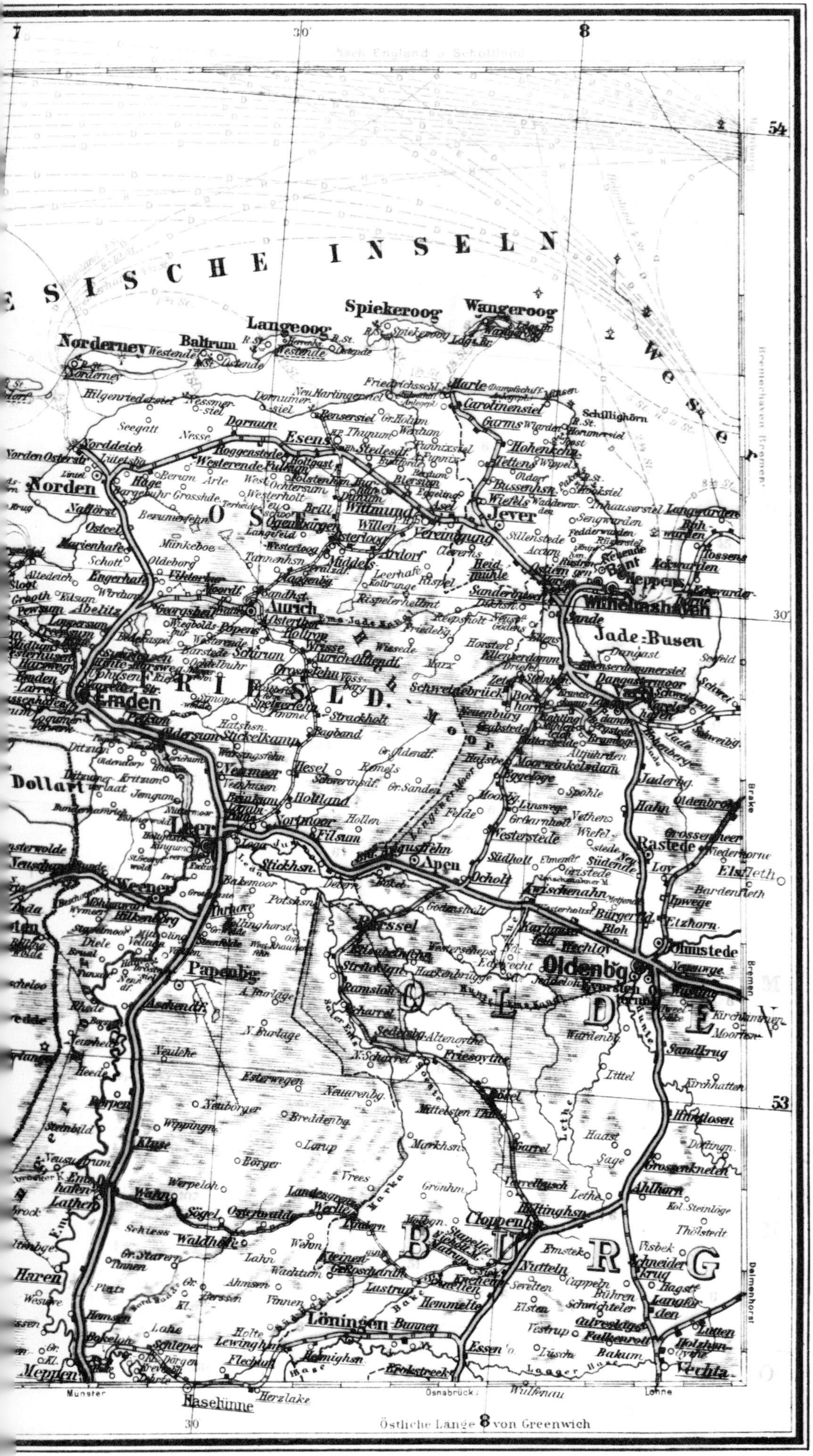

VI.
Oldenburgische Eisenbahnen

Staatsbahnen

6 Oldenburgische Staatsbahn
u. in deren Verwaltung befindl. Preuß. Staatsb.
a Oldenburg–Wilhelmshaven
7 Preußische Staatsbahn
Direktionsbezirk:
r Münster

Privatbahnen

37 Borkumer Kleinbahn
45 Budjadinger Kleinbahn
51 Cloppenburger Kleinbahn
69 Emden–Pewsumer Kleinbahn
107 Hümmlinger Kreis-Kleinbahn
109 Juister Kleinbahn
140 Meppen–Haselünner Eisenbahn
234 Wittmund–Aurich–Leer-Kreis-Kleinbahn

Niederländische Anschlußbahnen

1 Niederländische Staatsbahnen
—— Dampfstraßenbahn

Koch, W. und C. Opitz:
Eisenbahn- und Verkehrsatlas von Europa. Leipzig 1912
Blatt Nr. 6

Die Großherzoglich Oldenburgische Eisenbahn

Mehr als drei Jahrzehnte nach der ersten deutschen Eisenbahn eröffnete die Großherzoglich Oldenburgische Eisenbahn (G. O. E.) ihre erste Linie. Gründe für diese Verzögerung waren vor allem die überwiegend agrarische Volkswirtschaft des Landes, deren Ansprüche das vorhandene gute Landstraßen- und Wasserwegenetz noch erfüllte, aber auch die «Sonderpolitik und Eifersüchtelei seiner Grenznachbarn». Industrie und Kapital waren in dem kleinen Land verhältnismäßig gering entwickelt, abgesehen von den Manufakturen und dem Bergbau seiner weit entfernten südlichen Exklave um Idar, Oberstein und Birkenfeld. Oldenburg hatte in Brake seinen Hafen, und bis zur Hauptstadt verkehrten auf Weser und Hunte schon Dampfschiffe mit Personenbeförderung. Handelsmetropole war aber Bremen, und von hier, besonders von den dortigen Kaufleuten, gingen auch die meisten Initiativen für den Eisenbahnbau aus, die vom Königreich Hannover selbstverständlich wohlwollend gefördert wurden, während es sowohl oldenburgischen als auch ostfriesischen Eisenbahnprojekten innerhalb des eigenen Landes auffallend negativ gegenübertrat. Und viel Zeit brauchte Oldenburg, sich für Staats- oder Privat-Eisenbahnbau zu entscheiden.

Bewegung in die oldenburgische Eisenbahnszene brachte 1853 Preußens Plan, einen großen Hafen für seine Kriegsmarine anzulegen. Dazu übernahm Preußen mit Verträgen vom 20. Juli und 1. Dezember 1853 für 1 500 000 Mark Entschädigung einen Landstreifen beiderseits des Jadebusens bei Heppens und verpflichtete sich zum Schutz der oldenburgischen Seeküsten und Handelsschiffahrt. Oldenburg seinerseits gestattete Preußen den Bau einer Eisenbahn von der neuen Flottenbasis südwärts über Oldenburg zur Cöln-Mindener Eisenbahn und behielt sich das Recht vor, von dieser Linie Zweigbahnen zu bauen. Diese Eisenbahnpläne scheiterten jedoch an der unnachgiebigen Haltung des Königreichs Hannover, das weder Preußen noch Oldenburg die Führung einer Bahn durch sein Gebiet gestattete; in Anbetracht seiner Verbindung mit England war es natürlich zu verstehen, daß Hannover den Kriegshafenvertrag zwischen Oldenburg und Preußen beargwöhnte. Außerdem sah es in der geplanten Linie eine Konkurrenz für die eigenen Nord-Süd-Bahnen. Da aber für Preußen der Teilabschnitt Heppens (Wilhelmshaven)–Oldenburg ohne Weiterführung nach Süden oder Osten wertlos war, blieben entsprechende Verbindungen zunächst unausgeführt.

Nach mehrjährigen ergebnislosen Bemühungen der Regierung und privater Kreise, den Eisenbahnbau anzukurbeln, ergriff Oldenburg die Initiative und versuchte mit dem Bau der Strecke Bremen–Oldenburg auf Staatskosten nicht nur den Anfang eines Schienennetzes zu erreichen, sondern damit auch Preußen zum Bau seiner geplanten Linie Heppens–Oldenburg zu bewegen. Wilhelm I. und Bismarck nahmen diesen Vorschlag unverzüglich auf, und am 16. Februar 1864 verpflichtete sich Preußen vertraglich zum Bau Heppens (Wilhelmshaven)–Stadt Oldenburg, wenn das Großherzogtum gleichzeitig die Linie Bremen–Oldenburg baue. Diese wurde am 8. März 1864 mit Bremen vereinbart und bestimmt, daß die Bahn jeweils von den vertragschließenden Seiten auf ihrem Territorium gebaut, die ganze Strecke aber von Oldenburg betrieben werde. Überdies plante Oldenburg von dieser Strecke eine Zweigbahn zu seinem Hafen Brake, die aber zunächst nicht die Zustimmung des Landtags fand.

Mit Gesetz vom 25. April 1865 beschlossen, begann die Bauausführung der insgesamt 44,33 km langen Strecke Bremen–Oldenburg am 7. Juni 1865. Sie konnte einschließlich des 0,36 km langen bremenschen Abschnittes von der Weichbildgrenze bis zum Neustädter Bahnhof und unter Mitbenutzung der schon bestehenden 2,37 km langen Bremer Weserbahn von der Weserbrücke zum Altstädter «Centralbahnhof» in Bremen am 15. Juli 1867 als erste Eisenbahn des Großherzogtums eröffnet werden. Die von Preußen ausgeführte, aber von Anfang an durch die G. O. E. betriebene, 52,37 km lange Strecke Oldenburg–Heppens (Wilhelmshaven) wurde am 3. September 1867 dem Verkehr übergeben.

Naturgemäß war der Streckenbau auf den Abschnitten mit moorigem, wenig tragfähigen Untergrund besonders schwierig und außerdem aufwendig durch die erforderliche Vielzahl von Brücken und Durchlässen. Dazu kamen in der Marsch beiderseits Wassergräben, Holz- und Drahthindernisse zur Fernhaltung des Weideviehs von der Strecke. Von den Brücken war der 218 m lange Weserübergang in Bremen mit 3 Öffnungen von je 45,50 m, eine von 18,10 m und 2 Dreh-Öffnungen von je 17,9 m lichter Weite seinerzeit ein beachtliches Bauwerk. Eisenbahnhistorisch interessant ist noch, daß Oldenburg für den Bau seiner ersten Bahn bereits das metrische Maßsystem benutzte, noch bevor dieses am 20. Mai 1875 durch die Internationale Meterkonvention in Paris als verbindlich erklärt wurde, sowie zwei für beide Strekken gültige Direktiven: die «Bahnpolizeiverordnung» vom 1. Juli und das «Betriebsreglement» vom 4. Juli 1867, die bis zur Einführung des einheitlichen Bahnpolizeireglements und Betriebsreglements für die Eisenbahnen des Norddeutschen Bundes am 3. bzw. 10. Juni 1870 allgemein bei der G. O. E. galten.

Als nächstes Projekt faßte die Regierung die wichtige Ost-West-Linie Oldenburg–Leer–holländische Grenze ins Auge, durch die Ostfriesland und die Emshäfen Eisenbahnverbindung mit Bremen, Hannover und Berlin erhielten. Damit war auch das Bindeglied mit den niederländischen Staatsbahnen nach Groningen–Harlingen hergestellt. An den hohen Kosten für die Emsbrücke – mit 345 m Länge und 15 Feldern ein damals wie heute beeindruckendes Bauwerk – der von Oldenburg gebauten Strecke beteiligten sich Holland und Preußen mit über 2 Millionen Mark «á fonds perdu». Diese vor 1866 von Hannover auf seinem Gebiet kategorisch abgelehnte Strecke genehmigte Preußen danach im Hinblick auf gemeinsame volkswirtschaftliche Interessen, nicht zuletzt aber auch unter militärstrategischen Aspekten ohne weiteres. Die 54,88 km lange Strecke Oldenburg–Leer wurde am 15. Juni 1869, der 17,46 km lange Abschnitt Ihrhove–Neuschanz (jetzt: Nieuweschans) unter Mitbestimmung der bereits vorhandenen preußischen Staatsbahnstrecke Ihrhove–Leer aber erst am 26. November 1876 dem Verkehr übergeben.

Die günstigen Betriebsergebnisse der bis dahin gebauten oldenburgischen Eisenbahnen trugen dazu bei, daß weitere Bahnprojekte zur Vervollständigung und Erweiterung des Netzes der G. O. E. von der Öffentlichkeit, vor allem vom Landtag mehr als bisher unterstützt wurden. So baute die G. O. E. neben kürzeren Zweigbahnen unter anderem noch folgende Linien, die zwischen

Hude – Brake	am 1. Jauar 1873
Brake – Nordenham	am 15. Oktober 1875
Oldenburg – Quakenbrück	am 15. Oktober 1875
Quakenbrück – Osnabrück	am 15. November 1876

eröffnet werden konnten.

Um auch kleinere Orte ohne nennenswerte Industrie rentabel an das Eisenbahnnetz anzuschließen, genehmigte die großherzogliche Regierung am 22. Dezember 1874, vier Jahre vor dem Erlaß der «Bahnordnung für deutsche Eisenbahnen untergeordneter Bedeutung» des Vereins deutscher Eisenbahnverwaltungen vom 12. Juni 1878, einer Aktiengesellschaft den Bau der Ocholt-Westerstedter Eisenbahn, der «ersten sofort für den öffentlichen Personen- und Güterverkehr bestimmten Schmalspurbahn

Deutschlands», mit 750 mm Spurweite. Die am 1. September 1876 eröffnete Bahn war seit 1. November 1904 auf Normalspur 1 435 mm umgespurt. Auf der Grundlage dieser Konzession entstanden daraufhin noch weitere staatliche und private Lokalbahnen. So besaß Oldenburg zwanzig Jahre nach Eröffnung seiner ersten Eisenbahn mit der Linie Bremen–Oldenburg–Leer–Neuschanz eine durchgehende Ost-West-Verbindung, mit Oldenburg–Osnabrück eine Verkehrsbeziehung nach dem Süden, die in nördlicher Richtung mit den Parallelen nach Wilhelmshaven/Jever und Nordenham bis an die Nordsee geführt war, ein günstig angelegtes Hauptbahnnetz, das, durch einige Nebenbahnen ergänzt, den Verkehrsansprüchen des Landes durchaus genügte und dank rationell gestalteter Anlagen und wirtschaftlicher Betriebsführung trotz der geringen Industrialisierung und Bevölkerungsdichte der G. O. E. recht befriedigende finanzielle Ergebnisse brachte.

Ein wenig trugen zur Wirtschaftlichkeit nicht zuletzt die zweckmäßigen, schlicht gestalteten Bahnhofsbauten der G. O. E. bei, die nach dem Grundsatz errichtet wurden, daß «thunlichste Einfachheit bei möglichster Zweckmäßigkeit und vollkommener Solidität» vorzuherrschen habe, ein baumeisterlicher Lehrsatz, der besonders in Norddeutschland bei vielen alten Bauten Anwendung fand.

Bild 384 Bahnhof Oldenburg. Teilansicht des Empfangsgebäudes von der Stadtseite, erbaut 1877 bis 1879. Entwurf: Jansen, Buresch. Foto um 1905 (Sammlung Schladitz)

Bild 385 Bahnhof Oldenburg. Ansicht des Empfangsgebäudes von der Stadtseite, um 1880. Zeitgenössische Grafik (Verkehrsmuseum)

Bahnhof Oldenburg

Obgleich die beachtenswerten Grundsätze der Großherzoglich Oldenburgischen Regierung, sich bei Errichung ihrer Bahnhofsbauten für «thunlichste Einfachheit bei möglichster Zweckmäßigkeit und vollkommener Solidität» zu entscheiden, den Beifall jedes Ökonomen verdienen, so ging die Sparsamkeit doch zu weit, wenn in der Hauptstadt als «Empfangsgebäude» des am 15. Juli 1867 eröffneten Bahnhofs über ein Jahrzehnt «interimistisch» ein umgebauter Güterschuppen diente.

Erst 1877 bis 1878 wurde für den Bahnhof Oldenburg ein der Stadt angemessenes Empfangsgebäude mit einer 205 m langen und 19 m breiten Bahnsteighalle errichtet. Der von Baurat Jansen gemeinschaftlich mit dem Geheimen Oberbaurat Buresch, Schöpfer des oldenburgischen Staatsbahnnetzes, entworfene eindrucksvolle neogotische Bau (Bild 384) war wohl das prächtigste spätromantische Bahnhofsgebäude Deutschlands. Unter reicher Verwendung von Formsteinen und vielfältigen gotischen Elementen entstand hier als Bindeglied zwischen verkehrstechnischem Fortschritt und mittelalterlicher Stadtbaukunst ein malerisch gegliederter Backsteinbau (Bild 385), der seine Wirkung auf die Reisenden sicherlich nicht verfehlte. Dieses nun der Residenz würdige zweite Empfangsgebäude wurde am 21. Mai 1879 eröffnet und diente dem Personenverkehr bis zu seinem Abbruch 1912, um einem dritten Bahnhofsbau Platz zu machen.

Bereits 1907 begann die Umgestaltung der Bahnanlagen im Stadtgebiet Oldenburgs mit Hochlegung der Gleisanlagen um 3,25 m und dem Bau eines großen Rangierbahnhofes außerhalb der Stadt bei Osternburg, der schon am 11. Juni 1911 in Betrieb genommen werden konnte (Bild 386). 1913 bis 1915 wurde das neue Empfangsgebäude nach Entwürfen des Baurates Mettegang und seines Mitarbeiters Langewand errichtet. Aus heimischen rotbraunblauvioletten Klinkern schufen sie für den späteren Hauptbahnhof einen sachlich-modernen Bau «ruhiger Größe», eines der schönsten Werke dieser Zeit (Bild 387). Trotz vielfältiger Gliederung des funktionell hervorragend konzipierten Grundrisses (Bild 388) verleihen harmonisch kombinierte Baukörper mit schlicht dekorierten Fassaden und großen Dachflächen dem Gebäude die Geschlossenheit eines norddeutschen Bauernhauses.

Es wurde für den Durchgangsbahnhof in Seitenlage an hochliegenden Gleisen gebaut, das Hauptportal mit Eingangshalle in die Mittelachse des Vorplatzes gelegt. Rechts sind an der Schalterhalle Fahrkartenschalter und Gepäckabfertigung sowie im anschließenden Seitenflügel die Eilgutabfertigungsräume, links die Wartesäle mit Speisesaal und Wirtsgarten. Fürstlichen Reisenden war der linke, kleinere Gebäudeflügel vorbehalten, an den nordwestlich noch ein Postgebäude angebunden wurde. Von diesem und der Gepäckabfertigung sind Tunnels

Bild 386 Rangierbahnhof Oldenburg. Neue Eisenbahn-Klappbrücke über die Hunte (Hafeneinfahrt). Im Hintergrund der Wasserturm von 1911. Um 1950 (Deutsche Fotothek. Foto: Eschen)
Bild 387 Hauptbahnhof Oldenburg. Südansicht des Empfangsgebäudes, erbaut 1913 bis 1915. Entwurf: Mettegang, Langewand (Sammlung Verfasser)
Bild 388 Hauptbahnhof Oldenburg. Längsschnitt und Erdgeschoßgrundriß des Empfangsgebäudes 1915. Entwurf: Mettegang, Langewand (Sammlung Verfasser)

mit Aufzügen zu den Gepäckbahnsteigen geführt. Der Personentunnel wird von den Reisenden geradewegs vom Hauptportal durch die Eingangshalle erreicht. Architektonischer Akzent und Zeitinformator zugleich ist der am Nordwestgiebel angesetzte schlanke Uhrturm (Bild 389), der wie selbstverständlich zum Gebäude gehört.

Eindrucksvoll ist auch die Innenarchitektur des Bahnhofsbaues, vor allem die mit verschiedenfarbigem keramischen Material dekorierten Stahlbeton-Bogenstellungen und Wölbungen der Eingangshalle, der kassettierten Massiv-

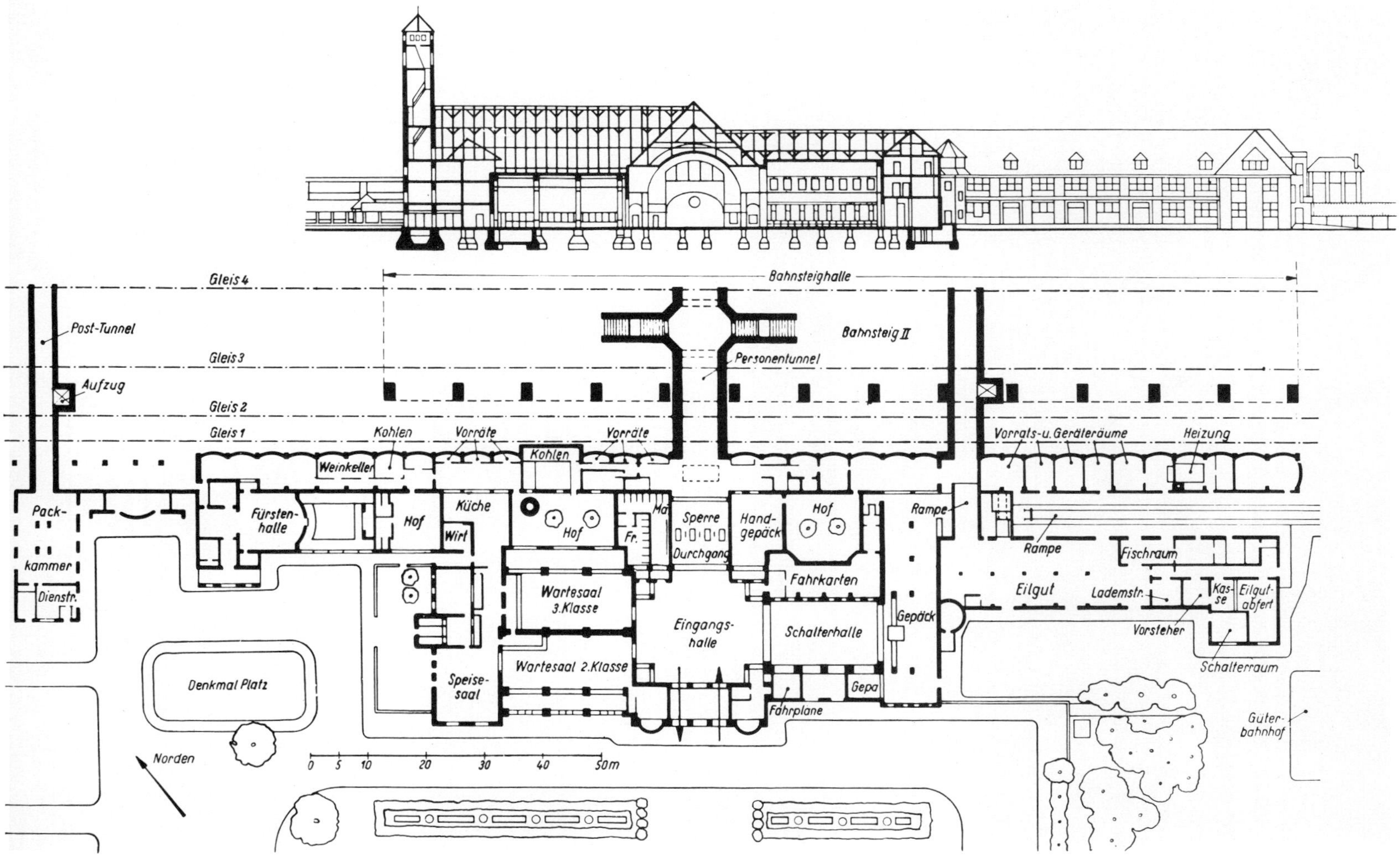

Bild 389 Hauptbahnhof Oldenburg. Westansicht des Empfangsgebäudes, um 1913 (Sammlung Kempke)
Bild 390 Hauptbahnhof Oldenburg. Innenansicht der Bahnsteighalle 1915. Entwurf: Mettegang, Langewand (Sammlung Verfasser)
Bild 391 Hauptbahnhof Oldenburg. Teilansicht des Empfangsgebäudes mit Eingangshalle von Südwesten. Entwurf: Mettegang, Langewand. An der Fassade sind noch Schäden durch Bombensplitter bei Luftangriffen im zweiten Weltkrieg erkennbar. Foto um 1950 (Deutsche Fotothek, Eschen)

decke über dem Wartesaal III./IV. Klasse sowie ein Fresko des norddeutschen Eisenbahnnetzes mit dem Großherzogtum Oldenburg, eine später in Bahnhöfen vielfältig angewendete reizvolle Form der Wanddekoration mit Informationsgehalt.

Über die acht Gleise des Personenbahnhofs spannt sich eine dreischiffige Bahnsteighalle (Bild 390) auf 155 m Länge, deren vollwandige, bis zu den Stützen schlank ausgebildete Stahlbinder zusammen mit den Glasflächen dort, wo statisch eigentlich Lasten wirken, eine unbeschreibliche Leichtigkeit und Eleganz der Konstruktion bewirken, wie sie bei einem Ingenieurbau dieser Zeit selten erreicht wurde.

In besonders schönem Einklang mit dem wohlgestalteten Empfangsgebäude standen ursprünglich die Platz- und Grüngestaltung (Bild 391), die leider in den fünfziger Jahren dem angestiegenen Kraftfahrzeugverkehr teilweise geopfert werden mußten.

Bahnhof Wilhelmshaven

Die um den 1855 bis 1869 nach Plänen des Admiralitätsrates Pfeffer und des Hafenbaurates Goecker angelegten Nordseehafen der preußischen Hochseekriegsflotte entstehende Stadt erhielt den für ihre Entwicklung wichtigen Eisenbahnanschluß aus den bereits genannten Gründen verhältnismäßig spät. Erst am 14. Juli 1867, nach Fertigstellung der Strecke von Oldenburg, konnte der Bahnhof Heppens – seit 16. Juni 1869 Wilhelmshaven – feierlich eingeweiht und schließlich am 3. September dem öffentlichen Verkehr übergeben werden. Den Sonderzug, der am 14. Juli pünktlich 11,45 Uhr auf der festlich geschmückten Station eintraf, zogen B n2–Lokomotiven aus dem Werk von Richard Hartmann, Chemnitz, das im Jahre 1866 die ersten 6 Maschinen der Großherzoglich Oldenburgischen Eisenbahn lieferte.

Als Empfangsgebäude ließ Preußen für den Bahnhof Heppens ein repräsentatives Bauwerk auf I-förmigem Grundriß mit quer zur Bahn stehenden Seitenflügeln, einem schmalen Mittelrisalit an der Stadtseite und den zeittypischen romanisierenden Fassadenelementen, Rundbogenfenstern, Lisenengliederung usw. nach dem für viele Bahnhofsbauten insbesondere Preußens und Mecklenburgs charakteristischen Muster errichten. Das durchweg zweigeschossige Gebäude erhielt im Erdgeschoß eine Quaderstruktur, wodurch es weniger gestelzt erschien. Seine Seitenlage war dadurch bedingt, daß die Bahnhofsgleise in 3 Zweiglinien an den Ems-Kanal, Südwest-Kai und beiderseits an den Bau- und Ausrüstungshafen sowie zu den Munitionsdepots weitergeführt werden mußten.

Weil die Dienst-, Abfertigungs- und Warteräume des ersten Wilhelmshavener Bahnhofsbaues bald der Personenfrequenz des Reiseverkehrs der schnell gewachsenen Hafenstadt nicht mehr genügten, wurden später an beiden Seiten gleichgroße Flügelbauten in passendem Stil angefügt, so daß sich die Grundfläche des Empfangsgebäudes verdoppelte. Außerdem erhielt der Hausbahnsteig ein durchgehendes Bahnsteigdach (Bild 392). Die Preußen gehörende, aber von Anfang an durch die Großherzoglich Oldenburgische Eisenbahn betriebene Linie Oldenburg–Wilhelmshaven ging am 30. Dezember in das Eigentum der Oldenburgischen Staatsbahn über.

Bild 392 Bahnhof Wilhelmshaven. Blick auf das Empfangsgebäude von Nordwesten, 1906 (Verkehrsmuseum)

Bahnhof Brake

Nach Vollendung der Eisenbahn Oldenburg–Bremen bekam endlich auch die butjadinger Amtsstadt Brake mit dem bedeutendsten Hafen Oldenburgs Bahnanschluß, als der Abschnitt Hude–Brake der Zweiglinie Hude–Nordenham–Blexen am 1. Januar 1873 eröffnet wurde. Die direkte Verbindung Oldenburg–Brake konnte indes erst am 1. Mai 1896 dem Verkehr übergeben werden. Bis zur Gründung Bremerhavens 1827 war Brake zudem der Hafen Bremens. Danach behauptete er sich noch lange als wichtigster Hafen des Landes, besonders nachdem er durch Vertiefung des Fahrwassers der Unterweser und den 1859 bis 1861 erbauten 6 m tiefen Hochwasserhafen auch größeren Seeschiffen, an der Längspier bis 8 m Tiefgang, offenstand. Überdies besaß Brake bis zum Anschluß Bremens und Hamburgs an das deutsche Zollgebiet am 15. Oktober 1888 noch den Status eines Freihafens.

Ebenso schwierig wie der Streckenbau im Küstenbereich der Unterweser war auch die Anlage des Bahnhofes Brake auf dem topografisch und geologisch problematischen Gelände sowie im Hinblick auf die Standortbedingungen eines Nordseehafens mit Anforderungen an den Hochwasserschutz usw. Aufgrund dieser Umstände erhielt der Bahnhof seinen Standort innerhalb der Deiche, während die Zweiggleise zu den Kaianlagen durch verschließbare Deichöffnungen geführt wurden.

Als erstes Empfangsgebäude kam ein schlichtes, eingeschossiges traufseitiges Vorlaubenhaus in leichter Fachwerkbauweise mit zweigeschossigem Zwerchgiebel zur Ausführung. Die Vorlaube wurde später beiderseits mit Schutzdächern zu einem durchgehenden Bahnsteigdach verbunden, das den Hausbahnsteig jedoch nicht auf ganzer Breite bedeckte (Bild 393). Bäuerliche Bauweisen standen bei vielen ländlichen Bahnhofsbauten der Frühzeit der Eisenbahn oft Pate. So finden sich in Oldenburg wie in Mecklenburg bei Eisenbahnhochbauten des 19. Jahrhunderts fast alle Haustypen und -formen vom Bauernhaus bis zum Repräsentativbau, in beiden Ländern mit vorwiegender Agrarstruktur zunächst nach wirtschaftlichsten Gesichtspunkten ausgeführt, da hier im Gegensatz zu industriell entwickelten Regionen nicht von kurzfristig steigenden Profiten des Eisenbahnbetriebes ausgegangen werden konnte.

Wie andernorts entsprach auch das 1873 in Dienst gestellte Empfangsgebäude bereits nach zwei Jahrzehnten nicht mehr den betrieblichen Anforderungen. An seine Stelle trat vor 1900 ein größerer Bau im Stil der Gründerjahre, dessen Gestalt an manche norddeutschen Kasernen, Amtsgerichte oder ähnliche wenig einladende Gebäude erinnert (Bild 394), wenngleich es sicherlich mit dem erhöhten Bahnsteig, breiteren (nachträglich errichteten) Bahnsteigdach und größeren Räumlichkeiten bessere Bedingungen für den Reiseverkehr bot als das alte Empfangsgebäude. Ein Vergleich beider Bauten macht aber den architektonischen Niedergang deutlich, der hier am Ende des 19. Jahrhunderts zu beobachten ist.

Bild 393 Bahnhof Brake. Empfangsgebäude von der Bahnseite 1873 (Sammlung Schmidt)

Bild 394 Bahnhof Brake. Empfangsgebäude von der Bahnseite 1903 (Stadtmuseum Oldenburg)

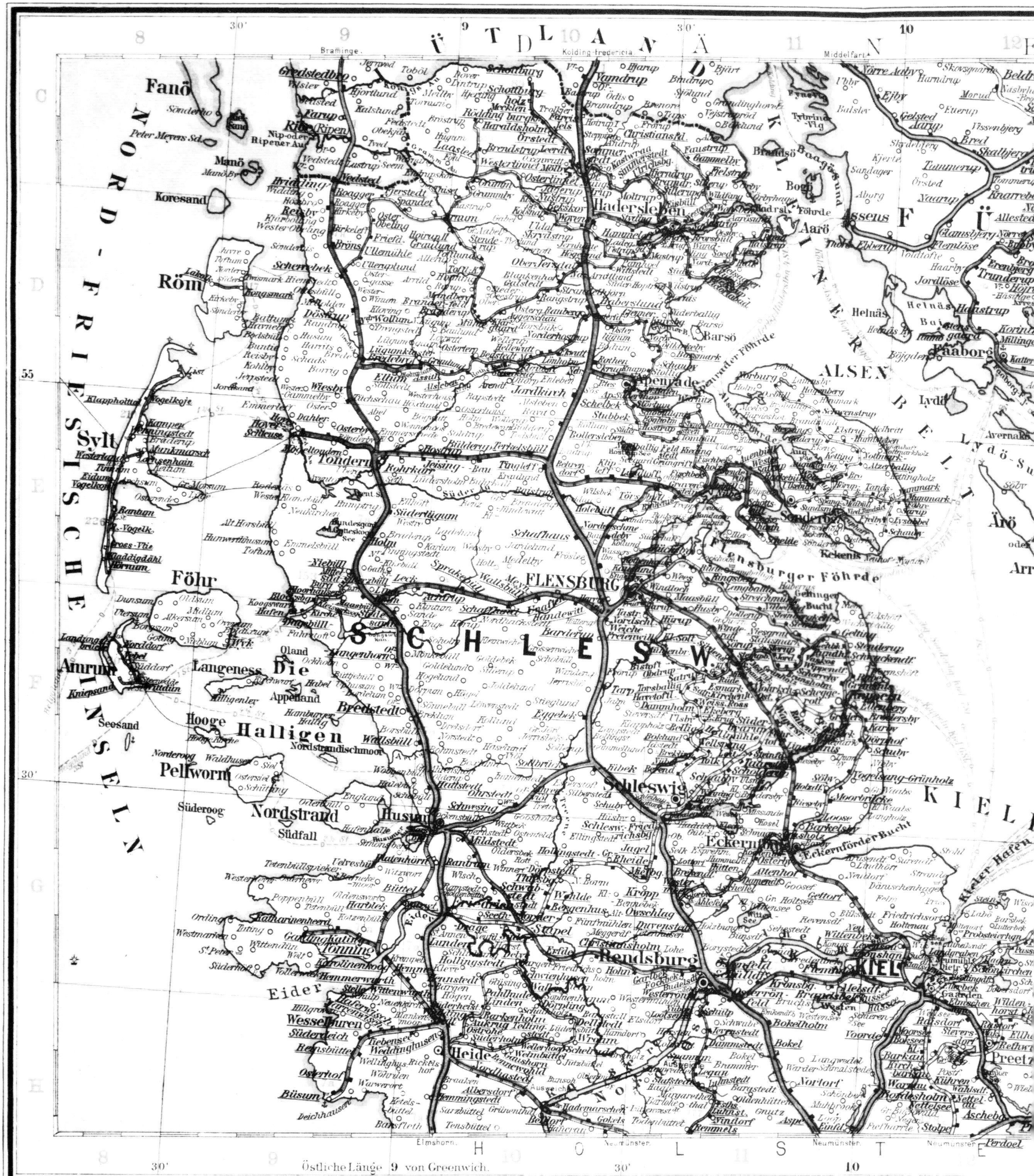

J Ü T L A N D
Fanö
Röm
Sylt
Föhr
Amrum
Pellworm
Nordstrand
Hooge
Halligen
Langeness
Süderoog
Südfall
NORD-FRIESISCHE INSELN
SCHLESW
FLENSBURG
Flensburger Föhrde
Schleswig
Husum
Tondern
Hadersleben
Apenrade
Sonderburg
ALSEN
Eckernförde
Eckernförder Bucht
Rendsburg
KIEL
Kieler Hafen
Heide
Tönning
Eider
Büsum
Friedrichstadt
Bredstedt
Niebüll
Assens
Faaborg
Aarö
Barsö
Ärö
Preetz
Neumünster
Elmshorn
H O L S T E
Östliche Länge 9 von Greenwich

VII. Schleswig–Holsteinische Eisenbahnen

Staatsbahnen
7 Preußische Staatsb.
Direktions-Bezirk: a Altona

Privatbahnen
20 Amrumer Kleinbahn
21 Apenrader Kreis-Kleinbahn
65 Eckernförder Kreisbahnen:
a Eckernförde–Kappeln (Nebenb.)
b Eckernförde–Owschlag (Kleinb.)
73 Flensburger Landkreis–Kleinbahnen
89 Haderslebener Kreis-Kleinbahnen
117 Kongsmark–Lakolk-Kleinb.
128 Lenz'sche Kleinbahnen:
a Alsener Kreisbahnen
d Kiel–Schönberger Kleinb.
e Kiel–Segeberg Kleinb.
f Kirchbarkau – Preetz – Lütjenburg Klb.
h Schleswiger Kreisbahn. Klb.
153 Niebüll–Dagebüll Kleinb.
157 Norderdithmarschener Kreis-Kleinbahnen
177 Rendsburg–Hohenwestedter Kleinbahn
210 Sylter Dampfspurbahnen
226 Westerland–Hörnum (Sylter Südbahn)

Dänische Anschlußbahnen
1 Staatsbahnen
b Jütische Eisenbahnen

Koch, W. und C. Opitz:
Eisenbahn- und Verkehrsatlas von Europa. Leipzig 1912
Blatt Nr. 2

Schleswig-Holsteinische Eisenbahnen

Als das Eisenbahnzeitalter begann, gehörten die damaligen Herzogtümer Schleswig, Holstein und Lauenburg noch zum Königreich Dänemark. Erst nach dem zweiten Deutsch-Dänischen Krieg von 1864 kamen Schleswig unter preußische und Holstein unter österreichische Verwaltung, während der König von Preußen auch Herzog von Lauenburg wurde. Wenig später mußte Österreich im Prager Frieden vom 23. August 1866, der den Preußisch-Österreichischen Krieg beendete, der Besitznahme Schleswigs durch Preußen zustimmen. Die drei sogenannten Elbherzogtümer bildeten nun die preußische Provinz Schleswig-Holstein. Schließlich wurde Nordschleswig im Ergebnis der nach dem ersten Weltkrieg durchgeführten Volksabstimmung wiederum dänisch.

Trotz dieser diffizilen historischen Verhältnisse förderte Dänemark unstreitig die Entwicklung des Eisenbahnbaues in den Elbherzogtümern beachtlich, verständlicherweise unter Wahrung seiner handelspolitischen Interessen.

König Christian VIII. Ostseebahn

Als erster Schienenweg der «Elbherzogtümer» bildete die 1843 bis 1844 von Altona nach Kiel gebaute «König Christian VIII. Ostseebahn» zugleich die Stammbahn des Landes, an die alle später in Schleswig-Holstein entstandenen Bahnen direkt oder indirekt angeschlossen wurden. Schon 1835 untersuchte eine aus Regierungsvertretern und Ingenieuroffizieren gebildete Kommission Möglichkeiten der Eisenbahnverbindung zwischen Nord- und Ostsee. Zwei von ihr vorgeschlagene Varianten, die Linien Altona–Neustadt und Altona–Kiel, wurden 1839 nivelliert und am 1. Dezember 1840 gab der damals in Kiel, später in Leipzig wirkende Professor Hanssen ein Gutachten ab, in dem er aus betriebsökonomischen Gründen die Kieler Linie empfahl. Gleichzeitig begann der englische Ingenieur Buck, den später der Berliner Baudirektor Henz ablöste, mit den technischen Vorarbeiten. Auch dieser plädierte für die kostengünstigere, technisch problemloser ausführbare Linie Altona–Kiel, die ursprünglich über Neumünster, Kellinghusen, Barmstedt und Pinneberg geplant war, aber im Hinblick auf größere Frequenz und Rentabilität schließlich über Elmshorn geführt wurde.

Am 16. Juni 1842 konnte sich die Gesellschaft mit bis dahin gezeichneten 15 679 Aktien zu je 375 Mark Courant konstituieren und daraufhin die königliche Konzession am 28. Juni 1842 erhalten. Sie beschloß, die Bahn nach ihrer Vollendung «König Christian VIII. Ostseebahn» zu nennen.

Nach Bestätigung der Statuten durch die königliche Regierung vom 11. März 1843 konnten die Bauarbeiten am 8. Mai 1843 unter Leitung des Oberingenieurs Dietz, der bereits beim Bau der Leipzig-Dresdener Eisenbahn mitwirkte, beginnen. An der 14 1/12 Meilen langen Trasse wurden vor allem Arbeiter aus Schlesien und anderen deutschen Ländern beschäftigt, die das gesamte Planum schon Ende April 1844 fertiggestellt hatten, so daß im Juli 1844 auf einzelnen Abschnitten bereits Probefahrten stattfinden konnten. Die für den 1. August 1844 vorgesehene Eröffnung mußte allerdings wegen einer Dammsenkung im Moor bei Poppenbrügge verschoben werden. Erst nachdem die Regierung die Bahn «untersucht und tüchtig befunden, auch das Personal gehörig eingeübt worden ...», begann am 9. September der regelmäßige Bahnbetrieb. Am 18. September 1844, dem Geburtstag des Landesherrn, fand die feierliche Einweihung statt, «bei welcher Gelegenheit der Prinz Friedrich von Holstein, Statthalter in den Herzogthümern Schleswig und Holstein, als Stellvertreter des Königs anwesend war und dem Director der Eisenbahngesellschaft, Banquier Arnemann, das Ritterkreuz des Dannebrogordens überreichte».

Die technischen Daten der Bahn galten derzeit als äußerst günstig. Das Planum und alle Brücken waren für 2 Gleise vorgesehen. Außer den Endstationen befanden sich Zwischenstationen ursprünglich in Pinneberg, Tornesch, Elmshorn, Horst, Wrist, Neumünster und Bordesholm. Für Güterzüge gab es außerdem «Anhaltepunkte» in Stelling, Eidelstedt, Halstenbeck, Prisdorf, Dauenhof, Siebenecksknöll, Padenstedt, Fohrde und Meimersdorf. Die Gesamtkosten für Bau und erste Betriebsmittel betrugen bis zum 29. Mai 1845 7 834 215.-Mark Courant oder 3 133 687 preußische Taler.

Über den Betrieb im ersten Jahr (1845) wird berichtet, «daß die 10 Locomotiven, mit denen man anfangs auszukommen glaubte, zur Hälfte bei Kitson, Thompson und Hewitson in Leeds, – welche jedoch nur 4 geliefert, – zur Hälfte bei R. und W. Hawthorn in Newcastle bestellt sind. Dieselben sind sechsrädrig, haben inwendig liegende Cylinder und sollten sich – wie man erwartete – durch geringen Cokeverbrauch auszeichnen, indem derselbe für einen gewöhnlichen 40 Tonnen oder 800 Centner schweren Passagierzug als Maximum des Verbrauchs mit Anheizen nur 14 7/8 Pfund für die Meile betragen sollte, ... Die acht Tender sind von Wöhlert in Berlin geliefert, die sehr eleganten und bequemen Personenwagen – in drei Classen – theils von Pflug und Weißbach in Berlin, theils von Röhe und Wienbarg in Altona, theils endlich von der Wagenbauanstalt der leipzig-dresdner Eisenbahn-Compagnie. Außer einem Königswagen sind neun Wagen der – combinirten – I. und II. Classe, vier der II. Classe allein, 24 der III. Classe vorhanden, zusammen 38 Personenwagen; dazu kommen sechs Gepäck- und Post- und 12 achträdrige Güterwagen, sowie 58 sechsrädrige Güterwagen, was im Ganzen 114 Wagen giebt. Die Zahl der Angestellten besteht – außer der Direction – aus 329 Personen, worunter 121 Bahn- und 10 Oberbahnwärter, 15 Schaffner, 2 Oberschaffner, 27 Packer und Kofferträger, 8 Locomotivführer etc. Vor der Hand gehen in jeder Richtung zwei Personenzüge täglich, welche von Altona Morgens 8 Uhr und Nachmittags 3 1/2 Uhr, von Kiel Morgens 7 Uhr und Nachmittags 2 1/2 Uhr abgehen. Die Fahrzeit ist – einschließlich 28 Minuten Aufenthalt – auf 3 Stunden, in der Dunkelheit auf 3 1/2 Stunden festgesetzt. Gleichzeitig mit dem Personentransport hat der Gütertransport begonnen, was bei den meisten Eisenbahnen erst längere Zeit nach der Eröffnung zu geschehen pflegt; mit den Güterzügen werden auch Personen in der II. und III. Wagenclasse befördert. Ein besonderes Regulativ ordnet die zollamtliche Behandlung des Waaren- und Effectentransports, wobei die Eisenbahn in ihrer ganzen Ausdehnung als innerhalb der Zollinie gelegen betrachtet wird».

Die Altona-Kieler Eisenbahn erweiterte ihr Netz später durch Ankauf der am 1. Januar 1864 eröffneten Rendsburg-Neumünster'schen Eisenbahn, der am 31. Mai 1866 eröffneten Ostholsteinischen Eisenbahn Neumünster–Eutin–

Neustadt mit Zweigbahn Ascheberg–Kiel, der Südschleswig'schen Eisenbahn (Seite 262), Nordschleswig'schen Eisenbahn und einige andere Strecken, so daß ihre Streckenlänge einschließlich der gepachteten Linien 1884 233,43 km betrug. Sie wurde seit 1. Januar 1883 von der Preußischen Staatsbahn betrieben und ging laut Gesetz vom 24. Januar 1884 am 1. Juli 1886 in das Eigentum des Staates über. Danach gehörte sie zur Königlichen Eisenbahn-Direktion Altona.

Bild 395 Bahnhof Altona. Blick auf Anlagen und Gebäude vom Kopfbau aus, 1845. Zeitgenössische Grafik (Sammlung Verfasser)

Bahnhof Altona

Vom ersten Bahnhof Altonas wird 1845 berichtet, daß er «hart am Saume der Stadt zwischen der Palmaille und Mörkenstraße 106 Fuß über der gewöhnlichen Fluthöhe der Elbe liegt und bei einer Breite von 460 F. – einschließlich einer 60 F. breiten Parallelstraße – 1480 F. lang ist». Für den Güterverkehr beginnt die Bahn «auf einem am Elbstrande zu erbauenden, 600 Fuß langen Quai, der als Ladeplatz für den Güterverkehr günstig gelegen ist. Von hier führt eine geneigte Ebene, auf welcher die Güterwagen künftig mittelst einer stehenden Dampfmaschine heraufgezogen werden sollen, mit einer Steigung von 1 in 6 1/2 auf das Plateau der Palmaille, der Hauptstraße von Altona, und verbindet so den Elbquai mit dem eigentlichen Bahnhofe ...», an dem die Gütergleise ursprünglich westlich vorbeigeführt waren (Bild 395). Die Kaianlage mit einem großen, 1888 abgebrochenen Speicher, dessen Krane von einer dampfgetriebenen Transmissionswelle bewegt wurden, hat die Altona-Kieler Eisenbahn-Gesellschaft 1845 selbst gebaut. Sie lag 28 m tiefer als der Bahnhof. Die geneigte Ebene mit Seilbetrieb wurde 1874 bis 1875 durch die 1,21 km lange Adhäsionsbahn zu dem anfangs der siebziger Jahre erbauten «Neumühlener Kai» ersetzt, die vom Bahnhof bis zum Kai unterirdisch geführt ist und bei einem Neigungsverhältnis von 1:36 minimale Bogenhalbmesser von 175 m aufweist (Bild 396).

Ähnlich vielen Endpunkten früher Eisenbahnen war auch der Bahnhof Altona als Kopfstation mit 4 Hauptgleisen für Abfahrt, Ankunft,

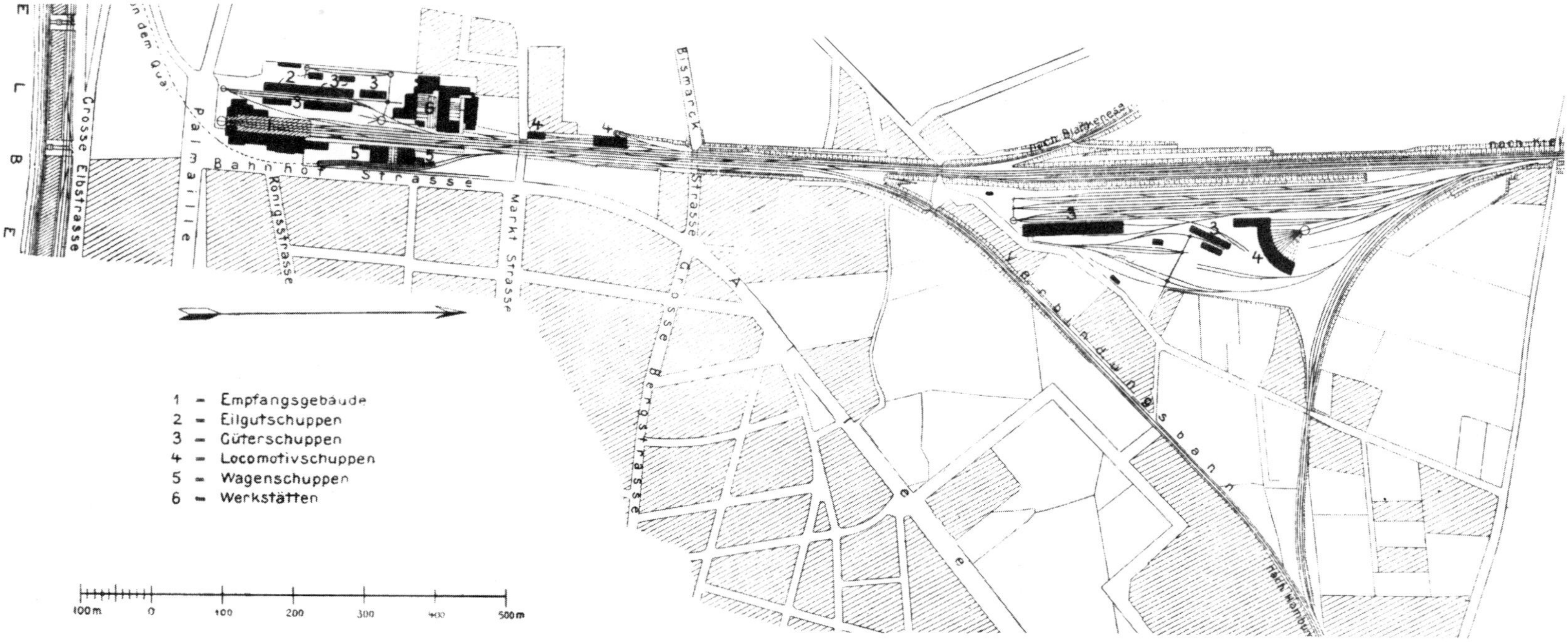
E L B E
Grosse Elbstrasse
Palmaille
Bahnhof Strasse
Königsstrasse
Markt Strasse
Bismarck Strasse
Grosse Bergstrasse
Verbindungsbahn
nach Blankenese
1 – Empfangsgebäude
2 – Eilgutschuppen
3 – Güterschuppen
4 – Locomotivschuppen
5 – Wagenschuppen
6 – Werkstätten
100m 0 100 200 300 400 500m

Bild 396 Bahnhof Altona. Lageplan 1890 (Sammlung Verfasser)
Bild 397 Bahnhof Altona. Blick von Norden in die Bahnsteighallen zum Kopfbau hin kurz vor der Fertigstellung des Empfangsgebäudes 1845. Zeitgenössische Grafik (Sammlung Verfasser)

Rangieren und Reserve sowie der erforderlichen Drehscheibe am Kopfbau angelegt (Bild 395). In der zeitgenössischen Grafik von 1845 sind überdies im Mittelgrund rechts ein massiver Wagenschuppen und links das Maschinenhaus mit Werkstätten dargestellt. Im Hintergrund ist noch die in der Anfangszeit übliche Einfriedigung des «Bahn-Hofes» zu erkennen, deren Tore bei Betriebsruhe geschlossen blieben. Dahinter lag auf der Strecke nach Kiel, deren «Planum von 28 Fuß Breite und sämmtliche Brükken für zwei Gleise eingerichtet» waren, vorerst ein Gleis. Die Güterschuppen befanden sich auf der Westseite (links, nicht mehr im Bild). Vorn sind die beiden Bahnsteighallen über jeweils einem Gleis und «Perron», innen auf schlanken Holzsäulen ruhend, nach außen durch eine Fensterfront abgeschlossen (Bild 397, 398), im Blickfeld.

Der Kopfbau des ersten Empfangsgebäudes – bis 1884 auch Sitz der Direktion der Altona-Kieler Eisenbahn-Gesellschaft – war zunächst zweigeschossig mit zwei kräftigen, in der Erdgeschoßmitte verbundenen Risaliten (Bild 399). Wegen Raummangel mußte sein Mittelteil schon nach wenigen Jahren aufgestockt werden; diese bauliche Veränderung schadete dem Gebäude nicht, im Gegenteil: durch die beiden hohen, schmalen Giebel mit der Säulenstellung dazwischen entstand aus dem vorher schlichten, spät-klassizistischen Bauwerk ein stattlicheres, trotz aller Repräsentation heiter-beschwingtes Bahnhofsgebäude, das ganz und gar dem Milieu der Palmaille von damals angepaßt ist (Bild 400).

Demgegenüber fällt die architektonische Gestaltung des nächsten, kurz vor der Jahrhundertwende errichteten Empfangsgebäudes sehr ab, dessen verschwommene Eklektik selbst in Zeiten der Nostalgie nicht zu begeistern vermag (Bild 401), während der notwendig gewordene Bahnhofsneubau ansonst funktionell ausgezeichnet gelöst wurde. – Wie in vielen großen Städten erschwerte die Altona durchschneidende Eisenbahn die kommunale Entwicklung der Stadt sehr. Anläßlich der Vereinigung von Altona und Ottensen – die Stadt hatte inzwischen über 160 000 Einwohner – war es nicht mehr zu umgehen, den Personenbahnhof um 400 m nach Norden zu verlegen und die gesamten Bahnanlagen umzugestalten. Damit wurde Mitte 1890 nach Entwürfen des Geheimen Oberbaurates Caesar und des Geheimen Baura-

Bild 398 Bahnhof Altona. Empfangsgebäude von Südosten, im Bau 1845. Zeitgenössische Grafik (Sammlung Verfasser)
Bild 399 Bahnhof Altona. Erstes Empfangsgebäude von 1845, bis 1884 Sitz der Direktion der Altona–Kieler Eisenbahn. Zeitgenössische Lithographie um 1850 (Verkehrsmuseum)

Bild 400 Bahnhof Altona. Blick auf den Kopfbau des Empfangsgebäudes mit der Palmaille von Südwesten, um 1860. Zeitgenössische Grafik (Verkehrsmuseum)
Bild 401 Hauptbahnhof Altona. Ansicht des Empfangsgebäudes von Südosten 1898. Entwurf: Eggert, Schwartz (Sammlung Verfasser)
Bild 402 Hauptbahnhof Altona. Gleisplanschema um 1920 (Sammlung Verfasser)
Bild 403 Hauptbahnhof Altona. Grundriß des Empfangsgebäudes 1898. a Wärter; b Wärterin; c Waschräume; d Speicher. Entwurf: Eggert, Schwartz (Sammlung Verfasser)

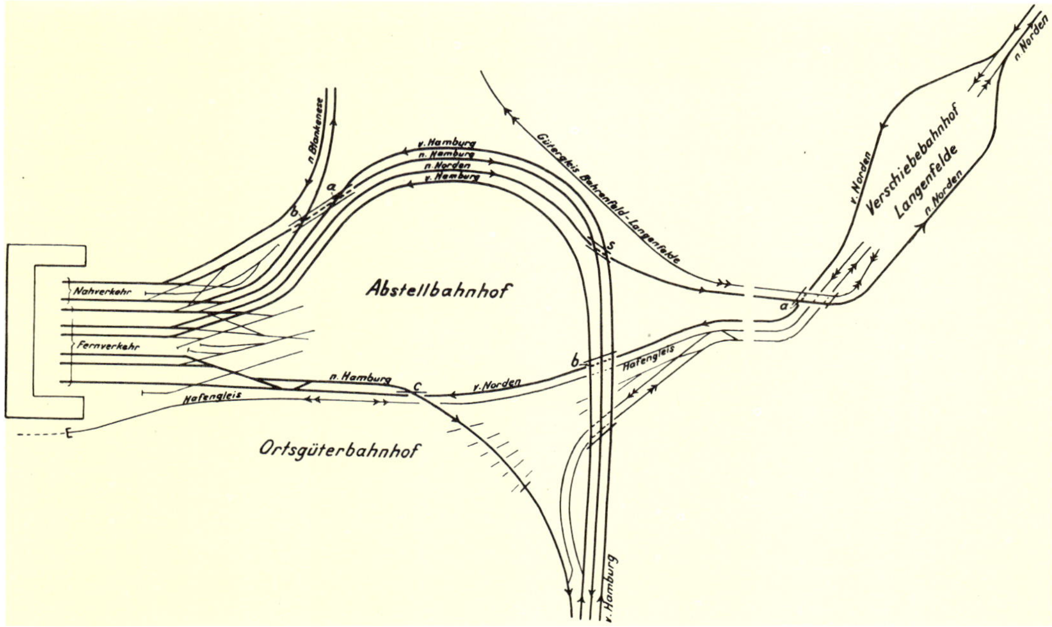

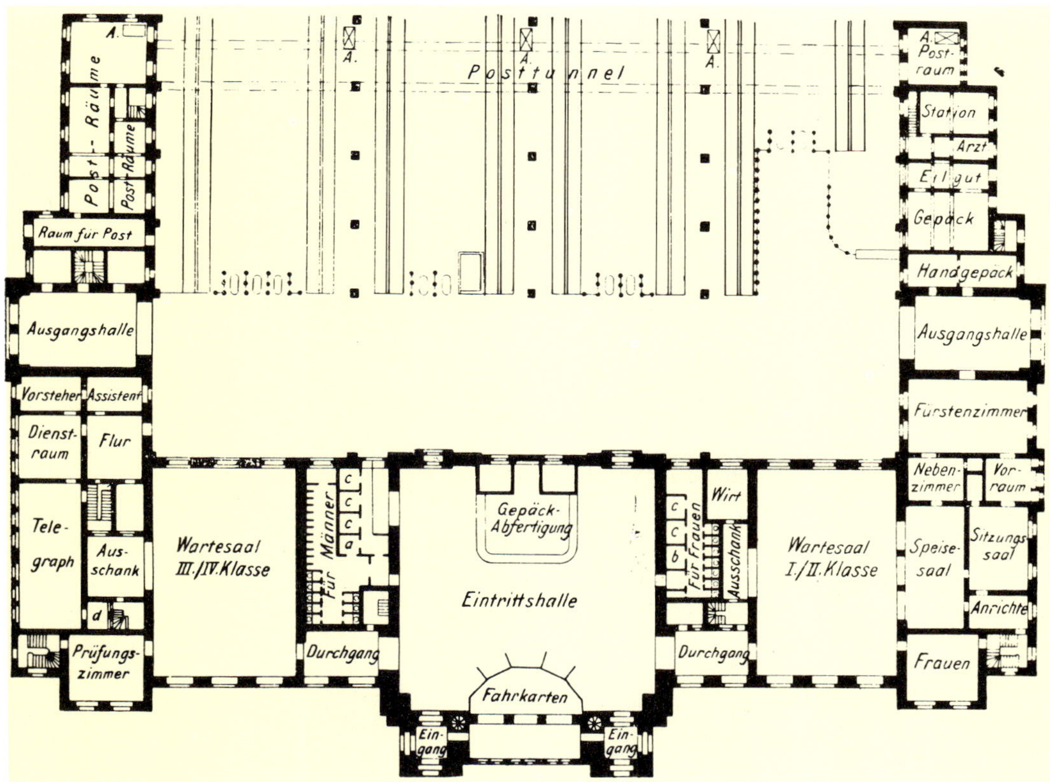

tes Professor Cauer begonnen. Am 1. Mai 1893 konnten schon die neuen Anlagen der Verbindungsbahn (Hamburg–Altona) und die dazugehörigen Bahnhöfe in Betrieb genommen werden. Der wiederum als Kopfbahnhof konzipierte Hauptbahnhof Altona war betrieblich als Bahnhof mit Richtungswechsel hervorragend gelöst (Bild 402). Es war folgende Verkehrssituation zu bewältigen: Von Nordosten hatte der Bahnhof die viergleisige, nach Linien betriebene Hamburger Stadt-Bahn aufzunehmen, deren Ferngleise nach Kiel und deren Vorortgleise nach Blankenese weiterführen. Der Durchgangs-Güterverkehr sollte den Personenbahnhof nicht berühren. Im Personenverkehr mußten aber alle Fern- und Vorortzüge den Bahnhof anlaufen. Die sich daraus ergebenden Kreuzungen wurden geschickt vermieden, indem für die Ferngleise von Kiel und für die Stadtgleise von Hamburg im Bahnhof Linksbetrieb erfolgte. Die Bahnhofsanlagen waren am 16. November 1895 betriebsfähig fertiggestellt.

Das von Eggert und Schwartz entworfene Empfangsgebäude ähnelt im Grundriß (Bild 403) prinzipiell dem ebenfalls von Eggert entworfenen Bahnhofsbau in Frankfurt a. M.. Am Vorplatz dominiert der durch ein überdimensionales, portalartiges Rundbogenfenster und zwei Türme markierte Haupteingang, der in den Türmen von je zwei eigentlich recht unscheinbaren Pforten gebildet wird, die in Windfänge und schließlich in die 700 m² große «Eintrittshalle» führen, die durch den Fensterbogen, unter dem sich die Fahrkartenschalter befinden, gut beleuchtet ist. Geradewegs an der gegenüberliegenden Gepäckabfertigung vorbei erreicht der Reisende die Querbahnsteighalle, der sich eine vierschiffige Längsbahnsteighalle mit 4 Personen- und 5 Gepäckbahnsteigen an insgesamt 8 Gleisen anschließt. Ausgangshallen an beiden Seiten des Querbahnsteiges entlasten die Eingangshalle vom Personenstrom ankommender Züge. Auch die Zugänge der Wartesäle werden durch Anordnung von Vorfluren und ihre Lage am Ende des Querbahnsteiges vom Hauptverkehrsstrom nicht berührt.

Die Längsbahnsteighalle überdacht Gleise und Bahnsteige auf 160 m Länge und 82 m Breite (= 13 120 m²) bei einer größten Einzelstützweite von 21,50 m und 15,00 m Scheitelhöhe über Schienen-Oberkante. Durch Einsatz von Zugstäben konnten die nicht sehr weit gespannten Stahlvollwand-Bogenbinder und -Stützen relativ schlank bemessen werden, so daß eine überaus elegante, leicht wirkende Hallenkonstruktion entstand. Das nur 340 000 kg schwere Tragwerk lieferte die bekannte Stahlbaufirma Aug. Klönne, Dortmund.

Bahnhof Kiel

Zur feierlichen Einweihung der Altona-Kieler Eisenbahn war der Bahnhof in Kiel noch nicht fertiggestellt. Der Eröffnungszug kam daher in einem vor der Stadt etwa in Höhe der Marthastraße gelegenen «Interimsbahnhof» an, wo eine provisorische «Personenhalle» errichtet wurde. Die Festlegung des endgültigen Bahnhofsstandortes hatte sich verzögert, weil über die vorgeschlagenen Varianten zunächst keine Einigung erzielt werden konnte. Die Bürger der Altstadt wünschten den Bahnhof verständlicherweise so nahe als möglich, und zwar vor dem Pfaffentor, am heutigen Berliner Platz. Als Kompromiß dazu wurde die Lage an der St. Jürgens-Kapelle am jetzigen Hauptbahnhof und eine Verlängerung der Linie von dort bis zum Pfaffentor mit Pferdebahnbetrieb vorgeschlagen. Beide Pläne kamen auch wegen Schwierigkeiten beim Grunderwerb nicht zur Ausführung, sondern der Bahnhof wurde «an der Klinke» auf der «Salzwiese» angelegt, wo sich heute das Gebäude der Oberpostdirektion befindet. Die vom «Anhaltepunkt» Meimersdorf hierherführende Bahntrasse verlief (1845) nach einer starken «Krümmung rechts bis an das Stadtkloster bei Kiel; von da geht die Bahn in gerader Richtung nach dem Bahnhofe ..., welcher 18 Fuß über dem gewöhnlichen Wasserstande der Ostsee,

Bild 404 Bahnhof Kiel. Empfangsgebäude von 1846 (Eisenbahnmuseum Kopenhagen)
Bild 405 Bahnhof Kiel. Blick auf die Bahnsteighallen und den Kai, um 1910 (Verkehrsmuseum)
Bild 406 Hauptbahnhof Kiel. Halleninneres, um 1935 (Reichsbahn-Kalender)

auf dem Behrens'schen Platze, zwischen der belebtesten Straße Kiels – an der katholischen Kirche –, dem Brauer'schen Speicher, dem Sophienblatt und dem Hafen liegt. Dieser Bahnhof, ebenso günstig für den städtischen als für den Güterverkehr gelegen, ist 270 F. breit und 1 300 F. lang; von demselben soll auf einem Damme eine für den Güterverkehr bestimmte stark geneigte Bahn geführt werden». Ihren Kieler Endbahnhof hatte die Eisenbahngesellschaft im Hinblick auf den zu erwartenden beträchtlichen Güterumschlag zwischen Eisenbahn und Schiff so nahe als möglich am Hafen angelegt, so daß bei dem geringen Höhenunterschied beider Standorte nur ein 4,5 km langes Verbindungsgleis erforderlich war.

Für den «Bahnhof an der Klinke» wurde 1845 bis 1846 ein neoromanisch gestaltetes Empfangsgebäude in Seitenlage zur Stadt hin errichtet, dem sich eine viergleisige Bahnsteighalle in Fachwerkbauweise ähnlichen Stiles wie beim alten Harburger Bahnhof (Bild 45) anschloß (Bild 404). Das alte Bahnhofsgebäude Kiels diente dem Personenverkehr bis 1899. Nach Aufnahme weiterer Linien nach Ascheberg am 31. Mai 1866, Eckernförde am 1. Juli 1881 und nach Übernahme der Altona-Kieler Eisenbahn durch den preußischen Staat baute die Preußische Staatsbahn das Eisenbahnnetz in Schleswig-Holstein weiter aus, so daß dieser erste Bahnhof Kiels den Verkehr der überdies in 25 Jahren an Einwohnerzahl von 17 540 (1870) auf 85 660 (1895) stark angewachsenen Stadt nicht mehr bewältigen konnte.

An die preußische Regierung gerichtete Petitionen für den Neubau eines größeren Bahnhofes, des späteren Hauptbahnhofes, führten 1881/82 zwar noch zu keinem konkreten Ergebnis, brachten die Bahnhofsfrage aber auf die Tagesordnung. Wiederum wurden unterschiedliche Variantenvorschläge, diesmal für folgende vier Standorte unterbreitet: 1. der Standort des alten Bahnhofes mit entsprechender Erweiterung, 2. an der Gablenzbrücke, 3. am Schreventeich, 4. auf dem Gelände des jetzigen Hauptbahnhofes. Von diesen Plänen hatten nur der erst- und der letztgenannte Chancen, und trotz vieler Eingaben, zuletzt durch ein «Bürgerkomitee» im April 1892, entschieden sich Staatsregierung und Stadt für den Standort des Bahnhofes an der heutigen Stelle, 400 m südlich der alten Anlage, die technisch und ökonomisch als optimal galt (Bild 405).

Bild 407 Bahnhof Kiel. Erdgeschoßgrundriß 1899/1900. Entwurf: Schwartz (Sammlung Verfasser)

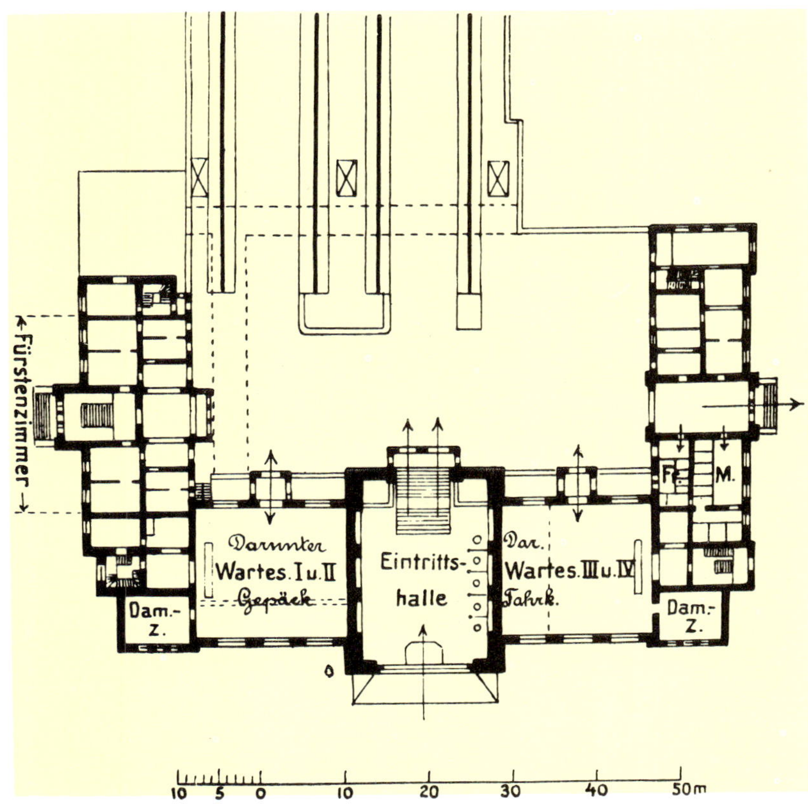

Bild 408 Bahnhof Kiel. Ansicht des Empfangsgebäudes von Nordwesten, fertiggestellt 1900. Entwurf: Schwartz (Sammlung Schladitz)

Den am 4. September 1895 vom Preußischen Ministerium für öffentliche Arbeiten genehmigten Entwurf des neuen Kieler Bahnhofs schuf Baurat Ernst Schwartz. Die unter Leitung des Bauinspektors Burgund durchgeführten Bauarbeiten sollten in zwei Hauptabschnitten erfolgen, und zwar in der ersten Phase die Westseite bei voller Weiterführung des Personenverkehrs zum alten Bahnhof an der Klinke gebaut, nach Fertigstellung dieses Teiles die zum alten Bahnhof führenden Gleisanlagen abgebaut und anschließend der zweite Bauabschnitt an der Ostseite begonnen werden.

Dementsprechend und infolge Grunderwerbsproblemen kamen zunächst 4 Gleise mit 2 Bahnsteigen, später noch 2 Gleise und ein weiterer Bahnsteig zur Ausführung, die durch eine dreischiffige Bahnsteighalle mit relativ geringen Spannweiten Wetterschutz erhielten. Diese etwas archaisch anmutende, auf schlanken Stützen ruhende Bogenbinderkonstruktion (Bild 406) bestand ursprünglich aus zwei je 160 m langen Hallen von 18 m Spannweite und 16 m Höhe sowie einer 30 m langen Halle gleichen Binderquerschnittes mit insgesamt 750 t Masse. Sie wurde von der bekannten Stahlbaufirma August Klönne, Dortmund, geliefert.

Das auf U-förmigem Grundriß entwickelte Empfangsgebäude (Bild 407) umschloß den geräumigen, 3,65 m über dem Niveau der «Eintrittshalle» gelegenen Kopfbahnsteig, zu dem eine 6,50 m breite Treppe führte, während die mit diesem auf gleicher Höhe liegenden jeweils etwa 290 m^2 großen Wartesäle I./II. und III./IV. Klasse nur von hier aus zugänglich waren. Fahrkarten- und Gepäckschalter befanden sich unter denselben beiderseits der 365 m^2 großen, 18 m hohen Empfangshalle, die durch ein überdimensionales Rundbogen-Portal-Fenster reichlich Tageslicht empfing. Von der Gepäckabfertigung führte eine Tunnelanlage zu den Aufzügen der Gepäckbahnsteige. Die mittleren Räume im Hauptgeschoß des Ostflügels waren fürstlichen Reisenden, insbesondre der kaiserlichen Familie vorbehalten. Im Westflügel lagen Betriebs- und Diensträume, Toiletten usw.

Seiner äußeren architektonischen Erscheinung nach (Bild 408) gehörte das Empfangsgebäude dem späten Eklektizismus an, der sich auch hier wie vielerorts in einer eigenartigen Mischung aller möglichen traditionellen Bauformen und neuer funktioneller Ansprüche darbot. Beherrschendes Bauglied war das große Hauptportal mit der hochragenden Kuppel der Empfangshalle. Erstaunlich, wie demgegenüber der kupfergedeckte Turm mit der Kaiserkrone am Ostflügel zurücktrat, obwohl er doch eigentlich die Staatsmacht symbolisieren sollte. – Rote Backsteinfassaden mit Fenstereinfassungen, Simsen, Eckquadern und anderen Bauornamenten aus hellem pfälzer Sandstein wirkten im Neuzustand gewiß schmuck norddeutsch-blitzsauber. Dennoch lassen sich Vergleiche mit «Richters Anker-Steinbaukasten»-Architektur nicht ganz unterdrücken. Durch und durch der «Wilhelminischen Ära» entsprach die Innenraumgestaltung.

Die Wartesäle hatten reiche Eichenholztäfelung und -paneele im Stil der Neorenaissance. In gleicher Weise, jedoch kostbarer ausgestattet, waren die Fürstenzimmer gestaltet, mit Paneelen aus verschiedenfarbigem Ahorn und farbig gemusterten Ledertapeten darüber, Stuckdekken und elektrisch beleuchteten, festliche Atmosphäre verbreitenden Kristall-Lüstern. Schon 1900 besaß der Bahnhof elektrische Beleuchtung, über 30 Bogenlampen erhellten die Bahnsteighallen, deren Energie die «Baltischen Elektrizitätswerke» lieferten.

Entsprechend dem stufenweisen Bauablauf fand auch die Inbetriebnahme des neuen Bahnhofes in Etappen statt. Zunächst konnte der westliche Teil des Empfangsgebäudes mit der Empfangshalle am 31. Mai 1899 in Anwesenheit Kaiser Wilhelm II. feierlich eröffnet werden. Dazu war der Wartesaal III./IV. Klasse als Festsaal und provisorisch für Reisende I./II. Klasse hergerichtet. Der alte «Bahnhof an der Klinke» nahm als einen der letzten Züge den Sonderzug «Seiner Majestät des Kaisers» auf und wurde noch in derselben Nacht stillgelegt. Seit 1. Juni 1899 übernahm dann der neue Bahnhof offiziell die Abfertigung des planmäßigen Reiseverkehrs.

Am 20. Januar 1900 wurde der Gebäudeteil mit dem Wartesaal I./II. Klasse zur Benutzung übergeben und schließlich waren am 14. Juni 1900 auch die «Kaiserzimmer» des östlichen

Fürstenbaues fertiggestellt. Von den Hallen kamen zunächst die beiden östlichen zur Ausführung. Erst 1907 erhielten die Staatseisenbahnen endlich das Gelände am Stadtkloster, das 1909 wegen der dringend erforderlichen Bahnhofserweiterung ganz verschwand, für den Bau der 1908 errichteten dritten Bahnsteighalle. 1909 bis 1911 erfolgten im Zuge des geplanten Umbaues der Kieler Bahnanlagen Anbauten am Westflügel mit Dienst- und Sozialräumen für das Fahrpersonal.

Im wesentlichen behielt das Empfangsgebäude aber bis zum zweiten Weltkrieg seine äußere Gestalt aus der Zeit der Jahrhundertwende. Während des Krieges wurde es durch mehrere Luftangriffe schwer beschädigt, mit den Bahnsteighallen 1950 bis 1956 in vereinfachten Formen und moderner Innenraumgestaltung für rund 3,5 Millionen DM wiederaufgebaut. Daß dies beim Kopfbau in so nüchterner Form geschah, ist mit dem gering ausgeprägten bauhistorischen Bewußtsein während des ersten Wiederaufbau-Jahrzehntes nach dem Kriege zu erklären.

Die Lübeck–Büchener Eisenbahn

Bei der Entwicklung des Eisenbahnwesens war die «Freie und Hansestadt Lübeck» durch ihre damalige politische Lage zwischen Mecklenburg, dem dänischen Schleswig-Holstein und Lauenburg sowie dem oldenburgischen Fürstentum Lübeck außerordentlich gehemmt. Vor allem Dänemark blockierte die meisten Eisenbahnprojekte der Stadt, die bereits 1832 eine Schienenverbindung zwischen Ost- und Nordsee von Lübeck nach Hamburg plante. Nach vielen ergebnislosen Bemühungen setzten sich Anfang 1845 Lübecker Geschäftsleute erstmals für eine Linie Lübeck–Büchen mit Anschluß an die im Bau befindliche Berlin-Hamburger Eisenbahn ein. Doch Dänemark war bei dieser mit seinem Herzogtum Lauenberg beteiligt und versagte deshalb auch hier seine Zustimmung.

Als die Verhinderung jeden Anschlusses Lübecks an das deutsche Eisenbahnnetz Handel und Gewerbe der Stadt zunehmend benachteiligte, vertrat der Deutsche Bund die Interessen seines Mitgliedes Lübeck und erreichte auf diplomatischem Wege, daß Dänemark den Bau einer Eisenbahn von Lübeck durch sein Herzogtum Lauenburg nach Büchen durch eine Aktiengesellschaft genehmigte. Daraufhin unterzeichnete der Senat Lübecks am 23. Juni 1847 einen Staatsvertrag mit dem Königreich Dänemark. Aber nun stellten sich dem Bahnbau mit der Revolution von 1848 und dem im selben Jahr ausgebrochenen Deutsch-Dänischen Krieg neue Hindernisse in den Weg. Und daher konnten die Konzessionen zum Bau und Betrieb der Bahn erst im Verlauf der seit 17. Januar bis 2. Juli 1850 geführten Friedensverhandlungen der inzwischen gegründeten «Lübeck-Büchener Eisenbahngesellschaft» (L. B. E.) am 18. Februar 1850 von der deutschen Statthalterschaft und am 2. März 1850 vom Lübecker Senat erteilt werden.

Lübeck unterstützte die Bahngesellschaft großzügig durch unentgeltliche Überlassung fiskalischen Baugeländes und Bereitstellung fast des gesamten Aktienkapitals in Höhe von 16 886 400 Mark (von insgesamt 18 474 000 Mark), wozu die Stadt eine Anleihe bei der Berliner «Generaldirection der Seehandlungssocietät», der Bank des preußischen Staates, aufnahm und deren Verzinsung sowie Amortisation für 63 Jahre garantierte.

Am 15. Oktober 1851 fand endlich die langersehnte Betriebseröffnung der 47,2 km langen Strecke Lübeck–Büchen statt, die Lübecks Handelsverkehr mit Deutschland und besonders mit der Schwesterstadt Hamburg bedeutenden Aufschwung brachte. Dänemark, dem die Elbherzogtümer nach dem Kriege wieder zufielen, war zunächst nicht bereit, die deutsche Konzession anzuerkennen, gestattete aber der L. B. E. den Weiterbetrieb. Die Konzession erfolgte nachträglich erst am 7. April 1857 durch Dänemark, das währenddessen auch geneigt war, eine ursprünglich von Lübeck geplante direkte Linie nach Hamburg zu genehmigen. Der Staatsvertrag für diese Bahn wurde am 17. Juni 1857 abgeschlossen, die Konzessionen der L. B. E. aber erst am 24. April 1860 bzw. 29. November 1862 erteilt. Wiederum verzögerte ein Krieg, der Deutsch-Dänische von 1864, die Ausführung auch der 63,5 km langen Bahn Lübeck–Hamburg, die nach Besitznahme der Elb-

Bild 409 Bahnhof Lübeck. Eisenbahnanlagen 1852 (Sammlung Verfasser)

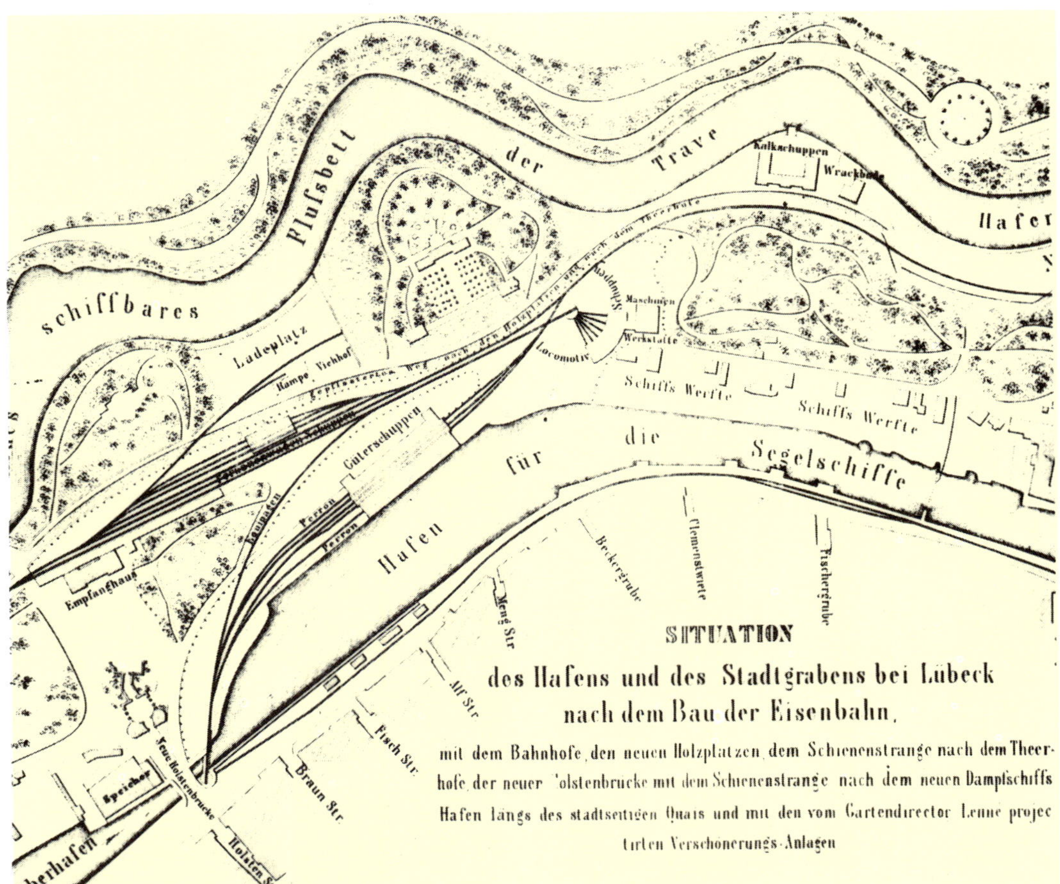

herzogtümer durch Preußen und Österreich schließlich am 1. August 1865 eröffnet werden konnte.

Später baute die L. B. E. noch die kurzen Linien Lübeck–Travemünde und Lübeck–Schlutup. Am 1. Januar 1938 wurde die Bahn verstaatlicht und von der Deutschen Reichsbahn-Gesellschaft, RBD Schwerin, übernommen. Eisenbahnhistorisch ist die L. B. E. vor allem durch ihren Personen-Schnellverkehr bekannt geworden, den sie seit dem 7. April 1936 auf ihrer 84 km langen Strecke Hamburg–Lübeck–Travemünde mit Stromlinien-Tenderlokomotiven und windschnittig verkleideten Doppelstock-Waggoneinheiten (Bild 372) durchführte, wobei die Züge eine planmäßige Reisegeschwindigkeit von 82,6 km/h erreichten.

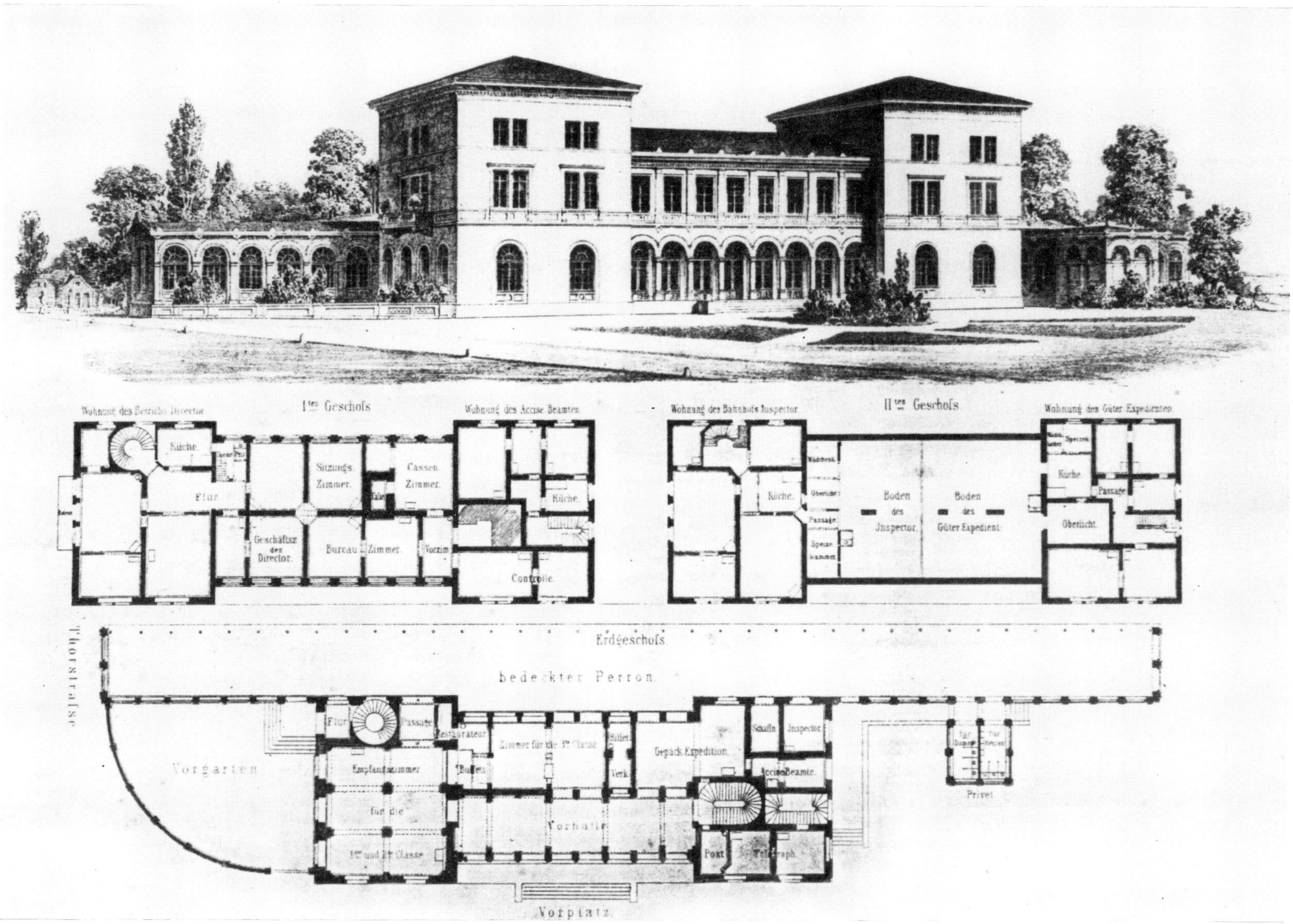

Bahnhof Lübeck

Den ersten Bahnhof Lübecks legte die Lübeck-Büchener Eisenbahn (L.B.E) vor dem Holstentor zwischen Stadtgraben und der Stadt-Trave nördlich der Achse Puppen- und Holstenbrücke an. Sein Empfangsgebäude stand mit dem Südgiebel etwa 50 m östlich vom Brückenkopf der Puppenbrücke entfernt unmittelbar an dieser Linie (Bild 409). Durch den am 16. Oktober 1851 eröffneten Bahnhof wurden die nach 1805 anstelle der abgetragenen Wallbefestigungen geschaffenen Grünanlagen und Promenaden zunächst nur geringfügig beeinträchtigt, mit zunehmender Erweiterung der Bahnhofsanlagen aber leider hier zerstört. Nur anfangs zeigte sich die Eisenbahn vor dem Holstentor (Bild 410) noch in so idyllischer Landschaft vor der Altstadtsilhouette. Später blieben, bis in die Gegenwart, lediglich die «Wall-Anlagen» auf den einstigen Bastionen südlich der Puppenbrücke an der Possehlstraße, auf welcher die alte Bahntrasse nach Büchen, Bad Kleinen und Hamburg verlief, erhalten. Für den Güterumschlag zwischen Schiff und Eisenbahn wurde der Stadtgraben auf etwa 6,50 m vertieft und zu einem zweiten Hafen erweitert, so daß Seeschiffe hier in unmittelbarer Nähe der Eisenbahn an der «neuen Lastadie» (Ladeplatz) gelöscht oder beladen werden konnten.

Bild 410 Bahnhof Lübeck, Ansicht mit Holstentor 1851 von Süden. Zeitgenössische Lithographie (Verkehrsmuseum)

Bild 411 Bahnhof Lübeck. Grundrisse und Ansicht des Empfangsgebäudes von der Stadtseite 1852 (Sammlung Verfasser)

Bild 412 Bahnhof Lübeck. Empfangsgebäude von 1851 mit späteren Anbauten und Abspannturm, 1901 (Archiv der Rbd Schwerin)

Der Bahnhof am Holstentor erhielt 1851 ein dreistöckiges, klassizistisches Empfangsgebäude (Bild 411), das mit seinen Seitenrisaliten dem nur wenige Jahre zuvor an der Strecke Berlin – Hamburg errichteten Bahnhofsbau Ludwigslusts architektonisch sehr verwandt war. Beide Bauwerke zeigen noch die vornehme Baugesinnung der spätklassizistischen Ära vor ihrer Ablösung durch den Eklektizismus. Der auf dem abgewalmten, flachgeneigten Dach später errichtete Abspannturm nahm die bis ins erste Viertel unseres Jahrhunderts üblichen Telefon-Freileitungen auf (Bild 412). Der an der Westseite des Empfangsgebäudes schon 1852 vorhandene «bedeckte Perron» erhielt später eine Gleisdurchfahrt sowie am Südgiebel entsprechende Verbindungs- und Vorräume angefügt, um den Reisenden hier an der Wetterseite bestmöglichen Schutz zu bieten. Die mit Rundstahl-Zugankern und Spannschlössern im Untergurt versehene Holzkonstruktion des Bahnsteighallendaches ruhte bahnseitig auf profilierten Ziegelpfeilern, am Empfangsgebäude auf Pfeilervorlagen, ähnlich wie bei der 1842 ebenfalls in einer Mischkonstruktion aus Holz und Stahl erbauten Halle des Bahnhofes Karlsruhe, die vermutlich aufgrund der Publikation von Becker nach 1855 mehrfach nachgebaut wurde.

In den Bahnhof der L.B.E führte später die mecklenburgische «Großherzogliche Friedrich-Franz-Eisenbahn» ihre am 1. Juli 1870 eröffnete Linie (Bad) Kleinen–Lübeck ein. Für die L.B.E selbst war er überdies seit 1. August 1865 End-

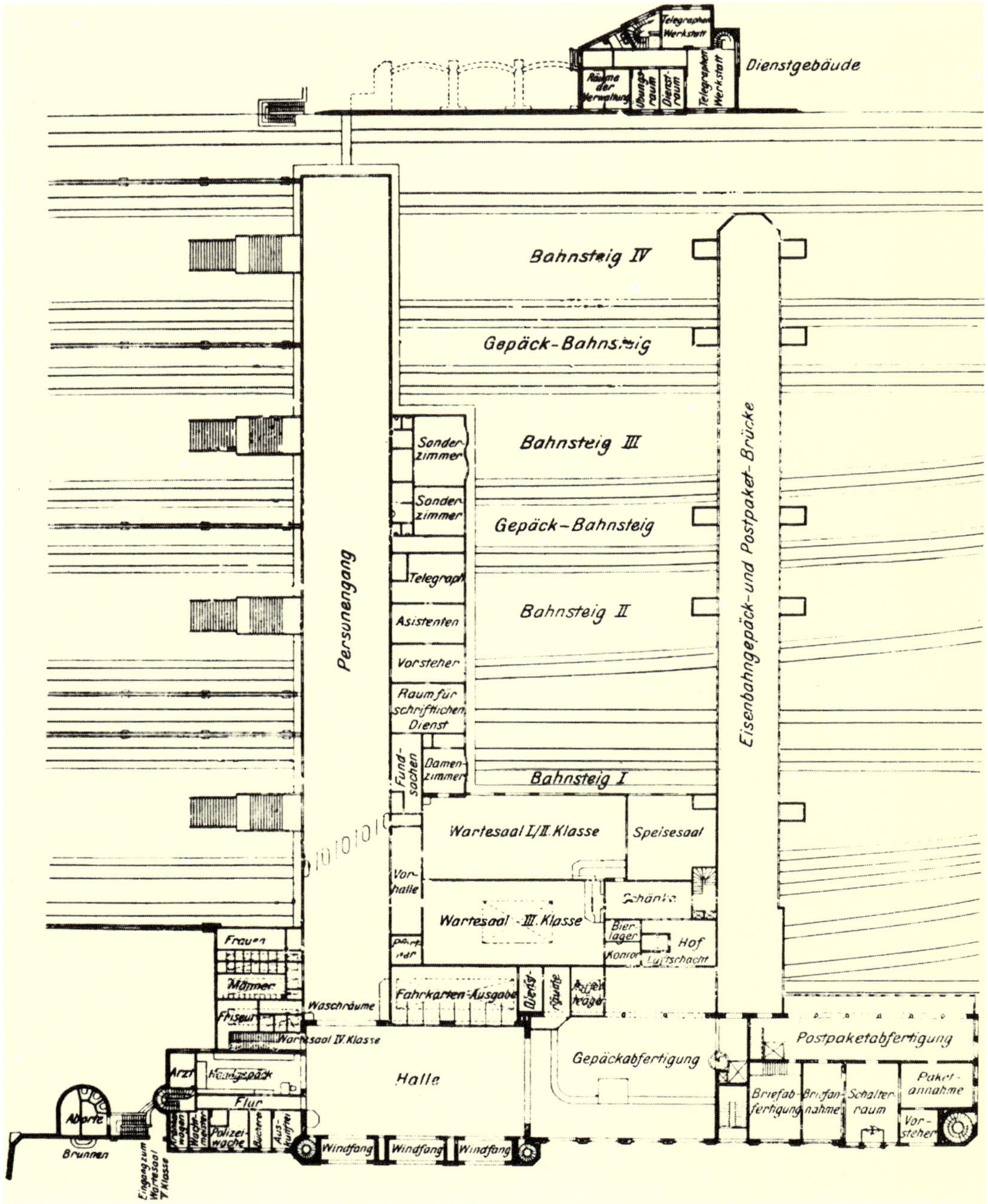

Bild 413 Bahnhof Lübeck, Grundriß des Empfangsgebäudes 1908. Entwurf: Butterweck (Leitung) (Sammlung Verfasser)
Bild 414 Bahnhof Lübeck. Südostansicht des Empfangsgebäudes 1908 (Sammlung Schladitz)
Bild 415 Bahnhof Lübeck. Ansicht der Bahnsteighallen (Schürzen) und des Empfangsgebäudes von Süden vor Inbetriebnahme am 1. Mai 1908 (Verkehrsmuseum)

bahnhof der Strecke Lübeck–Hamburg, deren Verlängerung bis Travemünde am 15. Oktober 1882 eröffnet wurde, und schließlich nahm der Bahnhof noch die am 20. August 1902 in Betrieb genommene Linie Lübeck–Schlutup der L.B.E auf. So war spätestens um die Jahrhundertwende dieser erste Bahnhof Lübecks den Verkehrsanforderungen nicht mehr gewachsen, obwohl er 1890 auf insgesamt 4 Bahnsteige vergrößert wurde.

Deshalb befaßte sich bereits Anfang der 80er Jahre Rincklake mit der Lübecker Bahnhofsfrage und lieferte einen Entwurf für den Umbau des Bahnhofes, der jedoch nicht zur Ausführung gelangte. Danach entwarf der Eisenbahndirektor Butterweck einen neuzeitlichen Durchgangsbahnhof etwa 500 m westlich des alten Bahnhofs auf den Rethteichswiesen in der Vorstadt St. Lorenz, den späteren Hauptbahnhof Lübeck. Dieser Gemeinschaftsbahnhof für die L.B.E, die Großherzoglich Mecklenburgische Friedrich-Franz-Eisenbahn (Staatsbahn) und die Eutin-Lübecker Eisenbahn (Privatbahn) konnte am 1. Mai 1908, der neue Rangier- und Güterbahnhof in Moisling schon im März 1907 in Betrieb genommen werden. Die Betriebsleitung erfolgte durch die L.B.E.

Das neue, heute im wesentlichen in seiner ursprünglichen Form noch erhaltene Empfangsgebäude wurde wiederum in Seitenlage, jedoch mit einem brückenartigen Querbau über der tiefliegenden Gleisebene errichtet (Bild 413), eine bemerkenswert moderne Lösung, die den Vorschlägen von Rincklake nahekam. An dem über die Gleise geführten 10 m breiten Personengang sind auf der nördlichen Seite anschließend an das Vor-Empfangsgebäude die Wartesäle I./II. und III. Klasse mit Speisesaal und Schankräumen untergebracht. Weiter folgen Fundbüro und Damenzimmer sowie in Hallenmitte Räume für den Betriebsdienst. Auf der südlichen Seite des Brückenganges führen die Treppen zu den Bahnsteigen hinab. Für den Gepäck- und Posttransport ist eine zweite Brücke über den Gleiskörper mit beiderseitigen Aufzügen angeordnet. Im stadtseitigen, relativ schmalen Vor-Empfangsgebäude fanden rechts der geräumigen Halle nur Gepäckabfertigung und Post, links Handgepäckaufbewahrung, Auskunft, Polizei, andere kleine Diensträume, WC-Anlagen, Friseur und Treppenhaus zum Wartesaal IV. Klasse, zur Bahnseite hin die Fahrkarten-Ausgabe ihren Platz.

Mit seiner aus deutschen Renaissanceformen und barocken Elementen gestalteten, nordisch empfundenen Backsteinarchitektur, der hellgrünen Patina seiner kupfergedeckten Türme und Türmchen wirkt dieses Empfangsgebäude (Bild 414) ungemein malerisch, besonders eindrucksvoll die Mitte des Bauwerkes.

Die 1907 bis 1908 von der Firma Breest & Co., Eisenkonstruktionen für Hoch- und Brückenbau, Berlin, errichteten Bahnsteighallen (Bild 415) überspannten 4 Bahnsteige und 2 Gepäckbahnsteige mit 10 Gleisen auf einer Fläche von 11 125 m^2. Ihre 5 Schiffe, 4 große und 1 kleines, waren 127 m lang und zusammen 87,60 m breit. Die größte Einzelspannweite eines Schiffes betrug 23 m, die Scheitelhöhe über Schienenoberkante 12,50 m, die Gesamtmasse der Stahlkonstruktion 1 900 t.

Bahnhof Wandsbek

Als die L. B. E. mit der Linie Lübeck–Hamburg am 1. August 1865 auch ihren Bahnhof Wandsbek eröffnete, hatte dieser «Flecken im preußischen Herzogthum Holstein, in Stormarn, eine (Weg-) Stunde von Hamburg» weniger als

6000 Einwohner. Erst 1870 wurde Wandsbek Stadt und ist seit 1937 Teil der Hansestadt Hamburg.

Der im ehemaligen Stadtteil Mariental von der L. B. E. angelegte Bahnhof Wandsbek (jetzt: Hamburg-Wandsbek) erhielt ein Empfangsgebäude in klassizistischen Formen (Bild 416). Eigentlich stört nur die unkonventionelle Bedachung – die Dachpappe hatte seit Mitte des Jahrhunderts besonders im Eisenbahn-Hochbau Verbreitung gefunden – den guten Gesamteindruck des wohltuend schlicht gestalteten Gebäudes, das die damals bei Bahnhöfen dieser Größe oft anzutreffende Dreiteilung des Baukörpers mit eingeschossigem Mittelteil und zweigeschossigen, querstehenden Seitenflügeln zeigt. Seine Eintritts- oder Empfangshalle lag jedoch nicht wie üblich in der Mitte, sondern im Hinblick auf den zu erwartenden starken Vorortverkehr wurden getrennte Ein- und Ausgangshallen vorgesehen, die Mittelachse des Gebäudes statt des Haupteinganges nur mit einem bescheidenen Risalit betont, das die Bahnhofsuhr aufnahm. 1914 verkehrten täglich bereits 40 Züge der L. B. E. zwischen Wandsbek

und Hamburg-Hauptbahnhof. Außerdem fuhren von dem in dieser Zeit an der Stadtgrenze errichteten Vorortbahnhof (jetzt: S-Bahnhof) «Wandsbeker Chausee» Personenzüge in Abständen von fünf und zehn Minuten in alle Richtungen Hamburgs.

Bild 416 Bahnhof Wandsbek. Ansicht des Empfangsgebäudes von der Stadtseite, erbaut 1865 (Verkehrsmuseum)

Die König–Friedrich VII.–Südschleswigsche Eisenbahn

Am 8. September 1852 erhielt der englische Eisenbahnunternehmer Sir Morton Peto von der königlich dänischen Regierung die Konzession zum Bau und Betrieb einer Bahn von Rendsburg nach Flensburg mit Zweig von Ohrstedt über Husum zum Nordseehafen Tönning. Peto gründete daraufhin die «Flensburg-Husum-Tönninger Eisenbahngesellschaft», der diese Kenzession am 20. März 1854 übertragen wurde. Nach verhältnismäßig kurzer Bauzeit konnte die 110,7 km lange Stammbahn Flensburg–Husum–Tönning, nun mit Zweig Oster-Ohrstedt–Rendsburg schon am 25. Oktober 1854 unter dem Namen «König-Friedrik VII.-Südschleswigsche Eisenbahn» eröffnet werden. Sie wurde von Peto pachtweise betrieben.

Die ursprüngliche Linienführung dieser Bahn war recht ungünstig und berührte die Stadt Schleswig nicht. Vor allem hatte Dänemark, wohl aus strategischen Gründen, eine gerade, durchgehende Nord-Süd-Linie verhindert. Den Anschluß Schleswigs stellte die «Klosterkrug-Schleswiger Eisenbahngesellschaft» mit der am 1. Juni 1858 dem Betrieb übergebenen Zweigbahn her. Weitere Korrekturen erfolgten erst, nachdem Schleswig und Holstein 1864 in deutschen Besitz kamen. Am 20. März 1865 erteilte die k. u. k. österreichische und kgl. preußische Zivilbehörde der Herzogtümer Schleswig-Holstein und Lauenburg einer vom Frankfurter Bankhaus Erlanger + Söhne in Flensburg gegründeten Aktiengesellschaft, in welcher die von ihm aufgekauften Unternehmen der Süd- und Nordschleswigschen Eisenbahn am 28. März 1865 zur «Schleswigschen Eisenbahn-Aktien-Gesellschaft» vereinigt wurden, die Konzession zur Vollendung der bereits unter dänischer Herrschaft begonnenen Nordschleswigschen Bahn, zur käuflichen Übernahme der Klosterkrug-Schleswigschen Eisenbahn und vor allem zum Umbau der Südschleswigschen Bahn im Dreieck Eggebeck–Klosterkrug–Oster-Ohrstedt. Diese Bauarbeiten führte eine englische Gesellschaft unter Sir Morton Peto in «Generalentreprise» aus. Die Abkürzungslinien wurden zwischen Eggebeck–Schleswig–Klosterkrug und Jübeck–Sollbrück am 29. Dezember 1869 eröffnet, danach die alten Strecken Klosterkrug–Oster-Ohrstedt und Eggebeck–Sollbrück abgebaut.

Bis zum 25. Oktober 1865 führte Sir Morton Peto den Betrieb der früheren drei zur Schleswigschen Eisenbahn-Aktien-Gesellschaft vereinigten Bahngesellschaften, die seit diesem Tage aufgrund eines Betriebsüberlassungs- und Garantievertrages bereits auf Rechnung der Altona-Kieler Eisenbahngesellschaft betrieben wurde, die sie schließlich am 1. Januar 1870 übernahm.

Bahnhof Flensburg

Professor Johannes Otzen, der Architekt des zweiten Flensburger Empfangsgebäudes, schilderte 1885 den Zustand der Bahnanlagen und insbesondre des alten Flensburger Bahnhofsgebäudes als die «trostlosesten, welche es giebt. Der Reisende glaubte anstatt in einem reichen und glücklichen Lande sich in einer hoffnungs- und endlosen Steppe zu bewegen. … Eine der letzten und schlechtesten dieser Anlagen war das Empfangsgebäude auf Bahnhof Flensburg (Bild 417), das nur deshalb so lange … (stand), weil die Rücksicht auf die, bei der wirthschaftlich verfehlten Wahl der Bahnlinie, selbstver-

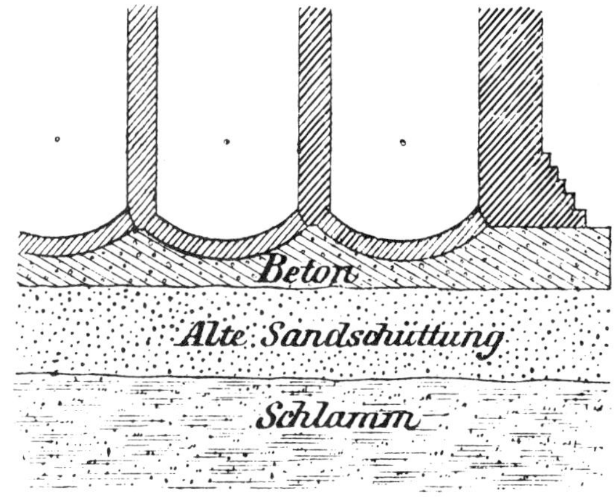

ständlich nur geringen Renten derselben die Bahn-Verwaltung von einem Neubau zurück hielt».

Ob die ersten Bahnhofsbauten des am 25. Oktober 1854 eröffneten Flensburger Bahnhofes ursprünglich wirklich so miserabel waren, sei dahingestellt. Immerhin besaß das langgestreckte, durch zwei Portale erschlossene Empfangsgebäude schon eine «Perronhalle» als Wetterschutz für die Reisenden und als Nachtunterkunft für die damals noch wenig wetterfesten Reisezugwagen. Nach dreißig Jahren, als Otzen sie beschrieb, waren natürlich die wegen des schlechten Baugrundes leicht konstruierten

Bild 417 Bahnhof Flensburg. Erstes Empfangsgebäude von 1854 (Verkehrsmuseum)

Bild 418 Bahnhof Flensburg. Gründungssystem des Empfangsgebäudes 1885 (Sammlung Verfasser)

Bild 419 Bahnhof Flensburg. Ansicht des Empfangsgebäudes von der Bahnseite 1885. Entwurf: Otzen (Sammlung Verfasser)

Bauten durch Witterungseinflüsse und Betrieb verschlissen.

Der Neubau des Empfangsgebäudes, mit dem J. Otzen beauftragt wurde, war eine der letzten Baumaßnahmen der Altona-Kieler Eisenbahn-Gesellschaft vor ihrer Verstaatlichung. Seine Ausführung war besonders schwierig, weil der Baugrund bis in große Tiefe aus Hafenschlamm bestand und der Bau in zwei Etappen hergestellt werden mußte, um Betriebsunterbrechungen zu vermeiden. Pfahlrostgründung schied unter den gegebenen Umständen aus. Das alte, relativ leicht hergestellte Gebäude ruhte auf einer Sandschüttung, die seinerzeit auf den Schlammuntergrund gefüllt wurde. Diese abgelagerte Schicht benutzte man wiederum als Unterlage und legte darüber ein Gründungssystem aus Beton mit daraufliegenden «Gegengewölben» (Bild 418), das die Lasten des Bauwerkes gleichmäßig verteilte und setzen ließ. Die endgültige Setzung betrug ca. 4 cm. Nachdem sich die ingenieurgeologischen Annahmen als richtig erwiesen hatten, wurde der Bauteil des zweiten Abschnittes von vornherein entsprechend höher gelegt, so daß nach Beendigung der Senkung beide Gebäudeteile gleiche Höhe aufwiesen. Diese Gründungskosten betrugen insgesamt nur 19400 Mark oder 39 Mark je m^2 Grundrißfläche bis Unterkante Sockelmauerwerk.

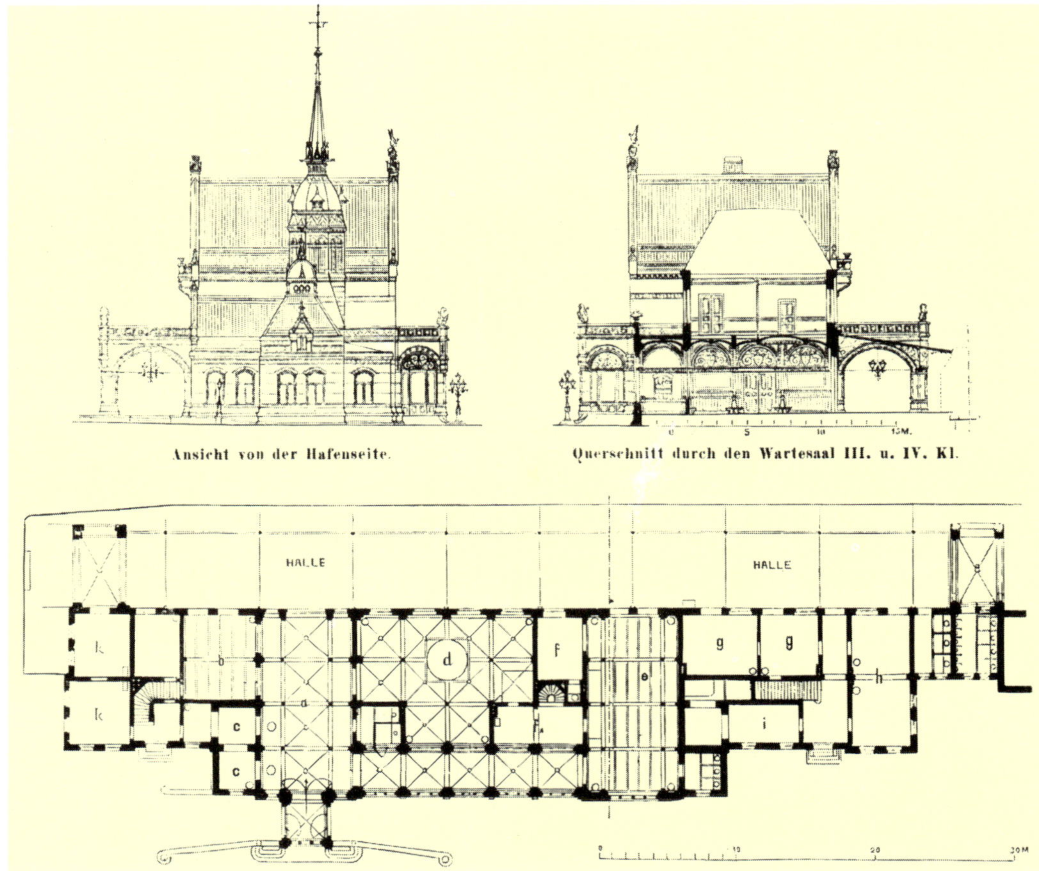

Bild 420 Bahnhof Flensburg. Empfangsgebäude. Ansicht von der Hafenseite; Querschnitt durch den Wartesaal III. u. IV. Kl; Erdgeschoßgrundriß 1885. Entwurf: Otzen. a Vorhalle; b Gepäck-Expedition; c Billetschalter; d Wartesaal III. u. IV. Kl.; e Wartesaal I. u. II. Kl.; f Damenzimmer; f_1 Restaurateur; g Stations-Vorstand; h Telegraph; i Schaffner; k Post (Sammlung Verfasser)
Bild 421 Bahnhof Flensburg. Ansicht des Empfangsgebäudes von der Stadtseite 1885. Entwurf: Otzen (Sammlung Verfasser)
Bild 422 Bahnhof Flensburg. Ansicht des Empfangsgebäudes von der Stadtseite 1928 (Sammlung Schladitz)
Bild 423 Bahnhof Flensburg. Grundriß des Empfangsgebäudes, erbaut 1927 (Sammlung Verfasser)
Bild 424 Bahnhof Flensburg. Schalterhalle 1927. Foto: Hinz (Reichsbahn-Kalender)

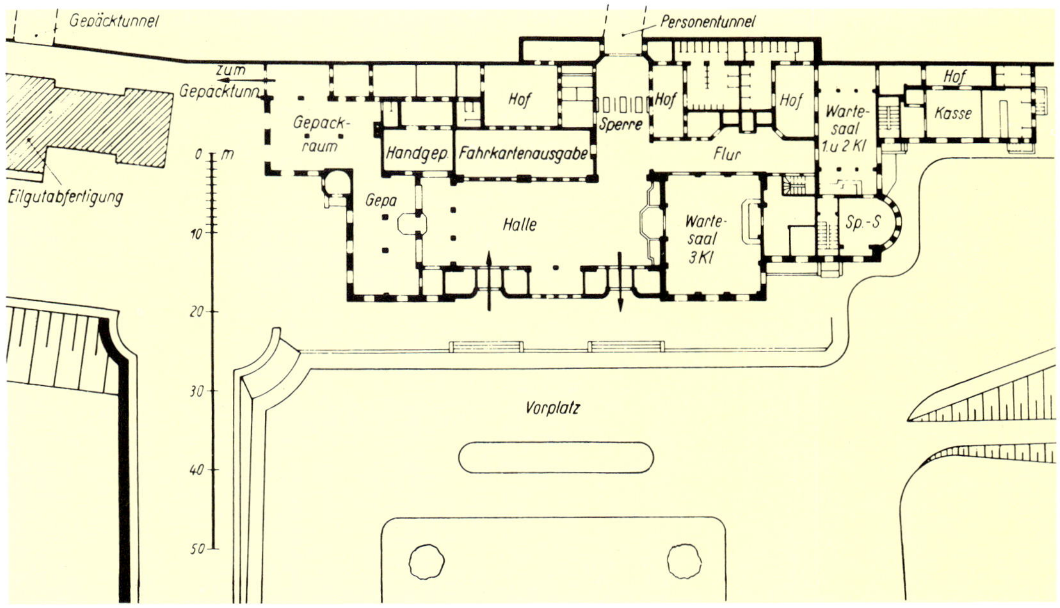

Der Bau selbst (Bild 419 bis 421), schreibt Otzen, «folgt in seiner Hauptanordnung den örtlichen Bedürfnissen und hinsichtlich seiner Abmessungen genau den vorgeschriebenen Grenzen. Das Aeußere ist in ledergelben Verblendsteinen und rothem Mainsandstein unter reicher Verwendung von Glasuren zur Ausführung gebracht. Im Innern herrscht eine gewisse aber maaßvolle Opulenz. Von Wölbung ist reichlich Gebrauch gemacht. Die Gewölbe von Vorhalle, Korridoren und Wartesaal III. Kl. ruhen auf eisernen Säulen, welche letztere in vorhin angedeuteter Weise ihre Belastung durch Gegenbögen und Gewölbe (des geschilderten Gründungssystems) auf größere Grundflächen vertheilen.

Die Charakteristik des Bahnhofs an der Stadtseite war insofern schwierig, als hier die vorgeschriebenen Dienstwohnungen sowie die Räume für Post und Telegraphie usw. sich in den Vordergrund drängen. Besser nach dieser Richtung dürfte die Hallenseite gelungen sein. Das Ganze ist mit Absicht in malerischer Umrißlinie gehalten, weil es inmitten eines höchst malerisch gruppirten Stadtbildes bestimmt war, die Hafenperspektive abzuschließen.

Die Baukosten ausschließlich des Mobiliars belaufen sich für den Theil oberhalb der Fundirung auf rd. 190 000 M. Für das Mobiliar wurden 13 000 verwendet, so dass die Gesammtkosten der Anlage auf 222 400 M sich stellen. – Die Bauzeit betrug 11/2 Jahre». Das von Otzen entworfene romantische Empfangsgebäude diente dem Verkehr vom 1. April 1885 bis 1. Dezember 1927.

Der danach in Betrieb genommene dritte Bahnhofsbau Flensburgs wird zu Unrecht abwertend als «klassizistisch-barock-eklektizistisch» abgestempelt. Diese Stilcharakteristik mag für die äußere Gesamtkonzeption des «Reichsbahnhofes» (Bild 422) noch bedingt zutreffen, kann aber weder für die fortschrittliche Grundrißlösung (Bild 423) noch für die Innenraumgestaltung, insbesondere der Schalterhalle (Bild 424) akzeptiert werden, die durchaus den

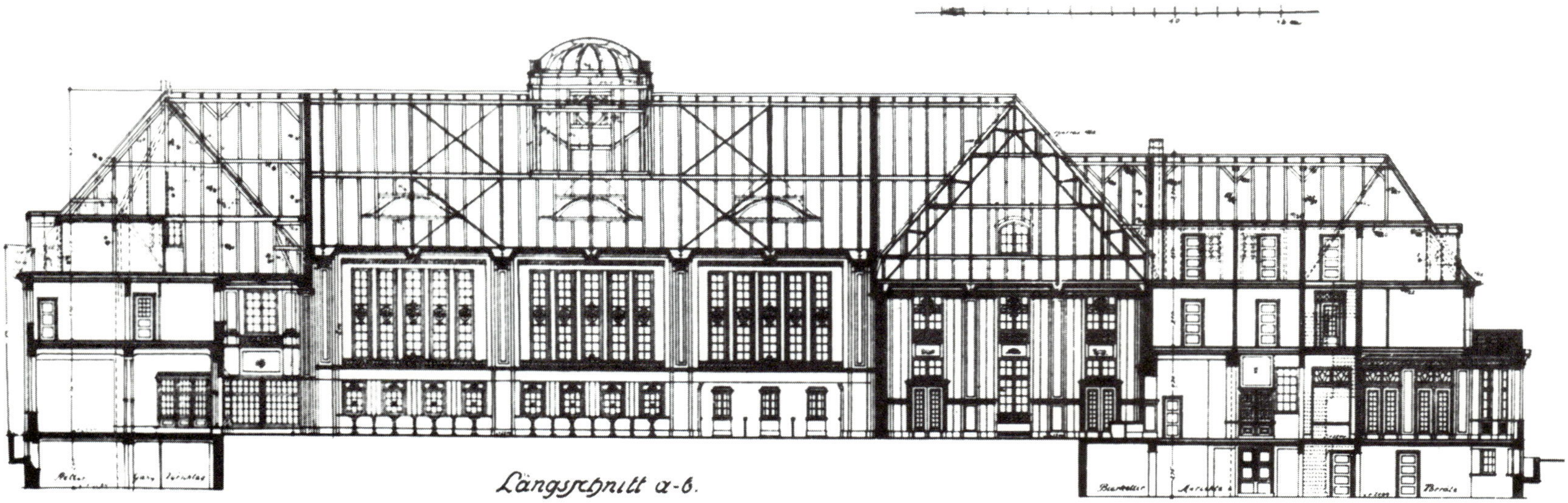

modernen Auffassungen jener Zeit gerecht wird. Hervorragend wurde die Beleuchtung der Halle durch Zufuhr von Tageslicht über den niedriggehaltenen Baukörpern der Zu- und Ausgangszone sowie der Fahrkartenausgabe etc. gelöst, überhaupt der gesamte Grundriß funktionell nach modernen Gesichtspunkten gestaltet. So ist der Haupt-Eingang zur Schalterhalle entsprechend dem von links kommenden städtischen Verkehr auf die linke Gebäudeseite (vom Vorplatz gesehen) gelegt worden. Unmittelbar daran anschließend wurde die Gepäckabfertigung angeordnet, die durch Stützenstellung (Bild 423, 424) einen auch optisch abgetrennten, ungestörten Vorraum erhielt. Der Haupt-Personenstrom zwischen Personentunnel – Sperre – Ausgang berührte die Halle nur seitlich. Die Wartesäle bekamen ebenfalls einen vom Personenstrom der Halle nicht beeinträchtigten Zugang durch den rechtsseitig gelegenen Flur, von dem über natürlich belüftete Innenhöfe zugleich die Toilettenanlagen erreichbar waren (Bild 425, 426).

Bild 425 Bahnhof Flensburg. Längsschnitt des Empfangsgebäudes durch die Schalterhalle 1927 (Sammlung Verfasser)
Bild 426 Bahnhof Flensburg. Ansicht des Empfangsgebäudes von der Stadtseite 1927 (Sammlung Verfasser)
Bild 427 Hauptbahnhof Schleswig. Ansicht des Empfangsgebäudes von der Stadtseite, um 1925 (Sammlung Kundisch)
Bild 428 Hauptbahnhof Schleswig. Grundriß des Empfangsgebäudes (Sammlung Verfasser)

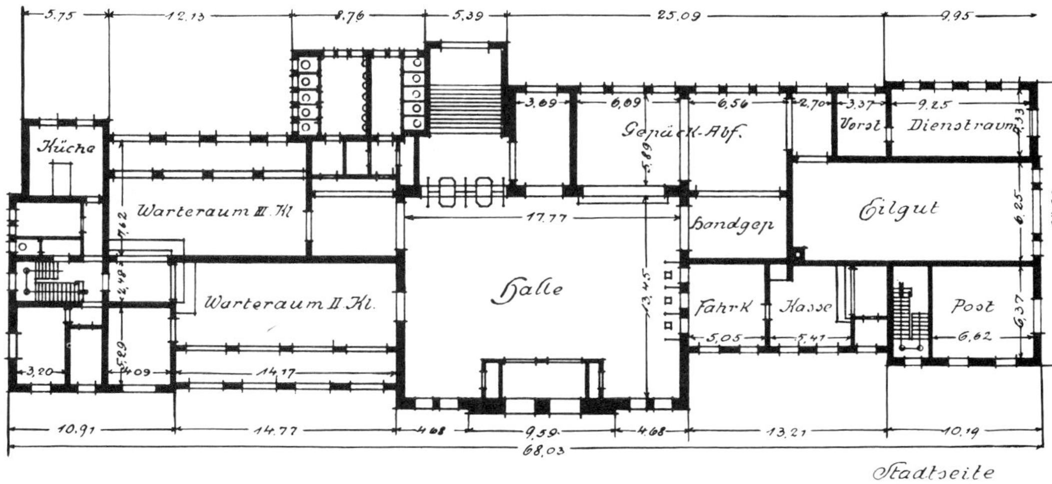

Bahnhof Schleswig

Auch der einstmalige Hauptbahnhof Schleswig erhielt damals ein neues Empfangsgebäude (Bild 427), das wie viele öffentliche Bauten aus der Zeit der Weimarer Republik zwischen traditioneller und sachlicher Architektur einzuordnen ist. Seine Ausführung als Backsteinbau mit Ziegeldach aus holländischen Pfannen entsprach den klimatischen Verhältnissen Schleswig-Holsteins insbesondre hinsichtlich des Daches optimal, solange seinerzeit das Flachdach konstruktiv noch nicht völlig befriedigend gelöst war.

Das Gebäude wurde nach den gleichen funktionellen Grundsätzen entworfen, die auch der Planung des in derselben Bauperiode errichteten Flensburger Empfangsgebäudes zugrunde lagen (Bild 423–426). In seinen Dimensionen und im Raumprogramm blieb es allerdings den Anforderungen des Verkehrsaufkommens entsprechend bescheidener, z. B. bezüglich Größe der Eingangs- bzw. Schalterhalle, Wartesäle und Gepäckabfertigung, Zahl der Fahrkartenschalter und Sonderräume für Geldwechsel, Reisebüro, Bahnhofsmission usw. Der Grundriß (Bild 428) wurde nach dem Flensburger Schema lediglich seitenverkehrt entwickelt.

Die Eisenbahn Niebüll–Westerland

Bevor ein Eisenbahndamm Sylt mit dem Festland verband, war die Insel nur mit den Dampferlinien Hamburg–Helgoland–Sylt (seit 1885) und Hoyerschleuse–Munkmarsch (seit 1891) erreichbar. 1878 empfahl deshalb der erste Badearzt Westerlands, Sanitätsrat Dr. Marcus, einen Damm zwischen Insel und Festland zu bauen und damit jederzeit betriebssicheren Verkehr zu ermöglichen. Dieser Vorschlag wurde später noch aktueller, nachdem die «Schleswig-Holstein'sche Marschbahn» – seit 1. Januar 1879 «Holstein'sche Marschbahn» – ihre bedeutende Nord-Süd-Verbindung Elmshorn–Grenze (bei Ribe) am 15. November 1887 vollendet und eröffnet hatte. Bei Niebüll verlief die Bahn günstig unweit der Küste gegenüber Sylt.

Aber erst 1910 begann die Realisierung des genialen Gedankens mit Vorarbeiten, die jedoch der Weltkrieg 1914 unterbrach. Als danach der kleine Hafen Hoyerschleuse an Dänemark fiel und infolgedessen für den Reiseverkehr zur Insel Paß- und Zollhemmnisse entstanden, war der Bau des Dammes unumgänglich. Hinzu kamen die Fahrplanprobleme zwischen Festlands- und Inselbahn, da die Raddampfer der Wattenmeerlinie Hoyerschleuse–Munkmarsch nur bei Flut verkehren konnten.

Nach Wiederaufnahme der Vorarbeiten wurde mit dem Bau im Frühjahr 1923 begonnen. Der Entwurf des Geheimen Oberbaurats Eicht sah die Dammverbindung an der engsten, 11 km breiten Stelle bei der Halbinsel Nösse vor, wo außerdem die Flutwellen von Norden und Süden zusammentrafen und daher ihre Kraft verringerten, so daß normales Hochwasser nur 3 m, Niedrigwasser 1 m Höhe erreichte. Trotzdem flossen hier bei Flut 28 Millionen Kubikmeter Wasser, bei Weststurm das Vielfache mit Wasserständen bis 5,60 m südwärts und das Wattenmeer toste dann wie die offene See. Daher scheiterte auch das zuerst ausgeführte Verfahren, Bodenmassen aus dem Watt zwischen Buschdämme zu spülen, an einer Sturmflut am 30. August 1923. 1924 wurden die Arbeiten mit angemessenen Methoden und entsprechend verändertem Dammquerschnitt wieder-aufgenommen. 1927 war das großartige, an der Sohle 50 m breite, im Mittel 7,50 m hohe Bauwerk aus 3 200 000 m^3 Bodenmassen und 120 000 t Steinschüttung, im unteren Teil mit 200 000 m^2 Basalt-Böschungspflaster gegen Wellenschlag geschützt, fertiggestellt und konnte am 1. Juni dieses Jahres zusammen mit der gleichzeitig eröffneten Strecke Klanxbüll–Westerland in Anwesenheit des Reichspräsidenten von Hindenburg, dessen Namen der Damm erhielt, feierlich eingeweiht werden.

Die Gesamtbauleitung für den von der Reichsbahndirektion Altona in Auftrag gegebenen «Hindenburgdamm» hatte Reichsbahndirektor Kümmel, die Ausführung erfolgte durch die Reichswasserstraßenverwaltung unter örtlicher Bauleitung des Regierungsbaurates Dr. Pfeiffer mit den Regierungsbaumeistern Mügge und Weinholdt.

Sorgfältige Pflege und Überwachung des besonders in den ersten Jahren bei Sturmfluten durchaus noch gefährdeten Bauwerkes haben es im Kampf gegen die Naturgewalten wirksam geschützt. Inzwischen verursachte der Damm selbst erhebliche Anlandungen, die ihn zunehmend vor der Flut sichern.

Bahnhof Westerland (Sylt)

Für den Endbahnhof Westerland wurde 1925 bis 1927 ein besonders charakteristisches Empfangsgebäude errichtet, bei dem sich modernes Bauen mit bewährten traditionellen Bauweisen und bauhandwerklichen Mitteln verband, um Risiken durch Unerprobtes vor allem in Hinblick auf extreme klimatische Bedingungen der Küste auszuschalten. Dennoch gehört das mit seinem mächtigen Dach an friesische Bauernhäuser dieser Region erinnernde Gebäude (Bild 429) nicht dem vielgeschmähten deutschen «Heimatstil» an, dem allerdings neben entsprechenden Gestaltungsmomenten in der Regel ebenfalls ähnliche Überlegungen zur Beherrschung der auf den Bau einwirkenden Witterungseinflüsse zugrunde lagen. Hier auf der häufig von Sturm und Regen umtosten Insel waren jedenfalls die gewählten Klinkerfassaden, Dachformen und anderen Details seinerzeit die dauerhafteste, beste Lösung.

Nicht nur die äußeren Konturen, sondern auch der Grundriß des Westerländer Bahnhofsgebäudes (Bild 430) ist norddeutschen Bauernhäusern in gewisser Beziehung verwandt: wie dort der zentrale Tennenraum wird hier die Empfangshalle von allen betriebs- und verkehrswichtigen Räumen umgeben, im Gegensatz dazu jedoch durch ein über die gesamte Hallenbreite reichendes Fensterband direkt beleuchtet. Für das erhebliche Verkehrsaufkommen der einst durch die «Inselbahn» verbundenen Badeorte erhielt die Raumgruppe der Gepäckabfertigung besonders große Flächen in sehr zweckmäßiger Anordnung zugewiesen, so daß Gepäck-Annahme,. -Ausgabe und -Transport für die Reisenden ebenso wie für das Gepäckpersonal in jeder Variante möglich ist. Auch damit nimmt das Empfangsgebäude Westerland eine Sonderstellung ein.

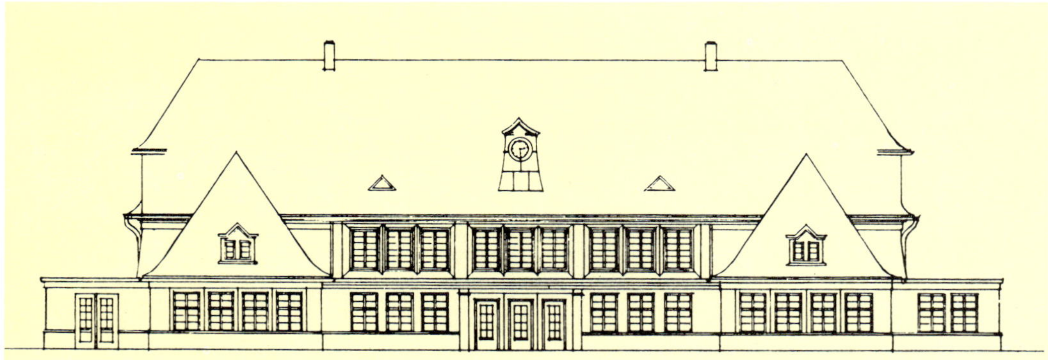

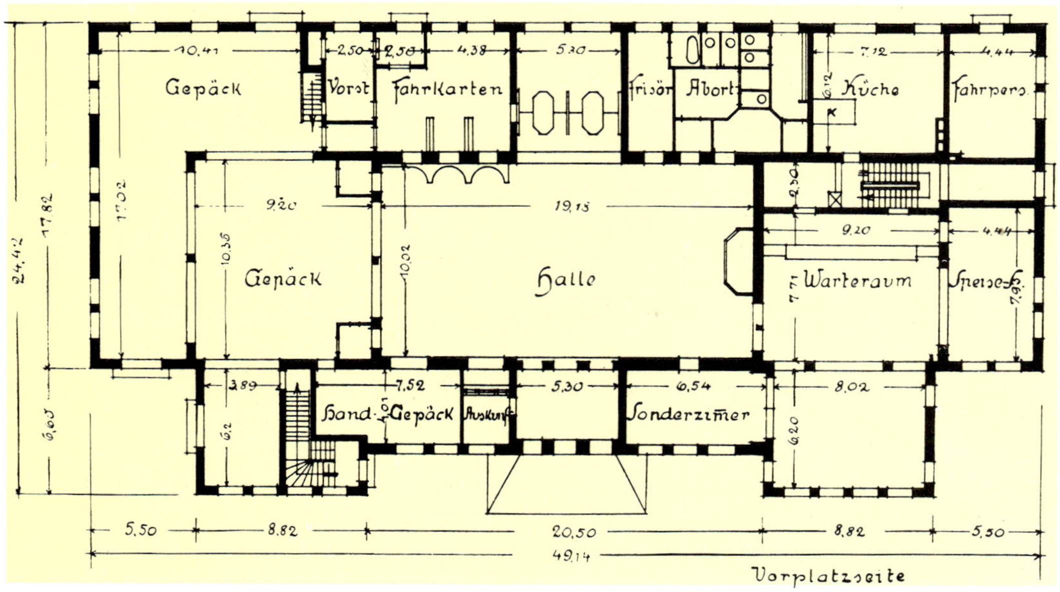

Bild 429 Bahnhof Westerland (Sylt). Ansicht des Empfangsgebäudes vom Vorplatz (Sammlung Verfasser)
Bild 430 Bahnhof Westerland (Sylt). Grundriß des Empfangsgebäudes (Sammlung Verfasser)

Die Kleinbahn Rendsburg–Hohenwestedt

Zur Verkehrserschließung des Landes auch dort, wo dies nach dem System und den Bestimmungen der Staatsbahnen nicht wirtschaftlich schien, erließ die preußische Regierung das Gesetz über die Kleinbahnen und privaten Anschlußbahnen vom 28. Juli 1892, wonach «Kleinbahnen … die dem öffentlichen Verkehr dienenden Eisenbahnen (sind), welche wegen ihrer geringen Bedeutung für den allgemeinen Eisenbahnverkehr dem Gesetz über die Eisenbahnunternehmungen vom 3. November 1838 nicht unterliegen». Danach war es privaten Unternehmungen, kommunalen und landeseigenen Körperschaften möglich, solche Bahnen bei geringstem Investitions- und Betriebsaufwand wirtschaftlich zu betreiben, und so wurden vor allem die weiträumigen Landwirtschaftsgebiete Preußens rasch durch ein dichtes Kleinbahnnetz erschlossen. Nach Pommern mit 8,28 km Kleinbahnen auf je 10 000 Einwohner stand schon 1905 Schlewig-Holstein mit 5,11 km an zweiter Stelle in Preußen.

Zu diesen Bahnen gehörte auch die am 21. Dezember 1901 eröffnete Rendsburger Kreisbahn von Rendsburg nach Hohenwestedt, die im ersten Weltkrieg noch um 14,7 km bis Schenefeld verlängert wurde und hier den Betrieb am 14. Februar 1916 aufnahm. Eigentümer der zunächst 30,7 km langen 1 000 mm-Schmalspurbahn war der Kreisausschuß Rendsburg, Sitz der Betriebsleitung ebenfalls die Kreisstadt. Die Bahn hatte bis Hohenwestedt 14 bzw. bis Schenefeld 20 Bahnhöfe oder Haltestellen, in der Anfangszeit (1916) nur 10 bzw. 15 Stationen.

Laut Amtlichem Kursbuch der DB – Winter 1956/57 verkehrten in ihrem letzten Betriebshalbjahr zwischen Rendsburg und Hohenwestedt werktags und sonntags 6 Züge in jeder Richtung, sonntags sogar ein Zugpaar spät abends, um Besucher oder Ausflügler geruhsam heimkehren zu lassen – Die Fahrt dauerte auf der 30,7 km langen Strecke 61 bis 70 Minuten! Mit vielen Kleinbahnen stellte schließlich auch die Rendsburger Kreisbahn – zuletzt Fahrplan-Nummer 113 m – am 2. Juni 1957 den Personenzugverkehr ein, den danach Omnibusse übernahmen. Auf dem Streckenabschnitt Hohenwestedt–Schenefeld fuhren schon seit 22. Mai 1955 keine Personenzüge mehr.

Bahnhof Rendsburg Kleinb

Von den 20 Stationen der Rendsburger Kreisbahn hatten nur Rendsburg, Hohenwestedt und Schenefeld größere Bahnhofsanlagen mit eigenen Empfangsgebäuden, die übrigen besaßen bestenfalls Wartehallen, Schuppen oder in Bahnnähe befindlichen Gasthöfen «Agenturen», die Fahrkartenausgabe, Gepäck- und Güterabfertigung besorgten. Letztere war bei einigen Stationen beschränkt, Rollbockbetrieb fand auf dieser Schmalspurbahn überhaupt nicht statt.

Unter jenen sonst so sparsamen Investitionen fällt das 1901 fertiggestellte Rendsburger Empfangsgebäude (Bild 431) nach Umfang und Ausführung aus dem üblichen Rahmen, denn selten errichtete eine Kleinbahn-Gesellschaft ein derart aufwendiges Bauwerk. Sicherlich sollte hier, wo zugleich die Betriebsleitung ihr Domizil erhielt, dem Repräsentationsbedürfnis besonders Rechnung getragen werden. Und so schuf die kleine Bahn für Rendsburg diesen nicht nur damals von Zeitgenossen als reizend empfundenen malerisch-romantischen Bau, sondern übertraf damit auch das entsprechende Pendant der Staatsbahnen, was sie wohl beabsichtigte.

Daß noch um 1900 bei der Gestaltung der Giebelfronten zur Stadt- und Bahnseite Elemente norddeutscher Backsteingotik einflossen, verwundert nicht, denkt man an das später entstandene Empfangsgebäude des Hauptbahnhofes Lübeck. Funktionell lag beim Rendsburger Bahnhofsbau alles unter einem Dach: Fahrkartenausgabe, Gepäckabfertigung und Diensträume links, Wartesäle mit Bahnhofswirtschaft rechts der geräumigen Empfangshalle, links angebaut der Güterschuppen, das Ganze eine stattliche Erscheinung am großen Vorplatz mit den obligaten eisenzaungeschützten «Anlagen».

Bild 431 Bahnhof Rendsburg Kleinb. Ansicht des Empfangsgebäudes vom Vorplatz 1910 (Sammlung Schladitz)

Verzeichnis der Bahnhöfe

Aachen 1. EG*, EG Hbf****
Algermissen EG****
Altona 1. EG*, 2. EG*
Barmen Hbf EG****
Beckingen
Benrath EG****
Bonn 2. EG****
Brake
Braunschweig 1. EG*, 1. H*, 2. EG****, 2. H*
Bremen Hannöverscher Bahnhof EG u. H*
  Hauptbahnhof EG u. H****
Bremerhaven Columbusbahnhof 1. EG*,
  Bf u. EG**
Bückeburg 1. EG****
Burgdorf EG****
Buxtehude
Celle EG**
Cochem EG****

Dortmund Cöln–Mindener Bahnhof Bf*
Hauptbahnhof EG**, H**
Duisburg EG*
Hauptbahnhof EG****, H**
Düren 1. Bf u. EG*, 2. EG**
Düsseldorf Elberfelder Bahnhof Bf*
Hauptbahnhof EG***, H**
Elberfeld–Döppersberg EG****
Elze 1. EG*
Erkrath 1. EG*, 2. EG**
Essen Hauptbahnhof 1. EG*, 2. EG u. H*
Eystrup 1. EG*
Flensburg 1. EG*, 2. EG****
Geestemünde 1. Bf u. EG*, 2. EG****
Gelsenkirchen Hauptbahnhof 1. EG*
Gladbach 1. EG*
Göttingen EG**
Hagen EG****
Hamburg Bergedorfer Bahnhof Bf*
Berliner Bahnhof Bf*
Dammtor-Bahnhof Bf**, H**
Bahnhof Friedrichsberg EG****
Kai-Bahnen EG*, G z.T.** u.***
Klostertor-Bahnhof Bf u. EG*
Lübecker Bahnhof Bf u. EG*
Bahnhof Ohlsdorf EG****
Bahnhof Sternschanze Bf**, H*
Venloer Bahnhof Bf u. EG*
Hauptbahnhof EG u. H****
Hamm 1. EG*, 2. EG****
Hannover Staatsbahnhof 1. Bf, EG u. H*
Hauptbahnhof EG****, H*
Harburg 1. Bf u. EG*
Harzburg 1. Bf u. EG***, 2. EG****
Herbesthal
Hildesheim 1. EG*, 2. EG*
Hochdahl 1. EG*
Homberg 1. Bf u. EG*
Kiel 1. Bf*, 2. EG u. H (Hbf)**
Kierberg EG****
Koblenz Rheinischer Bahnhof Bf*
Hauptbahnhof EG****, H**
Köln Bahnhof Am Thürmchen Bf*
Deutz 1. Bf u. EG*, 2. EG****
Bahnhof St. Pantaleon Bf*
Bahnhof Trankgassenthor Bf*
Hauptbahnhof 1. Bf*, 2. Bf***, EG**, H****
Krefeld 1. EG*, 2. EG****
Kreuznach 2. EG****
Leer 1. EG u. G.*, 2. EG****
Lehrte 1. EG****, WS****
Lengerich EG****
Lindhorst 1. EG****, 2. EG**
Lübeck 1. Bf*, EG (Hbf) ****
Lüneburg EG**
Minden 1. EG****
Moselkern EG****
Münster 1. EG*, 2. EG**
Neuß 1. u. 2. EG*, 3. EG**
Neustadt a Rübenbge EG****
Nienburg EG****
Northeim EG****
Oldenburg 1. EG*, 2. EG****
Osnabrück EG**
Paderborn EG****
Peine 1. EG*, 2. EG*
Rendsburg Kleinbf EG****, Bf*
Rheydt
Rolandseck 1. EG****
Ruhrort Bf u. EG*
Saarbrücken 1. EG*, 2. EG*, Bf**
Schleswig 1. EG*, 2. EG****
Siegen EG****
Stadthagen 1. EG****
Steinbeck
St. Wendel 1. EG*
Suderburg EG****
Trier Hauptbahnhof 1. EG*, Bf**
Verden 1. EG****
Vohwinkel 1. EG*, 2. EG****
Völklingen EG****
Wandsbek 1. EG*, 2. EG****
Wanne 1. EG*, 2. EG****
Wengerohr EG****
Westerland (Sylt) EG****
Wilhelmshaven EG****
Winsen EG****
Witten Centralwerkstätte L, W etc. *
Wolfenbüttel 1. EG*
Wunstorf 1. EG****

Abkürzungen

Bf	Bahnhof(sanlage)
EG	Empfangsgebäude
G	Güterschuppen
H	Bahnsteighalle
L	Lokomotivschuppen
W	Wagenschuppen
WS	Wasserstation
*	nicht mehr vorhanden, abgebrochen oder zerstört
**	erneuert oder rekonstruiert
***	Fragment erhalten
****	im wesentlichen erhalten oder restauriert

Schreibweisen

In Texten und Karten, besonders in Zitaten, sind, bedingt durch die historischen Gegebenheiten, deutschsprachige Namen von Ortschaften angegeben, die sich nicht auf dem Territorium der BRD und der DDR befinden bzw. deren Namen geändert wurden. Zur Orientierung folgt eine alphabetisch geordnete Zusammenstellung dieser Ortsnamen nebst der heutigen Bezeichnung.

Altoberkassel	Düsseldorf-Oberkassel
Breslau	Wrocław
Diedenhofen	Thionville
Elberfeld-Döppersberg	Wuppertal-Elberfeld
Gladbach	Mönchengladbach
Herbesthal	Hergenrath
Heppens	Wilhelmshaven
Hoyer(-schleuse)	Højer
Kohlfurt	Wegliniec
Mecheln	Mechelen
Neuschanz	Nieuweschans
Nymwegen	Nijmegen
Saargemünd	Sarreguemines
Steinbeck	Wuppertal-Steinbeck
Stettin	Szczecin
Tondern	Tønder
Vohwinkel	Wuppertal-Vohwinkel

Verzeichnis der Baumeister und Ingenieure

Amsberg, von, August Philipp, hervorragender Pionier des deutschen Eisenbahnwesens, Geheimer Legationsrat (1832), Finanzdirektor und Leiter der Baudirektion Braunschweig (1833), 1836 mit der Leitung des braunschweigischen Eisenbahnwesens beauftragt. * 17. 7. 1788 bei Rostock, † 9. 12. 1871 in Bad Harzburg

Andreae, Baumeister, wirkte beim Entwurf für den ersten Bahnhof Hannovers mit

Ausborn, Baudirektor, Berlin, leitete die Entwurfsbearbeitung für die Stahlkonstruktionen des Hbf Osnabrück (1895) zusammen mit Maret

Barschdorff, Regierungs- und Baurat, entwarf

mit Beermann die neuen Anlagen des Hbf Köln (1914)

Beermann, Regierungs- und Baurat, entwarf mit Barschdorff die neuen Anlagen des Hbf Köln (1914)

Behne, Architekt, entwarf mit Ziertmann das Empfangsgebäude des Hbf Barmen (erb. 1912/13) und mit Krüger das Empfangsgebäude des Hbf Düsseldorf (erb. 1932/36)

Bensel, C. G., schuf um 1900 die Pläne für den Neubau des Bahnhofes München-Gladbach (heute: Mönchengladbach)

Bergmann, entwarf mit Schupmann den Hbf Osnabrück (1895), der nach Überarbeitung des Entwurfes für das Empfangsgebäude durch Eggert ausgeführt wurde

Biecker, Architekt, entwarf das Empfangsgebäude des Hbf Koblenz (erb. 1904/05)

Blum, Alfred, Bauingenieur, Wirkl. Geh. Ober-Baurat, Dr.-Ing. E. h., hervorragender Fachmann und Wissenschaftler auf dem Gebiet des Bahnhofs-Anlagenbaues, Signalwesens und Betriebes

Buresch, Bauingenieur, Geh. Ober-Baurat in Oldenburg, Pionier des deutschen Eisenbahnwesens, beim Neubau der Strecken von Hannover nach Braunschweig, Minden und Bremen beschäftigt, danach Betriebsdirektor der Eisenbahn Hannover-Braunschweig, baute dann das oldenburgische Staatsbahnnetz nach wirtschaftlichen Gesichtspunkten aus und plante mit Jansen den Bf Oldenburg (erb. 1877/78). * 29. 8. 1817 in Derneburg, † 6. 4. 1892 in Hannover

Burgund, Bauinspektor, leitete den Neubau des Bahnhofes Kiel (1895/99)

Butterweck, Eisenbahndirektor, entwarf den Bahnhof Lübeck als Gemeinschaftsbahnhof der Lübeck–Büchener, Großherzoglich Meckl.–Schwerin. Staatsb. und Eutin–Lübecker Eisenbahn (eröffn. 1908)

Caesar, R., Geh. Ober-Baurat, entwarf die Hauptbahnhöfe Hamburg und Altona mit Geh. Baurat Prof. W. Cauer

Camphausen, Ludolf, preuß. Staatsmann, Pionier des deutschen Eisenbahnwesens, gründete 1833 den Ausschuß zum Bau einer Bahn Köln–Antwerpen und verfaßte dazu 2 Schriften sowie einen Beitrag zur Eisenbahngesetzgebung (1838), gründete 1835 eine Eisenbahngesellschaft, die später mit der »Rheinischen Bahngesellschaft« vereinigt, zur Verwirklichung seiner Pläne beitrug; 1841 gründete er die Kölner Dampfschleppschiffahrtsgesellschaft. * 3. 1. 1803 in Hünshoven, † 3. 12. 1890 in Köln

Cauer, Geh. Baurat, Prof., Mitarbeiter Caesars beim Entwurf für den Neubau des Hbf Altona und die Umgestaltung der Altonaer Bahnanlagen

Chateauneuf, de, Alexis, Architekt in Hamburg, entwarf die Hochbauten des Bergedorfer (1842) und Berliner (1846) Bahnhofes in Hamburg, klassizistische Wohnhäuser ebenda, 1845/47 das Post-Verwaltungsgebäude, 1843/45 mit Architekt Fersenfeld die neogotische Petrikirche, 1868 die Schulte'schen und Schemmann'schen Speicher

Claus, Bauingenieur, plante die Anlagen des neuen Personenbahnhofes Vohwinkel (1901–1907)

Cuny, Baumeister, Königlicher Landbauinspektor, entwarf mit Morin das Empfangsgebäude des Bf Hagen i. W. (erb. 1908/10); sein 1902/04 geschaffenes Empfangsgebäude des Bf Eisenach hatte eklektizistische Formen, galt jedoch seinerzeit als funktionell sehr modern und beispielgebend

Cyrus, Bauingenieur, Mitprojektant bei der Umgestaltung der Eisenbahn-Anlagen in Lübeck (1908)

Danderschmidt, Ingenieur, Bauleiter beim Bau der Düsseldorf-Elberfelder Eisenbahn

Debo, L., Königlich Hannoverscher »Eisenbahn-Bauconducteur«, verfaßte mit A. Funk »Die Eisenbahnen im Königreich Hannover« (1851)

Dircksen, Ernst, Baumeister und Ingenieur, Ober-Bau- und Geheimer Regierungsrat, leitete den Bau der Weichselbrücke bei Dirschau und der Rheinbrücke bei Köln, hatte die Oberleitung beim Bau der Bergisch-Märkischen Eisenbahn und anderer Bahnen, leitete die Umgestaltung der gesamten Kölner Bahnanlagen (1882–1888). * 31. 5. 1830 in Danzig, † 11. 5. 1899 in Erfurt

Ebeling, Architekt, entwarf mit Hauptner das Empfangsgebäude des Bf Elberfeld-Döppersberg (jetzt: Wuppertal-Elberfeld)

Egen, Peter Kaspar, Professor, förderte seit 1832 durch viele Veröffentlichungen und persönlichen Einsatz die Eisenbahnbestrebungen des Bergischen Landes, besonders die Düsseldorf-Elberfelder Eisenbahn. * 1793, † 1849

Eggert, Hermann, Architekt, Geheimer Ober-Baurat, war Schüler von Strack an der Berliner Bauakademie, vielseitiger Baumeister, errang den 1. Preis im Wettbewerb für den Hbf Frankfurt/M. (1880), überarbeitete den Entwurf Schupmanns und Bergmanns für das Empfangsgebäude des Bf Osnabrück und schuf insbesondere dessen Außenarchitektur (1895), mit Schwartz das Empfangsgebäude des Bf Altona (1901). * 3. 1. 1844 in Burg b. M.

Ewerbeck, F., Architekt, entwarf das Empfangsgebäude des Bf Lengerich (Westf), erb. 1873

Frentzen, Georg, Architekt, Professor in Aachen, Geheimer Baurat, schuf u. a. Entwürfe für Bahnhofsgebäude in Frankfurt/M. (2. Wettbewerbspreis), Dresden und das Empfangsgebäude des Hbf Köln, zu dem Jacobsthal die Halle entwarf (1894). * 1854, † im Dezember 1923 in Aachen

Funk, A., Königlich Hannoverscher Eisenbahn-Bauinspektor, verfaßte mit L. Debo »Die Eisenbahnen im Königreich Hannover« (1851)

Goecker, Hafenbaurat, entwarf mit Admiralitätsrat Pfeffer den Kriegsmarinehafen Wilhelmshaven

Grüttefien, E., Baumeister, Geheimer Ober-Baurat, schuf den Schlesischen Bahnhof in Berlin und entwarf mit Schwedler die Bahnsteighalle mit Zweigelenkbogen-, sogenannten Sichelbogenträgern, projektierte den Neubau des Hbf Hannover und hatte die Oberleitung bei der Ausführung der Gesamtanlagen (1879)

Hansemann, David, preuß. Staatsmann und Publizist, erwarb sich große Verdienste um die Anlegung der Eisenbahnen am Rhein und in Westfalen; Schriften u. a.: Preußens wichtigste Eisenbahnfrage (1837), Über die Ausführung des preußischen Eisenbahnsystems (Berlin, 1843); gründete 1836 die Preußisch-Rheinische Eisenbahngesellschaft. * 12. 7. 1790 in Finkenwerder, † 4. 8. 1864 in Schlangenbad

Harkort, Friedrich, Industriegründer und Pionier der deutschen Eisenbahn, Wegbereiter des Eisenbahngedankens im Ruhrgebiet und in Westfalen, 1825 erste Veröffentlichung dazu; im selben Jahr führte er mit Kamp in Elberfeld eine Schwebebahn nach dem Muster von Palmer vor; 1833 erscheint von ihm: Die Eisenbahn von Minden nach Cöln. * 22. 1. 1793 in Harkorten, † 6. 3. 1880 auf seinem Gut Hombruch bei Dortmund

Hauptner, Architekt, entwarf mit Ebeling das Empfangsgebäude des Bf Elberfeld-Döppersberg (jetzt: Wuppertal-Elberfeld)

Henz, Geheimer Regierungs- und Baurat, früher Wasserbaumeister, Vorsitzender der Königlichen Eisenbahndirektion der Westfälischen Eisenbahn, leitete die Projektierung der Linie Paderborn–Warburg unter Mitarbeit von Weißhaupt

Hesekiel, Ingenieur, Bauleiter an der Düsseldorf-Elberfelder Eisenbahn

Hitzig, Friedrich, spätklassizistischer Baumeister, Geheimer Rat, entwarf zahlreiche Schlösser, Paläste und Landsitze in Deutschland, die Neue Börse in Berlin (1864), die Reichsbank in Berlin (1877), leitete den Neubau der TH Charlottenburg, entwarf 1867 das Empfangsgebäude des Hbf Hannover, von dem aber nur die Flügel der Eisenbahnverwaltung und Post ausgeführt wurden. * 8. 4. 1811 in Berlin, † 11. 10. 1881 in Berlin

Jacobsthal, Johann Eduard, Architekt, seit 1874 Professor der Berliner Bauakademie, entwarf die Bahnhöfe Metz (1878), Straßburg (1884), die Halle des Hbf Köln (1894), Bf Alexanderplatz und Bellevue der Berliner Stadtbahn und viele andere Bauten; verfaßte Schriften über ornamentale Gestaltung. * 17.9.1839 in Preußisch-Stargard, † 1. 1. 1902 in Charlottenburg

Jansen, Architekt, Baurat, entwarf mit Buresch das 1877/78 errichtete romantische Empfangsgebäude des Bf Oldenburg

Jungnickel, Eisenbahnpräsident, machte sich um die Neugestaltung der hamburgischen Eisenbahnanlagen und des 1906 eröffneten Hbf Hamburg verdient. † 1911

Jüttner, Carl, Baumeister, Regierungs- und Baurat, Vorsteher des betriebstechnischen Büros der Königlichen Eisenbahn-Direktion Köln (linksrheinisch), Vorsitzender des Architekten- und Ingenieur-Vereins für Niederrhein und Westfalen, maßgeblich am Bau der Rhein-Nahe-Eisenbahn beteiligt. * 2.3.1837 zu Pleß (Schlesien), † 20.3.1888 in Köln

Kaven, von, A., Ingenieur, Geheimer Regierungsrat und Professor der Ingenieurwissenschaften, entwarf nach 1854 die Hafen- und Bahnhofs-Erweiterung in Hamburg, danach die Strecke Hamburg-Harburg einschließlich Elbe-Überbrückungen, 1858 die Strecke Lüneburg-Lauenburg mit Elb-Trajekt, ferner die Deisterbahn, * 19. 5. 1827 in Bremen, † 20.5.1891 in Aachen

Klingholz, Fritz, Architekt, Regierungsbaumeister im Ministerium für öffentliche Arbeiten, Professor, errichtete viele Bauten hessischer Bahnen, nahm an den Wettbewerben für die Empfangsgebäude in Hamburg (1901), Metz (1902), Darmstadt, Leipzig (1907) teil, entwarf die Empfangsgebäude des Hbf Essen (1897) und Wiesbaden (1906). * 1861, † 1921

Krüger, Architekt, entwarf mit Behne das Empfangsgebäude des Hbf Düsseldorf (1932/36 erb.)

Kumbier, Ingenieur, Professor, arbeitete an der Umgestaltung der Bahnanlagen bei Köln und an der Erweiterung derselben bei Wiesbaden mit; veröffentlichte Schriften über Bahnhofsanlagen

Kümmel, Ingenieur, Reichsbahndirektor, hatte die Gesamtbauleitung beim Bau des Hindenburgdammes Festland-Sylt

Langewand, Architekt, Mitarbeiter von Baurat Mettegang, Mainz, beim Entwurf für das Empfangsgebäude des Bf Oldenburg (1913/15)

Laves, Georg Ludwig Friedrich, Architekt, Oberhofbaudirektor in Hannover, nahm auf Architektur und Gestaltung der ersten Bahnhofsanlagen im Königreich Hannover wesentlichen Einfluß, erfand ein Konstruktionssystem ohne Widerlager besonders für Brükken (Laves'sche Brücken) und große Bedachungen; schuf mehrere klassizistische Bauten, darunter das Hoftheater in Hannover. * 17.12.1789 in Uslar, † 30.4.1864 in Hannover

Lent, Alfred, Ingenieur, Geheimer Baurat, beeinflußte technische und industrielle Unternehmungen entscheidend, führte die Dortmund-Gronauer und Marienburg-Mlawkaer Eisenbahn aus, entwarf mit Lapierre und Scholz den Lehrter Bahnhof in Berlin, plante Eisenbahnen in Venezuela etc. * 1837, † 4.1.1915 in Berlin

Lentze, Ingenieur, Oberbaurat, schuf die großen Brücken über die Weichsel bei Dirschau, die Nogat bei Marienburg, den Rhein bei Köln

Lewin, Ingenieur, Eisenbahn-Bau- und Betriebsinspektor, leitete die Ingenieurbauten des Bf (Hbf) Osnabrück 1890 bis 1894

Lex, Ingenieur, Geheimer Oberbaurat, entwarf den Gleisplan für die Umgestaltung der Bahnhofsanlagen in Düsseldorf

Lindley, Sir, William G., Ingenieur, war bei Eisenbahn-, Brücken-, Tunnel- und Wasserbauten in England beteiligt, wurde 1834 nach Hamburg berufen, projektierte 1838 die Eisenbahn Hamburg-Lübeck sowie Hamburg-Bergedorf und wurde auch mit der Ausführung der letztgenannten beauftragt; er konstruierte den ersten sechsrädrigen Wagen, den Urtyp der langen Eisenbahnwagen des Kontinents. * 7.9.1808 in London, 22.5.1900 in London

Lohse, Hermann, Baumeister und Ingenieur, Geheimer Regierungs- und Ober-Baurat, Veteran der deutschen Ingenieurbaukunst, führte die ersten großen Eisenbahn-Gitterbrücken über die Weichsel bei Dirschau, den Rhein bei Köln und die Elbbrücken zwischen Hamburg und Harburg aus, war seit 1860 im Dienst der Cöln-Mindener Eisenbahngesellschaft. * 1815 in Magdeburg, † 23.5.1893 in Köln

Maret, Ingenieur, Geheimer Baurat in Hannover, leitete mit Ausborn die Entwurfsbearbeitung für die Stahlkonstruktionen des Bf (Hbf) Osnabrück (1895)

Märtens, Kreisbaumeister, Bauleiter der Staatsbahn Braunschweig-Wolfenbüttel-Harzburg

Matschoß, Conrad, Ingenieur, Dr.-Ing., Professor an der TH Berlin-Charlottenburg (1929 bis 1939), bedeutendster Technikhistoriker Deutschlands. * 1871, † 1942

Mettegang, Architekt, Baurat in Mainz, schuf mit seinem Mitarbeiter Langewand das neue Empfangsgebäude des Bf Oldenburg (erb. 1913/15)

Moeller, Eisenbahnbauinspektor, entwarf mit den Architekten Reinhardt und Süßenguth den Hbf Hamburg

Morin, Regierungsbaumeister, entwarf mit Cuny das Empfangsgebäude des Bf Hagen i. W. (erb. 1908/10)

Mügge, Regierungsbaumeister, leitete unter Dr.-Ing. Pfeiffer die Bauausführung des Hindenburgdammes Festland-Sylt

Neuhaus, Friedrich, Baumeister, Geheimer Regierungs- und Baurat, Vorsitzender, technischer und Betriebsdirektor der Berlin-Hamburger Eisenbahn-Gesellschaft, schuf den Hamburger Bahnhof in Berlin (1845 bis 1847). * 20.9.1797 in Behme, † 4.12.1876 in Berlin

Oppermann, Ingenieur, Bauleiter an der Düsseldorf-Elberfelder Eisenbahn

Orth, August Friedrich Wilhelm, Baumeister, Geheimer Ober-Baurat, Schüler von Stüler und Strack in Berlin; der vielseitige Architekt schuf viele Kirchen, städtebauliche Entwürfe, z.B. für die Berliner Museumsinsel, Brückenbauten, Industrieanlagen, den Görlitzer Bahnhof in Berlin, insbesondere dessen Halle; die Zentralwerkstätte Witten, Vorentwürfe für die Berliner Stadtbahn (1871) und viele andere Bauten. * 25. 7. 1828 in Windhausen, † 11.5.1901 in Berlin

Ottmer, Carl Theodor, klassizistischer Baumeister und Maler, leitete nach Ausbildung an der Bau- und Kunstakademie Berlin 1822 bis 1827 größere Bauten in Berlin, weilte dann zu Architektur- und Malstudien in Italien, gab 1830 bis 1838 »Architektonische Mitteilungen« heraus, hierauf zum braunschweigischen Hofbaumeister ernannt, baute er das Residenzschloß Braunschweig u. a. Gebäude; das 1838 eröffnete erste und 1845 eröffnete zweite Empfangsgebäude des Bahnhofs Braunschweig waren seine letzten Werke. * 19.1.1800 in Braunschweig, † 22.8.1843 in Berlin

Otzen, Johannes, Architekt, Professor an der TH Berlin (1879 bis 1902), Mitglied der Akademien zu Berlin und Wien, einer der führenden Vertreter der Neugotik, baute zahlreiche Kirchen (17) und das Empfangsgebäude des Bf Flensburg (1885) sowie viele andere Bauten; er gab heraus: Baukunst des Mittelalters (1880 bis 1883), Gotische Bauornamente (1888), Ausgeführte Bauten (1889 bis 1896). * 8.10.1839 in Siesebye, † 8.6.1911

Pfeffer, Ingenieur, Admiralitätsrat, plante mit Hafenbaurat Goecker den Kriegsmarinehafen Wilhelmshaven

Pfeiffer, Bauingenieur, Regierungsbaurat, leitete die Bauausführung des Hindenburgdammes Festland-Sylt

Pflaume, Baumeister, Leiter der Hochbauabteilung der Rheinischen Eisenbahn, entwarf die Hochbauten des Zentralbahnhofes Köln (1859)

Polonceau, französischer Eisenbahningenieur, erfand den nach ihm benannten Stahlfachwerkbinder

Rasch, Architekt, Regierungs- und Baurat, Direktor des Betriebsamtes Berlin der Preußischen Ostbahn; schuf neben vielen staatlichen Gebäuden den älteren Teil der Königlichen Eisenbahn-Direktion Hannover und war an den Vorarbeiten für den Neubau des Bahnhofes Hannover beteiligt. * 1830,

† 18.12.1887 in Berlin

Raschdorff, Julius, Baumeister, Geheimer Regierungsrat, Professor an der Berliner Bauakademie, baute zahlreiche öffentliche Gebäude, Wohnhäuser, Kirchen, seit 1894 mit seinem Sohn Otto den Berliner Dom, entwarf die Empfangsgebäude der Bahnhöfe Münster i. W. (1890), Ehrang, Kyllburg und Rheine, veröffentlichte u. a.: Die Prämonstratenserabtei Knechtsteden (1874), Entwürfe und Ausführungen im Stile deutscher Renaissance (1879), Baukunst der Renaissance. Entwürfe (1880 bis 1890), Rheinische Holz- und Fachwerkbauten des 16. und 17. Jh. (1895). * 2.7.1823 in Pleß, 13.8.1914 in Berlin

Reiche, Ernst, Baumeister, Oberingenieur der Lübeck-Büchener Eisenbahn, leitete nach Ausführung eines Kirchenbaues und zweijähriger Vorarbeit für den Bau der Lübeck-Hamburger Bahn 1862 als ausführender Baumeister im Dienst der Lübeck-Büchener Eisenbahn-Gesellschaft den Bau der Strecke Lübeck–Oldeslohe. * 26.1.1830 in Niebusch, † 10.12.1895 in Lübeck

Reinhardt, Architekt, entwarf mit Moeller und Süßenguth den Hauptbahnhof Hamburg

Rincklake, August, Architekt, Steinmetz, seit 1876 Professor für mittelalterliche Baukunst an der TH Braunschweig, war neben überzeugter Vertretung mittelalterlicher Kunst Bahnbrecher für neue Ideen, entwarf Umbau des Lübecker Bahnhofs (1880), Zentralbahnhöfe für Braunschweig und Leipzig, viele Kirchen und andere Bauten, z. B. das Ständehaus in Münster i. W. (1896); veröffentlichte u. a.: Neue Normalbahnhofsanlagen (1883), worin er als Erster in Deutschland brückenartige Empfangsgebäude quer über den Gleisanlagen vorschlug; R. war ein äußerst vielseitiger, oft verkannter Architekt. * 15.2.1843 in Münster i. W., † 19.8.1915 in Berlin

Rocholl, Eisenbahnbauingenieur, Leiter der Ingenieur-Abteilung der Rheinischen Eisenbahn, entwarf die Ingenieurbauten und Anlagen des Bf Köln (1859)

Roeper, Oscar, Bauingenieur, Bauinspektor, hatte an vielen baulichen Umgestaltungen Hamburgs Anteil, arbeitete unter Lohse an Ingenieurbauten und Brücken der Strecke Hamburg–Harburg; seit 1868 im Dienst der Cöln-Mindener Eisenbahn, arbeitete im Zentralbüro an der Ausführung von Bahnhofskaimauern und Drehbrücken, nach 1871 Vorsteher des Zentralbüros für den Bau der Linie Venlo–Wesel, des Rheinübergangs und der anschl. Bahnanlagen, dann unter Gerwig beim Bau der Gotthardbahn (bis 1874); veröffentlichte: System einer beweglichen Brücke (1867). * 5.11.1844 in Hamburg, † 28.7.1896 ebenda

Roßkothen, Baumeister, Geheimer Baurat, entwarf das 1891 bis 1893 errichtete Empfangsgebäude des Hbf Düsseldorf und leitete den Umbau des Bahnhofs

Röttcher, Hugo, Architekt, Regierungs- und Baurat, entwarf das 1912 bis 1913 erbaute Empfangsgebäude des Bahnhofes Köln-Deutz; veröffentlichte: Hochbauten der Deutschen Reichsbahn (1933)

Rüdell, Architekt, entwarf mit Ingenieur Merling unter Leitung von Baurat Schwartz den Bf Hamburg-Dammtor, zusammen mit Biekker und Thömer das Empfangsgebäude des Hbf Koblenz (1905)

Rüppel, Emil, Baumeister, Geheimer Ober-Baurat, Dirigent der III. Abteilung der linksrheinischen Eisenbahn-Direktion Köln, war zuerst beim Bau der Rhein-Nahebahn tätig, seit 1864 im technischen Büro der Rheinischen Eisenbahn-Gesellschaft in Köln, dessen Vorsteher er 1868 wurde; leistete bedeutende Beiträge im Verein deutscher Eisenbahn-Verwaltungen zur Entwicklung bau- und betriebstechnischer Einrichtungen, besonders zur Einführung von Stellwerken (1869: System Rüppel) und Verbesserung des Oberbaues (Vereinheitlichung der Oberbau-Normen, Stahlschwellen). * 27.7.1827 in Berlin, † 10.10.1896 in Köln

Schellen, Baumeister, entwarf das Empfangsgebäude des Bf Trier (1885 bis 1888), zusammen mit Unger und Viereck das 1883 bis 1884 erbaute Empfangsgebäude des Bf Bonn

Schellenberg, Oberbaurat, entwarf die Pläne für die 1913 durchgeführten Umbaumaßnahmen am Bf Osnabrück

Schultze, Fr., Bauinspektor, war 1890 bis 1894 maßgeblich an der Entwurfsbearbeitung für den Bf (Hbf) Osnabrück beteiligt

Schupmann, Architekt, Professor in Aachen, entwarf mit Bergmann das Empfangsgebäude des Bf (Hbf) Osnabrück, das nach Überarbeitung ihres Entwurfes durch Eggert ausgeführt wurde

Schwartz, Ernst, Baurat, entwarf unter Mitarbeit von Rüdell und Merling den Bf Hamburg-Dammtor, zusammen mit Eggert das Empfangsgebäude des Bf Altona (1901), selbst das Empfangsgebäude des Bf Kiel (1899)

Schwarz, Baumeister, leitete die Ausführung des ersten Empfangsgebäudes des Bf Hannover

Schwechten, Franz, Baumeister, Schüler Raschdorffs und Pflaumes in Köln, Stülers und Gropius's in Berlin, war seit 1885 Akademiemitglied, Lehrer an der TH Charlottenburg, seit 1888 Mitglied des Senats und Baurat in Berlin; übernahm 1871 die Leitung des Projektierungsbüros der Berlin-Anhalter Bahn und schuf 1875 bis 1880 den Anhalter Bf in Berlin, ferner die Empfangsgebäude zu Dessau, Wittenberg und andere; weitere Werke waren die Philharmonie und die Gedächtniskirche in Berlin, die Hohenzollernbrücke in Köln, das Schloß zu Posen (jetzt: Poznan) sowie zahlreiche öffentliche und private Bauten, Geschäfts- und Industriegebäude in vielen Orten. * 12.8.1841 in Köln, † 11.8.1924 in Berlin

Schwering, Bauingenieur, Dezernent für Neubauten bei der Eisenbahn-Direktion Hannover, später Eisenbahnpräsident, entwarf die prinzipielle Konzeption für den Grundriß des Bf (Hbf) Osnabrück (1895)

Schwieger, Heinrich, Geheimer Baurat, Dr.-Ing. E. h., Direktor der Aktiengesellschaft Siemens & Halske und der Siemens-Schuckert-Werke in Wiesbaden, Pionier der Eisenbahn-Elektrifizierung, bearbeitete mit Dircksen die Umgestaltung der Kölner Bahnanlagen (1882 bis 1888). * 12. 5. 1846 in Quedlinburg, † 16.9.1911 in Wiesbaden

Seggern, von, Baumeister, entwarf das Empfangsgebäude des 1872 vollendeten Venloer Bahnhofs in Hamburg

Stephany, Bauingenieur, entwarf die Stahlkonstruktion der Bahnsteighallen des Bf Hagen i. W. (1910)

Stier, Hubert, Baumeister, Geheimer Baurat, Professor an der TH Hannover, Schüler von Strack an der Berliner Bauakademie; entwarf das Empfangsgebäude des 1879 vollendeten Bf Hannover, später die Empfangsgebäude von Hildesheim (1884), Kreiensen, Bremen (1890) Uelzen, Hamburg und viele andere öffentliche und private Gebäude; daneben war er auch mit der Wiederherstellung von Baudenkmalen betraut und entfaltete eine reiche literarische Tätigkeit auf seinem Schaffensgebiet. * 27. 3. 1838 in Berlin, † 25. 6. 1907 in Hannover

Strousberg, Bethel Henry (ursprünglich: Baruch Hirsch Strausberg), Dr., risikofreudiger Eisenbahnunternehmer großen Stils, ließ zahlreiche große Bahnen bauen: Tilsit–Insterburg, Ostpreußische Südbahn. Berlin–Görlitz, Märkisch-Posener Bahn, Rechte Oderuferbahn, Halle–Sorau, Hannover–Altenbeken, zuletzt 1868 bis 1871 die rumänischen Eisenbahnen; kaufte für diese Vorhaben Lokomotivfabriken, Grubenfelder, Bergwerke und Schienenwalzwerke. Seine Unternehmungen endeten für ihn zuletzt unglücklich. * 20. 11. 1823 in Neidenburg (Ostpr.), † 31.5.1884 in Berlin

Süßenguth, Architekt, entwarf mit Reinhardt und Eisenbahn-Bauinspektor Moeller den Hbf Hamburg mit brückenartigem Empfangsgebäude

Thömer, Baumeister, entwarf mit Rüdell und Biecker das Empfangsgebäude des Hbf Koblenz (erb. 1904 bis 1905)

Unger, Baumeister, entwarf das Empfangsgebäude des Bf Herbesthal, zusammen mit Schellen und Viereck das 1883 bis 1884 erbaute Bahnhofsgebäude in Bonn

Viereck, Baumeister, entwarf mit Unger und

Schellen das 1883 bis 1884 erbaute Empfangsgebäude des Bf Bonn

Vogelsang, F., Baumeister, plante und leitete den Bau des alten Insel-Empfangsgebäudes des Bf Gladbach (heute: Mönchengladbach), das er 1862 veröffentlichte

Weinholdt, Bauingenieur, leitete unter Dr.-Ing. Pfeiffer die Bauausführung des Hindenburgdammes Festland–Sylt

Weißhaupt, Hermann, Eisenbahn-Bauinspektor der Westfälischen Eisenbahn, projektierte unter Henz die Eisenbahn Paderborn–Warburg

Wiebe, Friedrich Eduard, Baumeister, Geheimer Ober-Baurat, studierte an der Bauakademie und Universität in Berlin, wo er sich technisch universell bildete, unternahm danach Studienreisen nach England, Frankreich und Belgien, baute daraufhin die Eisenbahn Düsseldorf–Elberfeld 1838 bis 1842 und beschäftigte sich daneben schon mit Vorarbeiten für den Bau der Cöln-Mindener Bahn, plante und leitete dann den Bau der preußischen Ostbahn, deren Vorsitzender er bis 1859 war; beispielhaft ließ er hier Betriebsgebäude und selbst Wärterhäuser abweichend vom üblichen Nützlichkeitsschema durch Bau- und Gartenkünstler ansprechend gestalten; nach Studien in England 1860 wird er Wegbereiter großstädtischer Abwassertechnik und entwirft für Berlin, Danzig und andere deutsche sowie einige ausländische Großstädte Entwässerungspläne. Er publizierte diese und »Geneigte Ebenen mit Locomotivenbetrieb« (1842); 1866 plante er die Eisenbahn Berlin–Lehrte. * 12. 10. 1804 in Stalle (Ostpr.), † 23.2.1892 in Berlin

Ziertmann, Architekt, entwarf mit Behne das Empfangsgebäude des Hbf Barmen (erb. 1912 bis 1913)

Literaturverzeichnis

Abendroth, G.: Die Entwicklung des Grundrisses der Bahnhofsempfangsgebäude in Seitenlage. Diss. TU Berlin 1951

Becker, M.: Der Straßen- und Eisenbahnbau. Stuttgart 1855

–: Bericht über die Internationale Baufach-Ausstellung Leipzig 1913. Herausgegeben von H. Herzog und H. Miederer. Leipzig 1917

Blum, O.: Personen- und Güterbahnhöfe. In: Handbibliothek für Bauingenieure, II. Teil, Eisenbahnwesen und Städtebau, 5. Bd., Erster Teil (1930)

Blum, O. und Kumbier: Bahnhofsanlagen einschließlich der Gleisanordnungen auf der freien Strecke. In: Die Eisenbahntechnik der Gegenwart, Bd. 2, 3. Abschn., 2. Aufl. Wiesbaden 1909

Bohljahn, Harbeck, Klein, Wegner: Die Eisenbahn in Flensburg 1854–1979. Freiburg i. B. 1979

–: Hauptbahnhof Braunschweig 1960. Verschiedene Herausgeber. Braunschweig 1960

Brückner, O.: Die Eisenbahn-Empfangsgebäude im Königreich Hannover vor 1850. Hannover 1939

–: Bremen und seine Bauten. Bremen 1900

Cauer, W.: Personenbahnhöfe. Berlin 1926

Centralblatt der Bauverwaltung, 1884, S. 419, 1885, S. 295 und 1888, S. 625 (Hildesheim); 1887, S. 355 (Deutz); 1889, S. 280 (Köln)

Claus: Der neue Personenbahnhof in Vohwinkel/Rheinl. In: Zentralblatt der Bauverwaltung, 1908, S. 637

Cornelius, G.: Eisenbahn-Hochbauten. Berlin 1921

Cyrus: Die Umgestaltung der Eisenbahnanlagen in Lübeck. In: Zeitschrift für Bauwesen, 1908, S. 637

Czygan, F. (Herausgeber): Die Eisenbahn in Wort und Bild, II. Teil: Die Bahnanlagen und ihre Herstellung, Kap. G: Die Eisenbahnhochbauten. Nordhausen 1928

Deutsche Bauzeitung (Berlin), 1885, S. 581 (Flensburg); 1887, S. 558 (Düsseldorf); 1888, S. 338 (Köln); 1891, S. 118 (Altona); 1893, S. 85 (Köln); 1899, S. 632 (Hamburg); 1909, S. 226 (Vohwinkel); 1913, S. 837 (Köln–Deutz); 1929, S. 449 (Bremerhaven–Columbusbf)

–: Das Deutsche Eisenbahnwesen der Gegenwart. Bd. I und II. Berlin 1911

–: Neue Hochbauten der Deutschen Bundesbahn. Herausgegeben von der Deutschen Bundesbahn. Frankfurt/M. 1962

–: Deutscher Reichsbahn-Kalender. Leipzig, Jahrgänge 1927 bis 1943

Dumjahn, H.: Bahnhöfe im Spiegel alter Postkarten. Hildesheim 1976

Eggert, H.: Das Empfangsgebäude des Hauptbahnhofes Frankfurt a. M. . Sonderdruck aus der Zeitschrift für Bauwesen, 1891. Berlin 1892

Feldmeier, H.: Die Eisenbahn in Kiel. Freiburg i. B. 1979

Finsterwalder, U.: Vorgespannte Schalenbauten (u. a. Hbf Koblenz). Vortrag auf der Tagung des Deutschen Betonvereins 1954. In: Leonhardt, F.: Spannbeton für die Praxis, S. 420 bis 422. Berlin 1955

–: Frankfurt a. M. und seine Bauten. Frankfurt 1886

Funk, A. und L. Debo: Die Eisenbahnen im Königreich Hannover. In: Allgemeine Bauzeitung (Wien), 1851, S. 213 bis 289

Gaida, H.–J.: Dampf zwischen Weser und Ems. Stuttgart 1979

Gottwaldt, A.: Deutsche Bahnhöfe – 500 Ansichtkarten von 1900–1945. Zürich und Schwäbisch Hall 1983

Gottwaldt, A.: Die Lübeck-Büchener Eisenbahn. Düsseldorf 1975

Groeschel, J.: Bahnhofshochbauten. In: Die Eisenbahntechnik der Gegenwart, Bd. 2, 3. Abschn. Wiesbaden 1899

Hacault, E.: Der Eisenbahn-Hochbau. Berlin 1859

Hartung: Der Bahnhof Minden. In: Allgemeine Bauzeitung (Wien), 1855, S. 266 bis 268

–: Hamburg und seine Bauten. 2 Bände. Hamburg 1914

Hereth, Dr.: Die Eisenbahn Düsseldorf–Elberfeld bis zum Jahre 1857. In: Deutsche Verkehrsgeschichte, Bd. I, 1–2. Leipzig 1939

Heusinger von Waldegg, E.: Handbuch für specielle Eisenbahntechnik. 1. Band: Der Eisenbahnbau. 4. Aufl. Leipzig 1877

Holtmeyer, A.: Kleinere Eisenbahn-Empfangsgebäude. Berlin 1915

–: Hundert Jahre deutsche Eisenbahnen. Jubiläumsschrift zum hundertjährigem Bestehen der deutschen Eisenbahnen. Herausgegeben vom Reichsverkehrsministerium. 2. Aufl. Leipzig 1938

Keller, Fr.: Sammlung von Konstruktionen aus dem Gebiet des Eisenbahnbauses. Abt. 1–2. Karlsruhe 1852

Kobschätzky, H.: Streckenatlas der deutschen Eisenbahnen 1835–1892. Düsseldorf 1971

Kobschätzky, H.: Streckenatlas der deutschen Eisenbahnen 1893–1935. Düsseldorf 1975

Koch, W. und C. Opitz: Eisenbahn- und Verkehrsatlas von Europa. Leipzig, ab 1902

–: Köln und seine Bauten. Herausgegeben vom Architekten- und Ingenieur-Verein für Niederrhein und Westfalen. Köln 1888

Krüger, Dr.: Die erste deutsche Staatsbahn Braunschweig–Wolfenbüttel. In: Deutsche Verkehrsgeschichte, Bd. I, 1–2. Leipzig 1939

Krings, U.: Der Kölner Hauptbahnhof. Köln 1977

Kubinszky, M.: Bahnhöfe Europas. Stuttgart 1969

Kumbier: Personenbahnhöfe. In: Die Eisenbahntechnik der Gegenwart. Der Eisenbahnbau. 2. Bd., 3. Abschn. 2. Aufl. Wiesbaden 1909

Leonhardt, F.: Spannbeton für die Praxis. Berlin 1955

Lichte, E.-G.: Mit Dampf und Diesel. Kleine Geschichte der Eisenbahn in Schleswig-Holstein. Lübeck 1979

Linz, H.: bochum baut. Bochum 1955

Mayer, A. von: Geschichte und Geographie der Deutschen Eisenbahnen von ihrer Entstehung bis auf die Gegenwart 1890. Berlin 1891

Müller, H.: Bahnhofsarchitektur – Zur baukünstlerischen Entwicklung von Empfangsgebäuden in Deutschland. Diss. Berlin 1963

Nietmann, W.: Atlas der Eisenbahnen Deutschlands, Oesterreich-Ungarns, Belgiens, der Niederlande, Italiens und der Schweiz. 9. Aufl. Leipzig 1886

Oder, M.: Anordnung der Bahnhöfe. In: Handbuch der Ingenieurwissenschaften. 5. Teil: Der Eisenbahnbau, 4. Bd.. Berlin 1914

Oder, M. und O. Blum: Große Personenbahnhöfe und Bahnhofsanlagen usw. In: Handbuch der Ingenieurwissenschaften. 5. Teil: Der Eisenbahnbau, 4. Bd., 2. Abt.. Leipzig und Berlin 1914

Oder, M. und O. Blum: Die Bahnhofsanlagen und Eisenbahnhochbauten. In: Das Deutsche Eisenbahnwesen der Gegenwart. Band 1. Berlin 1911

Ostendorf, R.: Eisenbahn-Knotenpunkt Ruhrgebiet. Stuttgart 1979

–: So brach sich Peine Bahn. Herausgegeben von der Stadt Peine und der Deutschen Bundesbahn. Peine 1961

Rasch, J.: Die Eisenbahnhochbauten auf den Bahnhöfen und außerhalb derselben. In: Handbuch für specielle Eisenbahntechnik. Herausgegeben von Heusinger von Waldegg. Bd. 1, 4. Aufl. Leipzig 1877

Römer, E.: Die Düsseldorf–Elberfelder Eisenbahn. In: Allgemeine Bauzeitung (Wien), 1851, S. 60–75

Rossberg, R. R.: Geschichte der Eisenbahn. Künzelsan 1977

Röttcher, H.: Hochbauten der Deutschen Reichsbahn. Leipzig 1933

Schadendorf, W.: Das Jahrhundert der Eisenbahn. München 1965

Schmitt, E.: Empfangsgebäude der Bahnhöfe und Bahnsteigüberdachungen. In: Handbuch der Architektur. Vierter Teil, 2. Halbbd., 4. Heft. Leipzig 1911

Staisch, E.: Hauptbahnhof Hamburg. Geschichte der Eisenbahn in Norddeutschland. Hamburg 1981

Stotz, H.: Friedrich-Wilhelms-Nordbahn. Kassel 1874

Stülpnagel, F. von, und J. C. Bär: Eisenbahn-Atlas von Deutschland. Gotha 1848

Stutz, W.: Bahnhöfe der Schweiz. Von den Anfängen bis zum Ersten Weltkrieg. Zürich und Schwäbisch Hall 1983

–: Der Verkehr. Jahrbuch des Deutschen Werkbundes. Jena 1914

Webers Illustrirte Zeitung. Leipzig, Jahrgänge 1840 ff.

Wegele, H.: Die Hauptbahnhofsanlagen in Frankfurt a. M.. Sonderdruck aus der Zeitschrift für Bauwesen 1891. Berlin 1892

Werner, F.: Die Bundesbahn als Bauherr. In: Der Architekt, 9/1978, S. 406–410 und 436

Wolters, R.: Vom Grundriß der Empfangsgebäude großer Fernbahnhöfe. Berlin 1930

Zeitschrift für Bauwesen (Berlin), 1862, S. 319 (Gladbach); 1898, S. 19 (Osnabrück)

Bildquellen

Bundesbahndirektion Essen, Pressedienst 170, 171, 249, 281, 282

Bundesbahndirektion Hamburg, Lichtbildstelle 401

Bundesbahndirektion Köln, Lichtbildstelle 126, 133, 218

Bundesbahndirektion Saarbrücken, Hochbaubüro 235

Deutsche Fotothek Dresden 118, 121, 122, 160, 271, 273, 319, 329, 386, 391

Deutsche-Reichsbahn-Kalender 139, 153, 157, 322, 341, 406, 424

Eisenbahnmuseum Kopenhagen 404

Foto, Sammlung oder Zeichnung Verfasser 3–9, 15–54, 57–80, 82, 84–86, 88, 89, 91–93, 95–102, 104, 105, 110, 114–116, 119, 120, 123–125, 127–132, 134–138, 140, 142–144, 146, 150, 151, 173, 176, 178–185, 189–193, 196, 197, 200, 201, 203, 206–210, 212–217, 219–225, 227, 229, 231–234, 238–242, 245–247, 250–252, 254, 258–261, 263–265, 267, 268, 270, 278–280, 285, 286, 289–297, 299, 301–305, 308–310, 315–318, 323–328, 333–335, 338–340, 349–352, 356–359, 361–369, 371, 374, 375, 377–383, 387, 388, 390, 395–398, 402, 403, 407, 409, 411, 413, 419–421, 423, 425, 428–430

Hundert Jahre deutsche Eisenbahnen 167

Museum für Verkehr und Technik Berlin (West) 320

Reichsbahndirektion Schwerin, Archiv 412

Röttcher, Hochbau 159, 161–163, 166, 168

Sammlung Clauss 152, 172, 199, 204, 211, 244, 275

Sammlung Ertel 107, 117, 226

Sammlung Ilgner 148

Sammlung Kempke 113, 314, 372, 389

Sammlung Klinkhardt 266

Sammlung Kundisch 306, 370, 376, 426

Sammlung Raunitschke 108, 321

Sammlung Schladitz 12, 14, 90, 106, 109, 112, 147, 149, 164, 169, 205, 236, 237, 257, 277, 283, 287, 288, 311, 344, 347, 348, 354, 384, 408, 414, 422, 431

Sammlung Schmidt 393

Stadtmuseum Oldenburg 394

Verkehrsmuseum Dresden 1, 2, 10, 11, 13, 55, 103, 111, 141, 145, 154–156, 158, 165, 174, 175, 177, 187, 194, 195, 198, 202, 228, 230, 243, 248, 253, 255, 262, 269, 272, 274, 284, 300, 313, 330–332, 336, 337, 342, 343, 345, 346, 353, 355, 360, 385, 392, 399, 400, 405, 410, 415–417

Berger, Manfred:
Historische Bahnhofsbauten.
Berlin : Transpress
2. Braunschweig, Hannover, Preußen,
Bremen, Hamburg, Oldenburg und
Schleswig-Holstein. – 1988. –
276 S. : 431 Abb.

ISBN 3-344-00067-5

1086 Berlin, Französische Straße 13/14
VLN 162-925/168/88
LSV 3819
Gestaltung: Günter Nitzsche
Gesamtherstellung: INTERDRUCK Graphischer
Großbetrieb Leipzig, Betrieb der
ausgezeichneten Qualitätsarbeit, III/18/97
Printed in the German Democratic Republic
Manuskript abgeschlossen: April 1985
Best.-Nr.: 567 132 6
03980